Precision Medicine | 精准医学出版工程

精准医学药物研发系列

总主编 詹启敏

“十三五”国家重点图书出版规划项目

化学创新药物研发

Discovery and Development of Small Molecule Innovative Drugs

沈竞康 高柳滨 等

著

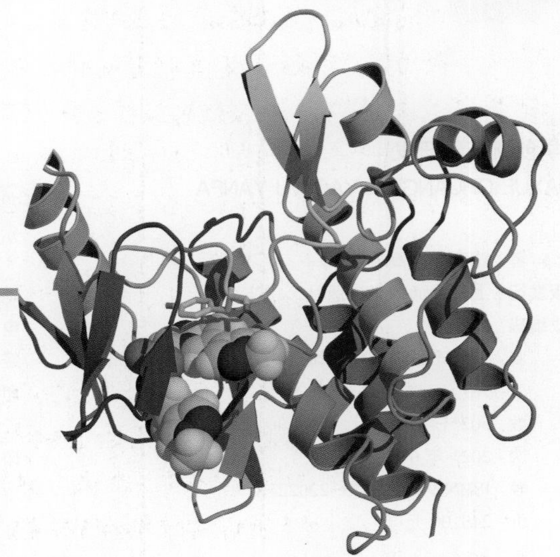

内容简介

本书为"精准医学出版工程·精准医学药物研发系列"图书之一。本书从精准医学的视角剖析化学新药研发，阐述其从理念到技术手段的变化和趋势。本书由长期从事新药研发的科学家结合其近年来领衔研发并成功上市的、具有我国自主知识产权的创新药物，从全球新药研发的视角，深入浅出地介绍该领域新药研发的历程和发展趋势；由部分青年科学家结合其成功完成新药临床前研究以及进入临床研究的经验，阐述拓展该领域新药研究的现状和潜力。精准医学刚刚起步，适应精准医学临床需求的创新药物研发尚待不断探索。本书期望通过对若干领域研究成果的阐释给读者以启迪。

本书首次集中整理了数个具有我国自主知识产权创新药物的研发历程，从一个侧面反映了我国药物创新的部分成果，对具有一定专业背景并从事化学创新药物研发的科研人员有一定的参考价值，也可供有志于从事创新药物研发相关领域研究的研究生和高年级本科生学习、参考。

图书在版编目(CIP)数据

化学创新药物研发/沈竞康等著. —上海：上海交通大学出版社，2021
精准医学出版工程
ISBN 978-7-313-22622-8

Ⅰ.①化… Ⅱ.①沈… Ⅲ.①化学药剂—研制 Ⅳ.①TQ469

中国版本图书馆CIP数据核字(2019)第270016号

化学创新药物研发
HUAXUE CHUANGXIN YAOWU YANFA

著　　者：沈竞康　高柳滨 等
出版发行：上海交通大学出版社
地　　址：上海市番禺路951号
邮政编码：200030
电　　话：021-64071208
印　　制：苏州市越洋印刷有限公司
经　　销：全国新华书店
开　　本：787 mm×1092 mm　1/16
印　　张：25.25
字　　数：502千字
版　　次：2021年6月第1版
印　　次：2021年6月第1次印刷
书　　号：ISBN 978-7-313-22622-8
定　　价：248.00元

精准医学出版工程·精准医学药物研发系列

编　委　会

《化学创新药物研发》编委会

主编

沈竞康（中国科学院上海药物研究所研究员）
高柳滨（中国科学院上海药物研究所研究馆员）

编委

（按姓氏拼音排序）

熊　兵（中国科学院上海药物研究所课题组长，研究员）
徐希平（暨南大学药学院教授）
杨千姣（深圳微芯生物科技股份有限公司副总监）
余　科（复旦大学药学院课题组长，特聘教授）
张　翱（中国科学院上海药物研究所课题组长，研究员）
张连山（江苏恒瑞医药股份有限公司全球研发总裁、高级副总经理，中国药科大学教授）
周宇波（中国科学院上海药物研究所研究员）

主编简介

沈竞康，1951 年出生。日本京都大学药学博士，现任中国科学院上海药物研究所研究员、博士生导师。长期从事基于药物信息学和靶标结构的药物先导化合物发现、结构优化及构效关系研究。主持和参与国家 973 计划项目、国家 863 计划项目、国家自然科学基金面上项目和重点项目、“重大新药创制”国家重大科技专项、中国科学院及上海市重点研究项目等。领导研究团队开展的分别靶向 mTOR 和 c-MET 的两个一类新药已获准进入临床研究。在国内外专业学术期刊发表研究性论文 100 多篇，申请国内外专利数十项。共同主编《新药研发案例研究——明星药物如何从实验室走向市场》。

主编简介

高柳滨，1966年出生。华东师范大学情报学硕士，现任中国科学院上海药物研究所研究馆员。主要从事生物医药领域文献情报资源集成与应用、情报研究等工作。建设生物医药类信息平台10个。主持国家863计划项目“生物医药信息数字化决策支持系统”、中国科学院科技服务网络计划（STS计划）“新药临床前评价技术服务”项目平台资源集成子课题等，参与中国科学院战略性先导科技专项“个性化药物——基于疾病分子分型的普惠新药研发”、中国科学院“至2050年中国重点科技领域发展路线图战略研究”项目之人口健康科技发展路线图课题、中国工程院“我国转化医学发展战略研究”重大咨询项目的化学药物产业课题等。获得中国科学院文献情报工作“创新服务优秀个人奖”，带领的“新药创制信息与知识服务团队”获得中国科学院文献情报工作“创新服务优秀团队奖”。发表论文30余篇。主编图书1部，参编图书9部。

总序

“精准”是医学发展的客观追求和最终目标，也是公众对健康的必然需求。“精准医学”是生物技术、信息技术和多种前沿技术在医学临床实践的交汇融合应用，是医学科技发展的前沿方向，实施精准医学已经成为推动全民健康的国家发展战略。因此，发展精准医学，加强精准医学科学布局和人才队伍建设，对于我国重大疾病防控和促进全民健康，推动我国健康产业发展，占据国际医学制高点及相关产业发展主导权具有重要意义。

2015 年初，我国政府开始制定“精准医学”发展战略规划，并安排中央财政经费给予专项支持，这为我国加入全球医学发展浪潮、增强我国在医学前沿领域的研究实力、提升国家竞争力提供了巨大的驱动力。国家科技部在国家“十三五”规划期间启动了“精准医学研究”重点研发专项，以我国常见高发、危害重大的疾病及若干发病率相对较高的罕见病为切入点，将建立多层次精准医学知识库体系和生物医学大数据共享平台，形成重大疾病的风险评估、预测预警、早期筛查、分型分类、个体化治疗、疗效和安全性预测及监控等精准预防诊治方案和临床决策系统，建设中国人群典型疾病精准医学临床方案的示范、应用和推广体系等。目前，精准医学已呈现快速和健康发展态势，极大地推动了我国卫生健康事业的发展。

精准医学几乎覆盖了所有医学门类，是一个复杂和综合的科技创新系统和实践体系。为了迎接新形势下医学理论、技术和临床等方面的需求和挑战，迫切需要及时总结精准医学前沿研究成果，编著一套以“精准医学”为主题的丛书，从而助力我国精准医学的进程，带动医学科学整体发展，并能加快相关学科紧缺人才的培养和健康大产业的发展。

2015 年 6 月，上海交通大学出版社以此为契机，启动了“精准医学出版工程”系列图书项目。这套丛书紧扣国家健康事业发展战略，配合精准医学快速发展的态势，拟出版一系列精准医学前沿领域的学术专著，这是一项非常适合国家精准医学发展的事业。我本人作为精准医学国家规划制定的参与者，见证了我国精准医学的规划和发展，欣然接受上海交通大学出版社的邀请担任该丛书的总主编，希望为我国的精准医学发展及医学发展出一份力。出版社同时也邀请了吴孟超院士、曾溢滔院士、刘彤华院士、贺福初院士、刘昌孝院士、周宏灏院士、赵国屏院士、王红阳院士、曹雪涛院士、陈志南院士、陈润生院士、陈香美院士、徐建国院士、金力院士、高福院士、周琪院士、徐国良院士、董家鸿院士、卞修武院士、陆林院士、田志刚院士、乔杰院士、黄荷凤院士、张学院士、王俊院士、陈薇院士、田伟院士等医学领域专家撰写专著、承担审校等工作，邀请的编委和撰写专家均为活跃在精准医学研究最前沿的、在各自领域有突出贡献的科学家、临床专家、药物学家和生物信息学家，以确保这套"精准医学出版工程"丛书具有高学术品质和重大的社会价值，为我国的精准医学发展提供参考和智力支持。

编著这套丛书，一是总结整理国内外精准医学的重要成果及宝贵经验；二是更新医学知识体系，为精准医学科研与临床人员培养提供一套系统、全面的参考书，满足人才培养对教材的迫切需求；三是为精准医学实施提供有力的理论和技术支撑；四是将许多专家、教授、学者广博的学识见解和丰富的实践经验总结传承下来，旨在从系统性、完整性和实用性角度出发，把丰富的实践经验和实验室研究进一步理论化、科学化，形成具有我国特色的精准医学理论与实践相结合的知识体系。

"精准医学出版工程"丛书是国内外第一套系统总结精准医学前沿性研究成果的系列专著，内容包括"精准医学基础""精准预防""精准诊断""精准治疗""精准医学药物研发"以及"精准医学的疾病诊疗共识、标准与指南"等多个系列，旨在服务于全生命周期、全人群、健康全过程的国家大健康战略。

预计这套丛书的总规模会达到 60 种以上。随着学科的发展，数量还会有所增加。这套丛书首先包括"精准医学基础系列"的 10 种图书，其中 1 种为总论。从精准医学覆盖的医学全过程链条考虑，这套丛书还将包括和预防医学、临床诊断（如分子诊断、分子影像、分子病理等）及治疗相关（如细胞治疗、生物治疗、靶向治疗、机器人、手术导航、内镜等）的内容，以及一些通过精准医学现代手段对传统治疗优化后的精准治疗。此外，这套丛书还包括药物研发，临床诊断路径、标准、规范、指南等内容。"精准医学出版工程"将紧密结合国家"十三五"重大战略规划，聚焦"精准医学"目标，贯穿"十三五"始终，力求打造一个总体量超过 60 种的学术著作群，从而形成一个医学学术出版的高峰。

这套丛书得到国家出版基金资助，并入选了"十三五"国家重点图书出版规划项目，体现了国家对"精准医学"项目以及"精准医学出版工程"这套丛书的高度重视。这套丛书承担着记载与弘扬科技成就、积累和传播科技知识的使命，凝结了国内外精准医学领域专业人士的智慧和成果，具有较强的系统性、完整性、实用性和前瞻性，既可作为实际工作的指导用书，也可作为相关专业人员的学习参考用书。期望这套丛书能够有益于精准医学领域人才的培养，有益于精准医学的发展，有益于医学的发展。

这套丛书的"精准医学基础系列"10 种图书、"精准预防诊断系列"13 种图书已经出版。此次集中出版的“精准医学药物研发系列”系统总结了我国精准医学药物研发前沿领域，尤其是国家“重大新药创制”科技重大专项重大新药研发领域取得的前沿成果和突破，将为有针对性地对特定患者人群进行靶向、个性化药物研发，提高药物有效性奠定基础。内容涵盖化学创新药物研发、天然药物精准研发、抗体药物研发、基因治疗及核酸类药物研发、新型疫苗研发、干细胞药物研发、药物基因组学等，旨在为我国精准医学的发展和实施提供理论和科学依据，为培养和建设我国高水平的具有精准医学专业知识和先进理念的基础和临床人才队伍提供理论支撑。

相信这套丛书能在国家医学发展史上留下浓墨重彩的一笔！

北京大学常务副校长
北京大学医学部主任
中国工程院院士
2019 年 10 月 16 日

前言

精准治疗疾病是长期以来医学界不懈追求的目标。2015 年 1 月 20 日，时任美国总统奥巴马在国情咨文中提出“精准医学计划”，这掀起了全球精准医学的热潮。各国竞相角逐，开创了一个医学新时代。这一具有特定时代特征的精准医疗是应用现代遗传技术、分子影像技术、生物信息技术，结合患者个体基因特征、生活习惯、环境以及临床数据等选择最佳的干预方案。精准医学包括精准诊断与精准治疗，最终目的是实现对特定患者和疾病进行个体化的精准治疗，并提高预防和疾病诊治效果。

在揭示疾病深度特征的基础上形成高水平的医疗，离不开药物。一方面，精准医疗依赖于深度挖掘临床药物的特征，根据疾病分层并依据特定的患者和药物的特性精准应用药物，达到高效、安全治疗的目的。另一方面，伴随医学界对疾病认识的深入，研究开发对特定患者和疾病具有潜在治疗价值的新型药物，可满足精准医学的临床需求。

尚未满足的临床需求历来是创新药物研发的基本出发点。在精准医学时代，创新药物研发基于生物大数据，以特定疾病的生物标志物(biomarker)为靶标，以特定患者疗效的生物标志物为基准，以特定患者人群的治疗获益和安全性作为药品检验的标准，开发具有精准治疗价值的有新型作用机制的药物。

我们受托组织《化学创新药物研发》分册编撰，实感才疏学浅，力不从心。但有幸在本分册编撰过程中得到各位专家的大力支持和鼓励。同时，还要感谢“重大新药创制”国家科技重大专项的推进，这使我国创新药物研发初显成效。本书的第 1 章试图表达迈向精准医学之际创新药物研发的现状，并努力响应精准医学时代的呼唤，展现创新药物研发目标和方法的革新。一批在创新药物研发领域长期辛勤耕耘的专家，以其成功研发各具特色的新药过程，编撰了第 2～8 章。在这 7 章中，每章都有一个在中国成功上市的新药，作者又以其在该领域研究的深厚造诣阐述了国内外新药研发的进展和展望。在第 9～12 章中向读者展现了全球取得的若干新药研发的不同进展。目前，大部分相关疾病的新药仍处于研发或临床试验阶段。作者均已在这些相关新药领域中开展了研究，并已获得进入临床研究的候选新药。作者试图通过本书展现在精准医学时代，我国已经取得的若干新药研发成果，并借此给读者以启迪。

人类对于疾病的认识永无止境，对精准医学的追求永远在路上。精准医学为创新药物研发提供了前所未有的机遇，也提出了严峻的挑战。在迈向精准医学的道路上，创新药物研发工作者将从浩瀚的大数据中挖掘揭示疾病本质的有效信息。基于特定的生物靶标结构开展精准的靶向药物分子设计，借助高效的化学和生物合成手段获得理性设计的分子实体，进而发展灵敏、精准、高效的生物检测手段，建立客观反映疾病治疗效果的药效评价模型，发展精准制导的药物递送系统，获取具有精准疗效和安全性潜质的候选化合物。新型作用机制的创新药物，除了抑制、激活、激动、拮抗特定的靶标外，也可能通过调控蛋白-蛋白的相互作用、影响蛋白质翻译后修饰、降解若干关键蛋白发挥药效调控作用。药物和靶标的作用模式，也可能通过变构、共价结合等不同作用模式的特质，实现高选择性、高亲和力、精准的靶标占据作用。创新药物研发必将被赋予医学发展新的时代特征，不断推陈出新。我们期待我国在精准医学研究领域取得更多造福人类健康的成果，有更多的创新药物问世。

创新药物的研发汇集了多学科理论与技术的进步和融合。在精准医学激发各学科迅猛发展的大潮之中，期待本书能成为一朵小小的浪花。本书第 1 章由沈竞康、高柳滨、毛艳艳、黄瑶庆执笔，第 2 章由王晓良、彭英、王伟平执笔，第 3 章由郭宗儒执笔，第 4 章由徐希平执笔，第 5 章由王江、李永国、柳红执笔，第 6 章由丁列明执笔，第 7 章由张连山执笔，第 8 章由鲁先平、辛利军、杨千姣、山松、潘德思执笔，第 9 章由宋子兰、艾菁、夏宗俊、耿开骏、张翱执笔，第 10 章由李佳、周宇波、张小团执笔，第 11 章由余科、孟韬、钱建畅执笔，第 12 章由马宇驰、戴梦迪、熊兵、艾菁执笔。

限于作者的学识和能力，本书在内容安排上难免挂一漏万，如有不妥和错误之处，还望读者不吝批评指正。

各位作者均承担着繁重的科研、管理工作，书稿的写作过程占用了大量业余时间，值此书稿出版之际，向全体作者和支持写作的作者家人表达衷心的感谢！

全体作者对上海交通大学出版社在本书出版过程中付出的努力，对国家出版基金资助出版，深表感谢！

沈竞康　高柳滨

2019 年 11 月于上海

目录

1 迈向精准医学时代的化学创新药物研发

近年来，新一代基因测序、多组学等生命科学和医学前沿技术飞速发展，生物信息学与大数据科学交叉应用，迎来了精准医学（precision medicine）的新时代。精准医学是一种将个人基因、环境和生活习惯差异考虑在内的防治疾病的新概念，期望实现对合适的患者，在合适的时间，进行合适的治疗。精准医学的发展将给现有药物的精准用药和满足精准医学的创新药物研发都带来前所未有的机遇和挑战。如何借助精准医学的新思想、新方法与新技术，提升创新药物研发效率，攻克临床上尚没有有效治疗手段的疑难杂症，突破既有药物尚不能完全满足的临床需求，是现阶段面临的主要问题。精准医学驱动创新药物研发模式，从传统的基于“疾病表型”的研发模式向基于“疾病分子分型”的研发模式转变。本章结合创新药物研发现状，从多角度分析精准医学的发展是如何影响创新药物研发模式转变的，是如何颠覆创新药物研发的思维和方法的。

1.1 精准医学给创新药物研发带来的机遇和挑战

新一代基因测序以及多种组学技术的发展给以肿瘤为代表的重大疾病的个性化治疗药物以及罕见病治疗药物的研发带来前所未有的机会。迄今为止，创新药物研发前赴后继，不断取得新的进步，但也面临种种新的困难和挑战。一方面，在临床上依然有许多重大疾病缺乏有效的治疗药物；另一方面，药物研发的未知风险越来越大。即使早期获得具有突破性疗效的候选药物，也可能在临床试验后期失败。近年来，分子靶向药物在肿瘤等疾病的治疗领域取得了突破性的进展，但随之而来的耐药性问题也面临远期疗效的严峻考验。精准医学理念的应用，丰富和完善了原有疾病分类体系，从分子分型的角度，针对合适的患者群体，为尚无有效治疗方案的疾病诊治带来曙光。随着基因组学、蛋白质组学以及代谢组学等大数据的日渐积累及其在医药领域的深度融合应用，精准医学或将给创新药物研发带来革命性的变化。

1.1.1 从转化医学到精准医学的发展之路

自1960年以来，美国食品药品监督管理局(Food and Drug Administration，FDA)推出的基础研究—发现—设计—临床前开发—临床研究等过程的新药研发工作流程，可以说是最早的“转化研究”[1]。1992年，美国华盛顿大学医学院神经科医生Choi在《科学》(*Science*)杂志上首次提出从“实验室到临床”再从“临床到实验室”(bench to bedside，B2B)的观念。1996年，转化医学(translational medicine)作为新名词第一次出现在《柳叶刀》(*The Lancet*)杂志中。转化医学是双向循环的基础医学研究和临床治疗、医疗新产品开发的思维方式，是以临床观察和需求为切入点开展基础研究，将不同阶段的基础研究成果转化成可用于临床的产品。转化医学的发展对近几十年的新药研发起了积极作用，为患者带来了一定福利，但与人们的期望值还存在较大差距。2001年的统计数据显示，在FDA批准上市的新药中，有相当大比例的药物对某些疾病的疗效不够确切。在FDA统计的9类临床疗效不佳的药物中(见图1-1)，多数药物的临床疗效实际上不超过50%。在这9类药物中，临床无效率最高的是抗癌药物，临床无效率高达75%；阿尔茨海默病治疗药物的无效率也高达70%；骨质疏松症治疗药物的治疗效果也很不乐观，其无效率高达52%；关节炎、偏头痛及哮喘治疗药物的无效率也在40%～50%；糖尿病(diabetes mellitus，DM)治疗药物虽屡有建树，但其高达43%的无效率也令人难掩失望[2]。显然，人类在提高现有临床药物治疗有效性上还有很漫

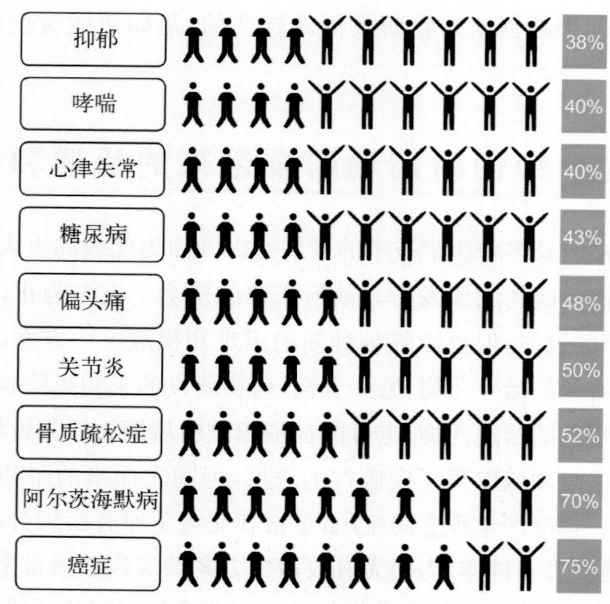

图1-1 FDA统计的9类临床疗效不佳药物的无效率

(图片修改自参考文献[2])

长的研究之路要走。当前社会人口老龄化严重，人们除了对肿瘤的有效治疗药物有需求外，对阿尔茨海默病（Alzheimer's disease，AD）、骨质疏松症、关节炎、偏头痛、哮喘等严重影响生活质量的疾病治疗药物也有迫切需求。人们对健康生活的追求是未来社会永恒的旋律。

20 世纪 80 年代，循证医学（evidence-based medicine，EBM）开始兴起。循证医学的创始人之一 David Sackett 将循证医学定义为：慎重、准确和明智地应用当前所能获得的最好的研究依据，同时结合医生个人的专业技能和多年临床经验，考虑患者的价值观和愿望，将三者完美结合，制订出患者的治疗措施。循证医学注重证据即临床试验中所获得的客观、可靠的疗效，收集证据强调系统、全面；研究方法以患者为中心，关注群体防治，以获得满意的终点指标，循证规范；研究方案不是单纯依靠个人的临床经验，而是通过大样本随机对照试验，遵循客观的临床科学研究产生的最佳证据，并且制订临床决策还要考虑患者的选择。因此，循证医学曾被认为是实现转化医学的最主要手段[3]。但是，由于循证医学是基于从许多相同症状患者身上获得的研究结果，以病为本，往往会发生“一刀切（one size fits all）”的现象，难以准确区分疾病的异质性。在药物治疗的过程中，导致较多患者服药无效的深层原因就是没有实施个性化治疗。例如，循证医学采用的临床疗效评价的效应指标之一——需要治疗的病例数（number needed to treat，NNT）兴起于 20 世纪 80 年代，也是一种对临床药物或其他治疗效果的评价指标。NNT 是指有多少人接受治疗或预防（服药）才能确保其中一人有效或受益。经过大量的临床调查，NNT 显示的药物疗效低下，不如人意。因为由于基因、环境和生活方式不同，很多人的疾病痊愈不是药物作用的结果，而是机体自我修复的结果。从 NNT 的角度来看，在一般的临床治疗中，NNT 为 30 就已相当不错。这也提示，药物的研发和使用，如果不是针对每一个个体，至少也需要针对小众人群精准开展。随着医学科学的发展以及各学科的广泛融合，个性化医学逐渐走入人们的视线，这一概念最早由美国的《化学化工新闻》（*Chemical and Engineering News*）杂志提出。个性化医学是根据不同患者群体独特的临床、遗传、基因组和环境信息，设计有针对性的个体化治疗方案和用药。个性化医学与精准医学一脉相承，目标就在于改变传统的“一刀切”的医疗模式，针对特定群体与个体使用能对其产生最佳疗效的药物和剂量，在提高疗效的同时，最大限度地降低药物的不良反应，对患者实现“量体裁衣式”的治疗手段。

2010 年，美国首次提出“精准医学”概念。2015 年 1 月 20 日，美国总统奥巴马在国情咨文中从国家战略层面提出了“精准医学计划”（Precision Medicine Initiative），正式揭开了精准医学从概念到实践与应用的帷幕，希望借此医学新思想引领一个医学新时代。2016 年，美国国会通过的《21 世纪治愈法案》（*21st Century Cures Act*）进一步强化了精准医学在药物开发中的作用[4]。“精确医学计划”希望加强癌症和糖尿病等疑难慢性病的研究，提高其治愈率，短期目标是为癌症的治疗寻找更加有效的治疗手段。精准医学是以个性化医学为基础，应用现代遗传技术、分子影像技术、生物信息技术，结合患者生活环境和临床数据，实现精准的疾病分类及诊断，制订具有个性化的疾病预防和治疗方案。与传统医疗相比，精准医学显示了更多的优势：提早评估，预防风险；提高医疗效率；提高患者的生活质量；通过合理预防及治疗减少整体医疗支出。近年来，基因组学研究的重大突破，大数据和新一代基因测序技术的迅猛发展，给精准医学的发展奠定了坚实的基础。明确疾病的分子分型和精确的诊断，才能应用精确的药物，制订精准的治疗方案。

精准医学的实现与个性化药物研发及药物个性化使用须臾难分。人们对疾病分子分型的进一步认识，尤其是对肿瘤等异质性疾病的深入研究，为个性化药物研发奠定了深厚的科学理论与实践基础，为以小分子"重磅炸弹"药物为导向的新药研发模式寻找到突破瓶颈的切入点。美国个性化医学联盟(Personalized Medicine Coalition，PMC)对个性化药物的定义为具有特定生物标志物(biomarker)标签的治疗产品，同时伴随特定的诊断工具，帮助个体患者在产品使用过程中进行用药决策和使用程序的指导。近年来，个性化药物研发在新时代创新药物发展中已有所建树。据美国个性化医学联盟统计，2014—2017 年期间，FDA 批准的个性化药物在获批新药中的比例，由 2014 年的 21%上升到 2017 年的 34%(见图 1-2)。FDA 批准的个性化药物的总数为 44 个，占新药总数的 28%。其中，抗肿瘤个性化药物有 21 个，占个性化药物总数的 47%。肿瘤领域的个性化药物研发成果显著，主要得益于人们对癌基因依赖和肿瘤异质性等肿瘤生物学本质认识的不断深入。人类对肿瘤的认识突破了以往的组织学、病理学分型，进入了基于基因异常的分子分型新时代，肿瘤的药物治疗逐渐从化疗模式进入分子靶向治

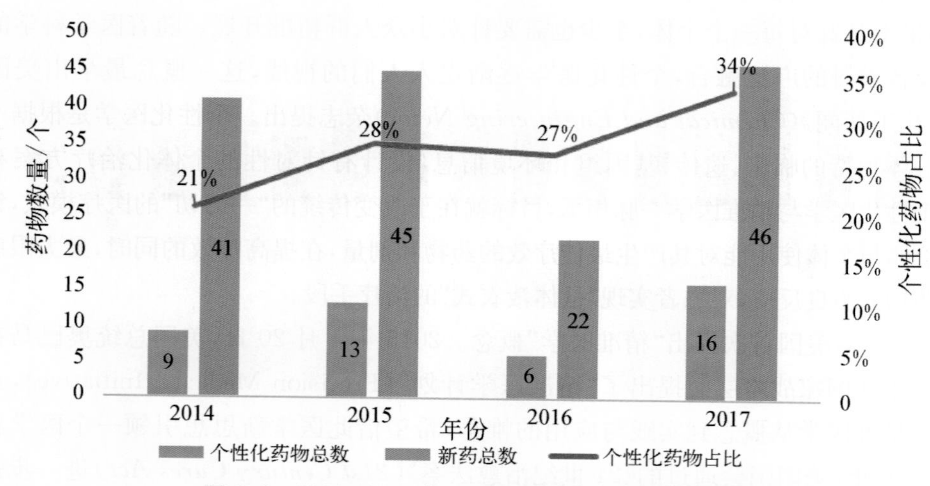

图 1-2　2014—2017 年 FDA 批准的个性化药物数量

(图中数据来自美国个性化医学联盟网站，网址为 http://www.personalizedmedicinecoalition.org/Userfiles/PMC-Corporate/file/PM_at_FDA_2017_Progress_Report.pdf)

疗时代[5]。近年来，针对 *BRAF*、*EGFR*、*ALK* 和 *BCR-ABL* 等基因突变癌症的小分子激酶抑制剂相继上市，并取得了良好的治疗效果，为肿瘤个性化药物的进一步发展奠定了基础。个性化药物在其他疾病治疗领域也有不凡表现：2014—2017 年，FDA 批准的丙型肝炎治疗领域的个性化药物为 7 个，占新药总数的 16%；神经和精神领域的个性化药物有 6 个，代谢领域的个性化药物有 4 个，心血管疾病领域的个性化药物也有 2 个获批。总之，疾病治疗正从传统的"一刀切"模式向利用分子信息提高疗效的更加有效的个性化医疗模式转变。

1.1.2　创新药物研发的现状与机遇

新药研发是一个漫长而艰难的过程，具有"三高一长"的典型特征，即高投入、高风险、高回报及周期长。从整个研发历程来看，在 5 000～10 000 个候选化合物中，最终可能只有一个化合物能成为新药上市；一个创新药的研发周期可长达 10 年，甚至更长；平均每个创新药的研发费用可达数十亿美元[6]。

据调查，2006—2015 年，新药从Ⅰ期临床研究到最终获批上市的成功率仅为 9.6%。神经系统疾病、心血管疾病、精神疾病和肿瘤药物研发的成功率均不足 10%，其中抗肿瘤药物研发的成功率最低，仅为 5.1%(见图 1-3)[7]。创新药物临床研究失败的最主要因素在于疗效不佳，其次是安全性问题。面对高额的研发成本，如何提高创新药物研发的成功率是制药企业关注的核心问题。

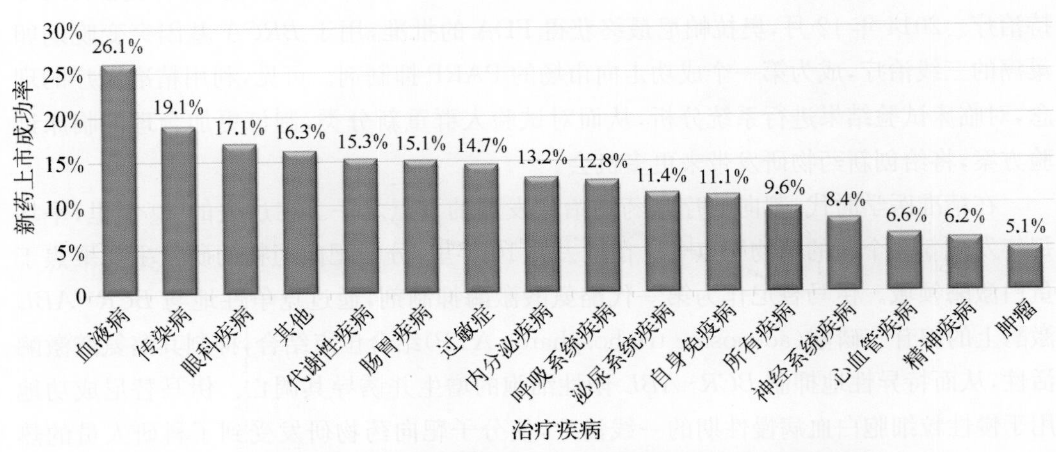

图 1-3　2006—2015 年新药从Ⅰ期临床研究到获批上市的成功率

(图片修改自参考文献[7])

个性化药物研发大大提高了治疗效率，降低了医疗资源浪费，给患者带来了希望。以肿瘤为例，临床医师可结合患者的基因组数据对其所患肿瘤进行更加精准的分类，从而选择更有针对性的药物或药物组合，实现对肿瘤患者的精准治疗。例如，西妥昔单抗(cetuximab)可以用来治疗 K-*RAS* 基因野生型的结直肠癌患者，但是对 K-*RAS* 基因突变的患者无效，医生在使用西妥昔单抗对结直肠癌患者进行治疗之前，必须先对患者进行 K-*RAS* 基因检测，否则盲目地使用该药不仅会造成医疗资源的浪费，而且有可能耽误患者的病情。

精准医疗理念融入医药领域的发展不仅为患者带来福音，而且也使许多既有药物"起死回生"。精准医疗的核心在于为创新药物找到合适的靶点、合适的适应证、合适的人群，进而提高药物疗效。重获新生的多腺苷二磷酸核糖聚合酶[poly(ADP-ribose) polymerase, PARP]抑制剂奥拉帕尼(olaparib)是阿斯利康公司早期用于治疗广泛的浆液性卵巢癌患者的首创新药(first in class)。然而，2011 年 12 月该药针对浆液性卵巢癌的开发却遭到终止，主要原因在于一项Ⅱ期临床试验的分析结果显示，患者的总生存期并没有得到延长。除此之外，当时还没有摸索出一个可用于Ⅲ期临床试验的合适药物剂量。直到 2013 年 3 月，英国伦敦大学癌症研究所的肿瘤学家 Jonathan Ledermann 对试验数据重新进行分析时发现，奥拉帕尼对 *BRCA* 基因突变的患者有明显的疗效，奥拉帕尼维持疗法取得了 34%的总缓解率，中位缓解持续时间为 7.9 个月，与安慰剂组相比，奥拉帕尼显著延长了患者的中位无进展生存期(progression free survival, PES; 11.2 个月 *vs.* 4.3 个月，$P<0.000\ 01$)。随后，阿斯利康公司将研究聚焦在携带 *BRCA1* 基因或 *BRCA2* 基因突变的癌症患者身上，并且启动Ⅲ期 SOLO 项目，旨在调查奥拉帕尼作为一种单药疗法，用于携带 *BRCA* 基因突变且对铂敏感卵巢癌患者的维持治疗。2014 年 12 月，奥拉帕尼最终获得 FDA 的批准，用于 *BRCA* 基因突变晚期卵巢癌的三线治疗，成为第一个成功走向市场的 PARP 抑制剂。可见，利用精准医疗的理念，对临床试验结果进行系统分析，从而对试验人群重新分类，制订更加合理的临床试验方案，将给创新药物研发带来更多机会。

在精准医学时代，靶向治疗是药物治疗发展的重点之一。在过去的 20 年里，平均每年发现 5.3 个新的药物靶点[1]。在过去的 10 年里，分子靶向药物的研发主要聚焦于蛋白激酶领域。伊马替尼作为第一代酪氨酸激酶抑制剂，通过竞争性地与 *BCR-ABL* 激酶上的腺苷三磷酸(adenosine triphosphate, ATP)结合位点结合，抑制其酪氨酸激酶活性，从而特异性地抑制 *BCR-ABL* 阳性细胞的增生并诱导其凋亡。伊马替尼成功地用于慢性粒细胞白血病慢性期的一线治疗，使分子靶向药物研发受到了科研人员的热切关注。然而，依靠传统研究发掘药物靶点相对困难，尤其是对于一些罕见的变异基因及变异形式。随着第二代基因测序以及新型基因编辑技术的发展，很多疾病的罕见基因变异形式被相继发现。以非小细胞肺癌为例，除相对常见的 *EGFR* 基因突变(17%)外，多种低频或罕见基因突变，如 *BRAF*(9%)、*BRCA1*(2%)、*BRCA2*(5%)、*ROS1*(7%)、*ALK*(5%)及 *RET*(4%)等基因突变相继被发现[4]。另外，这些基因突变也存在地域差异，对于 *EGFR* 基因，欧洲地区的白种人突变率较低（约为 10%），而亚洲人的突变率较高（约为 60%）[8]。针对这些基因突变特点，相应的靶向药物被相继开发出来，如表皮生长因子受体（epidermal growth factor receptor，EGFR）抑制剂吉非替尼、埃罗替尼，间变性淋巴瘤激酶（anaplastic lymphoma kinase，ALK）抑制剂克唑替尼（crizotinib）、色瑞替尼（ceritinib）等，这些靶向药物都显示了良好的临床疗效。

当前，靶向肿瘤表观遗传修饰相关靶点是抗肿瘤药物研发的另一个重要方向。组蛋白去乙酰化酶（histone deacetylase，HDAC）抑制剂可以特异性地作用于组蛋白乙酰化调控过程，在多种亚型血液肿瘤的临床治疗中取得重大突破，如由我国深圳微芯生物科技股份有限公司自主研发的 HDAC 抑制剂西达本胺用于外周 T 细胞淋巴瘤（peripheral T cell lymphoma，PTCL）的治疗。肿瘤代谢领域中最具潜力的靶点异柠檬酸脱氢酶（isocitrate dehydrogenase，IDH）的抑制剂也已经进入早期临床研究阶段，并取得了令人振奋的初步结果。

肿瘤免疫疗法也取得了前所未有的突破性进展，尤其是程序性死亡蛋白-1（programmed death-1，PD-1）/程序性死亡蛋白配体-1（programmed death ligand-1，PD-L1）免疫检查点抑制剂的上市以及嵌合抗原受体 T 细胞（chimeric antigen receptor T cell，CAR-T）疗法的应用，标志着个性化免疫治疗时代的到来。

罕见病药物研发也受益于精准医疗的发展。对罕见病的定义各国有所不同。根据美国国立卫生研究院（National Institutes of Health，NIH）的统计，目前全球范围内已经确认的罕见病病种有约 7 000 种，占人类疾病总数的 10%左右[9]。中国罕见病患者基数非常大，预估超过 1 000 万。约 80%的罕见病为遗传性疾病，与基因变异密切相关。有专家认为，罕见病是基础疾病的极端表现，针对这些极端少数病例的研究属于典型精准医学的范畴。以质谱分析、高通量测序等技术为基础的精准医疗是未来罕见病治疗的主要模式。囊性纤维化（cystic fibrosis，CF）是罕见病的一种，由囊性纤维化跨膜电导调节因子基因（*CFTR*）突变导致 CFTR 蛋白功能缺陷或缺失所致的罕见遗传性疾病，该病困扰着全球约 7 万人。CFTR 蛋白通常调节跨细胞膜的离子运输，基因突变导致 CFTR 蛋白功能破坏或丧失，跨细胞膜的离子运输中断，这导致某些器官的盐和水流入或流出细胞不良，黏液涂层的黏液变稠，如呼吸道、肺部积聚厚厚的黏液，引发呼吸困难及反复感染。比尔·埃尔德是一个广为人知的病例，这位 27 岁的医学生患有 G551D 突变囊性纤维化（G551D 突变在囊性纤维化患者中的发生率为 4%左右）。埃尔德服用了针对罕见的 G551D 突变引发的囊性纤维化的药物依伐卡托（ivacaftor）而得救。依伐卡托是一种口服的 CFTR 增效剂，保持细胞表面的 CFTR 蛋白开放时间更长，以改善细胞膜上盐和水的运输，有助于水合和清除气道中的黏液。2015 年 7 月，FDA 又批准由鲁玛卡托（lumacaftor）和依伐卡托组成的复方药物在美国上市，主要用于治疗有 F508del 突变（在囊性纤维化患者中的发生率为 88%左右）的 12 岁以上患者的囊性纤维化[10]。

此外，药物基因组学（pharmacogenomics，PGx）的兴起与精准医学的发展相辅相成。随着引起药物反应个体差异的相关基因不断被发现和证实，药物基因组学在识别药物治疗反应、避免药物不良反应以及优化药物剂量中发挥了重要作用，对精准药物的开发具有一定的指导作用。早在 2005 年《个性化用药》（*Personalized Medicine*）杂志中发表的一篇文章[11]，就讨论过应用药物基因组学开展个体化治疗的问题。由于个体遗传背景的差异，每个人在治疗时所需的药物剂量不同，如果不顾个体差异都给予相同剂量的药物，可能会导致有些人有效、有些人无效，甚至有些人出现安全性问题。由于每个人的代谢酶表型不同，必须选择不同剂量的个性化药物治疗方案（见图 1-4）[2]。第一个被阐明具有基因多态性的酶是细胞色素 P450（cytochrome P450，CYP450）酶系中的 CYP2D6，编码此酶的基因具有多态性，导致患者对药物呈现快代谢和慢代谢两种不同的代谢方式。慢代谢型患者体内的 CYP2D6 酶不能很快地分解药物，患者血液中的活性药物浓度升高，从而产生不良反应。例如，抗凝血药华法林的剂量个体差异与遗传因素密切相关，引起华法林剂量个体差异的两个主要影响因素就是 *CYP2C9* 和 *VKORC1* 的基因多态性[12]。

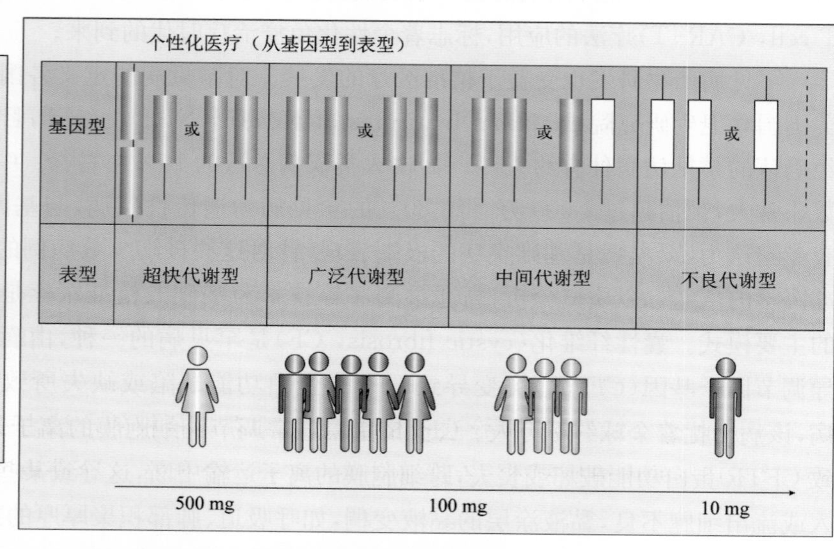

图 1-4　固定单剂量治疗与个性化医疗的比较

（图片修改自参考文献[2]）

疾病相关的基因突变、代谢酶多态性、转运蛋白多态性都可能对药物效应产生影响。这些不仅与精准医疗有关，而且与新药研发和老药新用都有密切的联系。目前，药物基因组学已全面介入新药研发的全过程，包括药物靶点的发现与确证、先导化合物筛选、ADMET［吸收（absorption）、分布（distribution）、代谢（metabolism）、排泄

(excretion)和毒性(toxicity)]评价、临床前研究和临床试验。药物基因组学技术有助于发现更好的、更有针对性的靶点,在药物研发早期即确定药物针对的“生物标志物”,提升化合物筛选效率。在Ⅱ期/Ⅲ期临床试验阶段,通过基因测序筛选临床试验对象,在具有相同生物标志物的患者组中进行试验,以提高药物试验有效应答率,并且通过基因测序排除可能对药物产生严重不良反应的试验对象。在临床试验中,有针对性地选择特殊治疗人群,可提高药物研发的效率。据 Quintitles Translational 公司估计,传统的药物Ⅰ～Ⅲ期临床试验需 8～10 年,而基于药物基因组学筛选试验对象后,Ⅰ～Ⅲ期临床试验只需 3～5 年,药物基因组学将革命性地推动药物研发全程的效率提升。

总之,甄别遗传与非遗传因素在药物反应中的细小差别,筛选出药物反应的“无效人群”“有效人群”和“毒性反应人群”,才能科学指导临床合理用药,提供安全、有效的联合用药方案,避免药物不良反应,实现个性化药物治疗。药物研发也需要将以上三类实验动物、人群的药物反应情况贯穿于新药研发的过程中,提升药物研发的效率和效益。

1.1.3 创新药物研发面临的挑战

近年来,全球创新药物研发在多个疾病领域取得了突破性的进展。2017 年,美国 FDA 的药品审评与研究中心(Center for Drug Evaluation and Research, CDER)共批准了 46 个新药(12 个生物制品和 34 个新分子实体),这是 2016 年批准新药数(22 个)的 2 倍。当前,临床上未满足的需求依然是药物创新的动力。美国 FDA 采用“快速通道”“突破性疗法”“优先审评”和“加速审批”等政策,为有潜力解决未满足临床需求的新药审批开启绿灯。尽管如此,由创新药物研发生命周期造成的“三高一长”的特点,令其研发过程面临大量的困难和挑战,其研究结果势必也存在太多的不确定因素。

美国 FDA 在 2012 年 7 月开创了突破性疗法资格认证,以加速治疗严重疾病新药和未满足治疗需求领域新药的审批。截至 2015 年 6 月,美国 FDA 的药品审评与研究中心和生物制品评价与研究中心(Center for Biologics Evaluation and Reasearch, CBER)共收到 309 件突破性疗法资格申请,其中获得授权的申请占 29%,被否决的占 55%,有 16%的申请目前还没有明确结果。在药企公布的 72 个获得突破性疗法资格的药物中,63%(45 个药物)属于抗肿瘤药物、抗血液系统疾病药物和孤儿药领域。在这些药物中,具有新型作用机制的更受青睐。在心血管、免疫和内分泌领域获得突破性疗法资格的药物则相对较少[13]。尽管大部分获得突破性疗法资格的候选药物都已进入临床Ⅲ期研究阶段,但仍然有一大批药物会因为安全性或有效性的问题,最终无法上市。2017 年初,美国 FDA 发布《22 个临床Ⅱ期和临床Ⅲ期结果大相径庭的案例研究》的报告[14],指出 22 个获得突破性疗法的潜在药物竟然不幸终止于临床Ⅲ期试验中。在这 22 个化合物中,有 14 个因为有效性不佳而失败,占比 63.6%;1 个受制于安全性问题未解决,占比 4.5%;7 个因为兼有有效性和安全性问题而退场,占比 31.8%。其中包括赛诺菲-安万特公司的伊尼帕利(iniparib),该药曾经被《基因工程与生物技术新闻》(*Genetic Engineering and Biotechnology News*)杂志评为2013年最大的开发失败案例。伊尼帕利在多个治疗三阴性乳腺癌的Ⅱ期临床试验中显示了良好的疗效,但是伊尼帕利早期临床试验的喜人结果并没有在Ⅲ期临床试验中得到证实。伊尼帕利作为增敏剂和卡培他滨或卡铂联用,并没有比单药应用显示更好的疗效,而且在包括耐铂卵巢癌等其他试验中也全面失利。这些不利结果给当时整个PARP抑制剂研发领域蒙上了一层阴影。一段时间后,Kaufmann等证实伊尼帕利并非是真正意义上的PARP抑制剂,其可在体内迅速代谢并且能和多种蛋白质结合,此后该困局才被打破。

药物研发也受制于对疾病发生机制以及人体内环境的复杂性认识不足。一方面,针对新型靶标蛋白开展的新药研发对靶标蛋白的正常生理功能认识不足,当药物作用于靶标蛋白发挥治疗作用时可能影响正常功能,产生相应的严重不良反应和毒性即靶标相关(on-target)的安全性问题。另一方面,药物进入体内除了与预期的目标蛋白质发生作用,也可能会与许多其他蛋白质发生作用,即脱靶(off-target)作用,这些相互作用往往会超出原来的预期,从而产生毒性和不良反应。分子靶向药物的研发虽然在很多领域都取得了不少的成绩,但是任何热门靶点在有药物成功上市之前都存在相当大的研发风险。例如,曾经广受追捧的胆固醇酯转移蛋白(cholesterol ester transfer protein, CETP)抑制剂研究现在已是门可罗雀,辉瑞、罗氏、礼来等制药企业也因各自的药物存在疗效和安全性问题而相继退出了这个领域。辉瑞、罗氏、礼来、默沙东等多个跨国制药企业曾经对其在研的CETP抑制剂抱有极高的期望,希望开发出新型血脂调节药物。2006年末,辉瑞公司在投资8亿美元且极具希望的血脂调节剂托塞匹布(torcetrapib)的关键性试验中,发现其可能增加患者死亡和发生心血管事件的风险,从而终止了这个CETP抑制剂药物的开发。罗氏公司在坚持几年后,通过对达塞曲匹(dalcetrapib)的Ⅲ期临床试验进行中期评估,发现该药对提高高密度脂蛋白胆固醇(high density lipoprotein-cholesterol, HDL-Ch)缺乏疗效,最终放弃该药的开发。3年后,礼来公司根据一个独立数据监察委员会的建议,停止了对伊塞曲匹(evacetrapib)的研究[1]。2017年10月,默沙东公司的CETP抑制剂安塞曲匹(anacetrapib)在纳入30 000多人的Ⅲ期临床试验达到一级终点的情况下,宣布放弃该药的上市申请。因为虽然用药4.1年使患者的高密度脂蛋白增加104%,低密度脂蛋白(low density lipoprotein, LDL)降低18%,但是心血管事件的绝对风险仅下降1%,相对风险下降9%。至此,CETP抑制剂的研发可以说正式退出了历史舞台。此外,具有新型作用机制的药物是否能够比成熟药物具有更多的治疗效益,也是创新药物无法回避的现实问题。任何项目的靶点确证数据都很关键,但早期就显示出一定治疗效果的项目研发风险相对较低。例如,对于抗癌药在临床Ⅰ期试验中即可看到应答,对于糖尿病药物在临床Ⅱ期试验中即能看到血糖控制。但对于某些疾病领域(如心血管疾病领域)的药物则无法在前期获知其风险性，必须到Ⅲ期临床试验才能一见分晓，从而极大地增加了其成药的风险性。例如，对于 CETP 抑制剂这类风险高度后置的项目，靶点本身的数据就显得十分关键。

已经批准上市的分子靶向药物虽然给很多疑难慢性病患者带来新的希望，但是靶向疗法依然存在很多难以解决的问题，其中最突出的挑战可能是靶向疗法产生的耐药问题。耐药几乎发生于所有靶向药物治疗之后，如 BCR-ABL 抑制剂、EGFR 抑制剂和 ALK 抑制剂药物都在使用一段时间之后出现不同程度的耐药问题。靶向治疗耐药的机制多种多样，如药物转运增强、靶基因发生突变都与耐药的发生密切相关。EGFR 抑制剂类药物虽然在非小细胞肺癌（non-small cell lung cancer，NSCLC）的治疗中取得了令人鼓舞的效果，但是即使前期对这类药物敏感的患者，在治疗 1 年内也会有 50%左右发生耐药。第一代 EGFR 抑制剂是可逆性抑制剂，代表药物为吉非替尼和厄洛替尼（erlotinib，商品名为特罗凯）。第二代 EGFR 抑制剂阿法替尼（afatinib，商品名为吉泰瑞）为不可逆抑制剂，主要针对存在 *EGFR* 耐药突变（外显子 19 突变）的转移性非小细胞肺癌患者。第三代 EGFR 抑制剂奥希替尼[osimertinib，商品名为泰瑞莎（Tagrisso）]的上市，给伴随 *EGFR* T790M 耐药突变的患者带来了福音[15]，然而奥希替尼的耐药问题同样不可避免。2015 年，在奥希替尼上市前，Thress 等通过检测 15 例应用奥希替尼治疗后非小细胞肺癌患者的组织发现，获得性 *EGFR* C797S 基因突变可能是奥希替尼产生耐药的机制之一[16]。从患者的角度来看，无论是原发耐药，还是获得性耐药都严重影响分子靶向药物对患者的疗效，这也是持续深入开展分子靶向药物研发的重大课题。在精准医疗时代，除了更深入地研究发生耐药的分子机制、加快研发针对耐药突变的精确药物之外，分子靶向药物联合应用或者分子靶向药物与细胞毒性药物联合应用，也是解决耐药问题的常用策略。

近年来，抗肿瘤、抗感染性疾病等领域的药物研发硕果累累，尤其是吉利德科学公司研发的抗丙型肝炎病毒特效药哈瓦尼（Harvoni）和索非布韦[sofośbuvir，商品名为索华迪（sovaldi）]，使丙型肝炎成为可以治愈的疾病。然而，在医学高度发达的今天，临床上很多疾病依然缺乏有效的治疗药物。虽然，精准医疗的理念在肿瘤、糖尿病以及心血管疾病等领域已经具有明显的指导作用，但是精准医疗对神经精神疾病等的药物治疗能否产生明显的促进作用，仍是精准医学时代药物研发面临的巨大挑战。阿尔茨海默病领域药物研发的失败率远超过其他疾病领域，这与疾病发生的复杂性、发病机制不明确密切相关。除此之外，缺乏能够完全模拟阿尔茨海默病病理过程和临床特点的动物模型，也是部分药物研发失败的重要原因。历史上，在阿尔茨海默病领域，仅有 5 个药物获美国 FDA 批准上市，其中还包括一个复方制剂，但这些药物仅起到缓解部分症状的作用。据统计[17]，1998—2014 年，有 123 个进入临床试验阶段的用于治疗阿尔茨海默病的药物最终被终止或暂停，药物研发的失败率高达 97%，并且这 123 种药物不仅不能治愈阿尔茨海默病，连延缓疾病进程都无法实现。最近，精准医学相关的技术和工具，包括基因编辑工具 CRISPR（成簇的规律间隔的短回文重复序列，clustered regularly interspaced short palindromic repeats），已经开始应用在阿尔茨海默病发病机制的研究中。新技术的发展为寻找疾病治疗和预防相关的药物靶点和早期生物学标志物提供了一个有潜力的研究平台。

1.2 精准医学驱动创新药物研发模式转变

新一代基因测序技术大幅提高了基因测序的效率，并且使人类基因组测序的成本下降至 1 000 美元以下。毫不夸张地说，新一代基因测序技术是支撑精准医学发展的核心技术。新一代基因测序技术以及新型组学技术为基因组学、蛋白质组学以及代谢组学大数据的积累带来巨大的便利，也有助于生物标志物和新型药物靶标的发现和筛选。创新药物研发逐渐从传统的基于疾病表型的研发模式向基于疾病分子分型的模式转变。

1.2.1 新一代基因测序技术与创新药物研发

基因测序是一种新型的基因检测技术，它是国际公认最标准和最准确的方法。与其他基因检测方法相比，基因测序具有成本低、通量高的特点，更利于分析复杂且有高度多态性的基因，现已广泛应用于各种科学研究领域。第一代基因测序技术打开了人类认识生命信息的大门。20 世纪 90 年代，在全球开展的人类基因组计划采用了第一代基因测序技术，完成了总长为 30 亿个碱基对的人类基因组测序工作，并发现大量与人类疾病相关的候选基因和药物作用靶点，进而促使生命科学研究新成果层出不穷。然而，受限于第一代基因测序技术高成本、低效率的缺陷，其在生命科学领域的应用并未满足大家的期许。第二代基因测序技术又称为高通量测序技术，可以一次对几十万到几百万条 DNA 分子进行序列测定。与第一代基因测序技术相比，第二代基因测序技术大幅提高了基因测序的效率，并且显著降低了测序的费用。人类基因组测序的成本不仅从 1 000 万美元急速下降至 1 000 美元以下，而且其基因数据也呈指数级增长，人类对生物遗传学的认识产生了质的飞跃。目前，第三代、第四代基因测序技术主要还处在研究阶段。第三代基因测序技术由于准确度不高，技术有待进一步完善，暂时很难实现商业化的大规模应用。因此，第二代基因测序技术是目前商业化应用的主流技术。目前，第二代基因测序技术在生殖健康、遗传病检测、肿瘤诊断及治疗、心血管疾病、药物基因组学等领域均有应用，尤其是在肿瘤诊断及治疗和罕见病研究中取得了较为显著的成效。

对于肿瘤这类异质性疾病，在其发生发展过程中，基因突变起关键性作用，癌基因异常表达和抑癌基因失活是肿瘤细胞无限增殖的分子基础。借助第二代基因测序技术，解析肿瘤基因序列的变异信息对肿瘤的预测、诊断和治疗具有十分重要的意义。由于目前针对肿瘤的药物治疗还很有限，肿瘤早期患者的 5 年生存率要远高于肿瘤晚期患者。利用第二代基因测序技术还可以检测肿瘤易感基因，有助于肿瘤的早期发现和预防。对高风险人群提前进行干预，可有效地减少肿瘤的发生。例如，利用第二代基因测序技术可以对有肿瘤家族史的人群进行相关癌基因（*BRCA1*/*BRCA2*、*APC*、*TP53*、*LKB1* 等）的检测，从而对遗传性肿瘤进行筛查[18]。乳腺癌的发生存在家族遗传性，如果发现 *BRCA1*/*BRCA2* 突变，那么乳腺癌发生的终身风险可高达 40%～80%。

第二代基因测序技术也给分子靶向药物研发提供了技术保障。有研究人员用第二代基因测序技术对荧光原位杂交（fluorescence *in situ* hybridization，FISH）、质谱等方法检测结果为 EGFR 阴性的肺腺癌标本重新测定 *EGFR*、*ERBB2*、*KRAS*、*NRAS*、*BRAF*、*MAP2K1*、*PIK3CA*、*AKT1*、*ALK*、*ROS1* 和 *RET* 等驱动基因的突变，结果发现 65%的病例带有这些基因的变异；随后，针对性地对患者进行分子靶向药物治疗，取得良好的治疗效果。这显示第二代基因测序技术具有良好的检测敏感度和准确度[18]。由美国 FDA 批准上市的肿瘤精确靶向治疗药物都配有相应的伴随诊断试剂盒。临床医师在对患者进行这些靶向药物治疗之前，一定要先检测相应基因的突变状态。吉非替尼和厄洛替尼等 EGFR 抑制剂对 *EGFR* 基因突变的非小细胞肺癌患者有效；PARP 抑制剂奥拉帕尼对 *BRCA* 基因突变的患者有效；曲妥珠单抗（trastuzumab）对 HER2 阳性的乳腺癌患者有效；西妥昔单抗对 *KRAS* 野生型基因的结直肠癌患者有效。2016 年 12 月 19 日，美国 FDA 批准了 Foundation Medicine 公司的 FoundationFocus CDxBRCA 产品，这是全球市场上第一个基于第二代基因测序技术的伴随诊断试剂盒。该产品被批准用于鉴定携带 *BRCA* 基因突变的晚期卵巢癌患者，这些患者更易对 Clovis Oncology 公司生产的 PARP 抑制剂芦卡帕尼[rucaparib，商品名为瑞卡帕布（Rubraca）]有反应。

除了肿瘤预测和治疗领域，第二代基因测序技术也给罕见病研究带来前所未有的机会。遗传在罕见病的致病因素中占据主要地位。由于基因突变与罕见病症状之间存在明确的因果关系，基因测序可能成为攻克罕见病的有力武器。研究人员对一对患有多巴反应性肌张力障碍的双胞儿及他们的哥哥、父母进行了全基因组测序，经过对比分析，发现这对双胎儿体内的 *SPR* 基因发生了突变。该基因编码的一种酶被认为和多巴反应性肌张力失常有关，前者可以促进两种神经递质合成。医师有针对性地为该双胎儿补充这两种神经递质，取得了良好的治疗效果[19]。随着第二代基因测序成本的逐步降低、研究数据的不断积累，相信越来越多的罕见病致病基因将会被发现及注释，从而为后续开发有针对性的治疗药物奠定坚实的基础，为罕见病患者带来治愈的曙光。

1.2.2 大数据与创新药物研发

互联网、云计算、云存储等一系列新一代信息技术的应用和推广，推动人类社会进入一个崭新的时代——大数据时代[20]。在这个时代，大数据及其挖掘和分析技术受到各行各业的青睐。迄今为止，零售业（分析消费者行为）是大数据作用表现最为突出的行业。然而，在精准医学不断发展的今天，大数据在医药领域的作用也日趋显现，并且可能比在其他任何领域的发展更加卓有成效。

人类基因组计划（Human Genome Project, HGP）、DNA元件百科全书（Encyclopedia of DNA Elements, ENCODE）计划等大型组学计划的顺利完成，高性能质谱、第二代基因测序技术等组学技术的快速发展，为生命科学研究积累了大量有价值的包括基因组学、转录组学、蛋白质组学及代谢组学等在内的“生物大数据”[21]。结合多重组学数据以及患者的性别、年龄、生活环境、临床表现等数据，可对各类疾病的发展和不同病理状态进行更加精准的分类，从而提出更加精准的诊疗方案。这也是精准医学的核心所在。

大数据不仅有助于诊断疾病及指导医生合理用药，而且也渗透到创新药物研发的全过程，为生物医药产业发展注入新的动力。在药物研发领域，大数据具有信息量大、种类繁多、数据产生速度快等特点，因此数据的整合、分析与解读往往比数据的收集更加关键。数据的分析通常需要借助各种软件实现。大数据对研发过程中新的药物作用靶点发现、早期化合物结构改造、临床试验受试者分类等环节都能产生推动作用，从而可节约药物研发成本，提高研发效率。例如，对大量肿瘤患者进行DNA测序，可以帮助研究者了解一些与癌症相关的新基因突变，从而发现新的药物作用靶点。从数据挖掘和分析的角度来看，对于靶点的分析也可以建立相应的数据分析模型。每年都会有大量文献报道靶点与药物之间的相互作用，研究者可通过对上市药物、靶点以及患者的基因组数据进行建模分析，寻找更具治疗潜力的药物靶标[1]。研究者可通过对大量候选药物分子和实验室研究数据（药理、毒理、代谢及排泄数据等）预测建模，识别更具成药性和安全性更高的候选分子。随着技术的进步，大数据分析还可用于指导候选药物分子的结构优化。采用合适的数组记录化合物的结构骨架、活性基团，通过计算分析指导化合物的结构修饰，从而提高药物的活性、稳定性和安全性。当药物研究进入临床试验阶段，利用大数据分析可以提高临床试验的效率。研究者也可通过对患者的基因组数据和药物反应数据进行系统分析，筛选出特定的受试人群进行针对性试验，从而节约成本，提高效率。另外，对临床试验数据进行分析，也可以发现药物在安全性和有效性方面可能出现的问题，从而及早采取相应的预防措施。

在“信息大爆炸”时代，制药企业之间打破信息壁垒、加强交流、共建数据信息网络将成为发展的常态。医药研发企业与医疗机构共享关键数据，加强临床前和临床试验数据的收集和综合分析，将更好地满足临床未满足的需求。另外，谷歌、IBM等全球知名的计算机领域巨头也前呼后拥地进军医疗领域。互联网巨头所掌握的庞大数据资源和强大的计算能力，必将强有力地推动医疗卫生行业的发展。传统制药巨头与互联网公司联手开发智能医疗设备也已屡见不鲜，强强联合必将变革传统药物研发模式，提高药物研发效率。

1.2.3 生物标志物与创新药物研发

生物标志物是一类用于判断药物疗效、评估疾病治疗反应及预后的分子标志物。其中，疗效监控标志物是用于确证药物靶标、指导临床有效治疗方案制订的标志物；预测疗效标志物是用来选择敏感或排除不敏感患者的分子标志物；临床反应标志物是反映临床症状是否改善的生物标志物。有数据显示，在临床试验中如果使用生物标志物对患者进行分类，则药物研发的成功率显著高于缺乏生物标志物的研究。有生物标志物的药物研发从进入临床Ⅰ期到上市的研发成功率为 25.9%，而没有生物标志物的药物研发成功率只有 8.4%[7]。分子靶向药物以及个性化药物研发离不开生物标志物，在生物标志物指导下的精准用药是精准医疗中公认的一个核心领域。美国 FDA 在批准个性化药物的同时，也会批准检测相应生物标志物的体外诊断试剂盒。生物标志物在药物研发领域，尤其是在肿瘤药物的研发领域起了关键性作用。基于生物标志物的药物开发，依据相应生物标志物对患者进行筛选并分组，具有特定生物标志物的患者群体对相应药物的应答率会更高，从而提高了该药物被批准上市的可能性。美国 FDA 充分肯定了生物标志物的这一作用，对有生物标志物的个性化新药给予加速审批，对那些针对严重威胁生命、临床需求远未被满足的适应证的药物，凭借临床Ⅱ期试验的研究结果就可能获得提前批准。

生物标志物在药物研发中的作用已众所周知，但是要找到适用于药物研发的生物标志物却非易事。早期发现的生物标志物通常是由于药物靶蛋白过度表达而被发现的，如曲妥珠单抗(商品名为赫赛汀)用于治疗 *HER*2 过度表达的乳腺癌患者。随着基因测序等组学技术的发展，靶基因突变作为生物标志物的发现也越来越多，如吉非替尼(商品名为易瑞沙)用于治疗非小细胞肺癌时以突变的 *EGFR* 作为生物标志物，维罗非尼用于治疗黑色素瘤时以突变的 *BRAF* 作为生物标志物。然而，生物标志物并不都与药物作用靶点直接相关。例如，用于治疗结肠癌的单抗药物西妥昔单抗的作用靶点是 EGFR，但该药针对的治疗人群与 EGFR 的表达和突变都没有关联。通过大量的回顾性研究，研究者发现该药的生物标志物是 EGFR 信号转导途经下游的 *KRAS* 基因。治疗卵巢癌的 PARP 抑制剂奥拉帕尼的作用靶点自然是 PARP 蛋白，但是区分该药适用人群的生物标志物却是与 PARP 抑制剂存在合成致死相互作用的 *BRCA* 基因突变。这类生物标志物的发现，相较于药物靶标的发现困难更多。

生物标志物的发现，给新药研发后期临床试验方案的设计提供了新思路。在精准医学时代，临床试验方案设计的趋势是依据生物标志物对受试人群进行分类，从而找到能受益的特定人群。正如前文所述，由阿斯利康公司研发的 PARP 抑制剂奥拉帕尼在用于维持治疗铂类敏感性、复发性、高度浆液性卵巢癌患者的Ⅱ期临床试验时，由于没有生物标志物，虽然显示了一定的临床有效性，但一度面临停止研发的尴尬境地。然而，通过回顾性分析发现，奥拉帕尼对 *BRCA1*/*BRCA2* 突变的卵巢癌患者更有效，其中位无进展生存期（progression-free survival，PFS）为 11.2 个月，而野生型患者仅为 7.4 个月[4]。基于该数据，美国 FDA 快速审批并通过了奥拉帕尼的上市申请，同时也批准了其伴随诊断试剂盒 BRACAnalysis CDx。

随着第二代基因测序技术的迅猛发展以及组学大数据的不断累积，可供分析的数据日渐丰富，更多有用的生物标志物将会被发掘，新药研发的效率会得到进一步提升。

1.2.4 药物代谢组学与创新药物研发

代谢组学（metabonomics）是继基因组学（genomics）、蛋白质组学（proteomics）之后迅速发展的一门新兴学科，是系统生物学研究的重要组成部分。代谢组学通过组群指标分析，以内源性代谢产物为对象，观察其在生物体内、外因素影响下变化的动态规律，揭示其与生理、病理过程关联的特征。与基因组学和蛋白质组学相比，代谢组学的观察对象处于生命信息流的末端，因此有利于从一个独特的视角观察生物体的表型变化情况。在代谢组学、药学相互交叉、渗透发展的过程中，英国帝国理工学院 Nicholson 教授带领的团队于 2006 年在《自然》（*Nature*）杂志上第一次提出药物代谢组学（pharmacometabonomics）的概念[22]——通过检测、分析药物干预前后群体、个体的代谢表型（metabolic phenotype）和药物反应表型（drug-reaction phenotype）变化，评价和预测群体、个体对药物的代谢和毒性反应差异。该方法用于药物研究，可弥补药物基因组学方法未能考虑生活方式、环境、外源性物质等因素的不足，因为这些因素对个体的药物吸收、分布、代谢和排泄有重要影响。药物代谢组学主要是使用高效液相色谱-质谱联用（high performance liquid chromatography-mass spectrometry，HPLC-MS）、气相色谱-质谱联用（gas chromatography-mass spectrometry，GC-MS）、核磁共振（nuclear magnetic resonance，NMR）等多种仪器联用的方法检测代谢产物，同时利用代谢产物成像技术，再应用聚类分析、主成分分析等组学技术分析数据[23]。

药物代谢组学被广泛应用于预测药物毒性、药效、药代动力学特征和指导药物治疗等方面[24]。在药物研发过程中，对代谢产物在生理、病理及治疗干预的过程中进行客观检测和评估，一方面可以获取疾病过程中产生的特异性代谢产物，作为疾病的生物标志物；另一方面可以预测给药后的药物作用效果。与使用单一或少数几个指标相比，应用代谢组学表征和预测药物的安全性、有效性和毒性更为全面、精准，并且可以摆脱对个别指标的依赖，有利于优化治疗方案，提高治疗效果。在药代动力学预测方面，药物代谢组学也显示了巨大的潜力。现有研究表明，通过代谢谱能够成功预测药代动力学行为、参数甚至药物代谢酶的活力和被诱导潜能等[23]。药物代谢组学还将不断扩大应用，渗透到新药研发的各个阶段，如验证新靶点、发现靶点特征、认证靶点优先性以及寻找疾病的诊断、药物治疗和预后标志物的过程。在新药临床前研究阶段，药物代谢组学可鉴定和揭示药物作用的变化趋势、阐明药物作用机制，为药物的安全性和有效性提供参考；在临床试验阶段，药物代谢组学可在诠释用药后患者的病理生理学变化、验证临床效果及患者分层等诸多方面发挥作用[25]。

与药物基因组学的50年发展历程相比，药物代谢组学目前还处于起步阶段，但其在药物研发方面已显示了巨大的潜力。尽管药物基因组学在指导一些药物的给药剂量、细分人群等方面取得了成功，但其在环境、个人生活方式、外在因素等起主导作用的许多疾病领域显得有些无能为力，而药物代谢组学的出现正好弥补了这一不足。在精准医学时代，药物基因组学与药物代谢组学的有机结合更有利于研究疾病的发病机制，揭示药物在体内的作用机制，从而为患者提供个性化的治疗方案。在研究人类基因组与肠道微生物的关系以及两者对药物治疗效果的影响甚至对未来肠道微生物药物开发的影响方面，药物代谢组学都将发挥至关重要的作用。

1.2.5 分子成像技术与创新药物研发

分子成像技术（molecular imaging）是将分子生物学与医学影像技术相结合，利用核医学、放射医学和光学等医学影像技术，如正电子发射体层成像技术（positron emission tomography，PET）、磁共振成像（magnetic resonance imaging，MRI）和光学相干断层成像（optical coherence tomography，OCT）等，通过无创、实时成像反映生命体内生理或病理过程中分子水平的变化[26]。与经典的影像诊断显示解剖学上的器质性变化不同，分子成像技术利用分子影像监测活体状态下细胞和分子水平的变化，以反映生命体的生理、病理过程。在药物研发过程中，分子影像可作为特殊的生物标志物，具有十分重要的意义[27]。通过分子成像技术，可实时监测药物在体内的分布情况，获得组织的动力学参数，确认药物是否到达目标器官，并提示潜在的安全隐患和靶标的表达情况；通过药效学标志物，可检测药物与靶标的相互作用情况，并监测与疾病进展（progress of disease，PD）有关的病理生理参数，提供给药方案的建议，并选择最有可能对治疗做出应答的患者。

分子成像技术在肿瘤精准治疗方面具有广阔的应用前景。使用分子成像技术指导肿瘤精准治疗主要包括以下几个方面[28]：① 确定治疗靶点并选择针对的患者；② 测量药代动力学参数以指导给药剂量；③ 测量药物的药效动力学参数以确定是否有有效应答；④ 预测患者的病情和生存期，以便及时更换治疗方案（见图1-5）。

分子成像技术已广泛应用于创新药物研发的各个环节，促进药物研发方式的变革。传统的先导化合物主要通过建立体外分子或细胞实验模型进行筛选，无法全面、充分地反映真实的体内药物作用情况。而通过设计特异性探针，利用分子成像技术可直接在体内定位作用靶点并量化评估其时间空间分布，通过建立高通量的影像学分析系统可大大提高药物筛选的精准率，并有利于优化药物剂量、给药频率和给药途径。

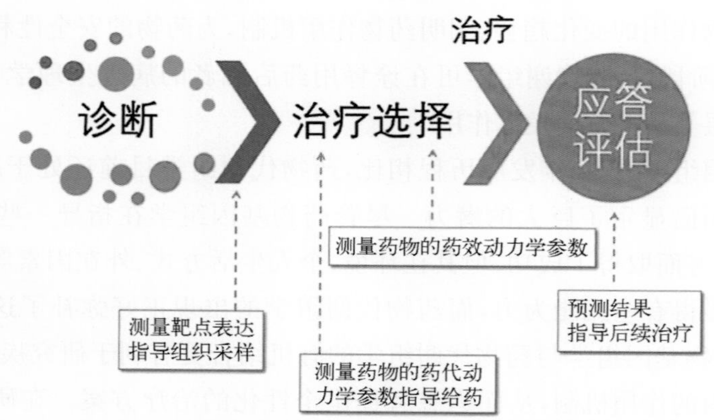

图 1-5　在癌症诊断和治疗中分子成像技术的作用

（图片修改自参考文献[28]）

1.3 精准医学启迪创新药物研究新思维

依据精准医学的理念已经在创新药物研究方面取得初步成效，如可基于对大样本人群与疾病进行分析、鉴定和分类，找到精确的致病机制和治疗方法；结合具体患者的基因、环境、生活方式等因素，运用大数据的分析手段，可获得最佳治疗方案等。尽管目前已有大量药物应用于临床，但远远不能满足精准治疗的需求。精准医疗对新药研发来说，既是机遇，又是挑战。创新药物研发将伴随人类对疾病的深入了解向更精确的方向发展，主要反映在药物研发与特定疾病、特定患者的特征相联系；靶向病态细胞而非正常细胞，使药物在安全性、有效性和经济性上得到提升。因而，创新药物发现需要借助精准医疗理念，催生更多的新方法、新策略和新型动物模型。

1.3.1　创新药物发现新方法

1.3.1.1　基于结构的药物发现

基于结构的药物发现（structure-based drug discovery，SBDD）旨在借助结构生物学手段，解析靶标的三维结构或靶标蛋白与活性小分子复合物的三维结构，结合计算机辅助药物设计，发现对靶标具有高亲和力的先导化合物，并对其进行结构优化和改造。葛兰素史克公司研发的抗流感病毒药物扎那米韦就是通过 SBDD 获得成功的典型案例。

为了使药物的治疗效果更为“精准”，必须在提高药物分子对靶标的特异性、对靶标亚型的选择性等方面取得突破[29]。目前主要有寻找特异性结合位点和“精细”药物设计两种思路。由于药物的不良反应往往和脱靶效应有关，提高药物对靶标的特异选择性有利于降低药物的不良反应。在同一个蛋白家族内的成员之间，存在靶标、催化位点或配体结合“口袋”的三维结构高度相似的问题，这给开发亚型选择性抑制剂带来了难度。即使不是同一个蛋白酶家族，由于底物相同，配体结合位点也可能比较保守，如蛋白激酶这个重要的药物靶标，由于各个家族尤其是同一家族各亚型的蛋白激酶 ATP 结合“口袋”具有很高的相似性。为了解决结合位点保守的问题，利用非激酶结合位点结合、双结合位点（抑制剂分子一部分结合在保守区域，另一部分结合于非保守区域）、不同亚型之间基因差异以及变构结合位点设计药物，都成为提高分子对靶点特异选择性的行之有效的策略。除了选择不同的结合位点或结合区域，利用蛋白质分子运动、水合结合位点、共价结合、蛋白质-分子结合的动力学参数和热力学参数[30]等“精细”的微观特征对分子结构进行“微调”设计，也可以大大提高分子对靶标的“精确”选择性。

1.3.1.2 蛋白质-蛋白质相互作用抑制剂

蛋白质-蛋白质相互作用（protein-protein interactions，PPI）靶点是一类极具挑战性但前景十分被看好的药物靶点。由于在基因调节、免疫应答、信号转导及细胞组装等生命活动中 PPI 起了关键作用，PPI 与人类多种疾病息息相关。特别是在肿瘤信号中，PPI 形成了分子信号转导网络的节点或中枢，因此促进了肿瘤的发生、发展、侵袭和转移。随着对肿瘤生物学理解的深入，人们研究靶向 PPI 抑制剂的兴趣越来越高涨。尽管理论上 PPI 抑制剂可成为治疗疾病的有效药物，但由于 PPI 界面较为“平坦”，结合位点还可能不连续，不能形成传统的有一定深度的药物分子结合“口袋”。因此，发现与 PPI 匹配的小分子具有较大的挑战性。

近来，PPI 抑制剂的研究进展迅速[31]。各种类型的 PPI 晶体结构被解析之后，人们发现设计 PPI 抑制剂需要有其独特的方式。小分子往往并不覆盖整个 PPI 界面，而是仅占据界面上的某些“热点（hot-point）”区域，也可有效抑制或干扰蛋白质之间的结合。例如，当球蛋白与另一个蛋白质的单个肽链底物结合，而结合位点位于球蛋白表面的凹槽时，比较容易设计小分子与之结合。MDM2-p53、BCL2-BAX 等都属于这一类型的靶点。研究者运用高通量筛选、片段设计、模拟多肽等方法，正在对大量的 PPI 抑制剂逐步开展研究。与此同时，多种 PPI 预测软件的广泛应用也对 PPI 抑制剂的发展做出了一定的贡献。目前，艾伯维公司的抗癌药物维奈托克（venetoclax，BCL-2 家族抑制剂）、夏尔开发公司的干眼症药物利非斯特（lifitegrast，LFA1-ICAM1 抑制剂）和默克公司的心血管药物替罗非班（tirofiban，αⅡbβ3 抑制剂）已获批上市；另有一大批 PPI 抑制剂药物已处于临床试验阶段，研究进展较快的 PPI 靶点多处于肿瘤、心血管疾病和自身免疫病等领域。

PPI 抑制剂的成功在于它将蛋白质-蛋白质结合处也变成了小分子药物可靶向的对象，扩大了创新药物研发中药物靶点的范围。随着各项组学技术的发展，未来基于基因组学的 PPI 靶点发现、PPI 界面特征分析、PPI 区分患者细分人群、PPI 抑制剂研究等都无疑将为个性化药物研发和精准医学发展带来更多的发展契机。

1.3.1.3 诱导蛋白质降解

诱导蛋白质降解不是一个新的概念，其内涵是通过给靶蛋白打上标记，诱导蛋白质降解体系（如泛素-蛋白酶系统）将靶蛋白清除。蛋白质降解靶向联合体（proteolysis targeting chimera，PROTAC）就是指一种可以定向降解蛋白质的小分子。PROTAC 含有 3 个部分：靶向蛋白质的结构、靶向蛋白质降解体系的结构及连接两者的部分[32]。通过与靶标蛋白结合，PROTAC 可将蛋白质降解体系招募至靶标蛋白处，诱导蛋白质降解酶使其降解。PROTAC 可解决传统靶标必须有适合结合的“口袋”问题，可以作用于目前尚不能直接靶向的转录因子、支架蛋白（scaffolding protein）和调节蛋白；并且，在理论上 PROTAC 作为一种催化剂，并不需要很高的活性和很大的剂量。然而，由于 PROTAC 药物的分子量过大，影响了药物的代谢性质，这项 15 年前就发明的技术一直进展缓慢。近年来，E3 连接酶、PROTAC 分子 MZ1 及其降解底物的复合物晶体结构被成功解析[33]，这为 PROTAC 药物的合理设计打下了基础。

除了 PROTAC 药物以外，很多药物都与诱导蛋白质降解有关。例如，ErbB-2 抑制剂卡奈替尼（canertinib）除了发挥抑制作用以外，还可促进 ErbB-2 的多聚泛素化以加速其降解；最近开发的多发性骨髓瘤的免疫治疗药物来那度胺（lenalidomide），也被发现可以诱导酪蛋白激酶 1α（CK1α）和转录因子 Ikaros 及 Aiolos 的泛素化和降解。再如，热休克蛋白 90（heat shock protein 90，HSP90）可稳定其客户蛋白（client protein）的构象，防止或抑制客户蛋白通过泛素化途径降解，因而 HSP90 抑制剂因可间接诱导蛋白质降解而成为抗癌明星候选药物。这些策略为诱导蛋白质降解提供了一些启发，但如何成功地设计诱导蛋白质降解药物仍然存在巨大的挑战。

1.3.1.4 表观遗传学

表观遗传学主要研究在 DNA 序列不发生改变的情况下，基因表达可遗传变化的现象和机制。其研究内容十分广泛，主要包括 DNA 甲基化修饰、组蛋白修饰、非编码 RNA[如微 RNA（microRNA）]、核小体的动态结构和染色质重塑等。在这些过程中，尽管基因的 DNA 序列并未发生变化，但 DNA 的表达水平发生了改变。它们相互关联并共同调控了基因的表达与功能，且可以在细胞发育和增殖过程中稳定地遗传下去，因而表观遗传对人体组织中多种类型细胞的生长和分化至关重要。经过 20 多年的飞速发展，表观遗传学已经由最初的理论研究发展成切实提升人类健康水平的科学。它改变了人们对遗传、环境以及疾病的理解，它在疾病治疗领域的重要性日益增加。目前，已有多个治疗肿瘤、动脉粥样硬化等疾病的表观遗传药物上市或处于临床试验阶段，基础研究与临床研究都在蓬勃发展中。

近来，表观遗传分析用于临床诊断和个性化治疗的研究也已经开展[34]。研究表明，DNA 甲基化测定可用于靶向治疗的伴随诊断（companion diagnostics）检测，在生物标志物开发和临床上具有广泛的应用前景。尽管 CRISPR-Cas9 基因编辑技术的问世，使剪接特定基因片段更加方便快捷，但是如果能够利用表观遗传学的方法调控基因的表达，那么这对基因疗法的进一步研究无异于锦上添花，对实现患者的个性化治疗也具有非常深远的意义。

1.3.2 创新药物发现新策略

1.3.2.1 联合用药

联合用药(drug combination)是指同时或先后使用两种或多种药物治疗疾病的治疗方案。绝大部分药物被开发时都是作为单一组分药物治疗疾病。当该药物被证明有效之后，才会对其进行药物组合物疗效的评估。但将药物通过不同的比例进行组合之后，疗效和不良反应的提高或降低难以预测。因此，当缺乏可靠理性的研究策略时，往往依赖反复试验的方法。尽管这种经验性的工作得到了不少有效的药物组合物，但也很可能会得到相反的结果。例如，治疗转移性大肠癌的两个有效抗体西妥昔单抗(靶向EGFR)与贝伐珠单抗(bevacizumab)[靶向血管内皮生长因子(vascular endothelial growth factor, VEGF)]的组合物被证明比单独使用其中任何一个的效果更差。在靶向药物、免疫疗法、中医药等多种治疗方法激增的今天，理论上可以获得的药物组合方式呈指数级增加。实际上，如果考虑到不同人群对药物响应的差异、两种以上药物的组合方式以及不同剂量的组合方式对药效的影响，则不可能对主要的疾病类型进行盲目的联合用药开发以验证所有的组合方式。

在精准医学时代，亟需获得更加合理的药物组合物开发方法。目前，组合靶向药物的策略主要分为以下 3 种[35]：① 多种药物靶向同一个靶标以增强疗效，如在乳腺癌中使用曲妥珠单抗和帕妥珠单抗(pertuzumab)同时靶向 HER2 蛋白，或是用西妥昔单抗和厄洛替尼同时靶向 EGFR 等；② 垂直靶向一个信号通路中的多个靶标组分，如治疗黑色素瘤时使用 BRAF 抑制剂和 MEK 抑制剂；③ 使用靶向药物组合物平行靶向多条通路，如靶向细胞增殖和血管生成。不过，目前对复杂信号通路的理解还非常有限，靶向药物组合策略的研究相对欠缺，有待进一步开发。

使用大部分普通的化疗药物会导致毒性累积，而在临床上使用药物组合物治疗癌症会降低单方治疗所带来的毒性。然而，有时候使用药物组合物进行靶向治疗却会带来相应的“合成毒性”。例如，近来使用伊匹单抗(ipilimumab)/威罗菲尼(vemurafenib)组合物治疗的Ⅰ期临床试验，就因严重的肝毒性问题而被终止。因此，认为药物组合物疗法在临床治疗中一定具有安全性和耐受性的优势并不明智，而在药物开发过程中就开始关注和考虑药物间的相互作用就显得越来越重要。

1.3.2.2 合成致死

早在 1922 年，Bridges 就在果蝇中发现了一种特殊的遗传现象，即对于细胞中的两个基因，其中任何一个单独突变都不会导致细胞死亡，而两者同时突变则会导致细胞死亡。1946 年，Dobzhansk 将这种现象命名为合成致死(synthetic lethality)。随后，人们在酵母中发现了多种合成致死相互作用关系。待到人类基因组测序的完成以及全基因组 RNA 干扰(RNA interference，RNAi)的实现，这些相互作用在实验性哺乳动物系统中也被相继发现。目前，合成致死是肿瘤治疗中的热点之一。当肿瘤细胞中某一条特定通路发生突变，抑制其合成致死相关分子的活性会导致肿瘤细胞死亡。在理论上，利用合成致死可以在正常细胞不受影响的情况下，有选择性地靶向杀死肿瘤细胞(见图 1-6)[36]。2014 年 12 月 19 日，治疗 *BRCA* 基因突变的晚期卵巢癌首创药物奥拉帕尼获美国 FDA 批准，从此合成致死从理论研究走向临床应用。奥拉帕尼是第一个获批的 PARP 抑制剂，可杀死具有 *BRCA1*/*BRCA2* 基因缺陷的癌细胞，其作用机制就在于 *PARP* 基因和 *BRCA1*/*BRCA2* 基因的合成致死相互作用(见图 1-7)[37]。而无 *BRCA1*/*BRCA2* 基因突变的正常细胞由于 DNA 修复中无此缺陷，对 PARP 抑制剂耐受良好，所带来的不良反应较低；具有 *BRCA1*/*BRCA2* 基因缺陷的细胞对奥拉帕尼的敏感程度是正常细胞的 1 000 倍。因此，根据合成致死原理研发的药物奥拉帕尼针对 *BRCA1*/*BRCA2* 基因突变人群的治疗效果十分显著。

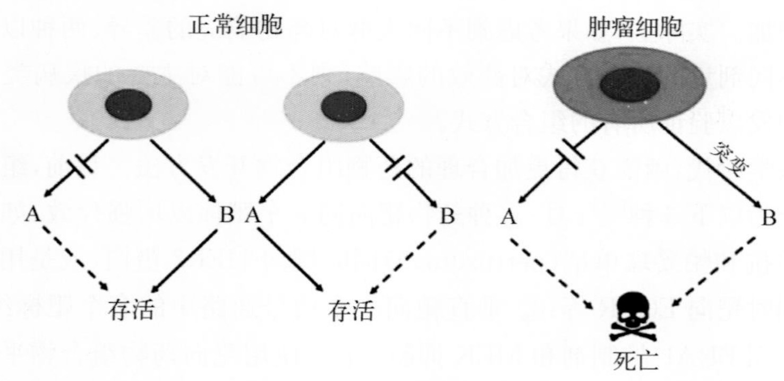

图 1-6 合成致死模型

(图片修改自参考文献[36])

合成致死在癌症治疗中显示了巨大的潜力，与癌症基因突变相关的合成致死相互作用筛选在药物研发中至关重要。尽管通过 RNAi 库和化合物库筛选出许多合成致死相互作用的药物，但是迄今为止仅有少数基于合成致死机制的药物进入临床研究，并且根据合成致死原理研发成功的药物也仅限于 PARP 抑制剂。目前，研究发现，在癌症治疗中具有较大潜力的合成致死相互作用主要有以下几种：K-*RAS* 基因与 *PLK1*(polo 样激酶 1)基因、*STK33*(serine/threonine kinase 33，丝氨酸/苏氨酸激酶 33)基因、*TBK1*(non-canonical IκB kinase TANK-binding kinase 1，非典型 IκB 激酶 TANK 结合激酶 1)基因以及 CDK4 基因都可能存在合成致死相互作用；*Myc* 基因与 *DR5*(死亡

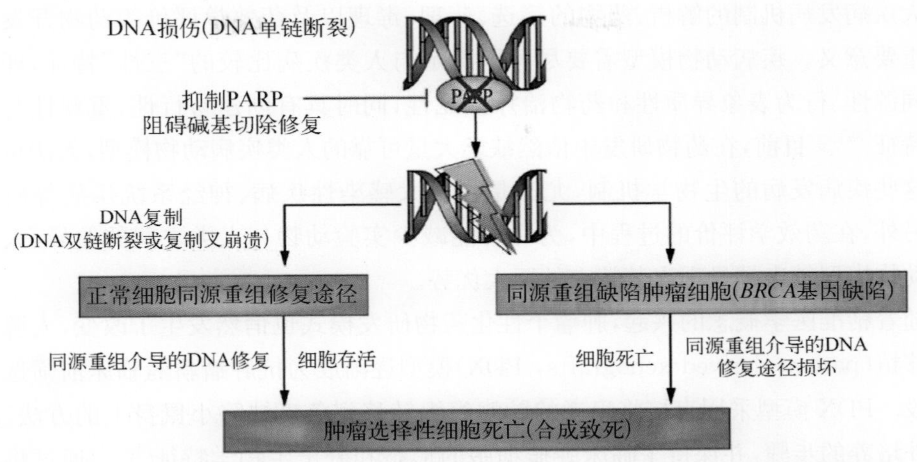

图 1-7 PARP 抑制剂对 *BRCA1*/*BRCA2* 基因缺陷性细胞的选择性合成致死作用
(图片修改自参考文献[37])

受体 5)基因以及 *CDK* 基因存在合成致死相互作用;*VHL* 基因可能与 *CDK6* 基因、*MET* 基因和 *MAP2K1* 基因存在合成致死相互作用。另外,在 DNA 损伤反应途径中,*PARP* 基因与 *BRCA* 基因存在合成致死相互作用,*MTH1* 基因与高水平的 *ROS* 基因之间也存在合成致死相互作用[36, 38]。

近来,分子生物学技术的发展极大地促进了合成致死作用的发现。例如,通过短发卡 RNA(short hairpin RNA, shRNA)和近期发展起来的 CRISPR-Cas9 基因编辑技术敲除或过度表达哺乳动物细胞中的特定基因更加容易;高通量筛选可用于筛选合成致死相互作用;使用化合物库替代 shRNA 库进行合成致死相互作用筛选具有更大的临床转化潜力等。然而,将合成致死应用于临床癌症治疗还存在诸多挑战。除了目前合成致死相互作用筛选技术本身的限制之外,遗传、表观遗传和微环境因素对合成致死相互作用均有影响,而且应用合成致死相关抗肿瘤疗法之后会产生耐药性,这些都在不同程度上增加了合成致死相关药物研发的难度。合理解决上述问题,对未来合成致死相关策略成功地应用于临床癌症治疗具有重大意义。

PARP 抑制剂在合成致死相关药物研发中已经迈出了重要的一步。合成致死相关药物研发向临床推进,将会进一步改善抗肿瘤药物在临床的应用。近年来,精准医疗理念逐步深入人心,个体测序技术迅速发展。受益于此,大力筛选合成致死相关基因,研发更多合适的药物以改善癌症药物治疗给患者带来的不良反应将成为可能。

1.3.3 新型动物模型与创新药物研发

疾病动物模型是创新药物研发过程中不可或缺的支撑条件。合适的动物模型对许多重大疾病发病机制的解析、药物的筛选、药理、毒理以及药效学评价等药物开发环节具有重要意义。疾病动物模型需要尽可能满足与人类疾病比较的“三性”特征，即发病机制同源性、行为表象异质性和药物治疗预见性，同时具有创建易行性、重现性与经济性的特征[39]。目前，在药物研发中依然缺乏大量可靠的人类疾病动物模型，无法更好地理解这些疾病发病的生物学机制，尤其是在重大感染性疾病、神经系统疾病等研究领域。另外，在药效学评价的过程中，为尽可能减少实验动物与人类之间的差异，人源化疾病动物模型越来越显现出其特有的巨大优势。

随着精准医学概念的兴起，肿瘤个性化药物研发模式也悄然发生了改变，人源肿瘤异种移植(patient-derived xenografts, PDX)模型逐渐成为抗肿瘤新药临床前筛选的重要手段。PDX 模型采用直接将患者的肿瘤组织转移到免疫缺陷小鼠身上的方法，减少了体外培养的步骤，并保持了临床肿瘤细胞的形态和分子生物学特征[40]。通过将抗肿瘤药物注入小鼠模型体内进行药效学研究，提高了药物的临床转化率，加快了新药研发的进程。与单纯的肿瘤细胞株相比，PDX 模型在药物的筛选与评价方面具有显著优势。美国国家癌症研究所(National Cancer Institute, NCI)已把 PDX 模型列为抗肿瘤新药临床前筛选的常规手段。

利用 PDX 模型筛选药物可以为肿瘤个性化用药提供指导。作为目前临床上最接近人体组织特征的肿瘤模型，PDX 模型可针对单一患者进行药物敏感性筛选，帮助临床医师选择最佳用药方案。由于很多恶性肿瘤患者的病情进展迅速，很难从 PDX 模型的药敏培养结果中获益，但是对一些癌症进程较慢的患者或者手术切除肿瘤组织患者的预后还是有一定的指导意义。此外，PDX 模型也可以用于生物标志物的发现。PDX 模型可以帮助将少量珍贵的临床样本快速扩大，以进行多重组学检测。在积累足够多的数据以后，通过生物信息学分析可以识别不同的肿瘤生物标志物及对应的药物靶标，助力新药研发。

大规模 PDX 模型结合 DNA 深度测序、转录组、蛋白质组等信息及生物信息学系统分析，极有可能带来抗肿瘤药物研发理念和应用策略的革新。目前，很多机构已开始建立自己的 PDX 模型库，PDX 模型将会在精准医疗时代得到广泛的应用。

1.4 小结与展望

过去 20 年，生命科学与技术的蓬勃发展为新药创制理念、模式与方法带来革命性的变化，见证了分子靶向药物、免疫疗法等领域创新药物研发的飞速进展。近年来，针对临床需求的突破性治疗药物的研发数量上升，但存在药物研发耗时长、成功率低下等不足，这是当下亟须解决的问题。在精准医疗和大数据的时代背景下，个性化药物的研发为创新药物发展创造了新的契机。第二代基因测序技术以及新型组学技术的发展为生物标志物的发现、药物靶点的筛选、新型动物模型的创建以及临床受试患者的分类奠定了坚实的技术基础。药物研发从传统的基于"疾病表型"的研发模式逐渐转向基于"疾病分子分型"的研发模式。这将进一步提高研发效率,缩短研发时间,降低研发成本。除此之外,精准医学的理念也为老药新用以及联合用药的快速开发提供了广阔的应用前景。

参考文献

[1] 刘昌孝.精准药学:从转化医学到精准医学探讨新药发展[J].药物评价研究,2016,39(1):1-18.

[2] U S Department of Health and Human Services, U S Food and Drug Administration. Paving the way for personalized medicine: FDA's role in a new era of medical product development[EB/OL]. http://wayback.archive-it.org/7993/20180125110554/https://www.fda.gov/downloads/ScienceResearch/SpecialTopics/PrecisionMedicine/UCM372421.pdf.

[3] 肖飞.转化医学是实现精准医学的必由之路——思考精准医学、循证医学及转化医学之间的协同关系[J].转化医学杂志,2015,4(5):257-260.

[4] 龚兆龙,林毅晖,袁泰昌,等.精准医学时代的抗肿瘤药物研发[J].药学进展,2017,41(2):97-100.

[5] 丁健.精准医疗时代的肿瘤药理学研究[J].药学进展,2015,39(10):721-722.

[6] 张佳博,徐佳熹.我国创新药研发模式与价值评估(Ⅰ)[J].药学进展,2016,40(11):835-847.

[7] Thomas D W, Burns J, Audette J, et al. Clinical development success rates 2006—2015[EB/OL]. https://www.bio.org/sites/default/files/legacy/bioorg/docs/Clinical%20Development%20Success%20Rates%202006-2015%20-%20BIO,%20Biomedtracker,%20Amplion%202016.pdf.

[8] Gridelli C, Rossi A, Carbone D P, et al. Non-small-cell lung cancer[J]. Nat Rev Dis Primers, 2015, 1: 15009.

[9] 陆国辉,许艺明,张巍.准确的基因变异解读和遗传咨询在罕见病精准医学中的重要作用[J].科技导报,2016,34(20):56-63.

[10] Ashley E A. Towards precision medicine[J]. Nat Rev Genet, 2016, 17(9): 507-522.

[11] Xie H G, Frueh F W. Pharmacogenomics steps toward personalized medicine[J]. Per Med, 2005, 2(4): 325-337.

[12] 曾婷,陈苏红,刘志红,等.华法林药物基因组学的研究推动其个体化医疗的进程[J].中国药理学与毒理学杂志,2009,23(2):146-151.

[13] Chizkov R R, Million R P. Trends in breakthrough therapy designation[J]. Nat Rev Drug Discov, 2015, 14(9): 597-598.

[14] U S Food and Drug Administration. 22 case studies where phase 2 and phase 3 trials had divergent results(2017)[EB/OL]. https://www.fda.gov/media/102332/download.

[15] 梁彩霞,石远凯,韩晓红.非小细胞肺癌靶向治疗耐药及对策的研究进展[J].中国新药杂志,2016,25(21):2466-2472.

[16] Thress K S, Paweletz C P, Felip E, et al. Acquired EGFR C797S mutation mediates resistance to AZD9291 in non-small cell lung cancer harboring EGFR T790M[J]. Nat Med, 2015, 21(6): 560-562.

[17] Pharmaceutical Research and Manufacturers of America. Researching Alzheimer's medicines: Setbacks and stepping stones(2015)[EB/OL]. http://phrma-docs.phrma.org/sites/default/files/pdf/alzheimers-setbacks-and-stepping-stones.pdf.

[18] 王旭东，鞠少卿. 新一代测序技术在肿瘤精准医学中的应用[J]. 中华临床实验室管理电子杂志，2015，3(3)：139-145.

[19] 吕薇薇，李施璇. 人类进入个体化医疗时代——全基因组测序支持治愈美国双胞胎多巴反应性肌张力障碍[J]. 遗传，2011，33(7)：694-694.

[20] 任思冲，周海琴，彭萍. 大数据挖掘促进精准医学发展[J]. 国际检验医学杂志，2015，36(23)：3499-3501.

[21] 李艳明，杨亚东，张昭军，等. 精准医学大数据的分析与共享[J]. 中国医学前沿杂志，2015，7(6)：4-10.

[22] Clayton T A, Lindon J C, Cloarec O, et al. Pharmaco-metabonomic phenotyping and personalized drug treatment[J]. Nature, 2006, 440(7087): 1073-1077.

[23] 周学灵，彭芳. 基于药物代谢组学的个体化医疗研究进展[J]. 医学综述，2017，23(6)：1166-1169.

[24] 葛纯，曹蓓，冯冬，等. 药物代谢组学研究进展[J]. 药学进展，2017，41(4)：245-253.

[25] Burt T, Nandal S. Pharmacometabolomics in early-phase clinical development[J]. Clin Transl Sci, 2016, 9(3): 128-138.

[26] 程雁，孙夕林，申宝忠. 分子成像技术在小分子酪氨酸激酶抑制剂开发中的应用[J]. 放射学实践，2015，30(6)：629-632.

[27] Mudd S R, Comley R A, Bergstrom M, et al. Molecular imaging in oncology drug development [J]. Drug Discov Today, 2017, 22(1): 140-147.

[28] Mankoff D A, Farwell M D, Clark A S, et al. Making molecular imaging a clinical tool for precision oncology: a review[J]. JAMA Oncol, 2017, 3(5): 695-701.

[29] 展鹏，王学顺，刘新泳. 新精准医疗背景下的分子靶向药物研究——精准药物设计策略浅析[J]. 化学进展，2016，28(9)：1363-1386.

[30] 郭宗儒. 从精准医学谈药物设计的微观结构[J]. 药学学报，2017，52(1)：71-79.

[31] Scott D E, Bayly A R, Abell C, et al. Small molecules, big targets: drug discovery faces the protein-protein interaction challenge[J]. Nat Rev Drug Discov, 2016, 15(8): 533-550.

[32] Lai A C, Crews C M. Induced protein degradation: an emerging drug discovery paradigm[J]. Nat Rev Drug Discov, 2017, 16(2): 101-114.

[33] Gadd M S, Testa A, Lucas X, et al. Structural basis of PROTAC cooperative recognition for selective protein degradation[J]. Nat Chem Biol, 2017, 13(5): 514.

[34] Consortium B. Quantitative comparison of DNA methylation assays for biomarker development and clinical applications[J]. Nat Biotechnol, 2016, 34(7): 726-737.

[35] Prahallad A, Bernards R. Opportunities and challenges provided by crosstalk between signalling pathways in cancer[J]. Oncogene, 2016, 35(9): 1073-1079.

[36] Geng X W, Wang X H, Zhu D, et al. Synthetic lethal interactions in cancer therapy[J]. Curr Cancer Drug Targets, 2017, 17(4): 304-310.

[37] Banerjee S, Kaye S B, Ashworth A. Making the best of PARP inhibitors in ovarian cancer[J]. Nat Rev Clin Oncol, 2010, 7(9): 508-519.

[38] 赵志栋，张海港. 合成致死作用在抗肿瘤药物筛选中的研究进展[J]. 中国新药杂志，2012，21(12)：1354-1357.

[39] 薛丽香，张凤珠，孙瑞娟，等. 我国疾病动物模型的研究现状和展望[J]. 中国科学：生命科学，2014，44(9)：851-860.

[40] 邱业峰，赵志兵，法云智. 人源性肿瘤异种移植的小鼠模型在肿瘤精准医学中的应用[J]. 实验动物科学，2016，33(4)：78-83.

2 丁基苯酞及其衍生物抗脑缺血的分子机制研究

脑卒中俗称“中风”，包括缺血性脑卒中和出血性脑卒中。前者也称为脑梗死，是指局部脑组织（包括神经细胞、胶质细胞和血管）因血液供应缺乏而发生的坏死；后者也称为脑出血，是指非外伤性脑实质内血管破裂引起的出血，发生原因主要与脑血管的病变有关。缺血性脑卒中在中老年人中已成为常见病。据报道，缺血性脑卒中已占全部脑卒中的70%～80%[1]。据全球疾病负担（Global Burden of Disease，GBD）研究发现，2013年全球急性缺血性脑卒中患者人数为689.3万。中国每年缺血性脑卒中的发病人数约为200万，它是我国城市人群死亡第1位和农村人群死亡第2位的原因。此外，它还造成大量患者身体残疾和生活不能自理，给社会及家庭均带来巨大的负担。因而，研究开发治疗缺血性脑卒中的药物是目前医药研发领域的重点课题之一。由于脑卒中的损伤机制较多且复杂，病理变化险恶，这给药物研发带来较多困难。

缺血性脑卒中的病理损伤首先表现为大脑或局部脑组织供血中断，短时间内造成急性缺氧、能量耗竭，立即引起缺血中心区部分脑组织损伤和一定的脑功能丧失。一般中心区脑组织的损伤是不可逆的。而且，中心区周边的组织随缺血时间的延长，也会逐渐坏死。这部分组织称为缺血半暗带，如抢救及时，尽快恢复供血，则缺血半暗带组织可以恢复正常。因而，急性缺血性脑卒中的治疗原则首先是抢救缺血半暗带组织，尽可能减小损伤部位，最大限度地保护脑功能[1]。其次，在缺血半暗带中也会出现缺血引起的级联反应，如能量耗竭引起的细胞膜上离子泵功能异常，细胞内钠离子和钙离子堆积、钾离子丢失，细胞外高钾，这些都会造成细胞膜电位升高、兴奋性和耗氧量增加；同时，增加的细胞内钙可以激活多种酶系统（如蛋白酶、酯酶等），引起组织蛋白损伤。细胞的兴奋性增加可进一步引起神经递质、炎症介质的释放，如兴奋性氨基酸的大量释放，引起兴奋性毒性、缺血损伤引起的胶质细胞激活，进而释放出大量的促炎性细胞因子。再次，缺血造成线粒体功能损伤，由此产生的氧自由基和细胞膜脂质过氧化均对细胞产生致命的损伤。

针对上述缺血性脑卒中引起的脑损伤，全球制药企业进行了多年的研究，先后开发候选新药上百种。尽管这些药的临床前研究结果很好，但除了溶栓药组织型纤溶酶原激活物(t-PA)以外，其他药在临床上的有效性均未得到证实[1]。其主要原因是脑卒中动物模型与临床患者之间存在巨大的差异。临床前研究一般选择健康、年轻的动物建立脑缺血动物模型，而临床患者多为中老年人，且多伴有高血压、动脉粥样硬化、糖尿病等与血管损伤有关的疾病，因而前、后两者在年龄、病因、病情、脑缺血部位、发病时间与用药历史等方面都有较大差别。但是在临床前药效研究中，实验动物的各方面条件基本一致，因而容易得出一致性的结果，显示明显的治疗效果[1]。因此，开发出对不同患者有效的抗脑卒中药物难度极大。

目前，临床上治疗急性缺血性脑卒中的药物 t-PA 一枝独秀，但由于它存在较窄的时间窗(约 3 h)并且易引起出血的问题，其使用受到限制。近来，基因重组的 t-PA(瑞替普酶、去氨普酶和替奈普酶)显示了更长的时间窗(5～6 h)和较低的出血率，已在临床上广泛使用。但由于就诊时间、患者年龄、病情与用药史等情况复杂，我国城市急性缺血性脑卒中患者中仅有 5%左右可以进行溶栓治疗，而绝大部分患者只能用其他药物治疗。上文已经提到，虽然除了 t-PA 以外，其他药物并没有被证明在临床上有广泛的有效性，但由于临床需求巨大，其他药物仍然出现遍地开花的情况。因而，现在迫切需要针对急性脑缺血损伤的不同病理环节，设计开发治疗急性脑卒中的多靶点药物，使更多的患者受益。丁基苯酞(3-n-butylphthalide，NBP)及其第二代新药候选物羟基戊基苯甲酸钾[potassium 2-(1-hydroxypentyl)-benzoate，PHPB]就是这些药物的代表。

2.1 丁基苯酞及其衍生物抗脑缺血的药理作用机制

20 世纪 70 年代，中国医学科学院药物研究所杨峻山教授等对芹菜的有效成分进行了系统研究，分离出左旋 NBP，并进行抗癫痫研究。由于直接提取的药源有限，1980 年杨靖华教授合成了消旋 NBP，但因其未能发展成抗癫痫药物而被放弃。20 世纪 80 年代末期，冯亦璞教授基于脑缺血和癫痫均有神经元损伤的特点，在多种动物模型上观察了 NBP 对脑缺血的药理学作用，发现其效果良好，并且优于现有的治疗急性缺血性脑卒中药物，从而开始系统地研究开发。1993 年，冯亦璞教授团队完成了 NBP 的临床前研究并申请了专利。1996 年，NBP 被批准进入临床研究。1996—2002 年，NBP 在北京协和医院完成了Ⅰ～Ⅲ期临床试验。试验结果表明，药物组有效率为 85%，对照组有效率为 59%。2002 年 9 月，NBP 获得国家药品监督管理局颁发的新药证书和试生产药品批准文号批件。NBP 于 1999 年被转让给石药集团。2003 年，为实现丁基苯酞产业化，石药集团投资兴建了石药集团恩必普药业有限公司，完成了科研成果向生产的转化。2005 年 2 月，丁苯酞软胶囊获得正式生产批件，随后扩大市场销售，商品名为恩必普。2005 年 8 月，该药完成 2 050 例Ⅳ期临床研究。2005 年，该药已被收录入《中国脑血管病防治指南》。目前，NBP 已经广泛用于治疗急性脑缺血患者，临床效果良好，年销售额已经超过10亿元人民币。在NBP的基础上，王晓良和杨靖华教授又研发第二代产品PHPB。PHPB是NBP内酯环开环的产物，为NBP的前药。PHPB为固体结晶，易于大量制备；而且，PHPB易溶于水，可制成固体制剂（片剂、颗粒剂及硬胶囊剂等）和针剂（水针剂或冻干粉针剂），特别是静脉注射剂可用于重症和不能口服给药的患者或作为抢救之用。PHPB及其制备和用途已经获得国内专利（专利号为ZL1382682A），同时还申请了国际专利。专利保护范围包括物质、制备和用途，知识产权保护比较完整。2008年，研究人员完成PHPB的临床前研究并申报临床试验；2009年，PHPB被批准进入临床研究；目前，PHPB的Ⅱ期临床试验正在进行（见图2-1）。

PHPB　　　　NBP

$C_{12}H_{15}O_3K$（分子量：246.4）　　$C_{12}H_{14}O_2$（分子量：190.2）

图2-1　PHPB和NBP的结构式

2.1.1　丁基苯酞抗脑缺血的药理作用机制

2.1.1.1　缩小局部脑缺血后脑梗死体积和改善神经功能缺失

采用开颅结扎法（Tamura法）施行大鼠大脑中动脉闭塞（middle cerebral artery occlusion，MCAO）术形成局部脑缺血，于术前或术后不同时间给药，并于术后24 h测量脑梗死体积并进行神经功能缺失评分，以观察药物的治疗作用。结果表明，NBP对脑梗死体积有明显缩小的作用，可减轻神经功能损伤的症状[2]。

2.1.1.2　明显改善全脑缺血后脑能量代谢

腺苷三磷酸（ATP）是脑内的主要能量来源，而磷酸肌酸是ATP在脑中的一种储能形式。在脑缺氧缺血时ATP和磷酸肌酸急剧耗竭，而且细胞在进行无氧酵解时产生了过量的乳酸，因而导致神经元功能严重受损。全脑缺血的小鼠脑内乳酸含量上升，ATP和磷酸肌酸水平下降。口服NBP可增加脑内ATP和磷酸肌酸的水平，并降低乳酸含量，提示NBP具有改善脑能量代谢的作用[2]。

2.1.1.3　减轻局部脑缺血后脑水肿

脑组织缺氧缺血使能量耗竭，导致细胞膜功能受损，不能维持细胞膜内外跨膜的离子梯度，进而引起脑组织水肿，以及Na^+堆积和K^+浓度下降，严重损伤神经元功能或导致神经元死亡。局部脑缺血大鼠脑水肿显著，脑内K^+含量明显下降，Na^+含量明显升高。口服NBP后，大鼠脑含水量显著降低，K^+含量明显升高，Na^+含量则明显下降。上述结果表明NBP能降低脑缺血性脑水肿，能抑制水进入脑组织和Na^+的堆积，减少K^+

的丢失，从而减轻脑水肿[2]。

2.1.1.4 明显改善缺血区脑血流

在正常生理条件下，脑血管不断地将氧和营养物质传递给脑细胞，然而在局灶性脑缺血期间，这种状态被打乱甚至完全阻断。研究发现，在 NBP 预处理(20 mg/kg，腹腔注射)组中，在大脑中动脉闭塞后 60 min、120 min 和 180 min 测得的区域血流量分别增加 107%、211%和 370%；同样，在蛛网膜下腔出血模型中，也显示 NBP 有增加脑血流的作用。NBP 对脑血流量的增强作用主要与血管舒张有关，它可升高内皮细胞、神经元和神经胶质细胞中一氧化氮(nitric oxide, NO)的水平，NO 是一种半衰期很短的强效血管扩张剂，在脑缺血发生中起重要作用。研究显示，NBP 可以增加一氧化氮合酶(nitric oxide synthase, NOS)的活性和细胞外 NO 的产生，从而改善脑循环，并恢复缺血半暗带的氧气和营养供应[2]。

2.1.1.5 抑制血小板聚集和血栓形成

在大脑缺血期间，磷脂经磷脂酶 A_2 分解释放出大量花生四烯酸(arachidonic acid, AA)，花生四烯酸可以在环氧合酶的作用下生成前列腺素 I_2(prostaglandin I_2, PGI_2，即前列环素)和血栓烷 A_2(thromboxane A_2, TXA_2)。前列腺素 I_2 是具有抗血小板聚集作用的血管扩张剂，而血栓烷 A_2 可以促血小板聚集并诱导血管收缩。前列腺素 I_2 和血栓烷 A_2 之间的平衡紊乱是导致血栓形成和血管痉挛等病理状态的主要原因。NBP 可以下调磷脂酶 A_2 的表达，抑制大鼠大脑中动脉闭塞后大脑皮质中花生四烯酸的释放。NBP 也可显著提高再灌注后前列腺素 I_2/血栓烷 A_2 的比值，这可能对改善缺血后脑组织受损的微循环有益。此外，NBP 还是一种有效的抗血小板药物，主要通过抑制磷脂酶 A_2 介导的血栓烷 A_2 合成和血小板中 5-羟色胺(5-hydroxytryptophamine, 5-HT)的释放，以及在体外剂量依赖性地增加环磷酸腺苷(cyclic adenosine monophosphate, cAMP)的水平，防止血小板聚集和血栓形成[3]。

2.1.1.6 改善局部脑缺血后记忆障碍

脑缺血、缺氧引起神经元严重损伤，神经元的功能受损，这是脑卒中或其他脑缺血性疾病引起后遗症的主要原因。通过建立局部脑缺血动物模型，使其出现记忆障碍，并采用穿梭箱实验，观察到 NBP 有很明显的改善局部脑缺血引起记忆障碍的作用。经过系统的抗血管性痴呆的临床前研究，2016 年经国家食品药品监督管理总局批准 NBP 抗血管性痴呆新适应证的临床研究开始。

2.1.2 羟基戊基苯甲酸钾抗脑缺血的药理作用机制

2.1.2.1 羟基戊基苯甲酸钾减少脑缺血后神经行为损伤和脑梗死体积

PHPB 口服或静脉注射给药都可以显著减小大脑中动脉闭塞大鼠模型的脑梗死体积，而且具有明显的剂量-效应关系。PHPB 大剂量口服给药(129.5 mg/kg)对脑梗死体积的改善作用与相同摩尔剂量的 NBP 基本相同，PHPB 和 NBP 处理后的梗死体积分别为 13.6%和 14.7%；而 PHPB 大剂量静脉注射给药(12.9 mg/kg)对脑梗死体积的改善作用则略微优于相同摩尔剂量的 NBP，PHPB 和 NBP 处理后的梗死体积分别为 13.7%和 16.3%，但两者之间没有显著性差异(见图 2-2)[4]。PHPB 对大脑中动脉闭塞大鼠模型中神经行为损伤的保护作用与减少脑梗死体积作用的结果一致。

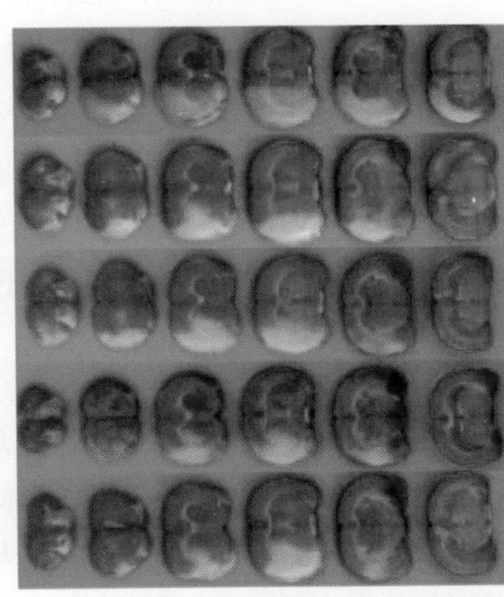

图 2-2　PHPB 和 NBP 减少脑缺血大鼠脑梗死体积

2.1.2.2　羟基戊基苯甲酸钾减轻脑缺血后脑水肿

应用血管内线栓法造成大鼠暂时性局部脑缺血模型，通过测定脑含水量的改变，观察 PHPB 对缺血再灌注造成脑水肿的治疗作用。结果发现缺血 2 h 再灌注 24 h 后，缺血侧脑半球含水量从 79.34% 上升为 82.86%，通过静脉注射给予 PHPB 后，可以剂量依赖性地抑制脑水肿的发生，在大剂量给药时缺血侧脑半球含水量进一步下降为 80.67%。上述结果提示 PHPB 可以显著减轻缺血再灌注造成的脑水肿[4]。

2.1.2.3　羟基戊基苯甲酸钾改善脑缺血期间局部脑血流

在大脑中动脉闭塞大鼠模型中，研究人员应用激光多普勒血流仪(laser Doppler flowmeter，LDF)方法测定大鼠皮质上大脑中动脉投射区的局部脑血流。研究发现，当大脑中动脉阻断后血流数值迅速下降，再灌注后有一定程度的恢复；静脉注射给予 PHPB 可以显著改善缺血期间脑血流的下降，且对再灌注期间脑血流的影响不大[4]。上述结果提示 PHPB 对脑缺血造成的脑血流下降有直接的改善作用，也是其治疗缺血性脑损伤的重要基础。

2.1.2.4　羟基戊基苯甲酸钾抑制血小板聚集和血栓形成

应用体外诱导血小板聚集实验以及在体动静脉旁路血栓形成实验，发现 PHPB 口服给药后 60 min 时 PHPB 对血小板聚集的抑制作用最强；大剂量口服 PHPB(129.5 mg/kg)对 ADP、花生四烯酸、胶原诱导血小板聚集的抑制率分别为 26%、20%和 12%，与相同摩尔剂量 NBP 的作用相似，没有显著差异。PHPB 静脉注射给药后 30 min 时 PHPB 对血小板聚集的抑制作用最强；大剂量静脉注射 PHPB(12.9 mg/kg)对 ADP、花生四烯酸、胶原诱导血小板聚集的抑制率分别为 30%、25%和 19%，与相同摩尔剂量 NBP 的作用非常接近。在血栓形成实验中，PHPB 可以剂量依赖性地抑制动静脉旁路中血栓的形成，在相同剂量条件下其作用强度与 NBP 和阿司匹林基本相当[5]。研究结果提示，PHPB 可以抑制多种因素诱导的血小板聚集和实验性血栓形成，这是 PHPB 用于急性脑缺血治疗和脑卒中二级预防的重要依据。

2.2 丁基苯酞及其衍生物保护神经元、抗凋亡的分子机制

2.2.1 丁基苯酞及其衍生物与线粒体相关的抗凋亡机制

脑缺血时主要通过内源性(线粒体相关)和外源性(Fas 等肿瘤坏死因子受体超家族成员和配体相关)途径引发细胞凋亡。外源性途径是由死亡受体介导的，其启动由胱天蛋白酶 8(caspase-8)激活引发。当各种信号刺激细胞色素 C 从线粒体释放时，内源性途径被激活。两种途径最终导致胱天蛋白酶 3 激活，引发维持细胞存活至关重要的蛋白质降解。线粒体的主要生理功能之一是通过氧化磷酸化合成 ATP。由于神经元传导大量神经冲动，大脑的能量消耗占身体基础代谢的 25%。相应地，线粒体在神经元细胞中的数量非常多。许多研究表明，线粒体是缺氧或缺血性损伤的主要靶点，它在细胞能量代谢以及凋亡调控过程中都处于中心地位。由脑缺血引发的一系列生理生化改变如能量障碍(ATP 供应不足)、自由基异常增加和细胞内钙超载，都可以直接造成线粒体结构和功能的改变，并导致脑组织(神经元)进一步损伤，包括线粒体呼吸功能受损、氧化磷酸化脱偶联，引起能量障碍加剧或耗竭；线粒体电子传递链中电子漏激增，活性氧自由基大量产生，继发一系列细胞毒作用；线粒体膜的通透性改变，引起与凋亡相关的蛋白质包括细胞色素 C、第二线粒体源胱天蛋白酶激活物(second mitochondria-derived activator of caspases, Smac，存在于线粒体并调节细胞凋亡)、凋亡诱导因子(apoptosis-inducing factor, AIF)、胱天蛋白酶激活的脱氧核糖核酸酶(caspase-activated deoxyribonuclease, CAD)、核酸内切酶 G(endonuclease G)等释放，最终引起细胞凋亡发生。NBP 和 PHPB 都能通过改善线粒体功能发挥减少神经元凋亡的作用。

2.2.1.1 丁基苯酞与线粒体相关的抗凋亡机制

轻、中度暂时性脑缺血损伤所致的神经细胞迟发性死亡是一种凋亡性死亡，而重度脑缺血损伤所致的细胞死亡是直接坏死。已在局部脑缺血及全脑缺血啮齿类动物中检

测到细胞凋亡的生化及形态学特征如细胞质皱缩、染色质固缩和 DNA 片段化等。在大脑中动脉闭塞大鼠模型上，缺血 2 h 后再灌注 0.5 h 即有凋亡细胞形成，24～48 h 达高峰。发生凋亡的细胞大部分为神经元（90%～95%），还有一些星形胶质细胞（5%～10%），少数为内皮细胞（小于 1%）。产生凋亡的部位主要在梗死区的边缘，其他部位也有散在的凋亡细胞。

在暂时性脑缺血大鼠模型上，发现缺血 2 h 后再灌注 24 h 溶剂对照组可见大量末端脱氧核苷酸转移酶介导的 dUTP-生物素缺口末端标记（terminal deoxynucleotidyl transferase-mediated dUTP-biotin nick end labeling，TUNEL）阳性细胞，并且主要位于皮质及尾状核梗死区的边缘，尤以尾状核的内侧边缘部位最多，NBP 能够明显地降低皮质及尾状核区 TUNEL 阳性细胞数。利用琼脂糖凝胶电泳的方法可观察染色体 DNA 断裂的形式。在细胞凋亡过程中由于核酸内切酶激活，染色质在核小体连接部位被打断，形成长度为 180～200 bp 整数倍的 DNA 片段，电泳时可出现 DNA 梯状条带（DNA ladder），其深浅与凋亡程度有关。假手术组无 DNA 梯形条带，缺血 2 h 后再灌注 24 h 溶剂对照组可见明显的 DNA 梯状条带，在低分子量范围（25～700 bp）内尤其明显。同时还可看到一拖影（smear），为 DNA 随机断裂生成，在一定程度上反映了细胞坏死的情况。给予 NBP 后，DNA 梯状条带及拖影均明显变浅。

1）丁基苯酞对脑缺血线粒体电子传递链复合酶和电子传递链的影响

线粒体是 ATP 产生的主要部位。大多数细胞的能量是通过氧化磷酸化产生的。该过程需要一系列位于线粒体内膜内的电子传递链复合酶（复合物Ⅰ～Ⅴ）的催化。电子传递链由 5 种酶复合物组成。复合酶Ⅳ在大鼠大脑中动脉闭塞后 1 h 从 0.167 μmol/(mg·min) 急剧下降到 0.09 μmol/(mg·min)，直到再灌注 3 h 才恢复至正常水平。5 mg/kg NBP 可明显改善局部缺血引起的复合酶Ⅳ的减少，并且 10 mg/kg NBP 可提升复合酶Ⅳ到 0.192 μmol/(mg·min)。在培养的原代神经元上，1 μmol/(mg·min) NBP 可抑制 6 h 氧-糖剥夺（oxygen-glucose deprivation，OGD）引起的复合酶Ⅳ的降低。此外，在小鼠完全脑缺血模型中，10 mg/kg NBP 可分别提升磷酸肌酸的水平 1.5 倍，提升 ATP 的水平 2 倍。因此，NBP 可能直接上调线粒体电子传递链复合酶的活性，提升氧的利用以及细胞内的能量合成，并最终减轻缺血性脑损伤。

2）丁基苯酞对线粒体膜结构和功能的影响

线粒体膜电位（mitochondrial membrane potential）和线粒体膜流动性（mitochondrial membrane fluidity）是线粒体生理功能的两个主要指标。在人脐静脉内皮细胞和原代培养神经元的氧-糖剥夺模型中，线粒体膜电位和线粒体膜流动性均显著受损，10 μmol/L NBP 可有效抑制氧-糖剥夺诱导低氧诱导因子 1α（hypoxia-inducible factor 1α，HIF-1α）增强。NBP 还可以抑制线粒体膜流动性的降低。在大脑中动脉闭塞后 1 h 大鼠中，线粒体膜的微黏度从 2.736 增加到 3.499。然而，在 5 mg/kg NBP 预处理组中，线粒体膜的微黏度可保持不高于 2.789。此外，NBP 还可以防止线粒体肿胀、压裂和空泡化。

3）丁基苯酞对线粒体 ATP 酶活性的影响

ATP 酶在维持细胞内离子稳态中起重要作用，缺血性损伤可强烈干扰它们的活性。大鼠大脑中动脉闭塞 2 h，可引起线粒体 Ca^{2+}-ATP 酶、Na^{+}/K^{+}-ATP 酶和 Mg^{2+}-ATP 酶的活性急剧下降，而 5 mg/kg NBP 可以分别有效地将它们的水平提高到 2 倍、1.4 倍和 1.4 倍。通过体外研究进一步证实，1 μmol/L NBP 可维持原代培养神经元氧-糖剥夺模型中 ATP 酶的水平。

4）丁基苯酞对脑缺血氧化损伤的影响

活性氧（reactive oxygen species，ROS）是维持细胞生理功能的重要信号分子。它可以调节很多蛋白激酶的活性，包括受体酪氨酸激酶（receptor tyrosine kinase，RTK）、蛋白激酶 C（protein kinase C，PKC）和丝裂原激活的蛋白激酶（mitogen-activated protein kinase，MAPK），还可以调节关键转录因子的活性，如活化蛋白-1（activator protein-1，AP-1）和核因子 κB（nuclear factor-κB，NF-κB）。在脑缺血的病理生理学中，氧化应激引发了一系列复杂的生物化学级联反应，最终加速了脑卒中的进展。在脑缺血或再灌注期间产生大量 ROS，可氧化细胞成分（如脂质、蛋白质和 DNA），并导致细胞损伤和随后的细胞死亡。增加的 ROS 也可导致内皮和线粒体功能障碍，包括线粒体内膜完整性的破坏、线粒体的去极化、线粒体电子传递链的抑制、线粒体通透性转换孔的开放和细胞内钙稳态的破坏。此外，ROS 本身也可触发凋亡信号通路，导致缺血性损伤后细胞死亡。此外，ROS 还可增加炎症介质的表达。在大脑中动脉闭塞大鼠模型脑缺血过程中应用 NBP，可观察到 NBP 的多种抗氧化作用。

（1）丁基苯酞对抗氧化酶活性和脂质过氧化的影响。在生理上，ROS 是不断产生的，是通过内源性抗氧化防御机制达到平衡状态的，但这一平衡会被脑缺血所破坏。脑缺血/再灌注 ROS 的主要来源是线粒体电子传递链、还原型烟酰胺腺嘌呤二核苷酸磷酸（reduced nicotinamide adenine dinucleotide phosphate，NAPDH）氧化酶和黄嘌呤氧化酶（xanthine oxidase，XO）。在 ATP 降解过程中，XO 将次黄嘌呤氧化成黄嘌呤，伴随着大量副产物产生，如超氧化物阴离子等，这些副产物可以转化为过氧化氢以及羟自由基。经实验证实，在四血管阻塞大鼠中，NBP 可以剂量依赖性地抑制嘌呤代谢物如腺苷、肌苷、次黄嘌呤和黄嘌呤，其中次黄嘌呤降低最甚，从 5.41 nmol/mL 降至 1.24 nmol/mL。NBP 对 XO 的活性也有显著的抑制作用。此外，NBP 在大脑中动脉闭塞大鼠模型中还可以有效地下调脂质过氧化的最终产物丙二醛（malondialdehyde，MDA）的含量，同时上调 *L*-谷胱甘肽（glutathione，GSH）和超氧化物歧化酶（superoxide dismutase，SOD）的水平。

（2）丁基苯酞对核因子 E2 相关因子 2（nuclear factor-erythroid 2-related factor 2，

Nrf2)的调节作用。Nrf2 是氧化应激的关键调节因子。在正常生理条件下，Nrf2 与细胞溶质蛋白 Keap1 结合，处于无活性状态。然而，氧化还原刺激引发 Nrf2 的活化，其随后转移到核内，与抗氧化反应元件(antioxidant response element，ARE)结合，从而启动下游Ⅱ相解毒酶及抗氧化蛋白基因的转录，提高细胞的抗氧化能力。Nrf2 调控的抗氧化酶系统主要有：氧化还原调节系统，包括超氧化物歧化酶、过氧化氢酶(catalase，CAT)、硫氧还蛋白(thioredoxin，TRX)、过氧化物氧化还原酶(peroxiredoxin，Prdx)；谷胱甘肽合成和代谢系统，包括谷胱甘肽过氧化物酶(glutathione peroxidase，GPx)、谷胱甘肽还原酶(glutathione reductase，GR)、谷氨酸半胱氨酸连接酶(glutamate cysteine ligase，GCL)和谷氨酰胺半胱氨酸合成酶(glutamine cysteine synthetase，GCS)；醌循环，包括 NAD(P)H：醌氧化还原酶[NAD(P)H：quinone oxidoreductase 1，NQO1]；铁稳态，包括血红素加氧酶-1(heme oxygenase-1，HO-1)和铁蛋白(ferritin)。缺乏 Nrf2 可导致皮质星形胶质细胞和神经元对氧化应激更敏感。此外，还有研究显示，Nrf2 的激活可以对永久性脑缺血发挥神经保护作用。最近的一项研究表明，在大脑中动脉闭塞大鼠模型中，NBP 可显著上调皮质中核因子 Nrf2 的表达，这一结果表明 NBP 治疗可诱导激活 Nrf2。此外，在一氧化碳(CO)诱导的脑损伤大鼠模型中，在给予 NBP 治疗后 1 d、3 d 和 7 d，Keap1 和 Nrf2 的表达显著上调，这一结果提示 NBP 的神经保护作用可能与 Keap1-Nrf2-ARE 信号通路的活化有关。

5）丁基苯酞对凋亡相关信号通路的影响

NBP 可显著减弱大脑中动脉闭塞大鼠缺血半暗带细胞中凋亡诱导因子和细胞色素 C 的释放。NBP 还可分别下调胱天蛋白酶 9 和胱天蛋白酶 3 的水平。此外，已经证实，促凋亡的 Bax 和抗凋亡的 BCL-2 水平之间的平衡在凋亡过程中起关键作用。NBP 显著增加了全脑缺血再灌注损伤后蒙古沙鼠海马组织中 BCL-2/Bax 的比值。上述研究结果表明，NBP 治疗可以抑制线粒体释放凋亡诱导因子，从而阻止缺血再灌注后线粒体依赖的细胞凋亡级联反应。

c-Jun 氨基端激酶(c-Jun N-terminal kinase，JNK)是 MAPK 家族的成员，与细胞凋亡密切相关，可被包括缺血在内的许多因素激活。一旦激活，JNK 将磷酸化与凋亡相关的各种转录因子和细胞蛋白，包括 BCL-2、p53 等。NBP 可以通过抑制 JNK 的磷酸化以及两种重要的下游蛋白 FasL 和 c-Jun 的激活降低短暂性脑缺血大鼠海马 CA1 区锥体神经元的凋亡。此外，NBP 还可以减少再灌注期间磷酸化的 BCL-2 的增加，从而抑制胱天蛋白酶 3 诱导的细胞凋亡。NBP 可在体内外下调 JNK 磷酸化和 p38 介导的凋亡信号。钙调神经磷酸酶和钙蛋白酶的激活可以改变染色体的结构，激活核酸内切酶，诱导 DNA 断裂，最终导致缺血性神经元的凋亡。NBP 可抑制局灶性脑缺血大鼠钙调神经磷酸酶和钙蛋白酶的活性，同时阻止低氧低糖后大鼠皮质神经元的 DNA 断裂，减弱其形态学变化。

2.2.2 羟基戊基苯甲酸钾与线粒体相关的抗凋亡机制

2.2.2.1 羟基戊基苯甲酸钾对局部脑缺血大鼠脑线粒体膜电位的影响

以线粒体对荧光染料罗丹明 123（rhodamine 123）的摄取速率和摄取量表示线粒体膜电位的大小，观察 PHPB 对线粒体膜电位的影响，发现大脑中动脉闭塞大鼠模型缺血 2 h 后再灌注 24 h，线粒体膜电位显著下降，通过静脉注射给予 PHPB 后，线粒体对罗丹明 123 的摄取率明显恢复，并有一定的剂量-效应关系。相同剂量的 PHPB 和 NBP 作用强度基本相当，说明 PHPB 可以显著改善局灶性脑缺血再灌注对大鼠脑线粒体膜电位的损伤（见图 2-3）。

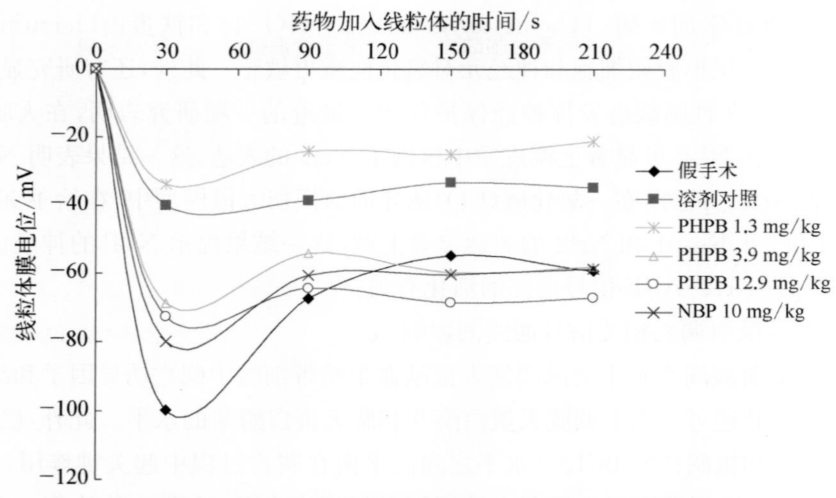

图 2-3 PHPB 对局灶性脑缺血大鼠脑线粒体膜电位的影响

2.2.2.2 羟基戊基苯甲酸钾对局部脑缺血大鼠脑线粒体膜 ATP 酶活性的影响

大脑中动脉闭塞大鼠模型缺血 2 h 后再灌注 2 h 或再灌注 24 h，线粒体 ATP 酶的活性都显著下降，特别是纹状体中酶的活性下降更加明显。通过静脉注射给予 PHPB 后，可以剂量依赖性地改善 ATP 酶的活性下降。

2.2.2.3 PHPB 对局部脑缺血大鼠脑线粒体电子传递链复合酶 Ⅰ、Ⅱ、Ⅳ 活性的影响

大脑中动脉闭塞大鼠模型缺血再灌注后线粒体电子传递链复合酶 Ⅰ、Ⅱ 的活性变化不大，而复合酶Ⅳ的活性则显著下降，特别是纹状体中的酶活性下降更加显著，通过静脉注射给予 PHPB 后，可以剂量依赖性地升高复合酶Ⅳ的活性（见图 2-4）。

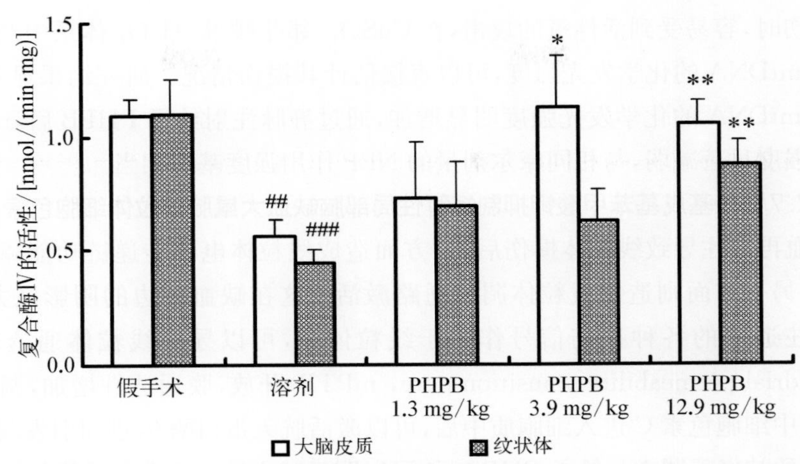

图 2-4 PHPB 对短暂性脑缺血大鼠脑电子传递链复合酶Ⅳ的影响

##为 $P<0.01$,###为 $P<0.001$(与假手术组相比);*为 $P<0.05$,**为 $P<0.01$(与溶剂组相比)。

2.2.2.4 羟基戊基苯甲酸钾对局部脑缺血大鼠脑线粒体丙酮酸脱氢酶和 KGDHC 活性的影响

丙酮酸脱氢酶(pyruvate dehydrogenase, PDH)和 α-酮戊二酸脱氢酶复合物(α-ketoglutarate dehydrogenase complex, KGDHC)是三羧酸循环中的关键酶。大脑中动脉闭塞大鼠模型缺血 2 h 后再灌注 2 h,缺血侧皮质中线粒体 PDH 和 KGDHC 的活性显著降低,再灌注 24 h 后两种酶的活性进一步降低。通过静脉注射给予 PHPB 可以剂量依赖性地升高酶的活性,从而保护三羧酸循环的正常进行,改善线粒体的能量代谢。

2.2.2.5 羟基戊基苯甲酸钾对局部脑缺血大鼠脑线粒体氧化损伤和自由基产生系统的影响

线粒体是体内自由基生成的重要部位。当脑缺血发生时,诱发的胞内钙超载等损伤信号可直接作用于线粒体,导致线粒体功能受损(三羧酸循环障碍、电子传递链功能障碍、电子传递链和氧化磷酸化解偶联),ROS 生成大幅度增加;同时,自由基清除系统受损,抗氧化酶活性降低,进而造成一系列细胞和线粒体的毒性损伤。给予 PHPB 后,可以剂量依赖性地改善脑缺血再灌注造成的线粒体中抗氧化酶活性降低,减少氧自由基的生成和脂质过氧化物丙二醛(malondialdehyde, MDA)的含量,从而缓解缺血再灌注后线粒体的氧化应激状态。

2.2.2.6 羟基戊基苯甲酸钾对局部脑缺血大鼠脑线粒体 DNA 氧化损伤的影响

脑缺血再灌注可以造成线粒体结构和功能的损伤,其中线粒体 DNA(mitochondrial DNA, mtDNA)的损伤尤其引人关注。因为 mtDNA 是细胞中除核 DNA 以外的又一重要遗传物质,它的损伤或变异将直接造成细胞遗传性状的改变。当 mtDNA 出现损伤或潜在损伤时，容易受到活性氧的攻击，在 $CuSO_4$-邻菲啰啉-H_2O_2 体系中产生化学发光。测定 mtDNA 的化学发光强度，可以直接估计其损伤情况。研究结果显示，脑缺血再灌注后 mtDNA 的化学发光强度明显增加，通过静脉注射给予 PHPB 后，mtDNA 的化学发光强度显著减弱，与相同摩尔剂量的 NBP 作用强度基本相当。

2.2.2.7 羟基戊基苯甲酸钾抑制短暂性局部脑缺血大鼠脑线粒体细胞色素 C 的释放

脑缺血再灌注导致线粒体损伤后，一方面造成线粒体电子传递链功能障碍和能量代谢障碍，另一方面则造成线粒体凋亡通路激活。这在缺血周边的阴影区尤为重要。缺血再灌注造成的各种损伤信号作用于线粒体后，可以导致线粒体通透转运孔道(mitochondrial permeability transition pore, mPTP)开放，膜通透性增加，凋亡相关蛋白释放，其中细胞色素 C 进入细胞质中后，可以激活胱天蛋白酶 9，进而引发凋亡级联反应，最终导致神经元凋亡。给予 PHPB 后，可以明显减少缺血再灌注后线粒体释放细胞色素 C，从而缓解凋亡损伤发生(见图 2-5)。

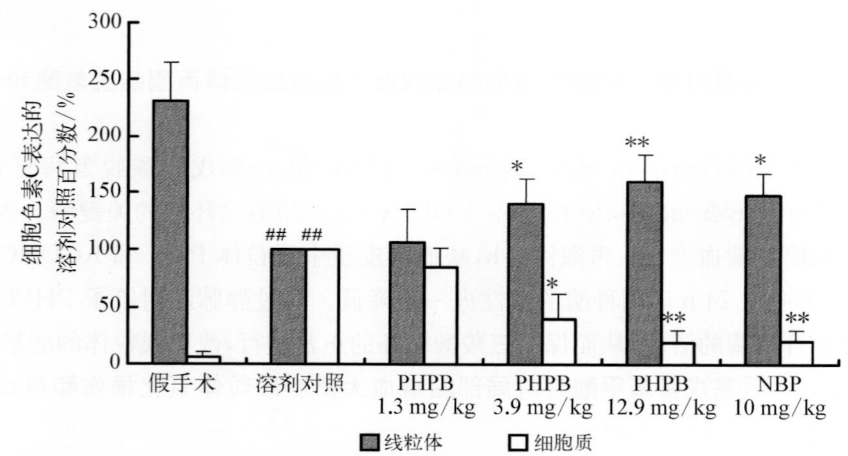

图 2-5 PHPB 减少短暂性脑缺血大鼠脑内细胞色素 C 的释放

2.2.3 丁基苯酞及其衍生物抗神经炎症损伤的机制

神经系统炎症主要是中枢神经系统应对损伤及疾病所引起的一系列炎症反应。在急性神经炎症中，小胶质细胞被激活，吞噬坏死细胞，并释放前炎症细胞因子和趋化因子来抑制损伤的发展。然而，当神经炎症转化为慢性炎症时，激活的前炎症细胞因子信号通路和增加的氧化应激能产生具有神经毒性的炎症介质，引起附近神经元死亡。神经炎症现在被公认为是影响脑缺血病程发展的机制之一。

缺血性级联反应的所有阶段均涉及炎症。在缺血性脑组织的内皮细胞表面，细胞间黏附分子 1(intercellular cell adhesion molecule, ICAM-1)、P-选择素(P-selectin)和

E-选择素等黏附分子的表达均上调，调节白细胞黏附至血管内皮，迁移到梗死区域。在急性缺血性脑卒中中，肿瘤坏死因子-α(tumor necrosis factor-α, TNF-α)、白细胞介素(interleukin, IL)-1β、IL-6、IL-10、IL-20 和转化生长因子-β(transforming growth factor-β, TGF-β)均上调。IL-1β 和 TNF-α 可能加重脑损伤，而 TGF-β 和 IL-10 具有神经保护作用。脑卒中后大鼠缺血性皮质中 TNF-α 的水平升高。NBP 可以抑制大脑中动脉闭塞大鼠模型中 ICAM-1 和 TNF-α 的增加，并减弱由缺氧/复氧或 IL-1 诱导的中性粒细胞-内皮细胞黏附。在脂多糖(lipopolysaccharide, LPS)诱导的星形胶质细胞活化的体外大鼠模型中，NBP 可提高肝细胞生长因子(hepatocyte growth factor, HGF)水平，并抑制 TLR4 激活，这一结果提示 NBP 治疗通过抑制 HGF 调节的 TLR4/NF-κB 相关炎症反应减轻脑损伤。

在采用 LPS 腹腔注射小鼠模型中，PHPB 能明显降低脑内和血浆中促炎性细胞因子 TNF-α、IL-1β、IL-6 和 IL-10 的水平，减少皮质、海马及血浆中诱导型一氧化氮合酶(inducible nitric oxide synthase, iNOS)的含量(见图 2-6)。PHPB 能显著降低小胶质细胞标记物 Iba1 在皮质和海马组织中的表达，改善小胶质细胞的活化，同时明显降低海马中星形胶质细胞的活化。LPS 能显著增加皮质和海马中磷酸化细胞外信号调节激酶(extracellular signal-regulated kinase, ERK)、磷酸化 JNK、磷酸化 p38 蛋白的表达水平，PHPB 能同时下调这 3 个蛋白的磷酸化水平。此外，在 LPS 作用下脑内氧化应激水平增加，皮质和海马组织中抗氧化蛋白血红素氧合酶 1(heme oxygenase-1, HO-1 和 NQO1 的应激性增加，PHPB 能继续增加 HO-1 的表达，增加机体的抗氧化能力来对抗神经炎症。

采用海马注射 LPS 小鼠模型，笔者观察了 PHPB 对局部神经炎症的改善作用。结果显示，PHPB 能改善海马注射 LPS 后短期内引起的学习记忆障碍。海马注射 LPS 2 d 和 14 d 后，血浆中前炎症细胞因子 IL-1β 和 TNF-α 的含量增加，iNOS 的表达也明显上调，PHPB 能明显逆转上述变化，减轻炎症反应。此外，PHPB 可显著降低海马注射 LPS 诱导的脑内海马和皮质部位小胶质细胞的活化(见图 2-7)。

2.3 丁基苯酞及其衍生物抗血小板聚集的分子机制

NBP 及 PHPB 治疗缺血性脑卒中的作用之一是抗血小板聚集，进而抑制血栓形成。前期研究证实，它们可显著抑制 ADP、花生四烯酸、胶原和凝血酶等诱导的血小板聚集，且抑制 ADP 引起的血小板聚集作用最强。已知血小板膜上表达两种 ADP 受体，即 P2Y1 和 P2Y12，其中 P2Y12 是氯吡格雷的作用靶点。氯吡格雷在全球范围内广泛应用，但也有明显的遗传多态性问题和引起出血的不良反应。而 NBP 已使用 10 余年，从未出现出血的不良反应。因而，笔者对 PHPB 通过 ADP 受体抗血小板的作用机制进行了研究。

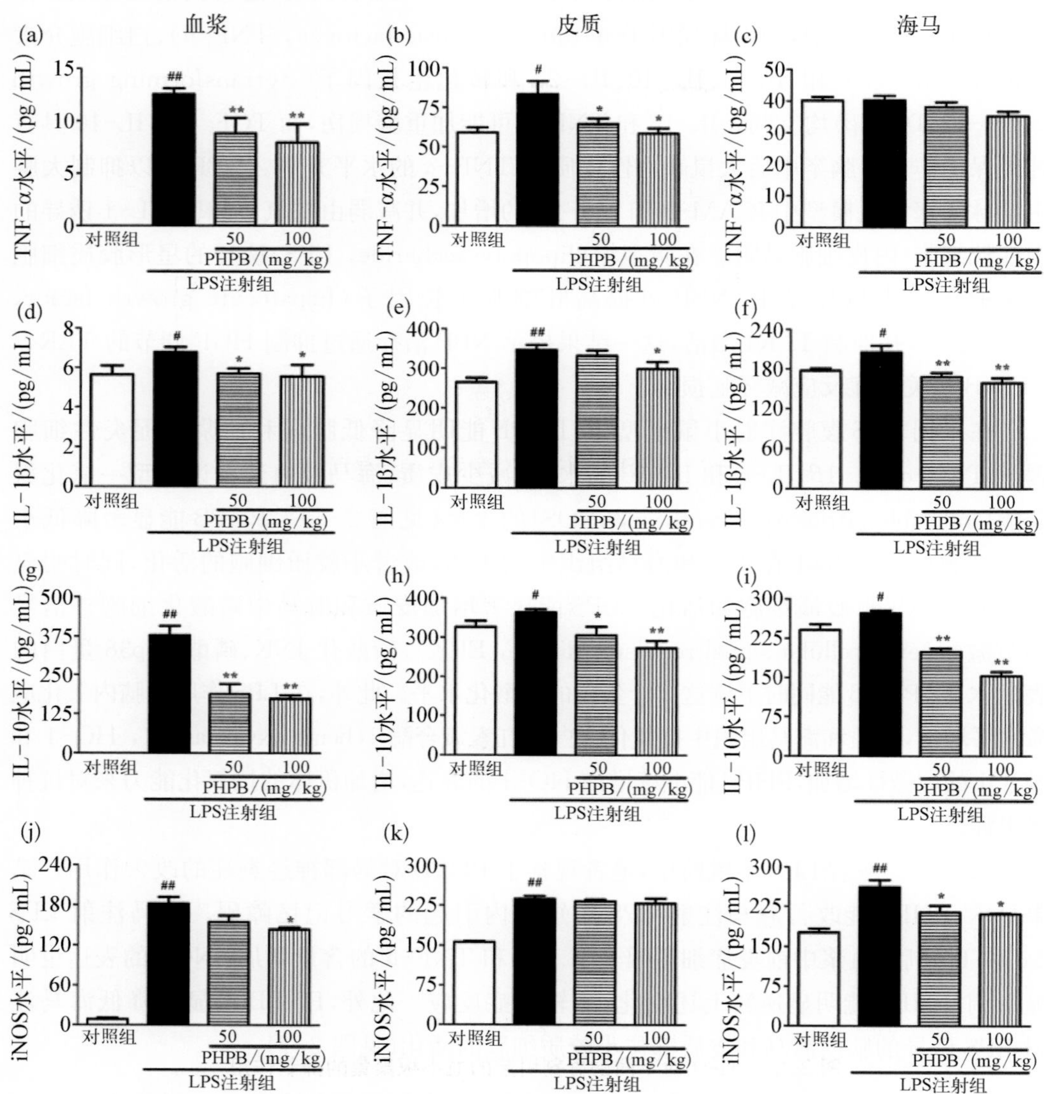

图 2-6　PHPB 降低腹腔注射 LPS 小鼠脑内及血浆中促炎性细胞因子水平

2.3.1　静脉注射羟基戊基苯甲酸钾对大鼠血小板聚集的抑制作用

为了研究 PHPB 的抗血小板机制，笔者比较了不同剂量 PHPB 静脉给药对不同诱导剂诱导的血小板聚集的抑制作用。

静脉注射不同剂量的 PHPB(分别为 1.3 mg/kg、3.9 mg/kg、13 mg/kg)均显著抑制 ADP、花生四烯酸、胶原引起的血小板聚集，且抑制作用呈现剂量依赖性。在高剂量

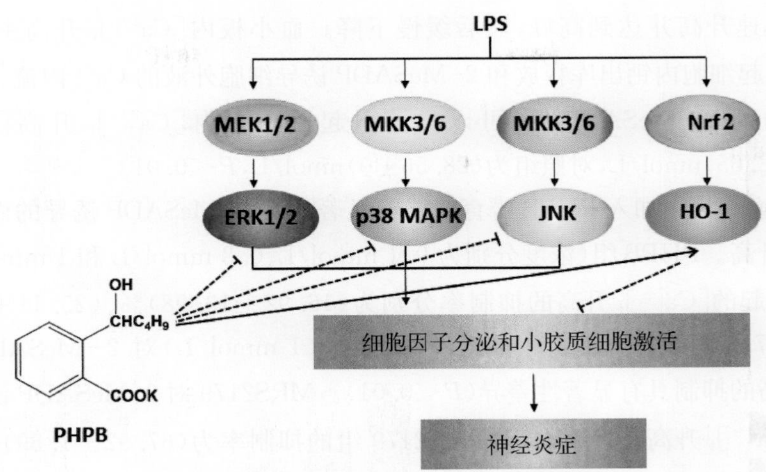

图 2-7 PHPB 抑制神经炎症反应的信号通路

时，PHPB 对 ADP、花生四烯酸、胶原引起的血小板聚集的抑制率分别为 40%、22%和 29%。PHPB 对凝血酶引起的血小板聚集没有明显影响(见图 2-8)[6]。

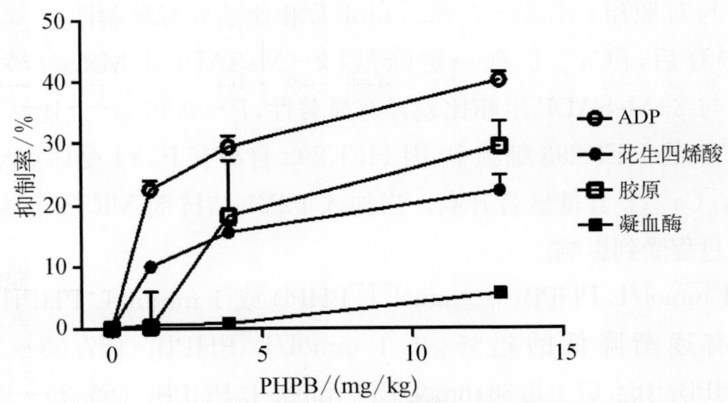

图 2-8 PHPB 对不同诱导剂引起的血小板聚集的抑制作用

给大鼠静脉注射 PHPB 30 min 后取血测定其 ADP(5 μmol/L)、花生四烯酸(1 mmol/L)、胶原(5 μg/mL)和凝血酶(0.5 U/mL)引起血小板聚集的能力。PHPB 抑制 ADP 诱导的血小板聚集的能力最强(平均值±标准误，$n=6$)。

2.3.2 羟基戊基苯甲酸钾对 ADP 诱导的血小板细胞质游离钙含量的影响

2.3.2.1 羟基戊基苯甲酸钾对血小板游离钙的影响

在细胞外液含有 1 mmol/L $CaCl_2$ 的情况下，加入 0.1 μmol/L 的 2-甲硫腺苷-5′-二磷酸(2-methylthioadenosine-5′-diphosphate，2-MeSADP)，血小板内钙离子浓度

([Ca^{2+}]$_i$)迅速升高并达到高峰,然后缓慢下降。血小板内[Ca^{2+}]$_i$ 升高主要因为 2-MeSADP 引起细胞内钙出库释放和 2-MeSADP 诱导细胞外液的 Ca^{2+} 内流。洗涤血小板加入激动剂 2-MeSADP 后,可以显著引起血小板内[Ca^{2+}]$_i$ 升高[模型组为(143.22±22.65)nmol/L,对照组为(28.56±0)nmol/L,$P<0.01$]。

向洗涤血小板中加入 PHPB 孵育后能够显著抑制 2-MeSADP 诱导的血小板细胞内[Ca^{2+}]$_i$ 升高。PHPB 组(浓度分别为 0.1 mmol/L、0.3 mmol/L 和 1 mmol/L)对 2-MeSADP 引起的[Ca^{2+}]$_i$ 升高的抑制率分别为(16.92±13.98)%、(25.11±16.58)%和(65.32±7.31)%。与对照组相比,高剂量组(1 mmol/L)对 2-MeSADP 引起的[Ca^{2+}]$_i$ 升高的抑制具有显著性差异($P<0.01$)。MRS2179 对 2-MeSADP 诱导的血小板细胞内[Ca^{2+}]$_i$ 升高有抑制作用[MRS2179 组的抑制率为(67.92±1.59)%,与模型组相比差异有显著性,$P<0.01$](见图 2-9)[6]。

2.3.2.2 羟基戊基苯甲酸钾对瞬时转染了 pcDNA3.1-P2Y1 的 HEK293 细胞内游离钙的影响

为了证实上述结果,研究人员在转染了 pcDNA3.1-P2Y1 的 HEK293 细胞中进行了研究。加入激动剂 2-MeSADP 后,细胞内[Ca^{2+}]$_i$ 升高[2-MeSADP 组(88.95±11.17)nmol/L 与对照组(37.35±5.82)nmol/L 相比差异有显著性,$P<0.05$]。当加入 MRS2179 孵育后,[Ca^{2+}]$_i$ 有一定降低[2-MeSADP+MRS2179 组(49.81±11.05)nmol/L 与 2-MeSADP 组相比差异有显著性,$P<0.05$]。上述结果提示转染了 pcDNA3.1-P2Y1 的 HEK293 细胞中,因 HEK293 自身有 P2Y1 受体亚型,加入激动剂 2-MeSADP 后,[Ca^{2+}]$_i$ 含量显著升高。当加入 P2Y1 拮抗剂 MRS2179 后,2-MeSADP 与 P2Y1 的结合过程受到影响。

分别用 0.1 mmol/L PHPB、0.3 mmol/L PHPB 或 1 mmol/L PHPB 体外孵育后,[Ca^{2+}]$_i$ 含量有逐渐降低的趋势[0.1 mmol/L PHPB:(77.63±9.65)nmol/L;0.3 mmol/L PHPB:(64.67±8.36)nmol/L;1 mmol/L PHPB:(56.29±9.94)nmol/L;$P<0.05$]。结果显示,与 MRS2179 相同,PHPB 可能通过降低[Ca^{2+}]$_i$ 水平发挥抗血小板聚集作用(见图 2-10)。

2.3.2.3 比较 P2Y1 拮抗剂、P2Y12 拮抗剂对 2-MeSADP 诱导的血小板细胞质内游离钙的影响

在细胞外液含有 1 mmol/L $CaCl_2$ 的情况下加入 0.1 μmol/L 的 2-MeSADP,血小板内[Ca^{2+}]$_i$ 迅速升高并达到高峰,然后缓慢下降。血小板内[Ca^{2+}]$_i$ 升高源于 2-MeSADP 引起细胞内钙出库释放的 Ca^{2+} 和 2-MeSADP 诱导细胞外液内流的 Ca^{2+}。向血小板中加入激动剂 2-MeSADP 后,血小板内[Ca^{2+}]$_i$ 显著升高[模型组[Ca^{2+}]$_i$:(143.2±22.7)nmol/L,对照组[Ca^{2+}]$_i$:(28.6±0)nmol/L,模型组与对照组比较 $P<0.01$]。

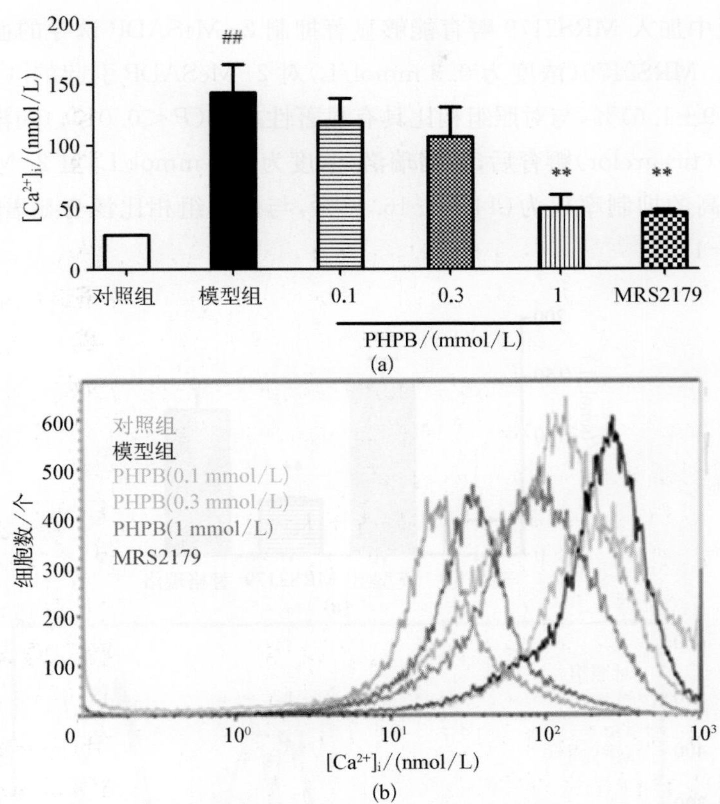

图 2-9 不同浓度 PHPB 对血小板内游离钙的影响

模型组仅加入 ADP 衍生物 2-MeSADP(非降解)和 MRS2179(P2Y1 受体拮抗剂)。结果提示,PHPB 可以剂量依赖性地(0.1 mmol/L、0.3 mmol/L 和 1 mmol/L)降低 ADP 引起的血小板内钙释放。Fluo-4 作为细胞内钙指示剂,用流式细胞仪检测。(图片修改自参考文献[6])

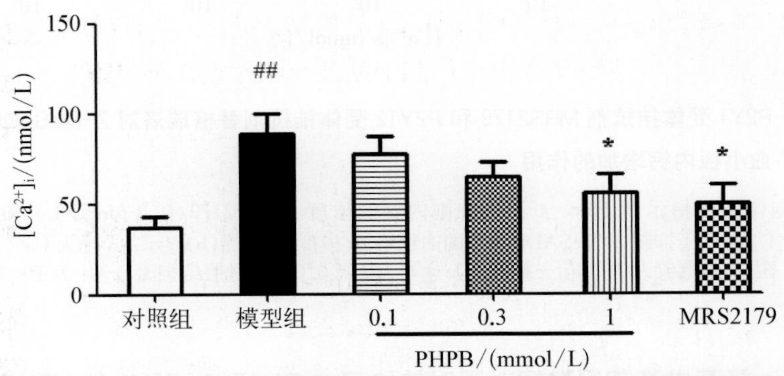

图 2-10 PHPB 对 2-MeSADP 诱导的 pcDNA3.1-P2Y1 转染的 HEK293 细胞内钙释放的影响

PHPB 可以浓度依赖性地抑制 2-MeSADP 引起的细胞内钙增加,P2Y1 受体拮抗剂也可抑制 2-MeSADP 引起的细胞内钙增加,但 P2Y12 拮抗剂无此作用。##为 $P<0.01$(与对照组相比),*为 $P<0.05$(与模型组相比)。

向血小板中加入 MRS2179 孵育能够显著抑制 2-MeSADP 诱导的血小板细胞内 $[Ca^{2+}]_i$ 升高。MRS2179(浓度为 0.3 mmol/L)对 2-MeSADP 引起的 $[Ca^{2+}]_i$ 升高的抑制率为(67.9±1.6)%,与对照组相比具有显著性差异($P<0.01$)。向洗涤血小板中加入替格瑞洛(ticagrelor)孵育后,替格瑞洛(浓度为 0.5 mmol/L)对 2-MeSADP 引起的 $[Ca^{2+}]_i$ 升高的抑制率仅为(14.0±16.1)%,与模型组相比没有显著性差异($P>0.05$)(见图 2-11)。

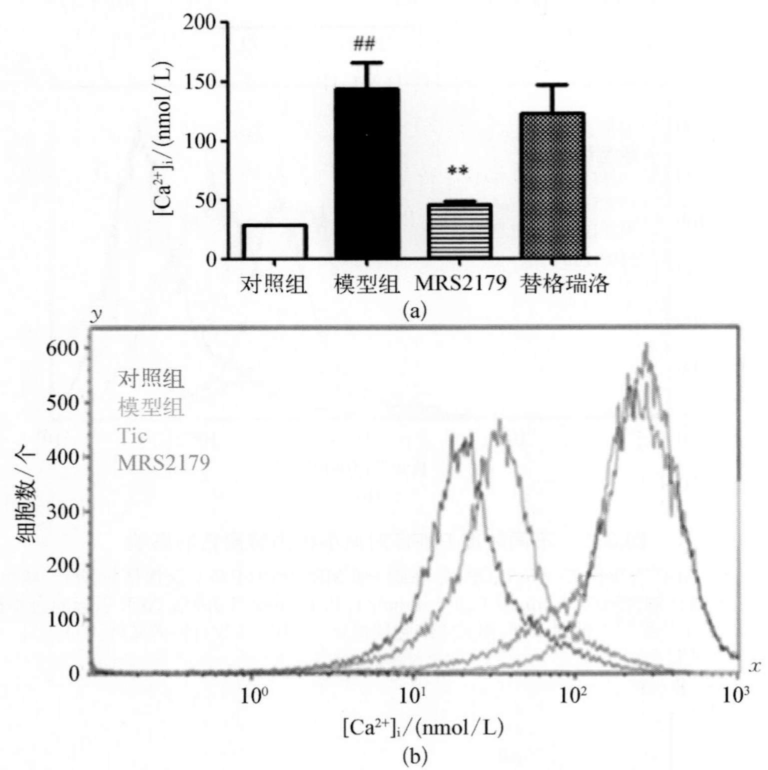

图 2-11 P2Y1 受体拮抗剂 MRS2179 和 P2Y12 受体拮抗剂替格瑞洛对 2-MeSADP 引起的血小板内钙增加的作用

用流式细胞仪及钙指示剂 Fluo-4 测定细胞内钙的浓度。MRS2179(0.3 μmol/L) 和替格瑞洛(0.5 μmol/L) 被用于抑制 2-MeSADP 引起的内钙增加(模型组)。图(b)显示: x 轴为 Ca^{2+} 浓度, y 轴为细胞数。图(a)中数值为(平均值±标准误),##为 $P<0.01$(与对照组相比),**为 $P<0.01$(与模型组相比)。

2.3.2.4 羟基戊基苯甲酸钾对瞬时转染了 pcDNA3.1-P2Y1 的 HEK293 细胞肌醇三磷酸的影响

在转染了 pcDNA3.1-P2Y1 的 HEK293 细胞中,加入激动剂 2-MeSADP 后,细胞肌醇三磷酸(inositol triphosphate, IP_3)的含量升高[2-MeSADP 组的 IP_3 含量为

(28.15±2.09)pmol/mL,对照组的 IP_3 含量为(21.26±1.27)pmol/mL,与对照组比较有显著性差异,$P<0.01$]。当加入 MRS2179 孵育后,IP_3 的含量显著降低[2-MeSADP+MRS2179 组的 IP_3 含量为(20.22±1.02)pmol/mL,与 2-MeSADP 组比较有显著性差异,$P<0.01$]。说明转染了 pcDNA3.1-P2Y1 的 HEK293 细胞中,因 HEK293 自身有 P2Y1 受体,加入激动剂 2-MeSADP 后,IP_3 的含量显著升高。当加入 P2Y1 拮抗剂 MRS2179 后,可以抑制 2-MeSADP 与 P2Y1 的结合,这与 MRS2179 为公认的 P2Y1 受体拮抗剂的作用相吻合。

分别加入 0.1 mmol/L PHPB、0.3 mmol/L PHPB 或 1 mmol/L PHPB 体外孵育后,IP_3 的含量逐渐降低[0.1 mmol/L PHPB 组 IP_3 的含量为(25.92±2.52)pmol/mL,0.3 mmol/L PHPB 组 IP_3 的含量为(23.06±1.25)pmol/mL,1 mmol/L PHPB 组 IP_3 的含量为(22.68±11.42)pmol/mL,各组均有显著性差异,$P<0.05$]。结果显示,与 MRS2179 相同,PHPB 可能通过降低 IP_3 的水平发挥抗血小板聚集的作用(见图 2-12)。

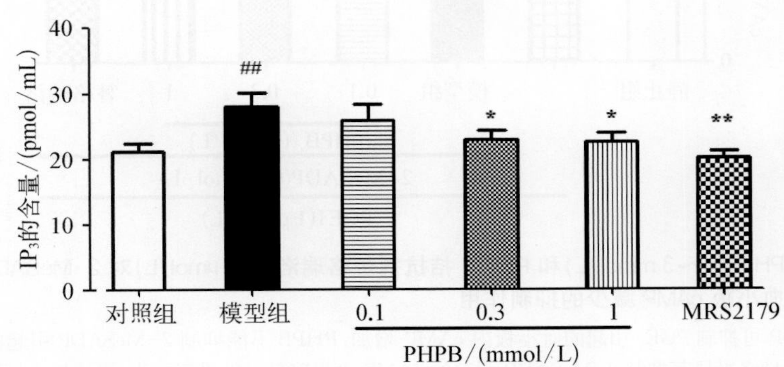

图 2-12 PHPB 和 P2Y1 受体拮抗剂 MRS2179 对 2-MeSADP 引起的 HEK293 细胞内 IP_3 增加的影响

P2Y1 被转染至 HEK293 转染的细胞中,将其与 PHPB(0.1~1 mmol/L)及 MRS2179(0.3 μmol/L)预温孵,然后加入 2-MeSADP,用放射免疫分析方法测定 IP_3 的含量。结果显示为(平均值±标准误),每组 $n=5$。##为 $P<0.01$(与对照组相比较),*为 $P<0.05$,**为 $P<0.01$(与模型组相比较)。

2.3.2.5 羟基戊基苯甲酸钾对 2-MeSADP 诱导的血小板 cAMP 含量的影响

PGE1 预孵育后,血小板内 cAMP 的含量明显增加[PGE_1 组为(6.08±0.82)pmol/mL,静止组为(1.91±0.22)pmol/mL,与静止组相比差异有显著性,$P<0.01$]。加入激动剂 2-MeSADP 后,cAMP 的含量下降[模型组(PGE_1+2-MeSADP)为(2.51±0.06)pmol/mL,与 PGE_1 组相比差异有显著性,$P<0.01$]。当加入对照药替格瑞洛孵育后,cAMP 的含量增加[替格瑞洛+PGE_1+2-MeSADP 组(为 3.76±0.44)pmol/mL,与 PGE_1+2-MeSADP 组相比较差异有显著性,$P<0.01$]。上述研究结果说明替

格瑞洛可以抑制 2-MeSADP 与 P2Y12 的结合，这与替格瑞洛是公认的 P2Y12 受体拮抗剂的作用相吻合。分别加入 0.1 mmol/L PHPB、0.3 mmol/L PHPB、1 mmol/L PHPB 进行体外孵育后，cAMP 的含量没有明显改变[0.1 mmol/L PHPB 组为 (2.11±0.14)pmol/mL、0.3 mmol/L PHPB 组为(2.27±0.17)pmol/mL、1 mmol/L PHPB 组为(2.42±0.14)pmol/mL]。以上结果显示，与替格瑞洛不同，PHPB 并不通过增加 cAMP 的含量发挥抗血小板聚集作用(见图 2-13)。

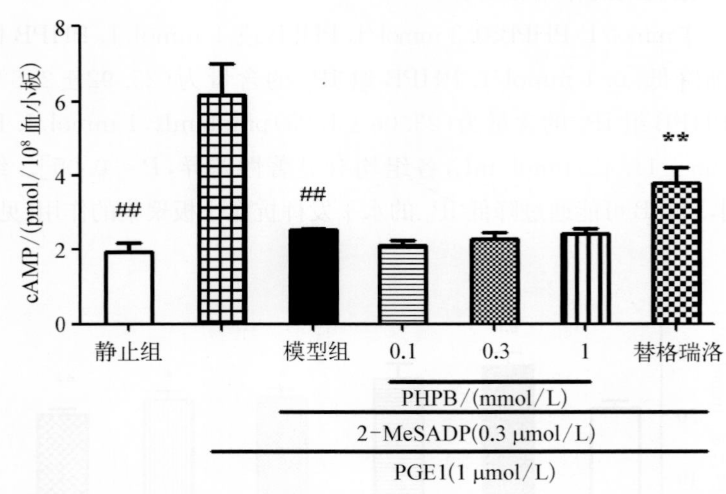

图 2-13 PHPB(1～3 mmol/L)和 P2Y12 拮抗剂替格瑞洛(0.5 μmol/L)对 2-MeSADP 诱导的血小板 cAMP 减少的抑制作用

2-MeSADP 可抑制 PGE_1 引起的血小板内 cAMP 增加，PHPB 不能抑制 2-MeSADP 引起的这一作用，但替格瑞洛可显著抑制 2-MeSADP 引起的 cAMP 含量降低。结果表示为(平均值±标准误)，每组 $n=5$。##为 $P<0.01$(与 PGE_1 组相比)，**为 $P<0.01$(与 PGE_1+2MeSADP 组相比)。

ADP 受体是 G 蛋白偶联受体，目前已知血小板上的 ADP 受体主要有 P2Y1 和 P2Y12 两种亚型。P2Y1 偶联 Gq 蛋白，可激活磷脂酶 C-β(phospholipase C-β, PLC-β)，水解磷脂酰肌醇 4,5-双磷酸(phosphatidylinositol 4,5-bisphosphate, PIP_2)并产生 IP_3 和甘油二酯(diacylglycerol, DG)，同时可引起 Ca^{2+} 释放，增加细胞质$[Ca^{2+}]_i$；P2Y12 偶联 Gi 蛋白，可抑制腺苷酸环化酶，降低 cAMP 的水平，最终引起血小板聚集。研究结果显示，无论细胞外液是否存在 Ca^{2+}，PHPB 均能明显降低 ADP 诱导的血小板细胞质的游离钙的含量，而且对内钙释放的抑制作用强于对外钙内流的抑制作用。同时，PHPB 可增加磷酸化 PLC-β(ser1105)蛋白的表达，但不影响 PLC 总蛋白的表达。PLC 激动剂可部分逆转 PHPB 的抗血小板聚集作用。PHPB 可明显抑制 ADP 引起的血小板为 IP_1 含量增加，对 PLC 激动剂引起的 IP_1 含量增加无明显影响。以上结果表明，P2Y1 受体参与了 PHPB 的抗血小板聚集作用。PGE_1 可使血小板中 cAMP 的含量迅速增加，而

ADP 与 P2Y12 受体结合，可降低 cAMP 的含量，拮抗 PGE_1 的作用。抗血小板药噻氯匹定可拮抗 ADP 与 P2Y12 受体的结合，增加 cAMP 的含量。研究结果显示，PHPB 并不影响 cAMP 的含量，与噻氯匹定的作用不同。同时，PHPB 对磷脂酰肌醇-3-激酶(phosphatidylinositol-3-kinase，PI3K)、蛋白激酶 B(protein kinase B，PKB/Akt)及磷酸化 PKB/Akt 的蛋白表达无明显影响，提示 PHPB 并不通过 P2Y12 受体信号通路发挥作用(见图 2-14)[6]。因此，PHPB 是血小板 P2Y1 受体的拮抗剂，而对 P2Y12 受体信号通路没有作用。PHPB 主要是通过阻断 ADP 激活 P2Y1 受体，减少细胞内钙，发挥抗血小板聚集的作用的。PHPB 的抗血小板聚集作用弱于氯吡格雷，与阿司匹林的作用相当，但未见引起出血的不良反应，这可能也是它在临床应用中受到欢迎的原因之一。

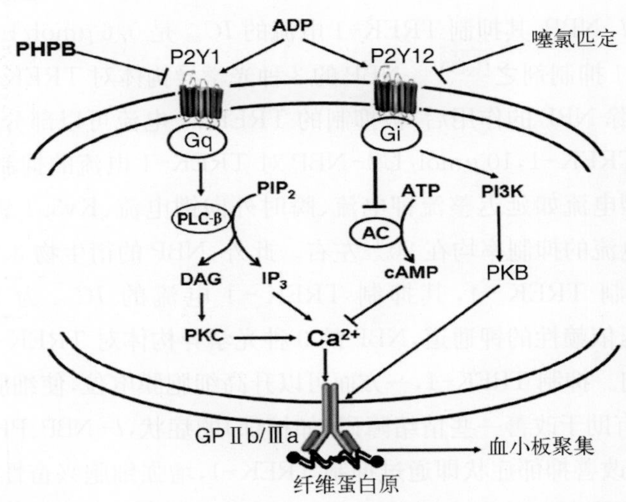

图 2-14 PHPB 抑制 ADP 诱导的血小板聚集的作用机制

AC，adenylate cyclase，腺苷酸环化酶。

2.4 丁基苯酞抑制细胞膜双孔钾通道促进神经再生作用的分子机制

2.4.1 丁基苯酞及其衍生物阻断 TREK-1 钾通道的电生理机制

NBP 可以通过作用于缺血性脑损伤病理生理过程中的多个靶点发挥脑保护作用。近年来，经研究发现双孔钾离子通道(two-pore domain potassium channels，K_2P)亚型 TREK-1 是 NBP 作用的靶点之一。双孔钾离子通道是 20 世纪 90 年代初发现的一类钾离子通道超家族，其主要生理功能是维持细胞的静息膜电位和兴奋性，其电流具有瞬时发生、不失活、可以在任何膜电位下被激活、对传统的钾通道抑制剂[如 4-

氨基吡啶(4-aminopyridine，4-AP)、四乙胺(tetraethylammonium，TEA)、Cs^+]均不敏感等特点，因此双孔钾离子通道又称为背景钾通道[7]。TREK-1是双孔钾离子通道中研究最广泛的一个亚型，高表达于人类中枢神经系统(central nervous system，CNS)，可以被多种物理和化学因素调节(如细胞膜的机械张力、温度、pH值、氧浓度、花生四烯酸、脂质等)[8]。多种神经保护剂(如氟西汀、西帕曲近、五氟利多等)和G蛋白偶联的神经递质受体可以抑制TREK-1电流。TREK-1钾通道在脑缺血、癫痫、疼痛、抑郁等多种疾病中发挥重要作用，它也是潜在的神经保护剂的药物作用靶标[9]。

NBP可浓度依赖性地抑制TREK-1电流。其中，右旋NBP(*d*-NBP)和消旋NBP(*dl*-NBP)抑制TREK-1电流的半数抑制浓度(median inhibitory concentration，IC_{50})分别为3 μmol/L和10 μmol/L，而左旋NBP(*l*-NBP)对TREK-1电流的抑制作用明显强于*d*-NBP和*dl*-NBP，其抑制TREK-1电流的IC_{50}是0.6 μmol/L。*l*-NBP也是已知最强的TREK-1抑制剂之一[10]。NBP的3种光学异构体对TREK-1的抑制作用均是部分可逆的，移除NBP的作用后，被抑制的TREK-1电流可以部分被恢复。*l*-NBP可选择性地抑制TREK-1，10 μmol/L *l*-NBP对TREK-1电流的抑制率为70%，但对其他离子通道亚型电流如延迟整流钾电流、瞬时外向钾电流、Kv3.1钾电流、Kv1.5钾电流、钠电流、钙电流的抑制率均在20%左右。此外，NBP的衍生物3-硝基亚甲基苯酞也可选择性地抑制TREK-1，其抑制TREK-1电流的IC_{50}为2.1 μmol/L[11]。TREK-1是弱电压依赖性的钾通道，NBP的3种光学异构体对TREK-1钾通道的电压依赖性均没有影响。抑制TREK-1，一方面可以升高细胞膜电位，使细胞膜去极化，引起细胞兴奋性升高，有助于改善一些情绪障碍(如抑郁)的症状，*l*-NBP、PHPB及3-硝基亚甲基苯酞可以显著改善抑郁症状即通过抑制TREK-1，增强细胞兴奋性而产生抗抑郁作用；另一方面，抑制TREK-1可以抑制在病理状态下(如脑缺血)细胞内过多的钾外流，减轻细胞凋亡的发生，*l*-NBP、PHPB及3-硝基亚甲基苯酞均能减少脑缺血后的梗死体积，其发挥脑保护作用可能是通过抑制TREK-1，减少脑缺血期间细胞内钾外流从而抑制细胞凋亡的发生[2,4,11]。目前，临床上尚无以TREK-1为靶点的药物上市(见图2-15)[10]。

NBP可以可逆性地抑制TREK-1，这表明NBP可以作用于TREK-1钾通道的胞外孔区，直接与通道结合并单纯性阻塞TREK-1钾通道K^+滤过孔区，但这种结合能力不强。采用细胞内微透析技术给予*l*-NBP可显著抑制TREK-1电流，这表明*l*-NBP也可作用于TREK-1钾通道的胞内孔区。由此看来，NBP抑制TREK-1钾通道的机制主要有两种：一种是NBP直接作用于细胞膜上的TREK-1钾通道，通过机械性阻塞TREK-1钾通道K^+滤过孔区抑制TREK-1钾通道；另一种是NBP由于是脂溶性药物，可以作为阳离子的碗状吸附剂改变磷脂双层的结构状态而发挥作用，其通过脂质双分子层进入胞内后，通过细胞内的调节作用影响羧基端的磷酸化从而抑制TREK-1钾通道，一些抗精神紧张药物就是通过这种作用方式抑制TREK-1钾通道。NBP对TREK-1的调节机制比较

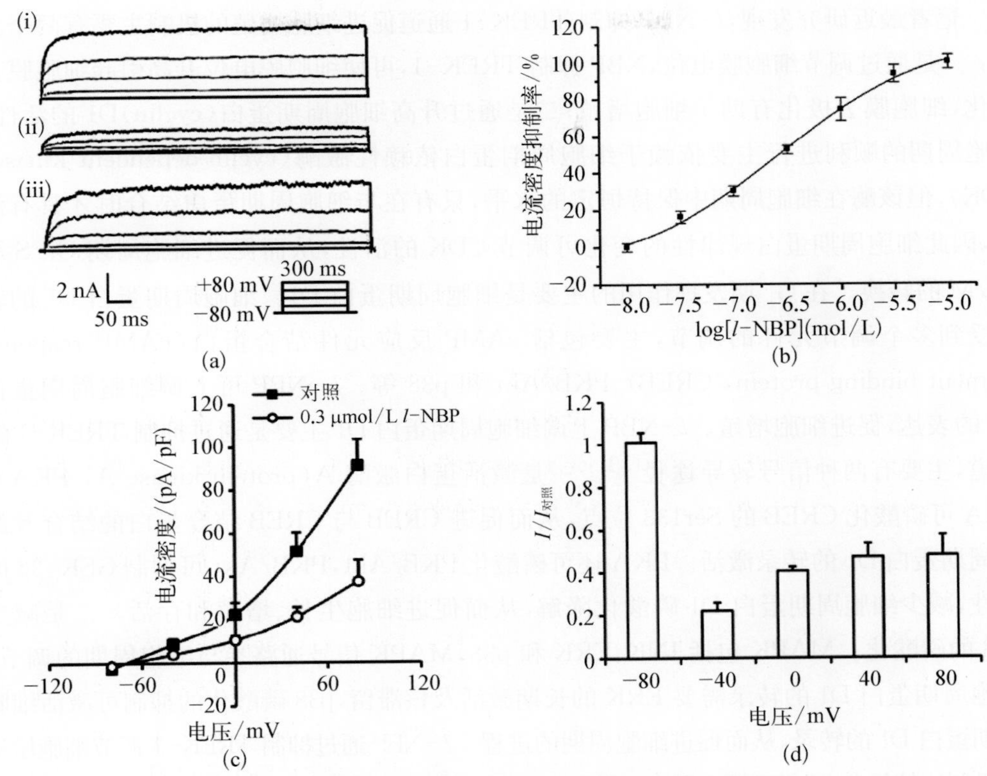

图 2-15　l-NBP 对 TREK-1 电流的作用

(a)为 10 μmol/L l-NBP(ii)抑制 TREK-1 电流(i)及冲洗后(iii)的电流代表图；(b)为 l-NBP 抑制 TREK-1 电流的剂量效应曲线；(c)为 0.3 μmol/L l-NBP 对 TREK-1 电流-电压关系曲线的作用；(d)为 10 μmol/L l-NBP 对 TREK-1 电流的非电压依赖性抑制。(图片修改自参考文献[10])

复杂，还需进一步研究。

2.4.2　丁基苯酞及其衍生物阻断 TREK-1 钾通道并促进细胞增殖的机制

TREK-1 钾通道参与调节细胞增殖，抑制 TREK-1 可以促进细胞增殖，而激活 TREK-1 可以抑制细胞增殖。在 TREK-1 基因敲除的小鼠可观察到海马神经再生的现象，TREK-1 钾通道抑制剂氟西汀、布比卡因及姜黄素等可促进神经干细胞增殖，利用 shRNA 干扰 TREK-1 的表达也可增加星形胶质细胞的增殖，而 TREK-1 过表达可抑制神经干细胞增殖。抗脑缺血药 NBP 可以通过抑制 TREK-1 促进细胞增殖，发挥脑保护作用。过度表达 TREK-1 钾通道的细胞中处于 G_0/G_1 期的细胞数显著增加，而 l-NBP 可明显减少处于 G_0/G_1 期的细胞数促进细胞增殖；相反的是，TREK-1 激动剂依托咪酯和花生四烯酸可明显升高处于 G_0/G_1 期的细胞数抑制细胞增殖[12]。l-NBP 通过抑制 TREK-1，还可减少 TREK-1 引起的 G_1/S 期阻滞，促进细胞增殖。

笔者最近研究发现，l-NBP 抑制 TREK-1 通道促进细胞增殖的机制主要有两个方面：一是通过调节细胞膜电位，NBP 抑制 TREK-1，可使细胞膜电位升高引起细胞膜去极化，细胞膜去极化有助于细胞增殖；二是通过升高细胞周期蛋白（cyclin）D1 的活性。细胞周期的顺利进行主要依赖于细胞周期蛋白依赖性激酶（cyclin-dependent kinase，CDK），但该酶在细胞周期中保持恒定的水平，只有在与细胞周期蛋白结合时才具有活性，因此细胞周期蛋白规律性的变化可调节 CDK 的活性，从而促进细胞周期 G_1/S 和 G_2/M 的转换。在 G_1 期发挥作用的主要是细胞周期蛋白 D1。细胞周期蛋白 D1 的转录受到多个调节元件的调节，主要包括 cAMP 反应元件结合蛋白（cAMP response element binding protein，CREB）、PKB/Akt 和 p38 等。l-NBP 可上调细胞周期蛋白 D1 的表达，促进细胞增殖。l-NBP 上调细胞周期蛋白 D1 主要是通过抑制 TREK-1 钾通道，主要有两种信号转导途径[12]。一是激活蛋白激酶 A（protein kinase A，PKA）。PKA 可磷酸化 CREB 的 Ser133 位点，从而促进 CREB 与 CREB 结合蛋白的结合及细胞周期蛋白 D1 的转录激活。PKA 还可磷酸化 PKB/Akt，PKB/Akt 可抑制 GSK-3β 的活性，减少细胞周期蛋白 D1 磷酸化降解，从而促进细胞生长、增殖和存活。二是减少 p38 的磷酸化。MAPK 包括 JNK、ERK 和 p38，MAPK 信号通路参与细胞周期的调节，细胞周期蛋白 D1 的转录需要 ERK 的长期激活及核滞留，p38 磷酸化的抑制可激活细胞周期蛋白 D1 的转录，从而促进细胞周期的进程。l-NBP 通过抑制 TREK-1 调节细胞增殖的机制比较复杂，还需要深入研究（见图 2-16）[12]。

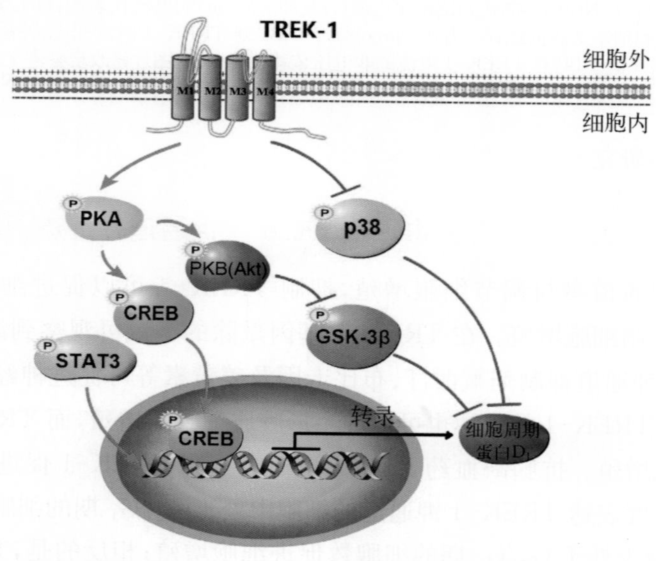

图 2-16　TREK-1 抑制细胞增殖的信号通路

l-NBP 通过抑制 TREK-1，激活 CREB、PKB / Akt 的活性及降低 p38 的活性，增加细胞周期蛋白 D1 的表达，促进细胞周期 G_1 / S 和 G_2 / M 的转换，从而发挥促进细胞增殖的作用。（图片修改自参考文献[12]）

2.4.3　丁基苯酞及其衍生物促进神经元新生并加快组织修复的机制

在脑缺血后的数周时间里，在临床上可观察到大脑中存在缓慢持续的自我修复。脑梗死可激活成年脑内特定区域的神经元再生，而且激活的神经前体细胞可以发生增殖、迁移和分化，部分神经前体细胞可最终分化为成熟神经元，并改善脑梗死后神经功能。20 世纪 90 年代初，神经干细胞（neural stem cell，NSC）的发现和神经发生（neurogenesis）的证实是神经科学的突破性进展，它改变了"成年哺乳动物中枢神经系统的神经细胞无法更新替代"的传统观点。神经干细胞是一类保持了未分化状态、能够自我更新、具有多分化潜能的细胞，它可以分化产生中枢神经系统内的神经元、星形胶质细胞和少突胶质细胞等不同类型的细胞。NBP 除了能促进细胞增殖以外，还可以促进神经干细胞新生，加快组织修复。

成年哺乳动物海马神经干细胞位于齿状回颗粒细胞层边缘的亚颗粒细胞层，脑缺血损伤可刺激亚颗粒细胞层神经干细胞的增殖。NBP 长期给药可促进脑缺血后海马齿状回新生神经细胞存活以及海马神经发生，同时抑制星形胶质细胞生成。GAP-43 和 SYN 被认为是神经可塑性的两个标志物，NBP 可显著提高 GAP-43 和 SYN 蛋白的表达，提高脑缺血后海马神经的可塑性。NBP 促进脑缺血后神经新生主要是通过调节 PKA/BDNF/CREB 和 SATA3 信号通路。脑缺血后 CREB 的激活可以促进海马神经发生[13]。脑源性神经营养因子（brain-derived neurotrophic factor，BDNF）基因是 CREB 的靶基因，BDNF 可以促进脑缺血后海马齿状回新生神经元的存活[14,15]。JAK/STAT3 是神经干细胞向星形胶质细胞分化所必需的信号通路，抑制 STAT3 的活性可阻断神经干细胞向星形胶质细胞的分化[16]。NBP 可增加 PKA 的表达水平，上调磷酸化的 CREB 的 Ser133 位点的蛋白表达水平，提高 BDNF 蛋白的表达水平，抑制 STAT3 的活性，从而促进海马神经前体细胞的存活及神经发生[17]。此外，NDRG2 的表达量与细胞增殖能力呈负相关。NBP 可显著抑制 NDRG2 和 TREK-1 蛋白的表达水平，NBP 通过抑制 NDRG2 和 TREK-1 的表达促进脑缺血后神经干细胞的增殖（见图 2-17）。

许多神经系统药物可以促进海马神经再生。除 NBP 以外，抗抑郁药物氟西汀、单胺氧化酶抑制剂吗氯贝胺、锂等也能够增强海马神经再生[18]。经典的抗精神药物如氟哌啶醇、氯氮平、奥氮平、利培酮等均可以增加海马颗粒细胞层新生细胞的个数和神经元存活。神经干细胞以及脑缺血后神经再生，可以对缺血后的脑组织进行一定程度的修复。许多内源性分子机制协同促进脑缺血后神经前体细胞增殖、存活、迁移到损伤区及功能整合。另外，外源性应用各种生长因子也可促进脑缺血后的神经再生。目前，促进神经再生的药物研究面临的主要挑战是如何促进脑缺血后形成足够的新生神经元，减少新生神经元的凋亡，并且促进新生神经元形成新的神经通路。NBP 作为一线抗脑缺血药，其促神经再生功能为神经保护药研究提供了新的思路。

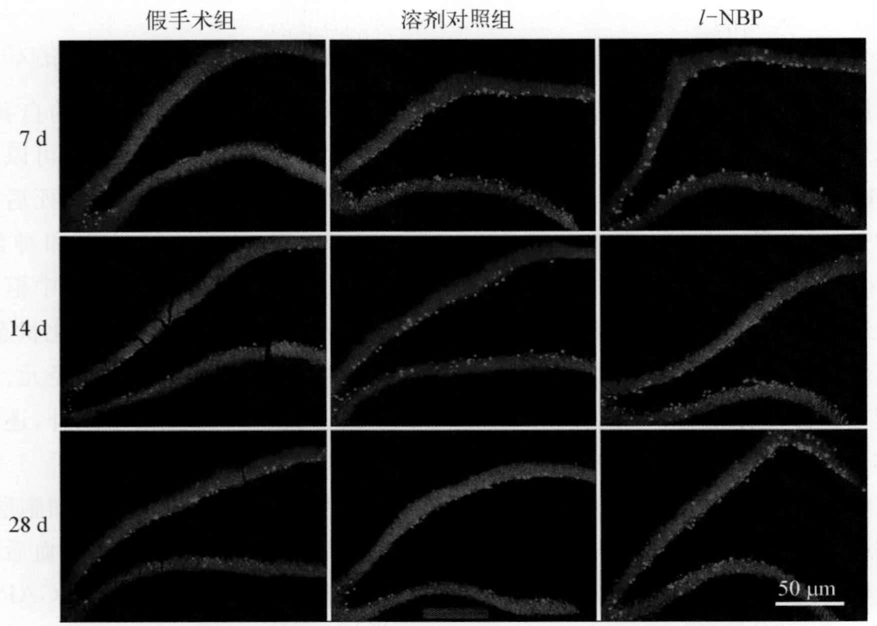

图 2-17 l-NBP 促进脑缺血后大鼠损伤侧海马神经干细胞的增殖

分别于缺血再灌注后 7 d、14 d 和 28 d 取大鼠的脑组织，用免疫荧光法检测 BrdU 阳性细胞来评价大鼠损伤侧海马齿状回的新生神经细胞。病理对照组大鼠损伤侧海马齿状回 BrdU 阳性细胞数在再灌注损伤后 7 d 达到高峰，14 d 时逐渐降低，28 d 后 BrdU 阳性细胞数恢复至空白对照组水平。(图片修改自参考文献[17])

2.5 小结与展望

缺血性脑卒中是影响中老年人生命和生活质量的重大疾病，也是常见病。开发新的治疗脑卒中的药物是药物研发领域的重要任务，也是临床上的重大需求。随着生物医药技术的发展，该领域的研究也将不断取得新的成果。今后的研究重点主要围绕以下几个方面。

在精准医学思想指导下探索建立新的脑卒中动物模型。长期以来研究缺血性脑卒中的动物模型比较单一，通过大脑中动脉闭塞术行双侧颈总动脉结扎、四动脉结扎等为主，且多以年轻健康动物造模，与临床上老龄化、血栓形成、栓子堵塞、多部位发病及伴有并发症等相去甚远[1]。因而，建立接近临床的脑卒中动物模型，对研究疾病和药物作用至关重要。它们应该具备以下一个或几个条件：应自发形成脑血栓或栓子，可在某个脑部位，也可在多个脑部位发生，而不是通过简单地结扎血管；具有一定基础疾病或并发症(如代谢综合征、糖尿病和高血压等)的中老年动物模型。

研究开发新一代溶栓药物和抗血小板聚集药物。抗缺血性脑卒中最有效的药物是 t-PA[1]。天然的 t-PA 含有 527 个氨基酸，通过激活内源性纤溶酶原并使其转变为纤溶酶，起到溶栓的作用。然而，第一代 t-PA 由于时间窗短(3 h 以内)和致出血倾向明显，其使用受到限制；目前已发展到第三代产品，为基因重组的 t-PA，时间窗可延长至 5～6 h，且出血倾向明显减少，但仍然不能满足临床上的需求。寻找更为安全和时间窗更长的溶栓药，始终是该研究领域的重要目标。

此外，寻找新一代抗血小板聚集药物也是该领域的一个重要方面。血小板聚集是血栓形成的早期过程。抑制血小板聚集可以有效地减少血栓的形成。现在临床上常用的抗血小板药为阿司匹林和氯吡格雷等，它们都有一定的不良反应。例如，阿司匹林会引起过敏且对胃部有刺激作用；而氯吡格雷需经肝脏代谢后才能发挥作用，且遗传多态性引起的个体差异较明显，还易发生出血倾向。已知氯吡格雷作用的靶点为血小板腺苷受体——ADP 受体 P2Y12 亚型，最近笔者在研究中发现 ADP 受体 P2Y1 亚型也具有较好的抗血小板作用，且无出血倾向。NBP 及前药 PHPB 的研究已证实此发现。因而，寻找新型 P2Y1 受体拮抗剂，减少抗血小板聚集时的不良反应，可能是一个新的新药发现途径。

研究开发促进神经干细胞和神经再生、加快缺血后脑组织修复的药物。脑卒中后，缺血核心区脑组织坏死，如何减少脑组织坏死、加快修复是脑卒中后脑功能恢复的关键。已有实验研究通过手术将干细胞注入损伤部位，试图促进脑组织修复，但因种种原因实验均不成功，这种方法未能进入临床研究。因而，通过药物促进内源性干细胞活化，进而使其分化为神经元或胶质细胞，可能成为一种新的治疗手段。笔者所在的实验室和其他实验室已证实 NBP 和人参提取物有明显的促进神经干细胞分化为神经元的作用，特别是在脑缺血损伤后这一作用被加强。而且，NBP 已被证实对脑缺血引起的血管性痴呆有明显的治疗作用，说明它对脑功能具有明显的保护和恢复作用。因而，寻找和发展在脑卒中后可刺激内源性干细胞增殖、分化，加快脑组织修复，恢复脑功能的药物和治疗手段也可能成为今后治疗脑卒中新的研究方向。

从治疗脑卒中的中药制剂中发现新药候选药物。当前，治疗脑卒中的中药制剂很多，涉及的中药包括丹参、三七、人参、红花、川芎及灯盏花等及它们的有效成分，在治疗国内 90％～95％的脑卒中患者(未能进行溶栓治疗)中发挥了重要作用。但由于它们的作用机制不清楚，又缺少系统的研究，它们的使用受到限制，它们也难以被国际学术界认可。已知上述中药及有效成分具有多方面的药理作用，它们可引起脑血管扩张，改善脑血栓，抗血小板聚集，具有抗炎、抗凋亡的作用，以保护神经元，并促进神经元再生和血管再生。它们是寻找、开发抗脑卒中药物的重要来源。如果经过系统研究确认它们的作用靶标，并通过结构改造、优化，定能发现新一代抗缺血性脑卒中的新药候选药物。

参考文献

[1] 彭英，马飞，许婷婷，等. 缺血性卒中药物临床前研究的挑战及其对策[J]. 药学学报，2017，52(3)：339-346.

[2] Chang Q, Wang X L. Effects of chiral 3-n-butylphthalide on apoposis induced by transient focal cerebral ischemia in rats[J]. Acta Pharmacol Sin, 2003, 24(8): 796-804.

[3] Peng Y, Zeng X, Feng Y, et al. Antiplatelet and antithrombotic activity of L-3-n-butylphthalide in rats[J]. J Cardiovasc Pharmacol, 2004, 43(6): 876-881.

[4] Zhang Y, Wang L, Li J, et al. 2-(1-Hydroxypentyl)-benzoate increases cerebral blood flow and reduces infarct volume in rats model of transient focal cerebral ischemia[J]. J Pharmacol Exp Ther, 2006, 317(3): 973-979.

[5] Zhang Y, Wang L, Zhang L Y, et al. Effects of 2-(1-hydroxypentyl)-benzoate on platelet aggregation and thrombus formation in rats[J]. Drug Dev Res, 2004, 63(4): 174-180.

[6] Yang H Y, Xu S F, Li J, et al. Potassium 2-(1-Hydroxypentyl)-benzoate inhibits ADP-induced rat platelet aggregation through P2Y1-PLC signaling pathways[J]. Naunyn Schmiedebergs Arch Pharmacol, 2015, 388(9): 983-990.

[7] Patel A J, Lazdunski M, Honore E. Lipid and mechano-gated 2P domain K(+) channels[J]. Curr Opin Cell Biol, 2001, 13(4): 422-427.

[8] Talley E M, Solorzano G, Lei Q, et al. CNS distribution of members of the two-pore-domain (KCNK) potassium channel family[J]. J Neurosci, 2001, 21(19): 7491-7505.

[9] Li Z B, Zhang H X, Li L L, et al. Enhanced expressions of arachidonic acid-sensitive tandem-pore domain potassium channels in rat experimental acute cerebral ischemia[J]. Biochem Biophys Res Commun, 2005, 327(4): 1163-1169.

[10] Ji X C, Zhao W H, Cao D X, et al. Novel neuroprotectant chiral 3-n-butylphthalide inhibits tandem-pore-domain potassium channel TREK-1[J]. Acta Pharmacol Sin, 2011, 32(2): 182-187.

[11] Wang W, Liu D, Xiao Q, et al. Lig4-4 selectively inhibits TREK-1 and plays potent neuroprotective roles in vitro and in rat MCAO model[J]. Neurosci Lett, 2018, 671: 93-98.

[12] Zhang M, Yin H J, Wang W P, et al. Over-expressed human TREK-1 inhibits cell proliferation by G1 arrest via regulating PKA and p38 MAPK pathway[J]. Acta Pharmacol Sin, 2016, 37(9): 1190-1198.

[13] Zhu D Y, Lau L, Liu S H, et al. Activation of cAMP-response-element-binding protein (CREB) after focal cerebral ischemia stimulates neurogenesis in the adult dentate gyrus[J]. Proc Natl Acad Sci U S A, 2004, 101(25): 9453-9457.

[14] Barnabe-Heider F, Miller F D. Endogenously produced neurotrophins regulate survival and differentiation of cortical progenitors via distinct signaling pathways[J]. J Neurosci, 2003, 23(12): 5149-5160.

[15] Sairanen M, Lucas G, Ernfors P, et al. Brain-derived neurotrophic factor and antidepressant drugs have different but coordinated effects on neuronal turnover, proliferation, and survival in the adult dentate gyru[J]. J Neurosci, 2005, 25(5): 1089-1094.

[16] Rajan P, McKay R D. Multiple routes to astrocytic differentiation in the CNS[J]. J Neurosci, 1998, 18(10): 3620-3629.

[17] Yang L C, Li J, Xu S F, et al. L-3-n-butylphthalide promotes neurogenesis and neuroplasticity in cerebral ischemic rats[J]. CNS Neurosci Ther, 2015, 21(9): 733-741.
[18] Leconte C, Bihel E, Lepelletier F-X, et al. Comparison of the effects of erythropoietin and its carbamylated derivative on behaviour and hippocampal neurogenesis in mice [J]. Neuropharmacology, 2011, 60(2-3): 354-364.

3 环氧合酶-2 抑制剂艾瑞昔布的研制

20 世纪 80 年代，全球新药研究的模式发生了重大改变，即由以表型为基础的研究逐渐转变为以靶标为核心的新药研究。在此之前，对于药物活性的评价虽然也有研究者以生物化学指标作为评价依据，但主要还是以动物的生理指征或细胞表型变化作为评价依据。

分子生物学的发展引发蛋白质组学介入新药研究。靶标蛋白的表达、纯化和结构解析，为深入了解疾病的发生机制和药物研究提供了新的途径。20 世纪 80 年代开始了以分子靶标为核心的新药研究时代。虽然它是与表型研究模式共存的，但它用离体靶标筛选和评价化合物的活性与选择性，展现了其快捷和高通量的优势，正逐渐成为主流的研发模式。与此同时，化学也发生了深刻的变革，组合合成理念的建立和实施，集中库的构建，满足了通量筛选的诉求。以物理化学理念支撑的 Hansch-藤田定量构效关系让位于微观的分子模拟，计算机辅助设计和药效团模型分析等计算化学深入到药物分子的设计与研究中。

自改革开放以来，我国在药学领域虽然多以仿制国外药物为主，但也不乏对创新药物研究的探索。例如，艾瑞昔布（imrecoxib）就是于 1997 年立项，历经 14 年的研究之后，在 2011 年获得国家食品药品监督管理局批准上市。

3.1 艾瑞昔布的研制

3.1.1 环氧合酶-2 靶标的发现

以布洛芬和吲哚美辛为代表的非甾体抗炎药（nonsteroidal anti-inflammatory drug，NSAID）是常用的解热镇痛抗炎药，但中长期应用会有消化道损伤与溃疡等不良反应。这是因为非甾体抗炎药的脱靶作用抑制了保护胃黏膜的前列腺素 E 的生成；失去了前列腺素的保护，胃液呈强酸性（pH 值为 1～2），损伤了胃黏膜，这是多数非甾体抗炎药的主要不良反应。在发现炎症细胞的生化生理特征后，新型抗炎药的研发迎来了发展契机。1988 年，Simmins 等发现了环氧合酶-2（cyclooxygenase-2，COX-2）[1]在炎症细胞中高表达的生化特征,人们意识到这个发现对研发抗炎镇痛药物具有重要意义。许多制药公司开始了以 COX-2 为靶标的选择性抑制剂的研究,并不久就解析了 COX-2 的氨基酸序列。

人体的前列腺素有多种生理功能,包括抑制胃酸分泌和保护胃黏膜,调节平滑肌功能、心血管系统、肾功能和内分泌系统等。体内的前列腺素是由花生四烯酸代谢生成,首先由两种酶催化氧化即 COX-1 和 COX-2,其氨基酸组成的同源性为 60%。虽然 COX-1 和 COX-2 催化同样的生化反应,但它们的组织分布和生理功能却显著不同。COX-1 被认为是构成性酶,因为它稳定地表达于组织器官中,如在胃中,有保护胃黏膜的作用。COX-2 通常水平较低,但在炎症部位、某些肿瘤细胞和生长因子或创伤反应因子的刺激下,会迅速表达而提高水平。糖皮质激素和抗炎细胞因子下调 COX-2 的表达。传统的非甾体抗炎药如阿司匹林和布洛芬的药理作用是抑制催化花生四烯酸代谢成前列腺素的 COX-1 和 COX-2[2],且长期应用非甾体抗炎药(COX-1/COX-2 抑制剂)的患者中大约有 1%发生胃溃疡和严重的胃出血。由于 COX-2 不在胃中表达,研究者们认为选择性的 COX-2 抑制剂不会引起胃肠道损伤。

COX-1 和 COX-2 都是与膜结合的酶蛋白。结构生物学的研究表明,这两种同工酶有大致相似的结合位点,不过形状和容积不同。COX-2 的活性中心含有 His90、Arg513 和 Val523 等构成的结合腔;而 COX-1 则显著不同,COX-2 的 Val523 残基在 COX-1 的相应氨基酸是 Ile523,这种改变使 COX-1 的结合腔小于 COX-2,因为 Ile 侧链的体积大于 Val 侧链的体积。结合腔容积的差异成为设计选择性 COX-2 抑制剂的结构依据,即适当增大抑制剂的体积,使得其只能与 COX-2 结合,而难以进入 COX-1 的结合腔。

1999 年,塞来昔布(celecoxib, 化合物 3-1)作为第一个昔布药物上市,成为辉瑞公司的重磅性首创药物[3]。几乎与此同时,由默克公司推出的选择性更强的抑制剂[4]罗非昔布(rofecoxib, 化合物 3-2)也于 1999 年上市。2002 年,依托昔布[5](etoricoxib,化合物 3-3)和伐地昔布[6](valdecoxib,化合物 3-4)也相继上市(见图 3-1)。

3.1.2 项目的启动与实施

药效团是药物呈现特定的药理作用所必需的物理化学特征及其在空间的分布,是与酶蛋白活性中心结合并启动药效的基本结构单元,也是研制跟随性药物常用的策略依据。因此,基于已有的药物或活性化合物的药效团特征,或者根据与靶标结合的特征,通过骨架的变换,构建新结构类型的药物成为该项目的主要研发思路。

因为"昔布"类的化学结构都是比较刚性的,所以从上述 COX-2 抑制剂的结构特征不难抽象出其药效团元素。通过分析这些抑制剂的结构,归纳出以下药效团特征：2 个芳香环连接于第 3 个环上,并处于相邻的位置。该中间环可以是芳香环或者脂肪环。

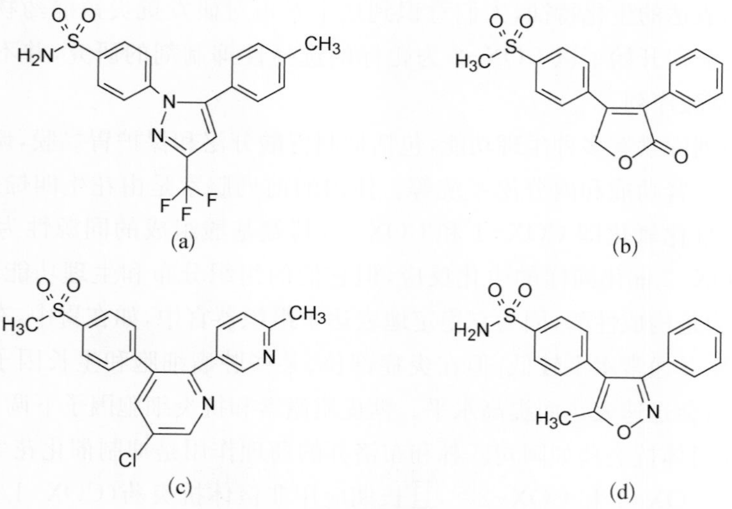

(a)　　(b)

(c)　　(d)

图 3-1　上市昔布药物结构式

(a) 塞来昔布(化合物 3-1);(b) 罗非昔布(化合物 3-2);(c) 依托昔布(化合物 3-3);(d) 伐地昔布(化合物 3-4)。(图片修改自参考文献[3-6])

连接的环上可有或没有取代基。2 个芳香环之一的对位含有磺酰基,可以是甲磺酰基或是氨磺酰基,另一芳香环可有或没有取代基。图 3-2 是 COX-2 抑制剂的药效团特征,特征之间的距离单位是 Å(10^{-10} m);图 3-3 是以塞来昔布为模板分子的结构与药效团的对应图[7,8]。

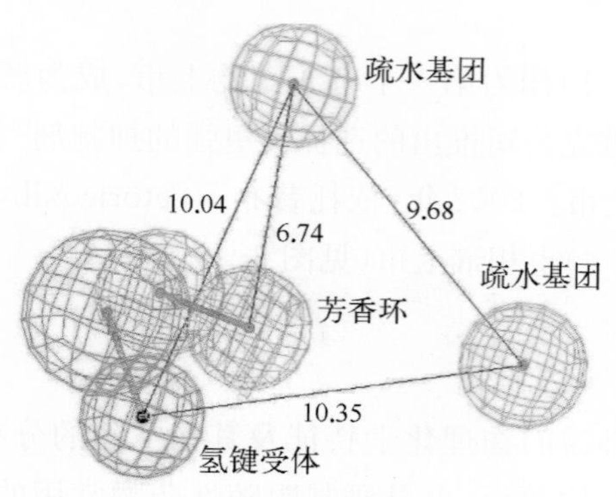

图 3-2　COX-2 抑制剂的药效团特征

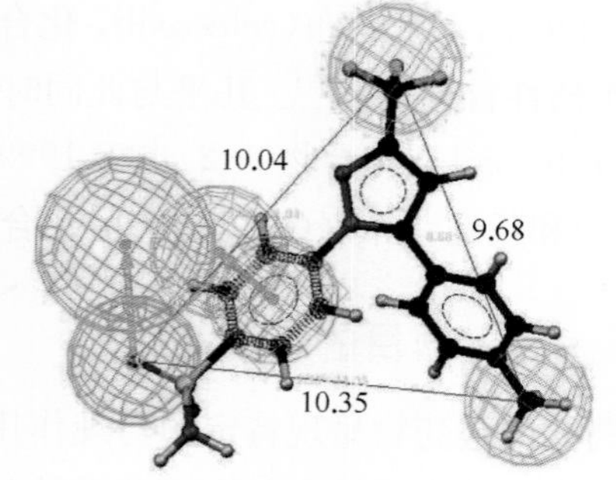

图 3-3　以塞来昔布为模板分子的结构与药效团的对应图

(图片修改自参考文献[7,8])

接下来,就是如何选择适宜的结构骨架连接这些药效团特征,并赋予分子具有选择性活性、适宜的药代动力学和物理化学性质以及具有知识产权的物质新颖性。

3.1.2.1 以不饱和吡咯烷酮为母核的骨架变换

笔者通过系统地检索专利文献，设计合成以不饱和吡咯烷酮为中间环，连接 2 个取代苯环的化合物。由于吡咯烷酮具有不对称性，笔者设计了 2 种类型：磺酰苯基在 3 位的化合物 3-5 和磺酰苯基在 4 位的化合物 3-6(见图 3-4)。

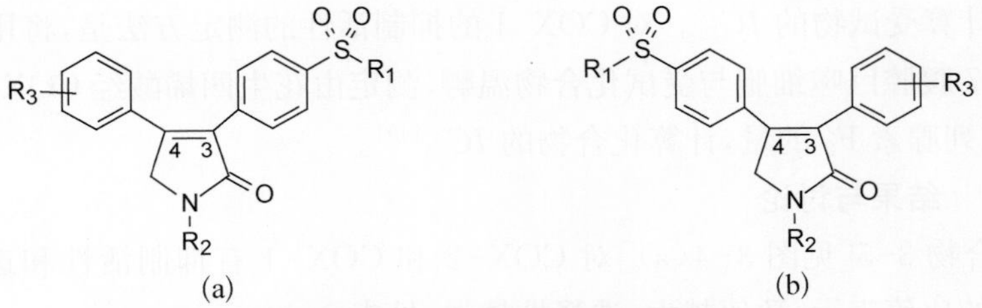

图 3-4 两类不饱和吡咯烷酮通式

(a) 通式化合物 3-5；(b) 通式化合物 3-6。(图片修改自参考文献[9])

在通式化合物 3-5 和通式化合物 3-6 中，R_1 为甲基或氨基，R_2 为甲基、环丙基、正丙基或环己基，R_3 为 3′-或 4′-取代基。笔者合成了一系列化合物，以考察不同的取代基以及羰基与磺酰基的相对位置对 COX-1 和 COX-2 活性的影响(见图 3-4)[9]。

3.1.2.2 化合物的合成

以 R_1 为氨基的化合物 3-5 为例，合成路线如图 3-5 所示。R_3 取代苯乙酮，溴化生成溴代苯乙酮，硼氢化钠还原生成环氧化物，用不同的伯胺(R_2)进行亲核取代，开环得到 β-氨基醇化合物。苯乙酸氯磺化后氨解生成氨磺酰苯乙酸，经酰氯与氨基醇反应生

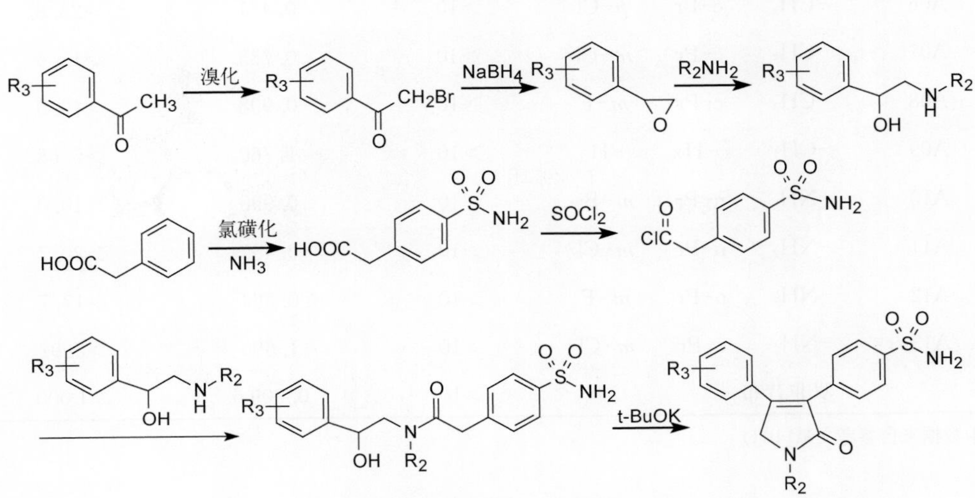

图 3-5 化合物 3-5 的合成路线

t-BuOK，叔丁醇钾。(图片修改自参考文献[9])

成酰胺，琼斯试剂(Jones Reagent)氧化羟基成酮，分子内亲核取代关环，得到目标化合物。

3.1.2.3 化合物的活性评价

为评价目标化合物对 COX-2 的选择性作用，须分别测定化合物对细胞中 COX-2 和 COX-1 的抑制活性。对 COX-2 的抑制活性的测定方法是将用脂多糖刺激的小鼠 C57 腹腔巨噬细胞与受试化合物温孵，测定由花生四烯酸经 COX-2 催化产生的前列腺素 E_2 的量，计算受试物的 IC_{50}。对 COX-1 的抑制活性的测定方法是，将用 A23187 刺激的小鼠 C57 腹腔巨噬细胞与受试化合物温孵，测定由花生四烯酸经 COX-1 催化产生的 6-酮基-前列腺素 F_2 的量，计算化合物的 IC_{50}[10]。

3.1.2.4 结果与讨论

通式化合物 3-5[见图 3-4(a)]对 COX-2 和 COX-1 有抑制活性和选择性(用对 2 种酶 IC_{50} 的比值表示，数值越大，选择性越强；见表 3-1)。

表 3-1 化合物 3-5 对 COX 的抑制活性

化合物编号	R_1	R_2	R_3	COX-1, IC_{50} (μmol/L)	COX-2, IC_{50} (μmol/L)	比值 COX-1/COX-2
A01	$-CH_3$	$-CH_3$	$p-CH_3$	>10	0.782	>12.7
A02	$-CH_3$	$-CH_3$	m-Cl	>10	0.420	>23.8
A03	$-CH_3$	$-CH_3$	m-Br	>10	0.619	>16.2
A04	$-CH_3$	n-Pr	p-F	>10	0.611	>16.4
A05	$-CH_3$	n-Pr	m-Cl	>10	0.783	>13.6
A06	$-CH_3$	c-Pr	p-Cl	>10	0.421	>23.8
A07	$-CH_3$	c-Pr	m-Cl	>10	0.783	>13.6
A08	$-CH_3$	c-Pr	m-F	>10	0.998	>10.0
A09	$-CH_3$	c-Hx	-H	>10	1.760	>5.68
A10	$-NH_2$	n-Pr	m-Br	>10	0.998	>10.0
A11	$-NH_2$	n-Pr	m-Cl	>10	0.482	>20.7
A12	$-NH_2$	n-Pr	m-F	>10	0.564	>17.7
A13	$-NH_2$	c-Pr	m-Cl	>10	1.690	>5.92
	罗非昔布			>10	0.009 6	>1 000

(表中数据来自参考文献[10])

通式化合物 3-5 的构效关系提示，受试物浓度在 10 μmol/L 以下时受试物对 COX-1 未呈现抑制作用，因而其对 COX-2 的抑制活性显著强于 COX-1，高出 1 个数量级；3 个位置的基团变化（$R_1 \sim R_3$）对其对 COX-2 的抑制活性影响不显著，IC_{50} 为 0.4～1.7 μmol/L；与阳性对照药罗非昔布相比，该受试物对 COX-2 的抑制活性低 1～2 个数量级。罗非昔布对 COX-2 的选择性（COX-1/COX-2 的 IC_{50} 比值）大于 1 000，是非常强的选择性 COX-2 抑制剂。

通式化合物 3-6［见图 3-4(b)］是磺酰苯基连接于母核 4 位的系列，有代表性的化合物如表 3-2 所示。其构效关系表明：化合物对 COX-2 的抑制活性强于化合物 3-5 大约 1 个数量级；对 COX-1 和 COX-2 都呈现活性，但对 COX-2 的抑制活性强于 COX-1，作用变化较大，为 2～500 倍，这表明系列化合物 3-6 的基团变化对选择性作用具有敏感性；系列化合物 3-6 中一些化合物的活性与罗非昔布接近，包含值得深入研发的候选化合物。

表 3-2 化合物 3-6 对 COX 的抑制活性

化合物编号	R_1	R_2	R_3	COX-1, IC_{50} (μmol/L)	COX-2, IC_{50} (μmol/L)	比值 COX-1/COX-2
B01	$-CH_3$	$-CH_3$	-H	1.12	0.014 2	78.87
B02	$-CH_3$	$-CH_3$	*p*-Cl	0.159	0.024 2	6.57
B03	$-CH_3$	$-CH_3$	*m*-Cl	0.284	0.010 3	27.57
B04	$-CH_3$	$-CH_3$	*p*-F	0.200	0.013 8	14.49
B05	$-CH_3$	n-Pr	-H	0.149	0.019 5	7.64
B06	$-CH_3$	n-Pr	*p*-Br	0.572	0.011 8	48.47
B07	$-CH_3$	n-Pr	*m*-CH_3	0.119	0.019 3	6.17
B08	$-CH_3$	n-Pr	*p*-CH_3	0.091	0.015 0	6.07
B09	$-CH_3$	n-Pr	*p*-F	0.502	0.028 6	17.55
B10	$-CH_3$	n-Pr	*p*-Cl	0.802	0.024 5	32.73
B11	$-CH_3$	c-Pr	-H	0.468	0.025 3	18.50
B12	$-CH_3$	c-Pr	*p*-CH_3	0.236	0.094 8	2.49
B13	$-CH_3$	c-Pr	*m*-CH_3	0.221	0.015 5	14.26
B14	$-CH_3$	c-Pr	*p*-F	>10	0.066 4	>150
B15	$-NH_2$	c-Pr	*m*-CH_3	>10	0.018 7	>500
B16	$-CH_3$	c-Hx	*m*-CH_3	>10	0.020 7	>400
	罗非昔布			>10	0.009 6	>1 000

（表中数据来自参考文献[10]）

3.1.3 候选化合物的选择

3.1.3.1 “适度抑制”的理念应用

如果只以对COX-2的强抑制活性作为选择活性化合物的标准，化合物B14、B15和B16等高比值化合物是优胜的(见表3-2)。该标准建立在COX-2是炎症细胞所特有的认识上，选择性越高越好。

其实，COX-2的功能远非如此简单。有文献报道敲除*COX-2*基因的小鼠出现心血管功能障碍，因此研究者认为COX-2对维持体内的正常功能是必要的，并不单纯是炎症的产物或标志物[11,12]。

COX-2的一个重要功能是将花生四烯酸转化成前列腺素H_2(PGH_2)，前列腺素H_2进而经前列环素合成酶催化生成前列腺素E_2(PGE_2)和前列腺素I_2(PGI_2)，它们不仅介导某些器官中的炎症过程，而且前列腺素I_2还具有扩张血管、抑制血小板活化、阻止血小板聚集的生理作用。因此，COX-2不仅是诱导产生的酶，而且也是正常生理活动所必需的构成性酶。

COX-1不仅催化生成前列腺素D_2和前列腺素Fα，对消化道黏膜起保护作用，而且可经血栓烷A_2合成酶生成血栓烷A_2(TXA_2)，血栓烷A_2有强效的收缩血管、活化血小板和促进血小板聚集的作用。前列腺素I_2和血栓烷A_2对心血管和血小板呈完全相反的作用，在体内维持一定的水平，调节心血管的正常功能。图3-6显示由花生四烯酸经COX-1和COX-2催化氧化和后继的级联反应生成的重要内源性物质和部分功能[13]。

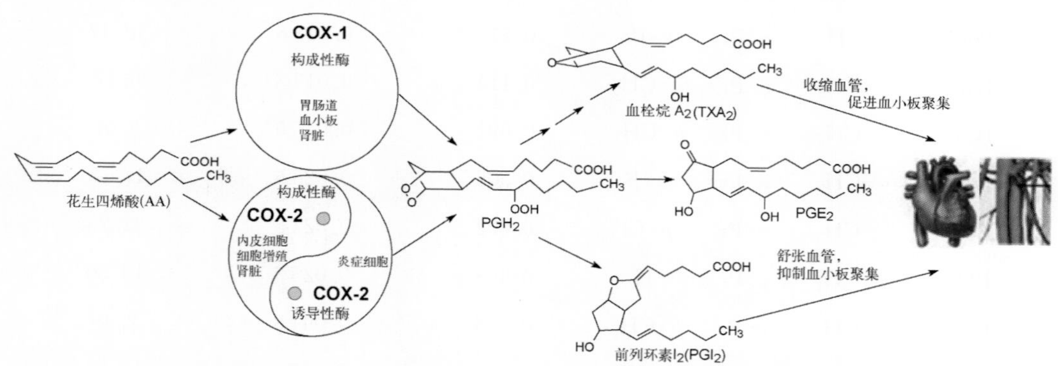

图3-6 COX-1和COX-2催化氧化花生四烯酸和后继的级联反应

(图片修改自参考文献[13])

为了消除炎症一味地提高对COX-2的抑制活性，而忽视它的正常功能，如高选择性抑制剂会导致前列腺素I_2水平降低，从而扰乱了前列腺素I_2和血栓烷A_2之间的平衡，造成心血管功能失衡的异常状态。因而，引申出对COX-1和COX-2抑制的相对强度的判断，可决定前列腺素 I_2 和血栓烷 A_2 在体内的相对水平。笔者提出“适度抑制”的理念作为研制 COX 抑制剂的原则，即对 COX-2 有一定的选择性抑制作用，但不宜过强，将对 COX-2 和 COX-1 的抑制活性调节在一定的范围内，否则过犹不及。在消除炎症的同时，还应维持前列腺素 I_2 和血栓烷 A_2 之间的功能平衡[13]。

3.1.3.2 化合物的体外活性、选择性和体内评价

1）对大鼠抗炎活性评价

根据“适度抑制”的原则，选择的受试物对 COX-2 的抑制活性接近于阳性对照药罗非昔布，但对 COX-1 和 COX-2 的抑制选择性比值适度。由于不清楚对 COX-2 的选择性抑制与体内抗炎活性和维持正常生理功能之间的关系，选定的抑制活性比值在 2～50 范围内，共有 12 个化合物。用灌胃方式给药，评价受试物对角叉菜胶引起大鼠右后趾肿胀的抑制作用，如表 3-3 所示[14]。

表 3-3 化合物对角叉菜胶引起大鼠右后趾肿胀的抑制作用

化合物编号	COX-1/COX-2 IC_{50} 比值	剂量(口服，mg/kg)	动物数 n	不同时间肿胀体积和抑制率[括号内为抑制率(%)]		
				2 h	3 h	4 h
对照	—	基质	8	45.8±12.9	61.2±11.6	60.2±14.5
A01	>12.7	10	8	44.1±6.4 (3.7)	46.2±13.7 (24.5)	48.6±16.5 (19.3)
A02	>23.8	10	8	31.0±17.9 (32.3)	37.2±9.6 (39.2)	31.2±10.7 (48.2)
A05	>13.6	10	8	38.8±9.8 (15.3)	38.9±11.9 (36.4)	34.0±12.4 (43.5)
A07	>13.6	10	8	40.8±8.8 (10.9)	45.4±19.4 (25.8)	38.1±12.4 (36.7)
B02	6.57	10	8	46.4±7.0 (−1.2)	47.2±13.3 (22.9)	43.8±14.5 (27.2)
B04	14.49	10	8	22.9±5.9 (50.0)	31.7±13.9 (48.2)	24.5±7.9 (59.3)
B06	48.47	10	8	33.8±17.1 (26.2)	31.8±10.8 (48.0)	30.2±10.9 (49.8)
B07	6.17	10	8	28.9±9.6 (36.9)	37.2±20.0 (39.2)	44.4±21.5 (26.2)
B08	6.07	10	8	33.2±14.2 (27.5)	26.2±9.8 (57.2)	24.5±14.8 (59.3)

（续表）

化合物编号	COX-1/COX-2 IC_{50} 比值	剂量(口服，mg/kg)	动物数 n	不同时间肿胀体积和抑制率[括号内为抑制率(%)]		
				2 h	3 h	4 h
B09	17.55	10	8	29.5±14.8 (35.6)	30.9±9.9 (49.5)	29.9±9.4 (50.3)
B10	32.73	10	8	32.5±11.4 (24.2)	37.1±12.7 (39.4)	40.5±5.4 (32.7)
B12	2.49	10	8	35.5±20.0 (22.4)	40.3±18.5 (34.1)	41.5±12.5 (31.1)
塞来昔布	—	10	8	41.5±12.5 (9.4)	33.1±5.2 (45.9)	30.0±1.8 (50.2)

注：实验结果提示，有 5 个化合物的抗炎活性与塞来昔布相近，即化合物 A02、B04、B06、B08 和 B09。(表中数据来自参考文献[14])

2）初步安全性实验

对上述抗炎作用与塞来昔布相当的 5 个化合物以 6 倍有效剂量(60 mg/kg 体重)通过灌胃方法给予大鼠，连续 28 d，观察大鼠体征、行为、摄食和体重的变化，停药后解剖大鼠，取出脏器，分别通过肉眼和显微镜观察细胞的形态(数据从略)，从中优选出 B08 和 B09 化合物做进一步评价。图 3-7 分别为化合物 3-7 与化合物 3-8 的结构式。

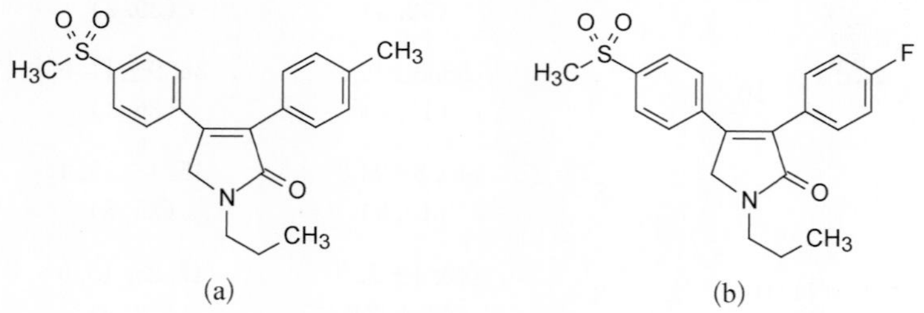

图 3-7　初选化合物 3-7 和化合物 3-8 的结构式

(a)为初选化合物 3-7(B08)的结构式；(b)为初选化合物 3-8(B09)的结构式。(图片修改自参考文献[9,10])

3.1.4　候选化合物的确定

3.1.4.1　大鼠体力药代动力学性质

笔者用雄性大鼠和雌性大鼠分别研究了化合物 3-7 和化合物 3-8 的初步药代动力学特征。综合评价相关参数结果显示，化合物 3-7 的药代动力学特征优于化合物 3-8

(见表 3-4)[15]。

表 3-4 化合物 3-7 和化合物 3-8 的大鼠药代动力学参数

化 合 物	化合物 3-7		化合物 3-8	
	雄性大鼠	雌性大鼠	雄性大鼠	雌性大鼠
生物利用度(%)	36.90	56.20	24.50	41.30
半衰期($t_{1/2}$,h)	1.10	2.10	0.53	1.02
分布容积(L/kg)	1.69	1.83	2.14	2.60
AUC(μg/mL·h)	16.80	29.00	5.55	7.21
Cl/[mL/(mim·kg)]	20.30	12.30	63.10	47.10
C_{max}/(μg/mL)1 h	2.22	3.99	0.41	1.03

AUC,曲线下面积;*Cl*,清除率。(表中数据来自参考文献[15])

3.1.4.2 在大鼠的抗炎活性

为了对化合物 3-7 和化合物 3-8 在大鼠的抗炎活性做进一步比较,笔者分别用角叉菜胶和关节炎佐剂引起大鼠炎症模型,并测定这两个化合物的半数有效量(median effective dose, ED_{50})。对这两种模型的半数有效量进行比较,结果显示化合物 3-8 略优于化合物 3-7(见表 3-5)[14]。

表 3-5 化合物 3-7 和化合物 3-8 在大鼠抗炎活性的比较

	灌胃大鼠对角叉菜胶致右后跖炎症的抑制活性 ED_{50} (mg/kg)	灌胃大鼠对关节炎佐剂的抑制活性 ED_{50} (第 21 天,mg/kg/d)
化合物 3-7	4.3	2.5
化合物 3-8	2.3	1.1
罗非昔布	1.2	0.5

(表中数据来自参考文献[14])

3.1.4.3 在小鼠的镇痛活性

1) 热板试验

笔者用小鼠热板试验评价化合物 3-7 和化合物 3-8 的镇痛作用。结果表明,2 个化合物的热板镇痛作用没有显著性差异(见表 3-6)[14]。

2) 醋酸扭体试验

笔者用小鼠醋酸扭体试验评价化合物 3-7 和化合物 3-8 的镇痛作用。结果提示,化合物 3-8 对醋酸扭体模型的镇痛作用略强于化合物 3-7(见表 3-7)[14]。

表 3-6　用热板试验评价化合物 3-7 和化合物 3-8 对小鼠的镇痛作用

组　别	剂量(mg/kg)	潜伏时间(s,均值±标准差)				
		0 h	1 h	2 h	3 h	4 h
化合物 3-7	2.5	19.2±7.2	24.0±6.2	28.9±7.8	33.6±9.9*	32.8±8.9*
	5.0	19.4±4.1	25.6±10.9	31.2±12.8	37.8±20.6*	40.7±20.5*
	10.0	20.6±3.4	25.8±6.2	37.3±13.9*	38.2±13.8*	45.3±15.8*
化合物 3-8	2.5	22.0±4.7	21.2±8.2	29.8±10.2*	32.8±5.8*	41.6±12.6**
	5.0	19.0±4.2	29.6±10.4*	34.1±9.0*	34.6±5.4*	43.7±13.5**
	10.0	21.0±5.9	38.9±9.2*	41.2±15.8*	40.9±15.9**	53.2±11.7**
罗非昔布	5.0	22.1±5.5	33.3±9.0	40.5±13.7*	46.6±14.8**	43.1±16.4**
阿司匹林	100.0	21.0±4.2	23.1±9.0	28.7±10.5	33.2±13.4*	32.4±7.3*
对照	基质	19.5±5.8	20.5.±3.2	22.7±3.5	21.5±3.9	24.0±4.6

注：*和**分别代表在 $P<0.05$ 和 $P<0.01$ 的水平上与相应的对照组有显著性差异。(表中数据来自参考文献[14])

表 3-7　用醋酸扭体试验评价化合物 3-7 和化合物 3-8 对小鼠的镇痛作用

组　别	剂量(mg/kg)	动物数(只)	扭动次数(次/10 min)	抑制率(%)	ID_{50} (mg/kg)
化合物 3-7	1.25	10	18.4±6.1	15.6	9.81
	2.50	10	15.0±8.0	31.2	
	5.00	10	13.8±3.4	36.7	
	10.00	10	10.7±5.1*	50.9	
化合物 3-8	1.25	10	14.6±4.1	33.0	4.54
	2.50	10	13.5±5.4	38.1	
	5.00	10	10.6±2.9*	51.3	
	10.00	10	7.7±3.0**	62.8	
罗非昔布	5.00	10	7.7±3.0**	62.8	—
阿司匹林	100.00	10	10.9±3.7*	50.0	—
对照	基质	10	21.8±5.1	—	—

注：*和**分别代表在 $P<0.05$ 和 $P<0.01$ 的水平上与相应的对照组有显著性差异。(表中数据来自参考文献[14])

通过综合评价化合物 3-7 和化合物 3-8 在体内外药效学、药代动力学、初步安全性、物理化学性质，兼顾制备上的考虑，最终确定化合物 3-7 为首选候选化合物，定名为艾瑞昔布(见图 3-8),进入临床前和临床研究[14,16]。

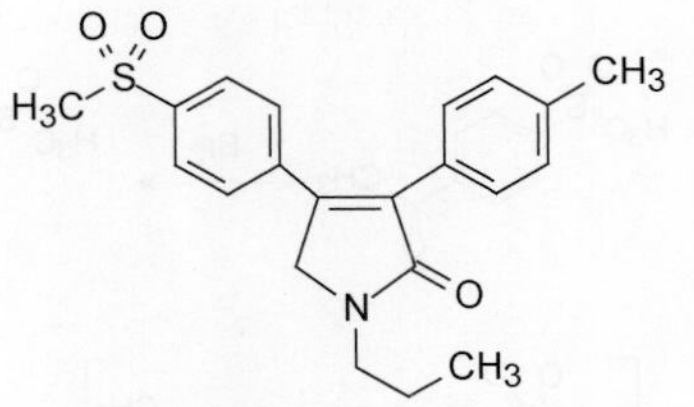

图 3-8 艾瑞昔布(化合物 3-7)

(图片修改自参考文献[14])

3.1.5 艾瑞昔布的合成、代谢和分子对接研究

3.1.5.1 艾瑞昔布的合成研究

在结构优化和研究构效关系阶段,笔者对目标化合物的合成方法没有做深入考察,只是按照通法常规合成。艾瑞昔布的制备方法源于苯甲硫醚,经弗里德-克拉夫茨反应氧化硫醚成砜,再经溴化得到4-甲磺酰基溴代苯乙酮,之后经硼氢化钠还原环合成环氧化物,再由正丙胺进行亲核取代开环得到胺基醇,然后用等摩尔质量4-甲基苯乙酰氯处理胺基被酰化。用琼斯试剂($CrO_3+H_2SO_4$)氧化仲醇成酮基,最后用叔丁醇钾催化环合得到艾瑞昔布(见图 3-9)[9]。

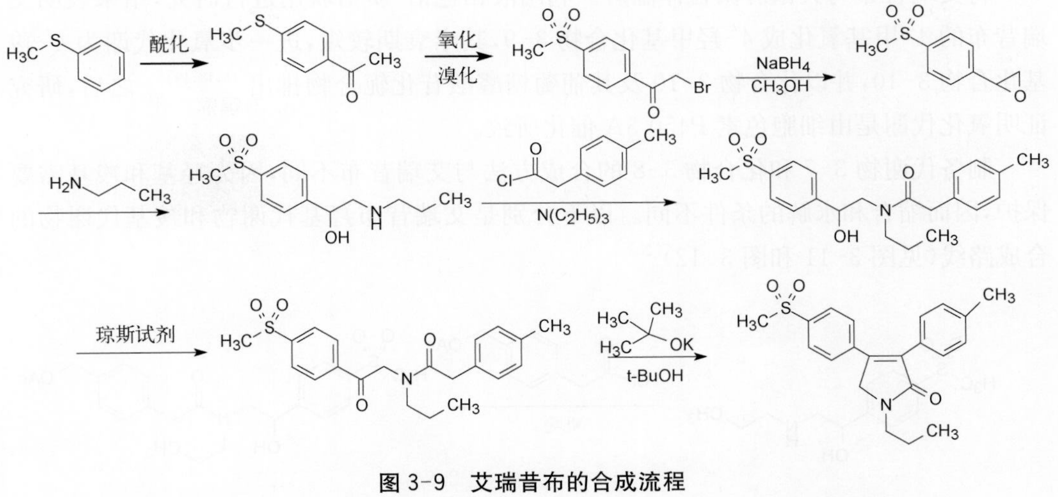

图 3-9 艾瑞昔布的合成流程

(图片修改自参考文献[9])

在进行Ⅲ期临床研究的同时,张富尧博士等对上述合成路线进行了研究,原合成路线的硼氢化钠还原和铬酸氧化是对同一位点相互的操作,而且氧化步骤收率不高,不利于环保。考虑到α,β-不饱和内酯的γ碳原子具有亲电性,用正丙胺进行亲核取代,可同时形成C—N键和酰胺键,将不饱和内酯直接转变为不饱和内酰胺,革除了上述硼氢化钠还原和铬酸氧化2步反应,在不改变原料的前提下成功地实现了具有生产价值的艾瑞昔布的合成,显著地提高了艾瑞昔布的收率(总收率提高了3倍)和质量(见图 3-10)[17]。

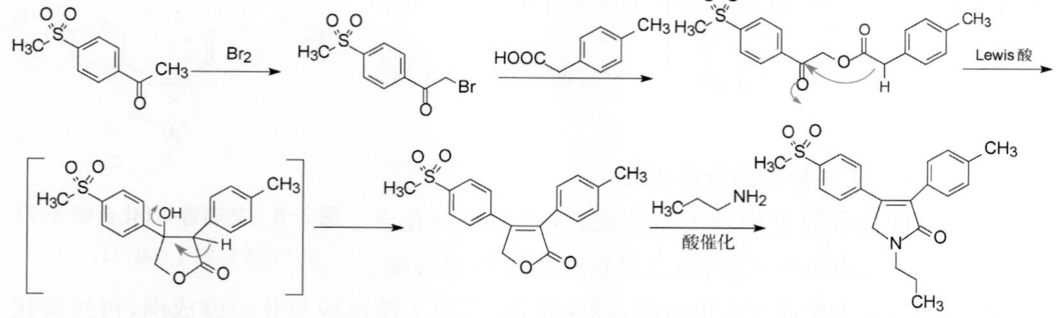

图 3-10 艾瑞昔布的新合成流程

(图片修改自参考文献[17])

3.1.5.2 艾瑞昔布的代谢

1) 代谢物的制备

将艾瑞昔布与大鼠肝微粒体温孵。利用液相色谱-质谱联用进行研究,结果表明艾瑞昔布的 4′-甲基氧化成 4′-羟甲基化合物 3-9,其半衰期较短,进一步氧化代谢为 4′-羧基化合物 3-10,并以化合物 3-10 及其葡萄糖醛酸苷化轭合物排出[15,18,19]。之后,研究证明氧化代谢是由细胞色素 P450 3A 催化所致。

制备代谢物 3-7 和化合物 3-8 的合成方法与艾瑞昔布不同,因为羟基和羧基需要保护,因而缩合和水解的条件不同。以下分别是艾瑞昔布羟基代谢物和羧基代谢物的合成路线(见图 3-11 和图 3-12)[20]。

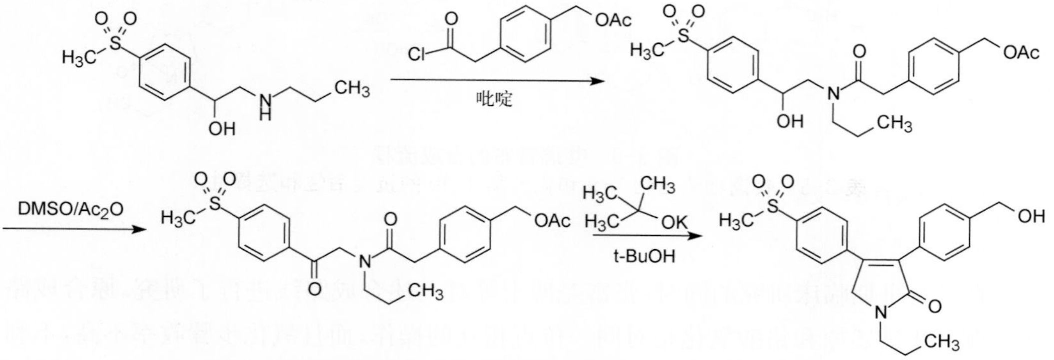

图 3-11 艾瑞昔布羟基代谢物(化合物 3-9)的合成路线

(图片修改自参考文献[20])

2) 代谢物的活性

评价代谢物化合物 3-9 和化合物 3-10(见图 3-13)对 COX-2 和 COX-1 的抑制活

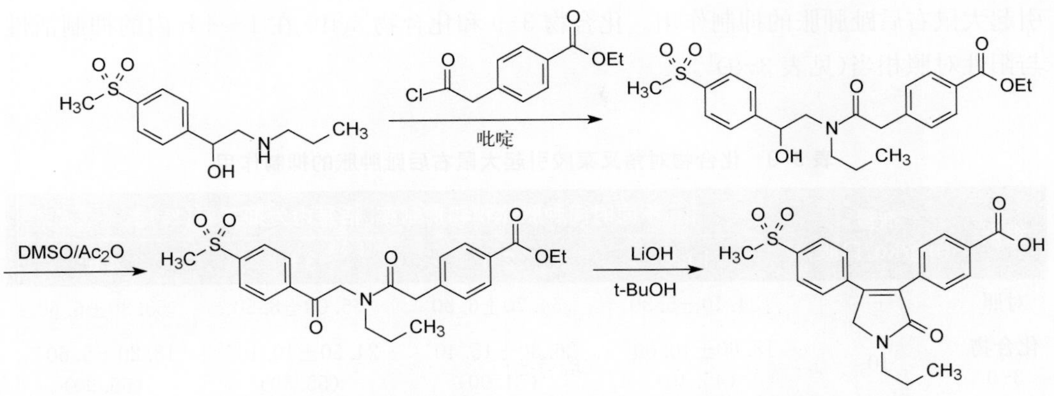

图 3-12 艾瑞昔布羧基代谢物(化合物 3-10)的合成路线

(图片修改自参考文献[20])

(a)

(b)

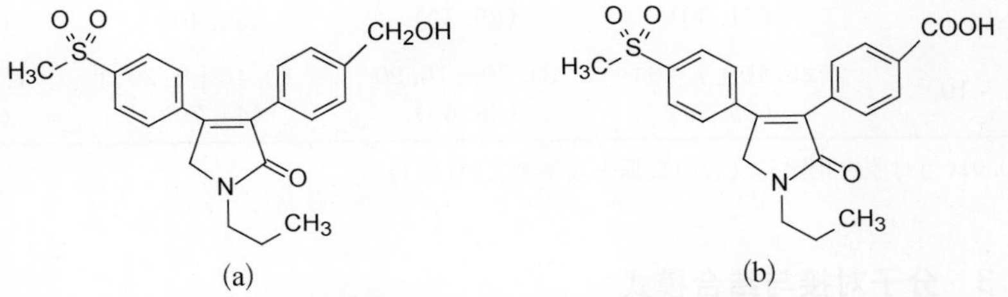

图 3-13 代谢物化合物 3-9 和化合物 3-10 的结构式

(a)为化合物 3-9 的结构式;(b)为化合物 3-10 的结构式。(图片修改自参考文献[20])

性,结果表明:① 羟基化合物的抗炎活性与艾瑞昔布相近,而羧基化合物的抗炎活性则弱一个数量级;② 2 个代谢物对 COX-2 的选择性与艾瑞昔布相近,说明它们和艾瑞昔布与 COX-1 和 COX-2 的结合模式是相似的(见表 3-8)[20]。

表 3-8 代谢物化合物 3-9 和化合物 3-10 的抗炎活性和选择性

化 合 物	IC_{50} (μmol/L)		IC_{50}
	COX-1	COX-2	COX-1/COX-2
化合物 3-9	0.087	0.014	6.200
化合物 3-10	2.780	0.410	6.800
艾瑞昔布	0.115	0.018	6.400

(表中数据来自参考文献[20])

以艾瑞昔布和塞来昔布作为阳性对照,评价化合物 3-9 和化合物 3-10 对角叉菜胶引起大鼠右后趾肿胀的抑制作用。化合物 3-9 和化合物 3-10 在 1～4 h 内的抑制活性与阳性对照相当(见表 3-9)[20]。

表 3-9　化合物对角叉菜胶引起大鼠右后趾肿胀的抑制作用

组别	剂量(mg/kg,口服)	不同时间肿胀体积和抑制率[括号内为抑制率(%)]			
		1 h	2 h	3 h	4 h
对照	—	34.10±5.30	54.70±6.90	55.00±8.50	53.30±6.60
化合物 3-9	10	18.60±10.00* (45.40)	26.30±15.40* (51.90)	24.50±10.10* (55.50)	18.20±5.60* (65.90)
化合物 3-10	10	25.05±10.40* (26.50)	29.52±12.80* (46.00)	24.14±12.30* (56.10)	19.23±13.90* (63.90)
艾瑞昔布	10	23.40±7.80* (31.30)	33.10±10.80* (39.50)	27.30±4.10* (50.40)	26.40±9.60* (50.40)
塞来昔布	10	26.10±7.20* (23.50)	34.70±16.90 (36.60)	30.40±5.20 (44.70)	27.00±1.80 (49.30)

注：* 为 $P<0.01$(与对照组相比)。(表中数据来自参考文献[20])

3.1.5.3　分子对接与结合模式

分子模拟研究表明,将艾瑞昔布对接 COX-2 的活性部位,结合特征是 2 个芳香环分别进入 2 个疏水腔中,磺酰基与 499 位上的精氨酸(Arg499)和 504 位上的苯丙氨酸(Phe504)形成 2 个氢键,结合能 $\Delta G=-19.11$ kJ/mol;将艾瑞昔布与 COX-1 的分子对接提示,磺酰基与 518 位上的苯丙氨酸(Phe518)形成一个氢键,结合能 $\Delta G=-17.37$ kJ/mol(见图 3-14)。

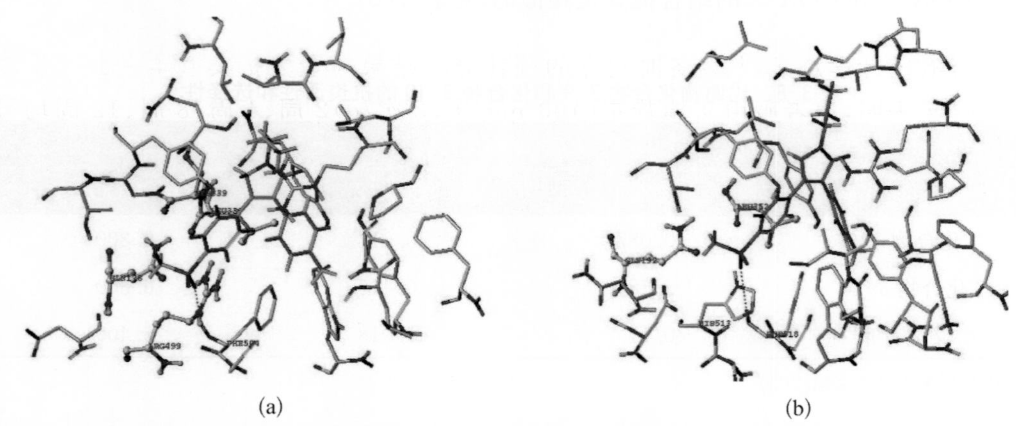

图 3-14　艾瑞昔布与 COX-2 和 COX-1 活性部位的分子对接

图中深色为艾瑞昔布,(a)为 COX-2,(b)为 COX-1。

3.1.6 临床研究

3.1.6.1 Ⅰ期临床研究

健康志愿者药代动力学研究表明，艾瑞昔布单次口服给予 30 mg、60 mg、90 mg 和 200 mg 后呈线性动力学特征。空腹口服给药后约 2 h 血药浓度达峰值。艾瑞昔布在人体内主要由细胞色素 P450 2C9(CYP2C9)代谢，在血浆中主要生成羟基代谢物 3-9 和羧基代谢物 3-10。半衰期约为 20 h。尿中游离型代谢物的排泄率为 40%。餐后艾瑞昔布给药的曲线下面积(area under the curve, AUC)和药峰浓度(peak concentration, C_{max})显著高于空腹给药，但药峰时间(peak time, T_{max})和药物半衰期(drug half-life, $t_{1/2}$)无显著性差异。多次给药(200 mg/次，bid，连续给药 11 d)后，艾瑞昔布在体内未见蓄积作用，但羟基代谢物 3-9 和羧基代谢物 3-10 的 *AUC* 显著高于单次给药。多次给药后羧基代谢物 3-10 的 C_{max} 明显高于单次给药。

3.1.6.2 Ⅱ期临床研究

以多中心、随机、双盲双模拟、阳性药物平行对照进行的Ⅱ期临床研究，共入组 284 例膝骨关节炎患者，以塞来昔布片作为阳性对照药，评价艾瑞昔布片治疗骨关节炎的临床疗效与安全性。试验设 4 个组，分别为 A 组(艾瑞昔布 50 mg/次，bid)、B 组(艾瑞昔布 100 mg/次，bid)、C 组(艾瑞昔布 200 mg/次，bid)和 D 组(塞来昔布 200 mg/次，qd)，疗程均为 12 周。全分析集(full analysis set, FAS)试验结果显示：经过 2 周治疗后，A 组总有效率为 27.94%，B 组为 29.69%，C 组为 30.77%，D 组为 42.86%；经过 4 周治疗后，A 组总有效率为 51.47%，B 组为 50.00%，C 组为 52.31%，D 组为 65.08%；经过 8 周治疗后，A 组总有效率为 58.82%，B 组为 64.06%，C 组为 64.62%，D 组为 74.60%；经过 12 周治疗后，A 组总有效率为 69.12%，B 组为 64.06%，C 组为 75.38%，D 组为 74.60%。上述 4 组间差异均无统计学意义($P>0.05$)。符合方案集(perprotocol set, PPS)的分析显示，用药 8 周后，D 组总有效率最高，A 组最低，4 组间差异有统计学意义，其余各时间点的统计分析结果与全分析集基本一致。疗效评价结果表明，患者服用艾瑞昔布(100 mg/次，2 次/d)2 周、4 周、8 周、12 周均可有效缓解膝关节疼痛，采用视觉模拟评分法(visual analogue scale, VAS)评分，膝关节活动痛分别较治疗前下降(5.30±6.22)%、(8.16±7.53)%、(10.22±8.87)%、(10.22±8.87)%，可有效改善骨关节炎患者的临床症状，疗效与塞来昔布相当。

3.1.6.3 Ⅲ期临床研究

在多中心、随机、双盲双模拟、阳性药物平行对照的Ⅲ期临床研究中，以塞来昔布片(200 mg/次，qd)作为对照药，评价艾瑞昔布片(100 mg/次，bid)治疗膝骨关节炎的临床疗效与安全性。将 461 例膝骨关节炎患者随机分为两组，试验组 344 例，对照组 117

例。采用饭后口服的给药方法，用药 8 周。于用药 2 周、4 周及 8 周后对所有受试者进行有效性评价。结果显示，两组受试者平地行走疼痛程度在治疗后各时间点明显较治疗前降低($P<0.0001$)；两组受试者各时间段的平地行走疼痛下降程度、疼痛疗效有效率、总有效率和疼痛评分下降程度差异无统计学意义($P>0.05$)，经非劣效分析，艾瑞昔布片疗效不差于塞来昔布片。

经过Ⅰ期、Ⅱ期和Ⅲ期的临床研究，艾瑞昔布于 2011 年 5 月经国家食品药品监督管理局批准上市。

3.1.7 启示与体会

3.1.7.1 利用国内外基础研究的成果指导新药研究

COX-2 高表达于炎症细胞，其作为诱导性酶，为研制新型抗炎药物提供了靶标和研发依据。进一步研究表明，COX-2 也是维持机体正常生理功能的结构性酶，过分抑制会干扰机体正常的生理功能，可导致心血管系统平衡失调。该项目在研制理念上注意到 COX-2 和 COX-1 的相互制约关系，提出"适度抑制"COX-2 的原则，在消除非甾体抗炎药因强效抑制 COX-1 引起胃肠道损伤的同时，避免过分抑制 COX-2 可能引发的心血管事件，以免从一个极端走到另一极端。默克公司研发的罗非昔布在 2004 年终止使用，或许是因为其对 COX-2 的高选择性强抑制导致少数患者发生心血管事件。该事件也引发了对 COX 作为抗炎靶标的全球性质疑，当时正在进行的艾瑞昔布Ⅱ期临床试验也因此停顿了 1 年。在"适度抑制"理念指导下研制的艾瑞昔布既避免了对消化道的损伤，也没有扰动心血管的功能。该项目在申请国内外专利中明确提出了这个原则，因此获得第十五届中国专利奖(2013 年)的"中国专利金奖"。

3.1.7.2 研究所与企业的密切结合——成功的保障

新药研究的目标是产品，属于技术创新范畴。从艾瑞昔布的研发立项开始，在中国医学科学院药物研究所和恒瑞医药之间就已建立起合作研究模式，双方共同成立了联合实验室。因研发新药的目标明确，保障了研究内容与开发目标的顺畅和有机衔接。通过发挥合作双方各自的优势，提高了研发的效率和质量。尤其在由体外实验过渡到实验动物评价和遴选化合物的过程中，合作双方系统地评价了 10 多个化合物的体内抗炎活性，并对 5 个胜出的化合物进行了 4 周药物安全性评价实验，遴选出 2 个候选物，然后进行了系统抗炎镇痛的药效学实验和药代动力学评价，从而确定艾瑞昔布进入临床前研究[另一个化合物 3-8作为备份候选物(back-up)]。在恒瑞医药的技术和资金支持下，这些工作得以在短期内完成。时任国家食品药品监督管理局药品审评中心副主任评价艾瑞昔布是我国按照规范程式研发的第一个 1.1 类化学药。此药成为恒瑞医药第一个研制成功的新药。

3.2 环氧合酶-2 抑制剂的研发状态与进展

3.2.1 上市和研发中的药物

自 1991 年发现 COX-2 以来,抗炎药物的研发持续不断。虽然经过 2004 年罗非昔布的退市和对 COX-2 可药性(druggability)的全球性质疑,但昔布类药物还是劫后余生,COX-2 抑制剂的研发依然活跃。

迄今,已经上市(包括上市后退市)的药物如前述的化合物 3-1、化合物 3-2、化合物 3-3 和化合物 3-4,都具有相同的药效团分布,只是变换了中心环的结构。通过骨架迁越,成功地开发了新药。此外,辉瑞公司研制的帕瑞昔布(parecoxib)化合物 3-11 是艾托昔布(etoricoxib)的前药[2],即图 3-1 中化合物 3-4 的磺酰胺经丙酰化得到帕瑞昔布[见图 3-15(a)]。因为化合物 3-11 的仲胺基连接了 2 个拉电子基团酰基和磺酰基而具有酸性,其可溶性钠盐作为注射剂上市。化合物 3-11 作为可逆性前药在体内经水解,释放艾托昔布,后者由于对血小板没有激活和抑制作用,可用于手术中的急性止痛[21]。

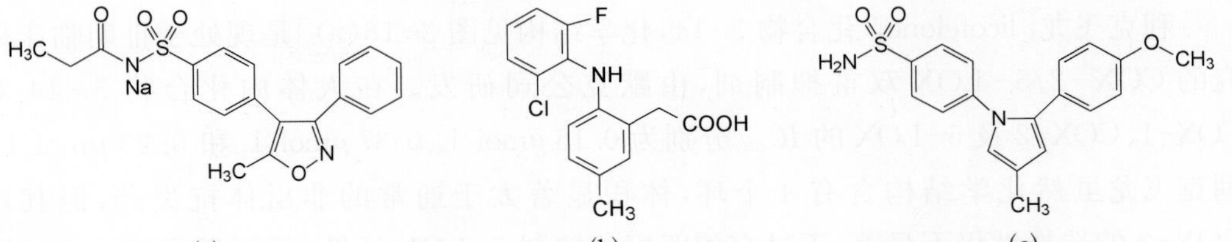

图 3-15 其他已上市和处于临床研究的 COX-2 抑制剂化学结构

(a) 帕瑞昔布(化合物 3-11);(b) 罗美昔布(化合物 3-12);(c) 阿立昔布(化合物 3-13)。(图片修改自参考文献[21,22])

2006 年上市的罗美昔布[lumiracoxib,化合物 3-12,化学结构见图 3-15(b)]是具有另类结构的昔布,是由非甾体抗炎药双氯芬酸改造而得的 COX-2 抑制剂。罗美昔布为含有酸性基团的双环化合物,结合于 COX-2 的位点不同于经典的 COX-2 抑制剂。罗美昔布对 COX-2 的抑制作用强于其对 COX-1 的抑制作用大约 500 倍,而其与双氯芬酸的活性比为 10∶1,可能是因为甲基的引入有利于其占据 COX-2 的活性部位,降低了其与 COX-1 的结合[22]。

处于临床研究的阿立昔布[apricoxib,化合物 3-13,化学结构见图 3-15(c)]侧重于癌症的防治研究。

3.2.2 双靶标作用的抑制剂

COX-2 和 COX-1 的同源性较强，从严格意义上说，非甾体抗炎药和选择性 COX-2 抑制剂几乎都作用于这两个酶，可谓双靶标抑制剂，只是强度不同。本节讨论的是同时作用于 COX 和其他靶标的活性化合物。

3.2.2.1 环氧合酶-2 和 5-脂氧合酶的双重抑制剂

花生四烯酸的体内代谢途径有多种：COX 催化花生四烯酸生成前列腺素，前列腺素为炎症介质，非甾体抗炎药和 COX-2 抑制剂可干预前列腺素的产生因而有抗炎活性；炎症细胞还高表达 5-脂氧合酶(5-lipoxygenase，5-LOX)，后者催化花生四烯酸生成白三烯(leukotriene，LT)，白三烯也是重要的炎症介质，所以 5-LOX 也是抗炎药物的靶标。然而，15-LOX 和阿司匹林诱导产生的脂氧素(lipoxin，LX)如脂氧素 A4(LXA4)和脂氧素 B4(LXB4)却具有抗炎作用。脂氧素与前列腺素和白三烯的功能相反。

双靶标作用的药物由于具有药效的协同作用和合理的药代动力学性质，是研制新药的一个策略。因而，同时抑制 COX-2 和 5-LOX 的化合物成为研发抗炎药物的目标。在分子设计上，由于 COX-2 和 5-LOX 的底物结构相似，酶的活性中心具有相似结构，对底物结合的共性成为研制双靶标抑制剂的依据。

利克飞龙[licofelone，化合物 3-14，化学结构见图 3-16(a)]是现处于Ⅲ期临床研究的 COX-2/5-LOX 双重抑制剂，由默克公司研发。在人体内化合物 3-14 对 COX-1、COX-2 及 5-LOX 的 IC_{50} 分别为 0.16 μmol/L、0.37 μmol/L 和 0.23 μmol/L。利克飞龙虽然化学结构含有 4 个环，体积显著大于通常的非甾体抗炎药，但其对 COX-2 的选择性仍不显著，不过有相匹配的抑制 5-LOX 活性，可剂量依赖性地抑制前列腺素 E_2 的生成，而且可体外抑制活性氧的产生，减少中性粒细胞中弹性蛋白酶的释放，显示为 COX/5-LOX 双重抑制剂的特征。大鼠镇痛实验表明，利克飞龙的镇痛效果和持续性强于吲哚美辛和齐留通。患者口服利克飞龙可明显改善骨关节炎的症状[23,24]。

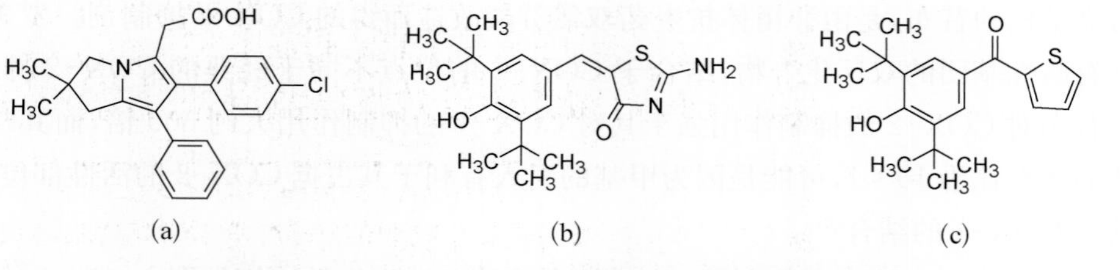

(a) (b) (c)

图 3-16 COX-2 与 5-LOX 双重抑制剂的化学结构

(a) 利克飞龙(化合物 3-14)；(b) 达布非酮(化合物 3-15)；(c) 普立非酮(化合物 3-16)。(图片修改自参考文献[23-25])

达布非酮[darbufelone，化合物 3-15，化学结构见图 3-16(b)]也是 COX-2/5-LOX 双重抑制剂，是由普立非酮(prifelone，化合物 3-16)经结构优化得到的。普立非酮为含有双叔丁基羟基苯酮化合物[化学结构见图 3-16(c)]，是根据自由基参与炎症过程、基于氧化还原原理被发现的，研究发现其是双重抑制 COX 和 5-LOX 的化合物(对 COX 的 IC_{50} 为 0.5 μmol/L；对 5-LOX 的 IC_{50} 为 20 μmol/L)。然而化合物 3-16 对 5-LOX 的抑制活性是对 COX 抑制活性的 1/40，而且其在水中的溶解度低；进一步优化发现，酚基的对位允许有较大的结构变换，由此研制的达布非酮不仅提高和匹配了 COX-2/5-LOX 双重抑制活性，而且也改善了原有的物理化学与药代动力学性质[25]。

化合物 ER-34122[化合物 3-17，见图 3-17(a)][26]和化合物 BW-755C[化合物 3-18，见图 3-17(b)][27]也是 COX-2/5-LOX 的双重抑制剂，对角叉菜胶形成的大鼠足趾肿胀有抑制活性(抑制 COX-2 催化的前列腺素合成)，也阻止白三烯的生成。化合物 3-17 和化合物 3-18 的化学结构特征和药效团分布与非甾体抗炎药、COX-2 抑制剂和齐留通等药物不同，因而它们与靶标的结合模式也有所不同。目前，尚未见有这 2 个化合物的临床研究报道。

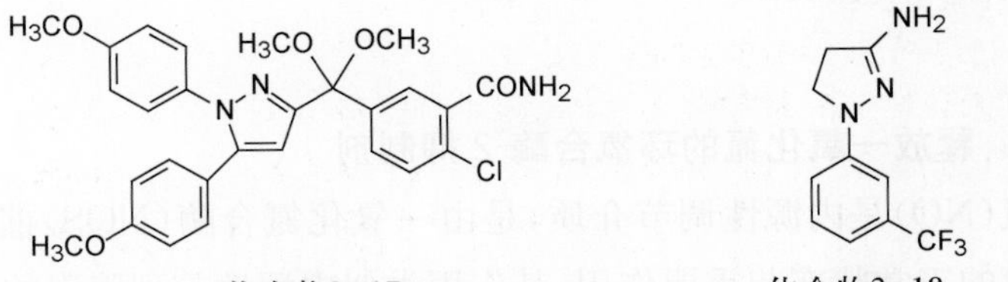

化合物3-17 化合物3-18

图 3-17 化合物 ER-34122(化合物 3-17)和 BW-755C(化合物 3-18)的化学结构
(图片修改自参考文献[26,27])

ZD-2183[28](化合物 3-19)是由塞来昔布(化合物 3-1)和 5-LOX 抑制剂 ZD-2138(化合物 3-20)经理性设计得到的双重抑制剂(见图 3-18)。为了融合药效团，在设计中去除了塞来昔布的三氟甲基，余留的三环系代替 ZD-2138 分子中的喹啉酮，得到 ZD-2183。ZD-2183 不仅兼有对 COX-2 和 5-LOX 两种酶的抑制活性，而且降低了对 COX-1 的抑制活性(ZD-2183 对 COX-1、COX-2 和 5-LOX 的 IC_{50} 分别为大于 10 μmol/L、50 nmol/L 和 3 nmol/L)。分子模拟研究表明，用甲氧苯基四氢吡喃片段代替三氟甲基，在能量上更有利于与 COX-2 的结合。

用化合物 3-20 中的喹啉酮片段代替化合物 3-1 中的甲苯基，得到氨磺酰基化合物(化合物 3-21)和甲磺酰基化合物(化合物 3-22)，这两种化合物也有 COX-2 和 5-LOX 双重抑制作用(见图 3-19)[29]。

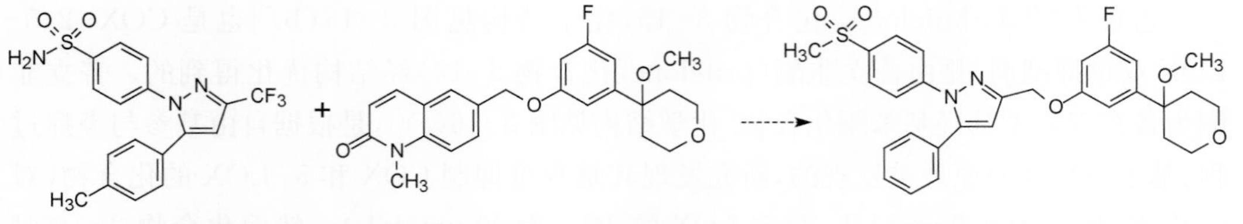

塞来昔布(化合物3-1)　ZD-2138(化合物3-20)　ZD-2183(化合物3-19)

图 3-18　塞来昔布(化合物 3-1)、5-LOX 抑制剂 ZD-2138(化合物 3-20)和 ZD-2183(化合物 3-19)的化学结构

(图片修改自参考文献[28])

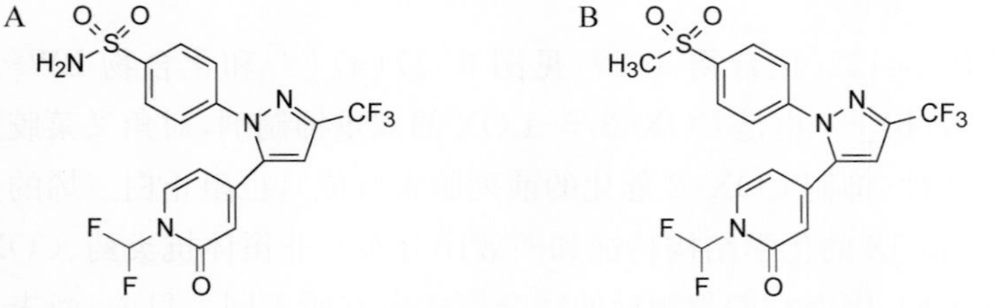

化合物3-21　化合物3-22

图 3-19　氨磺酰基化合物(化合物 3-21)和甲磺酰基化合物(化合物 3-22)的化学结构

(图片修改自参考文献[29])

3.2.2.2　释放一氧化氮的环氧合酶-2 抑制剂

一氧化氮(NO)是内源性调节介质,是由一氧化氮合酶(NOS)催化生成的,对于维持胃肠道黏膜的正常状态起重要作用,其作用类似内源性前列腺素的效果。NO 还可以启动心血管系统的分子机制,抑制血管收缩、血小板聚集和调节白细胞在内皮细胞上的黏附作用。因此,一些昔布类 COX-2 抑制剂通过一些连接基团与 NO 供体相连,其可作为前药在体内释放 COX-2 抑制剂和 NO,旨在降低由过强的选择性致使前列腺素 I_2(即前列环素)减少引起的心血管事件。例如,处于临床研究阶段的 COX-2 抑制剂西米昔布(cimicoxib,化合物 3-23),其甲氧基用连接基乙二醇代替,经硝酸酯化得到化合物 3-24,后者仍保持对 COX-2 的选择性,并有较强的扩张血管作用[30](见图 3-20)。

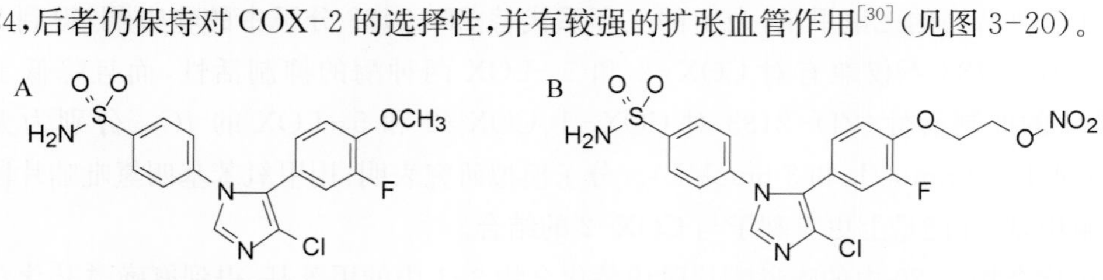

化合物3-23　化合物3-24

图 3-20　西米昔布(化合物 3-23)和化合物 3-24 的化学结构

(图片修改自参考文献[28])

3.3 环氧合酶-2抑制剂临床应用的延展

3.3.1 防治恶性肿瘤和作用依据

与炎症相关的COX-2还与恶性肿瘤的病理状态密切相关。研究表明,COX-2在结肠癌、胃癌、乳腺癌、肺癌、食管癌和肝癌中均有高表达,并对肿瘤耐药性、肿瘤预后具有重要影响。COX-2的产物前列腺素E_2具有多种功能,如刺激血管生长、抑制免疫功能、调节多种细胞增殖和肿瘤生长信号通路等。只是在正常状态下,COX-2的水平很低。但在炎症和癌前病变中的COX-2高表达,可引发多种与肿瘤发生和发展相关的效应[31]。具体效应如下:降低肿瘤坏死因子-β(TNF-β)的抗增殖作用,促进细胞增殖;诱导细胞产生血管内皮生长因子(VEGF)和转化生长因子-β(TGF-β),从而促进内皮细胞迁移及管状结构形成,使血管生成;上调PKB/Akt蛋白,进而促进肿瘤血管生成;促进抗凋亡蛋白B细胞淋巴瘤-2蛋白(B-cell lymphoma-2 protein, BCL-2)的生成,抑制促凋亡蛋白BCL-2相关X蛋白(BCL-2 associated X protein, Bax)的表达,抑制肿瘤细胞凋亡;COX-2作为BCL-2的上游调控蛋白,还可激活PI3K,上调髓样细胞白血病-1(myeloid cell leukemia-1, Mcl-1)蛋白表达水平,进而抑制肿瘤细胞凋亡;诱导抑癌基因*p*53发生突变,抑制肿瘤细胞凋亡;COX-2介导Fas蛋白削弱凋亡信号,抑制COX-2能够上调凋亡蛋白胱天蛋白酶的表达;降低上皮钙黏素(E-cadherin)的活性,促进细胞侵袭和转移;促进基质金属蛋白酶9(matrix metalloproteinase 9, MMP9)蛋白的表达,MMP9蛋白与肿瘤密切相关。抑制COX-2能够降低MMP家族的表达;COX-2的产物前列腺素E_2可上调肿瘤迁移相关的干性标记物CD44蛋白的表达。然而,COX-2高表达引起的各种变化与肿瘤的发生和发展之间是否具有因果关系,可否作为防治肿瘤的干预靶标,仍在广泛的研究之中[30,32]。

3.3.2 抗癌作用

长期服用阿司匹林可以轻度降低癌症的患病风险,并具有显著的统计学意义。流行病学研究揭示了环氧合酶与癌症的关联。直到现在,规律性应用阿司匹林仍可能预防相当一部分结直肠癌的发生[33]。

研究证明,塞来昔布有增强机体免疫和抑制肿瘤新生血管形成等作用。利用大鼠角膜模型可观察到,塞来昔布能抑制血管形成,并且人们认为这是塞来昔布因抑制前列腺素的生成而产生的效果。塞来昔布的强效抗血管形成活性可能是其抑制肿瘤生长和转移的主要机制。

胃肠道肿瘤的流行病学调查表明,塞来昔布是保护结直肠免于发生癌变的因素。由于塞来昔布对家族性腺瘤性息肉病(familial adenomatous polyposis, FAP)的疗效确切，美国 FDA 在 2000 年已批准塞来昔布用于 FAP 患者的治疗。但因罗非昔布出现的问题，FDA 于 2004 年撤销了这一批准。

大量动物实验研究证实，塞来昔布在鼠大肠癌模型中可显著降低大肠癌的发生率和数量，并抑制结肠异常腺管灶的形成，抑制程度超过传统的非甾体抗炎药。近年来研究人员发现，COX 在多数胃癌组织和胃癌细胞株中呈高表达并与分化程度有关。塞来昔布呈剂量依赖性地诱导胃癌细胞凋亡，使癌细胞明显阻滞在细胞周期的 G_0/G_1 期，减少了进入 S 期的细胞，从而抑制了细胞 DNA 的合成[34]。

塞来昔布在非小细胞肺癌(non-small cell lung cancer, NSCLC)、乳腺癌、肝癌和口腔癌的实验和临床研究都表明其有一定的抗癌辅助作用。例如，用紫杉醇加塞来昔布治疗 NSCLC 比单用紫杉醇的治疗效果显著[35]。

3.3.3 抗阿尔茨海默病作用

阿尔茨海默病(Alzheimer's disease, AD)是神经退行性疾病，其特征是在脑中沉积淀粉样蛋白并形成神经原纤维缠结。患者脑中炎性蛋白的含量较高。流行病学研究表明，非甾体抗炎药可降低阿尔茨海默病的发病风险。因而，笔者对炎症和 COX 在阿尔茨海默病中的作用进一步进行了研究。

研究发现，在阿尔茨海默病病理过程的不同阶段 COX-1 和 COX-2 的表达水平不同，患者脑中 COX-1 和 COX-2 的水平与作用也不同，这对设计和应用抗阿尔茨海默病药物有一定的启示作用[36]。临床研究表明，非甾体抗炎药对轻到中度阿尔茨海默病的发展有一定的缓解作用，但选择性 COX-2 抑制剂如塞来昔布(200 mg/次，bid，连续应用 52 周)与安慰剂无显著性差异[37,38]。COX-1 和(或)COX-2 防治阿尔茨海默病的作用尚待研究，循此路径研发新药任重道远。

3.4 小结与展望

由于 COX-2 是生理状态下的构成性酶，更是炎症和癌前过程的诱导性酶，加之其与同工酶 COX-1 在结构上的同源性和在功能上的互补性(制约性)，在非甾体抗炎药和 COX-2 抑制剂的临床应用中，容易发生靶向与脱靶的越界，出现疗效与不良反应同在。这是药监部门要求众多抗炎药物有黑框警示标志的缘由。

精确设计和构建药物的结构，以及准确选择对症的药物是精准医学的两翼。炎症、癌症、阿尔茨海默病乃至未知疾病的防治对 COX 抑制剂的活性强度和选择性要求或许不一样，因此药物学者和医师须拿捏有度，应对 COX-1、COX-2 乃至 COX-3 的结构、功能和组织分布有深入的了解。COX 催化花生四烯酸的产物、级联反应的代谢物在生理和病理过程中的作用是准确用药达到精准治疗的基础。以靶标为核心的新药研究，在药代动力学的分布环节上往往是个盲区，处于"打哪儿指哪儿"的被动状态，这在用于癌症和阿尔茨海默病治疗的 COX 抑制剂研制上尤为重要。

参考文献

[1] Xie W L, Chipman J G, Robertson D L, et al. Expression of a mitogen-responsive gene encoding prostaglandin synthase is regulated by mRNA splicing[J]. Proc Natl Acad Sci U S A, 1991, 88(7): 2692-2696.

[2] Morrow J D, Roberts L J. Lipid-derived auracoids[M]//Hardman J G, Limbird L E, Gilman A G. The Pharmacological Basis of Therapeutics. Goodman, Gilman. 10th ed. New York: McGraw-Hill, 2001: 669-677.

[3] Penning T D, Talley J J, Bertenshaw S R, et al. Synthesis and biological evaluation of the 1, 5-diarylpyrazole class of cyclooxygenase-2 inhibitors: Identification of 4-[5-(4-methylphenyl)-3-(trifluoromethyl)-1H-pyrazol-1-yl]benzenesulfonamide (SC-58635, celecoxib)[J]. J Med Chem, 1997, 40(9): 1347-1365.

[4] Prasit P, Wang Z, Brideau C, et al. The discovery of rofecoxib, [MK 966, Vioxx, 4-(4′-methylsulfonylphenyl)-3-phenyl-2(5H)-furanone], an orally active cyclooxygenase-2 inhibitor[J]. Bioorg Med Chem Lett, 1999, 9(13): 1773-1778.

[5] Friesen R W, Brideau C, Chan C C, et al. 2-Pyridinyl-3-(4-methylsulfonyl)phenylpyridines: selective and orally active cyclooxygenase-2 inhibitors[J]. Bioorg Med Chem Lett, 1998, 8(19): 2777-2782.

[6] Talley J J, Brown D L, Carter J S, et al. 4-[5-Methyl-3-phenylisoxazol 4-yl]-benzenesulfonamide, valdecoxib: a potent and selective inhibitor of COX-2[J]. J Med Chem, 2000, 43(5): 775-777.

[7] 朱七庆，屈凌波，雷新胜，等. 环氧合酶-2 抑制剂的对接(Dock)研究[J]. 中国药物化学杂志，1999，9(2): 114-120.

[8] 雷新胜，朱七庆，屈凌波，等. 选择性环氧合酶-2 抑制剂的三维定量构效研究[J]. 药学学报，1999，34(8): 590-595.

[9] Bai A P, Guo Z R, Hu W H, et al. Design, synthesis and in vitro evaluation of a new class of novel cyclooxygenase-2 inhibitors: 3, 4-diaryl-3-pyrrolin-2-ones[J]. Chin Chem Lett, 2001, 12(9): 775-778.

[10] Shen F, Bai A-P, Guo Z-R, et al. Inhibitory effect of 3, 4-diaryl-3-pyrrolin-2-one derivatives on cyclooxygenase 1 and 2 in murine peritoneal macrophages[J]. Acta Pharmacol Sin, 2002, 23(8): 762-768.

[11] McAdam B F, Catella-Lawson F, Mardini I A, et al. Systemic biosynthesis of prostacyclin by cyclooxygenase (COX)-2: the human pharmacology of a selective inhibitor of COX-2[J]. Proc Natl Acad Sci U S A, 1999, 96(1): 272-277.

[12] FitzGerald G A, Patrono C. The coxibs, selective inhibitors of cyclooxygenase-2[J]. N Engl J Med, 2001, 345(6): 433-442.

[13] 郭宗儒. 抗炎药物的研制——环氧合酶的适度抑制策略[J]. 药学学报，2005，40(11): 967-969.

[14] Chen X-H, Bai J-Y, Shen F, et al. Imrecoxib: a novel and selective cyclooxygenase 2 inhibitor

with anti-inflammatory effect[J]. Acta Pharmacol Sin, 2004, 25(7): 927-931.

[15] Xu H Y, Zhang Y, Sun Y, et al. Metabolism and excretion of imrecoxib in rat[J]. Xenobiotica, 2006, 36(5): 441-455.

[16] 李强,黄海华,董宇,等. 采用重组人源 CYP 酶研究艾瑞昔布的体外羟基化代谢[J]. 药学学报, 2005, 40(10): 912-915.

[17] 张富尧,神小明,孙飘扬. 制备艾瑞昔布的方法: 中国,102206178[P]. 2011-10-05.

[18] Xu H-Y, Xie Z-Y, Zhang P, et al. Role of rat liver cytochrome P450 3A and 2D in metabolism of imrecoxib[J]. Acta Pharmacol Sin, 2006, 27(3): 372-380.

[19] Xu H-Y, Zhang P, Gong A-S, et al. Formation of 4′-carboxyl acid metabolite of imrecoxib by rat liver microsomes[J]. Acta Pharmacol Sin, 2006, 27(4): 506-512.

[20] Feng Z, Chu F, Guo Z. Synthesis and anti-inflammatory activity of the major metabolites of imrecoxib[J]. Bioorg Med Chem Lett, 2009, 19(8): 2270-2272.

[21] Gajraj N M. COX-2 inhibitors celecoxib and parecoxib: valuable options for postoperative pain management[J]. Curr Top Med Chem, 2007, 7(3): 235-249.

[22] Esser R, Berry C, Du Z, et al. Preclinical pharmacology of lumiracoxib: a novel selective inhibitor of cyclooxygenase-2[J]. Br J Pharmacol, 2005, 144(4): 538-550.

[23] Kulkarni S K, Singh V P. Licofelone—a novel analgesic and anti-inflammatory agent[J]. Curr Top Med Chem, 2007, 7(3): 251-263.

[24] Vidal C, Gómez-Hernández A, Sánchez-Galán E, et al. Licofelone, a balanced inhibitor of cyclooxygenase and 5-lipoxygenase, reduces inflammation in a rabbit model of atherosclerosis[J]. J Pharmacol Exper Ther, 2007, 320(1): 108-116.

[25] Unangst P C, Connor D T, Cetenko W A, et al. Synthesis and biological evaluation of 5-[[3, 5-bis(1, 1-dimethylethyl)-4-hydroxyphenyl]methylene]oxazoles, -thiazoles, and -imidazoles: novel dual 5-lipoxygenase and cyclooxygenase inhibitors with antiinflamatory activity[J]. J Med Chem, 1994, 37(2): 322-328.

[26] Horizoe T, Nagakura N, Chiba K, et al. ER-34122, a novel dual 5-lipoxygenase/cyclooxygenase inhibitor with potent anti-inflammatory activity in an arachidonic acid-induced ear inflammation model[J]. Inflamm Res, 1998, 47(10): 375-383.

[27] Stanton B J, Coupar I M. The effect of bw 755C and nordihydroguaiaretic acid in the rat isolated perfused mesenteric vasculature[J]. Prostaglandins Leukot Med, 1986, 25(2-3): 199-207.

[28] Barbey S, Goossens L, Taverne T, et al. Synthesis and activity of a new methoxytetrahydropyran derivative as dual cyclooxygenase-2/5-lipoxygenase inhibitor[J]. Bioorg Med Chem Lett, 2002, 12(5): 779-782.

[29] Chowdhury M A, Abdellatif K R A, Dong Y, et al. Synthesis of celecoxib analogues possessing a N-difluoromethyl-1, 2-dihydropyrid-2-one 5-lipoxygenase pharmacophore: biological evaluation as dual inhibitors of cyclooxygenases and 5-lipoxygenase with anti-inflammatory activity[J]. J Med Chem, 2009, 52(6): 1525-1529.

[30] Chegaev K, Lazzarato L, Tosco P, et al. NO-donor COX-2 inhibitors. New nitrooxy-substituted 1, 5-diarylimidazoles endowed with COX-2 inhibitory and vasodilator properties[J]. J Med Chem, 2007, 50(7): 1449-1457.

[31] Greenhough A, Smartt H J M, Moore A E, et al. The COX-2/PGE2 pathway: key roles in the hallmarks of cancer and adaptation to the tumour microenvironment[J]. Carcinogenesis, 2009, 30(3): 377-386.

[32] Ghosh N, Chaki R, Mandal V, et al. COX-2 as a target for cancer chemotherapy[J]. Pharmacol Rep, 2010, 62(2): 233-244.

[33] Cao Y, Nishihara R, Wu K, et al. Population-wide impact of long-term use of aspirin and the risk for cancer[J]. JAMA Oncol, 2016, 2(6): 762-769.

[34] Kundu A, Smyth M J, Samsel L, et al. Cyclooxgenase inhibitors block cell growth, increase ceramide and inhibit cell cycle[J]. Beast Cancer Res Treat, 2002, 76(1): 57-64.

[35] Gasparini G, Meo S, Comella G, et al. The combination of the selective cyclooxygenase-2 inhibitor celecoxib with weekly paclitaxel is a safe and active second-line therapy for non-small cell lung cancer: a phase Ⅱ study with biological correlates[J]. Cancer J, 2005, 11(3): 209-216.

[36] Hoozemans J J M, Rozemuller J M, van Haastert E S, et al. Cyclooxygenase-1 and-2 in the different stages of Alzheimer's disease pathology[J]. Curr Pharm Des, 2008, 14(14): 1419-1427.

[37] McGeer P L. Cyclo-oxygenase-2 inhibitors: rationale and therapeutic potential for Alzheimer's disease[J]. Drugs Aging, 2000, 17(1): 1-11.

[38] Soininen H, West C, Robbins J, et al. Long-term efficacy and safety of celecoxib in Alzheimer's disease[J]. Dement Geriatr Cogn Disord, 2007, 23(1): 8-21.

4 高血压循证医学和创新药物研发

既往多项荟萃分析结果表明，血浆同型半胱氨酸（homocysteine，Hcy）水平升高，可显著增加脑卒中、冠心病等心脑血管疾病的患病风险，是心脑血管疾病的独立危险因素。亚甲基四氢叶酸还原酶（methylene tetrahydrofolate reductase，MTHFR）是人体内叶酸和同型半胱氨酸代谢的关键酶，叶酸缺乏及 *MTHFR* 基因 *677* 位点突变是同型半胱氨酸代谢障碍及一般人群同型半胱氨酸水平升高的主要诱因。高血压患者伴血浆同型半胱氨酸水平升高（浓度不低于 10 μmol/L）诊断为 H 型高血压，在中国高血压患者中约 75%为 H 型高血压，它是导致我国脑卒中高发的重要因素。针对中国人群具有的叶酸缺乏、*MTHFR* 基因突变率高、H 型高血压高发等关键特征，国内专家学者已研发出依那普利叶酸片等系列复方新药；大样本随机对照临床研究证实，依那普利叶酸片控制 H 型高血压可较单纯降压进一步降低脑卒中的发生风险。

4.1 *MTHFR* 基因简介

4.1.1 *MTHFR* 基因的生物学功能

MTHFR 是叶酸和同型半胱氨酸代谢的关键酶。MTHFR 催化 5，10-亚甲基四氢叶酸代谢为叶酸的活性形式——5-甲基四氢叶酸，其作为甲基供体提供甲基使同型半胱氨酸再甲基化代谢为甲硫氨酸[1,2]。*MTHFR* 基因是 MTHFR 蛋白的编码基因，在 1994 年首次被分离。*MTHFR* 基因位于 1 号染色体短臂（p）36. 3 位置，确切位置是 11845786～11866159 碱基对[3]。

4.1.2 *MTHFR* 基因突变及其检测方法

4.1.2.1 *MTHFR* 基因突变

MTHFR 基因共有 9 种常见多态性突变和 34 种罕见突变[4]。*MTHFR* 基因多态性与一系列疾病，如高血压、外周动脉疾病、孤独症及癌症等相关[4-7]。影响 MTHFR 活

性最常见的 2 个基因多态性突变为 C677T 和 A1298C [4]。Frosst 等的研究表明，*MTHFR* 基因突变 C677T 与 MTHFR 活性降低相关并增加其热不稳定性，C677T 纯合突变基因型与高同型半胱氨酸血症明显相关[8]。同时，有研究表明 A1298C 基因突变对 MTHFR 活性影响小，不会造成叶酸和同型半胱氨酸代谢障碍，但其与 C677T 突变协同作用可使同型半胱氨酸水平更高[9]。通过全基因组关联分析（genome-wide association study，GWAS）进一步确定 *MTHFR* C677T 基因纯合突变是同型半胱氨酸升高的重要遗传特征[10]；与 *MTHFR* 基因 677 位点野生型 CC 基因型相比，CT 基因型 MTHFR 的活性降低 35%，TT 基因型 MTHFR 的活性降低 70%[8]。中国人群 *MTHFR* C677T 基因多态性频率研究显示，中国人群中 CT 基因型占 43.9%，TT 基因型占 23.2%[11]。

4.1.2.2 *MTHFR* 基因检测方法

目前上市的 *MTHFR* C677T 基因多态性位点检测方法包括微阵列杂交法、聚合酶链反应-限制性片段长度多态性（polymerase chain reaction-restriction fragment length polymorphism，PCR-RFLP）技术、测序法以及 PCR-荧光探针法等。

1）微阵列杂交法

核酸分子杂交方法研究单核苷酸多态性（single nucleotide polymorphism，SNP）的原理是根据寡核苷酸链与靶 DNA 之间完全匹配与不完全匹配的杂交稳定性不同对靶 DNA 进行测定。以 *MTHFR* 基因 677C/T SNP 位点为中心向两侧各延伸 10～20 个碱基作为等位基因特异性寡核苷酸（allele-specific oligonucleotide，ASO），与包含此位点的不同个体 PCR 产物进行杂交。由于探针长度小，含 SNP 位点的碱基是否与靶 DNA 匹配对探针-靶 DNA 复合物的稳定性起着关键作用，据此可以检测不同个体在该位点的不同基因型。采用微阵列技术把高密度的探针固定在基片上，可以同时对大量 SNP 位点进行分析。扩增完成后，含 SNP 位点的 PCR 扩增产物与位点含有 ASO 的基因芯片进行杂交，使用共聚焦显微镜技术对 PCR 过程中引入的荧光信号进行检测和记录，并且通过比较样本和对照成像对杂交结果进行分析。微阵列杂交法有其局限性，体现在多重 PCR 的限制性、ASO 探针与多个 DNA 样本杂交的复杂性以及高密度芯片设计和制备的难度。

2）PCR-RFLP 技术

PCR-RFLP 技术的原理是先采用 PCR 技术扩增目的 DNA，然后用特异性核酸内切酶将含多态性位点的扩增产物切割成不同长度的片段，并直接在凝胶电泳上分辨其基因型。不同等位基因的限制性酶切位点分布不同，酶切可产生不同长度的 DNA 片段条带。本方法的优点是目的 DNA 的含量和特异性高，方法简便，检测时间短。

3）Sanger 测序法

Sanger 测序法是根据核苷酸从某一固定的点开始，随机在某一个特定的碱基处终止，并且在每个碱基后面进行荧光标记，产生以 A、T、C、G 为末端的 4 组不同长度的一系列核苷酸链，然后通过在尿素变性的聚丙烯酰胺凝胶上电泳进行检测，从而获得可见的 DNA 碱基序列。对 PCR 扩增产物进行测序及序列分析，需要在位点两侧设计引物，该方法适合对 *MTHFR* 基因 677C/T 等 SNP 位点进行研究。在所有的 SNP 检测方法中，对待检测片段进行直接扩增、测序是最为精准的方法，但操作烦琐，成本较高。

4.1.2.3 PCR-荧光探针法

该技术在 PCR 过程中即可进行位点特异性杂交，不需要专门的分离洗脱，但需要 TaqMan 探针的合成。根据 SNP 位点的不同核苷酸序列设计两种 TaqMan 探针，探针中心的碱基是 SNP 位点。一侧序列是平衡序列，因 SNP 位点不同而标记不同的报告荧光，另一侧序列与 SNP 位点下游的序列互补，同时也标记一种荧光，与报告荧光成一对供体-受体，通过荧光共振能量转移（fluorescence resonance energy transfer, FRET）相互作用。在正常情况下，由于 FRET 的作用，TaqMan 探针的报告荧光处于淬灭状态。在 PCR 过程中，TaqMan 探针与逐渐积累的 PCR 产物 SNP 位点下游序列互补结合，利用 Taq DNA 聚合酶的 5′→3′核酸外切酶活性对平衡序列进行剪切，报告荧光即被分离出来并发出荧光，反应的结果可以在 PCR 过程中进行实时监测。利用 TaqMan 探针无须开盖检测，在 PCR 扩增过程中即可实施实时分析，不需要 PCR 结束后的分析步骤，可减少污染；在常规 PCR 扩增过程中，用探针对产物进行检测可获得较高的检出精度。

4.2 *MTHFR* 基因 C677T 突变的临床意义

4.2.1 同型半胱氨酸及其代谢途径

正常人体每日产生 15～20 μmol/L 同型半胱氨酸，大部分同型半胱氨酸在细胞内分解代谢。肾脏是清除同型半胱氨酸的主要器官，70%血浆中的同型半胱氨酸通过肾脏清除[12]。同型半胱氨酸的形成最初来自甲硫氨酸，在腺苷转移酶的作用下，与腺苷三磷酸（ATP）反应生成 S-腺苷甲硫氨酸，再在甲基转移酶作用下，转甲基给甲基接受物质，本身脱腺苷成为同型半胱氨酸。同型半胱氨酸有 3 种代谢途径：第一种是由维生素 B_6 依赖的胱硫醚 β 合成酶（cystathionine β-synthase, CBS）催化，同型半胱氨酸转变为半胱氨酸；第二种是同型半胱氨酸也可被甜菜碱同型半胱氨酸甲基转移酶再甲基化成为甲硫氨酸；第三种是同型半胱氨酸被维生素 B_{12} 依赖性甲硫氨酸合成酶再甲基化为甲硫氨酸，5-甲基四氢叶酸作为甲基供体（见图 4-1）[13]。

叶酸是人体必需的一种微量营养素，人体自身不能合成，必须从食物中摄取。5-甲基四氢叶酸是血清中叶酸的主要存在形式。MTHFR 不可逆还原 5，10-亚甲基四氢叶酸为 5-甲基四氢叶酸，是叶酸代谢过程中的关键酶（见图 4-1）[13,14]；与 *MTHFR* 677CC 基因型相比，677CT、677TT 基因型的酶活性分别下降约 35%和 70%，酶活性下降直接导致 5-甲基四氢叶酸水平下降，继而导致同型半胱氨酸水平上升。任何原因导致叶酸、维生素 B_6 或维生素 B_{12} 缺乏，血浆中的同型半胱氨酸水平都会升高[15]。其他升高

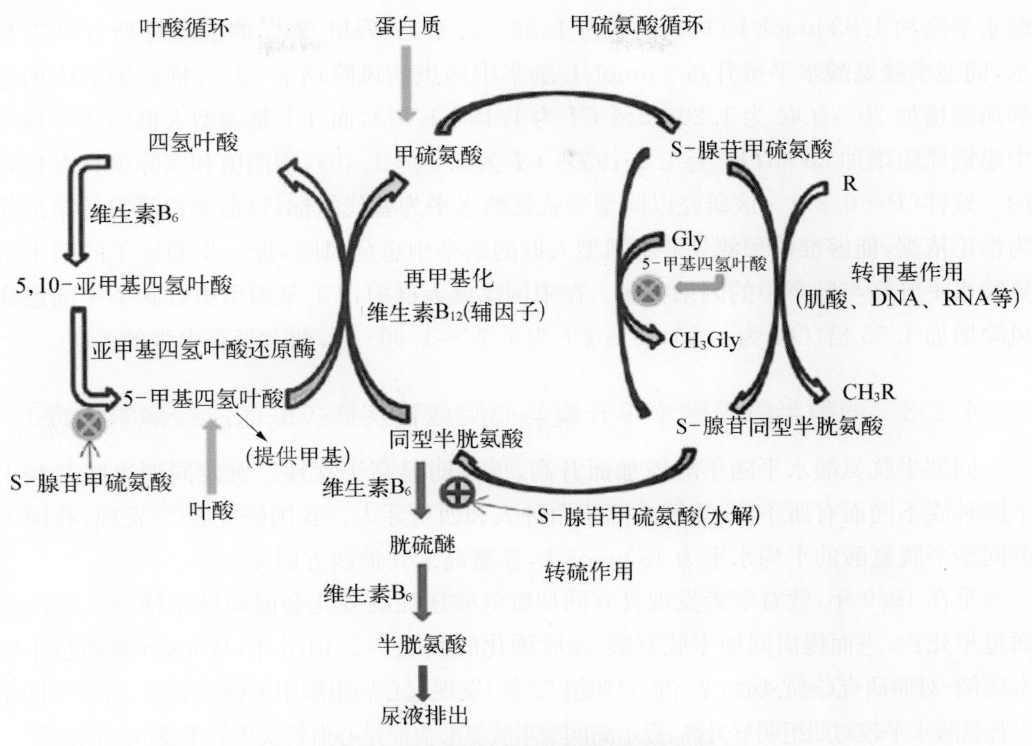

图 4-1 叶酸、同型半胱氨酸代谢途径

Gly,甘氨酸;R,甲基受体。(图片修改自参考文献[13])

同型半胱氨酸水平的原因包括过量摄入含甲硫氨酸蛋白的食物及肾脏清除功能下降等。

综上,叶酸缺乏及 *MTHFR* 基因 C677T 突变是一般人群同型半胱氨酸水平升高的主要诱因。同型半胱氨酸水平升高被视为是叶酸缺乏或者不足的一个标志物;同时,如无外源性叶酸补充,与 *MTHFR* 677CC 基因型相比,677CT、677TT 基因型一般伴有叶酸水平下降和同型半胱氨酸水平升高。

4.2.2 *MTHFR* 基因 C677T 突变是影响同型半胱氨酸水平及心脑血管事件患病风险的重要遗传因素

在 Lewis 等[16]进行的考察 *MTHFR* C677T 基因多态性与冠心病(coronary heart disease, CHD)关系的荟萃分析中(包括 26 000 例病例和 31 183 例对照),TT 基因型患者较 CC 基因型患者冠心病发病风险增加 14%[比值比(odds ratio, *OR*)为 1.14;95%置信区间(confidence interval, *CI*)为 1.05～1.24]。Casas 等[17]同时组织了两项以 *MTHFR* C677T 基因多态性为基础的荟萃分析,考察同型半胱氨酸水平与脑卒中的因果关联,共纳入 111 项研究。结果表明,TT 基因型人群较 CC 基因型人群同型半胱氨酸水平高约 1.93 μmol/L(95% *CI* 为 1.38～2.47)；Wald 等[18]的前瞻性研究结果显示，同型半胱氨酸水平每升高 5 μmol/L 脑卒中的患病风险增加 59%，推算脑卒中的患病风险增加 20%(*OR* 为 1.20；95% *CI* 为 1.10～1.31)，而 TT 基因型人群的实际脑卒中患病风险增加 26%(*OR* 为 1.26；95% *CI* 为 1.14～1.40)，预测值和实际值具有良好的一致性($P=0.29$)。该研究以同型半胱氨酸水平为替代指标，以前瞻性研究的结论作为推论依据，能够准确预测 TT 基因型人群的脑卒中患病风险，进一步确证了同型半胱氨酸水平升高与脑卒中的因果关联。在中国汉族人群中，TT 基因型患者脑卒中的患病风险增加 1.55 倍(*OR* 为 1.55，95% *CI* 为 1.26～1.90)[19]，两者具有更强的关联。

4.2.3 同型半胱氨酸水平升高与心脑血管疾病关联的流行病学证据

同型半胱氨酸水平随年龄增加而升高，男性明显高于女性。血浆同型半胱氨酸水平因种族不同而有所不同，黑种人高于白种人和西班牙人。我国研究者[20]发现，我国人群同型半胱氨酸的平均水平为 15 μmol/L，显著高于其他西方国家。

早在 1969 年，就有学者发现具有同型胱氨酸尿症的婴儿会因动脉粥样硬化性疾病而过早死亡，进而提出同型半胱氨酸-动脉硬化的假说[21]。1976 年，Wilcken 等通过小样本病例-对照研究(冠心病组 25 例，对照组 22 例)发现冠心病组服用甲硫氨酸后，血浆中同型半胱氨酸水平较对照组明显升高，提示高同型半胱氨酸血症是心血管疾病的重要危险因素[22]。

随后大量在不同人群进行的不同类型研究及其荟萃分析结果(见表 4-1)表明，同型半胱氨酸水平升高是心脑血管疾病的一个独立危险因素。血浆中同型半胱氨酸水平与发生心脑血管事件的风险呈正相关，但与高血压一样，无明确分界值。

表 4-1　血同型半胱氨酸水平与心脑血管疾病关联的荟萃分析结果

研　究	研究类型 (纳入研究个数)	样本例数	自变量	*OR*(95% *CI*)
同型半胱氨酸协作研究[23]	前瞻性(12)	9 025	血同型半胱氨酸水平下降 3 μmol/L	0.89(0.83～0.96) 缺血性心脏病风险 0.81(0.69～0.95) 脑卒中风险
Wald 等[18]	基因多态性(72) 前瞻性(20)	20 669	血同型半胱氨酸水平下降 3 μmol/L	0.84(0.80～0.89) 缺血性心脏病风险 0.76(0.67～0.85) 脑卒中风险
			血同型半胱氨酸水平升高 5 μmol/L	1.33(1.22～1.46) 缺血性心脏病风险 1.59(1.30～1.95) 脑卒中风险

（续表）

研究	研究类型（纳入研究个数）	样本例数	自变量	*OR*(95% *CI*)
Lewis 等[16]	基因多态性(80)	57 183	*MTHFR*（TT 基因型 *vs.* CC 基因型）	1.14(1.05～1.24)冠心病风险
Casas 等[17]	基因多态性(111)	15 635	*MTHFR*（TT 基因型 *vs.* CC 基因型）	1.20(1.10～1.31)脑卒中风险预测值* 1.26(1.14～1.40)脑卒中风险观察值**

注：* 根据荟萃分析 TT 基因型组与 CC 基因型组同型半胱氨酸水平的差别(1.93 μmol/L)及 Wald 等前瞻性研究结论预测的 *OR* 值；** 预测值和观察值具有良好的一致性($P=0.29$)。(表中数据来自参考文献[16,18,23])

2002 年，*JAMA* 杂志发表了一项荟萃[23]分析，此分析纳入 30 项研究，包括 12 项前瞻性研究及 18 项回顾性研究。研究结果表明，同型半胱氨酸水平与缺血性心脏病及脑卒中关系紧密，同型半胱氨酸水平降低 25%(相当于 3 μmol/L)可以降低缺血性心脏病发生率(11%)及降低脑卒中发生率(19%)(见表 4-1)。

Wald 等的荟萃分析表明，血浆同型半胱氨酸水平每升高 5 μmol/L，脑卒中患病风险增加 59%(*OR* 为 1.59；95%*CI* 为 1.30～1.95)；而同型半胱氨酸水平每降低 3 μmol/L 可降低脑卒中患病风险约 24%(15%～33%)[18]。

Holmes 等的荟萃分析共纳入 237 个数据集，结果表明：*MTHFR* C677 基因突变导致同型半胱氨酸水平升高在低叶酸摄入的地区较强化叶酸摄入的地区更为明显；在亚洲地区 TT 基因型人群较 CC 基因型人群同型半胱氨酸水平平均增高 3.12 μmol/L；而在美国、澳大利亚及新西兰等已强化补充叶酸地区 TT 基因型人群较 CC 基因型人群同型半胱氨酸水平仅升高 0.13 μmol/L；相应地，在亚洲地区 TT 基因型人群脑卒中患病风险显著升高，而在已强化叶酸地区基因型组间脑卒中患病风险无显著性差异；根据推算，在亚洲地区同型半胱氨酸水平每降低 3.8 μmol/L 脑卒中发生率可以降低 22%[相对危险度(relative risk，*RR*)为 0.78；95%*CI* 为 0.68～0.90]。然而，目前大多数随机对照研究均是在叶酸摄入高的地区进行的，当时并没有在叶酸水平低下的地区完成大型随机对照临床研究来考察摄入叶酸以降低同型半胱氨酸对脑卒中患病风险的影响。因此，尽管该研究提示在已经强化叶酸摄入的地区叶酸治疗可以降低同型半胱氨酸的水平，但并没有显示其防治脑卒中的效果。建议后续应在低叶酸摄入地区进一步评价降低同型半胱氨酸预防脑卒中的效果[24]。

JACC 研究是在日本进行的一项队列研究，纳入 39 242 例 40～79 岁的患者，随访时间长达 10 年，共有 444 例患者因心脑血管疾病死亡，其中 310 例为脑卒中，134 例为冠心病；结果显示同型半胱氨酸不低于 15.3 μmol/L 的患者，发生心脑血管疾病死亡的风险明显增高[25]。

Wang 等在深圳进行的一项病例-对照研究表明，脑卒中患者的血浆同型半胱氨酸水平明显高于非脑卒中患者。在调整相关危险因素之后，处于最高四分位数的同型半胱氨酸水平与处于最低四分位数者相比，总人群 *OR* 值约为 1.31(0.70～2.47)，女性 *OR* 值约为 4.51(1.29～15.7)[26]。在中国 6 个中心进行的一项病例-对照研究[27]，共纳入 1 823 例脑卒中患者和 1 832 例对照，结果表明高同型半胱氨酸水平人群脑卒中患病风险增加了 87%(*OR* 为 1.87；95% *CI* 为 1.58～2.22)；进一步的随访研究（随访时间的中位数为 4.5 年）证实[28]，高同型半胱氨酸水平患者的脑卒中复发率(*RR* 为 1.31；95%*CI* 为 1.10～1.61)和全因病死率(*RR* 为 1.47；95%*CI* 为 1.15～1.88）均显著升高。另一项由 Sun 等[29]组织的前瞻性研究，观察了 2 009 例基线无心脑血管疾病和癌症的中国受试者，随访了 11.95 年（中位数）。结果表明，同型半胱氨酸水平大于 9.47 μmol/L 的受试者发生心脑血管事件的风险增加 2.3 倍(95%*CI* 为 1.24～4.18)，同型半胱氨酸水平大于 11.84 μmol/L 的受试者死亡风险增加 2.4 倍（95%*CI* 为 1.76～3.32)。Cui 等[30]对我国 1993—2008 年共计 17 682 例高血压患者的调查表明，同型半胱氨酸水平升高是我国人群除年龄、血压水平外脑卒中发生的独立相关危险因素。

4.2.4 同型半胱氨酸水平升高对高血压的发生发展具有明显作用

4.2.4.1 血同型半胱氨酸水平升高与高血压之间的关联具有明确的作用机制

约 95%的高血压是源于多重因素的自发性高血压。血液内源性因子（内源性凝血因子)、血管内皮功能及平滑肌收缩功能等多种因素协同作用形成适宜的血压环境，任何一个环节改变都会导致血管对压力顺应性的变化，均可能引发高血压。

血浆中同型半胱氨酸水平升高可能通过多种途径促进高血压的发生和发展，主要包括下列途径。① 氧化应激。同型半胱氨酸可促进过氧化氢生成，降低谷胱甘肽过氧化物酶活性，使机体处于氧化应激状态，直接导致内皮损伤和血管肥厚[31]。② 内皮功能紊乱。同型半胱氨酸可剂量依赖性地降低内皮细胞 DNA 的合成；降低内皮型一氧化氮的生物利用度，促进诱导型一氧化氮合酶(iNOS)的表达[32,33]。③ 血管肥厚。同型半胱氨酸可活化基质金属蛋白酶(MMP)，促进胶原溶解，导致血管性肥厚[34]。④ 作用于肾素-血管紧张素系统。同型半胱氨酸可促进血管紧张素转换酶活性增加；与血管紧张素Ⅱ协同作用可导致血管和内皮损伤；可降低缓激肽对血管的作用[35,36,37]。

4.2.4.2 血同型半胱氨酸水平与血压水平呈正相关

多项不同类型的研究表明，高同型半胱氨酸水平与血压水平升高密切相关。挪威霍达兰郡(Hordaland)的同型半胱氨酸研究在挪威入选 18 000 余例无高血压、糖尿病和冠状动脉疾病的受试者，研究结果表明血浆同型半胱氨酸水平与血压呈连续正相关（见图 4-2)[38]；Sutton-Tyrrell 等组织的一项病例-对照研究发现，独立于其他常见混杂因素，高同型半胱氨酸水平与老年人单纯收缩性高血压显著相关（$P=0.019$）[39]；Li 等的一项横断面研究在中国东北农村入选 7 130 例一般受试者，研究结果表明血浆同型半胱氨酸水平升高与男性高血压患病显著相关（OR 为 1.50；95% CI 为 1.01～2.23）[40]。

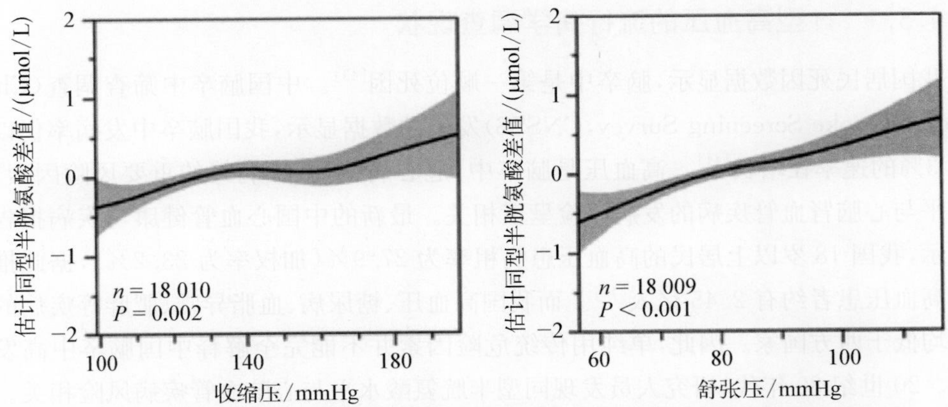

图 4-2 挪威霍达兰郡同型半胱氨酸研究中血同型半胱氨酸与血压水平呈正相关

调整变量为年龄、性别。（图片修改自参考文献[38]）

同样，在中国的研究中，中国脑卒中一级预防研究（China Stroke Primary Prevention Trial，CSPPT）[41]共入选 20 702 例高血压患者。在基线未服用降压药的人群中（$n=10\ 783$），同型半胱氨酸水平与收缩压（$P<0.001$）、舒张压（$P<0.001$）水平均呈连续、线性正相关（见图 4-3）[42]。

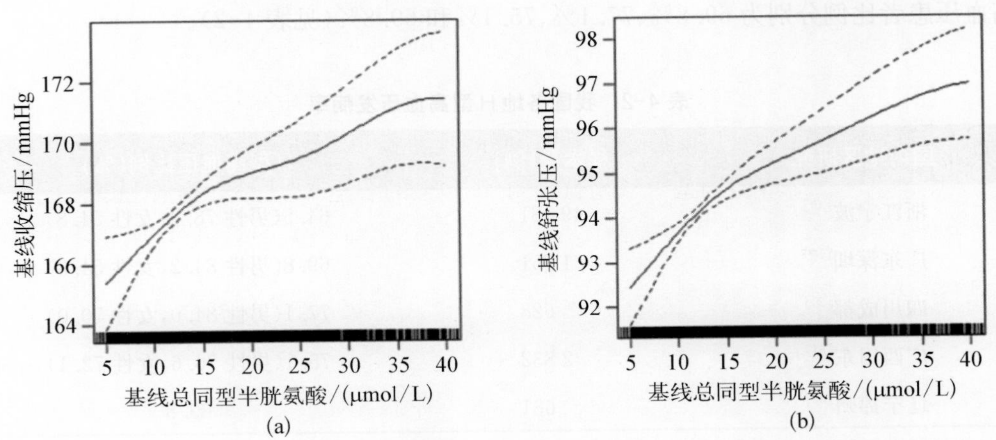

图 4-3 CSPPT 研究中血同型半胱氨酸与血压水平呈正相关

调整变量为年龄、性别、研究中心、总胆固醇、甘油三酯、高密度脂蛋白、体重指数、空腹血糖、叶酸、维生素 B_{12}、*MTHFR* C677T 多态性、肌酐、吸烟和饮酒情况。（图片修改自参考文献[42]）

4.3 *MTHFR* 基因 C677T 突变与 H 型高血压创新药物的研发

4.3.1 H 型高血压的流行病学调查现状

我国居民死因数据显示，脑卒中是第一顺位死因[43]。中国脑卒中筛查调查(China National Stroke Screening Survey，CNSSS)发表的数据显示，我国脑卒中发病率仍以每年 8.3%的速率在增长[44]。高血压是脑卒中、冠心病、肾脏疾病等的重要风险因素，血压水平与心脑肾血管疾病的发病风险呈正相关。最新的中国心血管健康与疾病报告数据显示，我国 18 岁以上居民的高血压患病粗率为 27.9%(加权率为 23.2%)，据此推算我国高血压患者约有 2.45 亿人[45]。而我国高血压、糖尿病、血脂异常、肥胖等疾病的发病率均低于西方国家。因此，单纯用传统危险因素并不能完全解释中国脑卒中高发的现状。20 世纪 80 年代，研究人员发现同型半胱氨酸水平与心脑血管疾病风险相关。90 年代中期，Graham 等[46]发现，同型半胱氨酸水平与高血压具有协同作用，两者并存时心血管疾病患病风险显著增加。在我国高血压患者中有约 75%伴有血浆同型半胱氨酸水平升高(大于等于 10 μmol/L)，这类患者被定义为 H 型高血压[47]。H 型高血压高发可能是导致我国脑卒中发病率高和持续发展的重要原因，控制 H 型高血压可能是应对我国脑卒中高发的重要措施[48]。

我国 H 型高血压患者在高血压患者中的比例为 60%～85%，平均为 75%左右。我国宁波市一项调查[49]纳入 49 818 例高血压患者，该人群同型半胱氨酸水平为(12.9±8.8)μmol/L，64.5%的患者为 H 型高血压；深圳[50]、成都[20]、广西[51]及辽宁[52]的 H 型高血压患者比例分别为 69.8%、77.1%、75.1%和 69.8%(见表 4-2)。

表 4-2 我国各地 H 型高血压发病率

国内地区研究	样本量(例)	H 型高血压比例(%)
浙江宁波[49]	49 181	64.5(男性 78.2，女性 54.8)
广东深圳[50]	1 751	69.8(男性 84.2，女性 54.3)
四川成都[20]	628	77.1(男性 84.0，女性 70.0)
广西田东[51]	2 832	75.1(男性 76.6，女性 72.1)
辽宁锦州[52]	681	69.8

(表中数据来自参考文献[20,49-52])

依那普利叶酸片注册临床试验在我国 6 个城市(北京、沈阳、哈尔滨、南京、上海、西安)高血压患者中进行,其基线结果显示:在中国高血压患者中基线同型半胱氨酸水平为(15.1±11.2)μmol/L,H 型高血压比例达到 75%;而且,H 型高血压的比例在北方城市明显高于南方城市。中国脑卒中一级预防研究[41]在我国江苏连云港和安徽安庆入组 20 702 例高血压患者,结果显示基线血清同型半胱氨酸水平为(14.5±8.4)μmol/L,H 型高血压的比例约为 80.3%,其中连云港和安庆地区分别为 79.0%和 84.2%。

4.3.2 H 型高血压治疗对脑卒中影响的循证医学证据

4.3.2.1 H 型高血压显著增加心脑血管事件风险

Towfighi 等基于美国国家健康与营养调查(National Health and Nutrition Examination Survey, NHANES)纳入 12 683 例受试者的一项研究[53]发现,单独高血压与同型半胱氨酸水平升高(大于等于 10 μmol/L)患者脑卒中患病风险均显著升高。与同型半胱氨酸小于 10 μmol/L 相比较,同型半胱氨酸大于等于 10 μmol/L 的男性(*OR* 为 2.2;95%*CI* 为 1.0~4.9)、女性(*OR* 为 4.3;95%*CI* 为 2.1~9.1)脑卒中患病风险均明显升高;当高血压和同型半胱氨酸水平升高同时存在时,受试者脑卒中患病风险较正常人群进一步显著增加(男性:*OR* 为 12.0,95%*CI* 为 6.4~22.7;女性:*OR* 为 17.3,95%*CI* 为 10.5~28.6),高血压和同型半胱氨酸水平升高在导致脑卒中患病风险增加中具有协同作用(见图 4-4)。

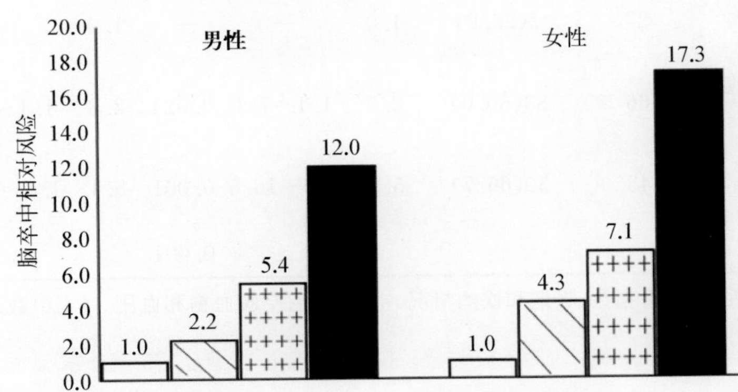

图 4-4 高血压和同型半胱氨酸水平升高(大于等于 10 μmol/L)协同增加脑卒中风险

Hcy,同型半胱氨酸。调整变量为性别、年龄、种族、教育水平、吸烟和饮酒情况、运动缺乏情况、体重指数、肌酐、叶酸、维生素 B_{12}、C 反应蛋白、既往有心肌梗死、高血压、糖尿病、高胆固醇血症、高甘油三酯血症病史。(图片修改自参考文献[53])

我国人群同型半胱氨酸水平升高的发生率明显高于西方国家人群[54],尤其是高血压人群同型半胱氨酸水平更高[55]。我国新近的一项研究对 39 165 例 35 岁以上中国高血压人群平均随访6.2年，采用巢式病例-对照研究设计，考察高血压和血同型半胱氨酸水平升高（大于等于10 μmol/L）单独及联合对脑卒中发生和死亡的作用。研究结果表明，同型半胱氨酸水平升高与脑卒中死亡显著相关（见表4-3），两者在导致脑卒中死亡风险中具有显著交互效应[56]，如表4-4所示。

表4-3　同型半胱氨酸水平升高与脑卒中死亡显著相关

总同型半胱氨酸范围	样本量（例）	病例数［病例所占比例（%）］	未校正			多因素校正		
			OR	95% *CI*	*P* 值	*OR*	95% *CI*	*P* 值
脑卒中发病率								
总同型半胱氨酸＜10 μmol/L	36	13(36.1)	1.0	—	—	1.0	—	—
10≤总同型半胱氨酸＜20 μmol/L	262	128(48.9)	1.7	0.8～3.5	0.154	1.7	0.8～3.7	0.186
总同型半胱氨酸≥20 μmol/L	52	34(65.4)	3.3	1.4～8.1	0.008	3.1	1.2～8.6	0.022
趋势分析 *P* 值					0.006			0.020
中风病死率								
总同型半胱氨酸＜10 μmol/L	27	7(25.9)	1.0	—	—	1.0	—	—
10≤总同型半胱氨酸＜20 μmol/L	166	83(50.0)	2.9	1.1～7.1	0.024	2.8	1.1～7.4	0.036
总同型半胱氨酸≥20 μmol/L	45	30(66.7)	5.7	2.0～16.5	0.001	5.1	1.6～16.4	0.006
趋势分析 *P* 值	—	—			0.001			0.007

注：调整变量为年龄、性别、体重指数、吸烟和饮酒情况、空腹血脂、空腹血糖和血压。（表中数据来自参考文献[56]）

表4-4　高血压和同型半胱氨酸水平升高在导致脑卒中死亡风险中具有显著联合效应

高血压	总同型半胱氨酸范围	样本量（例）	病例数［病例所占比例（%）］	未校正			多因素校正		
				OR	95% *CI*	*P* 值	*OR*	95% *CI*	*P* 值
脑卒中发病率									
否	正常	17	2(11.8)	1.0	—	—	1.0	—	—
否	高值	104	31(29.8)	3.8	0.8～17.5	0.087	3.5	0.7～16.5	0.109

（续表）

高血压	总同型半胱氨酸范围	样本量（例）	病例数［病例所占比例(%)］	未校正			多因素校正		
				OR	95% *CI*	*P* 值	*OR*	95% *CI*	*P* 值
是	正常	19	11(57.9)	10.3	1.8～58.4	0.008	9.7	1.7～56.4	0.011
是	高值	204	125(61.3)	11.9	2.6～53.3	0.001	12.7	2.8～58.0	0.001
脑卒中病死率									
否	正常	15	2(13.3)	1.0	—	—	1.0	—	—
否	高值	72	24(33.3)	3.7	0.8～17.4	0.104	3.6	0.7～17.3	0.113
是	正常	12	5(41.7)	4.6	0.7～30.4	0.109	4.3	0.6～28.6	0.135
是	高值	136	86(63.2)	11.2	2.4～51.6	0.002	11.7	2.5～54.7	0.002

注：调整变量为年龄、性别、体重指数、吸烟和饮酒情况、空腹血脂、空腹血糖和血压。（表中数据来自参考文献[56]）

4.3.2.2 叶酸治疗显著降低 H 型高血压患者脑卒中风险

从 1966 年起，研究人员陆续发表了数项补充叶酸（联合或不联合应用维生素 B_{12}、维生素 B_6）对心脑血管事件影响的随机对照临床研究（见表 4-5）。

表 4-5 补充叶酸对心脑血管事件影响的主要临床研究概述

研究	样本量（例）	周期（月）	入选人群	强化叶酸	治疗组叶酸剂量	*RR*(95% *CI*)
林县研究，1996[57]	3 318	72	食管异常	否	0.8 mg/d	0.63(0.37～1.07)：脑卒中死亡
VISP 研究，2004[58]	3 680	24	脑卒中	是	2.5 mg/d	1.1(0.8～1.3)：再发脑卒中 0.9(0.7～1.2)：心源性死亡、心肌梗死、脑卒中
NORVIT 研究，2006[59]	3 749	40	急性心肌梗死后的患者	否	0.8 mg/d	1.08(0.93～1.25)：心源性死亡、心肌梗死、脑卒中 1.06(0.91～1.24)：心肌梗死 1.02(0.68～1.51)：脑卒中
HOPE - 2 研究，2006[60]	5 522	60	血管性疾病或糖尿病	部分	2.5 mg/d	0.95(0.84～1.07)：心源性死亡、心肌梗死、脑卒中 0.98(0.85～1.14)：心肌梗死 0.75(0.59～0.97)：脑卒中

（续表）

研　究	样本量（例）	周期（月）	入选人群	强化叶酸	治疗组叶酸剂量	*RR*(95% *CI*)
HOST 研究，2007[61]	2 056	38	肾病或终末期肾衰竭	是	40 mg/d	1.04(0.91～1.18)：全因死亡 0.86(0.67～1.08)：心肌梗死 0.90(0.58～1.40)：脑卒中
WAFACS 研究，2008[62]	5 442	88	血管性疾病或多重危险因素	是	2.5 mg/d	1.03(0.90～1.19)：心源性死亡、心肌梗死、脑卒中、冠脉重建 0.87(0.63～1.22)：心肌梗死 1.14(0.82～1.57)：脑卒中
WENBIT 研究，2008[63]	3 096	38	冠心病	否	0.8 mg/d	1.09(0.90～1.32)：全因死亡、心肌梗死、脑卒中、心绞痛住院 1.21(0.95～1.56)：心肌梗死 0.72(0.44～1.17)：脑卒中
SEARCH 研究，2010[64]	12 064	80	心肌梗死	否	2 mg/d	1.02(0.86～1.21)：脑卒中 1.05(0.97～1.13)：心源性死亡、心肌梗死、冠脉重建
VITATOPS 研究，2010[65]	8 164	41	脑卒中/短暂性脑缺血发作	否	2 mg/d	0.91(0.82～1.00)：血管性死亡、心肌梗死、脑卒中 0.86(0.75～0.99)：血管性死亡
SU.FOL.OM3 研究，2010[66]	2 501	56	心肌梗死/脑卒中	否	0.56 mg/d	0.90(0.66～1.23)：血管性死亡、心肌梗死、脑卒中 0.57(0.33～0.97)：脑卒中
FAVORIT 研究，2011[67]	4 110	48	肾移植受者	是	5 mg	0.99(0.84～1.17)：心肌梗死、脑卒中、心源性死亡、再血管化等心血管复合事件 1.04(0.86～1.26)：全因死亡

（表中数据来自参考文献[57-67]）

在我国林县的一项研究[57]共纳入 3 318 例受试者，随机给予叶酸制剂或安慰剂，随访 6 年（1985—1991 年），结果表明治疗组脑血管疾病死亡减少 37%（*RR* 为 0.63，

95%CI 为 0.37～1.07)。更大样本量的 HOPE-2(heart outcomes prevention evaluation-2,心脏结局预防评估-2)研究[60]在加拿大、美国和瑞典等国家共纳入 5 522 名 55 岁及以上的患有心脑血管疾病或糖尿病的患者,随机给予每日一次口服复合 B 族维生素(2.5 mg 叶酸、50 mg 维生素 B_6 和 1 mg 维生素 B_{12})或安慰剂,平均随访治疗 5 年。其中 65%以上的患者合并使用血管紧张素转换酶抑制剂类药物,试验结束时叶酸干预组同型半胱氨酸水平显著下降,相应的脑卒中患病风险也显著下降 25%[风险比(hazard ratio, HR)=0.75;95% CI:0.59～0.97)。

从表 4-5 可以看出,各个研究的结论是不一致的;探讨各研究结论不一致的原因,将为进一步了解补充叶酸预防脑卒中的机制、最佳获益人群等提供重要线索和依据。

4.3.2.3 叶酸治疗显著降低 H 型高血压患者脑卒中风险

为进一步明确补充叶酸降低同型半胱氨酸水平对脑卒中的影响,解析各研究间结论不一的原因,2007 年,笔者对 1966 年以来发表的 8 项补充叶酸防治脑卒中的随机临床试验进行了荟萃分析[68]。结果表明,补充叶酸总体上能够使脑卒中患病风险下降 18%(RR 为 0.82;95% CI 为 0.68～1.00),在服用叶酸超过 36 个月(RR 为 0.71;95% CI 为 0.57～0.87)和同型半胱氨酸水平降低超过 20%(RR 为 0.77; 95%CI 为 0.63～0.94)的人群中疗效更为显著。上述研究结果通过量效关系、时效关系分析提供了一个证据链,说明作为一级预防措施补充叶酸能够显著降低脑卒中患病风险,并且明确了最大受益人群。该结果首先为既往各研究间结论的差异提供了科学、合理的解释,同时为补充叶酸降低同型半胱氨酸水平的措施用于脑卒中预防提供了初步的循证医学证据。

该荟萃分析结果发表后,Saposnik 等[69]对 HOPE-2 研究的脑卒中数据进行了进一步分析,结果表明补充叶酸可以显著降低总体脑卒中患病风险(HR=0.75;95% CI:0.59～0.97)和非致死性脑卒中患病风险(HR=0.72;95%CI:0.54～0.95);在未强化补充叶酸地区(HR=0.67;95% CI:0.46～0.97)、基线同型半胱氨酸水平较高地区(大于 13.8 μmol/L;HR=0.57;95%CI:0.33～0.97)及无脑卒中或短暂性脑缺血发作(transient ischemic attack, TIA)病史的人群,患者获益更大。研究人员从单项研究着手,同样证明了补充叶酸降低同型半胱氨酸水平和降低脑卒中患病风险的一致性关联,是确定两者因果关系的有力补充。

2010 年,Clarke 等[70]的一项荟萃分析共入选 8 项随机对照临床研究(n=37 485),由于纳入的研究不充分,该研究并未观测到补充叶酸在脑卒中方面的显著获益(RR=0.96;95% CI:0.87～1.06)。2012 年,笔者对所有已发表的报道脑卒中终点(大于 10 例)的相关随机对照临床研究重新进行了荟萃分析[71],共纳入 15 项分析,涉及 55 764 名受试者。结果表明,总体人群补充叶酸可以显著降低脑卒中患病风险。同时,治疗方案(单用叶酸 *vs*. 叶酸加用其他 B 族维生素)及叶酸剂量[小于或等于 0.8 mg/d(中位数)*vs*. 大于 0.8 mg/d]对其治疗效果无显著影响;与 0.8 mg/d 剂量叶酸基本达到最佳降低同型半胱氨酸效果类似，单独使用 0.8 mg/d 剂量叶酸已经达到降低脑卒中的最佳效果；叶酸剂量与脑卒中预防疗效之间存在天花板效应，而不是连续剂量依赖性。2017 年笔者组织进行的一项最新荟萃分析纳入 22 项随机对照试验研究，共纳入 82 723 例受试者，其中 3 308 例达到脑卒中终点。结果显示，补充叶酸在总体人群可以降低脑卒中患病风险 11%。同时，将研究地区分为亚洲（低水平叶酸地区）、混合地区（中等水平叶酸地区）及欧美国家（高水平叶酸地区），结果显示补充叶酸可以降低亚洲人群 22%的脑卒中患病风险。研究结果还提示在低水平叶酸地区人群中，使用小剂量叶酸及维生素 B_{12} 水平较低人群，补充叶酸获益更多[72]。

4.3.2.4 依那普利叶酸片的临床前研究

既往研究表明，叶酸降低同型半胱氨酸的最佳剂量为 0.8 mg/d（见图 4-5）[73]，叶酸剂量增加（大于 1 mg/d）无进一步获益；相应地，随机对照临床研究荟萃分析也表明，0.8 mg/d 叶酸剂量基本达到预防脑卒中的最佳疗效[71,72]。WAFACS 研究表明，血管紧张素转换酶抑制剂（angiotensin converting enzyme inhibitor，ACEI）与叶酸在降低心脑血管事件风险方面具有协同作用，两者联用可使心脑血管事件风险降低 19%[62]。依那普利是 ACEI 中心血管循证证据最多的药物。因此，开发 ACEI 与 0.8 mg 叶酸的复方制剂，用于降低伴有同型半胱氨酸水平升高高血压患者的脑卒中患病风险，具备充分、合理的协同组方依据。

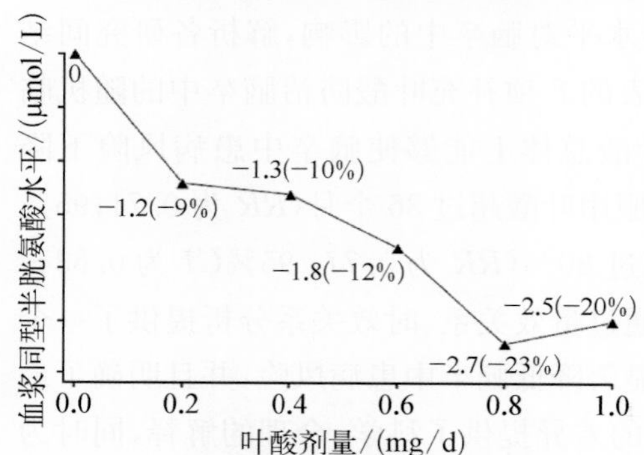

图 4-5 叶酸-血浆同型半胱氨酸水平的量效关系

（图片修改自参考文献[73]）

4.3.2.5 依那普利叶酸片与传统降压药比较可以进一步降低脑卒中风险

荟萃分析可以评估某种干预策略在总人群的疗效，探讨疗效的影响因素，形成后续研究的科学假设。但是荟萃分析的本质是事后研究，各个研究人群及结论具有异质性，且无法校正个体变量。因此，以既往的荟萃分析结论为基础，尚需大样本的随机对照临床研究来验证叶酸补充疗法预防脑卒中的确切疗效。

马来酸依那普利叶酸片（商品名为依叶）和氨氯地平叶酸片（商品名为氨叶）是目前具有治疗 H 型高血压适应证的已上市药物。中国脑卒中一级预防研究[41]是一项随机、双盲、对照临床研究，从 2008 年 5 月 19 日开始到 2013 年 8 月 24 日完成，共纳入 20 702 例无脑卒中和心肌梗死病史的中国成人高血压患者。患者根据 *MTHFR* C677T 基因型（影响叶酸和同型半胱氨酸代谢的主要基因）分层后随机、双盲分为 2 组，分别每日服用单片固定复方制剂马来酸依那普利叶酸片（由 10 mg 依那普利和 0.8 mg 叶酸组成）或者单纯依那普利（10 mg），其间对于没有达到降压目标的高血压患者可以根据高血压指南合并应用其他降压药物增加患者血压水平达标率，主要疗效指标是首发脑卒中。

经过 4.5 年（中位数）的治疗观察，结果表明，治疗后患者血压由平均约 166.8/94 mmHg（1 mmHg＝0.133 kPa）降至平均约 139.8/83.1 mmHg，治疗期间两组间血压高度可比，无明显差别；然而，以马来酸依那普利叶酸片为基础的降压治疗方案，可以较以依那普利为基础的单纯降压治疗方案明显升高血叶酸水平，降低血同型半胱氨酸水平，进而进一步显著降低 21％首发脑卒中风险（*HR*＝0.79；95％*CI*：0.69～0.93；*P*＝0.003）（见图 4-6）。在次要终点疗效分析中，复合心血管事件（心血管死亡、心肌梗死和脑卒中；*HR*＝0.80；95％*CI*：0.69～0.92；*P*＝0.002）和缺血性脑卒中（*HR*＝0.76；95％ *CI*：0.64～0.91；*P*＝0.002）风险，在马来酸依那普利叶酸片组均显著下降。两组间药物不良事件（adverse event，AE）的发生率没有显著性差异[41]。

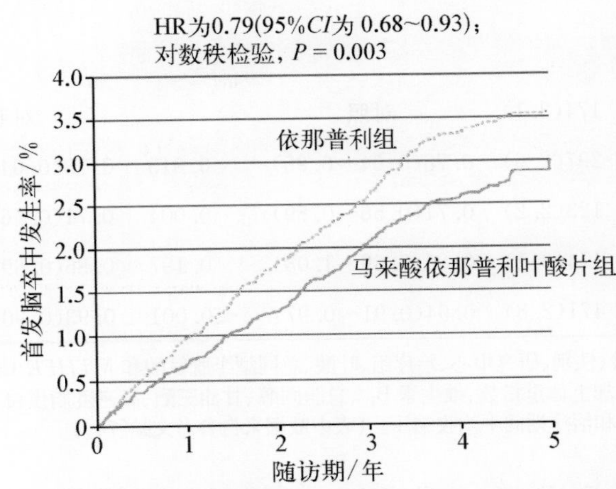

图 4-6　与依那普利相比马来酸依那普利叶酸片进一步降低 21％脑卒中风险

（图片修改自参考文献[41]）

中国脑卒中一级预防研究结果表明（见表 4-6），在中国高血压人群中，同型半胱氨酸水平下降与脑卒中风险下降呈正相关；将同型半胱氨酸水平下降幅度分为 3 等份，与同型半胱氨酸水平下降幅度最低等份人群比较，同型半胱氨酸水平下降在第二和第三分位人群脑卒中患病风险显著降低 21％（*HR*＝0.79；95％*CI*：0.64～0.97），心脑血管事件复合终点降低 22％（*HR*＝0.78；95％*CI*：0.64～0.96）；同型半胱氨酸水平下降对脑卒中的影响在不同年龄、性别、*MTHFR* C677T 基因型、基线叶酸及同型半胱氨酸水平、血压水平呈现相同的趋势[74]。上述研究表明，同型半胱氨酸水平下降可以有效反映高血压人群经含有叶酸复方降压药治疗后有独立于血压下降的脑卒中获益。

表 4-6 中国脑卒中一级预防研究中叶酸治疗后同型半胱氨酸水平下降与脑卒中风险下降呈正相关

同型半胱氨酸下降比例	事件发生率(%)	模型 1 HR(95% CI)	P	模型 2 HR(95% CI)	P
首发脑卒中					
治疗组三分位					
T1	164(2.9)	对照		对照	
T2～T3	281(2.5)	0.79(0.64～0.96)	0.018	0.79(0.64～0.97)	0.022
T2	114(2.0)	0.70(0.55～0.88)	0.003	0.70(0.55～0.89)	0.004
T3	167(3.0)	0.89(0.70～1.12)	0.314	0.89(0.70～1.13)	0.341
每下降 20%	445(2.6)	0.94(0.91～0.97)	<0.001	0.93(0.90～0.97)	<0.001
复合心血管疾病					
治疗组三分位					
T1	174(3.1)	对照		对照	
T2～T3	297(2.6)	0.78(0.64～0.95)	0.013	0.78(0.64～0.96)	0.016
T2	123(2.2)	0.71(0.56～0.89)	0.004	0.71(0.56～0.90)	0.005
T3	174(3.1)	0.86(0.69～1.08)	0.197	0.86(0.69～1.09)	0.219
每下降 20%	471(2.8)	0.94(0.91～0.97)	<0.001	0.93(0.90～0.96)	<0.001

注：模型 1 调整变量为年龄、性别、研究中心、治疗组、叶酸、总同型半胱氨酸和 *MTHFR* C677T 多态性。模型 2 调整变量为模型 1 中的变量，加上体重指数、维生素 B_{12}、总胆固醇、甘油三酯、高密度脂蛋白、血糖、肾小球滤过率、吸烟和饮酒状况、基线收缩压和治疗期间平均收缩压。(表中数据来自参考文献[74])

中国脑卒中一级预防研究是迄今为止世界上首个在高血压人群考察降压药与叶酸的复方制剂预防首发脑卒中风险的随机、双盲、对照临床试验，为我国更加经济、有效地开展脑卒中预防提供了关键的循证医学证据。

整体人群研究、随机对照临床研究的荟萃分析、中国人群的单项随机对照临床研究均表明，补充叶酸降低血同型半胱氨酸水平可以降低脑卒中的风险。在前期荟萃分析的基础上，最高证据级别的随机对照试验研究证明了在中国的高血压人群使用马来酸依那普利叶酸片可以降低脑卒中的风险。

现有证据表明，氨氯地平叶酸片不仅可以有效控制 H 型高血压，而且对因为干咳等不能耐受 ACEI 类药物的患者依然具有良好的效果。氨氯地平叶酸片和马来酸依那普利叶酸片联合应用，可以解决单种药物遗留的临床需求，更全面覆盖和服务患者。

4.3.3　*MTHFR* 基因 C677T 突变对马来酸依那普利叶酸片治疗 H 型高血压、预防脑卒中疗效的修饰效应

4.3.3.1　*MTHFR* 基因、基线同型半胱氨酸水平对控制 H 型高血压、预防脑卒中疗效的影响

中国脑卒中一级预防研究结果表明[75]，在 *MTHFR* 677CC/CT 基因型人群，与基线同型半胱氨酸低三分位人群比较，高三分位人群脑卒中患病风险显著增加 40%（*HR*＝1.4；95%*CI*：1.0～2.1）；相应地，在同型半胱氨酸高三分位人群，经马来酸依那普利叶酸片治疗后，脑卒中患病风险显著下降。但在 *MTHFR* 677TT 基因型人群，基线血同型半胱氨酸水平从 T1 到 T3 三分位，脑卒中患病风险分别为 4.6%、3.7% 和 4.0%，均处于较高水平，未见组间有显著性差异；同时，马来酸依那普利叶酸片干预后获益主要体现在同型半胱氨酸低三分位人群（见图 4-7）。

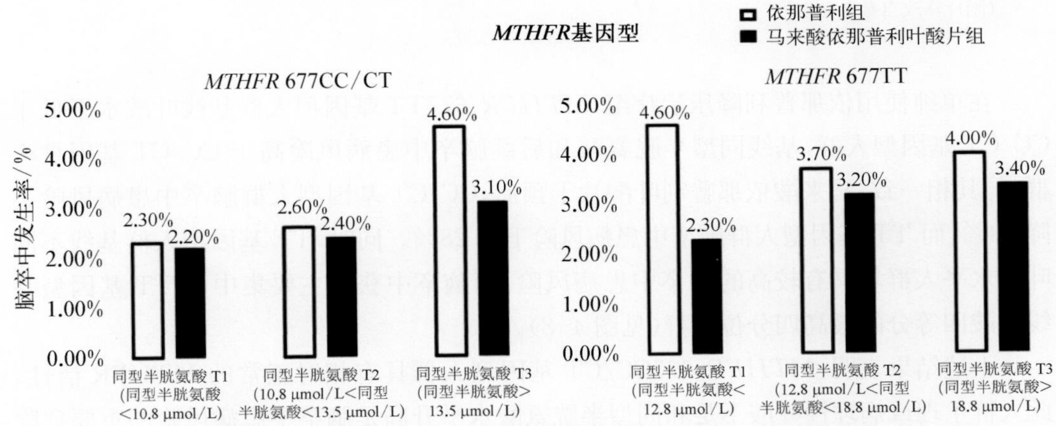

图 4-7　*MTHFR* 基因型与同型半胱氨酸水平对控制 H 型高血压、预防脑卒中疗效的影响
（图片修改自参考文献[75]）

4.3.3.2　*MTHFR* 基因、基线叶酸水平对控制 H 型高血压、预防脑卒中疗效的影响

中国脑卒中一级预防研究的事后分析提示[41]，在单纯使用依那普利降压治疗组，*MTHFR* 677CC 或 *MTHFR* 677CT 基因型人群基线叶酸水平与脑卒中患病风险呈明显负相关；与其相一致，马来酸依那普利叶酸片干预后，脑卒中获益主要集中于 CC 基因型或 CT 基因型伴有低叶酸人群，即 CC 基因型基线叶酸四等分的前三分位（小于 11.2 ng/mL），尤其是前二分位（小于 9 ng/mL）或 CT 基因型基线叶酸四等分的第一分位（小于 5.7 ng/mL）；相应地，其他分位人群单纯应用依那普利组脑卒中患病风险较低，马来酸依那普利叶酸片干预未见脑卒中患病风险有进一步下降（见图 4-8）。

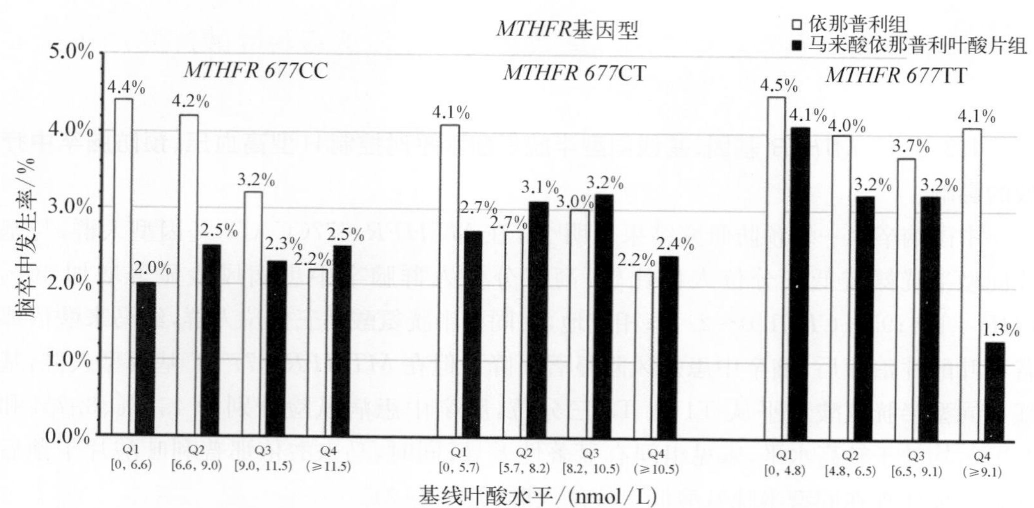

图 4-8　*MTHFR* 基因型与基线叶酸水平对控制 H 型高血压、预防脑卒中疗效的影响
(图片修改自参考文献[41])

在单纯使用依那普利降压治疗组,*MTHFR* 677TT 基因型人群基线叶酸水平低于 CC/CT 基因型人群,基线同型半胱氨酸和后续脑卒中患病风险高于 CC/CT 基因型人群;与其相一致,马来酸依那普利叶酸片干预后,CC/CT 基因型人群脑卒中患病风险下降 18%,而 TT 基因型人群脑卒中患病风险下降 28%。同时,TT 基因型人群基线不同叶酸水平人群均具有较高的脑卒中患病风险,而脑卒中获益主要集中于 TT 基因型基线叶酸四等分的最高四分位人群(见图 4-8)。

上述结果表明,*MTHFR* 677CC/CT 基因型人群具有相对正常的 MTHFR 活性,此人群生理或病理性叶酸不足和同型半胱氨酸水平升高是脑卒中患病风险的重要危险因素;针对病因,通过叶酸干预纠正叶酸不足和降低同型半胱氨酸水平可以有效降低其脑卒中患病风险。*MTHFR* 677TT 基因型人群由于长期处于生物性叶酸不足和高同型半胱氨酸状态,是脑卒中患病风险的高发人群;该人群可能需要更大剂量的叶酸弥补其遗传学缺陷,以更大程度获益。进一步验证上述结果,将会为高危人群的早期鉴别、诊断、有效干预、最大限度获益提供更确凿的、循证医学证据支持的治疗策略。

4.3.4　马来酸依那普利叶酸片和苯磺酸氨氯地平叶酸片的临床优势和互补

中国脑卒中一级预防研究等系列研究表明,与单纯降压治疗比较,使用马来酸依那普利叶酸片可以进一步显著降低首发脑卒中及肾脏疾病相关风险。然而,ACEI 类药物会引起 10%～20%患者干咳,同时应严密观测患者血肌酐和血钾的变化,患有双侧肾动脉狭窄者和妊娠期女性禁用。

一项纳入 540 例 H 型高血压患者的随机、双盲、三模拟对照的多中心临床试验表明，与单纯使用氨氯地平比较，苯磺酸氨氯地平叶酸片两种剂型即氨氯地平 5 mg＋叶酸 0.4 mg 和氨氯地平 5 mg＋叶酸 0.8 mg 均可显著降低同型半胱氨酸水平和升高叶酸水平；另一项纳入 360 例不耐受 ACEI 类降压药的 H 型高血压患者的随机、双盲、三模拟对照的多中心临床试验进一步表明，即使在不耐受 ACEI 类药物的 H 型高血压患者中，苯磺酸氨氯地平叶酸片依然具有很好的疗效。上述结果表明，苯磺酸氨氯地平叶酸片可以很好地弥补单纯马来酸依那普利叶酸片不能满足的控制 H 型高血压的临床需要。

ACEI 和钙通道阻滞剂(calcium channel blocker, CCB)类药物目前均推荐用于各类高血压患者(除非有禁忌证)。ACEI 类药物优先推荐用于合并糖尿病、有微量蛋白尿或者蛋白尿伴有慢性肾脏病(chronic kidney disease, CKD)3 期、伴有心脏收缩功能不全的高血压患者；CCB 类药物优先推荐用于老年单纯收缩性高血压、合并动脉粥样硬化及合并稳定性冠心病的高血压患者。两者联合基本可覆盖当前不同特征的 H 型高血压患者，具有良好的互补性，可以更好地服务于 H 型高血压人群。

4.4 小结与展望

个体化医疗和精准医学是 21 世纪医学发展的重要方向之一，精准医学的发展需要有临床意义的生物标志物和基因检测作为依托。*MTHFR* 基因突变导致人体代谢障碍，致使叶酸不足和同型半胱氨酸水平升高，是我国 H 型高血压高发继而导致脑卒中高发和持续发展的主要诱因之一。马来酸依那普利叶酸片和苯磺酸氨氯地平叶酸片是特异性针对我国人群特征，借助人群大数据、基因突变(*MTHFR* 基因)和生物标志物(同型半胱氨酸和叶酸水平)研发的控制 H 型高血压的创新药物，旨在更有效地控制我国人群脑卒中高发的现况。目前，包括中国脑卒中一级预防研究在内的一系列随机对照临床试验及其荟萃分析，为控制 H 型高血压、降低脑卒中风险提供了确凿的循证医学证据。

中国是心血管疾病大国，《中国心血管病报告 2014》和《中国心血管病报告 2015》的数据显示[76,77]，全国共有心血管疾病患者 3.30 亿人，其中高血压患者 2.45 亿人，脑卒中患者 1 300 万人，心血管疾病死亡占死因的 43%以上；脑卒中是首位死因(2017 年死亡人数为 152.5 万人，最新报告未给出住院人数的增减情况)，已造成巨大的社会经济卫生负担[78]。

山东省荣成市自 2014 年起逐步开展“H 型高血压与脑卒中防控”的民生工程，以 H 型高血压的筛查和精准签约防治为抓手，建设全市成年居民的慢病综合防治体系。据中国疾病预防控制中心的数据显示 2015—2017 年荣成地区脑卒中发生率与 2013 年比较依次下降了13%、15%和22%，而全国同期的脑卒中发生率却增长了8.3%。以H型高血压药物广泛应用、科学管理为抓手的防控脑卒中民生工程成效显著[79]。

国家卫生和计划生育委员会(现国家卫生健康委员会)曾推算：依据中国脑卒中一级预防研究的结果，马来酸依那普利叶酸片与常规降压药物比较可以使新发卒中多降低21%，中国MONICA最新数据推算2020年中国新发脑卒中370万例，那么，每年可预防111万例(约30%)脑卒中发生；假设将来每1例脑卒中发生的直接和间接经济损失是10万元，那么每年将为国家节约1 110亿元[80]”。马来酸依那普利叶酸片、苯磺酸氨氯地平叶酸片及*MTHFR*基因检测与同型半胱氨酸、叶酸检测试剂盒组成的产品，对治疗H型高血压及精准预防脑卒中的推广和广泛应用具有重要的临床和公共卫生价值，已成为精准医疗的典范。

参考文献

[1] Blom H J, Smulders Y. Overview of homocysteine and folate metabolism. With special references to cardiovascular disease and neural tube defects[J]. J Inherit Metab Dis, 2011, 34(1): 75-81.

[2] Kang S S, Zhou J, Wong P W, et al. Intermediate homocysteinemia: a thermolabile variant of methylenetetrahydrofolate reductase[J]. Am J Hum Genet, 1988, 43(4): 414-421.

[3] Goyette P, Sumner J S, Milos R, et al. Human methylenetetrahydrofolate reductase: isolation of cDNA, mapping and mutation identification[J]. Nat Genet, 1994, 7(2): 195-200.

[4] Leclerc D, Sibani S, Rozen R. Molecular biology of methylenetetrahydrofolate reductase (MTHFR) and overview of mutations/polymorphisms[EB/OL]. http://www.ncbi.nlm.nih.gov/books/NBK6561/.

[5] Nazki F H, Sameer A S, Ganaie B A. Folate: metabolism, genes, polymorphisms and the associated diseases[J]. Gene, 2014, 533(1): 11-20.

[6] Anderson O S, Sant K E, Dolinoy D C. Nutrition and epigenetics: an interplay of dietary methyl donors, one-carbon metabolism and DNA methylation[J]. J Nutr Biochem, 2012, 23(8): 853-859.

[7] Hickey S E, Curry C J, Toriello H V. ACMG practice guideline: lack of evidence for MTHFR polymorphism testing[J]. Genet Med, 2013, 15(2): 153-156.

[8] Frosst P, Blom H J, Milos R, et al. A candidate genetic risk factor for vascular disease: a common mutation in methylenetetrahydrofolate reductase[J]. Nat Genet, 1995, 10(1): 111-113.

[9] Friedman G, Goldschmidt N, Friedlander Y, et al. A common mutation A1298C in human methylenetetrahydrofolate reductase gene: association with plasma total homocysteine and folate concentrations[J]. J Nutr, 1999, 129(9): 1656-1661.

[10] Tanaka T, Scheet P, Giusti B, et al. Genome-wide association study of vitamin B_6, vitamin B_{12}, folate, and homocysteine blood concentrations[J]. Am J Hum Genet, 2009, 84(4): 477-482.

[11] Yang B, Liu Y, Li Y, et al. Geographical distribution of MTHFR C677T, A1298C and MTRR A66G gene polymorphisms in China: findings from 15357 adults of Han nationality[J]. PLoS One, 2013, 8(3): e57917.

[12] 梁国威,赵媛,单华,等. 脑血管病患者总同型半胱氨酸水平与血肌酐相关性及肾脏代偿调节的性别差异分析[J]. 中华检验医学杂志,2006,29(3):207-210.

[13] Welch G N, Loscalzo J. Homocysteine and atherothrombosis[J]. N Engl J Med, 1998, 338(15): 1042-1050.

[14] 李建平,卢新政,霍勇,等. H型高血压诊断与治疗专家共识[J]. 中华高血压杂志,2016,24(2):123-127.

[15] Miller J W, Nadeau M R, Smith D, et al. Vitamin B-6 deficiency vs folate deficiency: comparison of responses to methionine loading in rats[J]. Am J Clin Nutr, 1994, 59(5): 1033-1039.

[16] Lewis S J, Ebrahim S, Davey Smith G. Meta-analysis of MTHFR 677C→T polymorphism and coronary heart disease: does totality of evidence support causal role for homocysteine and preventive potential of folate? [J]. BMJ, 2005, 331(7524): 1053.

[17] Casas J P, Bautista L E, Smeeth L, et al. Homocysteine and stroke: evidence on a causal link from mendelian randomization[J]. Lancet, 2005, 365(9455): 224-232.

[18] Wald D S, Law M, Morris J K. Homocysteine and cardiovascular disease: evidence on causality from a meta-analysis[J]. BMJ, 2002, 325(7374): 1202-1206k.

[19] Xu X, Li J, Sheng W, et al. Meta-analysis of genetic studies from journals published in China of ischemic stroke in the Han Chinese population[J]. Cerebrovasc Dis, 2008, 26(1): 48-62.

[20] 刘剑雄,黄刚,胡咏梅,等. H型高血压患者卒中的现况调查[J]. 中华临床医师杂志(电子版),2015,9(5):744-746.

[21] Mccully K S. Vascular pathology of homocysteinemia: implications for the pathogenesis of arteriosclerosis[J]. Am J Pathol, 1969, 56(1): 111-128.

[22] Wilcken D E, Wilcken B. The pathogenesis of coronary artery disease. A possible role for methionine metabolism[J]. J Clin Invest, 1976, 57(4): 1079-1082.

[23] Homocysteine Studies Collaboration. Homocysteine and risk of ischemic heart disease and stroke: a meta-analysis[J]. JAMA, 2002, 288(16): 2015-2022.

[24] Holmes M V, Newcombe P, Hubacek J A, et al. Effect modification by population dietary folate on the association between MTHFR genotype, homocysteine, and stroke risk: a meta-analysis of genetic studies and randomised trials[J]. Lancet, 2011, 378(9791): 584-594.

[25] Cui R, Moriyama Y, Koike K A, et al. Serum total homocysteine concentrations and risk of mortality from stroke and coronary heart disease in Japanese: The JACC study [J]. Atherosclerosis, 2008, 198(2): 412-418.

[26] Wang C, Han L, Wu Q, et al. Association between homocysteine and incidence of ischemic stroke in subjects with essential hypertension: a matched case-control study[J]. Clin Exp Hypertens, 2015, 37(7): 557-562.

[27] Li Z, Sun L, Zhang H, et al. Elevated plasma homocysteine was associated with hemorrhagic and ischemic stroke, but methylenetetrahydrofolate reductase gene C677T polymorphism was a risk factor for thrombotic stroke: a Multicenter Case-Control Study in China[J]. Stroke, 2003, 34(9): 2085-2090.

[28] Zhang W, Sun K, Chen J, et al. High plasma homocysteine levels contribute to the risk of stroke recurrence and all-cause mortality in a large prospective stroke population[J]. Clin Sci (Lond), 2009, 118(3): 187-194.

[29] Sun Y, Chien K-L, Hsu H-C, et al. Use of serum homocysteine to predict stroke, coronary heart disease and death in ethnic Chinese. 12-year prospective cohort study[J]. Circ J, 2009, 73(8):

1423-1430.

[30] Cui H, Wang F, Fan L, et al. Association factors of target organ damage: analysis of 17, 682 elderly hypertensive patients in China[J]. Chin Med J (Engl), 2011, 124(22): 3676-3681.

[31] Faraci F M, Lentz S R. Hyperhomocysteinemia, oxidative stress, and cerebral vascular dysfunction[J]. Stroke, 2004, 35(2): 345-347.

[32] Sen U, Mishra P K, Tyagi N, et al. Homocysteine to hydrogen sulfide or hypertension[J]. Cell Biochem Biophys, 2010, 57(2-3): 49-58.

[33] Upchurch G R Jr, Welch G N, Fabian A J, et al. Homocyst(e)ine decreases bioavailable nitric oxide by a mechanism involving glutathione peroxidase[J]. J Biol Chem, 1997, 272(27): 17012-17017.

[34] Mujumdar V S, Hayden M R, Tyagi S C. Homocyst(e)ine induces calcium second messenger in vascular smooth muscle cells[J]. J Cell Physiol, 2000, 183(1): 28-36.

[35] Neves M F, Endemann D, Amiri F, et al. Small artery mechanics in hyperhomocysteinemic mice: effects of angiotensin Ⅱ[J]. J Hypertens, 2004, 22(5): 959-966.

[36] Sen U, Herrmann M, Herrmann W, et al. Synergism between AT1 receptor and hyperhomocysteinemia during vascular remodeling[J]. Clin Chem Lab Med, 2007, 45(12): 1771-1776.

[37] Huang A, Pinto J T, Froogh G, et al. Role of homocysteinylation of ACE in endothelial dysfunction of arteries[J]. Am J Physiol Heart Circ Physiol, 2015, 308(2): 92-100.

[38] Refsum H, Nurk E, Smith A D, et al. The Hordaland Homocysteine Study: a community-based study of homocysteine, its determinants, and associations with disease[J]. J Nutr, 2006, 136(6 Suppl): 1731S-1740S.

[39] Sutton-Tyrrell K, Bostom A, Selhub J, et al. High homocysteine levels are independently related to isolated systolic hypertension in older adults[J]. Circulation, 1997, 96(6): 1745-1749.

[40] Li Z, Guo X, Chen S, et al. Hyperhomocysteinemia independently associated with the risk of hypertension: a cross-sectional study from rural China[J]. J Hum Hypertens, 2016, 30(8): 508-512.

[41] Huo Y, Li J, Qin X, et al. Efficacy of folic acid therapy in primary prevention of stroke among adults with hypertension in China: the CSPPT randomized clinical trial[J]. JAMA, 2015, 313(13): 1325-1335.

[42] Qin X, Li Y, Sun N, et al. Elevated homocysteine concentrations decrease the antihypertensive effect of angiotensin-converting enzyme inhibitors in hypertensive patients[J]. Arterioscler Thromb Vasc Biol, 2017, 37(1): 166-172.

[43] 曾新颖,齐金蕾,殷鹏,等. 1990～2016 年中国及省级行政区疾病负担报告[J]. 中国循环杂志,2018,33(12): 1147-1158.

[44] Guan T, Ma J, Li M, et al. Rapid transitions in the epidemiology of stroke and its risk factors in China from 2002 to 2013[J]. Neurology, 2017, 89(1): 53-61.

[45] 中国心血管健康与疾病报告编写组. 中国心血管健康与疾病报告 2019 概要[J]. 中国循环杂志,2020,35(9): 833-854.

[46] Graham I M, Daly L E, Refsum H M, et al. Plasma homocysteine as a risk factor for vascular disease. The European Concerted Action Project[J]. JAMA, 1997, 277(22): 1775-1781.

[47] 胡大一,徐希平. 有效控制 H 型高血压——预防卒中的新思路[J]. 中华内科杂志,2008,47(12): 976-977.

[48] 王拥军，刘力生，饶克勤，等. 我国脑卒中预防策略思考：同时控制高血压和高同型半胱氨酸水平[J]. 中华医学杂志，2008，88(47)：3316-3318.
[49] 陆顺建，胡前平，潘婕文，等. 宁波市鄞州区 49818 例高血压患者同型半胱氨酸检测结果分析[J]. 中国卫生检验杂志，2016，26(10)：1496-1498.
[50] 张春惠，王长义，徐珊，等. H 型高血压患者的构成及药物干预效果分析[J]. 中国医药科学，2013，3(4)：38，39，73.
[51] 李立定，李新民，张红雨，等. 百色市田东县平马镇壮族人群 H 型高血压患病率调查及危险因素分析[J]. 广西医科大学学报，2014，31(6)：1024-1026.
[52] 李丹，李秀华，刘堃，等. 锦州市 H 型高血压患病及 H 型危险因素调查[J]. 中国公共卫生，2015，31(3)：343-345.
[53] Towfighi A, Markovic D, Ovbiagele B. Pronounced association of elevated serum homocysteine with stroke in subgroups of individuals: a nationwide study[J]. J Neurol Sci, 2010, 298(1-2): 153-157.
[54] Qu Q-G, Gao J-J, Liu J-M. Prevalence of hyperhomocysteinaemia in a Chinese elderly population [J]. Public Health Nutr, 2010, 13(12): 1974-1981.
[55] Wang Y, Li X, Qin X, et al. Prevalence of hyperhomocysteinaemia and its major determinants in rural Chinese hypertensive patients aged 45-75 years[J]. Br J Nutr, 2013, 109(7): 1284-1293.
[56] Li J, Jiang S, Zhang Y, et al. H-type hypertension and risk of stroke in Chinese adults: A prospective, nested case-control study[J]. J Transl Int Med, 2015, 3(4): 171-178.
[57] Mark S D, Wang W, Fraumeni J F Jr, et al. Lowered risks of hypertension and cerebrovascular disease after vitamin/mineral supplementation: the Linxian Nutrition Intervention Trial[J]. Am J Epidemiol, 1996, 143(7): 658-664.
[58] Toole J F, Malinow M R, Chambless L E, et al. Lowering homocysteine in patients with ischemic stroke to prevent recurrent stroke, myocardial infarction, and death: the Vitamin Intervention for Stroke Prevention (VISP) randomized controlled trial[J]. JAMA, 2004, 291(5): 565-575.
[59] Bønaa K H, Njølstad I, Ueland P M, et al. Homocysteine lowering and cardiovascular events after acute myocardial infarction[J]. N Engl J Med, 2006, 354(15): 1578-1588.
[60] Lonn E, Yusuf S, Arnold M J, et al. Homocysteine lowering with folic acid and B vitamins in vascular disease[J]. N Engl J Med, 2006, 354(15): 1567-1577.
[61] Jamison R L, Hartigan P, Kaufman J S, et al. Effect of homocysteine lowering on mortality and vascular disease in advanced chronic kidney disease and end-stage renal disease: a randomized controlled trial[J]. JAMA, 2007, 298(10): 1163-1170.
[62] Albert C M, Cook N R, Gaziano J M, et al. Effect of folic acid and B vitamins on risk of cardiovascular events and total mortality among women at high risk for cardiovascular disease: a randomized trial[J]. JAMA, 2008, 299(17): 2027-2036.
[63] Ebbing M, Bleie O, Ueland P M, et al. Mortality and cardiovascular events in patients treated with homocysteine-lowering B vitamins after coronary angiography: a randomized controlled trial [J]. JAMA, 2008, 300(7): 795-804.
[64] Study of the Effectiveness of Additional Reductions in Chdesterol and Homocysteine (SEARCH) Collaborative Group, Armitage J M, Bowman L, et al. Effects of homocysteine-lowering with folic acid plus vitamin B_{12} vs placebo on mortality and major morbidity in myocardial infarction survivors: a randomized trial[J]. JAMA, 2010, 303(24): 2486-2494.
[65] VITATOPS Trial Study Group. B vitamins in patients with recent transient ischaemic attack or

stroke in the VITAmins TO Prevent Stroke (VITATOPS) trial: a randomised, double-blind, parallel, placebo-controlled trial[J]. Lancet Neurol, 2010, 9(9): 855-865.

[66] Galan P, Kesse-Guyot E, Czernichow S, et al. Effects of B vitamins and omega 3 fatty acids on cardiovascular diseases: a randomised placebo controlled trial[J]. BMJ, 2010, 341: c6273.

[67] Bostom A G, Carpenter M A, Kusek J W, et al. Homocysteine-lowering and cardiovascular disease outcomes in kidney transplant recipients: primary results from the Folic Acid for Vascular Outcome Reduction in Transplantation trial[J]. Circulation, 2011, 123(16): 1763-1770.

[68] Wang X, Qin X, Demirtas H, et al. Efficacy of folic acid supplementation in stroke prevention: a meta-analysis[J]. Lancet, 2007, 369(9576): 1876-1882.

[69] Saposnik G, Ray J G, Sheridan P, et al. Homocysteine-lowering therapy and stroke risk, severity, and disability: additional findings from the HOPE 2 trial[J]. Stroke, 2009, 40(4): 1365-1372.

[70] Clarke R, Halsey J, Lewington S, et al. Effects of lowering homocysteine levels with B vitamins on cardiovascular disease, cancer, and cause-specific mortality: Meta-analysis of 8 randomized trials involving 37 485 individuals[J]. Arch Intern Med, 2010, 170(18): 1622-1631.

[71] Huo Y, Qin X, Wang J, et al. Efficacy of folic acid supplementation in stroke prevention: new insight from a meta-analysis[J]. Int J Clin Pract, 2012, 66(6): 544-551.

[72] Zhao M, Wu G, Li Y, et al. Meta-analysis of folic acid efficacy trials in stroke prevention: Insight into effect modifiers[J]. Neurology, 2017, 88(19): 1830-1838.

[73] Wald D S, Bishop L, Wald N J, et al. Randomized trial of folic acid supplementation and serum homocysteine levels[J]. Arch Intern Med, 2001, 161(5): 695-700.

[74] Huang X, Li Y, Li P, et al. Association between percent decline in serum total homocysteine and risk of first stroke[J]. Neurology, 2017, 89(20): 2101-2107.

[75] Zhao M, Wang X, He M, et al. Homocysteine and stroke risk: modifying effect of methylenetetrahydrofolate reductase C677T polymorphism and folic acid intervention[J]. Stroke, 2017, 48(5): 1183-1190.

[76] 陈伟伟,高润霖,刘力生,等.《中国心血管病报告 2014》概要[J]. 中国循环杂志,2015,30(7): 617-622.

[77] 陈伟伟,高润霖,刘力生,等.《中国心血管病报告 2015》概要[J]. 中国循环杂志,2016,31(6): 521-528.

[78] 中国心血管健康与疾病报告编写组. 中国心血管健康与疾病报告 2019 概要[J]. 中国循环杂志, 2020,35(9): 833-854.

[79] 荣成:"H 型高血压与脑卒中防控惠民工程"成效明显[EB/OL]. http: //baijiahao. baidu. com/s?id=1596620650353541022&wfr=spider&for=pc.

[80] 国家卫生和计划生育委员会. 9 月例行发布会材料:"科技与我"医药卫生科技成果造福人民健康[EB/OL]. http: //www. nhc. gov. cn/wjw/xwdt/201509/ae5131226791460492 98955675367d04. shtml.

5 糖尿病药物及创新药物研发

糖尿病(DM)因为发病率高、疾病机制复杂、并发症多样已经成为严重威胁人类生命健康的重大疾病。随着科学家对糖尿病研究的深入,近年来针对糖尿病的新靶标开发取得成功,多个药物获得批准。这些药物在改善传统糖尿病药物降糖效果的同时,减少了低血糖等不良反应的发生,为糖尿病患者提供了更多的治疗药物。本章将对传统的糖尿病治疗药物、新型的糖尿病治疗药物以及新靶点糖尿病治疗药物的研发情况进行总结。从作用模式、临床治疗特点及不良反应方面对传统糖尿病药物包括胰岛素及其类似物、口服一线药物二甲双胍、噻唑烷二酮类胰岛素增敏剂、磺酰脲类胰岛素分泌促进剂以及α-葡萄糖苷酶抑制剂等进行总结;从作用机制、临床治疗作用特点以及临床使用风险对新型糖尿病药物胰高血糖素样肽-1(glucagon-like peptide-1, GLP-1)受体激动剂、二肽基肽酶-4(dipeptidyl peptidase-4, DPP-4)抑制剂、钠-葡萄糖协同转运蛋白2(sodium-glucose cotransporter 2, SGLT2)抑制剂等进行重点介绍;从新靶点的作用机制、药物结构分类以及在研药物的研究进展对葡萄糖激酶(glucokinase, GK)激动剂、腺苷酸活化蛋白激酶(AMP-activated protein kinase, AMPK)激动剂、G蛋白偶联受体40(G protein-coupled receptor 40, GPR40)激动剂、GPR119激动剂、GPR120激动剂、蛋白酪氨酸磷酸酶1B(protein tyrosine phosphatase 1B, PTP1B)抑制剂等进行总结,反映针对新靶点开展糖尿病创新药物研究的现状。由于糖尿病属于高度异质性复杂疾病,采用个性化药物进行治疗,开发个性化药物临床治疗方案将成为糖尿病药物临床治疗的发展新趋势。开发高效、安全的新型糖尿病治疗药物,将为实现不同糖尿病患者的个体化治疗提供可能,为糖尿病患者带来福音。

5.1 糖尿病药物简介

糖尿病是一种多病因引起的代谢性疾病,是由人体胰岛素分泌绝对或相对不足以及靶组织细胞对胰岛素敏感性降低导致的蛋白质、脂肪、水和电解质等一系列代谢紊乱综合征。糖尿病已经成为继肿瘤、心血管疾病之后第三大严重威胁人类健康的慢性非传染性疾病。糖尿病的急性并发症包括糖尿病酮症酸中毒、糖尿病高渗性昏迷以及各种急性感染。另外，在糖尿病治疗过程中出现的低血糖症也是其最常见的急性并发症之一。糖尿病慢性并发症包括糖尿病眼病、糖尿病肾病、糖尿病神经病变、糖尿病心脑肢体大血管病变和糖尿病足部及皮肤病变等。

糖尿病分为胰岛素依赖型糖尿病(insulin-dependent diabetes mellitus, IDDM，即1型糖尿病)和非胰岛素依赖型糖尿病(noninsulin-dependent diabetes mellitus, NIDDM，即2型糖尿病)。其中，2型糖尿病最为常见，占糖尿病患者的90%以上。2型糖尿病是一类由不能控制体内血糖水平导致的代谢综合征。2型糖尿病的主要特征是高血糖、胰岛素抵抗和胰岛素分泌缺乏，通常与血脂障碍、高血压和肥胖症相关。2型糖尿病患者体内可分泌产生胰岛素但数量相对不足，或产生的胰岛素因组织敏感性降低或胰岛素抵抗而不能有效发挥作用，因而血液内葡萄糖聚集，血糖水平升高。由于这类糖尿病患者能够分泌胰岛素，一般不需要用胰岛素治疗，仅用饮食调整或口服降糖药即可控制血糖。

糖尿病治疗药物包括胰岛素及其类似物、口服降糖药与其他非胰岛素降糖药。据艾美仕市场研究公司(IMS Health)预测，糖尿病药物市场在2018年将达到780亿美元。该治疗领域在发达国家和新兴市场国家潜力巨大。临床上使用的胰岛素类似物包括甘精胰岛素、地特胰岛素和德谷胰岛素。GLP-1类似物近年来在糖尿病临床治疗中占据重要比例，包括艾塞那肽(exenatide)、利拉鲁肽(liraglutide)、利西拉肽(lixisenatide)、度拉鲁肽(dulaglutide)、阿必鲁肽(albiglutide)及索马鲁肽(semaglutide)等。虽然胰岛素类似物和GLP-1类似物能够有效降低患者的血糖水平，但由于这两类药物需要注射给药，限制了患者用药的依从性。因此，口服降糖药物对于糖尿病的临床治疗更为重要。临床上使用的口服降糖药主要包括双胍类、磺酰脲类、格列奈类、噻唑烷二酮类、α-葡萄糖苷酶抑制剂、DPP-4抑制剂和SGLT2抑制剂。二甲双胍是糖尿病临床治疗的一线药物，二线药物包括GLP-1受体激动剂、DPP-4抑制剂和SGLT2抑制剂。许多国内外制药公司针对DPP-4和SGLT2这两个新靶点研发出多种药物上市治疗2型糖尿病，包括西格列汀(sitagliptin)、维格列汀(vildagliptin)、沙格列汀(saxagliptin)、利格列汀(linagliptin)、阿格列汀(alogliptin)、达格列净(dapagliflozin)、卡格列净(canagliflozin)、恩格列净(empagliflozin)、鲁格列净(luseogliflozin)、托格列净(tofogliflozin)及伊格列净(ipragliflozin)等。目前，临床上大多采用联合用药的策略治疗2型糖尿病，包括二甲双胍与DPP-4抑制剂联合用药、二甲双胍与SGLT2抑制剂联合用药等。随着DPP-4抑制剂和SGLT2抑制剂新型药物的上市，临床医师对口服降糖药物的品种选择增加了，这为糖尿病患者提供了更多的临床治疗方案。

5.1.1 糖尿病的流行病学

2017年，据国际糖尿病联合会(International Diabetes Federation, IDF)统计，全球

糖尿病患者人数约为 4.25 亿，中国是糖尿病第一大国，糖尿病患者人数约为 1.14 亿，预计到 2045 年全球糖尿病患者人数将增加到 6.29 亿[1]。2015 年，全球糖尿病医疗保健总费用超过 6 730 亿美元，预计到 2040 年将增长至 8 020 亿美元。全球每年大约有 110 万人死于糖尿病。糖尿病已成为严重威胁人类生命和社会发展的重大疾病，运用科学的方法对糖尿病进行预防控制已成为全球最重要的医疗管理措施之一。

从群体发病的角度看，亚洲人群被认为比西方人具有更高的 2 型糖尿病易感性，表现为发病年龄早，风险大；发病时肥胖程度低、胰岛 β 细胞功能损害严重以及发生严重并发症年龄较早。中国的糖尿病患者约占全球糖尿病患者的 1/3，但却只有约 1/4 的糖尿病患者在接受药物治疗，且其中仅有不到 40%的患者血糖水平得到了良好的控制。这一方面说明中国已经成为全球糖尿病疾病负担最重的国家之一，预防和控制糖尿病的发生、发展是摆在公众面前的一个严峻问题；另一方面也说明现有药物并不能完全控制糖尿病患者的血糖水平，不同患者之间因为个体化差异，对同一类型药物表现为不同的疗效反应。因此，新型糖尿病药物研发的深入，将为实现不同糖尿病患者的个体化治疗提供可能。

5.1.2 糖尿病药物的分类及临床治疗情况

由于糖尿病的发病机制极其复杂，目前临床使用的口服降糖药物并不能从根本上改善其疾病状态。二甲双胍是 2 型糖尿病的一线治疗药物。除此之外，临床常用双胍类与磺酰脲类药物联合治疗，初始疗效良好，但长期用药会产生耐受，无法根本阻止胰岛 β 细胞的进一步坏死，导致胰岛素依赖。

目前，临床上使用的抗糖尿病药物主要分为以下几类(见表 5-1)：

表 5-1 糖尿病临床治疗药物种类及临床治疗情况

药物种类	代表药物	作用部位	作用模式	不良反应
胰岛素及其类似物	天冬胰岛素 甘精胰岛素	胰岛 β 细胞	降低肝糖原输出 降低脂肪分解 增加外周组织糖利用	增重 低血糖 体液潴留
双胍类	二甲双胍 丁双胍	肝脏	抑制肝糖原输出 增加胰岛素敏感性	肝毒性 胃肠道紊乱
磺酰脲类	格列喹酮 格列美脲 格列齐特	胰岛 β 细胞	促进胰岛素分泌	低血糖 增重 心血管不良反应
格列奈类	那格列奈 瑞格列奈	胰岛 β 细胞	促进胰岛素分泌	低血糖 增重
噻唑烷二酮类	吡格列酮	PPARγ	增加胰岛素敏感性	增重 水肿

（续表）

药物种类	代表药物	作用部位	作用模式	不良反应
α-糖苷酶抑制剂	阿卡波糖	α-糖苷酶	抑制糖类分解	胃肠道反应
GLP-1受体激动剂	艾塞那肽 利拉鲁肽	GLP-1受体	增加葡糖糖依赖型胰岛素分泌 延缓胃排空 抑制食欲	胃肠道反应
DPP-4抑制剂	西格列汀 利格列汀	DPP-4	增加内源性GLP-1分泌	腹泻 上呼吸道感染
SGLT2抑制剂	卡格列净 达格列净	SGLT2	抑制 SGLT2	尿路感染 酮症酸中毒

注：PPARγ, peroxisome proliferator-activated receptor γ，过氧化物酶体增殖物激活受体 γ。

1）胰岛素及其类似物

胰岛素及其类似物可以补充人体胰岛素，增加葡萄糖的利用，促进肝糖原和肌糖原的合成，适合任何时期任何类型的糖尿病患者。胰岛素类似物根据作用时间长短可分为速效胰岛素类似物、长效胰岛素类似物以及超长效胰岛素类似物[2]。

2）双胍类口服降糖药物

二甲双胍是 2 型糖尿病的临床一线治疗药物，其主要降糖机制为抑制肝脏的葡萄糖输出，改善肝脏、肌肉、脂肪等组织对胰岛素的敏感性，增加外周组织对葡萄糖的摄取和利用，抑制肠道葡萄糖吸收，能减轻患者体重，尤其适用于肥胖的糖尿病患者。二甲双胍在临床使用过程中，能够有效降低 2 型糖尿病患者的血清甘油三酯、总胆固醇和低密度脂蛋白水平，同时，还能降低收缩压与舒张压，抑制炎症因子的产生和释放，降低心肌梗死发生的风险，对心血管危险因素具有改善作用[3-5]。

3）胰岛素分泌促进剂

胰岛素分泌促进剂主要包括磺酰脲类和格列奈类。

磺酰脲类药物主要通过与磺酰脲受体结合，关闭胰岛 β 细胞细胞膜上的腺苷三磷酸（ATP）敏感性钾通道，使细胞内钾离子外流减少，β 细胞的细胞膜去极化，激活蛋白酶 C 或钙调蛋白类激酶，使电压依赖的钙通道开放，Ca^{2+} 内流增加，快速促进胰岛素分泌而发挥降糖作用。磺酰脲类代表药物包括第一代药物甲苯磺丁脲和氯磺丙脲等，第二代药物格列苯脲、格列吡嗪、格列喹酮和格列齐特等。该类药物的不良反应主要有低血糖发生率高、增重、心血管不良反应[6-8]。甲苯磺丁脲因可增加 2 型糖尿病患者心血管死亡的风险而退出市场。

格列奈类药物与磺酰脲类药物的作用机制类似，但是其与磺酰脲类药物的结合位点不同。格列奈类药物与磺酰脲受体快速结合,快速解离,主要促进餐后胰岛素分泌。因此,格列奈类药物用药后低血糖事件的发生率较低。目前,临床使用的格列奈类药物主要为瑞格列奈和那格列奈[9-12]。

4) 胰岛素增敏剂

噻唑烷二酮类(thiazolidinediones, TZD)口服降糖药物是胰岛素增敏剂的代表药物。该类药物主要通过与靶细胞的过氧化物酶体增殖物激活受体 γ(peroxisome proliferator-activated receptor γ, PPARγ)结合,调节一系列参与葡萄糖和脂肪代谢的基因,增强外周组织如肝脏、肌肉、脂肪组织对胰岛素的敏感性,促进细胞对葡萄糖的摄取和利用,降低空腹血糖和餐后血糖[13-17]。曲格列酮是第一个上市的噻唑烷二酮类降糖药物,但因其具有严重的肝脏不良反应已退出市场。目前,临床使用的噻唑烷二酮类药物主要为罗格列酮和吡格列酮,但是这两个药物均存在增加充血性心力衰竭等心血管事件风险。

5) α-葡萄糖苷酶抑制剂

α-葡萄糖苷酶抑制剂(α-glucosidase inhibitor, AGI)是一类通过延缓糖类吸收降低餐后血糖的药物。其主要降糖机制是α-葡萄糖苷酶抑制剂与食物一起服用后,可竞争性地与小肠黏膜刷状缘上皮细胞的α-葡萄糖苷酶结合,抑制多糖及双糖分解为单糖,减缓葡萄糖的吸收[18-20]。目前,临床上应用的α-葡萄糖苷酶抑制剂主要为阿卡波糖和伏格列波糖。α-葡萄糖苷酶抑制剂是通过减少血糖波动发挥心血管保护作用的。

5.2 近年上市糖尿病药物的研究进展

5.2.1 胰高血糖素样肽-1受体激动剂

GLP-1受体激动剂是近年来糖尿病药物的研究热点,临床上作为二线药物用于2型糖尿病的治疗。该类药物具有良好的降糖效果,而且能够保护胰岛β细胞,降低体重,调节脂代谢,保护心血管和缓解糖尿病肾病患者的肾功能损伤等[21]。

5.2.1.1 胰高血糖素样肽-1受体激动剂的作用机制与优势特点

GLP-1是由回肠与结肠的肠道L细胞分泌产生的肠促胰岛素,是由30个氨基酸组成的多肽。进食后,人体内GLP-1水平升高,餐后30～60 min达到峰值。GLP-1通过与GLP-1受体结合发挥药效。GLP-1受体属于G蛋白偶联受体,广泛表达于胰岛β细胞、胰腺导管、心血管、肝、肾、脑、肺和皮肤等组织中。GLP-1与GLP-1受体结合并激活GLP-1受体后,激活蛋白激酶A(protein kinase A, PKA),使细胞内第二信使cAMP的含量升高,cAMP激活鸟苷酸交换因子Epac家族,从而产生一系列生物效应,如增加细胞质中的Ca^{2+}浓度、刺激胰岛β细胞增殖与分化、降低血浆中胰高血糖素水平、减缓胃排空、增加饱腹感等。GLP-1刺激胰岛素分泌作用具有葡萄糖浓度依赖性,当体内血糖水平偏低时，GLP-1 类似物或 GLP-1 受体激动剂单独给药并无降糖作用；当体内血糖水平升高时，GLP-1 通过 cAMP/PKA 途径促进胰岛素分泌，降低血糖。GLP-1 在高血糖时可显著抑制胰高血糖素分泌，而在低血糖时则会轻度增加胰高血糖素分泌，以维持血糖稳态。

GLP-1 受体激动剂的优势特点主要包括安全性和耐受性好、对心血管系统和肾脏具有保护作用，在治疗糖尿病的同时还可以达到减肥的效果。GLP-1 受体激动剂在临床使用中较少发生低血糖事件，针对糖尿病肾功能不全患者的研究至今仍未见不良反应的报道。GLP-1 受体激动剂可以增强心脏肌力、减轻冠心病患者缺血性心肌损伤、缩小心肌梗死面积，通过提高葡萄糖利用减少脂肪酸代谢。GLP-1 受体激动剂还能够促使肝糖原合成，控制肝糖原分解与输出，降低总胆固醇和低密度脂蛋白水平，具有潜在的心血管保护作用。GLP-1 受体激动剂具有肾脏保护作用，可有效缓解糖尿病肾病患者肾功能的损害，降低尿蛋白含量，延缓糖尿病肾病的发展。GLP-1 受体激动剂还可通过下丘脑食欲调节中枢抑制食欲，同时延迟胃排空、减少能量摄入，降低胃酸分泌和增加饱腹感。GLP-1 受体激动剂在控制血糖的同时，还能够有效地降低 2 型糖尿病患者的体重。因此，在临床使用中，医师建议超重、肥胖的 2 型糖尿病患者接受 GLP-1 受体激动剂的治疗[22]。

5.2.1.2 胰高血糖素样肽-1 受体激动剂的上市药物及特点

2005 年，礼来公司开发的第一个 GLP-1 受体激动剂艾塞那肽获美国食品药品监督管理局(FDA)批准上市。随后，5 个 GLP-1 受体激动剂相继上市用于糖尿病的治疗，分别为诺和诺德公司开发的利拉鲁肽和索马鲁肽、赛诺菲-安万特公司开发的利西拉肽、礼来公司开发的度拉鲁肽以及葛兰素史克公司开发的阿必鲁肽。

礼来公司开发的艾塞那肽是首个上市的 GLP-1 受体激动剂。最初，艾塞那肽是从蜥蜴唾液中提取的一种含有 39 个氨基酸的多肽，与天然 GLP-1 的氨基酸序列有 53%的同源性，艾塞那肽将天然 GLP-1 的氨基端第 2 位丙氨酸替换为甘氨酸，可抵抗 DPP-4的降解，延长其在体内的作用时间，半衰期为 2～3 h。艾塞那肽能够有效降低血糖水平、保护胰岛 β 细胞、降低体重，具有心血管系统保护作用。

诺和诺德公司开发的利拉鲁肽与天然 GLP-1 的氨基酸序列有 97%的同源性，于 2009 年获得美国 FDA 批准上市，用于 2 型糖尿病的治疗。利拉鲁肽将天然 GLP-1 第 34 位的赖氨酸替换为精氨酸，并且在第 26 位氨基酸引入 16 碳棕榈酰脂肪酸侧链。临床结果表明，利拉鲁肽能够有效降低空腹血糖和餐后血糖水平、保护胰岛 β 细胞、降低糖化血红蛋白(HbA1c)水平；同时，利拉鲁肽还可降低 2 型糖尿病患者的体重和血压。

赛诺菲-安万特公司开发的利西拉肽于 2016 年获得美国 FDA 批准上市，每天皮下注射给药 1 次，用于 2 型糖尿病的治疗。利西拉肽是基于艾塞那肽进行结构修饰获得。

该化合物具有44个氨基酸，能够抵抗体内DPP-4的降解作用。

GLP-1受体激动剂在临床使用过程中大多采用皮下给药或静脉给药，增加了感染风险，且该类药物治疗成本比较高。在临床使用时，甲状腺癌患者因肿瘤组织表达GLP-1受体而禁用；由于GLP-1受体激动剂具有延迟胃排空，减少胃酸分泌等功能，严重消化道疾病患者慎用。开发疗效好、安全性高和经济适用的GLP-1小分子受体激动剂将成为今后此领域的研发重点。

5.2.2 二肽基肽酶-4抑制剂

DPP-4抑制剂是近年来口服降糖药物研发的热点。该类化合物是通过竞争性地与DPP-4结合，延长GLP-1在体内的作用时间而发挥降糖作用的。目前，已在中国上市的DPP-4抑制剂主要包括西格列汀、维格列汀、沙格列汀、阿格列汀和利格列汀等。

5.2.2.1 二肽基肽酶-4抑制剂的作用机制与优势特点

DPP-4是一种丝氨酸蛋白酶，能迅速裂解和失活GLP-1和葡萄糖依赖性促胰岛素多肽(glucose-dependent insulinotropic polypeptide, GIP)等肠促胰岛素。它是一种多功能的蛋白水解酶，凡是氨基端倒数第二位具有脯氨酸或者丙氨酸残基的微量蛋白或者寡肽均可被DPP-4从氨基端裂解下二肽，并在体内转化为无活性的代谢产物。被降解物质除肠促胰岛素外，还有神经肽、细胞因子等。应用DPP-4抑制剂能够抑制GLP-1和GIP的降解，增强肠促胰岛素和神经肽的活性，降低空腹和餐后葡萄糖水平及糖化血红蛋白水平，改善胰岛素敏感性和胰岛β细胞功能。

DPP-4的主要结合口袋和活性位点包括：① 由氨基酸残基Tyr631、Val656、Trp659、Tyr662、Tyr666和Val711组成的S1疏水结合口袋；② 由氨基酸残基Glu205、Glu206和Tyr662的蛋白表面负电荷组成的氨基端识别区域；③ 由氨基酸残基Ser209、Phe357和Arg358组成的S2疏水结合口袋。上市药物均能与关键氨基酸残基Glu205和Glu206形成氢键相互作用，并占据活性口袋产生DPP-4抑制活性。

选择性DPP-4抑制剂能够安全、有效地治疗2型糖尿病。*DPP-4*基因敲除的小鼠能够健康生长并且增强体内GLP-1的活性。同时，这些*DPP-4*基因敲除的小鼠还表现为胰岛素水平增加，对葡萄糖的耐受能力增强，这些生理作用与体内GLP-1和GIP水平增加有关。与此相似的是，进行*DPP-4*基因点突变实验的老鼠，同样表现为相似的葡萄糖水平降低。大量的动物实验研究表明，口服给予DPP-4小分子抑制剂能够有效地抑制血浆中DPP-4的活性、增强胰岛素含量，同时降低空腹和餐后葡萄糖水平及糖化血红蛋白水平，改善胰岛素敏感性和胰岛β细胞的功能(见图5-1)。

DPP-4抑制剂与现有的口服糖尿病药物相比，具有如下特点：① DPP-4抑制剂通过口服给药方式持续降低糖化血红蛋白水平，疗效显著；② DPP-4抑制剂长期应用无

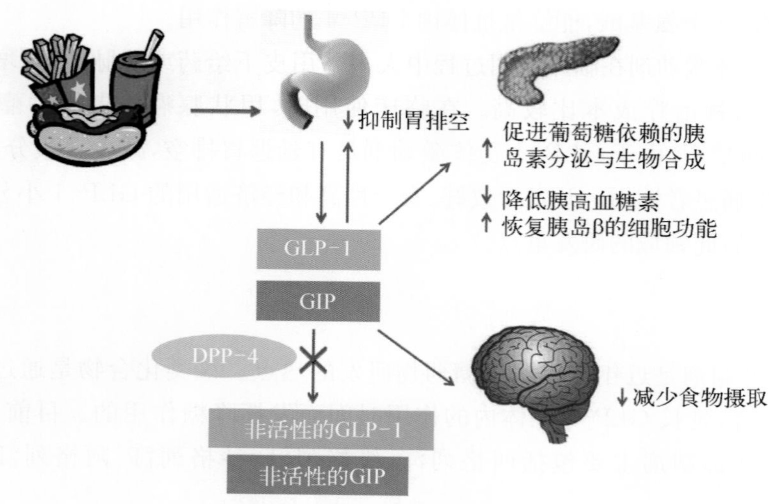

图 5-1　DPP-4 抑制剂的作用机制

明显的胃肠道不良反应，不影响体重；③ DPP-4 抑制剂治疗可增强胰岛素分泌并提高胰高血糖素的释放；改善胰岛素敏感性，同时增加胰岛 β 细胞的功能，延缓胰岛 β 细胞功能衰竭，改善胰岛 α 细胞功能异常；低血糖发生率较低，安全性及耐受性高；④ DPP-4 抑制剂与其他 2 型糖尿病药物联合使用具有协同作用。

5.2.2.2　DPP-4 抑制剂上市药物及临床在研药物分析

DPP-4 抑制剂能够显著降低体内的血糖水平、增加葡萄糖耐受、促进胰岛素分泌、降低胰高血糖素水平、改善胰岛素抵抗、提高 2 型糖尿病患者血糖增加时胰岛素的应答水平。上市的 DPP-4 抑制剂药物主要包括 2006 年美国上市（默克公司）的西格列汀、2007 年欧洲上市（诺华公司）的维格列汀、2009 年美国上市（百时美施贵宝和阿斯利康公司合作开发）的沙格列汀、2010 年日本上市（武田公司）的阿格列汀、2011 年美国上市（勃林格殷格翰和礼来公司合作开发）的利格列汀、2015 年日本上市（武田公司）的曲格列汀（trelagliptin）和（默克公司）奥格列汀（omarigliptin），如表 5-2 所示。

表 5-2　DPP-4 抑制剂上市药物与临床在研代表药物

药物名称	药　物　结　构	研发公司	研 发 状 态
西格列汀	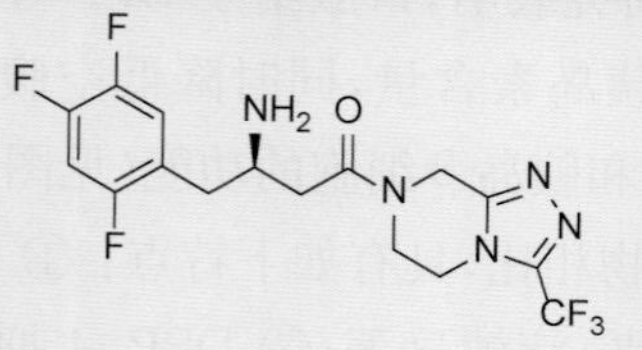	默克公司	FDA 批准上市（2006 年）

（续表）

药物名称	药 物 结 构	研发公司	研 发 状 态
维格列汀	HO, H N, O, CN, N	诺华公司	欧洲批准上市（2007 年）
沙格列汀	HO, O, CN, N, NH_2	百时美施贵宝公司和阿斯利康公司	FDA 批准上市（2009 年）
利格列汀	N, N, O, N, N, O, N, N, N, NH_2	勃林格殷格翰公司和礼来公司	FDA 批准上市（2011 年）
阿格列汀	H_2N, N, O, N, N, O, N	武田公司	FDA 批准上市（2013 年）
奥格列汀	F, H_2N, F, O, N, N, N, S, O, O	默克公司	日本批准上市（2015 年）
曲格列汀	H_2N, N, O, N, N, O, F, N	武田公司	日本批准上市（2015 年）
瑞格列汀	F, F, F, NH_2, O, N, CO_2Me, N, N, CF_3	恒瑞医药	国内Ⅲ期临床
贝格列汀	H, N, H, O, CN, N, H, F, N, N, O	豪森药业	国内Ⅱ期临床

（续表）

药物名称	药物结构	研发公司	研发状态
复格列汀	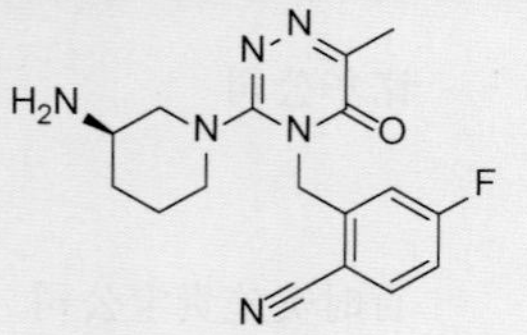	复创医药	国内Ⅰ期临床
依格列汀	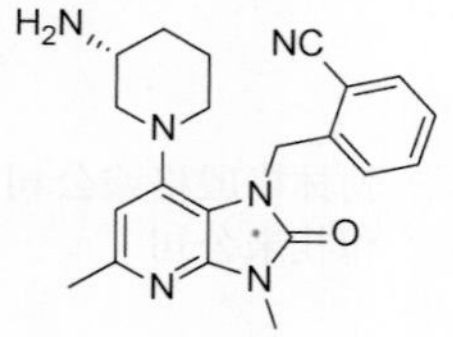	轩竹医药	国内Ⅰ期临床

1）西格列汀

西格列汀由默克公司研发，2006 年 10 月获得美国 FDA 批准，是第一个上市的 DPP-4 小分子抑制剂，用于 2 型糖尿病的治疗。该药物是强效、高选择性 DPP-4 抑制剂，每日口服一次，可以有效控制体内血糖水平。该药物可单独使用，也可与二甲双胍联合使用治疗 2 型糖尿病，在控制 2 型糖尿病患者餐后血糖水平的同时可以增强胰岛 β 细胞的能力。该药物同时具有较好的药代动力学特性，在多种动物模型上都具有较高的口服生物利用度。与现有 2 型糖尿病治疗药物相比，西格列汀不良反应小，降低了低血糖和体重增加等不良反应的发生率。西格列汀的单剂量口服葡萄糖耐量试验研究表明，口服西格列汀会出现恶心、呕吐等不良反应。

2）维格列汀

维格列汀由诺华公司开发，是一种竞争性可逆 DPP-4 抑制剂，已于 2007 年获得欧盟批准在欧洲上市，用于 2 型糖尿病的治疗。维格列汀对 DPP-4 的抑制活性较强（IC_{50}=2.7 nmol/L），但对其同家族酶 DPP-8 和 DPP-9 的选择性弱于西格列汀，在临床前期研究中观察到猴出现坏死性皮肤损伤。健康人体药代动力学研究表明，口服维格列汀吸收迅速，生物利用度约为 85%，血药浓度达峰时间为给药后 1～2 h，血浆蛋白结合率低（4%～17%），血浆半衰期为 1.5～4.5 h，但对体内血浆中 DPP-4 的抑制作用可长达 10 h。

3）沙格列汀

沙格列汀由百时美施贵宝公司和阿斯利康公司联合研发，是一种 DPP-4 共价可逆抑制剂，于 2009 年获得美国 FDA 批准上市，用于 2 型糖尿病的治疗。沙格列汀通过对维格列汀的氰基吡咯烷部分引入三元环结构修饰提高了化学稳定性。沙格列汀虽然半衰期短($t_{1/2}=2.5$ h),但其与 DPP-4 蛋白共价结合,解离缓慢,并且其代谢产物具有 DPP-4 抑制活性,因此每日给药一次,仍能保持 24 h 对 DPP-4 的抑制作用。该化合物安全、有效,能够显著控制体内血糖水平,降低体内糖化血红蛋白水平,与安慰剂相比无其他不良反应。在临床Ⅲ期研究中,通过对 4 000 余例 2 型糖尿病患者进行治疗,发现沙格列汀能够有效提高 2 型糖尿病患者体内的 GLP-1 浓度,在降低体内血糖水平的同时有效地降低了糖化血红蛋白水平。

4) 利格列汀

利格列汀由勃林格殷格翰公司和礼来公司合作研发,是一种竞争性可逆 DPP-4 抑制剂,于 2011 年 5 月 2 日获得美国 FDA 批准上市,用于治疗 2 型糖尿病。利格列汀相比于其他上市的 DPP-4 抑制剂,其最大的特点在于消除慢,半衰期长,口服给药 24 h 后体内血浆中 DPP-4 的抑制活性仍大于 50%,其大鼠口服生物利用度为 50.7%,半衰期为 35.9 h。在人体内,服用剂量小于 50 mg 时,半衰期为 70~80 h。由于利格列汀在体内难以代谢,其临床使用剂量为 5 mg。利格列汀在抑制 DPP-4 活性的同时,提高了体内 GLP-1 的水平,增强了胰岛 β 细胞的再生功能。

5) 阿格列汀

阿格列汀由日本武田公司研发,是一种高效、高选择性的 DPP-4 抑制剂,其对 DPP-8 和 DPP-9 的选择性显著优于上市药物维格列汀和沙格列汀。阿格列汀于 2010 年在日本上市,于 2013 年获得美国 FDA 批准上市,用于 2 型糖尿病的治疗。食蟹猴体内研究表明,阿格列汀能够有效降低血浆中 DPP-4 的生理活性,其半衰期为 5.7 h,口服生物利用度为 72%~88%。临床研究表明,阿格列汀能够降低体内血浆中 DPP-4 的活性,同时升高体内的 GLP-1 水平,增加体内胰岛素含量 1.5 倍,降低糖化血红蛋白水平 0.2%。Ⅲ期临床研究表明,阿格列汀无严重的不良反应。

6) 国内 DPP-4 抑制剂临床在研药物

近年来,我国制药公司针对 DPP-4 这一抗糖尿病靶点也开展了系列研究工作,开发出多个药物进入临床研究,包括江苏恒瑞医药股份有限公司开发的磷酸瑞格列汀、江苏豪森药业股份有限公司开发的托西酸贝格列汀、重庆复创医药研究有限公司开发的苯甲酸复格列汀、山东轩竹医药科技有限公司开发的盐酸依格列汀、山东绿叶制药有限公司开发的酒石酸艾格列汀。其中江苏恒瑞医药股份有限公司开发的磷酸瑞格列汀目前处于Ⅲ期临床研究阶段(见表 5-2)。

5.2.2.3 DPP-4 抑制剂与关节疼痛和心力衰竭

2015 年 8 月 28 日,美国 FDA 发布公告称,治疗糖尿病的 DPP-4 抑制剂西格列汀、沙格列汀、利格列汀和阿格列汀可引起严重的关节疼痛。FDA 已要求相关药品说明书增加关于该类风险的警告和注意事项。FDA 在公告中建议,接受 DPP-4 抑制剂治疗的患者可以继续使用该药物治疗,但是一旦出现严重的持续性关节痛,应尽快咨询医师改变治疗方案。

2016 年 4 月 5 日，美国 FDA 发布公告称，治疗糖尿病的 DPP-4 抑制剂沙格列汀和阿格列汀可能增加心力衰竭的风险，特别是对心脏病或肾病患者，并要求在含有这两种成分药物的药品标签中添加“可能会导致心力衰竭风险增高”的安全警示内容。FDA 表示，该警告是基于两项涉及心脏病患者的大型临床试验的结果。这两项临床试验结果显示，服用含沙格列汀或阿格列汀药物的患者因心力衰竭住院的人数要比接受安慰剂治疗的患者多。在临床试验中，3.5%接受沙格列汀药物治疗的患者和 3.9%的接受阿格列汀药物治疗的患者因心力衰竭而住院，而接受安慰剂治疗的患者出现同种风险的概率分别为 2.8%和 3.3%。

5.2.3 钠-葡萄糖协同转运蛋白 2 抑制剂

5.2.3.1 钠-葡萄糖协同转运蛋白 2 抑制剂的作用机制及优势

SGLT2 是肾脏重吸收葡萄糖的主要载体，几乎专一分布于肾脏，其另一主要亚型钠-葡萄糖协同转运蛋白 1(sodium-glucose cotransporter 1, SGLT1)则在肾脏表达较少，主要表达于肠道。人体原尿中约 90%的葡萄糖通过肾脏的近曲小管 S1 段 SGLT2 的作用被重吸收，约 10%的葡萄糖通过近曲小管 S3 段 SGLT1 的作用被重吸收。研究表明，糖尿病患者肾脏的 SGLT2 表达量偏高，重吸收的葡萄糖量偏多，这可能是造成患者持续高血糖的重要原因。

SGLT2 抑制剂一方面可以抑制肾脏对葡萄糖的重吸收作用，使过量的葡萄糖从尿液中排出，以降低血糖水平。因此，SGLT2 抑制剂与其他糖尿病药物相比，最突出的特点是其治疗机制新颖独特，通过排出尿糖降低血糖，并不依赖于胰岛素或者胰岛细胞的功能，可以应用于胰岛素抵抗的患者。另一方面，SGLT2 抑制剂能够有效抑制钠和葡萄糖的协同转运，促进尿糖排出的同时，产生较高的尿液渗透压，减少体内水钠潴留，有一定的利尿和降压作用，这一特点在糖尿病合并高血压患者中具有重要意义。近年来，大规模临床试验结果表明，SGLT2 抑制剂恩格列净的使用可以显著降低非致死性心肌梗死、心血管因素死亡和非致死性脑卒中的发生风险，成为首个被证实具有显著心血管保护作用的糖尿病治疗药物，其他列净类药物也在后续的临床研究中被发现有类似的有益效果，心血管获益是 SGLT2 抑制剂治疗 2 型糖尿病患者的突出优势。

此外，SGLT2 抑制剂的作用不同于其他改善糖脂代谢通路(增加胰岛素释放、改善胰岛素敏感性等)的降糖药物，它通过尿液将体内多余的糖分排出，有效地降低了低血糖的发生。列净类药物的临床数据显示，SGLT2 抑制剂可在一定程度上降低患者体重。在联合用药方面，SGLT2 抑制剂不影响胰岛素的分泌及组织对胰岛素的敏感性，与其他经典降糖药物联合使用可更好地控制血糖，且不增加严重的不良反应；在一定程度上也可以保护胰岛 β 细胞,改善胰岛素抵抗等。

5.2.3.2 钠-葡萄糖协同转运蛋白 2 抑制剂上市药物及临床在研药物分析

SGLT2 抑制剂已成为国内外口服降糖药物的研发热点。首个发现的 SGLT2 抑制剂是天然产物根皮苷(phlorizin),但该化合物容易被体内的葡萄糖苷酶水解成葡萄糖苷和根皮素,而且对 SGLT1 和 SGLT2 的选择性差,不良反应较大,因此未能开发成为糖尿病治疗药物。目前全球共有 7 种 SGLT2 抑制剂上市,分别为卡格列净、达格列净、恩格列净、伊格列净、鲁格列净、托格列净和艾格列净(ertugliflozin)。其中,达格列净、恩格列净和卡格列净 3 个药物已经通过国家药品监督管理局的批准在中国上市,如表 5-3 所示。

表 5-3 SGLT2 抑制剂上市药物与临床在研药物

药物名称	药物结构	研发公司	研发状态
卡格列净	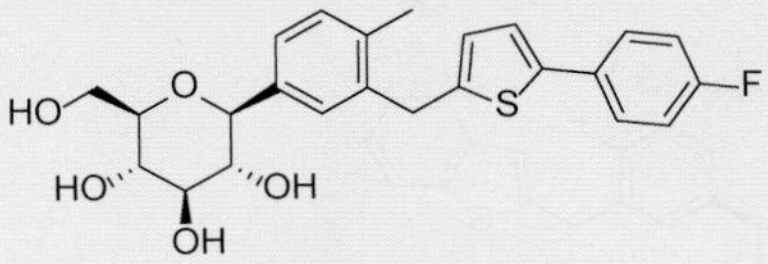 HO, HO, OH, OH, S, F	强生公司	FDA 批准上市(2013 年)
达格列净	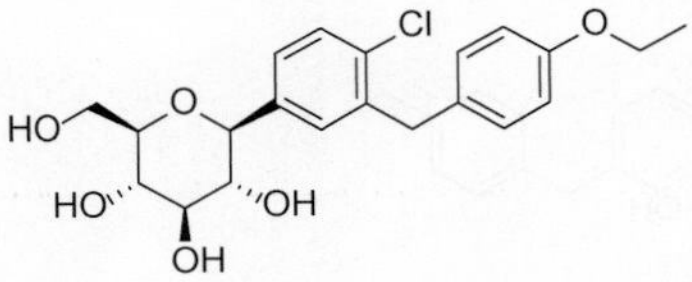 Cl, O, HO, HO, OH, OH	阿斯利康公司	FDA 批准上市(2014 年)
恩格列净	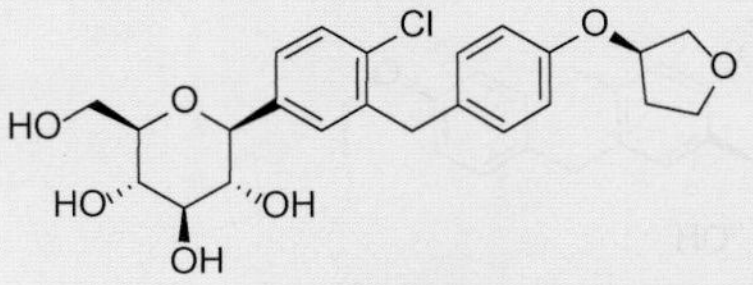 Cl, O, O, HO, HO, OH, OH	礼来公司和勃林格殷格翰公司	FDA 批准上市(2014 年)
卡格列净/二甲双胍	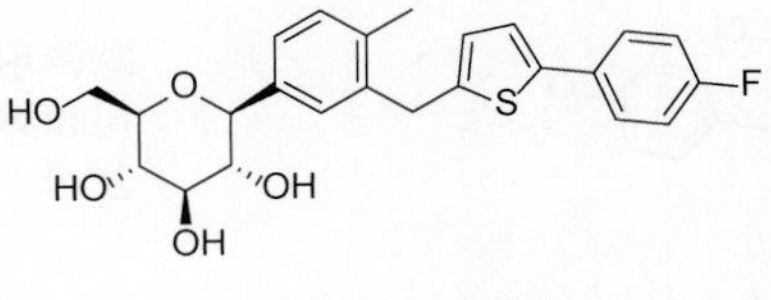 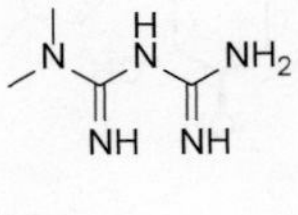 HO, HO, OH, OH, S, F; N, H, NH_2, NH, NH	强生公司	FDA 批准上市(2014 年)
达格列净/二甲双胍缓释剂	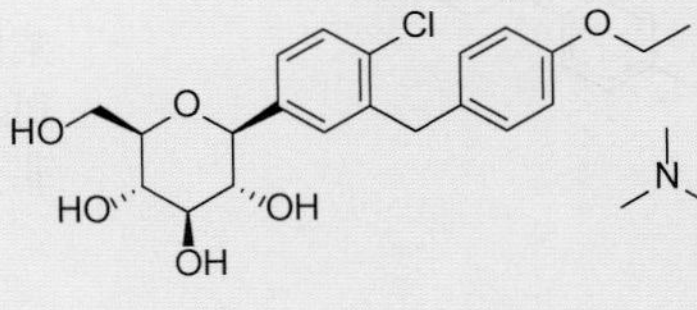 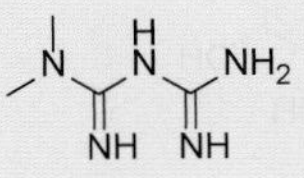 Cl, O, HO, HO, OH, OH; N, H, NH_2, NH, NH	阿斯利康公司	FDA 批准上市(2014 年)

（续表）

药物名称	药　物　结　构	研发公司	研发状态
恩格列净/利格列汀	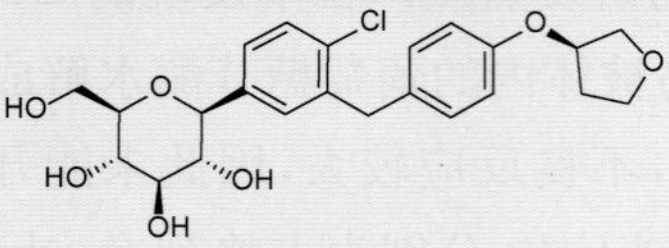 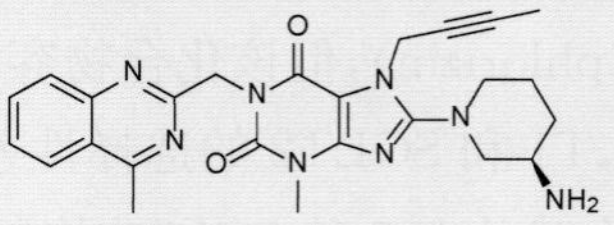 Cl; HO; O; HO; OH; OH; N; N; O; N; N; O; N; N; N; NH2	礼来公司和勃林格殷格翰公司	FDA 批准上市（2015年）
恩格列净/二甲双胍	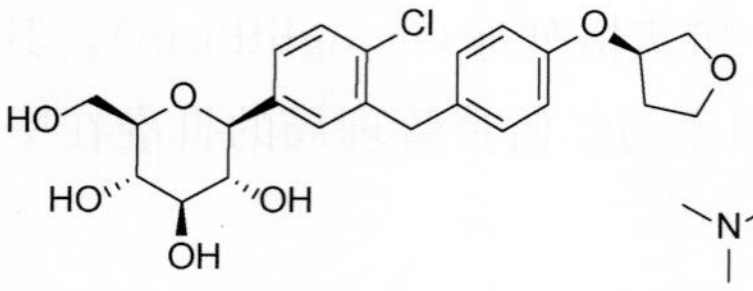 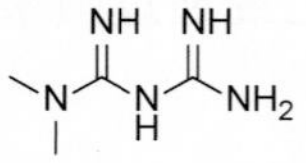 Cl; O; O; HO; O; HO; OH; OH; NH; NH; N; N; N; NH2; H	礼来公司和勃林格殷格翰公司	FDA 批准上市（2015年）
达格列净/沙格列汀	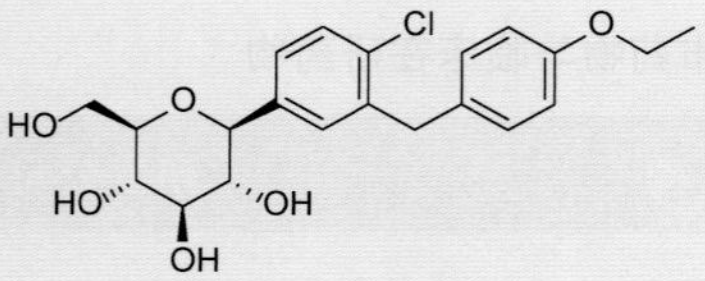 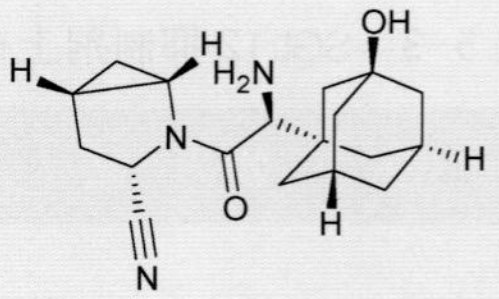 Cl; O; HO; O; HO; OH; OH; OH; H; H2N; H; N; O; H; H; N	阿斯利康公司	FDA 批准上市（2017年）
伊格列净	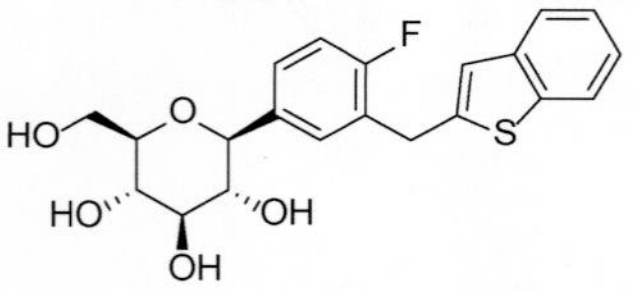 F; S; HO; O; HO; OH; OH	安斯泰来公司	日本批准上市（2014年）
托格列净	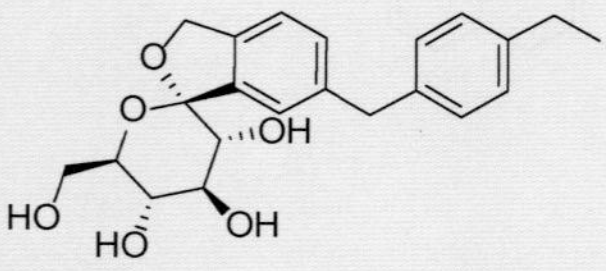 O; O; OH; HO; HO; OH	兴和公司和赛诺菲公司	日本批准上市（2014年）
鲁格列净	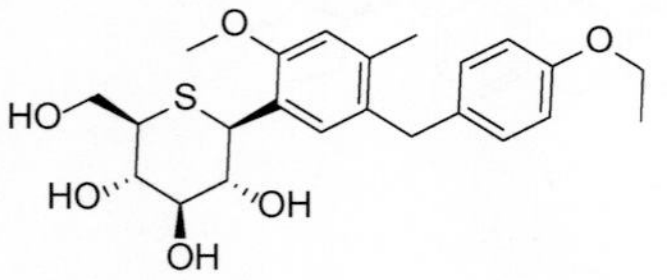 O; HO; S; HO; OH; OH; O	大正制药公司和诺华公司	日本批准上市（2014年）
艾格列净	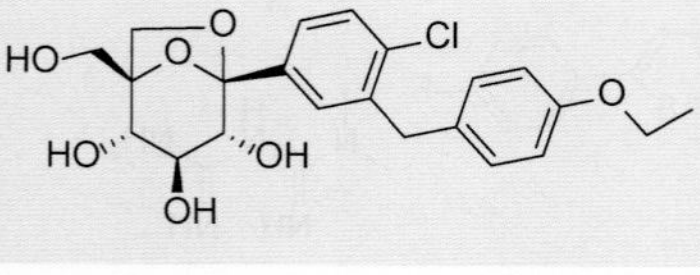 HO; O; Cl; HO; OH; OH; O	默沙东公司和辉瑞公司	FDA 批准上市（2018年）
索格列净	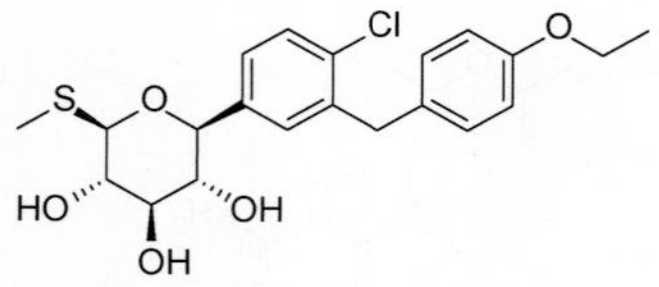 Cl; O; S; O; HO; OH; OH	莱斯康公司和赛诺菲公司	注册申请（1型糖尿病） Ⅲ期临床（2型糖尿病）

（续表）

药物名称	药　物　结　构	研发公司	研发状态
LIK066	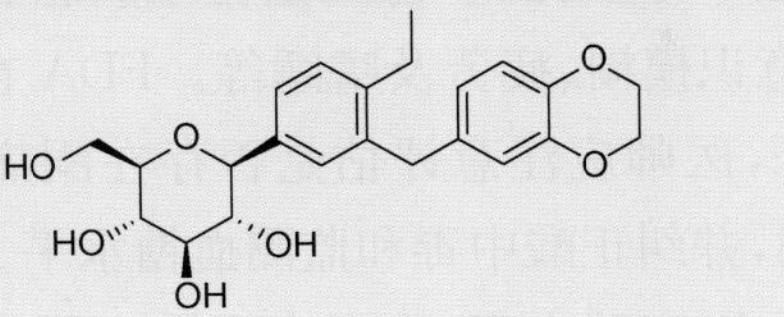	诺华公司	Ⅱ期临床
恒格列净	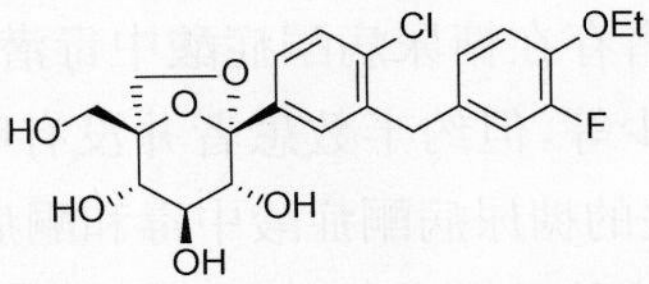	恒瑞医药	国内Ⅱ期临床
加格列净	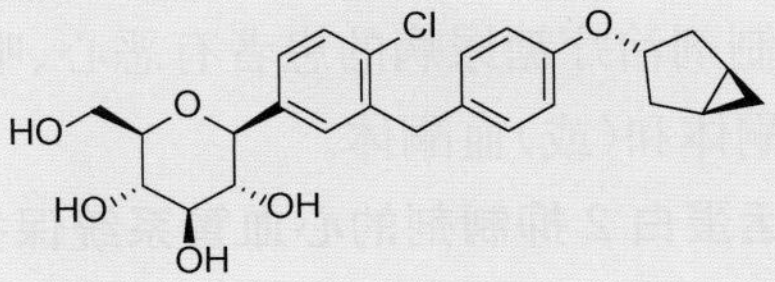	四环医药子公司轩竹医药	国内Ⅰ期临床
泰格列净	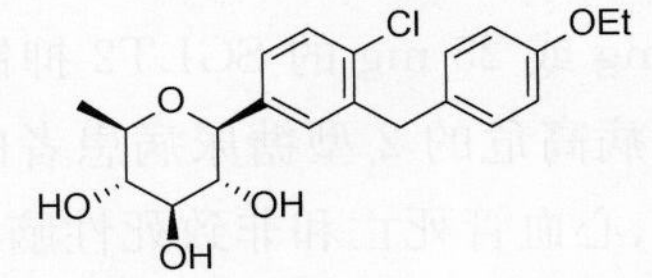	天津药物研究院	国内Ⅰ期临床
荣格列净	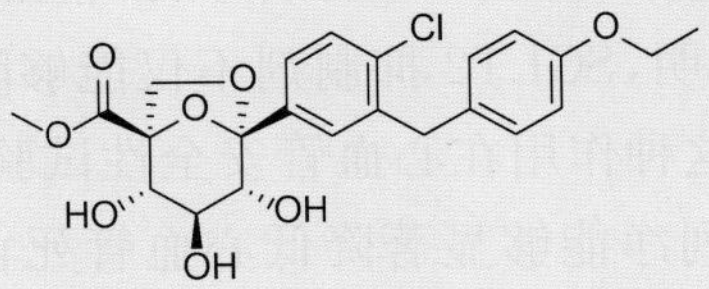	东阳光药业	国内Ⅰ期临床
艾格列净	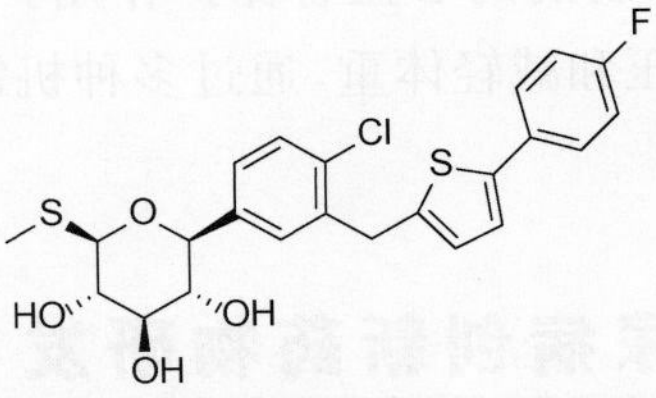	艾力斯公司	国内Ⅰ期临床

5.2.3.3　钠-葡萄糖协同转运蛋白2抑制剂与酮症酸中毒

美国FDA于2015年5月15日发布警告，用于2型糖尿病的SGLT2抑制剂可能导致需住院治疗的糖尿病酮症酸中毒（diabetic ketoacidosis，DKA），这引起了人们的广泛关注。该次警告的药物包括SGLT2抑制剂（卡格列净、达格列净和恩格列净）以及含有SGLT2抑制剂成分的复合制剂（卡格列净/二甲双胍、达格列净/二甲双胍缓释剂和恩格列净/利格列汀)。FDA 不良事件报告系统(FDA Adverse Event Reporting System, FAERS)数据显示,2013 年 3 月到 2015 年 5 月在使用 SGLT2 抑制剂治疗的患者中共有 73 例发生了酮症酸中毒事件,多为 2 型糖尿病患者,酮症酸中毒的主要症状包括呼吸困难、呕吐、腹痛、意识模糊、疲劳及嗜睡等。FDA 在声明中建议,如糖尿病患者出现类似临床症状或体征,医师应注意评估是否存在酮症酸中毒;如确诊为酸中毒,应停止使用 SGLT2 抑制剂,并纠正酸中毒和监测血糖水平。在记录的 20 例酸中毒事件中,所有患者都明确诊断为酮症酸中毒,患者大多为高阴离子隙性代谢性酸中毒,血酮体或尿酮体水平升高。部分患者存在糖尿病酮症酸中毒潜在诱因,包括创伤、脓毒血症、尿路感染、能量或液体摄入减少等,但约半数患者并没有明显的诱因。FDA 仍在继续收集与 SGLT2 抑制剂治疗相关的糖尿病酮症酸中毒和酮症酸中毒不良反应报告。研究者认为这与该类药物非胰岛素依赖的葡萄糖清除、胰高血糖素水平升高以及血容量不足有关,建议当用 SGLT2 抑制剂治疗糖尿病的患者有恶心、呕吐、乏力等症状或有代谢性酸中毒时应立即评价其尿酮体和(或)血酮体。

5.2.3.4 钠-葡萄糖协同转运蛋白 2 抑制剂的心血管系统保护作用

心血管安全性试验共纳入 7 020 例确诊心血管疾病的 2 型糖尿病患者。在平均随访 3.1 年后结果显示,给予每日 10 mg 或 25 mg 的 SGLT2 抑制剂恩格列净的治疗组(标准治疗)与安慰剂组相比,心血管病高危的 2 型糖尿病患者的心血管病患病风险明显降低,主要包括非致死性心肌梗死、心血管死亡和非致死性脑卒中的发生风险。这也是首个在心血管风险研究中被证实具有降低心血管病患病风险的降糖药。

近年来,大量临床研究数据表明,SGLT2 抑制剂不仅能够降低血糖,而且还能够对心血管系统产生有益的影响。这种作用在心血管安全性试验研究中得到证实。这项研究发现,与安慰剂相比,恩格列净能够显著降低心血管死亡、心肌梗死和脑卒中的发生率,有力地证实了 SGLT2 抑制剂的心血管保护作用。除此之外,达格列净的多项研究数据表明,其能够降低血压和减轻体重,通过多种机制对心血管系统产生有益的影响。

5.3 基于新靶点的糖尿病创新药物研发

5.3.1 葡萄糖激酶激动剂药物研发

5.3.1.1 葡萄糖激酶激动剂的作用机制与优势特点

GK 是一个分子量为 50 000 的细胞内间质酶,又称为己糖激酶Ⅳ。GK 作为体内葡萄糖代谢的限速酶,在胰腺 β 细胞决定葡萄糖刺激胰岛素分泌的速率;在肝脏催化葡萄糖代谢的第一步反应即产生 6-磷酸葡萄糖,并决定葡萄糖的利用和糖原合成速率。GK 与己糖激酶Ⅰ～Ⅲ的不同之处在于其活性不受酶的产物浓度抑制而主要依赖于葡萄糖水平。GK 具有超开放非活性构象和封闭活性构象，在这 2 种基本构象之间存在至少 3 种中间构象。GK 在葡萄糖浓度升高的影响下，由超开放非活性构象向封闭活性构象转变，细胞内葡萄糖水平变化对 GK 构象可产生调节作用，这是 GK 作为葡萄糖感应器和肝糖原合成调节器影响葡萄糖稳态平衡的基础。

GK 存在于包括人体肝脏、胰腺、肠道及中枢神经系统在内的多个脏器系统，通过感应葡萄糖水平的变化调控脏器中糖代谢激素的释放。糖尿病患者肝 GK 功能衰退将导致肝糖原合成降低，进而由餐后葡萄糖水平失衡导致高血糖，GK 对促进肝糖原合成和平衡餐后血糖所起的关键作用如图 5-2 所示[23]。胰岛 β 细胞的 GK 通过促胰岛素释放维持血糖平衡，GK 激发胰岛素释放所需的血糖浓度约为 5 mmol/L，GK 对胰岛 α 细胞分泌胰高血糖素具有调控作用。除肝脏和胰腺外，GK 在人体肠道的 L 细胞、K 细胞等肠促胰岛素(GLP-1 和 GIP)分泌细胞中均有表达。

临床研究发现，2 型糖尿病患者的胰腺功能随着病情的发展逐渐衰退，胰腺的质量

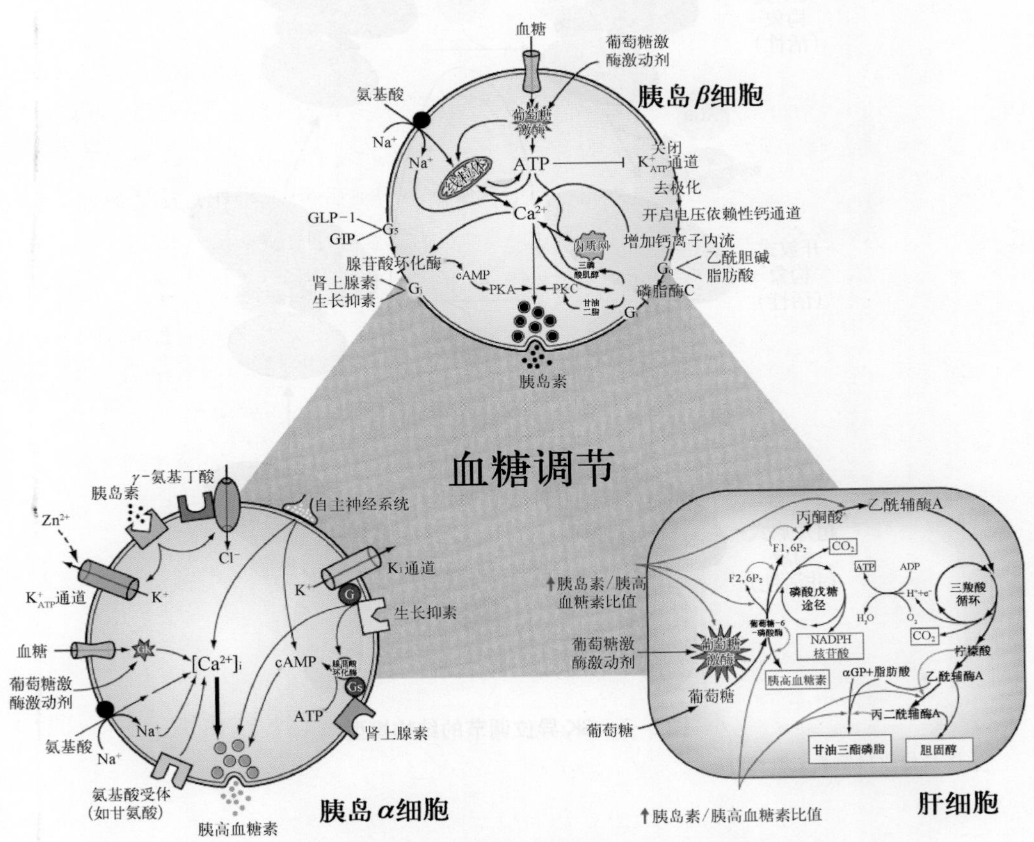

图 5-2 葡萄糖激酶在人体血糖调节中的核心功能与作用

F1,6P2：1,6-二磷酸果糖；F2,6P2：2,6-二磷酸果糖。αGP：α-磷酸甘油。(图片修改自参考文献[23])

逐渐降低，在糖尿病前期已能检测出胰岛β细胞对血糖的敏感度降低。在这些患者中，GK以及葡萄糖转运蛋白2的转运能力比正常人减少了40%～50%，从而造成患者的胰岛对血糖升高反应迟钝，葡萄糖的利用降低50%并造成葡萄糖刺激的能量产生能力受损。

GK原酶单体与底物以及GK激动剂的三元复合体的分子结构揭示了GK构象变化与其生物活性的关系。在原酶单体状态下，GK呈现开放式构象（即非活性构象），而在形成三元复合体时呈现关闭式构象（即活性构象）。GK与葡萄糖的二元复合物也呈现关闭式构象，而由开放式构象转化为关闭式构象的速度要比其催化速度慢，因而显示GK活性具有血糖依赖性。GK激动剂通常作用于GK的异位调控位点，其与底物作用位点相距20Å（见图5-3）[24]。

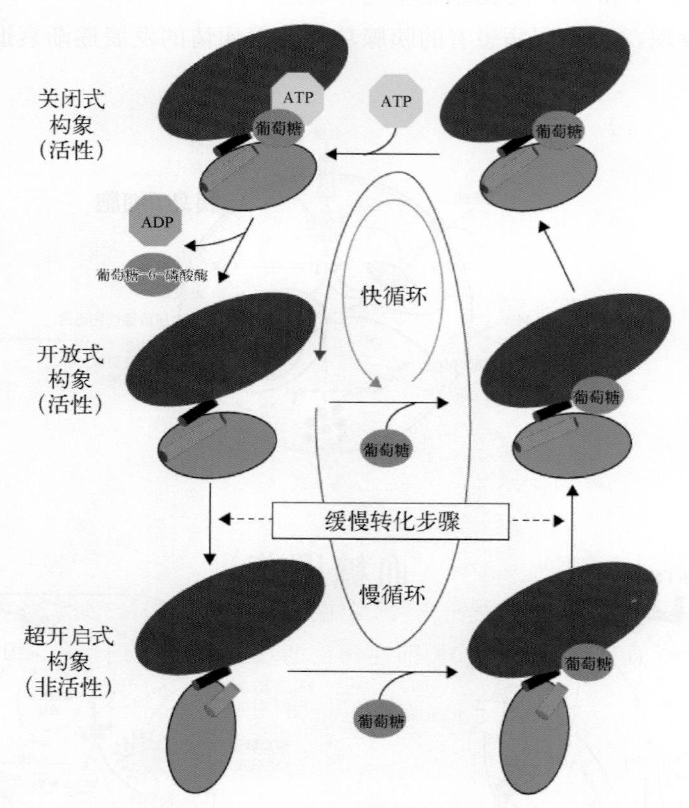

图5-3 GK异位调节的结构模型

（图片修改自参考文献[24]）

以上结果表明，GK在人体血糖平衡调控中发挥着核心作用，提高糖尿病患者的GK活性可以改善胰岛β细胞的功能，促进餐后血糖摄取和抑制肝糖原分解，从而达到控制2型糖尿病患者的血糖水平、提高血糖使用和恢复血糖平衡的目的。对糖尿病患者来说，GK激动剂能够使他们的血糖恢复正常；而对健康人群来说，过多提高GK活性将造成低血糖。

在葡萄糖水平低的条件下，GK以超开启（super-open）式低活性构象存在，其与葡萄糖的结合力低，催化能力差，催化循环过程缓慢。在高水平葡萄糖条件下，GK呈现开启（open）式和关闭（closed）式构象，其与葡萄糖的结合力增强，进入快速催化循环过程。GK激动剂能够作用于异位调节位点，稳定GK的开启式和关闭式活性构象，达到对GK的激活。GK激动剂的作用位点在GK的超开启式低活性构象中不能有效地形成。因此，GK激动剂有选择地作用于GK的活性构象，从而增强GK与葡萄糖的亲和力。

GK的主要结合口袋和活性位点包括：① 由氨基酸残基Tyr214和Tyr215组成的疏水结合口袋；② 由Arg63、Pro66和Glu67组成的亲水结合区，此区域能够与GK激动剂形成氢键作用；③ 由Met235形成的疏水作用口袋。大部分处于临床研究的候选药物均能与氨基酸残基Arg63形成氢键相互作用，占据Tyr214和Tyr215组成的疏水结合口袋。

5.3.1.2 葡萄糖激酶激动剂的临床药物

自2003年RO0281675成为首个进入研发的GK激动剂以来，GK激动剂相关化合物专利结构已有70个以上。生化药理学研究显示，当GK激动剂以异位调节的方式与GK结合并激活其底物（葡萄糖）转化时，该异位调节作用可通过动力学模型公式模拟：酶促反应的最大反应速度（V_{max}）和达到50%V_{max}的底物浓度（S0.5）为动力学模型公式的2个主要变量，GK从非活性构象转变至活性构象表现为V_{max}增加和S0.5降低。此外，表征GK原酶协同动力学效应的Hill系数（nH）约为1.7。如果酶结合后nH值出现降低，提示原酶协同效应变差。因此，在维持原酶协同效应特性（nH变化率）的基础上，通过调节底物亲和力的α值（S0.5的变化倍数），稳定酶最大反应速度的β值（V_{max}的变化倍数）可影响葡萄糖磷酸化速度，进而控制药效。研究证明，在底物亲和力方面，当GK激动剂的α值降低到0.02时，即使葡萄糖水平较低（低于5 mmol/L），GK仍能被激活（完全激活）并可能造成低血糖风险。当GK激动剂的α值升高至0.2时，GK激动剂的活性已经十分微弱。因此，现有GK激动剂的α值均在0.04～0.1；在酶结合速度方面，β值被控制在0.8～1.8，以提供良好的结合速率。从异位调节酶动力学参数的策略出发，GK激动剂可分为完全激动剂和部分激动剂。完全激动剂的α值接近0.05，β值大于1.0，由于激活GK的效能较高，起效较快，但治疗窗口较窄；部分激动剂的α值接近0.1，β值低于1.0，是在完全激动剂的化学结构基础上通过减小分子量增加极性，适度增加亲脂效率，使化合物的α值增加而开发得到，其特点是治疗指数较高，但药效较弱，起效较慢，如表5-4所示。

表 5-4　GK 激动剂的分类与特点

药物名称	GK 激动剂类别	化学结构	α 值	β 值
吡格列汀 (piragliatin)	完全激动剂	O, H, N, N, N, S, O, O, Cl	0.04	1.73
MK-0941	完全激动剂	HO, O, O, N, H, N, N, MsOH, O, N, S, O, O	0.05	1.27
AZD1656	部分激动剂	O, O, O, N, H, N, N, N, N, O, N, O	0.1	0.86
PF-04937319	部分激动剂	O, O, N, H, N, N, O, N, N, O, N	0.1	0.87

从 GK 激活的脏器选择性出发，GK 激动剂可分为胰腺和肝双重激动剂以及肝选择性激动剂。双重激动剂为可激活胰腺、肝等多脏器 GK 的药物，其效果明显，在长期使用中因单一脏器持续作用而出现疗效减弱或不良事件的概率低。肝选择性 GK 激动剂通过在药物结构中引入羧基避免药物进入胰腺，其仅激活肝 GK，不触发胰岛素释放，避免因胰岛素水平上升而上调肝脏的 GK 表达。肝选择性激动剂的优点为低血糖发生率较低，缺点为单纯通过激活肝脏 GK 控制血糖可能加重肝脏负担，在使用过程中需密切关注因肝功能降低而可能引发的疗效减弱或不良事件，如表 5-5 所示。

表 5-5 双重激动剂和肝选择性激动剂

药物名称	GK 激动剂类别	化学结构	有无羧基
RO0281675	双重激动剂	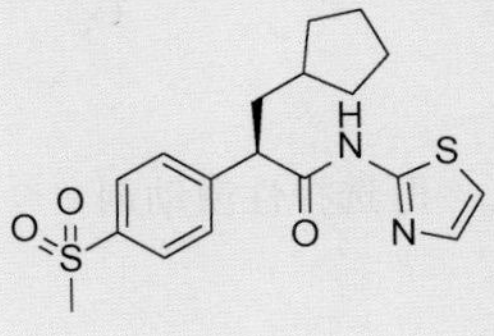	无
ARRY-403	双重激动剂	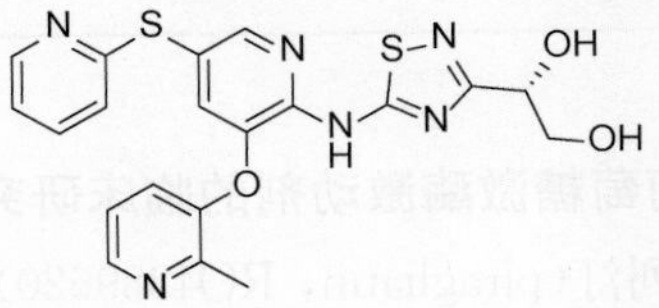	无
LY2608204	双重激动剂	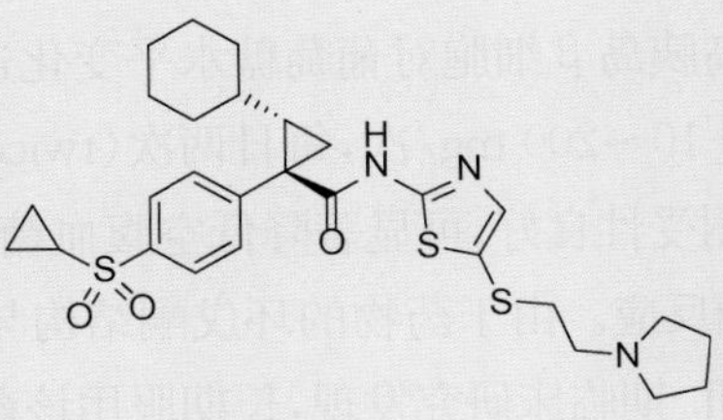	无
多扎格列艾汀（dorzagliatin，HMS5552）	双重激动剂	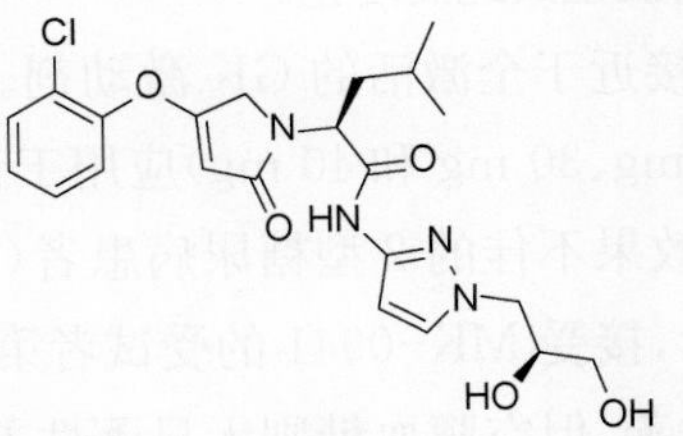	无
PF-04991532	肝选择性激动剂	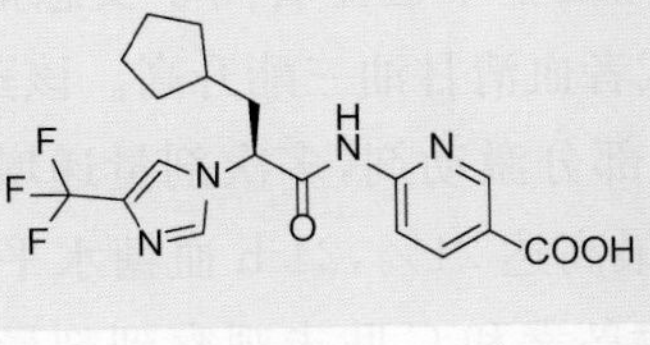	有
TTP399	肝选择性激动剂	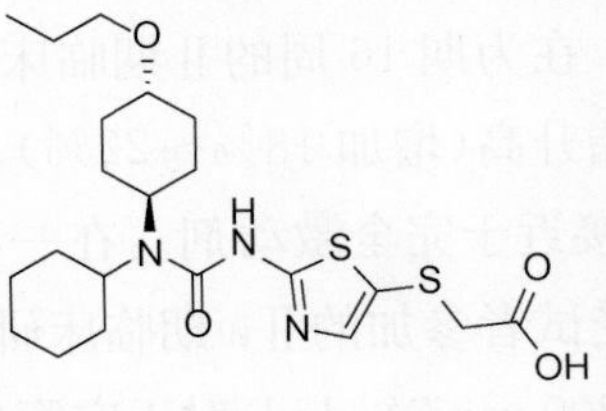	有

（续表）

药物名称	GK激动剂类别	化学结构	有无羧基
GKM-001	肝选择性激动剂		有

5.3.1.3 葡萄糖激酶激动剂的临床研究进展

化合物吡格列汀(piragliatin，RO4389620)为首个进入大规模临床研究的GK激动剂。已完成的临床研究结果显示，吡格列汀通过控制肝糖输出降低空腹血糖，口服给药能够剂量依赖性地提高胰岛β细胞对葡萄糖水平变化速度的感应能力。多次剂量递增临床研究显示，吡格列汀[10～200 mg/次，每日两次(twice a day，bid)；200 mg/次，每日一次(once a day，qd)]临床耐受性良好，可显著降低空腹血糖和餐后血糖。唯一剂量相关的不良反应为轻到中度低血糖反应。由于药物的环戊酮结构与其主要代谢物环戊醇的酮/醇氧化还原循环在肝脏进行，Ⅱ期临床研究发现，长期服用该药会造成人体肝细胞功能负担，进而出现转氨酶升高，药物研发也因此而终止。

MK-0941接近于全激活的GK激动剂。一项Ⅲ期临床研究评估了MK-0941(分别为10 mg、20 mg、30 mg和40 mg)应用于正在使用甘精胰岛素(联用或不联用二甲双胍)控制血糖但效果不佳的2型糖尿病患者(587例)，其相对于安慰剂组的安全性和有效性。结果显示，接受MK-0941的受试者第14周的HbA1c和餐后2 h血糖均相对于安慰剂组显著改善，但空腹血糖则无显著性差异。然而在用药第30周，降糖作用失效，各用药组的低血糖发生率也显著高于安慰剂组。此外，在MK-0941用药组还发现有6%～19%的受试者血清甘油三酯升高。该药终止于Ⅲ期临床研究。

AZD1656为部分激动剂，多次剂量递增临床研究显示，AZD1656组空腹血糖相对于安慰剂组降低最高达21%，24 h血糖水平降低最高达24%，存在剂量依赖性的降糖效应，然而血清胰岛素和C肽未观察到剂量相关的改变，提示AZD1656可能对肝GK的作用强于胰腺。在为期16周的Ⅱ期临床研究中，AZD1656的用药者出现降糖作用失效和血清甘油三酯升高(增加18%～22%)。该药终止于Ⅱ期临床研究。

ARRY-403接近于完全激动剂。在一项为期28 d、236例使用二甲双胍但疗效不佳的2型糖尿病受试者参加的Ⅱa期临床研究中，研究人员观察到ARRY-403(50 mg/次、100 mg/次或200 mg/次，bid)对于空腹血糖和餐后血糖均有显著的剂量依赖性降低趋势，而每日给药一次的方式（100 mg、200 mg 或 400 mg）对于空腹血糖的降低效果不明显。ARRY-403 用药提高了低血糖发生率（用药组为 35.8%，安慰剂组为 23.5%）和血清甘油三酯水平（主要出现在每日给药两次的受试者中，均值相对安慰剂组约提高 20%）。该药终止于Ⅱ期临床研究。

PF-04937319 为在研的部分激动剂。两项Ⅱ期安慰剂对照的临床试验在使用二甲双胍的基础上，比较了 PF-04937319（10 mg、50 mg 和 100 mg，qd）与磺酰脲类药物格列美脲的有效性和安全性，还比较了 PF-04937319（3 mg、20 mg、50 mg 和 100 mg，qd）与 DPP-4 抑制剂西格列汀的有效性和安全性，疗程为 12 周。试验受试者分别为 304 例和 335 例。PF-04937319 的最大安全耐受剂量为 100 mg，在该剂量下 PF-04937319 组的 HbA1c 降低值与西格列汀组相近，与格列美脲组相比则降低幅度较小。安慰剂组、PF-04937319 的 100 mg 组、西格列汀组和格列美脲组的低血糖发生率分别为 2.5%、5.1%、1.8% 和 34.4%。PF-04937319 相较于传统的胰岛素分泌促进剂如格列美脲，其促胰岛素分泌作用更加依赖于葡萄糖水平，且低血糖风险更低，有望沿用固定剂量开展后续Ⅲ期临床研究。

在研 GK 激动剂药物 LY2608204 已于 2010 年开展Ⅰ期临床研究。其中一项考察药物安全性和耐受性的多次剂量递增试验以 2 型糖尿病患者为研究对象。20 名受试者在最多长达 28 d 的治疗周期接受了 LY2608204（qd）口服治疗，在这项非随机单臂开放试验中，受试者将从起始剂量（160 mg，qd）开始接受持续给药治疗（单剂量持续 7 d）并递增剂量（3 个剂量梯度分别为 240 mg、320 mg 和 400 mg）直到其可耐受的最大限度。本试验已全部完成，除药物暴露达稳态时代谢物的鉴定分析外，尚未披露其他研究结果。在用药 21 d 时每天 320 mg 剂量下 LY2608204 的原形和代谢物浓度分析结果显示，M16 是人体循环系统中发现的丰度最高的代谢物。M16 的暴露量达到 LY2608204 药物原形的 62%。

在研 GK 激动剂药物 TTP399 为肝选择性激动剂，化学结构尚未确认。目前，一项为期 6 周、旨在考察 TTP399 与二甲双胍合用对 2 型糖尿病患者疗效的Ⅱa 期临床研究已完成。研究结果显示，TTP399 组受试者的 HbA1c 相对安慰剂组下降 0.53%，研究中未发生严重低血糖。

在研 GK 激动剂药物 GKM-001 为肝选择性激动剂，化学结构尚未确认（表 5-5 中为类似结构）。一项为期 2 周、由 2 型糖尿病患者参加的安慰剂对照、剂量递增（分别为 25 mg、50 mg、200 mg、600 mg 或 1 000 mg）的Ⅱa 期临床研究考察了本品的有效性和安全性。结果显示，用药组 24 h 曲线下面积（*AUC*）相比于治疗前呈剂量依赖性降低，降低幅度为 9%～20%，而安慰剂组仅降低 2%。空腹血糖水平降低 230～460 mg/L。服药后 12 h 过夜禁食以及服药后 2 h 禁食过程中均未发现低血糖。研究未发现 C 肽 *AUC* 改变，提示 GKM-001 的降糖效果并不是通过胰岛素水平增加获得的。另外，未发现血浆甘油三酯和转氨酶水平有明显变化。

此外，还有其他在研的 GK 激动剂药物，化学结构尚未确认，现处于Ⅰ期临床研究阶段，相关研究结果尚未披露。

5.3.1.4 多扎格列艾汀创新药物的研发

在研 GK 激动剂药物多扎格列艾汀（dorzagliatin），代号为 HMS5552，为胰腺和肝双重激动剂（见表 5-5）[25,26]。目前，一项由健康受试者参加的单次剂量递增的Ⅰ期药代动力学研究以及一项为期 8 d、由 53 名 2 型糖尿病患者参加的多次剂量递增（分别为 25 mg、50 mg、100 mg、150 mg 或 200 mg，bid）Ⅰb 期临床研究已完成。Ⅰb 期临床研究结果显示，药物具有线性药代动力学特征，各剂量组空腹血糖和餐后 2 h 血糖的降低幅度分别为 11.5%～34%和 12%～51%，24 h 血糖 *AUC* 下降 11%～36%。服药后体内胰岛素和 C 肽水平的增加呈葡萄糖刺激的胰岛素释放（glucose-stimulated insulin release，GSIR）特征，且胰岛 β 细胞的功能获得改善。

一项由 258 名 2 型糖尿病患者参与的Ⅱ期临床试验已完成，试验药物剂量设计为 50 mg bid、75 mg bid、75 mg qd、100 mg qd 和安慰剂对照组，连续给药 12 周，试验结果显示所有剂量组均有药效，且具有明显的剂量依赖性。与安慰剂组相比，多扎格列艾汀（bid）给药组患者的 HbA1c 水平下降，其中最大剂量组患者（75 mg，bid）的平均降幅达 1.12%。进一步的分析结果表明，此前没有使用过降糖药的患者，接受多扎格列艾汀的治疗效果最佳，HbA1c 可下降 1.21%；随着剂量增加，HbA1c 降至 7%以下的患者比例不断升高，最高可达 35%。低血糖等不良事件的发生率并没有显著增加，低血糖发生率低于 5%，这表明多扎格列艾汀的安全性优于同类药物。

多扎格列艾汀的Ⅲ期临床试验将分为两项研究进行，分别纳入 450 余例和 700 余例 2 型糖尿病患者进行单药治疗研究，以及与二甲双胍联用研究。在 24 周随机、双盲、安慰剂对照试验中，多扎格列艾汀单药治疗及其与二甲双胍联合用药Ⅲ期注册临床研究均达到了主要疗效和安全性终点。

5.3.2 腺苷酸活化蛋白激酶激动剂药物研发

5.3.2.1 腺苷酸活化蛋白激酶激动剂的作用机制

AMPK 是一种丝氨酸/苏氨酸激酶，对维持细胞的能量平衡具有重要作用。它是一种异三聚体复合物，包括催化亚基 α 和调节亚基 β/γ。α 亚基决定了丝氨酸/苏氨酸激酶催化活性，其氨基端为催化区，催化区内的 Thr172 为活性位点，可被上游激酶磷酸化，是其激酶活性所必需的，在 AMPK 活性调节中发挥重要作用；羧基端为亚基结合区，负责与 β 亚基和 γ 亚基连接；中间为自动抑制区。β 亚基为整个蛋白的结构骨架，通过羧基端连接 α 亚基和 γ 亚基，β 亚基中包含了糖原结合区。γ 亚基为功能调节结构域，通过构象变化发挥其调节功能，它包含由 4 个串联重复的 CBS（CBS1～CBS4）结构域组成的 2 个 Bateman 结构域，CBS4 位点为 AMP 永久结合区，CBS2 位点无结合，CBS1 和 CBS3 位点为腺苷一磷酸（adenosine monophosphate，AMP）、腺苷二磷酸

(adenosine diphosphate, ADP)和 ATP 可逆结合位点。

AMPK 在肝、脑、骨骼肌等多种组织中表达。AMPK 作为一种重要的蛋白激酶参与多种代谢过程。当细胞能量水平低时 AMPK 被激活,并刺激骨骼肌摄取葡萄糖和脂肪,刺激其他组织氧化脂肪酸,同时降低肝葡萄糖生成。研究结果表明,2 型糖尿病患者体内的 AMPK 失调,激活 AMPK 可显著改善患者的胰岛素敏感性。AMPK 通过监测 AMP/ATP 的比值感受低能量状态,任何引起机体 ATP 生成减少或者消耗增加的刺激(如组织缺血、缺氧、热休克、运动等)都可以使 AMP/ATP 比值增加,增加的 AMP 和 ADP 置换 γ 亚基上的 ATP,导致 γ 亚基构象发生变化,从而暴露 AMPKα 亚基上的 Thr172 活性位点,使其被上游激酶磷酸化,最终激活 AMPK。

AMPK 的激活机制一般认为有 3 种:① AMP 直接作用于 AMPK,变构激活 AMPK;② AMP 与 AMPK 结合之后使其成为上游 AMPK 激酶(AMPKK)的底物,促进 Thr172 的磷酸化而激活 AMPK;③ 降低 Thr172 的去磷酸化程度。此外,AMPK 也可以被上游的 AMPK 激酶如丝氨酸/苏氨酸激酶 11(serine/threonine kinase 11, STK11)、转化生长因子-β 活化激酶-1(transforming growth factor-β-activated kinase 1, TAK1)直接激活,它们都是通过直接磷酸化 AMPK α 亚基上的 Thr172 活性位点激活 AMPK。其中,普遍认为 STK11 是一种抑癌基因,它可以直接磷酸化 AMPK α 亚基上的 Thr172 活性位点而激活 AMPK;TAK1 被广泛认为是一种促分裂原活化蛋白激酶,其在 AMPK 活化通路中具有中枢调节作用;钙调蛋白依赖性蛋白激酶激酶(calmodulin-dependent protein kinase kinase, CaMKK)主要存在于神经系统,其对 Thr172 的磷酸化不依赖于 AMP 浓度的升高,而是通过调节细胞内 Ca^{2+} 的浓度启动该过程。另外,在静息状态下,AMPK 也可以被瘦素、抵抗素、脂联素及二甲双胍等激活。

AMPK 通过调节肝葡萄糖的转化和增强周围组织对葡萄糖的摄取和利用,维持机体糖代谢的稳定。AMPK 激活能够使 CREB 转录共激活因子 2(CREB regulated transcription coactivator 2)磷酸化或抑制其去磷酸化,使其滞留在细胞质内,从而导致肝脏中糖生成相关酶的表达受阻,减少糖的生成;AMPK 激活还可以通过磷酸化转录因子,启动葡萄糖转运蛋白-4(glucose transporter 4, GLUT-4)基因的表达,诱导 GLUT-4 向细胞膜转移,促进肌肉组织对葡萄糖的摄取;AMPK 激活后可以促进磷酸果糖激酶(phosphofructokinase, PFK)和丙酮酸激酶的活性,促进糖酵解过程。此外,AMPK 激活还可以抑制肌细胞中糖原的合成;抑制肝细胞内果糖-1,6-二磷酸酶,抑制肝糖异生。

激活 AMPK 可以降低胆固醇和脂肪的合成,增强脂肪酸的氧化作用,在脂类代谢调节中也具有重要的作用。羟甲基戊二酸单酰辅酶 A(hydroxy-methylglutaryl coenzyme A, HMG-CoA)还原酶和乙酰辅酶 A 羧化酶(acetyl coenzyme A carboxylase, ACC)分别是胆固醇和脂肪酸合成的关键酶。HMG-CoA 为胆固醇合成的限速酶,可催化羟甲基戊二酸单酰辅酶 A 生成甲羟戊酸;ACC 是脂肪酸合成的限速酶，糖代谢生成的乙酰辅酶 A 可在 ACC 作用下合成丙二酰辅酶 A，后者又可以通过负反馈抑制肉毒碱棕榈酰转移酶 1（carnitine palmitoyltransterase 1，CPT-1）的活性，抑制线粒体内的脂肪酸氧化以及酮体生成。ACC 和 HMG-CoA 均为 AMPK 的重要底物，活化的 AMPK 能够使两者磷酸化失活，从而分别抑制胆固醇和脂肪的合成。

5.3.2.2 腺苷酸活化蛋白激酶激动剂的分类与临床在研药物特点

AMPK 激动剂按其激活机制可以分为直接激动剂和间接激动剂。AMPK 直接激动剂直接作用于 AMPK 亚基，如 AMP、ADP、ATP 及其结构类似物；而 AMPK 间接激动剂则通过上游的激酶 STK11、CaMKKβ 和 TAK1，或者通过上调 AMP/ATP 的比值激活 AMPK。按照激动剂的结构类型分类，AMPK 直接激动剂包括核苷类、噻吩并吡啶酮类、吡咯并吡啶酮类等，而 AMPK 间接激动剂包括双胍类、噻唑烷二酮、类黄酮、四环三萜类、对氨基哌啶类、苯并噻唑类、小檗碱类似物及白藜芦醇等。

临床在研的 AMPK 激动剂较少，结构类型较分散，多为小分子口服激动剂，适应证为 2 型糖尿病。贝派度酸（bempedoic acid，ETC-1002）是 Esperion 公司开发的 AMPK 激动剂，目前处于Ⅲ期临床研究，用于治疗高胆固醇血症和高脂血症。imeglimin（EMD-387008）是 Poxel 公司开发的环化的双胍类化合物，用于治疗 2 型糖尿病，目前正处于Ⅲ期临床研究，该药物能同时靶向在 2 型糖尿病中起重要作用的 3 种关键器官——肝、肌肉和胰腺。另外，该化合物能够解决线粒体功能障碍问题。临床研究结果表明，其胰岛素耐量改善能力略优于二甲双胍。O-304 是由 Betagenon 公司开发的 AMPK 激动剂，该化合物在临床前研究的动物体内药效实验中展现了良好的降糖效果，在增加肌肉葡萄糖吸收的同时还可以增加能量消耗，改善外周血液循环和心脏功能。目前，O-304 处于Ⅱ期临床研究，Ⅱa 期临床试验结果表明 O-304 能够显著降低空腹血糖水平，同时该化合物还表现了良好的安全性和耐受性，如表 5-6 所示。

表 5-6 临床研发的 AMPK 激动剂

药物名称	结构	在研公司	研发状态
贝派度酸（bempedoic acid）	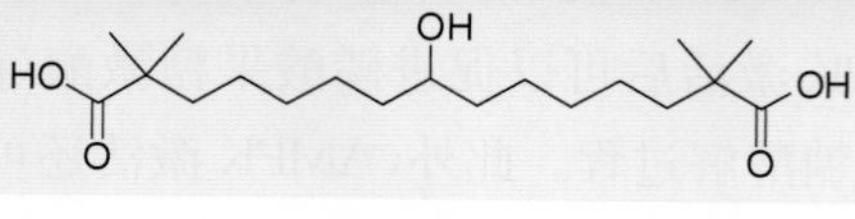 HO, OH, O, OH, O	Esperion	Ⅲ期临床研究
imeglimin	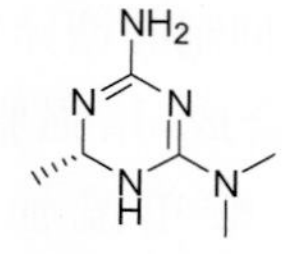 NH_2, N, N, N, H, N	Poxel	Ⅲ期临床研究
O-304	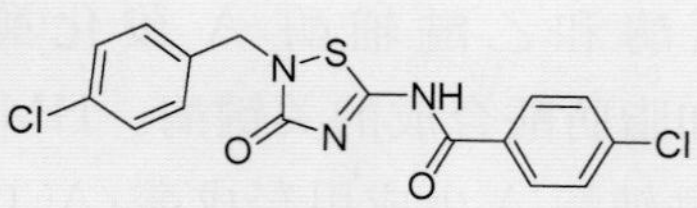 Cl, N, S, N, NH, O, N, O, Cl	Betagenon	Ⅱ期临床研究

由于 AMPK 广泛存在，激活脑和心脏中的 AMPK 有可能产生毒副作用，因此如何解决该类药物的选择性和特异性，仍是该类药物研发需要解决的问题。

5.3.3 G 蛋白偶联受体 40 激动剂药物研发

GPR40 激动剂是一类可口服、高效活化 GPR40 的降糖药物。GPR40 激动剂与传统的胰岛素分泌促进剂（磺酰脲类降糖药等）相比具有许多优势特点：首先，GPR40 激动剂可直接增加胰岛 β 细胞内 Ca^{2+} 浓度，快速产生促胰岛素效应，对餐前或餐后血糖升高均有明显的抑制作用；其次，GPR40 主要表达于胰岛 β 细胞，所以出现全身性不良反应的可能性较小；第三，GPR40 介导的胰岛素分泌是血糖依赖性的，仅在血糖增高时促进胰岛素分泌，因此引发低血糖的风险明显低于传统降糖药。

5.3.3.1 GPR40 激动剂的作用机制

GPR40 的内源性配体是中长链的游离脂肪酸（油酸、亚油酸等）。游离脂肪酸或 GPR40 激动剂与细胞膜上的 GPR40 结合后，通过激活磷脂酶 C/肌醇三磷酸（phospholipase C/inositol triphosphate，PLC/IP_3）信号通路促进内质网中 Ca^{2+} 释放，同时打开 *L*-型 Ca^{2+} 通道提升细胞外 Ca^{2+} 流入速度，以增加细胞质内 Ca^{2+} 浓度，最终促进葡萄糖刺激胰岛素分泌，从而发挥降糖作用。在血糖水平低的情况下，激活 GPR40 并不会刺激胰岛素释放。GPR40 刺激胰岛素分泌属于血糖水平依赖型，因此服用 GPR40 激动剂出现低血糖的风险很低。

5.3.3.2 GPR40 激动剂在研药物的研究进展

国内外许多制药公司都以 GPR40 为靶标开展抗糖尿病药物研发，其中武田公司研发的 TAK-875、安进公司研发的 AMG-837 以及礼来公司研发的 LY2881835 和 LY2922470 是 GPR40 激动剂的代表药物，如表 5-7 所示。

表 5-7 临床研发的 GPR40 激动剂

药物名称	结构	在研公司	研发状态
TAK-875	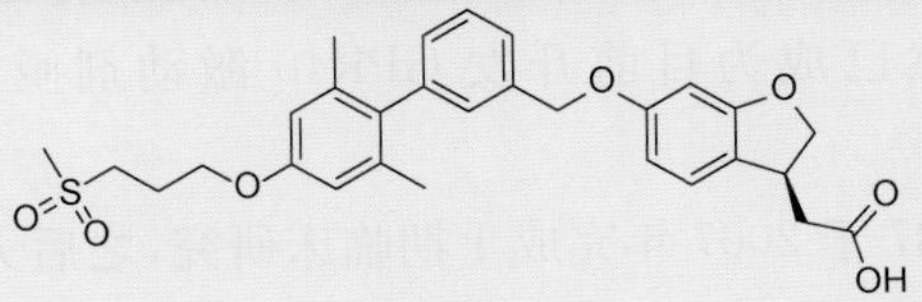 O=S(=O) … O … OH	武田公司	Ⅲ期临床
AMG-837	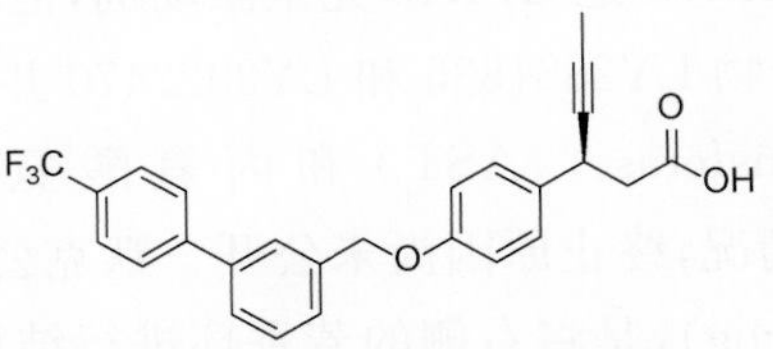 F_3C … O … OH	安进公司	Ⅰ期临床

（续表）

药物名称	结　　构	在研公司	研发状态
LY2881835	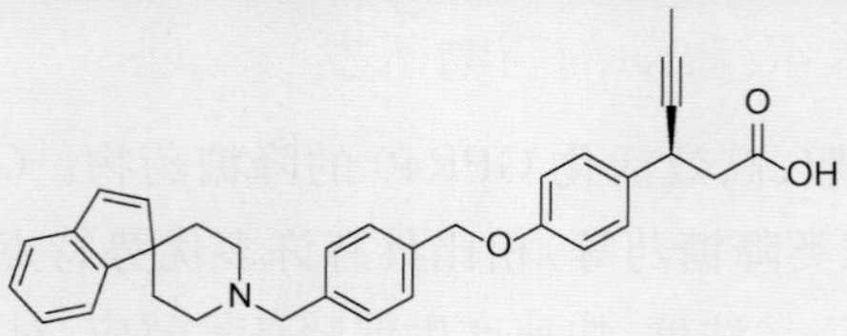 OH, O	礼来公司	Ⅰ期临床
LY2922470	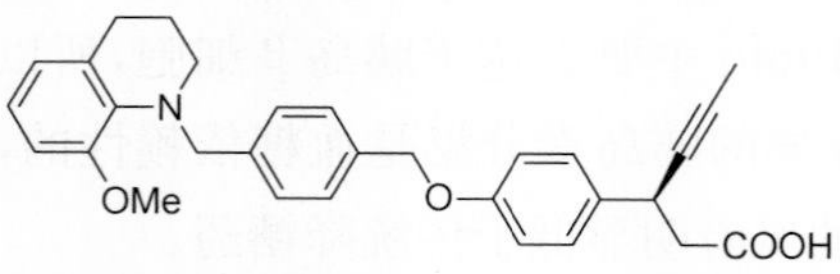 OMe, COOH	礼来公司	Ⅰ期临床
MK-8666	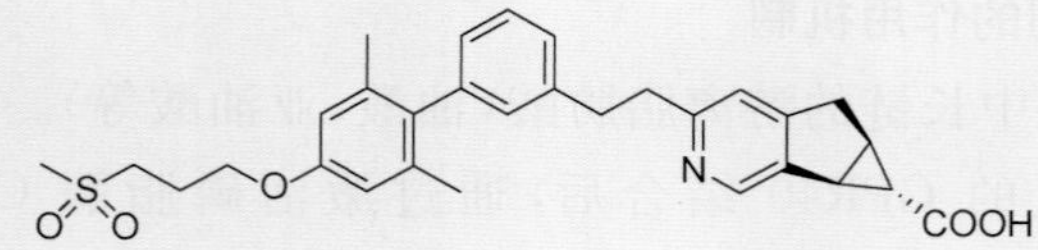 COOH	默克公司	Ⅰ期临床
呋格列泛	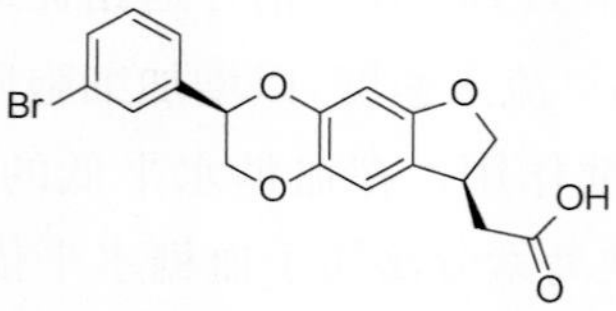 Br, OH, O	恒瑞医药公司	Ⅰ期临床

TAK-875 在体内外降糖实验中均表现出良好的治疗效果，能够有效地促进大鼠分泌胰岛素，降低血糖。临床试验结果表明，TAK-875 能够有效改善 HbA1c 水平，且具有良好的耐受性。临床Ⅱ期试验结果表明，每日给药一次，持续给药 12 周，与安慰剂组相比，TAK-875 组患者的 HbA1c 水平都显著降低，与格列美脲组相似，且 TAK-875 的药物耐受性良好。TAK-875 组低血糖的发生率（2%）与安慰剂组（2%）相似，显著低于格列美脲组（19%）。但是，由于肝毒性的原因，武田公司在 2013 年 12 月宣布终止Ⅲ期临床试验。虽然目前还不能确定其肝毒性是靶标副作用还是脱靶不良反应，但是安全性问题显然已成为目前开发 GPR40 激动剂亟须解决的关键性问题。

安进公司开发的 AMG-837 于 2007 年完成Ⅰ期临床研究，之后无相关报道。礼来公司开发的 LY2881835 和 LY2922470 是 GPR40 完全激动剂，但也终止于Ⅰ期临床研究。Ⅰ期临床试验结果表明，化合物 LY2881835 和 LY2922470 并没有出现天冬氨酸氨基转移酶（aspartate aminotransferase, AST）和丙氨酸氨基转移酶（alanine aminotransferase, ALT）升高的情况，终止原因尚未公开。默克公司开发的 MK-8666 是 TAK-875 的派生药（me-too drug），是将右侧的芳香环进行结构变换得到的。该化合物于 2014 年完成Ⅰ期临床试验，在Ⅰ期临床试验中表现出与 TAK-875 类似的肝毒性风险，出现 ALT 升高的情况。恒瑞医药公司研发的呋格列泛于 2013 年获得美国 FDA 批准开展Ⅰ期临床研究。

由于 GPR40 的内源性配体是游离脂肪酸，所以推测 GPR40 与配体的结合位点呈疏水性。为了模拟游离脂肪酸的结构，最初设计的 GPR40 激动剂，大多含有一个酸性的头部和一个疏水性的尾部，且大多是平面型分子。因此，目前大多进入临床试验的 GPR40 激动剂都具有较强的亲脂性，如化合物 AMG-837、TUG-424 的 c$\log P$(有机化合物疏水常数)均高于 5。但高亲脂性 GPR40 激动剂在发挥降血糖作用的同时，存在许多问题，如高血浆蛋白结合率、高清除率、低生物利用度、代谢不稳定性、毒性等。为了提高 GPR40 激动剂的活性，需要降低该类化合物的极性；而为了提高其安全性，则需要降低该类化合物的脂溶性；若要同时满足两者，也就意味着要开发结构新颖的小分子化合物。寻找适宜亲脂性、高效、高选择性且低毒的小分子药物是 GPR40 激动剂类降血糖药物的主要研究方向。

5.3.4 G蛋白偶联受体 119 激动剂药物研发

GPR119 是近年来发现的治疗糖尿病药物的重要靶标。该受体激动后，既能升高血浆中 GLP-1 的水平又能增加胰岛素的分泌。GPR119 可直接调节胰腺的功能，间接调控肠肽激素的分泌从而达到降低血糖的作用，是新型糖尿病药物治疗靶标。近年来，GPR119 受到国内外制药公司的广泛关注，目前已有多个 GPR119 激动剂开发出来，部分候选药物已进入临床研究。

5.3.4.1 G蛋白偶联受体 119 激动剂的作用机制

GPR119 是 A 类 G 蛋白偶联受体(视紫红质样受体)家族成员之一，有 7 个跨膜区，它与其他视紫红质 GPR 同源性较小，与其同源性最近的是大麻素受体和腺苷(A1 和 A3)。人类 *GPR119* 基因定位于 Xq26.1，含有 335 个氨基酸。GPR119 主要分布在胰岛 β 细胞和胃肠道内分泌细胞表面，其中胰岛 β 细胞最多。敲除 *GPR119* 基因的小鼠胰岛素分泌和糖耐量均显著下降。激活 GPR119，与其偶联的 G 蛋白的 α 亚基与 β 亚基、γ 亚基解离，通过介导胞内相关的信号通路，导致细胞内 cAMP 水平升高和 PKA 活化，引起一系列级联反应，从而促进胰岛素释放。GPR119 的促胰岛素分泌作用呈明显的葡萄糖依赖性。此外，GPR119 还可以促进 GLP-1 释放，从而对血糖进行调控。GPR119 激动剂可促进胰岛素分泌，其促胰岛素分泌作用呈显著的葡萄糖水平相关性。GPR119 激动剂也能剂量相关地促进胃肠道 L 细胞分泌 GLP-1，并对 GLP-1 分泌进行间接调节。

5.3.4.2 GPR119 激动剂的结构分类与研究进展

目前，在 GPR119 激动剂中，CymaBay 公司的 MBX-2982、第一三共株式会社的

DS-8500 和 Prosidion 公司开发的 PSN821 已进入Ⅱ期临床研究；Zydus-Cadila Group 公司的 ZYG-19 和百时美施贵宝公司的 BMS-903452 进入Ⅰ期临床研究；多个化合物进入临床前研究(见图 5-4)。

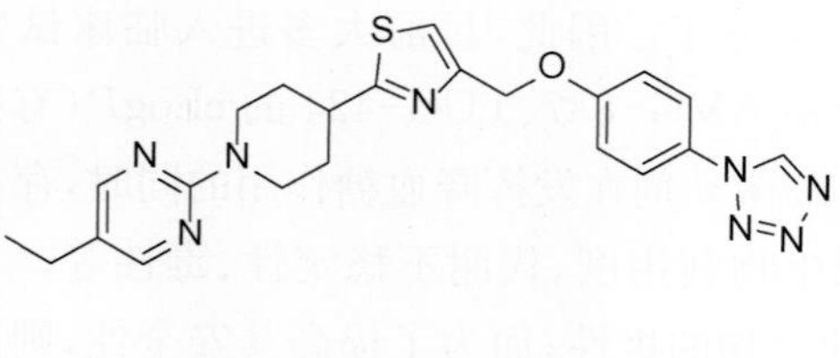

MBX-2982

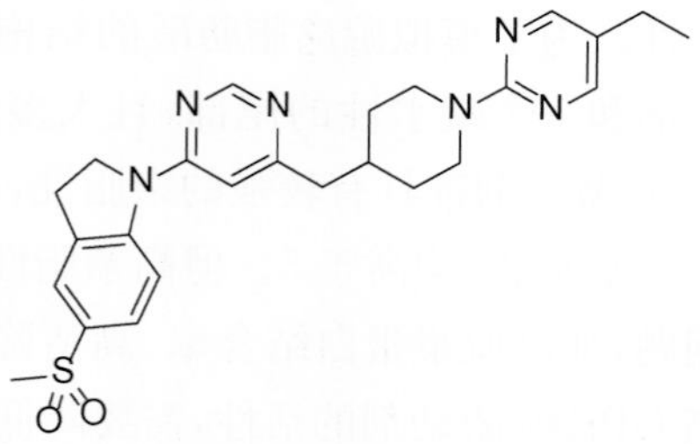

DS-8500

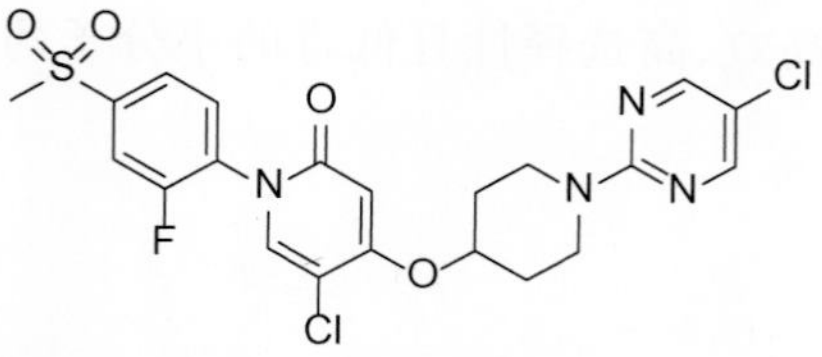

BMS-903452

图 5-4　GPR119 激动剂代表药物

研究结果表明，GPR119 活化可能影响骨骼肌和心肌的代谢健康，如诱发炎症等。因此，GPR119 激动剂的成药安全性有待进一步研究证实。此外，GPR119 激动剂的降糖疗效普遍较弱，如何提升其疗效也是需要解决的问题。

5.3.5　G 蛋白偶联受体 120 激动剂药物研发

5.3.5.1　G 蛋白偶联受体 120 激动剂的作用机制

GPR120 是中链及长链游离脂肪酸受体，广泛表达于多种组织和细胞中，如小肠、胰脏、脂肪细胞和免疫细胞，在能量调节和免疫平衡方面发挥重要作用。GPR120 可被微摩尔浓度的 ω-3 或 ω-6 多不饱和脂肪酸[如二十二碳六烯酸(DHA)和二十碳五烯酸]活化，主要发挥以下三方面作用。① 激活结肠 L 细胞分泌 GLP-1，增加肠降血糖素，促进胰岛 β 细胞进行糖刺激的胰岛素分泌。② 在巨噬细胞中，活化的 GPR120 被 GPR 激酶磷酸化，然后与 β-抑制蛋白偶联，经内吞作用形成 GPR120-β-抑制蛋白信号复合物。该复合物与转化生长因子-β 活化激酶-1 结合蛋白 1(transforming growth factor-β-activated kinase 1 binding protein 1, TAB1)结合，抑制 TAB1 介导的 TAK1 活化，抑制下游 MKK4/JNK 和 IKKβ/NF-κB 通路介导的促炎症信号转导。③ 在脂肪细胞中激活 Gq/11 介导的 PI3K/PKB(Akt)通路进行信号转导,促进表达 GLUT-4 的囊泡迁移,进而增加糖摄取,在脂肪细胞的分化和成熟过程中发挥重要作用。在人体中,GPR120 功能不全会导致肥胖、糖耐受能力下降及脂肪肝等。GPR120 的第 270 号氨基酸由精氨酸突变为组氨酸后,会导致其缺乏或丧失被长链脂肪酸活化的能力,进而导致肥胖。

5.3.5.2 GPR120 激动剂的结构分类与研究进展

GPR120 激动剂的结构类型根据是否含有羧基分为两大类:一是羧酸类,包括苯并异噁唑-3-醇类、异吲哚-1-酮类、吡唑类、咪唑类、三氮唑类、二氢苯并呋喃类、螺环类、色满丙酸类等;二是非羧酸类,如苯并磺内酰胺类。

GPR120 激动剂目前尚无进入临床研究的化合物,目前发现的小分子激动剂大多作为工具药被用于对 GPR120 的功能机制研究。化合物 5-1 是第一个选择性 GPR120 激动剂,蛋白质晶体结构研究发现,其羧酸基团为活性必需基团,能与 Arg99 形成氢键相互作用。化合物 5-2 是由默克公司开发的色满丙酸类 GPR120 激动剂,具有较好的药代动力学性质,在小鼠模型中表现为基于作用机制的降糖作用,可作为动物体内研究的工具药。类似的工具药还包括化合物 5-3 和螺环类化合物 5-4。非羧酸类激动剂则以苯并磺内酰胺类化合物 5-5 为代表,结合位点氨基酸突变实验表明,尽管化合物 5-5 不含有羧基基团,但仍通过与 Arg99 相互作用发挥药效。该化合物属于 GPR120 全激动剂,在小鼠体内对糖调节及增强胰岛素敏感性等都具有较好的活性。作为非羧酸类全激动剂,其结构不同于羧酸类激动剂以及天然配体游离脂肪酸的结构,因而可作为工具药对 GPR120 的功能进行深入研究(见图 5-5)。

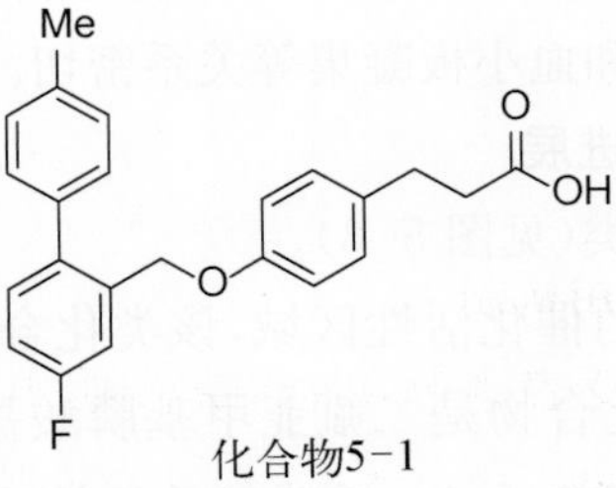

化合物5-1

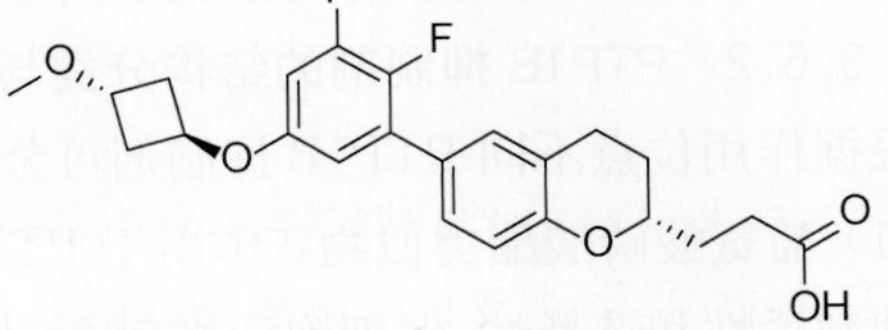

化合物5-2

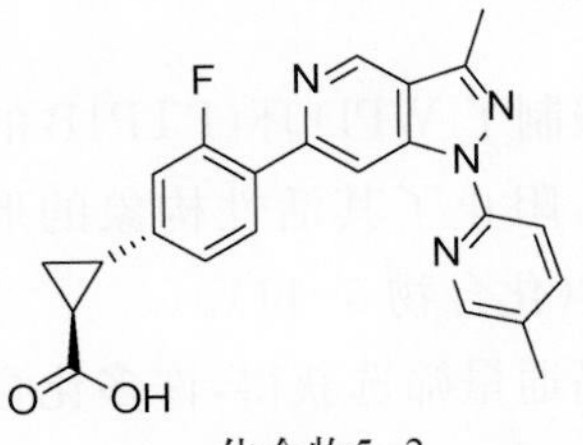

化合物5-3

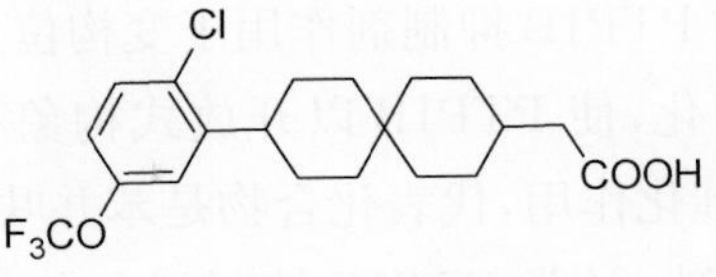

化合物5-4

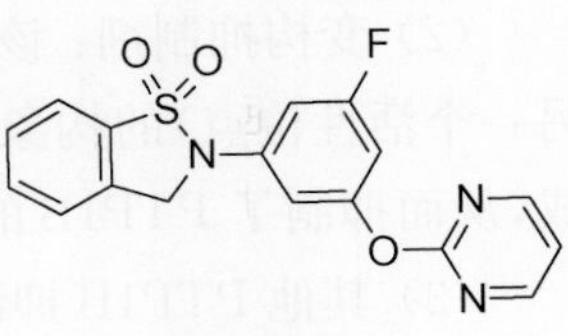

化合物5-5

图 5-5 GPR120 激动剂代表药物

5.3.6 蛋白酪氨酸磷酸酶 1B 抑制剂药物研发

PTP1B 对胰岛素受体(insulin receptor，IR)及其底物的磷酸化水平起重要的负调控作用，通过抑制 PTP1B 的活性，有助于提高外周组织对胰岛素的敏感性。在胰岛素抵抗和肥胖患者体内，PTP1B 的活性增强。缺乏 PTP1B 的小鼠表现为胰岛素活性增强，并且肥胖的发展受到抑制。通过对肥胖糖尿病小鼠的 PTP1B 进行调节，降低了血糖，胰岛素水平趋于正常。而高脂肪饮食后，*PTP1B* 基因敲除小鼠的胰岛素活性增加，体重增加减少。

5.3.6.1 蛋白酪氨酸磷酸酶 1B 抑制剂的作用机制

PTP1B 是 PTP 家族中的一员，在体内各组织细胞中广泛表达，与蛋白酪氨酸激酶(protein tyrosine kinase，PTK)联合作用于各种蛋白质底物，共同参与细胞信号转导，调节蛋白质底物的酪氨酸磷酸化水平，进而调节细胞的生理功能，包括调节细胞的生长、分化、代谢、基因转录及免疫应答等。组织细胞中 PTP1B 表达过低会降低 PTK 的活性，从而影响胰岛素受体与胰岛素结合，引起胰岛素抵抗，最终导致 2 型糖尿病。

PTP1B 抑制剂通过抑制 PTP1B 的活性，提高机体对胰岛素的敏感性，进而达到控制血糖的目的。PTP1B 没有特异性受体，与不同底物作用可调控不同的细胞信号转导。PTP1B 在胰岛素和瘦素信号通路中的调节作用主要包括：① 催化胰岛素受体及胰岛素受体底物(insulin receptor substrate，IRS)去磷酸化，从而去活化胰岛素受体功能，抑制葡萄糖和脂质代谢；② 催化 Janus 激酶 2(Janus kinase 2，JAK2)去磷酸化，从而去信号转导及转录活化因子 3(signal transducer and activator of transcription 3，STAT3)的功能，增加脂肪酸的合成，减少其氧化。PTP1B 还与多种生长因子及其底物相互作用进而调控细胞的生长分化，并与催乳素信号转导和血小板凝集等关系密切。

5.3.6.2 PTP1B 抑制剂的结构分类与研究进展

根据作用位点不同 PTP1B 抑制剂可分为 3 类(见图 5-6)。

(1) 酪氨酸磷酸酯类似物：作用于 PTP1B 的催化活性区域，该类化合物展现了较好的抑制活性和选择性，但细胞活性较差；代表化合物是二氟亚甲基膦酸盐类(化合物 5-6)、*O*-羧甲基水杨酸类(化合物 5-7)、苯氧乙酸类(5-8)、噻吩氧乙酸类(5-9)和 2-草酰氨基苯甲酸类(化合物 5-10)等。

(2) 变构抑制剂：该类 PTP1B 抑制剂作用于变构位点，限制了 WPD 环(PTP1B 的另一个活性位点)的构象变化，使 PTP1B 以开放式构象存在，阻止了其活性构象的形成，从而抑制了 PTP1B 的催化作用，代表化合物是苯并呋喃类(化合物 5-11)。

(3) 其他 PTP1B 抑制剂：该类 PTP1B 抑制剂大多通过高通量筛选获得，许多化合物的结合位点尚不明确，如化合物 5-12 和 5-13 等。

PTP1B 所属的 PTP 家族包含 100 多种酶，其中 T 细胞蛋白酪氨酸磷酸酶(T-cell

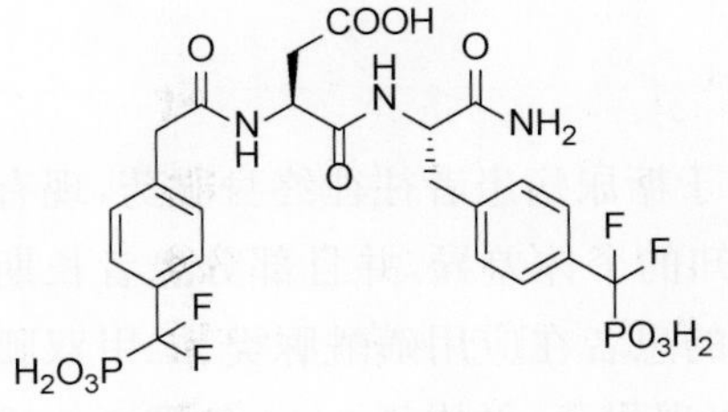

化合物5-6

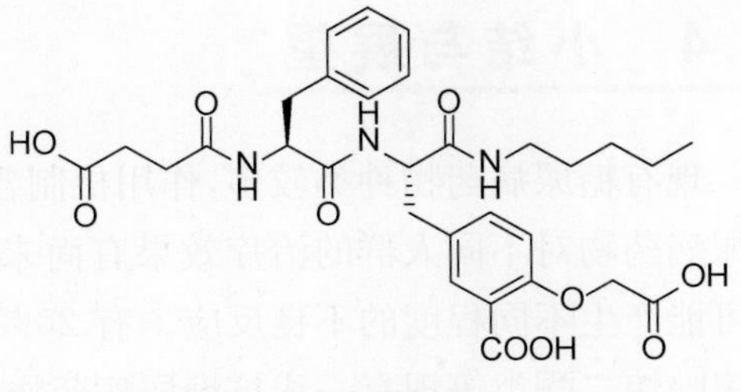

化合物5-7

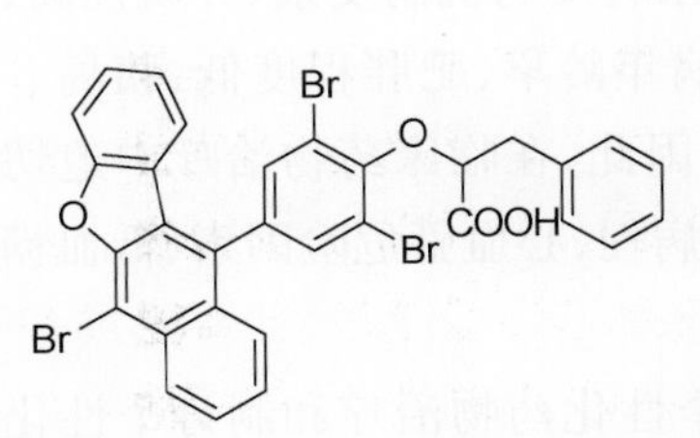

化合物5-8

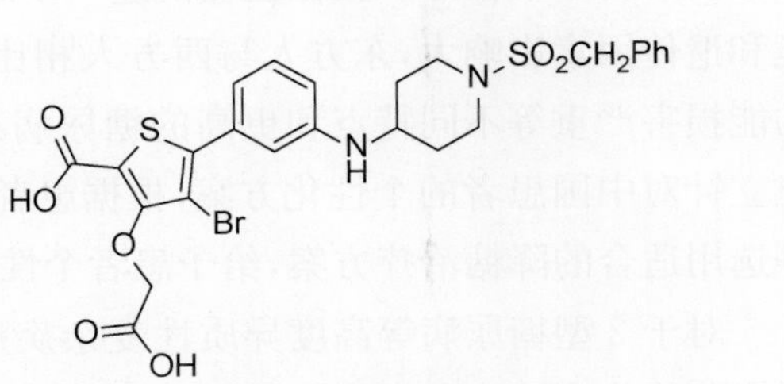

化合物5-9

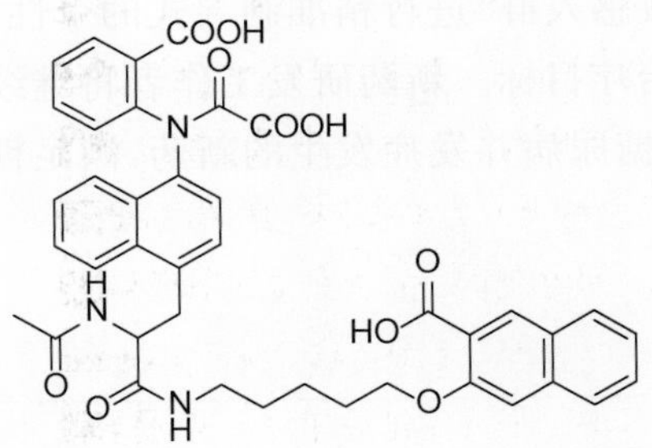

化合物5-10

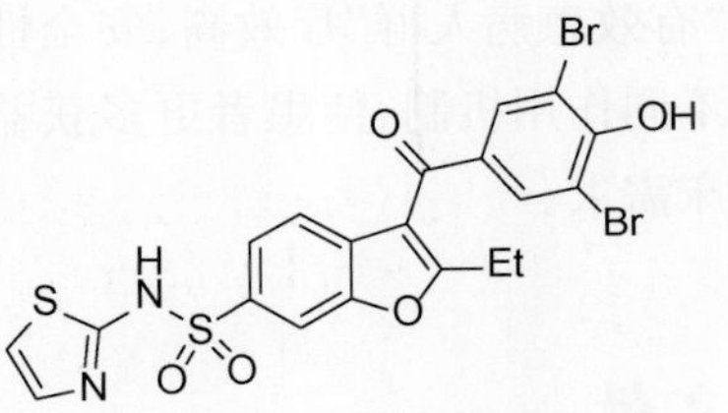

化合物5-11

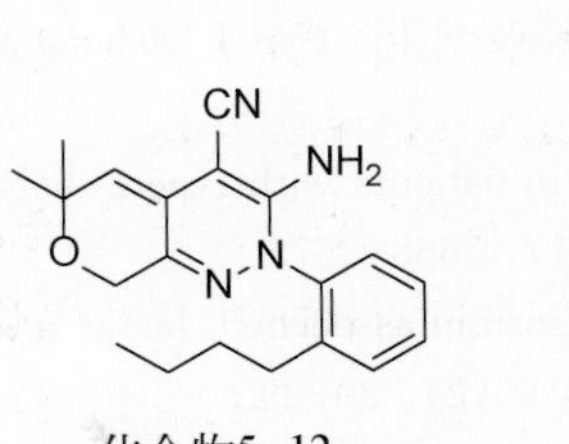

化合物5-12

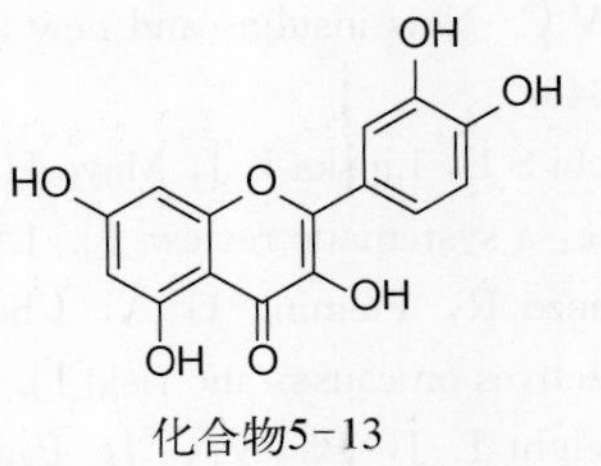

化合物5-13

图 5-6 PTP1B 抑制剂代表化合物

protein tyrosine phosphatase，TC-PTP)与PTP1B具有较高的同源性，两者同源性为高达74%。PTP1B抑制剂在抑制PTP1B的同时可能对同家族其他酶也具有抑制作用，并产生不良反应。因此，提高PTP1B抑制剂的选择性是其研发过程的重要问题。

5.4 小结与展望

现有糖尿病药物种类较多，作用机制各异。由于糖尿病患者往往终身服药，现有抗糖尿病药物对不同人群的治疗效果有尚未完全认知的个体差异，并且部分患者长期用药可能产生不同程度的不良反应。有 20%～30%的患者在应用磺酰脲类、二甲双胍类和噻唑烷二酮类等现有一线抗糖尿病药物 5 年后出现耐药，平均每 3～4 年需要使用一种新的药物干预治疗以控制血糖的进一步恶化。糖尿病发病机制复杂、异质性高、受环境和遗传因素影响大，东方人与西方人相比具有发病年龄早、肥胖程度低、胰岛 β 细胞功能损害严重等不同特点和更高的糖尿病易感性。因此，在临床药物治疗中迫切需要建立针对中国患者的个性化方案，根据患者的病情、病程、心血管危险因素、低血糖风险等选用适合的降糖治疗方案，给予患者个性化治疗。

对于 2 型糖尿病等高度异质性复杂疾病，采用个性化药物治疗和制订个性化的糖尿病药物临床治疗方案将是糖尿病药物治疗的发展趋势。在疾病分子分型关联信息的指导下，针对患者人群的个性基因特征，对“敏感人群”进行精准制导式的个性化治疗，实现对“有效患病人群”疗效高、安全性好的治疗目标。新药研发工作者将继续研究开发更多不同作用机制、使患者更多获益、降低糖尿病并发症发生的新药，满足糖尿病治疗的临床需求。

参考文献

[1] International Diabetes Federation. IDF Diabetes Atlas[EB/OL]. http://www.diabetesatlas.org.

[2] Woo V C. New insulins and new aspects in insulin delivery[J]. Can J Diabetes, 2015, 39(4): 335-343.

[3] Inzucchi S E, Lipska K J, Mayo H, et al. Metformin in patients with type 2 diabetes and kidney disease: a systematic review[J]. JAMA, 2014, 312(24): 2668-2675.

[4] DeFronzo R, Fleming G A, Chen K, et al. Metformin-associated lactic acidosis: Current perspectives on causes and risk[J]. Metabolism, 2016, 65(2): 20-29.

[5] McCreight L J, Bailey C J, Pearson E R. Metformin and the gastrointestinal tract [J]. Diabetologia, 2016, 59(3): 426-435.

[6] Hirst J A, Farmer A J, Dyar A, et al. Estimating the effect of sulfonylurea on HbA1c in diabetes: a systematic review and meta-analysis[J]. Diabetologia, 2013, 56(5): 973-984.

[7] Thulé P M, Umpierrez G. Sulfonylureas: a new look at old therapy[J]. Curr Diab Rep, 2014, 14(4): 473.

[8] Simpson S H, Lee J, Choi S, et al. Mortality risk among sulfonylureas: a systematic review and network meta-analysis[J]. Lancet Diabetes Endocrinol, 2015, 3(1): 43-51.

[9] Tentolouris N, Voulgari C, Katsilambros N. A review of nateglinide in the management of

patients with type 2 diabetes[J]. Vasc Health Risk Manag, 2007, 3(6): 797-807.

[10] Campbell I W. Nateglinide — current and future role in the treatment of patients with type 2 diabetes mellitus[J]. Int J Clin Pract, 2005, 59(10): 1218-1228.

[11] Scott L J. Repaglinide: a review of its use in type 2 diabetes mellitus[J]. Drugs, 2012, 72(2): 249-272.

[12] Culy C R, Jarvis B. Repaglinide: a review of its therapeutic use in type 2 diabetes mellitus[J]. Drugs, 2001, 61(11): 1625-1660.

[13] Desai N C, Pandit U P, Dodiya A. Thiazolidinedione compounds: a patent review (2010-present)[J]. Expert Opin Ther Pat, 2015, 25(4): 479-488.

[14] Stojanović M, Prostran M, Radenković M. Thiazolidinediones improve flow-mediated dilation: a meta-analysis of randomized clinical trials[J]. Eur J Clin Pharmacol, 2016, 72(4): 385-398.

[15] Rizos C V, Kei A, Elisaf M S. The current role of thiazolidinediones in diabetes management[J]. Arch Toxicol, 2016, 90(8): 1861-1881.

[16] Koffarnus R L, Wargo K A, Phillippe H M. Rivoglitazone: a new thiazolidinedione for the treatment of type 2 diabetes mellitus[J]. Ann Pharmacother, 2013, 47(6): 877-885.

[17] Soccio R E, Chen E R, Lazar M A. Thiazolidinediones and the promise of insulin sensitization in type 2 diabetes[J]. Cell Metab, 2014, 20(4): 573-591.

[18] Singla R K, Singh R, Dubey A K. Important aspects of post-prandial antidiabetic drug, acarbose[J]. Curr Top Med Chem, 2016, 16(23): 2625-2633.

[19] Patel S S. Cerebrovascular complications of diabetes: alpha glucosidase inhibitor as potential therapy[J]. Horm Metab Res, 2016, 48(2): 83-91.

[20] He K, Shi J-C, Mao X-M. Safety and efficacy of acarbose in the treatment of diabetes in Chinese patients[J]. Ther Clin Risk Manag, 2014, 10: 505-511.

[21] Trujillo J M, Nuffer W. GLP-1 receptor agonists for type 2 diabetes mellitus: recent developments and emerging agents[J]. Pharmacotherapy, 2014, 34(1): 1174-1186.

[22] Isaacs D, Prasad-Reddy L, Srivastava S B. Role of glucagon-like peptide 1 receptor agonists in management of obesity[J]. Am J Health Syst Pharm, 2016, 73(19): 1493-1507.

[23] Matschinsky F M, Zelent B, Doliba N, et al. Glucokinase activators for diabetes therapy: May 2010 status report[J]. Diabetes Care, 2011, 34 Suppl 2(Suppl 2): S236-S243.

[24] Coghlan M, Leighton B. Glucokinase activators in diabetes management[J]. Expert Opin Investig Drugs, 2008, 17(2): 145-167.

[25] Zhu X X, Zhu D L, Li X Y, et al. Dorzagliatin (HMS5552), a novel dual acting glucokinase activator, improves glycemic control and pancreatic β-cell function in patients with type 2 diabetes: a 28-day treatment study using biomarker-guided patient selection[J]. Diabetes Obes Metab, 2018, 20(9): 2113-2120.

[26] Zhu D L, Gan S L, Liu Y, et al. Dorzagliatin monotherapy in Chinese patients with type 2 diabetes: a dose-ranging, randomised, double-blind, placebo-controlled, phase 2 study[J]. Lancet Diabetes Endocrinol, 2018, 6(8): 627-636.

6 *EGFR* 基因突变和分子靶向抗肿瘤药物研发

表皮生长因子受体(EGFR)是细胞表面重要的膜蛋白受体,调控细胞的增殖、分化、凋亡等,EGFR 通路的异常激活在肿瘤的发生、发展、分化、修复和转移中发挥着重要的作用。同时,EGFR 也是十分重要的抗肿瘤药物靶点,科学家已经研发出针对 EGFR 的单克隆抗体和小分子靶向药物,这些抗体和小分子药物在临床上的广泛应用给无数肿瘤患者带来了希望。本章将介绍 EGFR 通路在肿瘤发生、发展过程中的作用及 EGFR 小分子靶向药物的研发历程,并就该领域研发情况进行展望。

6.1 表皮生长因子受体简介

6.1.1 表皮生长因子受体及其抑制剂药物的研发历程

EGFR 属于酪氨酸激酶Ⅰ型受体亚家族,是由癌基因 *ERBB1*/*HER1* 编码表达的一种细胞膜表面的糖蛋白受体,具有酪氨酸激酶(tyrosine kinase, TK)活性。EGFR 分为胞外受体结合区、跨膜区及含 TK 结构域的胞内区 3 部分,其中 TK 结构域主要包括 3 个重要结构:① 含有 ATP 磷酸结合环(P-loop)的氨基端小叶(N-lobe);② 含 ATP 的 α 和 β 位磷酸基团结合位点的 αC 螺旋;③ 含有活化环(A-loop)的羧基端小叶(C-lobe)。羧基端小叶活化环是 TK 的活性中心,配体与 EGFR 结合后可激活 TK 区域进而导致该部位的酪氨酸磷酸化[1]。多种配体可结合并激活 EGFR,包括表皮生长因子(epidermal growth factor, EGF)、转化生长因子-α(transforming growth factor-α, TGF-α)、肝素结合 EGF、双调蛋白及 β 细胞素(betacellulin, BTC)等[2],其中 EGF 和 TGF-α 被认为是 EGFR 最主要的配体,EGFR-EGF 非活性复合物的空间结构如图 6-1 所示[3]。

1962 年,美国科学家 Stanley Cohen 发现了鼠 EGF[4],并于 1975 年成功地分离出人 EGF[5]。该团队紧接着于 1980 年克隆并分离出 EGFR,并且阐明了其与细胞恶性转化之间的关系[6,7]。Cohen 也凭借其在 EGFR 研究领域的杰出贡献,获得了 1986 年的

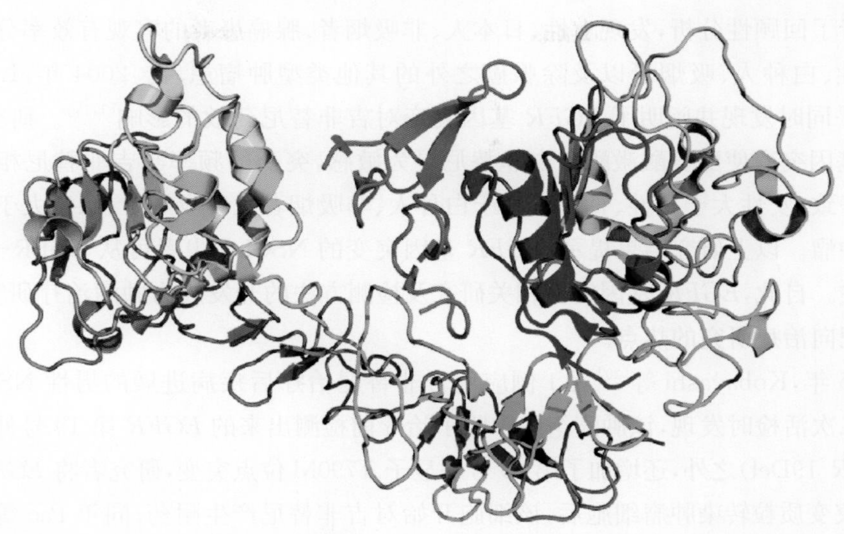

图 6-1 EGFR 的分子结构

蓝色区域为氨基端;红色区域为羧基端;紫色区域为其配体 EGF。(图片修改自参考文献[3])

诺贝尔生理学或医学奖。同一时期,Mendelsohn 等开始将 EGFR 作为抗肿瘤靶点进行研究,并开发了 2 种抗 EGFR 的单克隆抗体,这 2 种抗体可通过阻断胞外受体结合区抑制 EGFR 活化,进而抑制肿瘤细胞增殖。这是第一次以 EGFR 为靶点进行抗肿瘤药物的研究[8-12]。随着研究的深入,1994 年,英国捷利康(Zeneca)公司合成了可抑制 EGFR-TK 活性的新型小分子化合物[13],此类化合物通过抑制细胞膜内侧 TK 区的激活阻断信号通路。这一研究为首个表皮生长因子受体酪氨酸激酶抑制剂(epidermal growth factor receptor-tyrosine kinase inhibitor, EGFR-TKI)——吉非替尼(gefitinib,商品名为易瑞沙)的研发奠定了基础。1997 年,吉非替尼进入早期临床研究。研究结果显示,其具有良好的耐受性[14]。2000 年,吉非替尼开展两项Ⅱ期临床研究(IDEAL1、IDEAL2),结果表明 250 mg/d、500 mg/d 的吉非替尼对非小细胞肺癌(non-small cell lung cancer, NSCLC)具有治疗作用[15,16]。基于以上临床研究结果,2002 年,日本率先批准吉非替尼用于不能手术或化疗后复发的 NSCLC 治疗,随后美国食品药品监督管理局(FDA)在 2003 年批准吉非替尼作为 NSCLC 的三线治疗药物,次年 FDA 批准另一个 EGFR-TKI——厄洛替尼(erlotinib,商品名为特罗凯)用于治疗至少接受过一种化疗方案失败后局部进展或转移的 NSCLC。第一代 EGFR-TKI 用于 NSCLC 的治疗是靶向抗肿瘤领域的一个里程碑事件。然而,吉非替尼的Ⅲ期临床研究结果显示,对于已使用化疗的 NSCLC 患者,吉非替尼未表现出额外的临床获益[17,18]。虽然研究显示,在肿瘤缩小及缓解率方面这些药物具有优势,但此优势在试验中未能转化为有统计学差异的生存期延长。以上试验结果引发了人们的思考。于是,有学者对 IDEAL1、IDEAL2 的结果进行了回顾性分析，发现女性、日本人、非吸烟者、腺癌患者的客观有效率分别显著高于男性、白种人、吸烟者以及除腺癌之外的其他类型肿瘤患者。2004 年，Lynch 和 Paez 几乎同时发现并阐明了 *EGFR* 基因突变对吉非替尼药效的影响[1,19]。研究提示，*EGFR* 基因突变使酪氨酸激酶对吉非替尼更为敏感，突变的频率与吉非替尼相对敏感的人群一致，女性大于男性、日本人大于白种人、非吸烟者大于吸烟者、腺癌大于其他病理类型肿瘤。以上研究结果提示，*EGFR* 基因突变的 NSCLC 患者可从 EGFR-TKI 治疗中获益。自此，*EGFR* 基因突变相关研究及检测方法的开发成为肿瘤治疗研究，尤其是肺癌靶向治疗研究的热点。

2005 年，Kobayashi 等[20]对 1 例应用吉非替尼治疗后疾病进展的男性 NSCLC 患者进行二次活检时发现，该肿瘤组织中除了治疗前检测出来的 *EGFR* 第 19 号外显子缺失(*EGFR* 19Del)之外，还增加了第 20 号外显子 T790M 位点突变，研究者将 *EGFR* 基因 T790M 突变质粒转染肿瘤细胞后，该细胞开始对吉非替尼产生耐药；同年 Pao 等[21]对 6 例接受吉非替尼或厄洛替尼治疗后疾病进展的肿瘤组织/胸腔积液标本再次进行 *EGFR* 基因突变检测，相比治疗前，3 例标本(50%)新增了 T790M 基因突变。以上研究提示 *EGFR* 基因 T790M 位点突变是导致 EGFR-TKI 耐药的主要因素之一。为了对抗 T790M 突变导致的耐药，研究者们尝试了一些新的药物分子以及联合治疗的方案，其中以阿法替尼(afatinib，商品名为吉泰瑞)为代表的第二代 EGFR-TKI 被视为有希望解决耐药问题[22]。此类 EGFR-TKI 能够不可逆地与 EGFR 结合，从而抑制 EGFR 下游通路的激活。它们比第一代 EGFR-TKI 活性更强，甚至可以影响 EGFR 家族的其他成员。这些药物大都因为有显著的毒性作用而被终止研发，阿法替尼是唯一成功获批上市的第二代 EGFR-TKI，于 2013 年经 FDA 批准用于治疗 *EGFR* 19Del 或 L858R(第 858 处由原有亮氨酸转变为精氨酸)突变型的 NSCLC。但其对 *EGFR* T790M 突变与野生型的选择性差，在最大耐受剂量下也无法在体内达到有效浓度，因而对多数耐药患者无效。

在第二代 EGFR-TKI 的研发未能达到最初目的的情况下，第三代 EGFR-TKI 的研发成为对抗 T790M 突变的新策略。有临床前研究表明，共价嘧啶 EGFR 抑制剂相对于喹唑啉 EGFR 抑制剂对 *EGFR* T790M 突变的抑制作用更强，同时对 *EGFR* 野生型的抑制作用更弱[23]。这一研究催生了第三代 EGFR-TKI 的诞生，阿斯利康的奥希替尼(osimertinib)是其中的主要代表。2013 年，奥希替尼进入临床研究。在 2014 年的美国临床肿瘤学会(American Society of Clinical Oncology，ASCO)年会上，Janne 等报道了奥希替尼的Ⅰ期临床研究结果。结果显示，奥希替尼对 EGFR-TKI 获得性耐药突变阳性 NSCLC 疗效显著，且耐受性好[24]。在后续临床研究中，奥希替尼作为二线治疗药物用于 EGFR-TKI 治疗后出现疾病进展的 *EGFR* T790M 突变阳性的 NSCLC 患者，客观缓解率(objective response rate，ORR)可达 70%[25]；在扩大样本的临床试验中，奥希替尼较含铂类药物的二联化学疗法显示出明显的优势，中位无进展生存期(PFS)可延长

5.7 个月[26]。以上试验结果奠定了奥希替尼成为 *EGFR* T790M 突变阳性晚期或转移性 NSCLC 患者新的标准二线治疗方案的基础，再次为患者带来“精准治疗”的福音。2015 年 11 月，奥希替尼获 FDA 批准上市，2017 年 3 月该药在中国上市。

6.1.2 表皮生长因子受体的生物学功能及临床意义

6.1.2.1 表皮生长因子受体通路的激活过程及相关通路的生理学和病理学功能

EGFR 广泛分布于各种上皮细胞的细胞膜上，在与相应配体结合后形成二聚体并发生自磷酸化，然后通过不同的信号通路调节多种基因的转录，从而调控细胞的增殖、分化和凋亡等。

EGFR 介导的信号通路主要包括与细胞存活相关的 PI3K/PKB(Akt)通路、与细胞增殖相关的 RAS/RAF/MEK/ERK 通路以及 PLC-γ、JAK/STAT、SRC 通路[27, 28]，其中 PI3K/PKB(Akt)通路和 RAS/RAF/MEK/ERK 通路对于 HER 受体家族而言是两条主要的通路。EGFR 相关通路的激活过程如图 6-2 所示。在 PI3K/PKB(Akt)通路中，磷酸化的 EGFR 与接头蛋白 GABl 结合激活下游的 PI3K，进而活化蛋白激酶 B [PKB(Akt)]蛋白激酶 C(PKC)，活化的 PKB/Akt 可参与 RAS/RAF/MEK/ERK 通路达到相应的生物学效应，其自身的活化可产生抗凋亡效应；而活化的 PKC 诱导下游蛋白

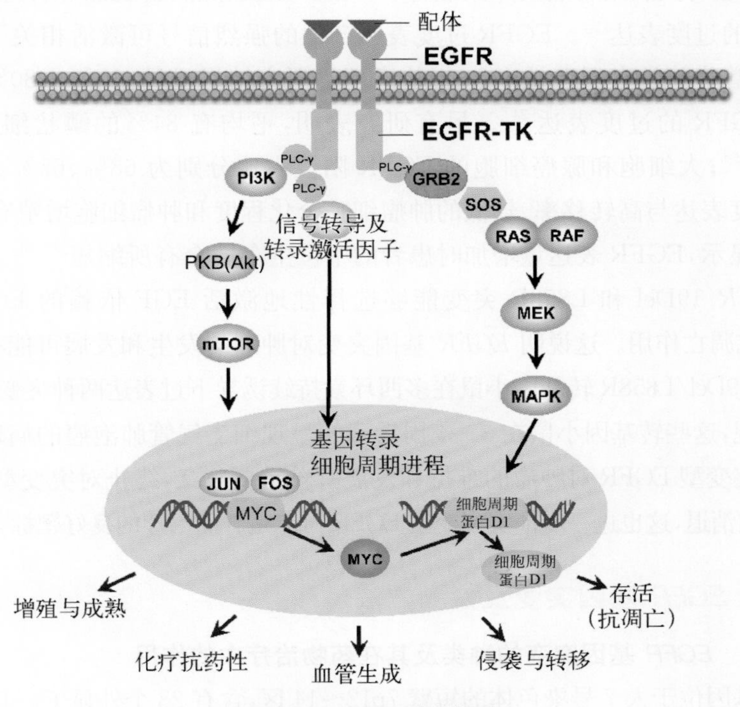

图 6-2 EGFR 信号通路

(图片修改自参考文献[27])

磷酸化，激活核因子 κ，使得核因子 κ 移至核内，从而调节靶基因的转录。研究显示，此通路与细胞周期密切相关[29]。活化的 PKB/Akt 还可以从细胞膜进入细胞质及细胞核作用于 PKB/Akt 的下游底物哺乳动物雷帕霉素靶蛋白(mammalian target of rapamycin，mTOR)，mTOR 是目前已知的具有高度复杂信号通路的一种丝氨酸/苏氨酸蛋白激酶，可控制细胞生长、增殖、代谢和细胞凋亡，有研究认为 PI3K/PKB(Akt)/mTOR 通路的过度激活与肿瘤的病理分级和预后密切相关[30]。在 RAS/RAF/MEK/ERK 通路中，EGFR 自身磷酸化后与生长因子受体结合蛋白 GRB2 的复合物直接或间接结合激活 RAS 蛋白，活化的 RAS 激活下游丝氨酸/苏氨酸蛋白激酶 RAF，然后使 MEK 的 2 个丝氨酸残基磷酸化，从而活化 ERK1/ERK2。活化的 ERK 形成二聚体，将信号转导至细胞核内，导致细胞核内转录因子磷酸化，启动靶基因转录，最终导致细胞增殖、转移等生物学效应[31]。该通路一旦持续激活，则细胞增殖失控，凋亡受阻。肿瘤耐药也与此通路的异常激活有关。此外，EGFR 还可活化其下游的血管内皮生长因子受体(vascular endothelial growth factor receptor，VEGFR)，促进实体瘤微血管网形成，因此 EGFR 在肿瘤细胞的发生、发展、分化、修复和转移中发挥了重要的作用。

6.1.2.2 表皮生长因子受体通路在多种疾病中的作用

临床肿瘤病理研究表明，大多数实体瘤中存在 EGFR 过度表达，包括 NSCLC、头颈部肿瘤、乳腺癌、肾癌、结肠癌及卵巢癌等[32]，在少数胰腺癌、膀胱癌和神经胶质瘤中也存在 EGFR 的过度表达[2]。EGFR 过度表达产生的强烈信号可激活相关下游通路，导致细胞过度增殖并具有侵袭性[33]。相关病理学研究结果显示，40%～80%的 NSCLC 患者存在 EGFR 的过度表达[34]。另有研究表明，平均有 84%的鳞状细胞癌细胞呈 EGFR 阳性[35]；大细胞和腺癌细胞的 EGFR 阳性占比分别为 68%、65%。NSCLC 中 EGFR 的过度表达与高转移率、较低的肿瘤细胞分化程度和肿瘤细胞增殖有关[36]；部分研究结果还显示，EGFR 表达量增加时患者的中位生存期会有所缩短[37,38]。此外，有研究显示，*EGFR* 19Del 和 L858R 突变能够选择性地激活 EGF 依赖的 EGFR 信号通路[19]，产生抗凋亡作用。这说明 *EGFR* 基因突变对肿瘤的发生和发展可能有直接作用。人源 *EGFR* 19Del/L858R 转基因小鼠在多西环素持续诱导下过表达两种突变型 EGFR，组织学检验发现，这些转基因小鼠在 3～4 周后开始呈现细支气管肺泡癌的病理特征；持续性过表达的突变型 EGFR 对肿瘤的维持和发展有着重要意义，终止对突变型 EGFR 的诱导可导致肿瘤消退，这也进一步证实突变型 EGFR 可能是肿瘤治疗的良好靶标[39]。

6.1.3 *EGFR* 基因突变及检测方法

6.1.3.1 *EGFR* 基因突变的种类及其在药物治疗中的作用

EGFR 基因位于人 7 号染色体的短臂 7p12～14 区，含有 28 个外显子。其 TK 结构域由外显子 18～24 编码，其中外显子 18～20 编码氨基端小叶，外显子 21～24 编码羧基端小

叶。*EGFR* 基因突变主要发生在胞内 TK 区域前 4 个外显子之上，即 TK 的 ATP 结合区域。目前研究发现的 TK 区域突变有多种(见图 6-3)[40]。其中第 19 号外显子处的缺失突变(氨基酸残基 746～750)和第 21 号外显子 L858R 突变最为常见，分别占 *EGFR* 基因突变的 45%和 40%，属于敏感型突变[41,42]。其他类型的 *EGFR* 敏感型突变包括第 18 号外显子 G719X 突变(3%)、第 21 号外显子 L861X 突变(2%)、第 19 号外显子插入(<1%)以及部分非典型第 20 号外显子插入等[43-45]。除敏感型突变外，*EGFR* 还会发生原发性或继发性的耐药型突变，主要包括第 20 号外显子插入(5%～10%)[43-46]、第 20 号外显子 T790M 和 C797S 突变、第 19 号外显子 L747S 与 D761Y 突变以及第 21 号外显子 T854A 突变[20,21,47-50]。

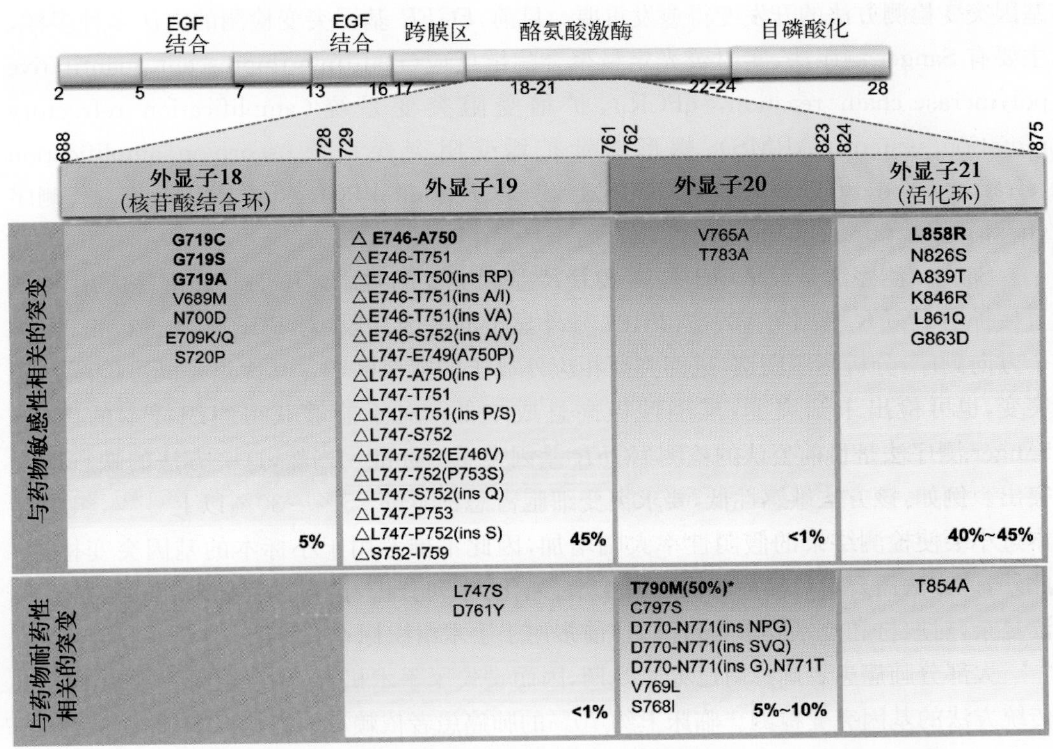

图 6-3 肺癌中 *EGFR* 基因突变类型

与临床药效相关的第 20 号外显子突变是 T790M 突变，该突变在 50%的吉非替尼、厄洛替尼获得性耐药病例中检出。(图片修改自参考文献[40])

大量的基因组学研究发现，EGFR 是 NSCLC 患者中突变率最高的受体酪氨酸激酶，存在于 10%～30%的 NSCLC 患者中，其突变率有一定的群体特异性。比如，在组织学呈肺腺癌的患者、在非吸烟或者轻微吸烟的患者、在女性 NSCLC 患者、在东亚患者中都有着更高的 *EGFR* 基因突变率，在非吸烟的 NSCLC 患者中 *EGFR* 基因突变阳性率甚至达到 50%[40]。已知存在敏感型 *EGFR* 基因突变的 NSCLC 患者接受吉非替尼治疗后临床获益更大。因此，*EGFR* 敏感突变阳性率高的 NSCLC 患者是接受 EGFR-TKI 靶向治疗的优先人群。前述 *EGFR* 基因第 20 号外显子出现 T790M 突变时，可直接导致第一代 EGFR-TKI 药物失效；其他稀有的继发型突变包括 L747S、D761Y 及 T854A 等也可导致吉非替尼以及厄洛替尼耐药；而 C797S 突变可导致第三代 EGFR-TKI 药物奥希替尼的耐药。综合以上信息，为了最大限度地让患者受益，*EGFR* 基因的突变检测成为临床上筛选潜在获益人群的重要手段。

6.1.3.2 *EGFR* 基因突变的检测方法

鉴于筛选 EGFR-TKI 受益患者具有重要的临床意义，精准、敏感、简易的 *EGFR* 基因突变检测方法的开发变得愈发重要。目前，*EGFR* 基因突变检测的方法多种多样，主要有 Sanger 测序法、实时荧光定量聚合酶链反应（real-time fluorescent quantitative polymerase chain reaction，qPCR）、扩增受阻突变系统（amplification refractory mutation system，ARMS）、蝎形探针扩增受阻突变系统（scorpion amplification refractory mutation system，SARMS）、数字 PCR（digital PCR，dPCR）以及下一代测序（next-generation sequencing，NGS）等。

Sanger 测序法是最早用于检测 *EGFR* 基因突变的技术之一。其原理是应用 PCR 直接扩增 *EGFR* 基因第 18、19、20、21 号外显子的基因片段，对 PCR 产物进行正、反两个方向测序，分析测序图谱，进而判断相应外显子的突变区域。其优点是既可检测已知突变，也可检出未知突变，准确性极高且成本低。对于能够获得组织样本的患者，Sanger 测序法是目前公认的检测 *EGFR* 基因突变的标准。当然，这一方法的缺点也很突出。例如，该方法敏感性低，要求突变细胞占总标本的 25%～30%以上[51-53]，组织标本过小会使检测结果的假阴性率大幅增加，因此不推荐用于小标本的基因突变检测。此外，该方法需要对待测序样品进行扩增、纯化、序列分析，操作过程烦琐、费时，结果判读复杂，对取材和技术要求比较高，目前多用于手术组织标本的检测。

大部分肺癌患者确诊时已处于晚期，因而丧失了手术机会，无法获得手术标本用于传统方法的基因突变检测。临床上约 70%的肺癌患者依赖小的活检标本（如血液、胸腔积液和穿刺标本等）进行诊断，并且这些微小标本是进行基因检测的唯一材料[54]。因此，寻找适合的检测方法十分重要。近年来，随着分子生物学技术的发展，越来越多用于小标本基因突变检测的技术得以开发，如应用特异性探针的 qPCR、ARMS 及 SARMS、数字 PCR 等检测技术的检测灵敏度都可以达到 1%，突破了检测标本突变含量的限制，均可对小标本如外周血样本进行检测，这使得突变细胞含量低于传统测序法检测下限的晚期癌症患者也可以从 EGFR-TKI 治疗中获益。

qPCR 是在常规 PCR 基础上加入荧光标记探针或相应的荧光染料来实现定量功能的一种方法。该技术实现了 PCR 从定性到定量的飞跃，与常规 PCR 相比，其特异性更强，自动化程度更高，目前已得到广泛应用。利用该方法对 *EGFR* 基因突变进行检测时，可设计针对 *EGFR* 基因第 19 号外显子 4 个缺失区域的检测探针(突变型探针)、针对第 21 号外显子 L858R 突变和第 18 号外显子 G719C 突变的检测探针，探针的 5′端采用荧光染料进行标记，3′端与非荧光淬灭分子相连接，随着 PCR 反应的进行，PCR 产物不断累积，荧光信号强度也等比例增加，每经过一次循环，荧光定量 PCR 仪收集一次荧光信号，这样就可以借助于荧光信号强度来监测 PCR 产物的变化，最后通过标准曲线对样本中 *EGFR* 基因突变进行定量分析。此方法检测目的基因不需要检测突变基因 DNA 的具体含量，仅需检测样本是否具有扩增信号即可，并且 PCR 反应具有核酸扩增的高效性，可检测出微小突变。该方法可以检测出含量为 1%以上的突变[55]，且具有检测周期短、操作简单的优点。但该技术须根据已知的突变类型设计引物，因此无法检测出所有可能的突变，且成本较高。

AMRS 是基于反转录 PCR(reverse transcription PCR，RT-PCR)技术的一种检测方法，也称为等位基因特异性 PCR(allele-specific PCR，AS-PCR)[56]。该技术通过在 3′端引物序列中附加错配突变设计实现特异性扩增。针对不同的已知突变，设计适当的引物以检测出等位突变基因。扩增产生的 PCR 产物可以通过凝胶电泳或是 qPCR 测定进行分析。该检测法的敏感性可达到 1%[57]，尤其适合 DNA 含量较少的微小标本及要求灵敏度高的样本。ARMS 方法的局限性与 RT-PCR 相同，即只能检测已知突变，且检测成本较高。

SARMS 则是在 ARMS 的基础上引用了一种蝎形结构的特异性探针即 Scorpions® 探针，当探针与扩增子(即突变序列)连接进行扩增时，荧光基团与淬灭基团分离，反应试剂中荧光强度增加。由于 Scorpions® 探针中序列特异性引物和探针在同一分子上，信号产生特别快。该方法可检测单个突变，对于已知基因的检测敏感性更高，可达 0.1%[58]。罗氏(Roche)公司的 cobas® EGFR Mutation Test 和凯杰(Qiagen)公司的 therascreen® EGFR RGQ PCR kit 就是以 SARMS 为检测原理的伴随诊断试剂盒。这 2 种试剂盒于 2013 年被 FDA 批准用于检测 NSCLC 患者 *EGFR* 基因第 19 号外显子缺失和第 21 号外显子的 L858R 替代突变，以筛选适用 EGFR-TKI 治疗的患者[59]分别在临床上应用厄洛替尼、阿法替尼治疗的伴随诊断。2016 年 6 月，FDA 批准了罗氏的 cobas® EGFR Mutation Test v2。这是一款以血液为基础的伴随诊断试剂盒，也是 FDA 批准的首个基于 *EGFR* 基因突变的液体活检方法。基于血液样本的液体活检方法的批准，使肿瘤精准治疗又前进了一步，并为重症患者或因其他原因无法做组织活检的患者提供了一个选择治疗手段的检测办法。与传统肿瘤组织活检相比，抽取血液的液体活检无需复杂操作且侵入性低，有利于提高临床实践中 *EGFR* 基因突变的检测率。但由于肿瘤组织具有异质性，液体活检取样未必有代表性。因此，如果血液 *EGFR* 基因突变检测结果为阴性，则需做肿瘤组织切片活检，以确定是否存在

EGFR 基因突变。

数字 PCR 技术是基因分子检测的里程碑式突破。数字 PCR 通过将样品大倍数稀释,使每个细分样品中所含有的待测分子数不超过 1 个,经 PCR 扩增后通过基因芯片逐个计数。这是一种绝对定量的方法,可以在大量野生型基因为背景时检测到含量极少的突变,无须校准。近年来,在数字 PCR 的基础上又衍生出微滴式数字 PCR(droplet digital PCR, ddPCR)系统。该技术的敏感性和特异性更高,定量更精确,效率也更高。ddPCR 系统是在传统的 PCR 扩增前对样品进行微滴化处理,可以将每份样本分成 20 000 个微滴,而后进行 PCR 扩增。根据泊松分布原理及阳性微滴的个数与比例,可得出靶分子的起始拷贝数或浓度,其检测敏感性高达 0.001%[58,60,61]。利用该技术 3 h 可进行 96 份样本的分析,且定量程度更高,这对于 EGFR-TKI 治疗后的疗效评估、疾病进展及获得性耐药机制研究来说是十分重要的[62]。

NGS 技术,也就是高通量测序技术,是由第一代测序技术(即直接测序法)发展而来的第二代测序技术。不同于第一代测序技术针对单一片段测序以检测基因突变,NGS 技术可以针对一个基因多个位点、多个基因或全外显子突变进行快速检测。该技术与第一代测序技术相比灵敏度及特异度均有所提高。NGS 技术具有通量大、时间短、精确度高和信息量丰富等优点,可在短时间内对特定基因进行精确定位。NGS 技术可同时对上百万个小的 DNA 片段进行测序,其与 ddPCR 有一定的相似之处,即在测序前分离 DNA 片段,以便能够检测到微小的突变序列。因此,对于循环肿瘤 DNA(circulating tumor DNA, ctDNA)检测来说,NGS 技术是一种高度敏感的解决方案,可提供相对定量结果,其精度与 ddPCR 相当,可达 99%[63]。值得注意的是,基于 NGS 技术的 ctDNA 检测方法应用于 *EGFR* 基因突变检测时,可基本消除假阳性结果[64]。相对于 ARMS、SARMS 及 ddPCR 技术,NGS 技术在未知突变,特别是药物耐药机制的研究领域具有独特的优势。NGS 技术的局限性在于技术复杂、成本较高,不适合样本量太少的单基因检测。

上述 *EGFR* 基因突变检测方法的比较如表 6-1 所示。随着 *EGFR* 基因突变位点研究的不断深入,*EGFR* 基因突变检测方法也会逐步完善。结合临床实际情况,有目的地开展上述方法的大规模多中心临床试验,为临床提供方便快捷的筛选 EGFR-TKI 优势患者的方法具有重要的意义。

表 6-1　不同基因突变检测技术比较

技术名称	优　点	缺　点	所需样本量	灵敏度
Sanger	既可检测已知突变 也可检出未知突变 准确性极高且成本低廉	敏感性低 操作过程烦琐,结果判读复杂,对取材和技术要求比较高	大(多用于手术组织标本的检测)	低

(续表)

技术名称	优　点	缺　点	所需样本量	灵敏度
RT-PCR	特异性更强 自动化程度高 检测周期短 操作简单	只能检测已知突变 检测成本较高	中等(适合 DNA 含量较少的微小标本检测及要求灵敏度高的样本)	中
ARMS	简便快速 特异性好 普及度高	只能检测已知突变 检测成本较高	中等(适合 DNA 含量较少的微小标本检测及要求灵敏度高的样本)	中
SARMS	简便快速 灵敏度高 血液的液体活检无需复杂操作 侵入性低	只能检测已知突变 血液中突变检测有假阴性风险	小	高
ddPCR	敏感度和特异度更高,绝对定量效率更高	只能检测已知突变 检测成本较高	小	极高
NGS	通量大 时间短 精确度高 信息量丰富 适用于未知突变的研究	样本太少时单个样本的平摊成本较高	小(更适合多基因组合甚至全外显子捕获等测序)	中

6.2 表皮生长因子受体小分子靶向药物研发

6.2.1 第一代表皮生长因子受体酪氨酸激酶抑制剂药物研发

6.2.1.1 吉非替尼

吉非替尼是一种合成的苯胺喹唑啉,分子式为 $C_{22}H_{24}ClFN_4O_3$,分子量为 446.90(见图 6-4)[65]。吉非替尼于 1994 年由英国捷利康公司研发,是全球第一个被批准用于进展期 NSCLC 治疗的表皮生长因子酪氨酸激酶抑制剂。

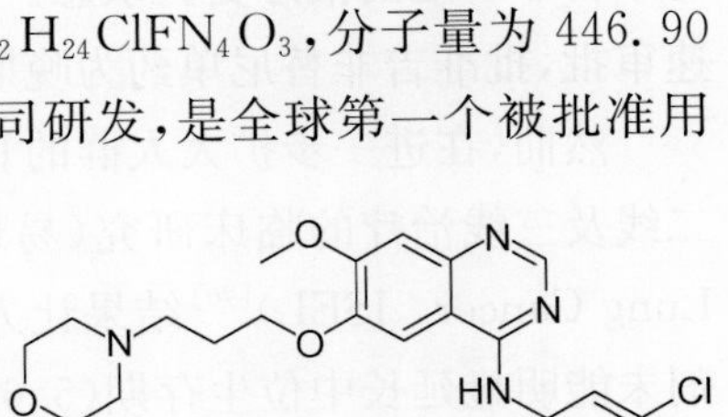

吉非替尼采用口服给药方式。口服给药后其血浆药物浓度峰值(C_{max})出现在给药后的 3～7 h,平均生物利用度为 60%。当给药剂量范围在 50～700 mg/d,其半衰期($t_{1/2}$)约为 48 h,随后血药浓度逐

图 6-4　吉非替尼的分子结构

(图片修改自参考文献[65])

渐呈双相下降，经 7～10 d 达稳态血药浓度[14]。同时，吉非替尼表现出依赖性药代动力学特征，多次给药后，AUC 和 C_{max} 成比例增加，因此给药方式适于每日一次。与食物一起服用时，其 C_{max} 和 AUC 无显著降低。研究显示，吉非替尼在给药剂量为 150～1 000 mg/d 时均有抗肿瘤活性；当给药剂量大于等于 250 mg/d 时，AUC 和 C_{max} 的检测值随剂量增加而增大；当给药剂量大于 500 mg/d 时，则 AUC 和 C_{max} 的检测值不呈比例关系。吉非替尼在肝脏通过多种途径代谢，然后经胆管排泄，其代谢过程较为复杂，参与其氧化的代谢酶主要为细胞色素 P450 的同工酶 CYP3A4，因此吉非替尼与 CYP3A4 强力抑制剂联合使用时应当谨慎。

吉非替尼最初的临床应用主要集中于 NSCLC 的治疗。2000 年前后，对于状况较好的晚期 NSCLC 患者一线首选治疗方案为含铂双药化疗，其有效率约为 40%[66]。但是经一线药物治疗后，二线和三线药物治疗的临床获益都很低，二线药物的有效率不到 10%，三线药物的疗效更差，吉非替尼成为当时二线药物的期待疗法。Ⅰ期临床试验提示，应用吉非替尼的剂量为 150 mg/d 时开始出现抗肿瘤活性，应用剂量为 250 mg/d 时可以维持稳定的血药浓度，但长期服用大于 500 mg/d 的吉非替尼则难以耐受，吉非替尼的主要剂量限制性毒性(dose-limiting toxicity, DLT)表现为Ⅲ度腹泻，一般在剂量大于 800 mg/d 时出现[14]。在评价吉非替尼单药治疗晚期 NSCLC 最佳有效剂量的两个多中心研究(IDEAL1、IDEAL2)中[15,16]，采用前期临床所得的有效治疗剂量 250 mg/d 和 500 mg/d 分别对共计 400 余例一线进展后患者进行治疗，在使用药物后的 8～10 d 约 40%的患者出现症状的缓解。症状缓解率与客观有效率及总体生存改善相吻合。同时，阿斯利康制药公司提供了扩展供药计划(expanded access program, EAP)[67]，约 2 万例 NSCLC 患者在一线或二线治疗中使用吉非替尼。统计结果显示，服用吉非替尼 1 年的总生存率为 29.9%，中位总生存期(median overall survival, mOS)为 5.3 个月，而按当时传统方法治疗的 1 年生存率约为 15%。同时参加 EAP 研究的中国报道[68]显示，其总的 1 年生存率达 40.7%，中位生存时间为 11 个月。之前的 IDEAL 及 EAP 研究共同提示女性、非吸烟肺腺癌患者在吉非替尼治疗中获益更加明显，同时，亚裔人种对于吉非替尼的治疗更为敏感。基于这些临床数据，美国 FDA 于 2003 年 5 月 5 日加速审批，批准吉非替尼单药为晚期 NSCLC 铂类化疗失败后的二线治疗药物[69]。

然而，在进一步扩大人群的Ⅲ期临床试验中，吉非替尼对比安慰剂在晚期 NSCLC 二线及三线治疗的临床研究(易瑞沙肺癌生存评估研究，Iressa Survival Evaluation in Lung Cancer, ISEL)[70]结果让人失望。研究共入组 1 692 例患者，吉非替尼对比安慰剂未能明显延长中位生存期(5.6 个月 *vs*. 5.1 个月；$P=0.087$)。虽然研究显示吉非替尼在肿瘤缓解方面有优势，但并没有转化为生存获益，亚组分析提示对于东亚人及不吸烟的患者，吉非替尼可延长生存获益。吉非替尼在治疗移植瘤中与化疗药物联合应用显示出生存获益[71]，提示联合用药可能会给晚期肺癌患者带来更多的好处。以此为出发点的两项多中心、随机、安慰剂对照Ⅲ期临床研究分别由荷兰自由大学医学中心的Giaccone和美国范德比尔特-英格拉姆癌症中心的Johnson主持，也称为INTACT 1和INTACT 2研究[17,18]。这两项研究均是全球性的，入组病例包括北美洲、欧洲、大洋洲、南美洲、南非和亚洲等地的共2 130例肺癌患者，病例具有广泛的代表性。然而，两项研究的结果均显示，吉非替尼与含铂化疗方案联合应用，并不能提高Ⅲ、Ⅳ期NSCLC的生存率（$P>0.05$）。

充满希望的IDEALⅡ期临床研究和令人沮丧的INTACTⅢ期临床研究，都没有探究肺癌患者的*EGFR*基因表达情况。为了更清楚地了解吉非替尼与*EGFR*基因之间的关系，日本和美国科学家联合对119例没有接受吉非替尼治疗的原发性NSCLC患者的*EGFR*基因进行了测序，并将研究结果发表于2004年的《科学》(*Science*)杂志上[1]。该研究发现，在58例日本患者中有15例的癌组织*EGFR*基因发生了特定位点的突变，而在61例美国患者中只有1例存在这种突变。突变主要表现为*EGFR*基因的第858位上的密码子出现T→G转换，引起EGFR蛋白中该位点的氨基酸由原来的亮氨酸转变为精氨酸(L858R)，第719位点的密码子出现转换，引起EGFR蛋白中该位点的氨基酸由甘氨酸转变为丝氨酸(G719S)，EGFR酪氨酸活性激酶区中第746～759位检测到多位点缺失，以上这些活性位点的突变在正常肺组织中并不存在。研究者认为这些改变影响了EGFR的结构，从而进一步影响其蛋白激酶的自身调节。同时该研究结果还显示，*EGFR*基因突变与人口学特征明显相关，在腺癌患者中其突变率为21%(15/70)，在其余肿瘤类型患者中约为2%；在女性患者中其突变率为20%，而在男性患者中仅为9%；在日本患者中其突变率为26%，而在美国患者中其突变率为2%。在经吉非替尼治疗有效的5例患者中，*EGFR*基因的突变率为100%，而在进展的4例患者中没有1例存在*EGFR*基因的突变。同期发表于《新英格兰医学杂志》(*The New England Journal of Medicine*)的临床文献再次证实[19]，在对吉非替尼治疗有效的9例患者中有8例出现*EGFR*基因突变阳性，而在7例治疗无效的患者中无1例存在*EGFR*基因突变阳性。同时，体外实验也证实，突变的EGFR增强了酪氨酸激酶对表皮生长因子的活性，增加了吉非替尼对其抑制的敏感性。这两篇文章同时论证了*EGFR*基因突变与吉非替尼疗效之间的联系。*EGFR*基因突变及与吉非替尼之间的联系，为临床治疗肿瘤提供了全新的个体化治疗的思路。

*EGFR*基因突变的发现，促使检测*EGFR*基因突变的技术不断发展。2005年，日本学者Nagai等[72]提出核酸肽锁核酸(peptide nucleic acid-locked nucleic acid，PNA-LNA)PCR夹的检测方法，该方法较普通方法更为敏感和快捷。检测手段的完善促使吉非替尼在晚期NSCLC患者的治疗中得到进一步探讨的机会，对于存在*EGFR*基因突变的患者，吉非替尼的生存获益不断被证明。2006年先后在日本[73-75]进行的3个Ⅱ期临床试验证实，对于*EGFR*基因敏感突变的晚期初治NSCLC患者，应用吉非替尼治

疗的有效率在70%左右，中位无进展时间为9～10个月。这些结果促使吉非替尼作为一线药物用于治疗*EGFR*基因敏感突变NSCLC患者疗效及安全性评价的大型Ⅲ期临床试验开展。2006年，中国香港学者Mok[76]牵头进行了大型Ⅲ期临床试验(IPASS研究)，该试验选择不吸烟的东亚地区晚期肺腺癌初治患者分别给予吉非替尼单药对比紫杉醇加卡铂化疗。试验结果达到预期值。亚组分析结果显示，在261例患者中检测到*EGFR*基因突变(261/1217)，使用吉非替尼对比化疗，中位无进展生存期明显获益($HR=0.48$；$P<0.001$)，而对于*EGFR*基因无突变的患者，吉非替尼组无进展生存期低于化疗组($HR=2.85$；$P<0.001$)，该临床试验很好地证实了*EGFR*基因突变与吉非替尼获益之间的联系。同期在日本启动的大型Ⅲ期临床试验(NEJ002)[77]共入组230例*EGFR*基因敏感突变的进展期NSCLC患者，患者按随机1∶1的比例分配到250 mg/d吉非替尼治疗或者卡铂联合紫杉醇化疗组。研究结果显示，吉非替尼和化疗的中位无进展生存期分别为10.8个月与5.4个月($P<0.001$)，吉非替尼组的客观缓解率明显高于化疗组(73.7% *vs.* 30.7%；$P<0.001$)。在日本进行的另一项大型Ⅲ期临床试验(WJTOG3405)[78]进一步论证了吉非替尼在晚期*EGFR*基因敏感突变NSCLC患者中的一线优势地位。该临床研究共入组患者172例，86例患者随机进入吉非替尼组，另一半患者进入多西他赛联合顺铂组，结果再次论证吉非替尼对比化疗使得晚期*EGFR*基因敏感突变的患者中位无进展生存期得到明显延长(9.2个月 *vs.* 6.3个月；$P<0.001$)。*EGFR*基因突变的发现和检测方法的完善以及*EGFR*基因突变与吉非替尼疗效相关性的明确，改善了晚期*EGFR*基因敏感突变NSCLC患者的治疗效果，NEJ002和WJTOG3405两个大型Ⅲ期临床试验进一步验证了在大样本*EGFR*基因敏感突变NSCLC患者中吉非替尼作为一线治疗药物的地位。

6.2.1.2 厄洛替尼

厄洛替尼也属于喹唑啉类小分子药物，分子式为$C_{22}H_{23}N_3O_4$，分子量为429.90(见图6-5)。厄洛替尼是具有选择性、高亲和性及可逆性的EGFR-TKI。厄洛替尼采用口服给药方式。研究显示，口服推荐剂量厄洛替尼片150 mg/d比吉非替尼225 mg/d，具有更高的$AUC_{0\sim24}$(给药24 h血药浓度曲线下面积)和C_{max}。厄洛替尼在给药后2～4 h可达血药浓度峰值，其生物利用度约为59%。食物可显著提高其生物利用率，最高可达到几乎100%。但个体差异较大，因此在服用过程中应避免与食物同服。厄洛替尼在肿瘤患者体内的生物半衰期为20 h，在连续用药后7～8 d可达稳定的血药浓度[79]。厄洛替尼同样是在肝脏通过多种途径代谢的，代谢参与酶主要为CYP3A4和CYP3A5，所以在与CYP3A4的诱导剂如利福平等合用时会导致潜在的药物相互作用。临床前试验结果显示，连续服用7 d利福

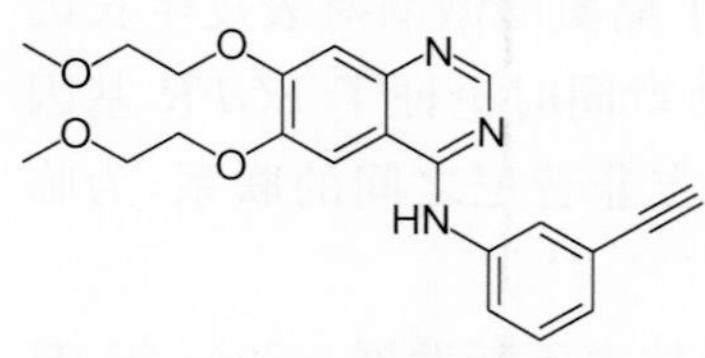

图6-5 厄洛替尼的分子结构
(图片修改自参考文献[79])

平能够使厄洛替尼的 *AUC*(血药浓度-时间曲线下面积)降低 67%[80]。厄洛替尼代谢物主要经粪便及尿液排泄。

与吉非替尼类似,厄洛替尼最初的临床应用也是作为治疗晚期肺癌的二线药物。其中影响较大的是 BR. 21 试验[81],试验共入组了 17 个国家的 731 名患者,患者随机按照 2∶1 的比例进入厄洛替尼(150 mg/d)组或安慰剂组,结果显示中位总生存期得到延长(6.7 个月 *vs*. 4.7 个月),死亡风险下降 30%,厄洛替尼组的 1 年存活率为 33%,而安慰剂组为 22%。同时厄洛替尼组患者的咳嗽、疼痛、气喘改善率分别为 44%、42%和 34%。试验结果显示,厄洛替尼作为二/三线药物治疗晚期 NSCLC 不但能够延长生存时间,还能提高患者的生存质量。在此之后开展的扩大型Ⅳ期临床试验 TRUST[82],共纳入 52 个国家的 7 000 名患者,研究结果显示,厄洛替尼作为二/三线药物治疗晚期 NSCLC 的疾病控制率(disease control rate, DCR)可达 77%左右,奠定了厄洛替尼在晚期 NSCLC 治疗中作为二/三线药物的地位。同时,这两项大型临床试验的亚组分析显示,具有特殊分子生物学和临床特征的患者如不吸烟、女性、亚裔、腺癌等会更多地从厄洛替尼治疗中获益。

厄洛替尼单药作为二/三线药物治疗晚期 NSCLC 获得的成功鼓舞了医学界。在 2000 年,研究者分别进行了厄洛替尼联合化疗一线药物用于晚期 NSCLC 的两项大型Ⅲ期临床研究: TALENT[83] 和 TRIBUTE[84]。这两项临床研究均为多中心、随机、双盲及安慰剂对照试验,入选患者为初治的晚期(Ⅲb 期或Ⅳ期)NSCLC 患者。TALENT 试验共入选患者 1 172 例,试验组($n=586$)为厄洛替尼联合吉西他滨和顺铂,对照组($n=586$)为安慰剂联合吉西他滨和顺铂;TRIBUTE 试验入选患者 1 059 例,试验组($n=526$)为厄洛替尼联合紫杉醇和卡铂,对照组($n=533$)为安慰剂联合紫杉醇和卡铂。两项试验均显示,化疗联合厄洛替尼未能延长患者的生存期(TALENT: 厄洛替尼组为 9.9 个月,安慰剂组为 10.1 个月;$P=0.49$。TRIBUTE: 厄洛替尼组为 10.6 个月,安慰剂组为 10.5 个月;$P=0.95$),也不能改善患者的生活质量。EGFR-TKI 联合化疗失败的原因主要考虑为 EGFR-TKI 使肿瘤细胞停滞在 G_0 期,而常规化疗药物主要是对处于 S 期的细胞有杀伤作用,因此两类药物联合使用产生了相互拮抗的作用,反而降低了治疗效果。

与联合化疗相比,厄洛替尼单药作为一线治疗药物的进程较为顺利。2009 年,美国临床肿瘤学会会议报道了厄洛替尼对比长春瑞滨单药,作为一线药物对老年患者进行治疗的疗效[85]。116 例 70 岁以上晚期初治 NSCLC 患者,随机分组后接受厄洛替尼或长春瑞滨进行一线治疗。结果表明,厄洛替尼组的 ORR 优于长春瑞滨组(22.8% *vs*. 8.9%;$P=0.0388$),厄洛替尼组的中位无进展生存期也占优势(4.57 个月 *vs*. 2.53 个月;$P=0.0287$)。同年,在美国临床肿瘤学会会议上发表的西班牙肺癌协作组(Spanish Lung Cancer Group, SLCG)研究结果[86]显示,厄洛替尼作为一线药物对 *EGFR* 基因敏感突变患者的治疗有非常优异的疗效。该研究从 2 507 例患者中经活检筛选出 217 例 *EGFR* 基因突变患者，给予厄洛替尼一线治疗，研究显示其 ORR 为 70.6%，疾病进展时间(time to progression, TTP)为 14 个月，总生存期为 27 个月。分层分析显示，患者群体中女性、*EGFR* 第 19 号外显子突变和发生客观缓解的患者，总生存期显著占优势。该临床试验提示，厄洛替尼的优势获益人群为存在 *EGFR* 基因敏感突变的肺癌患者。在中国进行的大型Ⅲ期临床试验 OPTIMAL[87] 利用这一特点，进一步证实了厄洛替尼在该类患者中的优势。研究共纳入 *EGFR* 基因敏感突变晚期初治 NSCLC 患者 165 例，试验组给予厄洛替尼 150 mg/d，对照组给予吉西他滨联合卡铂化疗，结果显示，厄洛替尼组无进展生存期较吉西他滨联合卡铂组明显延长(13.1 个月 *vs.* 4.6 个月，$HR=0.16$；$P<0.001$)。2011 年，大型Ⅲ期临床试验 EURTAC[88] 论证了在欧洲晚期 *EGFR* 基因敏感突变肺癌患者中厄洛替尼作为一线药物的疗效。研究共纳入患者 174 例，随机进入厄洛替尼组和紫杉醇联合顺铂/吉西他滨联合卡铂组。结果显示，厄洛替尼组无进展生存期较紫杉醇联合顺铂/吉西他滨联合卡铂组有显著优势(9.7 个月 *vs.* 5.2 个月；$P<0.001$)。

6.2.1.3 埃克替尼

埃克替尼(icotinib，商品名为凯美纳)也属于第一代 EGFR-TKI 小分子抑制剂，分子式为 $C_{22}H_{21}N_3O_4$，分子量为 427.88(见图 6-6)[89]。埃克替尼由贝达药业自主研发，是中国第一个自主研发的小分子靶向抗肿瘤药物，属于中国 1.1 类化学新药。临床前研究显示，埃克替尼对于 EGFR-TK 活性的半数抑制浓度(IC_{50})为 5 nmol/L，通过检测其对 88 种激酶(包括 EGFR-TK 及其突变型)的抑制活性，结果显示埃克替尼仅对 EGFR-TK 及其突变型有显著抑制作用，是具有高选择性的 EGFR 激酶抑制剂[90]。临床研究显示，埃克替尼在健康受试者中的血药浓度达峰时间为 1～3 h，半衰期为 6 h，而且在 100～600 mg 呈现良好的线性吸收特征。研究显示，每次 125 mg，每日三次[three times a day (ter in die)，tid]给药的稳态血药浓度高于每次 100 mg，tid 给药的稳态血药浓度[89]。与其他 2 个第一代 EGFR-TKI 药物类似，埃克替尼也是经由肝脏代谢，不同的是其参与代谢的主要酶为 CYP2C19，这也决定了埃克替尼对于轻、中度肝损伤患者具有更好的耐受性。其代谢物主要以原形、羟基化代谢物和冠醚开环代谢物的形式由粪便排泄[91]。

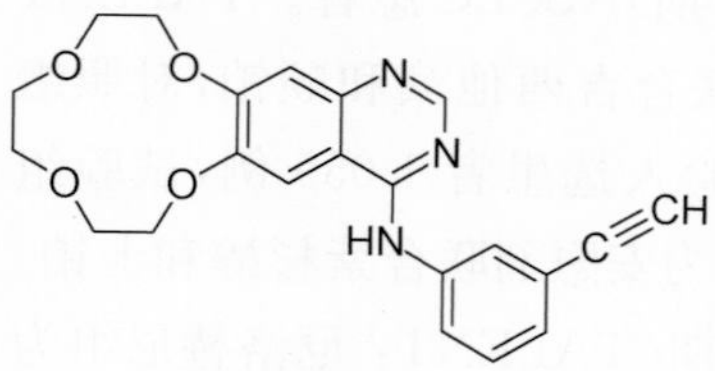

图 6-6 埃克替尼分子结构
(图片修改自参考文献[89])

埃克替尼Ⅰ期/Ⅱa 期临床试验显示，其对晚期 NSCLC 具有显著的疗效和良好的安全性[89]。研究共纳入 103 例经过含铂一线和以上药物治疗的晚期 NSCLC 患者，给予安全有效剂量(100～600 mg tid)。研究结果显示，埃克替尼的客观缓解率达 29.2%，疾病控制率为 78.1%，其中有 3 例患者完全缓解(complete response, CR)。其不良反应主要表现为皮疹、腹泻，发生率分别为 34％和 11％，绝大多数为Ⅰ级或Ⅱ级，仅 3 例患者出现Ⅲ级以上的皮疹。为了进一步评价埃克替尼在晚期肺癌患者中的疗效，2009 年正式启动的埃克替尼注册性Ⅲ期临床研究（ICOGEN 研究），头对头比较了埃克替尼与吉非替尼治疗既往接受过一线或二线化学药物治疗的晚期 NSCLC 患者的疗效和安全性，采用多中心、随机、双盲、双模拟、平行对照的方式进行临床研究[92]。该临床研究采用非劣效设计，试验组给予埃克替尼 125 mg tid，对照组给予吉非替尼 250 mg qd，研究主要疗效指标为无进展生存期。研究结果显示，在埃克替尼组与吉非替尼组无进展生存期分别为 4.6 个月和 3.4 个月（$P=0.13$），$HR=0.835$（95％CI：0.667～1.046），符合研究方案要求，由此证实埃克替尼在疗效上非劣效于吉非替尼。在安全性方面，两组间不良反应发生率和严重程度基本无明显差异，但在总体不良反应发生率方面埃克替尼组低于吉非替尼组（61％ *vs.* 70％；$P=0.046$），腹泻发生率减低更为明显（19％ *vs.* 26％；$P=0.0328$）。这些结果显示，埃克替尼的疗效与吉非替尼相当，但安全性优于吉非替尼。随后开展的上市后Ⅳ期临床研究再次证实了埃克替尼在 NSCLC 患者中的疗效及安全性[93]，研究对 6 087 例患者用药后的安全性和疗效进行了资料收集。结果显示，埃克替尼在晚期肺癌患者中的客观缓解率为 30％，疾病控制率为 80.6％。在完成基因检测的 989 例患者中有 738 例（74.6％）为 *EGFR* 基因敏感突变阳性，其客观缓解率为 49.2％，疾病控制率为 92.3％。在安全性方面，主要不良反应为皮疹和腹泻，发生率分别为 17.4％和 8.5％，以Ⅰ级/Ⅱ级不良反应为主，且多不需要另行用药，可自行消失。

埃克替尼作为二/三线药物在晚期肺癌治疗中的良好疗效及安全性，预示其在 *EGFR* 基因敏感突变的患者中可能具有一线药物的治疗优势。CONVINCE[94]是一项大型Ⅲ期、随机、多中心的临床研究，研究共纳入 296 例晚期初治 *EGFR* 基因敏感突变的 NSCLC 患者，试验组埃克替尼的治疗剂量为 125 mg tid，对照组采用肺腺癌经典的治疗方案培美曲塞联合顺铂化疗，且对于化疗 4 个周期后没有进展的患者给予培美曲塞维持。研究的首要终点指标为无进展生存期。结果显示，埃克替尼在无进展生存期上明显优于化疗（9.9 个月 *vs.* 7.3 个月；$P=0.000\,9$）。亚组分析显示，对于 *EGFR* 基因第 19 号外显子缺失的患者，服用埃克替尼后其无进展生存期获益更加明显，达 11.2 个月。安全性结果显示，埃克替尼耐受性良好，Ⅲ级及以上不良反应远低于化疗组（4.05％ *vs.* 22.63％；$P<0.001$）。该临床研究证实了埃克替尼在 *EGFR* 基因敏感突变阳性 NSCLC 患者治疗中作为一线药物的地位，其不仅超越了传统的一线化疗药物，而且超越了化疗＋维持的治疗方案。

脑转移是肺癌最常见的转移形式，脑转移在整个肺癌治疗过程中发生率高达 40％。靶向药物的应用使得晚期肺癌患者的生存期延长，且随着诊疗技术的不断进步，生存期进一步延长。研究显示，伴有 *EGFR* 基因敏感突变的 NSCLC 患者脑转移发生率更高[95]。临床研究显示埃克替尼具有较高的血脑屏障透过率[96]。四川大学华西医院进行的高剂量埃克替尼治疗脑转移的Ⅰ期临床研究[97]共纳入15例患者，评估埃克替尼联合全脑放疗（whole brain radiation therapy，WBRT）治疗合并脑转移的*EGFR*基因敏感突变NSCLC患者的安全性和耐受性。在后续给药过程中初步观察药物疗效，并对用药剂量进行优化选择。试验设计采用3+3剂量递增原则，包括5个剂量递增组别（分别为125 mg、250 mg、375 mg、500 mg、625 mg，tid），其中125 mg、250 mg、375 mg剂量组各入组3例受试者，均未观察到剂量限制性毒性。500 mg组的3例受试者中有1例出现Ⅲ度肝功能异常，根据方案规定，继续入组3例受试者，其中1例出现Ⅲ度皮疹，提示500 mg tid接近最大耐受剂量，剂量爬坡试验结束。研究结果提示，埃克替尼联合全脑放疗治疗合并脑转移的*EGFR*基因敏感突变NSCLC患者安全有效，最大耐受剂量为500 mg tid，推荐剂量为375 mg tid。2016年在世界肺癌大会（World Conference on Lung Cancer，WCLC）上，由吴一龙教授领导的大型随机、对照、开放的多中心Ⅲ期临床试验BRAIN研究（CTONG-1201），进一步证实了埃克替尼在*EGFR*基因敏感突变的晚期肺癌伴脑转移患者中的疗效[98]。该临床研究对比了埃克替尼单药与全脑放疗在合并脑转移的*EGFR*基因敏感突变晚期NSCLC患者中的疗效和安全性。试验共入组患者158例，均为初治或接受1次化疗后进展、*EGFR*基因敏感突变，且脑肿瘤实质转移病灶不少于3个，至少有1个最大直径不小于1 cm的NSCLC患者。试验组给予埃克替尼片口服，125 mg tid，直至颅内病情进展或出现不能耐受的毒性；如为单纯颅内进展者，接受30 Gy/3 Gy/10 f全脑放疗后可继续埃克替尼治疗或化疗直至疾病再次进展；如单纯出现颅外进展，则采用"埃克替尼+标准化疗"。对照组给予全脑放疗30 Gy/3 Gy/10 f。化疗是否应该加入、加入时间以及具体化疗方案由研究者根据具体情况确定。该研究的主要终点指标为颅内无进展生存期（intracranial progression-free survival，iPFS）。研究结果显示，埃克替尼组较放疗组的颅内无进展生存期明显延长（10.0个月 *vs.* 4.2个月；$P=0.014$），同时在次要终点指标整体无进展生存期（6.8个月 *vs.* 3.4个月；$P<0.001$）以及ORR（55% *vs.* 11.1%；$P<0.001$）方面埃克替尼都表现出较明显的优势，且Ⅲ级以上不良反应率远低于放、化疗组（8.2% *vs.* 35.6%；$P<0.001$）。BRAIN（CTONG1201）研究是第一个头对头比较EGFR-TKI和全脑放疗治疗*EGFR*基因突变的NSCLC脑转移患者的Ⅲ期临床试验。在*EGFR*基因敏感突变的NSCLC脑转移患者治疗中，埃克替尼显著提高了患者的颅内无进展生存期和颅外无进展生存期。对于*EGFR*基因突变的NSCLC脑转移患者，埃克替尼是医师推荐的首选治疗方案。

临床试验证实，埃克替尼在*EGFR*基因敏感突变的NSCLC患者中可以作为一线药物用于治疗，并且其在脑转移上独特的疗效将使得更多的肺癌患者获益。纵观整个埃克替尼的研发过程，其在国内完成自主研发，所有临床试验都是在国内完成的，因而更加适合国人的生理学特性。大型临床试验也进一步证实其比其他第一代EGFR-TKI

药物具有更小的不良反应和更好的安全性。

6.2.2 第二代表皮生长因子受体酪氨酸激酶抑制剂药物研发

随着第一代可逆性 EGFR-TKI 的持续使用,日益凸显的耐药性成为其不可回避的问题。T790M 突变是引起第一代 EGFR-TKI 治疗耐药的最常见原因,大约 50%以上的临床耐药患者具有 *EGFR* T790M 基因突变。T790M 突变能通过引起 EGFR 空间构象的改变,增加 EGFR 对 ATP 的亲和力从而削弱第一代可逆性 EGFR-TKI 药物与 EGFR-TK 区域的结合能力[99]。不可逆性 EGFR-TKI 可通过共价结合克服上述突变带来的问题,大幅升高药物浓度并提供持续的封闭效应,增强对肿瘤细胞的持久抑制。第二代 EGFR-TKI 以勃林格殷格翰公司的阿法替尼为代表[100]。

6.2.2.1 阿法替尼的作用机制

阿法替尼是 EGFR-TK 的不可逆抑制剂,分子式为 $C_{24}H_{25}ClFN_5O_3$,分子量为 485.94(见图 6-7)[101]。作用机制除竞争性地占据 EGFR 上的 ATP 结合位点外,还能与 EGFR 结合口袋开口处附近所特有的氨基酸残基发生共价结合,进而实现对 EGFR 的不可逆抑制。其为不可逆的 *ERBB* 家族抑制剂,能抑制信号转导和阻隔与癌细胞生长和分裂相关的主要通道。由于 *ERBB* 家族信号转导机制可由多个同源二聚体跟异源二聚体引发,同时抑制多个 *ERBB* 家族成员,能比较有效地中断下游信号转导[102]。

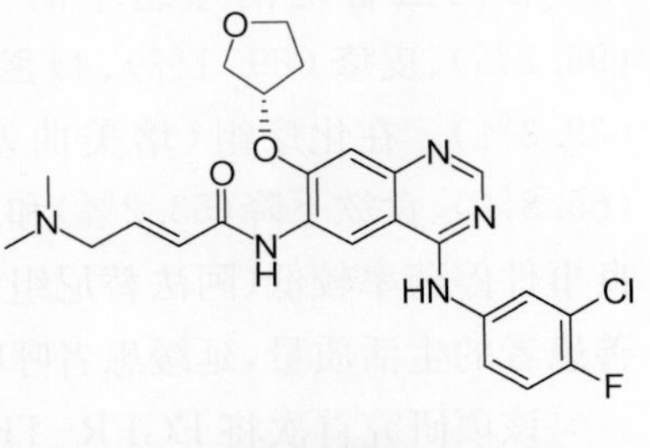

图 6-7 阿法替尼分子结构
(图片修改自参考文献[101])

6.2.2.2 阿法替尼的临床研究

LUX-Lung 临床研究探讨了阿法替尼用于中晚期 NSCLC 的疗效。其中在 LUX-Lung 2/LUX-Lung 3/LUX-Lung 6 的汇总研究中发现,阿法替尼对部分 *EGFR* 基因罕见突变(如 G719X、L861G、S768I)有明显的抑制作用,这意味着有这类突变型的患者一线药物选择阿法替尼疗效更好[103-105]。而目前 LUX-Lung 8 的临床试验表明,阿法替尼对于之前治疗失败的肺鳞状细胞癌患者具有临床优势,因而,阿法替尼也比第一代 EGFR-TKI 增加了肺鳞状细胞癌(不论 *EGFR* 基因突变与否)的后线治疗的适应证[106]。

LUX-Lung 系列的临床研究有 2 项关键性的Ⅲ期临床研究: LUX-Lung 3(n=345)和 LUX-Lung 6(n=364)。它们是至今最大的临床注册研究计划。LUX-Lung 3 的研究结果于 2013 年在 *Journal of Clinical Oncology* 发表[107],而 LUX-Lung 6 的研究结果则在 2013 年 ASCO 会议上发表[108]。这些关键性的Ⅲ期临床研究显示,阿法替尼与传统化疗(分别为培美曲塞/顺铂和吉西他滨/顺铂)相比,疗效更加卓越。

1) LUX-Lung 3

LUX-Lung 3 作为一项大规模、随机、开放的Ⅲ期注册临床研究,旨在将阿法替尼较两种化疗药物(培美曲塞联合顺铂)作为一线药物治疗伴有 *EGFR* 基因突变的Ⅲb 期或Ⅳ期 NSCLC 患者的效果进行比较。该研究在全球范围内入组 345 例 *EGFR* 基因突变阳性的 NSCLC 患者,其中阿法替尼组 230 例(40 mg/d),培美曲塞联合顺铂组[顺铂 75 mg/m^2,培美曲塞 500 mg/m^2,d1(第 1 天),q21d(每 21 天一次)]115 例。主要终点是无进展生存期。结果显示,阿法替尼组患者较培美曲塞联合顺铂组患者的无进展生存期显著延长(11.1 个月 *vs.* 6.9 个月,$HR=0.58$;$P=0.0004$)。值得重视的是,在伴有 *EGFR* 基因突变(19 位点缺失和 L858R 突变占所有 *EGFR* 基因突变的 90%)的患者中,接受阿法替尼治疗组患者的中位无进展生存期超过 1 年(13.6 个月),而对照组患者的中位无进展生存期则仅为 6.9 个月($P<0.0001$);阿法替尼治疗组和对照组患者的中位总生存期分别为 33.3 个月与 21.1 个月。

在阿法替尼治疗组中的与药物相关的不良事件(adverse event, AE)是腹泻(95.2%)、皮疹(89.1%)、口腔炎/黏膜炎(72.1%)、甲沟炎(56.8%)和皮肤干燥(29.3%)。在化疗组(培美曲塞/顺铂)中药物相关不良事件的前 3 位依次为恶心(65.8%)、食欲下降(53.2%)和乏力(46.8%)。在研究中,阿法替尼组与治疗相关的不良事件停药率较低(阿法替尼组为 8%,化疗组为 12%)。另外,阿法替尼治疗可显著改善患者的生活质量,延缓患者呼吸困难、咳嗽及胸痛等症状恶化时间。

该项研究首次将 EGFR-TKI 与培美曲塞/顺铂进行比较,取得了阳性结果,这再次证实在治疗 *EGFR* 基因突变的晚期 NSCLC 患者过程中,一线药物应首选 EGFR-TKI。同时,也应注意到阿法替尼的非血液学毒性,尤其是皮疹、腹泻与甲沟炎相当明显,大约有半数患者因此需要减量[107,109]。

2) LUX-Lung 6

LUX-Lung 6 试验是一项针对亚洲 *EGFR* 基因突变阳性晚期肺癌患者的多中心、随机、开放的Ⅲ期注册临床试验($n=364$),对阿法替尼(A 组)相较化疗(吉西他滨/顺铂: GC 组)作为一线药物应用于伴有 *EGFR* 基因突变的晚期和转移性 NSCLC 的疗效和安全性进行评估。其中,中国共有 31 家肿瘤中心参与该研究,共入组患者 327 例,占整个研究的 89.8%。研究中心采用德国凯杰公司的 EGFR 检测试剂盒(therascreen® EGFR RGQ PCR kit)进行 *EGFR* 基因突变检测,364 例亚洲晚期肺腺癌患者(Ⅲb/Ⅳ期,未化疗过)随机按 2∶1 比例分为两组(A 组: 242 例;GC 组: 122 例),分别接受每日口服 40 mg 阿法替尼或静脉滴注吉西他滨/顺铂(1 000 mg/m^2 d1,d8+75 mg/m^2 d2,28 d,共 4~6 个周期)。该研究的主要终点为无进展生存期。

LUX-Lung 6 试验结果显示,在 *EGFR* 基因突变阳性的 NSCLC 患者中,阿法替尼的治疗效果优于标准化疗方案。接受阿法替尼治疗的 A 组患者无进展生存期为 11.0 个月,而接受标准化疗方案(吉西他滨/顺铂)的 GC 组患者的无进展生存期则不足半年,为 5.6 个月;A 组和 GC 组的中位总生存期分别为 31.4 个月和 18.4 个月。此外,在治疗结束后

1 年,有 47%的 A 组患者仍然处于无进展生存状态,而在 GC 组的患者中,这一数字仅为 2%。

在安全性方面,A 组常见的 3 级相关不良事件为皮疹/痤疮(14. 6%)、腹泻(5. 4%)、口腔炎/黏膜炎(5. 4%);GC 组为中性粒细胞减少(17. 7%)、呕吐(15. 9%)、白细胞减少(13. 3%)。因相关不良反应导致的 A 组患者停药率为 5. 9%、GC 组停药率为 39. 8%。接受阿法替尼治疗的这些不良反应是由 EGFR 的抑制作用所致,是可以预测的结果,与之前的试验结果一致,都为可预测、可管理和可逆的反应。

另外,患者报告结果(patient-reported outcomes, PRO)显示,经阿法替尼治疗后,不仅患者的肿瘤体积缩小,而且疾病其他相关症状也获得改善,如咳嗽、疼痛和气促(呼吸困难)。此外,通过对欧洲癌症研究与治疗组织(European Organisation for Research and Treatment of Cancer, EORTC)开发的肺癌患者生活质量表 QLQ-C30 和 QLQ-LC13 进行评估,A 组患者的生活质量相较 GC 组患者改善显著。这些生活质量改善结果也与 LUX-Lung 试验项目所获得的数据保持一致,包括已公布的 LUX-Lung 3 临床试验结果。

在 *EGFR* 基因突变阳性的亚洲晚期肺腺癌患者中,LUX-Lung 6 是最大规模的前瞻性研究,这一研究为阿法替尼优于标准化疗提供了进一步的临床证据[108,110]。

3) LUX-Lung 7

LUX-Lung 7 试验比较了阿法替尼与吉非替尼一线治疗 *EGFR* 基因突变 NSCLC 患者的临床疗效。研究结果显示,阿法替尼与吉非替尼比较,其死亡或疾病进展风险下降 27%;2 年生存率分别为 18%与 8%,阿法替尼组具有 2 倍以上的优势;患者治疗失败时间(time to treatment failure, TTF)分别是 13. 7 个月与 11. 5 个月,具有统计学差异($HR=0.73$;$P=0.0073$)。同时,阿法替尼也具有更强的缩小肿瘤能力。这一阳性结果展示了阿法替尼相比第一代 EGFR-TKI 药物的临床优势。阿法替尼的广谱作用及不可逆结合都提示其临床疗效会比第一代 EGFR-TKI 更优,同时也提示其药物不良反应也随之增加。LUX-Lung 7 试验显示,虽然总体不良反应发生率无差异,但是阿法替尼 3～4 级不良反应的发生率要比吉非替尼高(10. 6% *vs.* 4. 4%)。LUX-Lung 7 中也制定了剂量调整策略,即在发生 3 级以上不良反应时,应停药至患者恢复后重新用药,剂量按每次 10 mg 剂量下调,最低降至 20 mg。这可能是由于减量后患者药物血浆浓度仍然能维持在有效血浆浓度水平,并未因减量而对临床疗效产生影响[109,111]。

4) LUX-Lung 8

LUX-Lung 8 试验是阿法替尼和厄洛替尼针对肺鳞状细胞癌的临床试验。在晚期肺鳞状细胞癌患者进行的 LUX-Lung 8 研究表明,该患者人群接受阿法替尼治疗的无进展生存期和总生存期要优于接受厄洛替尼的结果。与厄洛替尼治疗组相比,阿法替尼治疗组的肿瘤进展风险降低 19%,阿法替尼治疗组与厄洛替尼治疗组的无进展生存期分别为 2. 6 个月与 1. 9 个月($HR=0.81$;$P=0.010$);患者死亡风险也降低了 19%,

阿法替尼治疗组与厄洛替尼治疗组的总生存期分别为 7.9 个月与 6.8 个月（*HR*＝0.81；*P*＝0.008）。同时，阿法替尼治疗组有更多患者的整体健康相关生存质量（health-related quality of life，HRQoL；用 QLQ-C30 和 QLQ-LC13 进行评估）得到改善（36％ *vs*. 28％；*P*＝0.041）。根据研究结果，阿法替尼在 2016 年分别获得美国和欧盟批准，用于治疗铂类化疗时或化疗后病情恶化的晚期肺鳞状细胞癌患者[112]。

LUX-Lung 系列临床试验的比较如表 6-2 所示。

6.2.2.3 阿法替尼的审批和使用

基于在临床研究取得突破性疗效结果，阿法替尼被纳入美国 FDA 优先审评流程，2013 年 7 月 12 日获准上市，作为新型一线治疗药物，应用于通过经 FDA 批准的检测方法检出存在 *EGFR* 第 19 号外显子缺失突变或第 21 号外显子替代突变（L858R）的转移性 NSCLC 患者。

欧洲药品管理局（European Medicines Agency，EMA）也于 2013 年 7 月 25 日批准阿法替尼用于治疗 *EGFR* 基因突变的 NSCLC 患者。

阿法替尼在中国上市的申请于 2016 年 4 月 24 日被国家食品药品监督管理总局药品审评中心公示并获得优先审评资格。

6.2.3 第三代表皮生长因子受体酪氨酸激酶抑制剂药物研发

第一代可逆性 EGFR-TKI 如吉非替尼、厄洛替尼、埃克替尼用药后易继发 T790M 突变（占 50％以上）而导致耐药。鉴于 T790M 突变的高发生率，人们尝试使用阿法替尼或联合用药来克服 T790M 耐药突变。然而阿法替尼作为单药使用时，其对 T790M 突变 NSCLC 患者的治疗是失败的，这可能是由于它对 EGFR 野生型的活性强，致使其毒性增大，导致其在体内无法达到克服 T790M 突变的有效浓度。近几年，国内外一些大型制药企业启动以 *EGFR* 基因突变（包括 *EGFR* 基因敏感突变和 T790M 突变）为靶点的第三代抑制剂的研发，包括阿斯利康公司的奥希替尼（AZD9291）、克洛维斯肿瘤公司的 CO-1686、韩美药品的 HM61713、诺华公司的 EGF816、安斯泰来公司的 ASP8273 和艾森生物公司的 AC-0010。值得注意的是，这些抑制剂不仅可以抑制 T790M 的活性，其对 *EGFR* 基因突变也有较强的活性，且它们具有更好的选择性，即其对 EGFR 敏感突变的活性较前两代 EGFR-TKI 弱。

6.2.3.1 奥希替尼

奥希替尼是阿斯利康公司研发的全球第一个上市的第三代口服、不可逆、高选择性的 *EGFR* T790M 突变抑制剂，也是中国首个获得批准用于 *EGFR* T790M 突变阳性局部晚期或转移性 NSCLC 的抗肿瘤药物。它能够抑制 *EGFR* 阳性突变和 T790M 突变，具有高选择性，可以特异性地与 *EGFR* T790M 突变受体结合并能同时阻断常见的敏感突变，对野生型受体没有明显的抑制作用，因此不良反应较轻。在临床研究中发现它可

表 6-2 LUX-Lung 系列临床试验

试验	分期	病理类型	EGFR 突变类型	既往治疗	阿法替尼组	对照组	主要终点	结果
LUX-Lung 1[113]	Ⅲ	腺癌	/	不超过二线药物和第一代 EGFR-TKI	50 mg	安慰剂	OS	中位 OS：10.8 个月(阿法替尼组) *vs*. 12.0 个月(安慰剂组)
LUX-Lung 2[114]	Ⅱ	腺癌	敏感突变	不超过一线药物	40～50 mg	无	ORR	ORR：62%
LUX-Lung 3	Ⅲ	腺癌	敏感突变	无	40 mg	培美曲塞＋顺铂	PFS	中位 PFS：11.1 个月(阿法替尼组) *vs*. 6.9 个月(化疗组)
LUX-Lung 4[115]	Ⅰ/Ⅱ	/	/	不超过二线药和第一代 EGFR-TKI	50 mg	无	第一部分：安全性；第二部分：不大于 ORR	ORR：8.2%
LUX-Lung 5[116]	Ⅲ	/	/	含铂化疗和(或)第一代 EGFR-TKI	第一阶段：50 mg；第二阶段：40 mg＋每周紫杉醇	第一阶段：无；第二阶段：化疗	OS	第一阶段：DCR 为 63.8%，中位 PFS 为 3.3 个月；第二阶段：OS 无明显差异
LUX-Lung 6	Ⅲ	腺癌	敏感突变	无	40 mg	吉西他滨＋顺铂	PFS	中位 PFS：11.0 个月(阿法替尼组) *vs*. 5.6 个月(化疗组)
LUX-Lung 7	Ⅱb	腺癌	敏感突变	无	40 mg	吉非替尼	PFS，ORR	中位 PFS：11.0 个月(阿法替尼组) *vs*. 10.9 个月(吉非替尼组)；ORR：70%(阿法替尼组) *vs*. 56%(吉非替尼组)
LUX-Lung 8[112]	Ⅲ	鳞状细胞癌		含铂化疗	40 mg	厄洛替尼	PFS	中位 PFS：2.6 个月(阿法替尼组) *vs*. 1.9 个月(厄洛替尼组)

注：OS，总生存期；ORR，客观缓解率；PFS，无进展生存期；DCR，疾病控制率。

以逆转 T790M 突变引起的第一代 EGFR-TKI 耐药。

目前,奥希替尼已获得美国(2015 年 11 月 13 日)、日本(2016 年 5 月 25 日)、英国(2016 年 10 月 4 日)、欧洲(2016 年 12 月 4 日)、韩国、中国(2017 年 3 月 24 日)和中国香港等 47 个国家和地区批准上市。

1) 奥希替尼的作用机制

奥希替尼是一个单苯胺嘧啶化合物(见图 6-8),分子式为 $C_{28}H_{33}N_7O_2$,分子量为 499.62。奥希替尼和吉非替尼、厄洛替尼一样,可以结合到肿瘤细胞表面的 EGFR 细胞内侧关键位点,阻止其磷酸化导致肿瘤细胞无法增殖并凋亡。通过糜蛋白酶分解并对酶解产物进行质谱分析的结果表明,奥希替尼共价结合在 *EGFR* L858R/T790M 激酶区的保守氨基酸残基 Cys797 上[117]。

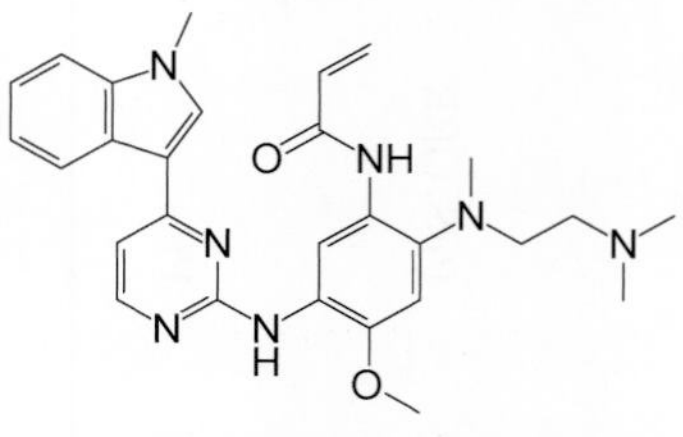

图 6-8 奥希替尼的分子结构

(图片修改自参考文献[117])

2) 奥希替尼的临床前研究

奥希替尼是一个高选择性的化合物,其对 *EGFR* 基因 L858R 突变的 IC_{50} 为 12 nmol/L,对 *EGFR* 基因 L858R 和 T790M 双重突变的 IC_{50} 为 1 nmol/L,而对其他激酶几乎无活性。与野生型 EGFR 相比,奥希替尼与突变型 EGFR 中 L858R 和 T790M 的结合效力高近 200 倍。奥希替尼对 1 型胰岛素样生长因子受体(type 1 insulin-like growth factor receptor, IGF1R)的抑制活性非常弱。

在细胞水平上,奥希替尼能够明显抑制 *EGFR* 基因突变表达细胞株(PC-9、H3255 和 H1650)的 EGFR 磷酸化,IC_{50} 的范围为 13～54 nmol/L;也能明显抑制 *EGFR* T790M 突变表达细胞株(H1975、PC-9VanR)的 EGFR 磷酸化,IC_{50} 小于 15 nmol/L;而对 *EGFR* 野生型表达的细胞株(A431、LOVO 和 NCI-H2073)的抑制弱,IC_{50} 为 480～1 865 nmol/L。

临床前毒理学研究表明,奥希替尼能导致受试者摄食量减少、多种器官(皮肤、眼、舌和肠)的表皮萎缩、QTc 间期(按心率校正的 QT 间期)延长、血压升高以及心率下降。组织病理学检查发现,经奥希替尼治疗后,动物的角膜溃疡/糜烂、睾丸内小管退化/萎缩、卵巢内黄体退化以及皮肤发生改变(表皮萎缩、炎症细胞浸润、卵泡发育不良、表皮溃疡或糜烂)。

临床前药代动力学研究表明,奥希替尼在小鼠体内的药物半衰期($t_{1/2}$)为 3 h。在大鼠和犬,经重复给药,奥希替尼的蓄积不到 2 倍。体外研究表明,奥希替尼不会通过影响肝细胞色素 P450 的活性,与其他药物发生相互作用。但它可能会通过抑制肠道 CYP3A4 来与其他药物发生作用。

在临床前人肺癌(PC-9,人肺腺癌细胞)脑膜转移动物模型试验中,奥希替尼在小鼠脑组织中有显著的暴露量,并且对由 *EGFR* 基因突变导致的肿瘤脑转移具有抑制活性。奥希替尼在大脑组织中的分布是吉非替尼的 10 倍,能够使脑部肿瘤明显缩小。奥希替尼对颅内病灶的控制远远优于第一代 EGFR-TKI，在第一代 EGFR-TKI 耐药后模型中能发挥作用，提示奥希替尼在控制中枢神经系统(central nervous system, CNS)转移肿瘤方面具有潜在的疗效[117,118]。

3) 奥希替尼的临床研究

(1) AURA(二线Ⅰ期/Ⅱ期研究)[119]：是奥希替尼作为二线以上药物治疗 *EGFR* 基因突变 NSCLC 患者的Ⅰ期/Ⅱ期临床研究。这是一项多中心、开放性的临床研究，试验结果在 *The New England Journal of Medicine* 上发表。受试者为既往经 EGFR 抑制剂治疗后影像学确认为进展的 *EGFR* 基因突变 NSCLC 患者，目的是为了探索奥希替尼的安全性、药代动力学和初步疗效。试验设计分为剂量递增研究和扩展队列研究。

在剂量递增阶段，共设计 5 个剂量组(分别为 20 mg qd、40 mg bid、80 mg qd、160 mg qd 及 240 mg qd)，招募 36 例患者，采用"Rolling 6"设计原则进行研究，每一组招募 3～6 例患者。患者在第 1 天接受单次给药后，有(7±2)d 的洗脱期，之后进入重复给药试验，时间为 21 d。

在扩展队列研究中，分 6 个不同的亚组，招募 162 例患者，以研究奥希替尼在这些亚组中的耐受性、药代动力学、疗效和生物学活性。其中一组为配对活检组。进入扩展队列研究的患者，必须由中心实验室确认其生物标本的 T790M 状态(突变阳性或阴性)。每个亚组入组 30 例患者，配对活检组入组 12 例患者。一旦确定了最大耐受剂量或Ⅱ期推荐剂量，在该剂量组另招募 175 例 T790M 突变的患者，进一步进行疗效和耐受性研究。

目前，在所有可评估的 239 例患者中，患者的 ORR 为 51%，DCR 为 84%。所有剂量水平和脑转移患者均出现以实体瘤疗效评价标准(response evaluation criteria in solid tumors, RECIST)定义的影像学响应。127 例经中心实验室确认 T790M 突变患者的 ORR 为 61%，DCR 为 95%，中位无进展生存期为 9.6 个月。61 例 T790M 阴性患者的 ORR 为 21%，DCR 为 61%，中位无进展生存期为 2.8 个月。

研究人员在剂量递增阶段未观察到剂量限制性毒性。在该Ⅰ期/Ⅱ期研究中，最常见(大于 15%)的不良反应多为常见不良反应事件评价标准(Common Terminology Criteria for Adverse Events, CTCAE)1 级，包括腹泻(47%)、皮疹(40%)、恶心(22%)、食欲减退(21%)。因不良反应导致减量和停药的比例分别为 6%和 7%。另一研究发现有 6 例患者出现高血糖症、11 例患者出现 QT 间期延长。3 级/4 级不良反应主要为疲乏、腹泻、皮疹及间质性肺炎(interstitial lung disease, ILD)，发生率均低于 4%。4 例患者被报告出现间质性肺炎。

另外，根据奥希替尼首次在患者应用的Ⅰ期临床研究结果，口服奥希替尼约 6 h(3～24 h)后，血药浓度达到峰值，$t_{1/2}$ 平均为 55 h(29.6～145 h)。基于 $t_{1/2}$，预测奥希替尼经重复给药后，将会在体内蓄积，其在体内 22 d 内能达到稳态。重复给药后，代谢物

AZ5104 和 AZ7550 的 *AUC* 约为奥希替尼的 10%。亚裔人群和非亚裔人群的药代动力学暴露量并没有明显差别。

(2) AURA(一线Ⅰ期研究)[120, 121]：是奥希替尼作为一线药物治疗 *EGFR* 基因突变 NSCLC 患者的Ⅰ期临床研究。该研究的结果陆续在 2015 年美国临床肿瘤学会会议和 2016 年欧洲肺癌大会(European Lung Cancer Conference，ELCC)上发表。研究评估了奥希替尼作为一线药物治疗 *EGFR* 基因突变 NSCLC 患者的安全性和有效性。EGFR 状态基于罗氏公司的 cobas® EGFR 突变检测结果。试验分为两个剂量组，即 80 mg qd 组和 160 mg qd 组，每组各纳入 30 例患者，共 60 例；中位年龄 64 岁，其中女性 45 例(75%)，第 19 号外显子缺失患者 22 例(37%)，L858R 突变患者 24 例(40%)，其他敏感突变患者 2 例(3%)，T790M 突变患者 5 例(8%)；平均随访 16.6 个月。

在可评估的 60 例患者中，患者的 ORR 为 77%(95%*CI*：64%～87%)，其中 80 mg 组的 ORR 为 67%(95% *CI*：47%～83%)；160 mg 组的 ORR 为 87%(95%*CI*：69%～96%)。中位缓解持续时间(duration of response，DOR)未达到(95% *CI*：12.5 个月至不可计算)。中位无进展生存期为 19.3 个月(95%*CI*：13.7 个月至不可计算)，其中 80 mg 组的中位无进展生存期未达到(95%*CI*：12.3 个月至不可计算)，160 mg 组的中位无进展生存期为 19.3 个月(95%*CI*：11.1～19.3 个月)。5 位初始携带 T790M 突变的患者，均达到部分缓解(partial remission，PR)，DOR 达到(12.2～20.7)个月。无进展生存期达到 18 个月的患者比例为 55%，其中 80 mg 组为 57%，160 mg 组为 53%。疾病控制率为 97%(95%*CI*：88.5%～99.6%)。

在安全性方面，因药物不良事件导致的减量在 80 mg 组和 160 mg 组分别为 10%(3/30)和 47%(14/30)。发生的 3 级及以上不良反应包括腹泻(80 mg 组：0；160 mg 组：7%)、口腔炎(80 mg 组：0；160 mg 组：3%)、甲沟炎(80 mg 组：0；160 mg 组：7%)和恶心(80 mg 组：3%；160 mg 组：0)。

该研究显示，奥希替尼作为一线药物治疗 *EGFR* 基因敏感突变和 T790M 突变的 NSCLC 患者是安全有效的。*EGFR* 基因突变阳性的晚期 NSCLC 患者应用一线药物奥希替尼治疗，疗效可观，耐受性可控。

(3) AURA Ⅰ期剂量扩大研究、AURA 扩展研究和 AURA 2[122, 25]：是奥希替尼在经 EGFR-TKI 治疗且 T790M 突变的晚期 NSCLC 患者中的疗效和安全性研究。美国 FDA 在 2015 年 11 月 13 日加速批准奥希替尼上市，其批准是基于 2 项Ⅱ期试验 AURA 的数据(AURA 扩展研究和 AURA 2)。该研究的结果在 *The Lancet Oncology* 杂志及 2016 年欧洲肺癌大会上发表。

在 AURA 的Ⅰ期剂量扩大研究(63 例患者)和 2 项Ⅱ期研究的联合分析(AURA 扩展研究和 AURA 2 研究，共 411 例患者)中，曾使用 EGFR-TKI 的 *EGFR* T790M 突变阳性的晚期 NSCLC 患者每日服用 80 mg 奥希替尼。T790M 状态基于罗氏公司的

cobas® EGFR 突变检测结果。

FDA 批准奥希替尼上市是基于替代终点——ORR。AURA Ⅰ期剂量扩大研究(P1)中 ORR 为 71%(43/61;95% *CI*：57%～82%)，中位 DOR 为 9.6 个月(95%*CI*：7.7～15.6 个月)，中位无进展生存期为 9.7 个月(95%*CI*：8.3～13.6 个月)。在 AURA 扩展研究和 AURA 2 研究的联合分析(P2)中，411 例患者的 ORR 是 66%(262/397;95%*CI*：61～71 个月)，中位 DOR 为 12.5 个月(95%*CI*：11.1 个月至不可计算)，中位无进展生存期是 11.0 个月(95%*CI*：9.6～12.4 个月)。无进展生存期达到 12 个月的患者比例为 47.5%(95%*CI*：42.4%～52.5%)。

在 P1 研究和 P2 研究中汇总的常见的药物相关不良事件主要是皮疹和腹泻，皮疹发生率分别为 37%(无 3 级以上)和 41%(1%为 3 级以上)，腹泻发生率分别为 35%(1%为 3 级以上)和 38%(1%为 3 级以上)，有 12 例患者出现间质性肺炎(2%为 3 级及以上)，有 1 例患者出现高血糖症，有 14 例患者出现 QT 间期延长。

P2 研究结果验证了 P1 研究，奥希替尼在经过 EGFR-TKI 治疗的 T790M 阳性的晚期 NSCLC 患者中疗效好，安全性可控。

(4) AURA 3[21]：是奥希替尼对比二线含铂药物治疗 *EGFR* 基因敏感型突变 Del19/L858R 和 T790M 双重突变 NSCLC 患者的Ⅲ期临床研究。2017 年 3 月 31 日，奥希替尼(80 mg，qd)获得美国 FDA 的完全批准，用于治疗 *EGFR* T790M 突变阳性 NSCLC 患者。此次的批准是基于Ⅲ期 AURA 3 研究的结果。该研究结果在 2016 年的世界肺癌大会上发表，*The New England Journal of Medicine* 也同步发表了此研究结果。

AURA 3 试验设计为奥希替尼与培美曲塞＋卡铂或顺铂双药化疗方案(可用培美曲塞维持治疗)，为随机、多中心、开放的Ⅲ期临床试验，研究纳入来自 18 个国家及地区的 126 个中心的 419 例患者，均为一线 EGFR-TKI 治疗失败后经组织活检证实为 T790M 突变阳性的患者。受试者按 2∶1 的比例随机分组，每日口服 80 mg 奥希替尼或静脉注射培美曲塞加顺铂或卡铂(可用培美曲塞维持治疗)，主要研究终点为评估用药后的无进展生存期。

在这项 AURA 3 研究中，奥希替尼作为二线药物，相比含铂类药物的二联标准化疗显示出卓越的疗效，可使无进展生存期显著延长 5.7 个月(10.1 个月 *vs*. 4.4 个月，95% *CI*：0.23～0.41 个月;$P<0.001$)。奥希替尼的 *ORR* 为 71%(95%*CI*：65%～76%)，优于含铂类药物二联标准化疗的 31%(95%*CI*：24%～40%)。奥希替尼对脑转移患者同样有效。在 144 例有中枢神经系统肿瘤转移的患者中，接受奥希替尼治疗的患者中位无进展生存期长于接受化疗的患者(8.5 个月 *vs*. 4.2 个月，95%*CI*：0.21～0.49 个月)。值得一提的是，奥希替尼不仅可以缩小携带 T790M 耐药突变的脑转移病灶，而且对还没有耐药的 *EGFR* 基因突变肿瘤脑转移患者同样有效。

在安全性方面，药物相关不良事件（3 级及以上）的发生率奥希替尼组小于化疗组（23% *vs*. 47%）。与奥希替尼治疗相关的常见不良反应包括腹泻（41%）、皮疹（34%）、皮肤干燥（23%）、指甲毒性（22%）及疲劳（41%），通常为轻度至中度。

奥希替尼对比化疗，不仅疗效更好而且不良反应也小，成为 T790M 耐药患者的首选。

（5）BLOOM[123]：是奥希替尼在脑转移 NSCLC 患者中的疗效研究。早在 2015 年的欧洲临床肿瘤协会（European Society for Medical Oncology，ESMO）年会上就有报道，在 AURA 和 AURA 2 Ⅱ期的联合分析中 39%的患者在入组时就有脑转移（无症状），在应用奥希替尼治疗的总人群中 ORR 达到 66%，而其中脑转移患者的 ORR 则达到 62%，两个亚组的 ORR 之间未见显著性差异。奥希替尼对中枢神经系统肿瘤转移的疗效引起了关注。AURA 3 研究的结果也提示奥希替尼在中枢神经系统肿瘤转移治疗中具有显著的疗效。

目前正在进行的Ⅰ期 BLOOM 研究是一项多中心开放的临床试验，目的在于评估奥希替尼治疗肿瘤软脑膜转移及脑转移 NSCLC 患者的安全耐受性及初步疗效。在 2016 年的美国临床肿瘤学会年会上报道了该研究的初步结果。研究纳入 EGFR-TKI 治疗耐药、经脑脊液细胞学检查确诊为肿瘤脑膜转移的 NSCLC 患者，给予奥希替尼 160 mg qd 的治疗。

在可评估的 21 例患者中，15 例还在接受治疗，33%的患者（7 例）达到经影像学确认的好转；43%的患者（9 例）达到已确认的颅内疾病稳定（stable disease，SD）。8 位患者利用微滴式数字 PCR 方法检测脑脊液中 EGFR 突变 DNA 的拷贝数，其中 5 例患者降低 50%以上。数据提示，奥希替尼对颅内病灶有良好的控制作用。在安全性方面，常见的药物可能相关不良事件为皮疹（15 例；1 级 11 例，2 级 4 例）和腹泻（8 例；1 级 5 例，2 级 3 例）。3 级的不良事件只有 1 例，为中性粒细胞减少症（停药 3 d 后恢复至 2 级，剂量恢复为 80 mg）。该项研究的数据还在更新中，期待有更多的中枢神经系统肿瘤转移患者从临床获益。

4）奥希替尼成功开发的经验

奥希替尼是一种不可逆的选择性 EGFR 突变抑制剂，它的成功源自科学家对肿瘤耐药机制的深入探索，能对由 T790M 突变引起的肿瘤耐药产生精准抑制。

奥希替尼是“精准医疗”的典范。从最初的靶点选择，到安全性验证，再到临床招募的设计。它找到了正确的靶点，设计出能抵达正确组织的药物，在安全性上达到了正确的水平，选择了正确的患者，并且找到了正确的市场。和常规化疗相比，它显著延长了患者的无进展生存期，ORR 和疾病控制率也有显著改善。它的快速问世，为全世界诸多无药可救的肺癌患者带来了全新治疗方案。

奥希替尼的快速问世，也离不开国家政策的支持。为了让患者尽早用上好药，美国 FDA 加快了在各个阶段的审批速度。奥希替尼先后获得了 FDA 批准的“快速通道”“突破性疗法”“加速批准”“优先审评”，这使其成为美国 FDA 有史以来上市最快的抗癌药。相关数据显示，奥希替尼从临床试验到通过 FDA 审批并上市仅用时 2.5 年，是阿斯利康公司史上最快的研发项目之一。打破了抗癌药从开始临床试验到被批准上市平均需要 10 年以上时间的记录。

在中国，奥希替尼也赶上了国家食品药品监督管理总局药品审评审批制度改革的东风，其被纳入优先审评程序。奥希替尼从提交上市申请到获批上市仅用了 7 个月的时间，在中国上市（2017 年 3 月 24 日）比美国（2015 年 11 月 13 日）仅晚了约 15 个月，成为当时在中国获批最快的进口抗癌药。

6.2.3.2 其他第三代表皮生长因子受体酪氨酸激酶抑制剂

除奥希替尼外，其他正处于Ⅰ期/Ⅱ期临床研究的第三代 EGFR-TKI 包括诺华公司的 EGF816、安斯泰来公司的 ASP8273、艾森生物公司的 AC-0010、上海艾力斯医药公司的 AST2818，还有克洛维斯肿瘤公司的 CO-1686 和韩美药品有限公司的 HM61713（见表 6-3）。由于 EGF816 和 ASP8273 目前报道患者应用人数很少，而 AST2818 的Ⅰ期临床试验还无相关数据报道，在此主要介绍 CO-1686、HM61713 和 AC-0010 的临床研发情况。

表 6-3 进入临床研究的第三代 EGFR-TKI

研究代号	分子结构/分子式/分子量	研发机构	临床研究状态
CO-1686 (rociletinib)	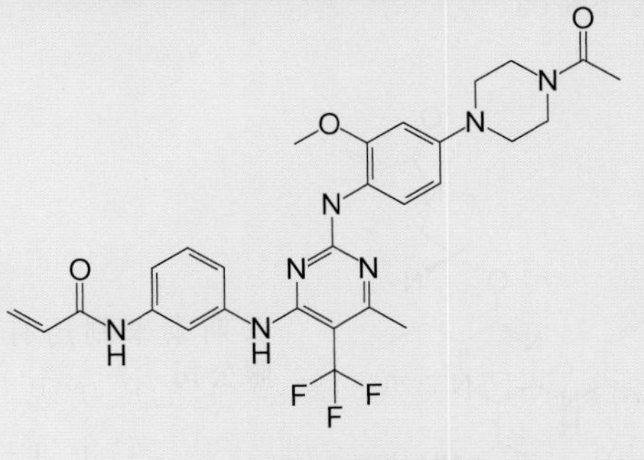 分子式：$C_{27}H_{28}F_3N_7O_3$ 分子量：555.55	克洛维斯肿瘤公司	终止研究
HM61713 (olmutinib)	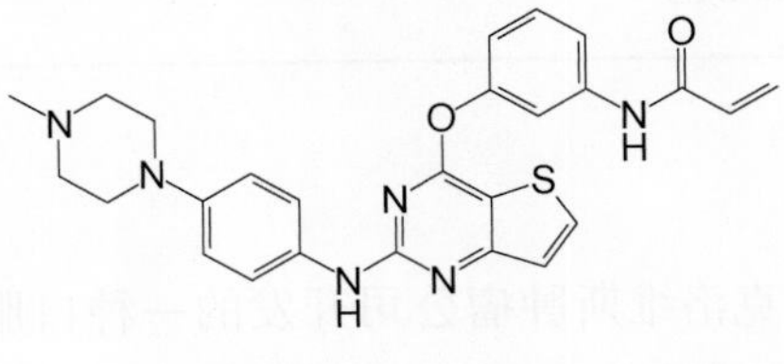 分子式：$C_{26}H_{26}N_6O_2S$ 分子量：486.59	韩美药品有限公司	停止开发

（续表）

研究代号	分子结构/分子式/分子量	研发机构	临床研究状态
AC-0010 (avitinib)	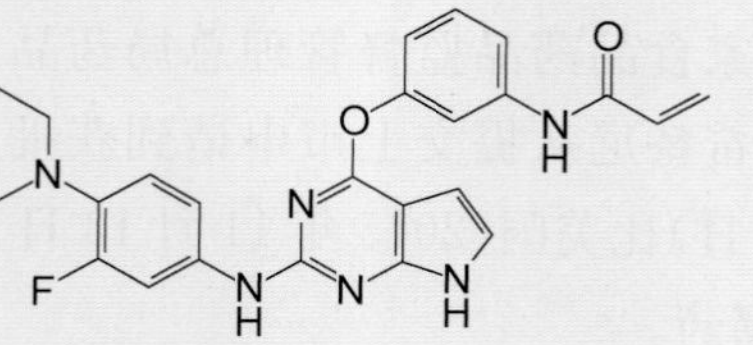 分子式：$C_{26}H_{26}FN_7O_2$ 分子量：487.53	艾森生物有限公司	Ⅱ/Ⅲ期临床
AST2818	—	上海艾力斯医药科技股份有限公司	Ⅰ期临床
EGF816 (nazartinib)	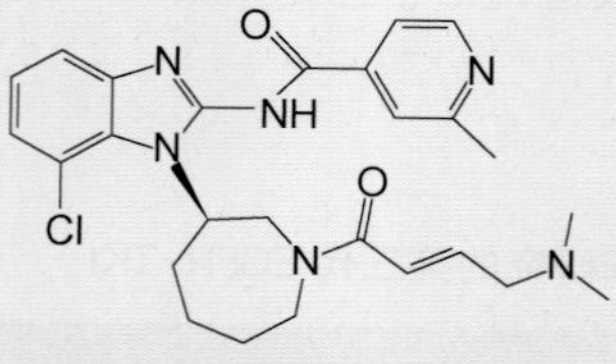 分子式：$C_{26}H_{31}ClN_6O_2$ 分子量：495.02	瑞士诺华公司	Ⅱ期临床
ASP8273 (naquotinib)	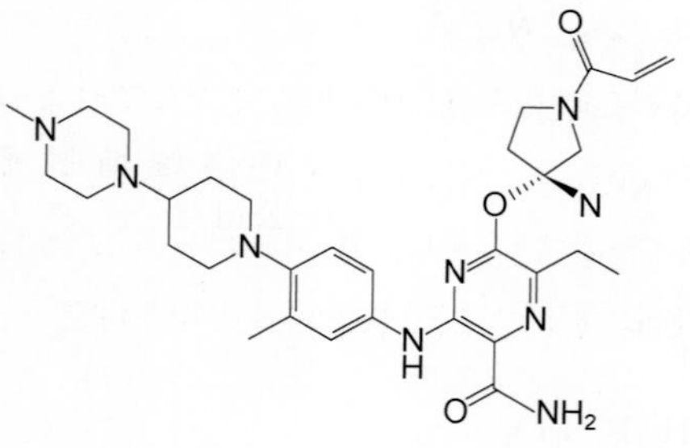 分子式：$C_{31}H_{46}N_8O_6S$ 分子量：658.81	安斯泰来制药有限公司	Ⅱ/Ⅲ期临床

1) CO-1686

CO-1686(rociletinib)是由美国克洛维斯肿瘤公司开发的一种口服、共价结合的不可逆 EGFR 抑制剂，能够抑制 *EGFR* 突变和 T790M 突变；具有高选择性的特点，即对其他激酶几乎无活性；而且对 *EGFR* 野生型的活性很弱。首次在人体剂量爬坡研究中的 CO-1686 为游离型。但由于此剂型的药代动力学特性不佳，之后将其改为氢溴酸盐，改善了 CO-1686 在体内的药代动力学特性[124]。

根据 CO-1686 的首次Ⅰ期临床研究结果[125]，CO-1686 氢溴酸盐的 *AUC* 在有效剂量范围内(500～1 000 mg)。随着药物剂量增加，*AUC* 呈线性增加，C_{max} 也与给药剂量成正比，CO-1686 氢溴酸盐在体内吸收迅速，$t_{1/2}$ 为 2～4 h。重复给药 CO-1686 在体内无蓄积，与其在动物实验中的体内代谢类似[126]。

2014 年 5 月 19 日，FDA 基于一项正在开展的Ⅰ期/Ⅱ期研究的中期疗效和安全性数据，授予 CO-1686 突破性疗法认定：它可作为一种单药疗法、二线药治疗 T790M 突变 NSCLC 患者。CO-1686 的Ⅰ期/Ⅱ期临床试验是一项二阶段、开放性的研究，受试者为既往经 EGFR 抑制剂(吉非替尼或厄洛替尼)治疗后进展的 *EGFR* 基因突变 NSCLC 患者，目的是为了探索 CO-1686 的安全性、药代动力学和初步疗效。在第一阶段的Ⅰ期和早Ⅱ期扩展队列组中，46 例 T790M 突变患者的 *ORR* 为 59%，疾病控制率为 93%，中位无进展生存期为 13.1 个月[125]。临床研究表明，CO-1686 对肿瘤脑转移有效。17 例 T790M 突变患者的 *ORR* 为 29%，疾病控制率为 59%，中位无进展生存期为 5.6 个月[127]。未出现最大耐受剂量，常见的不良反应为糖耐量异常/高血糖症(52%)、恶心(34%)、腹泻(23%)、呕吐(17%)、肌肉酸痛(11%)和 QT 间期延长(15%)。唯一的剂量限制性毒性为高血糖，通过减低药物剂量及增加一种口服降糖药，该毒性可控，并未出现因此毒性而中断治疗的事件。

第二阶段的 TIGER X 研究为扩展队列研究，纳入 243 例经中心实验室确定为 T790M 突变的患者，其 *ORR* 达到 53%，疾病控制率达到 85%。接受 CO-1686 的 500 mg 或 625 mg bid 治疗的 T790M 突变患者，无进展生存期总体可以达到 8.0 个月，如果患者没有肿瘤向中枢神经转移，则无进展生存期可以达到 10.3 个月[128]。试验中也发现，经 500 mg 或 625 mg bid 治疗的 19 例具有 T790M 突变的患者对该药也有响应，*ORR* 达到 42%，中位无进展生存期为 7.5 个月[129]。

在安全性方面，常见的不良反应包括高血糖(46%)、腹泻(36%)、恶心(31%)、QTc 间期延长(21%)、食欲下降(18%)、疲乏(16%)及肌肉痉挛(15%)等。发生率大于 10% 的 3 级/4 级治疗相关毒性为高血糖症，在最低剂量组(500 mg bid)中也有 17%的发生率，剂量更大组的发生率可能有所上升，但经口服药物对症处理是可控的。

此项研究的另一大突破为将血浆 T790M 的检测结果与疗效及组织检测结果配对，结果表明血浆检测 T790M 具有很好的敏感性，特异性较好。经组织检测确认有 T790M 突变的 192 例患者中，血浆检测同为 T790M 突变的达到 155 例。血浆检测 T790M 突变患者的整体有效率为 53%，疾病控制率为 82%。

克洛维斯肿瘤公司于 2015 年中期向美国 FDA 提交了 CO-1686 的新药申请，2015 年 11 月 FDA 要求克洛维斯肿瘤公司对其于同年发表的初步研究结果的疗效再次确认，结果显示疗效的稳定性欠佳。美国 FDA 抗癌药专家委员会(ODAC)以 12∶1 的投票结果，否决了 CO-1686 用于经 EGFR-TKI 治疗的 *EGFR* T790M 突变的转移性 NSCLC 患者治疗的快速审批。主要理由有 3 个：一是克洛维斯肿瘤公司最早公布的 ORR 包括了未经证实的应答，而后来经过证实的应答低于预期，只有 30%左右[130]，远低于开始的 53%[128]；二是克洛维斯肿瘤公司把 CO-1686 的剂量从 500 mg 加大至 625 mg 缺乏药代动力学研究支持；三是在控制高血糖和心电图 QT 间期延长这两个严重不良反应的情况下，CO-1686 是否能体现足够的疗效，FDA 也存疑。尤其是阿斯利康的同类药物奥希替尼显示了更好的风险收益比，患者已经有了治疗选择。此外，该专家委员会还建议应在 FDA 确定最终审批决策前提交关键的 TIGER-3 研究的Ⅲ期临床研究结果。开放的多中心的国际性试验 TIGER-3 研究是在接受过 EGFR-TKI 和含铂化疗并发生进展的 *EGFR* 基因突变 NSCLC 患者中，对 CO-1686 与单药化疗(培美曲塞、多西他赛或吉西他滨)的疗效进行比较。克洛维斯肿瘤公司收到 FDA 针对 CO-1686 的完全回复信(complete response letter, CRL)后，终止了 CO-1686 的所有临床研究工作。

2) HM61713

HM61713(olmutinib)是韩美药品有限公司研发的一种靶向 T790M 突变的第三代 EGFR-TKI 抑制剂。其对 *EGFR* 突变/T790M 突变(L858R/T790M)的 IC_{50} 为 10 nmol/L，是对 *EGFR* 野生型抑制活性的 222.5 倍，对 *EGFR* 野生型的 IC_{50} 为 2 225 nmol/L，对 *EGFR* 第 19 号外显子缺失的 IC_{50} 为 9.2 nmol/L[131]。HM61713 的Ⅰ期/Ⅱ期 HM-EMSI-101 研究(包括剂量递增阶段和扩大入组阶段)计划入组 273 例受试者，试验设计为口服 HM61713，每日一次或每日两次，以 21 d 为一个周期，剂量从 75 mg 至 800 mg 共 10 个剂量组。

HM61713 的Ⅰ期/Ⅱ期研究显示[131]，HM61713 的最大耐受剂量为 800 mg qd；300 mg 组和 800 mg 组的 *ORR* 分别为 29.1%和 54.8%，800 mg qd 组腹泻发生率高于 300 mg 组，两组腹泻发生率分别为 42%和 23%，均为 1 级和 2 级。Ⅱ期研究[132]进一步在 76 例既往接受 EGFR-TKI 治疗(无论是否接受系统性治疗)后肿瘤进展、T790M 突变阳性的患者中评估 800 mg/次，每日一次剂量的安全性和有效性。结果显示，*ORR* 为 62%，疾病控制率为 91%；主要与药物相关的不良事件为腹泻(55%)、皮疹(38%)、恶心(37%)和皮肤瘙痒(36%)，3 级以上不良事件为皮疹(5%)和皮肤瘙痒(1%)，9 例(12%)患者出现严重不良反应，4 例因药物相关不良事件退出研究，没有 QT 间期延长或血糖升高的不良事件报道。基于该研究结果，HM61713 于 2016 年 5 月 17 日在韩国获得批准，用于治疗既往接受过 EGFR-TKI 治疗的局部晚期或转移性 *EGFR* T790M 突变 NSCLC 患者。这也是韩国批准的第一个治疗 T790M 突变的肺癌靶向药物。也正是基于这个结果，FDA 在 2015 年 12 月 21 日授予 HM61713 突破性药物资格。

但是，在 2016 年 10 月 1 日，《韩国中央日报》报道，在曾服用 HM61713 的 731 例患者中有 3 例出现了严重皮肤溃烂的不良反应，其中 2 例患者死亡。因为 HM61713 具有严重的皮肤毒性，所有的临床试验招募被终止。在 EGFR-TKI 类药物治疗中皮肤毒性非常常见，应用奥希替尼有 60% 患者的不良反应和皮肤有关，但在临床试验中并没有患者因为皮肤毒性而死亡。造成皮肤严重毒性的主要原因考虑为体内药代动力学差异，或者药物在皮肤蓄积，或者药物半衰期过长，但这些指标事先都非常难以精确定义。

3) 艾维替尼

艾维替尼(avitinib, AC-0010)是一款口服的不可逆 EGFR-TKI。除了可以抑制 *EGFR* 活性突变(L858R，第 19 号外显子缺失)外，还可以抑制 T790M 获得性耐药突变。其对 *EGFR* 突变/T790M 突变(L858R/T790M)的 IC_{50} 为 0.18 nmol/L，而对 *EGFR* 野生型的 IC_{50} 为 7.68 nmol/L，对 *EGFR* 野生型的选择性为 43 倍。在 *EGFR* 突变/T790M 突变的小鼠移植瘤模型中，以 500 mg/kg 的日剂量口服艾维替尼可以使肿瘤达到完全缓解并维持超过 143 d，并且无体重减轻现象。艾维替尼的 3 种主要代谢物，并没有显示出对 *EGFR* 野生型和 IGF1R 的抑制作用[133]。

2015 年，在中国和美国分别启动艾维替尼Ⅰ期临床研究，艾维替尼成为第一个进入中国临床研究并同步开展美国临床研究的自主创新药物。艾维替尼Ⅰ期/Ⅱ期临床研究(NCT02330367)的目的是为了确定艾维替尼对使用第一代 EGFR-TKI 治疗失败后发生 T790M 阳性突变的 NSCLC 患者治疗的安全性、抗肿瘤活性和艾维替尼的Ⅱ期推荐剂量。试验设计为口服艾维替尼，bid，以 28 d 为一个周期，从 50 mg 至 350 mg 共 7 个剂量组。在剂量爬坡阶段的第一个周期内，每个剂量组如果 3 例病例中有 1 例病例出现部分缓解且未观察到剂量限制性毒性，则会扩大入组人数到 20 例。研究还通过收集血浆评估艾维替尼的药代动力学，并由中心实验室检测 T790M 突变的情况。主要疗效指标和次要疗效指标分别为总体 ORR 和疾病控制率。

在 2016 年 12 月的世界肺癌大会[134]上，艾森生物公司发布了艾维替尼的Ⅰ期/Ⅱ期剂量递增和临床扩展性试验的最新疗效和安全性数据。研究结果显示，除去无效剂量组 50 mg 的患者，共有 124 例患者可进行评估，总体 ORR 和疾病控制率分别为 44% 和 85%。在 150 mg bid 和 300 mg bid(n=95)剂量组中，总体 ORR 和疾病控制率分别为 51%和 89%。300 mg bid 剂量组共纳入 32 例患者，其 ORR 和疾病控制率分别为 53%和 90%。另外，艾维替尼的药代动力学研究结果表明，在有效的剂量范围内，该药的血药浓度达峰时间 t_{max} 为 2～4 h，中位 $t_{1/2}$ 为 8 h。会上研究者表示基于艾维替尼良好的有效性、安全性及药代动力学数据结构，研究选择 300 mg bid 剂量作为Ⅱ期推荐剂量。

在安全性上，常见的药物相关不良事件为腹泻(43%)、皮疹(28%)、丙氨酸氨基转移酶(ALT)和天冬氨酸氨基转移酶(AST)升高(44%和41%)。绝大多数与药物相关不良事件均为1级或2级。常见的3级/4级与药物相关不良事件是腹泻(1%)、皮疹(1%)、ALT和AST升高(分别为5%和3%)。所有3级和4级不良事件,在停止治疗或降低剂量后均会恢复至正常。艾维替尼的不良反应较小,不仅比第一代和第二代EGFR-TKI好,而且没有出现间质性肺炎、高血糖等其他第三代EGFR-TKI药物出现的严重不良反应。

6.2.3.3 总结

EGFR 基因T790M突变是EGFR-TKI的主要耐药原因,针对该靶点的研究及药物开发将会越来越多。除T790M突变之外,研究者也针对其他耐药机制进行了大量广泛的研究,如MET通路抑制剂、ALK通路抑制剂的研究开发。在广大临床肿瘤学研究者、医药研发公司、患者及其家属的共同努力下,希望能为提高肺癌患者总生存期提供更多的治疗策略。

6.3 表皮生长因子受体小分子靶向药物研发前景

6.3.1 表皮生长因子受体罕见突变抑制剂药物研发

如前文所述,在NSCLC中 *EGFR* 基因的突变频率非常高,除了常见的第19号外显子非移码缺失突变和第21号外显子L858R突变外,*EGFR* 基因的酪氨酸激酶编码区(第18~21号外显子)还广泛分布着若干其他突变,剩余约15%的 *EGFR* 基因突变称为罕见突变。

Lohinai等对814例肺腺癌患者的研究显示,总体来看,相对于常见突变,罕见突变与吸烟显著相关($P=0.006$);常见突变可作为总生存期延长的独立预测因素($HR=0.45$,95%CI:0.25~0.82个月;$P=0.009$),但罕见突变却不能。此外,携带常见突变和药物敏感的罕见突变的患者接受EGFR-TKI治疗后,其无进展生存期也要显著高于携带药物耐受型罕见突变的患者(12个月 *vs.* 6.2个月;$P=0.048$)[135]。然而,就单个突变来看,各罕见突变对应用EGFR-TKI治疗的反应程度有所区别。例如,G719X或L861X对吉非替尼或厄洛替尼的反应不如常见突变敏感,但要优于E709X和S768I[136];D761Y是与T790M类似的二次突变,通常发生于L858R突变携带者,D761Y的出现会降低L858R对EGFR-TKI的敏感性,但其降低程度不如T790M显著[137]。

然而,由于罕见突变发生率低,并且目前对于罕见突变的研究分散在不同的人群,不同研究进行基因分型时采用的方法也各异,这造成各报道之间存在偏差。此外,罕见突变和常见突变能够以多种组合形式同时被某一个体携带,因此有科学家认为,在未来,有必要将 *EGFR* 基因分型精确到个体而非群体[138]。虽然可以预见 *EGFR* 基因罕见突变对于患者的用药选择以及预后有重要价值,但要真正转化为临床应用,还有赖于样本量的扩大、检测技术的发展以及生物信息学工具的应用。

在 *EGFR* 罕见突变中，T790M 是最重要也是最常见的二次突变，是造成第一代 EGFR-TKI 耐药的最主要因素，第二代、第三代 EGFR-TKI 的开发都是为了对抗 T790M 突变导致的药物耐受性。除此之外，第 20 号外显子插入也是一个受到广泛关注的靶点。第 20 号外显子插入主要发生在氨基酸残基 767～774 对应的核苷酸序列[139]，占所有 *EGFR* 突变的 4%～9%，该突变通常与常用 EGFR-TKI 耐药以及较差的预后相关[139,140]。

AP32788 是美国 ARIAD Pharmaceuticals 公司（2017 年 1 月被武田药品收购）研发的一个针对第 20 号外显子插入突变型 *EGFR*/*HER2* 的 TKI，2015 年年底已申请新药研究申请(investigational new drug application，IND)并在 2016 年 2 月获 FDA 批准进行临床试验。2016 年 4 月，该公司在美国癌症研究协会（American Association for Cancer Research，AACR)的年会上公布了其临床前研究数据：在细胞水平上构建了 14 种表达突变型 *EGFR* 和 6 种表达突变型 *HER2*（包括第 20 号外显子插入 *EGFR*/*HER2*）的 Ba/F3 细胞系以及过表达野生型 *EGFR* 的 A431 细胞系以检测 AP32788 的活性。结果表明，AP32788 对所有突变型 *EGFR*/*HER2* 的抑制效果（*EGFR* 突变型的 IC_{50} 为 2.4～22 nmol/L；*HER2* 突变型的 IC_{50} 为 2.4～26 nmol/L）优于野生型 *EGFR*（IC_{50} 为 35 nmol/L），而厄洛替尼和吉非替尼主要抑制 2 种常见突变型 *EGFR*。此外，分别用表达第 20 号外显子插入型突变 *EGFR*/*HER2* 的肿瘤细胞建立荷瘤裸鼠模型，在耐受剂量内（30～100 mg/kg）每日一次口服给予 AP32788，试验结果显示该药对肿瘤的抑制效果显著[141]。AP32788 的临床Ⅰ期/Ⅱ期试验目前正处于招募受试者阶段（NCT02716116）。

2016 年 12 月，日本 Taiho 公司在第 28 届国际分子靶标和癌症治疗学研讨会(EORTC-NCI-AACR)上报道了 TPC-064 的开发情况。生化实验显示，TPC-064 对多种第 20 号外显子插入型突变 *EGFR* 的选择性都要强于野生型 *EGFR*（IC_{50} 分别为 37～239 nmol/L 与 544 nmol/L）；细胞活性试验结果也一致表明，TPC-064 对第 20 号外显子插入型突变 *EGFR* 的抑制效果（IC_{50} 为 33～197 nmol/L）优于野生型 *EGFR*（IC_{50} 为 571 nmol/L）。对荷瘤裸鼠每日一次口服给予 TPC-064，当口服剂量为 50 mg/kg 时，就能显现抗肿瘤效果；当口服剂量达到 200 mg/kg 时，肿瘤发生消退并且无明显的体重减轻[142]。

除此之外，还有若干药物最初研发并非针对某个 *EGFR* 突变。如美国麻省总医院主持的 luminespib(AUY-922)治疗携带 *EGFR* 第 20 号外显子插入突变 NSCLC 患者的研究。luminespib 是一个 HSP90 抑制剂，该临床试验初步证实相对于阿法替尼，luminespib 对于携带第 20 号外显子突变型 *EGFR* 的 NSCLC 患者有一定的疗效（NCT01854034）[143]。又如，poziotinib（HM781-36B）是一种新型口服、不可逆阻断

EGFR 家族受体的泛 HER 抑制剂，目前也正在进行一项针对第 20 号外显子突变型 *EGFR* 晚期 NSCLC 的Ⅱ期临床试验（NCT03066206）。这些药物对罕见突变型 *EGFR* 的 NSCLC 的效果还有待临床试验数据的公布。

6.3.2 第三代表皮生长因子受体酪氨酸激酶抑制剂耐药后的治疗策略

以奥希替尼为代表的第三代 EGFR-TKI 在一定程度上有效地克服了由 T790M 突变导致的第一代 EGFR-TKI 获得性耐药问题，然而通常用药 9～13 个月后，又会出现新的耐药机制。研究显示，造成第三代 EGFR-TKI 耐药的机制具有多样性，包括新的 *EGFR* 获得性突变、*BRAF* 突变、*MET* 基因扩增、*HER2* 基因扩增、*KRAS* G12S 基因突变等[144,145]。针对第三代 EGFR-TKI 造成的继发性耐药，目前研发较多集中在对抗新产生的 *EGFR* 基因 C797 位点的耐药突变，有人称之为第四代 EGFR 抑制剂。

CL-387785 是一种不可逆的 EGFR 抑制剂，可以克服 T790M 导致的 EGFR-TKI 耐药。有研究利用 CL-387785 处理携带 T790M 突变的 H1975 人肺腺癌细胞，筛选出了若干与 CL-387785 耐药相关的二次突变，包括 E931G（8%）、L685P（4%）、H773L（2%）等[146]。此外，C797 是第三代 EGFR-TKI 与 EGFR 的 ATP 结合位点形成共价结合的重要氨基酸[146,147]。虽然 CL-387785 未能导致 C797 突变，但含 C797S 突变 *EGFR* 稳转的 H1975 细胞系表现出对 CL-387785 的耐药性[146]。从 2015 年开始，陆续出现了在第三代 EGFR-TKI 临床试验或用药阶段发生 C797S 突变而耐药的病例报告[148,149]，这证实了 C797S 突变在第三代 EGFR-TKI 耐药机制中的重要性。Thress 等对接受奥希替尼治疗的 15 例 T790M 突变阳性和 4 例 T790M 突变阴性 NSCLC 患者的血浆游离 DNA 进行了微滴式数字 PCR 检测。结果显示，T790M 突变阳性患者在发生奥希替尼耐药后，其基因型发生的改变可分为 3 类：11 例患者 T790M 突变仍然呈阳性，其中 6 例（40%）在此基础上获得了 C797S 二次突变（顺式/反式），5 例患者（33%）未检测出 C797S 突变，说明可能有其他突变或其他信号通路参与该耐药机制；还有 4 例（27%）患者未发生 C797S 突变，并且转化成了 T790M 突变阴性。另有 4 例治疗前为 T790M 突变阴性的患者，在获得性耐药后均未检测出 T790M 突变或 C797S 突变阳性[49]。2016 年，Chabon 等对 43 例接受了 rociletinib 治疗的 NSCLC 患者进行了 ctDNA 检测，发现诸多基因如 *MET*、*EGFR*、*PIK3CA*、*ERRB2*、*KRAS* 等都有可能与 rociletinib 耐药相关。值得注意的是，C797S 是导致约 33%患者发生奥希替尼耐药的主要原因，但在 rociletinib 耐药中，*MET* 基因扩增是主要的机制，在 C797S 中只占不到 3%的比例[150]。以上研究表明第三代 EGFR-TKI 的耐药机制具有多样性，不同药物的耐药机制也不尽相同。此外，新生突变可能与既有突变之间存在一定的联系。例如，C797S 通常发生在携带第 19 号外显子缺失突变的患者中，而携带 L858R 突变的患者较少发生[49]。但受限于样本量，该假设还需要更多的临床病例来证实。

鉴于奥希替尼是目前唯一获批上市的第三代 EGFR-TKI，克服 C797S 带来的耐药问题将是未来研究的一大热点。研究显示，C797S 与 T790M 突变的空间位置与下一步的治疗策略密切相关。当 C797S 与 T790M 突变位于不同的染色体上时，称为反式结构，可以采用第一代和第三代 EGFR-TKI 联合用药，分别解决两种突变带来的药物结合受阻问题。但如果 C797S 与 T790M 突变位于同一条染色体上，则称为顺式结构，现有 EGFR-TKI 联合用药无效；若直接对 T790M 突变阴性的患者使用第三代 EGFR-TKI，发生 C797S 突变后，可采用第一代 EGFR-TKI 继续治疗[151]。基于以上结果，科学家正在进行针对 C797S 突变的第四代 EGFR-TKI 的开发。

EAI045 是一种新型的对突变型 *EGFR* 具有选择性的变构抑制剂，是在经高通量筛选得到的化合物 EAI001 基础上改造而成的。与之前 3 代 EGFR-TKI 不同，EAI045 的作用机制不是靶向 EGFR 酪氨酸激酶区域的 ATP 结合位点对 ATP 分子的结合产生竞争性抑制，而是与 K745、L777、F856 以及突变后的 M790 结合使 EGFR 酪氨酸激酶区域发生变构，从而抑制酶促反应的发生。在 1 mmol/L ATP 下，EAI001 对 L858R/T790M 突变型具有良好的选择性（其对 L858R/T790M 突变型的 IC_{50} 为 0.024 7 mol/L，其对野生型的 IC_{50} 大于 50 mol/L），但对单独的 L858R 或 T790M 突变型选择性不佳（对 L858R 突变型的 IC_{50} 为 0.75 μmol/L，对 T790M 突变型的 IC_{50} 为 1.7 mol/L）。经结构改造后，EAI045 对突变型 *EGFR* 的选择性得到了优化（ATP 为 1 mmol/L 时，其对 L858R/T790M 突变型的 IC_{50} 为 0.0037 mol/L，其对 L858R 突变型的 IC_{50} 为 0.009 mmol/L，其对 T790M 突变型的 IC_{50} 为 0.6 mol/L，其对野生型的 IC_{50} 为 4.3 μmol/L）[152]。此外，由于配体诱导 EGFR 发生非对称性的二聚体化[153]，空间位阻会妨碍 EAI045 与其中一个 EGFR 酪氨酸激酶变构区域的结合，因此 EAI045 单独使用并不能完全阻断 EGFR 信号通路。西妥昔单抗（cetuximab）能够通过竞争性结合 EGF 结合位点抑制 EGFR 的二聚体化，西妥昔单抗与 EAI045 联用在细胞水平上可产生协同作用；对 L858R/T790M 或 L858R/T790M/C797S 转基因肺癌小鼠单独给予西妥昔单抗或 EAI045 均无显著疗效，但联合用药能使两种肺癌小鼠的肿瘤体积都明显缩小[154]。预期 EAI045 与西妥昔单抗联用可能是第一代或第三代 EGFR-TKI 耐药患者的一个新选择。但由于毒副作用以及研发上仍存在一定问题，截至 2017 年 4 月，尚未有 EAI045 相关的临床试验计划公布。

由于第 19 号外显子缺失突变阻碍了酪氨酸激酶变构区域的开放，EAI045 对 C797S/T790M/19Del 三重突变型的 *EGFR* 可能抑制效果不佳，这一假设在细胞实验和转基因小鼠体内实验中也得到了证实[152]。最近，一种新的 ALK 抑制剂与 EGFR 抗体联用，有望对奥希替尼耐受的携带 C797S/T790M/19Del 三重突变型 *EGFR* 基因的 NSCLC 患者产生疗效[154]。布加替尼（brigatinib，AP26113）是一个 ALK 抑制剂，已被 FDA 批准上市，用于以克唑替尼治疗肿瘤仍有进展或不耐受的 ALK 阳性 NSCLC。计算机模拟布加替尼与三重突变型 *EGFR* 的结构模型显示，布加替尼能够结合到 EGFR 酪氨酸激酶区域的 ATP 结合口袋，以两个氢键与 M793 的骨架酰胺结合，在空间上不需要靠近 T790M 和 C797S，其嘧啶环 5 位氯代、苯环上的甲氧基和二甲基亚磷酰基是布加替尼对三重突变的 *EGFR* 具有良好选择性的关键结构。体外研究表明，对于表达 C797S/T790M/19Del 三重突变型 *EGFR* 基因的 PC-9 肺癌细胞，布加替尼对细胞增殖的抑制效果（IC_{50} 为 599.2 nmol/L）要远优于吉非替尼（IC_{50}>10 000 nmol/L）和奥希替尼（IC_{50} 为 3 461 nmol/L）；体内研究证实，对于表达 C797S/T790M/19Del 三重突变型 *EGFR* 的 PC-9 细胞构建的荷瘤裸鼠，布加替尼相对于奥希替尼对肿瘤的抑制效应更佳，并且当布加替尼与西妥昔单抗联用时，能在不影响体重的情况下对肿瘤生长产生明显的抑制作用，并显著延长荷瘤裸鼠的生存期[154]。然而，作为一个 ALK 抑制剂，布加替尼对突变型 *EGFR* 的作用机制尚不完全清楚，现有的临床数据也尚不足以支持布加替尼对于奥希替尼耐药的 NSCLC 患者的有效性[155]。

6.3.3 表皮生长因子受体酪氨酸激酶抑制剂与其他靶向药物联合治疗策略

随着现代生物医药科技的发展，靶向治疗作为精准医疗的一个重要方面，逐步在临床上得到重视和应用。靶向治疗能选择性地杀伤带有靶点的肿瘤细胞，对正常细胞伤害小，相对于传统化疗和放疗具有缓解时间长、毒副作用低、患者依从性高等优势，然而，获得性耐药是靶向治疗的一大瓶颈。为了克服 EGFR-TKI 耐药，一方面可以针对 *EGFR* 获得性突变设计新一代的靶向小分子；另一方面，对于旁路激活引起的耐药，还可以通过旁路靶向药物和 EGFR-TKI 联合用药改善肿瘤细胞对药物的敏感性。

MET 属于肝细胞生长因子受体，具有酪氨酸激酶活性，参与细胞信号转导、细胞骨架重排的调控，是细胞增殖、分化和运动的重要因素[156]。作为重要的旁路激活途径，*MET* 基因扩增能激活 ERBB3 依赖的下游 PI3K/PKB（Akt）通路，从而绕开受抑制的 EGFR[157]。根据这一理论，多项 MET 抑制剂与 EGFR-TKI 联用的临床前实验和临床试验正在进行。在 2012 年美国临床肿瘤学会会议上，Ou Sai-Hong Ignatius 报告了对晚期 NSCLC 患者给予 ALK/MET 抑制剂克唑替尼和厄洛替尼联合治疗的临床Ⅰ期/Ⅱ期试验结果（NCT00965731），大部分患者对于厄洛替尼 100 mg qd 和克唑替尼 150 mg bid 的给药剂量显示出良好的耐受和初步疗效[158]。此外，1 例晚期肺腺癌患者在陆续更换化疗、放疗及第三代 EGFR-TKI 等治疗方案后产生耐药，病情恶化，此时基因检测显示发生了中等程度的 *MET* 扩增。在给予奥希替尼 80 mg qd 和克唑替尼 200 mg bid 后，病情迅速缓解，联合用药 6 个月后影像学检查显示患者病情稳定，无明显不良反应[159]。除了以克唑替尼为代表的 MET 抑制剂，一项Ⅱ期临床的随机双盲试验（OAM4558g，NCT00854308）还对比了 MET 单克隆抗体奥那妥珠单抗（onartuzumab，

15 mg/kg iv 每 3 周 1 次)或安慰剂联合厄洛替尼(150 mg qd)治疗 NSCLC 的效果。在 *MET* 扩增阳性组,奥那妥珠单抗联用组将疾病进展时间相对于安慰剂联用组延长了 1 倍(3 个月 *vs*. 1.5 个月,*HR*=0.47;95%*CI*:0.26~0.85 个月;*P*=0.01),总生存期延长 2 倍(12.6 个月 *vs*. 4.6 个月,*HR*=0.37;95%*CI*:0.2~0.71 个月;*P*=0.002)[160]。除 *MET* 以外,*KRAS* 扩增和基因突变也是奥希替尼耐药的机制之一。临床前研究显示,RAS 信号通路上的 MEK 抑制剂司美替尼(selumetinib)与奥希替尼联合治疗奥希替尼耐药的 *EGFR* 基因 T790M 突变转基因肺癌小鼠,联合用药的结果显示出明显的肿瘤抑制作用[161],目前相关临床试验正在招募受试者(NCT02143466)。

除了靶向耐药机制,联合用药还可以通过抵抗不同的肿瘤发生机制产生药物协同作用,从而提高疗效,如抗血管生成、免疫疗法等。

程序性死亡蛋白-1(programmed death-1, PD-1)免疫疗法是近年癌症治疗领域的热点。肿瘤细胞表面表达程序性死亡蛋白配体-1(programmed death ligand-1, PD-L1)后,与免疫细胞 T 细胞表面的 PD-1 结合,可以传导抑制信号,从而使肿瘤细胞逃避 T 细胞的识别和攻击。目前已成功上市的 PD-1/PD-L1 单克隆抗体有罗氏旗下基因泰克的阿特珠单抗(atezolizumab)、百时美施贵宝的纳武单抗(nivolumab)和美国默克公司的派姆单抗(Pembrolizumab)。临床前研究显示,NSCLC 细胞系中 EGFR 信号通路激活可通过磷酸化-ERK1/2-c-Jun 上调 PD-L1 的表达,从而诱导 T 细胞的凋亡[162,163]。吉非替尼和 PD-1 单抗联用虽然在细胞模型上未显示出协同作用[163],但临床研究正在探讨 PD-1 免疫疗法能否延缓耐药,从而延长患者对 EGFR-TKI 的 DOR。对 21 名 *EGFR* 突变的Ⅲb 期/Ⅳ期 NSCLC 患者给予厄洛替尼(150 mg qd)和纳武单抗(3 mg/kg 每 2 周 1 次),19%的受试者表现出 3 级不良反应,无 4 级不良反应发生;从疗效来看,总体 ORR 为 19%,51%受试者无进展生存期达到了 24 周,64%受试者总生存期达到了 18 个月;20 例预先接受过 EGFR-TKI 治疗的患者中,有 3 例达到了部分缓解,中位缓解时间为 60.1 周(NCT01454102)[164]。另一项Ⅰb 期临床试验对一组未接受过 EGFR-TKI 治疗的患者给予吉非替尼(250 mg qd)和度伐鲁单抗(durvalumab, 10 mg/kg 每 2 周 1 次),对另一组先给予 4 周的吉非替尼(250 mg qd),然后换为吉非替尼和度伐鲁单抗联用,两组患者的 ORR 分别为 80%和 77.8%,高发不良反应为 ALT 和 AST 升高(NCT02088112)[165]。奥希替尼(80 mg qd)和度伐鲁单抗(3 mg/kg 或 10 mg/kg 每 2 周 1 次)联用时,在 EGFR-TKI 预治疗组中,T790M 突变阳性患者的 ORR 为 67%,阴性患者的 ORR 为 21%;未接受过 EGFR-TKI 治疗的患者 ORR 为 70%,然而在该项研究中,间质性肺炎的发生率高达 38%,致使该项研究被迫中止(NCT02143466)[166]。此外还有一项Ⅰb 期临床试验正在对阿特珠单抗与厄洛替尼联用的安全性和耐受性进行评估,3 级/4 级不良反应包括 ALT 升高(7%)、发热(7%)和皮疹(7%),18%的受试者因严重不良反应而中止治疗(NCT02013219)[167]。从现有的临床数据来看，PD-1免疫疗法的介入未能与EGFR-TKI形成有效的协同作用，并且严重不良反应如间质性肺炎、ALT/AST升高等的发生率高于预期。鉴于PD-1免疫疗法本身反应率不高，EGFR-TKI的效果也严重依赖于基因分型，有观点认为PD-1免疫疗法和EGFR-TKI联用可能只适用于部分亚人群，要证实这一观点，还需要更大的样本量和长时间的监测。

贝伐珠单抗(bevacizumab)是第一个通过FDA批准上市的抑制肿瘤新生血管生成的重组人源化单克隆抗体，通过抑制人类血管内皮生长因子(VEGF)的生物学活性起作用。贝伐珠单抗和厄洛替尼联合治疗携带有*EGFR*基因敏感突变的Ⅲb期/Ⅳ期或复发的非鳞状细胞癌型NSCLC患者，中位无进展生存期为16.0个月，优于单用厄洛替尼组(中位无进展生存期为9.7个月)，3级以上不良反应较单用厄洛替尼组无明显增加，提示该联用有作为一线药物治疗*EGFR*基因敏感突变NSCLC方案的可能[168]。然而，厄洛替尼与贝伐珠单抗联用相对于厄洛替尼与化疗联用并未显示出无进展生存期上的优越性[169]，并且在未进行基因筛选的患者人群中效果并不令人满意[170]。目前有两项贝伐珠单抗和厄洛替尼联用的临床试验(NCT01562028，NCT01532089)正在进行，研究结果有待公布。

细胞因子诱导的杀伤细胞(cytokine-induced killer cell, CIK cell)是一种新型的免疫活性细胞，CIK细胞与埃克替尼联用时，对PC-9和A549细胞的杀伤效应和促凋亡作用均高于各药物单用组[171]，CIK细胞与吉非替尼同时作用于PC-9/GR细胞(人肺腺癌细胞吉非替尼耐药株)时具有一定的协同杀伤活性，且随着吉非替尼浓度的增加或CIK细胞效靶比的提高，两者的协同杀伤活性增强[172]，这表明CIK细胞疗法与EGFR-TKI联合应用弥补了CIK细胞疗法靶向性差的不足。然而，EGFR-TKI与CIK细胞疗法联用在临床上是否安全有效，还有待相关临床研究的评估。

综上，鉴于肿瘤的发生是一个多机制的复杂过程，相对于单一治疗，靶向抑制多个肿瘤发生信号通路的综合治疗有可能产生更好的疗效，这一理论已经得到一些临床前或临床数据的支持。但是从现有临床数据也可以看出，EGFR-TKI联合其他靶向药物时，不良反应加剧是需要重视的问题。靶向药物对靶点的选择性高，在设计联合用药方案时对患者基因型或病理状况的遴选应更为严格。未来，免疫疗法与EGFR-TKI联合用药可能将是NSCLC实现个体化治疗的重要途径。

6.4 小结与展望

*EGFR*基因是肺癌分子靶向治疗中最早被发现的治疗靶点，也是我国肺癌患者最常见的发病机制，约有50%的患者出现*EGFR*基因突变。2002年，全球第一个EGFR-TKI在日本获批上市，用于携带*EGFR*基因突变晚期非小细胞肺癌患者的治疗。2011

年，我国第一个自主研发的 EGFR-TKI 埃克替尼获批上市，其Ⅲ期临床试验 ICOGEN 的研究结果提示，埃克替尼疗效与吉非替尼相当，安全性更优。如今，针对 *EGFR* 基因突变的小分子靶向治疗药物已经发展到第三代，全球第一个第三代 EGFR-TKI 奥希替尼为服用第一代/第二代 EGFR-TKI 耐药患者提供了有效治疗手段。同时，针对第三代 EGFR-TKI 耐药位点 C797S 的第四代 EGFR-TKI 也正在研发中。

随着大数据时代的来临，从基因检测数据层面开始对肿瘤发病机制展开的不断探索，使科学家对于肺癌发病本质的认识也一步步加深。“路漫漫其修远兮，吾将上下而求索”，尽管攻克肺癌的战斗漫长而艰巨，但随着分子靶向治疗药物的进一步研发，免疫治疗新手段的出现，有理由相信，长期抑制甚至治愈肺癌的梦想终将变为现实。

参考文献

[1] Paez J G, Janne P A, Lee J C, et al. EGFR mutations in lung cancer: correlation with clinical response to gefitinib therapy[J]. Science, 2004, 304(5676): 1497-1500.

[2] Salomon D S, Brandt R, Ciardiello F, et al. Epidermal growth factor-related peptides and their receptors in human malignancies[J]. Crit Rev Oncol Hematol, 1995, 19(3): 183-232.

[3] Ferguson K M, Berger M B, Mendrola J M, et al. EGF activates its receptor by removing interactions that autoinhibit ectodomain dimerization[J]. Mol Cell, 2003, 11(2): 507-517.

[4] Cohen S. Isolation of a mouse submaxillary gland protein accelerating incisor eruption and eyelid opening in the new-born animal[J]. J Biol Chem, 1962, 237: 1555-1562.

[5] Cohen S, Carpenter G. Human epidermal growth factor: isolation and chemical and biological properties[J]. Proc Natl Acad Sci U S A, 1975, 72(4): 1317-1321.

[6] Sporn M B, Todaro G J. Autocrine secretion and malignant transformation of cells[J]. N Engl J Med, 1980, 303(15): 878-880.

[7] Cohen S, Carpenter G, King L Jr. Epidermal growth factor-receptor-protein kinase interactions. Co-purification of receptor and epidermal growth factor-enhanced phosphorylation activity[J]. J Biol Chem, 1980, 255(10): 4834-4842.

[8] Mendelsohn J. Blockade of receptors for growth factors: an anticancer therapy — the fourth annual Joseph H Burchenal American Association of Cancer Research Clinical Research Award Lecture [J]. Clin Cancer Res, 2000, 6(3): 747-753.

[9] Gill G N, Kawamoto T, Cochet C, et al. Monoclonal anti-epidermal growth-factor receptor antibodies which are inhibitors of epidermal growth-factor binding and antagonists of epidermal growth factor-stimulated tyrosine protein-kinase activity[J]. J Biol Chem, 1984, 259(12): 7755-7760.

[10] Fan Z, Masui H, Altas I, et al. Blockade of epidermal growth factor receptor function by bivalent and monovalent fragments of 225 anti-epidermal growth factor receptor monoclonal antibodies[J]. Cancer Res, 1993, 53(18): 4322-4328.

[11] Kawamoto T, Sato J D, Le A, et al. Growth stimulation of A431 cells by epidermal growth factor: identification of high-affinity receptors for epidermal growth factor by an anti-receptor

monoclonal antibody[J]. Proc Natl Acad Sci U S A, 1983, 80(5): 1337-1341.
[12] Sato J D, Kawamoto T, Le A D, et al. Biological effects in vitro of monoclonal antibodies to human epidermal growth factor receptors[J]. Mol Biol Med, 1983, 1(5): 511-529.
[13] Ward W H, Cook P N, Slater A M, et al. Epidermal growth factor receptor tyrosine kinase. Investigation of catalytic mechanism, structure-based searching and discovery of a potent inhibitor [J]. Biochem Pharmacol, 1994, 48(4): 659-666.
[14] Baselga J, Rischin D, Ranson M, et al. Phase I safety, pharmacokinetic, and pharmacodynamic trial of ZD1839, a selective oral epidermal growth factor receptor tyrosine kinase inhibitor, in patients with five selected solid tumor types[J]. J Clin Oncol, 2002, 20(21): 4292-4302.
[15] Fukuoka M, Yano S, Giaccone G, et al. Multi-institutional randomized phase Ⅱ trial of gefitinib for previously treated patients with advanced non-small-cell lung cancer (The IDEAL 1 Trial) [corrected][J]. J Clin Oncol, 2003, 21(12): 2237-2246.
[16] Kris M G, Natale R B, Herbst R S, et al. Efficacy of gefitinib, an inhibitor of the epidermal growth factor receptor tyrosine kinase, in symptomatic patients with non-small cell lung cancer: a randomized trial[J]. JAMA, 2003, 290(16): 2149-2158.
[17] Giaccone G, Herbst R S, Manegold C, et al. Gefitinib in combination with gemcitabine and cisplatin in advanced non-small-cell lung cancer: a phase Ⅲ trial — INTACT 1[J]. J Clin Oncol, 2004, 22(5): 777-784.
[18] Herbst R S, Giaccone G, Schiller J H, et al. Gefitinib in combination with paclitaxel and carboplatin in advanced non-small-cell lung cancer: a phase Ⅲ trial — INTACT 2[J]. J Clin Oncol, 2004, 22(5): 785-794.
[19] Lynch T J, Bell D W, Sordella R, et al. Activating mutations in the epidermal growth factor receptor underlying responsiveness of non-small-cell lung cancer to gefitinib[J]. N Engl J Med, 2004, 350(21): 2129-2139.
[20] Kobayashi S, Boggon T J, Dayaram T, et al. EGFR mutation and resistance of non-small-cell lung cancer to gefitinib[J]. N Engl J Med, 2005, 352(8): 786-792.
[21] Pao W, Miller V A, Politi K A, et al. Acquired resistance of lung adenocarcinomas to gefitinib or erlotinib is associated with a second mutation in the EGFR kinase domain[J]. PLoS Med, 2005, 2(3): e73.
[22] Li D, Ambrogio L, Shimamura T, et al. BIBW2992, an irreversible EGFR/HER2 inhibitor highly effective in preclinical lung cancer models[J]. Oncogene, 2008, 27(34): 4702-4711.
[23] Zhou W, Ercan D, Chen L, et al. Novel mutant-selective EGFR kinase inhibitors against EGFR T790M[J]. Nature, 2009, 462(7276): 1070-1074.
[24] Janne P A, Ramalingam S S, Yang J C H, et al. Clinical activity of the mutant-selective EGFR inhibitor AZD9291 in patients (pts) with EGFR inhibitor-resistant non-small cell lung cancer (NSCLC)[J]. J Clin Oncol, 2014, 32(5_Suppl): abstr 8009.
[25] Goss G, Tsai C M, Shepherd F A, et al. Osimertinib for pretreated EGFR Thr790Met-positive advanced non-small-cell lung cancer (AURA2): a multicentre, open-label, single-arm, phase 2 study[J]. Lancet Oncol, 2016, 17(12): 1643-1652.
[26] Mok T S, Wu Y L, Ahn M J, et al. Osimertinib or platinum-pemetrexed in EGFR T790M-positive lung cancer[J]. N Engl J Med, 2017, 376(7): 629-640.
[27] Herbst R S. Review of epidermal growth factor receptor biology[J]. Int J Radiat Oncol Biol Phys, 2004, 59(2 Suppl): 21-26.

[28] Scaltriti M, Baselga J. The epidermal growth factor receptor pathway: a model for targeted therapy [J]. Clin Cancer Res, 2006, 12(18): 5268-5272.

[29] Prenzel N, Fischer O M, Streit S, et al. The epidermal growth factor receptor family as a central element for cellular signal transduction and diversification[J]. Endocr Relat Cancer, 2001, 8(1): 11-31.

[30] Roovers R C, Laeremans T, Huang L, et al. Efficient inhibition of EGFR signaling and of tumour growth by antagonistic anti-EGFR nanobodies[J]. Cancer Immunol Immunother, 2007, 56(3): 303-317.

[31] Anselmo A N, Bumeister R, Thomas J M, et al. Critical contribution of linker proteins to Raf kinase activation[J]. J Biol Chem, 2002, 277(8): 5940-5943.

[32] Herbst R S, Langer C J. Epidermal growth factor receptors as a target for cancer treatment: the emerging role of IMC-C225 in the treatment of lung and head and neck cancers[J]. Semin Oncol, 2002, 29(1 Suppl 4): 27-36.

[33] Ethier S P. Signal transduction pathways: the molecular basis for targeted therapies[J]. Semin Radiat Oncol, 2002, 12(3 Suppl 2): 3-10.

[34] Fujino S, Enokibori T, Tezuka N, et al. A comparison of epidermal growth factor receptor levels and other prognostic parameters in non-small cell lung cancer[J]. Eur J Cancer, 1996, 32A(12): 2070-2074.

[35] Franklin W A, Veve R, Hirsch F R, et al. Epidermal growth factor receptor family in lung cancer and premalignancy[J]. Semin Oncol, 2002, 29(1 Suppl 4): 3-14.

[36] Pavelic K, Banjac Z, Pavelic J, et al. Evidence for a role of EGF receptor in the progression of human lung carcinoma[J]. Anticancer Res, 1993, 13(4): 1133-1137.

[37] Veale D, Kerr N, Gibson G J, et al. The relationship of quantitative epidermal growth factor receptor expression in non-small cell lung cancer to long term survival[J]. Br J Cancer, 1993, 68 (1): 162-165.

[38] Volm M, Rittgen W, Drings P. Prognostic value of ERBB-1, VEGF, cyclin A, FOS, JUN and MYC in patients with squamous cell lung carcinomas[J]. Br J Cancer, 1998, 77(4): 663-669.

[39] Ji H, Li D, Chen L, et al. The impact of human EGFR kinase domain mutations on lung tumorigenesis and in vivo sensitivity to EGFR-targeted therapies[J]. Cancer Cell, 2006, 9(6): 485-495.

[40] Sharma S V, Bell D W, Settleman J, et al. Epidermal growth factor receptor mutations in lung cancer[J]. Nat Rev Cancer, 2007, 7(3): 169-181.

[41] Shigematsu H, Lin L, Takahashi T, et al. Clinical and biological features associated with epidermal growth factor receptor gene mutations in lung cancers[J]. J Natl Cancer Inst, 2005, 97 (5): 339-346.

[42] Ohashi K, Maruvka Y E, Michor F, et al. Epidermal growth factor receptor tyrosine kinase inhibitor-resistant disease[J]. J Clin Oncol, 2013, 31(8): 1070-1080.

[43] He M, Capelletti M, Nafa K, et al. EGFR exon 19 insertions: a new family of sensitizing EGFR mutations in lung adenocarcinoma[J]. Clin Cancer Res, 2012, 18(6): 1790-1797.

[44] Yasuda H, Park E, Yun C H, et al. Structural, biochemical, and clinical characterization of epidermal growth factor receptor (EGFR) exon 20 insertion mutations in lung cancer[J]. Sci Transl Med, 2013, 5(216): 216ra177.

[45] Beau-Faller M, Prim N, Ruppert A M, et al. Rare EGFR exon 18 and exon 20 mutations in non-

small-cell lung cancer on 10117 patients: a multicentre observational study by the French ERMETIC-IFCT network[J]. Ann Oncol, 2014, 25(1): 126-131.

[46] Yasuda H, Kobayashi S, Costa D B. EGFR exon 20 insertion mutations in non-small-cell lung cancer: preclinical data and clinical implications[J]. Lancet Oncol, 2012, 13(1): e23-e31.

[47] Arcila M E, Oxnard G R, Nafa K, et al. Rebiopsy of lung cancer patients with acquired resistance to EGFR inhibitors and enhanced detection of the T790M mutation using a locked nucleic acid-based assay[J]. Clin Cancer Res, 2011, 17(5): 1169-1180.

[48] Balak M N, Gong Y, Riely G J, et al. Novel D761Y and common secondary T790M mutations in epidermal growth factor receptor-mutant lung adenocarcinomas with acquired resistance to kinase inhibitors[J]. Clin Cancer Res, 2006, 12(21): 6494-6501.

[49] Sequist L V, Waltman B A, Dias-Santagata D, et al. Genotypic and histological evolution of lung cancers acquiring resistance to EGFR inhibitors[J]. Sci Transl Med, 2011, 3(75): 75ra26.

[50] Thress K S, Paweletz C P, Felip E, et al. Acquired EGFR C797S mutation mediates resistance to AZD9291 in non-small cell lung cancer harboring EGFR T790M[J]. Nat Med, 2015, 21(6): 560-562.

[51] Endo K, Konishi A, Sasaki H, et al. Epidermal growth factor receptor gene mutation in non-small cell lung cancer using highly sensitive and fast TaqMan PCR assay[J]. Lung Cancer, 2005, 50(3): 375-384.

[52] Fan X, Furnari F B, Cavenee W K, et al. Non-isotopic silver-stained SSCP is more sensitive than automated direct sequencing for the detection of PTEN mutations in a mixture of DNA extracted from normal and tumor cells[J]. Int J Oncol, 2001, 18(5): 1023-1026.

[53] Asano H, Toyooka S, Tokumo M, et al. Detection of EGFR gene mutation in lung cancer by mutant-enriched polymerase chain reaction assay[J]. Clin Cancer Res, 2006, 12(1): 43-48.

[54] Cagle P T, Allen T C. Lung cancer genotype-based therapy and predictive biomarkers: present and future[J]. Arch Pathol Lab Med, 2012, 136(12): 1482-1491.

[55] He C, Liu M, Zhou C, et al. Detection of epidermal growth factor receptor mutations in plasma by mutant-enriched PCR assay for prediction of the response to gefitinib in patients with non-small-cell lung cancer[J]. Int J Cancer, 2009, 125(10): 2393-2399.

[56] Newton C R, Graham A, Heptinstall L E, et al. Analysis of any point mutation in DNA. The amplification refractory mutation system (ARMS)[J]. Nucleic Acids Res, 1989, 17(7): 2503-2516.

[57] Liu Y, Liu B, Li X Y, et al. A comparison of ARMS and direct sequencing for EGFR mutation analysis and tyrosine kinase inhibitors treatment prediction in body fluid samples of non-small-cell lung cancer patients[J]. J Exp Clin Cancer Res, 2011, 30(1): 111.

[58] Watanabe M, Kawaguchi T, Isa S, et al. Ultra-sensitive detection of the pretreatment EGFR T790M mutation in non-small cell lung cancer patients with an EGFR-activating mutation using droplet digital PCR[J]. Clin Cancer Res, 2015, 21(15): 3552-3560.

[59] Hsiue E H, Lee J H, Lin C C, et al. Profile of the therascreen® EGFR RGQ PCR kit as a companion diagnostic for gefitinib in non-small cell lung cancer[J]. Expert Rev Mol Diagn, 2016, 16(12): 1251-1257.

[60] Hindson B J, Ness K D, Masquelier D A, et al. High-throughput droplet digital PCR system for absolute quantitation of DNA copy number[J]. Anal Chem, 2011, 83(22): 8604-8610.

[61] Oxnard G R, Paweletz C P, Kuang Y, et al. Noninvasive detection of response and resistance in

EGFR-mutant lung cancer using quantitative next-generation genotyping of cell-free plasma DNA [J]. Clin Cancer Res, 2014, 20(6): 1698-1705.

[62] Yung T K, Chan K C, Mok T S, et al. Single-molecule detection of epidermal growth factor receptor mutations in plasma by microfluidics digital PCR in non-small cell lung cancer patients[J]. Clin Cancer Res, 2009, 15(6): 2076-2084.

[63] Ohira T, Sakai K, Matsubayashi J, et al. Tumor volume determines the feasibility of cell-free DNA sequencing for mutation detection in non-small cell lung cancer[J]. Cancer Sci, 2016, 107 (11): 1660-1666.

[64] Kukita Y, Matoba R, Uchida J, et al. High-fidelity target sequencing of individual molecules identified using barcode sequences: de novo detection and absolute quantitation of mutations in plasma cell-free DNA from cancer patients[J]. DNA Res, 2015, 22(4): 269-277.

[65] Barker A J, Gibson K H, Grundy W, et al. Studies leading to the identification of ZD1839 (IRESSA): an orally active, selective epidermal growth factor receptor tyrosine kinase inhibitor targeted to the treatment of cancer[J]. Bioorg Med Chem Lett, 2001, 11(14): 1911-1914.

[66] Schiller J H, Harrington D, Belani C P, et al. Comparison of four chemotherapy regimens for advanced non-small-cell lung cancer[J]. N Engl J Med, 2002, 346(2): 92-98.

[67] Ochs J, Grous J J, Warner K L. Final survival and safety results for 21 064 non-small-cell lung cancer (NSCLC) patients who received compassionate use gefitinib (IRESSA®) in a United States Expanded Access Program (EAP)[J]. J Clin Oncol, 2004, 22(14 Suppl): 7060.

[68] Wu Y L, Yang X N, Gu L J. The characteristics of patients with non-small cell lung cancer with complete response treated with ZD1839[C], Proc Am Soc Clin Oncol, 2003, 22: 2770.

[69] Cohen M H, Williams G A, Sridhara R, et al. FDA drug approval summary: gefitinib (ZD1839) (Iressa) tablets[J]. Oncologist, 2003, 8(4): 303-306.

[70] Thatcher N, Chang A, Parikh P, et al. Gefitinib plus best supportive care in previously treated patients with refractory advanced non-small-cell lung cancer: results from a randomised, placebo-controlled, multicentre study (Iressa Survival Evaluation in Lung Cancer)[J]. Lancet, 2005, 366 (9496): 1527-1537.

[71] Sirotnak F M, Zakowski M F, Miller V A, et al. Efficacy of cytotoxic agents against human tumor xenografts is markedly enhanced by coadministration of ZD1839 (Iressa), an inhibitor of EGFR tyrosine kinase[J]. Clin Cancer Res, 2000, 6(12): 4885-4892.

[72] Nagai Y, Miyazawa H, Huqun, et al. Genetic heterogeneity of the epidermal growth factor receptor in non-small cell lung cancer cell lines revealed by a rapid and sensitive detection system, the peptide nucleic acid-locked nucleic acid PCR clamp [J]. Cancer Res, 2005, 65 (16): 7276-7282.

[73] Inoue A, Suzuki T, Fukuhara T, et al. Prospective phase Ⅱ study of gefitinib for chemotherapy-naive patients with advanced non-small-cell lung cancer with epidermal growth factor receptor gene mutations[J]. J Clin Oncol, 2006, 24(21): 3340-3346.

[74] Asahina H, Yamazaki K, Kinoshita I, et al. A phase Ⅱ trial of gefitinib as first-line therapy for advanced non-small cell lung cancer with epidermal growth factor receptor mutations[J]. Br J Cancer, 2006, 95(8): 998-1004.

[75] Sutani A, Nagai Y, Udagawa K, et al. Gefitinib for non-small-cell lung cancer patients with epidermal growth factor receptor gene mutations screened by peptide nucleic acid-locked nucleic acid PCR clamp[J]. Br J Cancer, 2006, 95(11): 1483-1489.

[76] Fukuoka M, Wu Y L, Thongprasert S, et al. Biomarker analyses and final overall survival results from a phase Ⅲ, randomized, open-label, first-line study of gefitinib versus carboplatin/paclitaxel in clinically selected patients with advanced non-small-cell lung cancer in Asia (IPASS)[J]. J Clin Oncol, 2011, 29(21): 2866-2874.

[77] Maemondo M, Inoue A, Kobayashi K, et al. Gefitinib or chemotherapy for non-small-cell lung cancer with mutated EGFR[J]. N Engl J Med, 2010, 362(25): 2380-2388.

[78] Mitsudomi T, Morita S, Yatabe Y, et al. Gefitinib versus cisplatin plus docetaxel in patients with non-small-cell lung cancer harbouring mutations of the epidermal growth factor receptor (WJTOG3405): an open label, randomised phase 3 trial[J]. Lancet Oncol, 2010, 11(2): 121-128.

[79] Siegel-Lakhai W S, Beijnen J H, Schellens J H. Current knowledge and future directions of the selective epidermal growth factor receptor inhibitors erlotinib (Tarceva) and gefitinib (Iressa)[J]. Oncologist, 2005, 10(8): 579-589.

[80] van Erp N P, Gelderblom H, Guchelaar H J. Clinical pharmacokinetics of tyrosine kinase inhibitors[J]. Cancer Treat Rev, 2009, 35(8): 692-706.

[81] Shepherd F A, Rodrigues Pereira J, Ciuleanu T, et al. Erlotinib in previously treated non-small-cell lung cancer[J]. N Engl J Med, 2005, 353(2): 123-132.

[82] Tiseo M, Gridelli C, Cascinu S, et al. An expanded access program of erlotinib (Tarceva) in patients with advanced non-small cell lung cancer (NSCLC): data report from Italy[J]. Lung Cancer, 2009, 64(2): 199-206.

[83] Gatzemeier U, Pluzanska A, Szczesna A, et al. Phase Ⅲ study of erlotinib in combination with cisplatin and gemcitabine in advanced non-small-cell lung cancer: the Tarceva Lung Cancer Investigation Trial[J]. J Clin Oncol, 2007, 25(12): 1545-1552.

[84] Herbst R S, Prager D, Hermann R, et al. TRIBUTE: a phase Ⅲ trial of erlotinib hydrochloride (OSI-774) combined with carboplatin and paclitaxel chemotherapy in advanced non-small-cell lung cancer[J]. J Clin Oncol, 2005, 23(25): 5892-5899.

[85] Chen Y M, Tsai C M, Fan W C, et al. Phase Ⅱ randomized trial of erlotinib or vinorelbine in chemonaive, advanced, non-small cell lung cancer patients aged 70 years or older[J]. J Thorac Oncol, 2012, 7(2): 412-418.

[86] Massuti B, Morán T, Porta R, et al. Multicenter prospective trial of customized erlotinib for advanced non-small cell lung cancer (NSCLC) patients (p) with epidermal growth factor receptor (EGFR) mutations: Final results of the Spanish Lung Cancer Group (SLCG) trial[J]. J Clin Oncol, 2009, 27(suppl): abstr 8023.

[87] Zhou C, Wu Y L, Chen G, et al. Erlotinib versus chemotherapy as first-line treatment for patients with advanced EGFR mutation-positive non-small-cell lung cancer (OPTIMAL, CTONG-0802): a multicentre, open-label, randomised, phase 3 study[J]. Lancet Oncol, 2011, 12(8): 735-742.

[88] Rosell R, Carcereny E, Gervais R, et al. Erlotinib versus standard chemotherapy as first-line treatment for European patients with advanced EGFR mutation-positive non-small-cell lung cancer (EURTAC): a multicentre, open-label, randomised phase 3 trial[J]. Lancet Oncol, 2012, 13(3): 239-246.

[89] Zhao Q, Shentu J, Xu N, et al. Phase I study of icotinib hydrochloride (BPI-2009H), an oral EGFR tyrosine kinase inhibitor, in patients with advanced NSCLC and other solid tumors[J]. Lung Cancer, 2011, 73(2): 195-202.

[90] Tan F, Shen X, Wang D, et al. Icotinib (BPI-2009H), a novel EGFR tyrosine kinase inhibitor, displays potent efficacy in preclinical studies[J]. Lung Cancer, 2012, 76(2): 177-182.

[91] Guan Z, Chen X, Wang Y, et al. Metabolite identification of a new antitumor agent icotinib in rats using liquid chromatography/tandem mass spectrometry[J]. Rapid Commun Mass Spectrom, 2008, 22(14): 2176-2184.

[92] Shi Y, Zhang L, Liu X, et al. Icotinib versus gefitinib in previously treated advanced non-small-cell lung cancer (ICOGEN): a randomised, double-blind phase 3 non-inferiority trial[J]. Lancet Oncol, 2013, 14(10): 953-961.

[93] Hu X, Han B, Gu A, et al. A single-arm, multicenter, safety-monitoring, phase Ⅳ study of icotinib in treating advanced non-small cell lung cancer (NSCLC)[J]. Lung Cancer, 2014, 86(2): 207-212.

[94] Shi Y K, Wang L, Han B, et al. First-line icotinib versus cisplatine/pemetrexed plus pemetrexed maintenance therapy in lung adenocarcinoma patients with EGFR mutation (CONVINCE)[J]. Ann Oncol, 2016, 27(Suppl 6): vi425.

[95] Mamon H J, Yeap B Y, Jänne P A, et al. High risk of brain metastases in surgically staged ⅢA non-small-cell lung cancer patients treated with surgery, chemotherapy, and radiation[J]. J Clin Oncol, 2005, 23(7): 1530-1537.

[96] Fan Y, Huang Z, Fang L, et al. A phase Ⅱ study of icotinib and whole-brain radiotherapy in Chinese patients with brain metastases from non-small cell lung cancer[J]. Cancer Chemother Pharmacol, 2015, 76(3): 517-523.

[97] Zhou L, He J, Xiong W, et al. Phase Ⅰ trial of icotinib combined with whole brain radiotherapy for EGFR-mutated non-small cell lung cancer patients with brain metastases[J]. J Clin Oncol, 2014, 90(5): S38-S39.

[98] Wu Y L, Yang J J, Zhou C, et al. PL03. 05: BRAIN: a phase Ⅲ trial comparing WBI and chemotherapy with icotinib in NSCLC with brain metastases harboring EGFR mutations (CTONG 1201)[J]. J Thorac Oncol, 2017, 12(1): S6.

[99] Russo A, Franchina T, Ricciardi G R, et al. Rapid acquisition of T790M mutation after treatment with afatinib in an NSCLC patient harboring EGFR exon 20 S768I mutation[J]. J Thorac Oncol, 2017, 12(1): e6-e8.

[100] Della Corte C M, Malapelle U, Vigliar E, et al. Efficacy of continuous EGFR-inhibition and role of Hedgehog in EGFR acquired resistance in human lung cancer cells with activating mutation of EGFR[J]. Oncotarget, 2017, 8(14): 23020-23032.

[101] Eskens F A, Mom C H, Planting A S, et al. A phase I dose escalation study of BIBW 2992, an irreversible dual inhibitor of epidermal growth factor receptor 1 (EGFR) and 2 (HER2) tyrosine kinase in a 2-week on, 2-week off schedule in patients with advanced solid tumours[J]. Br J Cancer, 2008, 98(1): 80-85.

[102] Janjigian Y Y, Smit E F, Groen H J, et al. Dual inhibition of EGFR with afatinib and cetuximab in kinase inhibitor-resistant EGFR-mutant lung cancer with and without T790M mutations[J]. Cancer Discov, 2014, 4(9): 1036-1045.

[103] Wu Y L, Sequist L V, Hu C P, et al. EGFR mutation detection in circulating cell-free DNA of lung adenocarcinoma patients: analysis of LUX-Lung 3 and 6[J]. Br J Cancer, 2017, 116(2): 175-185.

[104] Yang J C, Sequist L V, Zhou C, et al. Effect of dose adjustment on the safety and efficacy of

afatinib for EGFR mutation-positive lung adenocarcinoma: post hoc analyses of the randomized LUX-Lung 3 and 6 trials[J]. Ann Oncol, 2016, 27(11): 2103-2110.

[105] Barrios C H, Wu Y L, Yang J C, et al. P1. 45: impact of dose adjustment on afatinib safety and efficacy in EGFR mutation-positive NSCLC: Post-Hoc analyses of LUX - Lung 3/6: track: advanced NSCLC[J]. J Thorac Oncol, 2016, 11(10 Suppl): S210-S211.

[106] Keating G M. Afatinib: a review in advanced non-small cell lung cancer[J]. Target Oncol, 2016, 11(6): 825-835.

[107] Yang J C, Hirsh V, Schuler M, et al. Symptom control and quality of life in LUX-Lung 3: a phase Ⅲ study of afatinib or cisplatin/pemetrexed in patients with advanced lung adenocarcinoma with EGFR mutations[J]. J Clin Oncol, 2013, 31(27): 3342-3350.

[108] Wu Y L, Zhou C, Hu C P, et al. LUX-Lung 6: a randomized, open-label, phase Ⅲ study of afatinib (A) versus gemcitabine/cisplatin (GC) as first-line treatment for Asian patients (pts) with EGFR mutation-positive (EGFR M+) advanced adenocarcinoma of the lung[C]//2013 ASCO Annual Meeting, 2013, abstr 8016.

[109] Park K. LUX-Lung 7: is there enough data for a final conclusion? — Author's reply[J]. Lancet Oncol, 2016, 17(7): e268-e269.

[110] Wu Y L, Zhou C, Hu C P, et al. Afatinib versus cisplatin plus gemcitabine for first-line treatment of Asian patients with advanced non-small-cell lung cancer harbouring EGFR mutations (LUX-Lung 6): an open-label, randomised phase 3 trial[J]. Lancet Oncol, 2014, 15(2): 213-222.

[111] Park K, Tan E H, Zhang L, et al. LUX-Lung 7: A Phase Ⅱb, global, randomised, open-label trial of afatinib vs gefitinib as first-line treatment for patients (pts) with advanced non-small cell lung cancer (NSCLC) harbouring activating EGFR mutations[J]. J Thorac Oncol, 2016, 11(4 Suppl): S117-S118.

[112] Soria J C, Felip E, Cobo M, et al. Afatinib versus erlotinib as second-line treatment of patients with advanced squamous cell carcinoma of the lung (LUX-Lung 8): an open-label randomised controlled phase 3 trial[J]. Lancet Oncol, 2015, 16(8): 897-907.

[113] Miller V A, Hirsh V, Cadranel J, et al. Afatinib versus placebo for patients with advanced, metastatic non-small-cell lung cancer after failure of erlotinib, gefitinib, or both, and one or two lines of chemotherapy (LUX-Lung 1): a phase 2b/3 randomised trial[J]. Lancet Oncol, 2012, 13(5): 528-538.

[114] Yang J C, Shih J Y, Su W C, et al. Afatinib for patients with lung adenocarcinoma and epidermal growth factor receptor mutations (LUX-Lung 2): a phase 2 trial[J]. Lancet Oncol, 2012, 13(5): 539-548.

[115] Murakami H, Tamura T, Takahashi T, et al. Phase I study of continuous afatinib (BIBW 2992) in patients with advanced non-small cell lung cancer after prior chemotherapy/erlotinib/gefitinib (LUX-Lung 4)[J]. Cancer Chemother Pharmacol, 2012, 69(4): 891-899.

[116] Schuler M, Yang J C, Park K, et al. Afatinib beyond progression in patients with non-small-cell lung cancer following chemotherapy, erlotinib/gefitinib and afatinib: phase Ⅲ randomized LUX-Lung 5 trial[J]. Ann Oncol, 2016, 27(3): 417-423.

[117] Cross D A, Ashton S E, Ghiorghiu S, et al. AZD9291, an irreversible EGFR TKI, overcomes T790M-mediated resistance to EGFR inhibitors in lung cancer[J]. Cancer Discov, 2014, 4(9): 1046-1061.

[118] Kim D W, Yang J C, Cross D, et al. Preclinical evidence and clinical cases of AZD9291 activity in EGFR-mutant non-small cell lung cancer (NSCLC) brain metastases[C]//European Society for Medical Oncology Congress 2014, 2014, abstr 456P.

[119] Jänne P A, Yang J C, Kim D W, et al. AZD9291 in EGFR inhibitor-resistant non-small-cell lung cancer[J]. N Engl J Med. 2015, 372(18): 1689-1699.

[120] Ramalingam S S, Yang J C, Lee C K, et al. AZD9291, a mutant-selective EGFR inhibitor, as first-line treatment for EGFR mutation-positive advanced non-small cell lung cancer (NSCLC): Results from a phase 1 expansion cohort[C]//2015 ASCO Annual Meeting Proceedings, 2015, abstr 8000.

[121] Ramalingam S S, Yang J C, Lee C K, et al. Osimertinib as first-line treatment for EGFR mutation-positive advanced NSCLC: updated efficacy and safety results from two Phase Ⅰ expansion cohorts[J]. J Thorac Oncol, 2016, 11(4 Suppl): S152.

[122] Yang J, Ramalingam S S, Jänne P A, et al. Osimertinib (AZD9291) in pre-treated pts with T790M-positive advanced NSCLC: update Phase 1(P1) and pooled Phase 2 (P2) results[J]. J Thorac Oncol, 2016, 11(4 Suppl): S152-S153.

[123] Yang J C, Kim D W, Kim S W, et al. Osimertinib activity in patients (pts) with leptomeningeal (LM) disease from non-small cell lung cancer (NSCLC): Updated results from BLOOM, a phase Ⅰ study[C]//2016 ASCO Annual Meeting Proceedings, 2016, abstr 9002.

[124] Walter A O, Sjin R T, Haringsma H J, et al. Discovery of a mutant-selective covalent inhibitor of EGFR that overcomes T790M-mediated resistance in NSCLC[J]. Cancer Discov, 2013, 3 (12): 1404-1415.

[125] Sequist L V, Soria J C, Goldman J W, et al. Rociletinib in EGFR-mutated non-small-cell lung cancer[J]. N Engl J Med, 2015, 372(18): 1700-1709.

[126] Simmons A D, Jaw-Tsai S, Haringsma H J, et al. Insulin-like growth factor 1 (IGF1R)/insulin receptor (INSR) inhibitory activity of rociletinib (CO-1686) and its metabolites in nonclinical models[J]. Cancer Res, 2015, 75(15 Suppl): abstr 793.

[127] Sequist L V, Soria J C, Gadgeel S M, et al. First-in-human evaluation of CO-1686, an irreversible, highly selective tyrosine kinase inhibitor of mutations of EGFR (activating and T790M)[C]//2014 ASCO Annual Meeting Proceedings, 2014, abstr 8010.

[128] Sequist L V, Goldman J W, Wakelee H A, et al. Efficacy of rociletinib (CO-1686) in plasma-genotyped T790M-positive non-small cell lung cancer (NSCLC) patients (pts)[C]//2015 ASCO Annual Meeting Proceedings, 2015, abstr 8001.

[129] Soria J C, Sequist L V, Goldman J W, et al. Rociletinib (CO-1686), an irreversible EGFR-mutant selective inhibitor [C]//13th International Congress on Targeted Anticancer Therapies, 2015.

[130] Clovis Oncology announces regulatory update for rociletinib NDA filing[EB/OL]. http://wwwbusinesswire.com/news/home/20151116005513/en/.

[131] Kim D W, Lee D H, Kang J H, et al. Clinical activity and safety of HM61713, an EGFR-mutant selective inhibitor, in advanced non-small cell lung cancer (NSCLC) patients (pts) with EGFR mutations who had received EGFR tyrosine kinase inhibitors (TKIs)[J]. J Clin Oncol, 2014, 32 (15 suppl): abstr 8011.

[132] Park K, Lee J S, Han J Y, et al. Efficacy and safety of BI 1482694 (HM61713), an EGFR mutant-specific inhibitor, in T790M-positive NSCLC at the recommended phase Ⅱ dose[J]. J

Thorac Oncol, 2016, 11(4 Suppl): S113.

[133] Xu X, Mao L, Xu W, et al. AC0010, an irreversible EGFR inhibitor selectively targeting mutated EGFR and overcoming T790M - induced resistance in animal models and lung cancer patients[J]. Mol Cancer Ther, 2016, 15(11): 2586-2597.

[134] Wu Y L, Zhou Q, Liu X Q, et al. Phase Ⅰ/Ⅱ study of AC0010, mutant-selective EGFR inhibitor, in non-small cell lung cancer (NSCLC) patients with EGFR T790M mutation[J]. J Thorac Oncol, 2017, 12(S1): S224-S225.

[135] Lohinai Z, Hoda M A, Fabian K, et al. Distinct epidemiology and clinical consequence of classic versus rare EGFR mutations in lung adenocarcinoma[J]. J Thorac Oncol, 2015, 10(5): 738-746.

[136] Wu J Y, Yu C J, Chang Y C, et al. Effectiveness of tyrosine kinase inhibitors on "uncommon" epidermal growth factor receptor mutations of unknown clinical significance in non-small cell lung cancer[J]. Clin Cancer Res, 2011, 17(11): 3812-3821.

[137] Nguyen K S, Kobayashi S, Costa D B. Acquired resistance to epidermal growth factor receptor tyrosine kinase inhibitors in non-small-cell lung cancers dependent on the epidermal growth factor receptor pathway[J]. Clin Lung Cancer, 2009, 10(4): 281-289.

[138] Karachaliou N, Molina-Vila M A, Rosell R. The impact of rare EGFR mutations on the treatment response of patients with non-small cell lung cancer[J]. Expert Rev Respir Med, 2015, 9(3): 241-244.

[139] Yasuda H, Kobayashi S, Costa D B. EGFR exon 20 insertion mutations in non-small-cell lung cancer: preclinical data and clinical implications[J]. Lancet Oncol, 2012, 13(1): e23-e31.

[140] Oxnard G R, Lo P C, Nishino M, et al. Natural history and molecular characteristics of lung cancers harboring EGFR exon 20 insertions[J]. J Thorac Oncol, 2013, 8(2): 179-184.

[141] Gonzalvez F, Zhu X, Huang W S, et al. AP32788, a potent, selective inhibitor of EGFR and HER2 oncogenic mutants, including exon 20 insertions, in preclinical models[J]. Cancer Res, 2016, 76(14 Suppl): abstr 2644.

[142] Hasako S, Terasaka M, Ito S, et al. TPC-064, a novel mutant-selective EGFR inhibitor, targets NSCLC driven by EGFR exon 20 insertion mutations[J]. Eur J Cancer, 2016, 69(Suppl 1): S125-S126.

[143] Piotrowska Z, Costa D B, Huberman M, et al. Activity of AUY922 in NSCLC patients with EGFR exon 20 insertions[J]. J Clin Oncol, 2015, 33(Suppl): abstr 8015.

[144] Ortiz-Cuaran S, Scheffler M, Plenker D, et al. Heterogeneous mechanisms of primary and acquired resistance to third-generation EGFR inhibitors[J]. Clin Cancer Res, 2016, 22(19): 4837-4847.

[145] Planchard D, Loriot Y, Andre F, et al. EGFR-independent mechanisms of acquired resistance to AZD9291 in EGFR T790M - positive NSCLC patients[J]. Ann Oncol, 2015, 26(10): 2073-2078.

[146] Yu Z, Boggon T J, Kobayashi S, et al. Resistance to an irreversible epidermal growth factor receptor (EGFR) inhibitor in EGFR-mutant lung cancer reveals novel treatment strategies[J]. Cancer Res, 2007, 67(21): 10417-10427.

[147] Yosaatmadja Y, Silva S, Dickson J M, et al. Binding mode of the breakthrough inhibitor AZD9291 to epidermal growth factor receptor revealed[J]. J Struct Biol, 2015, 192(3): 539-544.

[148] Yu H A, Tian S K, Drilon A E, et al. Acquired resistance of EGFR-mutant lung cancer to a T790M-specific EGFR inhibitor: emergence of a third mutation (C797S) in the EGFR tyrosine kinase domain[J]. JAMA Oncol, 2015, 1(7): 982-984.

[149] Song H N, Jung K S, Yoo K H, et al. Acquired C797S mutation upon treatment with a T790M-specific third-generation EGFR inhibitor (HM61713) in NSCLC[J]. J Thorac Oncol, 2016, 11(4): e45-e47.

[150] Chabon J J, Simmons A D, Lovejoy A F, et al. Circulating tumour DNA profiling reveals heterogeneity of EGFR inhibitor resistance mechanisms in lung cancer patients[J]. Nat Commun, 2016, 7: 11815.

[151] Niederst M J, Hu H, Mulvey H E, et al. The allelic context of the C797S mutation acquired upon treatment with third generation EGFR inhibitors impacts sensitivity to subsequent treatment strategies[J]. Clin Cancer Res, 2015, 21(17): 3924-3933.

[152] Jia Y, Yun C H, Park E, et al. Overcoming EGFR(T790M) and EGFR(C797S) resistance with mutant-selective allosteric inhibitors[J]. Nature, 2016, 534(7605): 129-132.

[153] Zhang X, Gureasko J, Shen K, et al. An allosteric mechanism for activation of the kinase domain of epidermal growth factor receptor[J]. Cell, 2006, 125(6): 1137-1149.

[154] Uchibori K, Inase N, Araki M, et al. Brigatinib combined with anti-EGFR antibody overcomes osimertinib resistance in EGFR-mutated non-small-cell lung cancer[J]. Nat Commun, 2017, 8: 14768.

[155] Gettinger S N, Bazhenova L A, Langer C J, et al. Activity and safety of brigatinib in ALK-rearranged non-small-cell lung cancer and other malignancies: a single-arm, open-label, phase 1/2 trial[J]. Lancet Oncol, 2016, 17(12): 1683-1696.

[156] Zhang J, Babic A. Regulation of the MET oncogene: molecular mechanisms[J]. Carcinogenesis, 2016, 37(4): 345-355.

[157] Engelman J A, Zejnullahu K, Mitsudomi T, et al. MET amplification leads to gefitinib resistance in lung cancer by activating ERBB3 signaling[J]. Science, 2007, 316(5827): 1039-1043.

[158] Ou S-H I, Govindan R, Eaton K D, et al. Phase Ⅰ/Ⅱ dose-finding study of crizotinib (CRIZ) in combination with erlotinib (E) in patients (pts) with advanced non-small cell lung cancer (NSCLC)[J]. J Clin Oncol, 2012, 30(suppl): abstr 2610.

[159] York E R, Varella-Garcia M, Bang T J, et al. Tolerable and effective combination of full-dose crizotinib and osimertinib targeting MET amplification sequentially emerging after T790M positivity in EGFR-mutant non-small cell lung cancer[J]. J Thorac Oncol, 2017, 12(7): e85-e88.

[160] Spigel D R, Ervin T J, Ramlau R A, et al. Randomized phase Ⅱ trial of onartuzumab in combination with erlotinib in patients with advanced non-small cell lung cancer[J]. J Clin Oncol, 2013, 31(32): 4105-4114.

[161] Eberlein C A, Stetson D, Markovets A A, et al. Acquired resistance to the mutant-selective EGFR inhibitor AZD9291 is associated with increased dependence on RAS signaling in preclinical models[J]. Cancer Res, 2015, 75(12): 2489-2500.

[162] Akbay E A, Koyama S, Carretero J, et al. Activation of the PD-1 pathway contributes to immune escape in EGFR-driven lung tumors[J]. Cancer Discov, 2013, 3(12): 1355-1363.

[163] Chen N, Fang W, Zhan J, et al. Upregulation of PD-L1 by EGFR activation mediates the immune escape in EGFR-driven NSCLC: implication for optional immune targeted therapy for

NSCLC patients with EGFR mutation[J]. J Thorac Oncol, 2015, 10(6): 910-923.

[164] Gettinger S, Chow L Q, Borghaei H, et al. Safety and response with nivolumab (anti-PD-1; BMS-936558, ONO-4538) plus erlotinib in patients (pts) with epidermal growth factor receptor mutant (EGFR MT) advanced NSCLC[J]. Int J Radiat Oncol Biol Phys, 2014, 90(5 Suppl): S34-S35.

[165] Gibbons D L, Chow L Q, Kim D W, et al. Efficacy, safety and tolerability of MEDI4736 (durvalumab[D]), a human IgG1 anti-programmed cell death-ligand-1 (PD-L1) antibody, combined with gefitinib (G): a phase Ⅰ expansion in TKI-naïve patients (pts) with EGFR mutant NSCLC[J]. J Thorac Oncol, 2016, 11(4 Suppl): S79.

[166] Ahn M J, Yang J, Yu H, et al. Osimertinib combined with durvalumab in EGFR-mutant non-small cell lung cancer: results from the TATTON phase Ⅰb trial[J]. J Thorac Oncol, 2016, 11 (4 Suppl): S115.

[167] Ma B B, Rudin C M, Cervantes A, et al. Preliminary safety and clinical activity of erlotinib plus atezolizumab from a phase Ⅰb study in advanced NSCLC[J]. Ann Oncol, 2016, 27 (suppl 9): mdw594.005.

[168] Seto T, Kato T, Nishio M, et al. Erlotinib alone or with bevacizumab as first-line therapy in patients with advanced non-squamous non-small-cell lung cancer harbouring EGFR mutations (JO25567): an open-label, randomised, multicentre, phase 2 study[J]. Lancet Oncol, 2014, 15 (11): 1236-1244.

[169] Ciuleanu T, Tsai C M, Tsao C J, et al. A phase Ⅱ study of erlotinib in combination with bevacizumab versus chemotherapy plus bevacizumab in the first-line treatment of advanced non-squamous non-small cell lung cancer[J]. Lung Cancer, 2013, 82(2): 276-281.

[170] Riggs H, Jalal S I, Baghdadi T A, et al. Erlotinib and bevacizumab in newly diagnosed performance status 2 or elderly patients with nonsquamous non-small-cell lung cancer, a phase Ⅱ study of the Hoosier Oncology Group: LUN04-77[J]. Clin Lung Cancer, 2013, 14(3): 224-229.

[171] 丁艳琦. CIK细胞联合埃克替尼对肺腺癌细胞系的细胞毒效应研究[D]. 合肥：安徽医科大学,2013.

[172] 何臣. 非小细胞肺癌对吉非替尼治疗反应的影响因素及联合应用CIK细胞的临床意义[D]. 广州：广州医学院,2010.

7 血管内皮生长因子受体小分子靶向抗肿瘤药物研发

以小分子血管内皮生长因子受体(VEGFR)抑制剂为代表的血管生成抑制剂是重要的肿瘤靶向治疗药物,为诸多难治性肿瘤提供了有效的治疗选择。本章从肿瘤血管的生成方式及调控机制出发,重点介绍血管内皮生长因子(vascular endothelial growth factor, VEGF)及VEGFR,并以索拉非尼、舒尼替尼、阿帕替尼、乐伐替尼、卡博替尼等药物为例,深入阐述小分子血管生成抑制剂的研发历程、作用机制及临床有效性。在此基础上,本章也将简要总结血管生成抑制剂的耐药机制、药物联用方案及用于患者筛选、疗效预估的生物标志物,以期扩大小分子血管生成抑制剂的临床应用范围,为实现个性化治疗提供可能。

7.1 肿瘤血管生成简介

7.1.1 血管生成及肿瘤血管生成

血管是胚胎发育的第一个器官,是在多种基因的调控下,各种细胞迁移、分化和组合而形成的人体最大网络系统之一。正常血管新生受到各种细胞因子的严格控制,血管新生异常会导致多种疾病发生。

1787年,John Hunter首先用血管生成(angiogenesis)一词描述血管新生过程[1]。血管生成是一个复杂的过程,由血管生成因子及其受体、细胞黏附分子、血管内皮细胞和基质等多种蛋白质和细胞参与。典型的血管生成过程包括:血管生成因子过多诱导内皮细胞的激活;基质金属蛋白酶(MMP)降解血管壁中的基底膜糖蛋白及细胞外的基质成分;在血管壁上形成分支点;内皮细胞迁移到细胞外基质中;内皮细胞重组形成中空血管;新生血管内部连接形成支链网络(血管吻合,anastomosis)等多个步骤(见图7-1)[2]。

肿瘤生长具有明确的血管依赖性,当肿瘤生长超过一定体积后,肿瘤依赖独立的血液供应系统提供氧气和养分。肿瘤在现存的血管基础上,诱导生成新的血管系统来满足这一需求。1907年,Goldmann观察到肿瘤组织周围有血管围绕生长的现象,发现肿

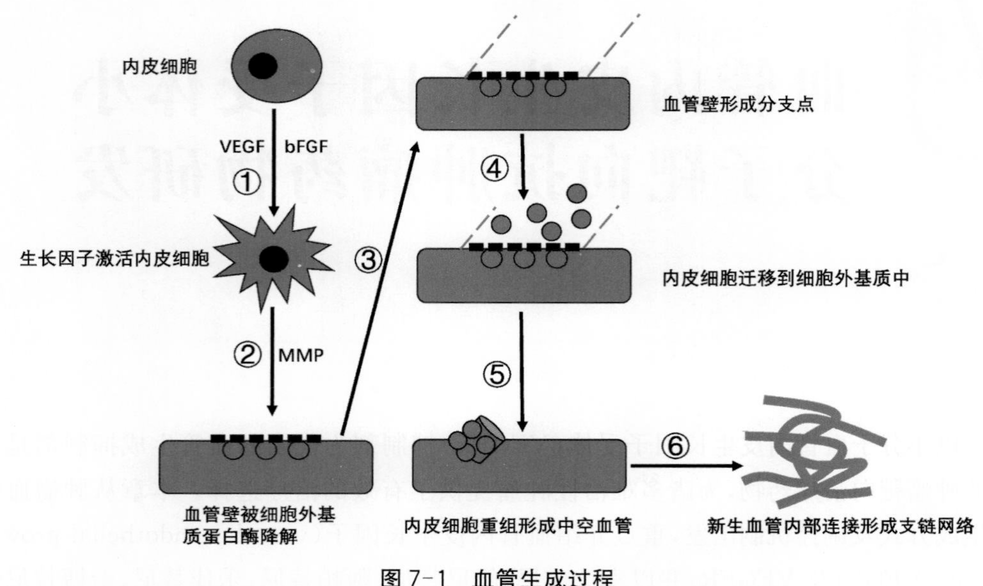

图 7-1 血管生成过程

（图片修改自参考文献[2]）

瘤生长和转移依赖于邻近血管生成[3]；1939 年，Ide 等在兔耳移植瘤的周围观察到已形成了复杂的血管系统的大量新生血管，推测肿瘤能分泌一种血管生成刺激物质，刺激新生血管形成[4]；1945 年，Algire 等通过对肿瘤移植后血管生成的过程进行了详细、动态的分析，提出肿瘤细胞较正常组织具有生长优势是因为肿瘤细胞能够持续诱导血管生成。1968 年，Melvin Greenblatt 和 Philippe Shubi 在肿瘤和宿主基质之间放置滤膜后发现，在不直接接触肿瘤细胞的情况下，宿主基质仍有大量血管新生，证实血管生成是由肿瘤细胞分泌的、可扩散的生长因子诱导[5]。1971 年，Folkman 等对特异性促进血管生成的因子进行分离，发现了一种可溶性的肿瘤血管生成因子（tumor angiogenesis factor，TAF），这种因子能促进血管内皮细胞增殖，诱导新的毛细血管生成。因此，首次提出“肿瘤血管生成”的概念，认为“肿瘤的生长和转移依赖血管生成，阻断血管生成是遏制肿瘤生长的有效策略”[6]。1996 年，Hanahan 等提出“血管生成开关”（angiogenic switch）的假说，认为血管生成的启动与否主要取决于血管生成开关的状态，并将肿瘤的生长分为两期。① 血管前期（prevascular phase），又称为无血管期（avascular stage）。该时期肿瘤较小，形成的隐性血管不超过 1～2 mm，肿瘤主要依靠周围组织的弥散来获取营养物质和排泄代谢产物，肿瘤生长较慢。② 血管期（vascular phase）。当肿瘤的体积超过 2 mm^3 后，再依靠扩散方式吸收氧气和营养已不能满足肿瘤生长的需要，此时，肿瘤切换到血管生成表型，肿瘤内出现新生毛细血管，并获得进一步生长的能力，肿瘤细胞快速分裂、生长并转移[7]。肿瘤血管生成是实体肿瘤的共同特征，也是它们生长和转移依赖的病理学基础，与肿瘤生长、侵袭、转移的关系极为密切。上调肿瘤血管生成因子是肿瘤生长的关键步骤，同时它对于肿瘤转移也至关重要。

7.1.2　肿瘤血管生成的方式及调控机制

7.1.2.1　肿瘤血管生成方式

在实体肿瘤中观察到的血管生成方式主要包括出芽式血管生成（sprouting angiogenesis）、套叠式血管生成（intussusceptive angiogenesis）、募集内皮祖细胞（recruitment of endothelial progenitor cells）的血管生成、血管选定（vessel cooption）、血管生成拟态（vasculogenic mimicry，VM）和淋巴管新生（lymphangiogenesis）[8]。这些肿瘤血管化的不同方式可能同时出现在同一类肿瘤中，也可能出现在同一个个体的不同肿瘤中，最终均能形成新的血管，为肿瘤的生长提供营养（见图 7-2）。

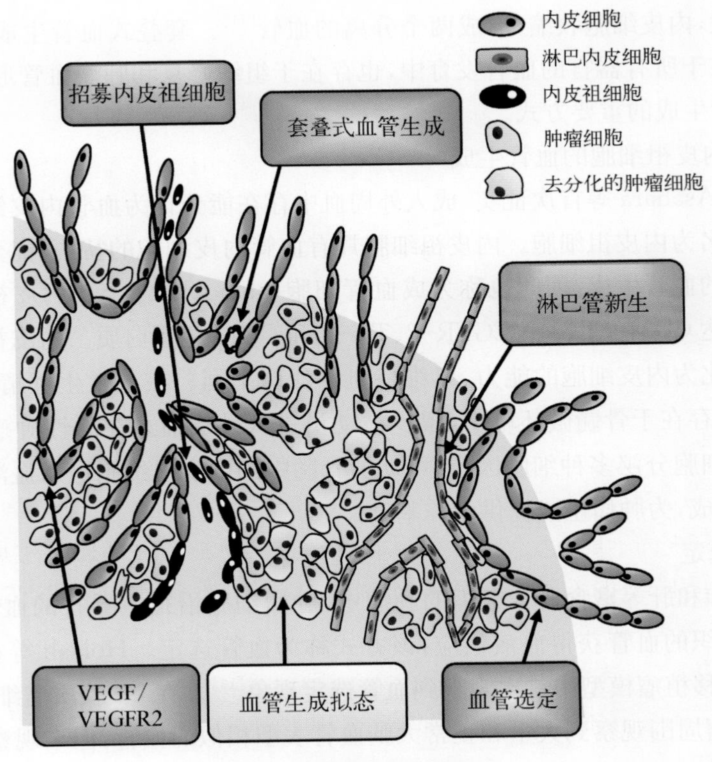

图 7-2　肿瘤血管生成机制

（图片修改自参考文献[8]）

1）出芽式血管生成

出芽式血管生成是肿瘤血管生成的主要方式。出芽式血管生成是指在已有宿主微血管床上由内皮细胞出芽产生微血管的过程。生长因子和受体结合后激活内皮细胞，同时内皮细胞外基质被蛋白酶降解，激活后的内皮细胞侵入基质中，并在基质中增殖和迁移，经极化后形成管腔即未成熟的血管。未成熟血管进一步通过募集壁膜细胞、建立细胞外基质形成稳定的新生血管[9, 10]。

2）套叠式血管生成

套叠式血管生成方式最初是在肺发育中发现的。大鼠出生后 3 周和人出生后 2 年内，肺组织迅速发育，在肺毛细血管重塑过程中首次观察到套叠式血管生成。在套叠式血管生成过程中内皮细胞仅体积变大、形态变细变长而不发生增殖。套叠式血管生成过程极为短暂，在几小时甚至几分钟内即可完成。利用电子显微镜观察血管套叠式生长的过程，可观察到 4 个连续的步骤：毛细血管两侧血管壁的内皮细胞通过体积增大变形靠近并接触，形成跨腔管桥；管桥连接处的内皮细胞重组，形成内皮细胞双分子层；周细胞和肌成纤维细胞侵入，覆盖新形成的间质壁，形成直径不小于 2.5 μm 的间质柱；间质柱直径增大，内皮细胞收缩，形成两个分离的血管[11]。套叠式血管生成方式，目前已证明几乎存在于所有器官的血管发育中，也存在于组织修复和肿瘤血管形成中，是肿瘤生长后期血管生成的重要方式。

3）募集内皮祖细胞的血管生成

1997 年，Asahara 等首次证实，成人外周血中存在能分化为血管内皮细胞的前体细胞，并将其命名为内皮祖细胞。内皮祖细胞具有血管内皮细胞的特征，能分化为内皮细胞，参与胚胎的血管生成，因此也称为成血管细胞（angioblast）[12]。内皮祖细胞主要来源于骨髓，表达 CD34、CD31、VEGFR-2、Tie-2 和 CD14 等蛋白质。内皮祖细胞具有迁移、增殖和分化为内皮细胞的能力，以维持血管代谢平衡。在正常生理情况下，骨髓中的内皮祖细胞存在于骨髓微环境中，很少被动员进入外周血。在恶性肿瘤的发生发展过程中，肿瘤细胞分泌多种细胞因子，可动员骨髓中的内皮祖细胞进入血液循环并参与肿瘤血管的形成，为肿瘤生成提供营养基础。

4）血管选定

在大脑、肺和肝等富含血管组织的肿瘤中，肿瘤细胞沿宿主器官的血管迁移，通过“劫持”正常组织的血管获得血液供应，该方式称为血管选定。Holash 等在 C6 胶质瘤细胞大鼠脑内移植瘤模型中首次观察到血管选定现象[13]。在 C6 胶质瘤细胞接种 1～2 周后，可在肿瘤周围观察到大量和正常大脑血管表型相似的血管，但未观察到血管生成现象。肿瘤生长至 4 周后，肿瘤内部的血管急剧消退，且无任何代偿性血管生成。此时，在肿瘤的中心部位几乎无功能性血管，肿瘤细胞出现大量死亡。然而，在肿瘤外周观察到强烈的血管生成，说明肿瘤劫持了正常组织的血管。在血管选定过程中检测到血管生成素-2（angiopoietin-2，Ang-2）高表达，而 VEGF 在早期表达量较低，后期表达量增高。Ang-2 具有抑制 Ang-1 激活 Tie-2 受体的作用，为 Ang-1 的拮抗剂，可通过松解血管结构、破坏血管稳定性影响肿瘤血管的生成。Ang-2 表达量增加导致肿瘤血管数目大大下降，进而导致肿瘤缺氧。缺氧进一步上调肿瘤细胞中的 VEGF 表达，从而促进肿瘤血管生成。在血管选定过程中，血管生成主要集中在肿瘤的外围，而在肿瘤中心只见细胞围绕少数幸存的血管形成伪栅栏袖口。构成伪栅栏样袖口结构的肿瘤细胞对血管生成抑制剂不敏感，也成为肿瘤对血管生成抑制剂耐药的重要原因之一。

5）血管生成拟态

1999 年，Maniotis 等在进行人眼葡萄膜黑色素瘤微循环研究时，首次发现恶性黑色素瘤细胞在特定微环境中可模拟内皮细胞的功能，形成由肿瘤细胞围成的可输送血浆和红细胞的管道结构，这种不依赖内皮细胞的全新肿瘤供血方式，称为血管生成拟态[14]。血管生成拟态是由黑色素瘤细胞通过自身变形和基质的重塑形成血管样通道结构，这种结构经过碘酸希夫反应（periodic acid-Schiff reaction，PAS reaction）染色呈阳性，而 CD34 等内皮细胞标志物染色呈阴性，这说明血管生成拟态中不含内皮细胞，与内皮依赖性的新生肿瘤血管有着本质的区别。

6）淋巴管新生

淋巴管新生是在原有淋巴管的基础上长出新的毛细淋巴管的过程。毛细淋巴管仅由一层内皮细胞组成，几乎不被周细胞或平滑肌细胞包被，是肿瘤细胞离开原发部位进入局部淋巴结以及远处器官的导管通路。肿瘤最初的生长主要通过诱导血管新生提供所需的营养，但肿瘤转移主要并不是通过新生血管，而是通过肿瘤诱导的新生淋巴管进行的。淋巴管系统中毛细淋巴管的内皮细胞之间缺少紧密连接并且基底膜不连续，这样的结构特点有利于肿瘤细胞转移和扩散。肿瘤通过高表达 VEGF-C 或 VEGF-D，激活 VEGF-C/VEGF-D/VEGFR-3 信号通路，诱导肿瘤淋巴管新生，介导肿瘤的淋巴转移。

7.1.2.2　肿瘤血管生成的调控

肿瘤细胞诱导血管生成是一个复杂的多因素调节过程，由多种细胞参与、受多种因子调控。在致癌性转化（oncogenic transformation）或缺氧的条件下，肿瘤细胞通过自分泌和旁分泌的方式释放多种细胞因子以改变肿瘤微环境，这些细胞因子诱导细胞外基质（extracellular matrix，ECM）重塑来适应肿瘤的生长和演进；细胞外基质中含骨形态发生蛋白（bone morphogenetic protein，BMP）、血小板应答蛋白（thrombospondin，TSP）、解整合素金属蛋白酶（a disintegrin and metalloproteinase，ADAM）、富含半胱氨酸的酸性分泌蛋白（secreted protein acidic and rich in cysteine，SPARC）、多配体蛋白聚糖（syndecans）和基底膜蛋白多糖（perlecan）等物质，细胞外基质通过这些物质调控可溶性因子释放至基质中（见图 7-3）。肿瘤细胞和激活的内皮细胞通过释放多种可溶性因子诱导髓系细胞的动员和归巢并分化成与肿瘤相关的巨噬细胞或中性粒细胞；纤维细胞可迅速存储用于肿瘤扩张的细胞外基质蛋白，并释放能够分解基底膜的酶；在血管生成的动态微环境中，内皮细胞表面的整合素和其他受体迅速识别并结合相应的细胞因子，启

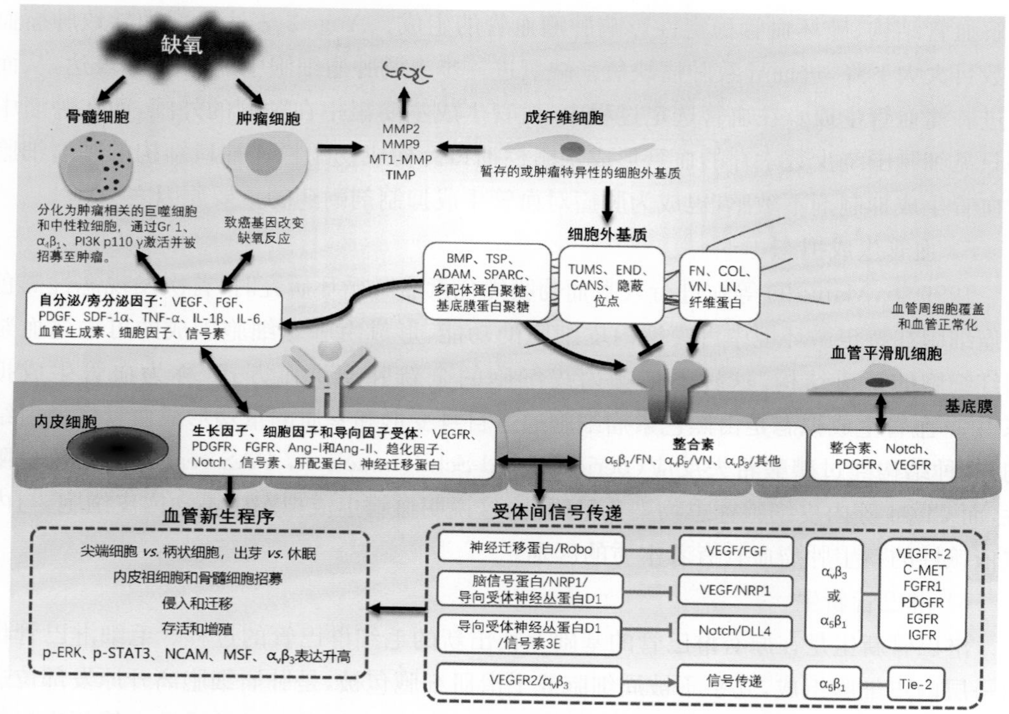

图 7-3　肿瘤血管生成的微环境

MMP，基质金属蛋白酶；MT1-MMP，膜型基质金属蛋白酶-1；TIMP，基质金属蛋白酶组织抑制因子；Gr 1，髓系分化抗原；PI3K p100 γ，磷脂酰肌醇 3 激酶 p100 γ 催化亚基；VEGF，血管内皮生长因子；FGF，成纤维细胞生长因子；PDGF，血小板源性生长因子；SDF-1α，基质细胞衍生因子-1α；TNF-α，肿瘤坏死因子α；IL，白介素；BMP，骨形成蛋白；TSP，血小板反应蛋白；ADAM，解整合素-金属蛋白酶(家族)；SPARC，富含半胱氨酸酸性蛋白/骨连接蛋白；TUMS，肿瘤抑素；END，内皮抑素；CANS，血管能抑素；FN，纤维连接蛋白；COL，胶原；VN，玻连蛋白；LN：层粘连蛋白；Ang，血管生成素；p-ERK，磷酸化细胞外调节蛋白激酶；p-STAT3，磷酸化信号转导与转录激活因子 3；NCAM，神经细胞黏附分子；MSF，迁移刺激因子；Robo，环形交叉受体/环形交叉同源物；NRP1，神经纤毛蛋白 1；DLL4，Delta 样配体 4；C-MET，间质表皮转化因子；IGFR，胰岛素样生长因子受体；Tie-2，血管生成素受体酪氨酸激酶 2。(图片修改自参考文献[15])

动细胞内多种信号通路，激活内皮细胞，使其发生增殖、迁移和侵袭(见图 7-4)[15]。

7.1.3　抗肿瘤血管生成的主要靶点简介

肿瘤血管生成受多种促血管生成因子和抗血管生成因子调控。目前已经发现与肿瘤血管生成相关的因子包括 VEGF、血管生成素、成纤维细胞生长因子(fibroblast growth factor，FGF)、血小板衍生生长因子(platelet-derived growth factor，PDGF)、转化生长因子-β(transforming growth factor-β，TGF-β)和肝细胞生长因子(hepatocyte growth factor，HGF)等。另外，整合素 $\alpha v\beta_3$ 等膜蛋白结合受体以及纤溶酶原激活因子(plasminogen activator)、基质金属蛋白酶等也在肿瘤血管生成中起重要作用。通常促

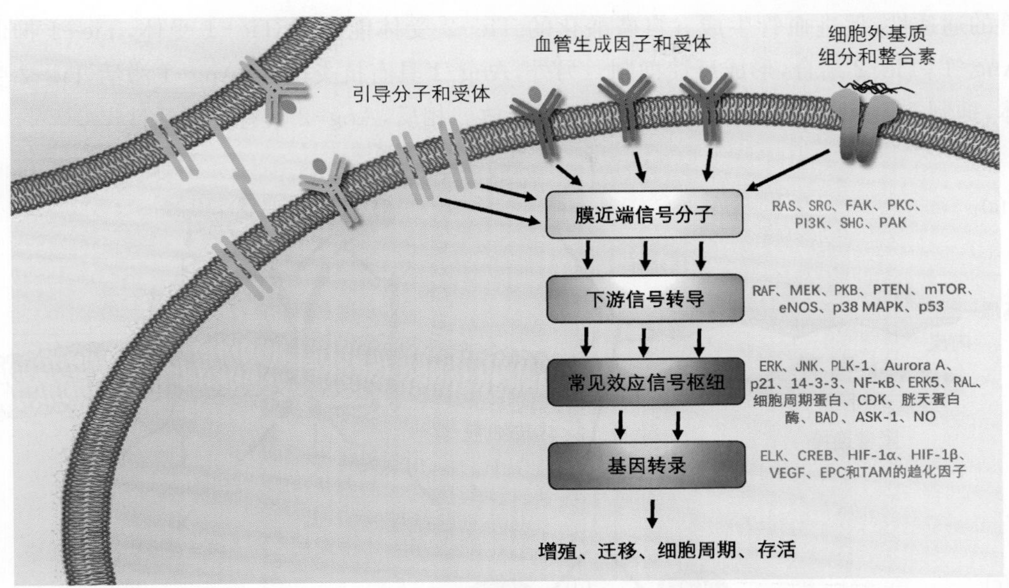

图 7-4 内皮细胞细胞内信号通路

FAK,局部黏着斑激酶;PKC,蛋白激酶 C;PI3K,磷脂酰肌醇 3 激酶;PAK,p21 激活激酶;MEK,丝裂原活化蛋白激酶激酶;PTEN,磷脂酶与张力蛋白同源物;mTOR,哺乳动物雷帕霉素靶蛋白;eNOS,内皮型一氧化氮合酶;p38 MAPK,p38 丝裂原活化蛋白激酶;ERK,细胞外调节蛋白激酶;JNK,c-JUN 氨基端激酶;NF-κB,核转录因子 κB;ERK5,细胞外信号调节蛋白激酶 5;CDK,细胞周期蛋白依赖性激酶;BAD,BCL2 关联死亡启动子蛋白;ASK-1,细胞凋亡信号调节激酶 1;NO,一氧化氮;CREB,环磷腺苷效应元件结合蛋白;HIF-1α,缺氧诱导因子 1α;HIF-1β,缺氧诱导因子 1β;VEGF,血管内皮生长因子;EPC,内皮祖细胞;TAM,肿瘤相关巨噬细胞。(图片修改自参考文献[15])

进肿瘤血管生成和增加肿瘤对氧耐受的因子、受体或通路均可以作为抗肿瘤血管生成的靶点,用于抗肿瘤治疗。

7.1.3.1 血管内皮生长因子家族及其受体

VEGF 家族及其受体是作用最强的调控因子,并在绝大多数肿瘤血管中呈高表达,成为抗肿瘤血管生成的主要作用靶点。VEGF/VEGFR 信号通路靶向药物已广泛应用于肿瘤的临床治疗。在后续章节中,笔者将对 VEGF 家族及其受体的研究进展及靶向治疗药物进行详细介绍。

7.1.3.2 血管生成素和 Tie 受体

Ang/Tie 信号通路由 2 个酪氨酸激酶受体(Tie-1 和 Tie-2)和 4 种 Tie-2 配体(Ang-1、Ang-2、Ang-3 和 Ang-4)组成。血管生成素家族(Ang-1～Ang-4)均为 Tie-2受体的配体,其中 Ang-1 和 Ang-4 是 Tie-2 受体的激动剂,而 Ang-2 和 Ang-3 是 Tie-2 受体的拮抗剂。Ang-1 与血管内皮细胞表面的 Tie-2 受体结合后,Tie-2 受体形成二聚体并磷酸化,活化后的 Tie-2 受体激活下游 PI3K 和 RAS/RAF/MEK 信号通路,促进内皮细胞存活、增殖和迁移(见图 7-5)。Ang-2 与 Tie-2 受体结合后,可提高血管的通透性、促进血管生成。自磷酸化的 Tie-2 受体能激活 Tie-1 受体，Tie-1 抑制 Ang-1/Tie-2 结合，形成反馈抑制。另外，Ang-1 具有抗炎活性，Ang-1 激活 Tie-2 受体，抑制 NF-κB 信号通路，抑制炎症因子释放。相反，Ang-2 具有促炎活性[16]。

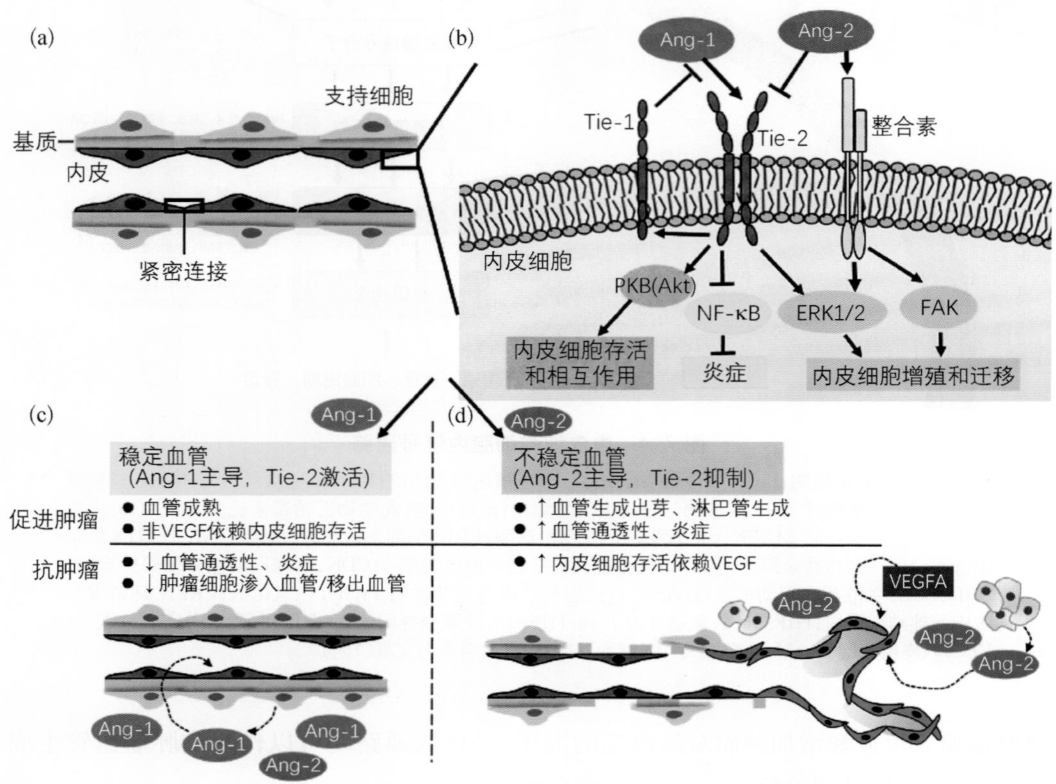

图 7-5　Ang/Tie-2 信号通路及其在血管重塑中的作用

(图片修改自参考文献[16])

目前，通过 Ang/Tie 信号通路抑制肿瘤血管生成的药物主要为 Ang-2 抑制剂，包括 CVX-060（Ⅱ期临床终止）、MEDI-3617（Ⅰ期临床）等单抗；在某些肿瘤中，对 Ang-1 和 Ang-2 进行双重抑制更具优势，如正在进行Ⅲ期临床试验的 AMG386 为 Ang-1 和 Ang-2 的双重抑制剂。另外，以瑞戈非尼为代表的 VEGFR-2/Tie-2 多靶点抑制剂在治疗胃肠道间质瘤和结直肠癌上呈现不错的药效。

7.1.3.3　成纤维细胞生长因子及其受体

哺乳动物的 FGF 家族由 18 个多肽（FGF1～FGF10、FGF16～FGF23）组成。FGF 通过与其受体（FGFR）结合而发挥作用。FGFR 家族由 5 个成员组成。在多种肿瘤中，FGF 信号通路均处于激活状态。FGF 可通过促进内皮细胞、基质细胞和肿瘤细胞增殖促进肿瘤生长和肿瘤血管生成(见图 7-6)[17]。首先,FGF2 可诱导 VEGF 在血管内皮细胞的表达,通过 FGF/VEGF 信号通路共同促进血管生成;激活 FGFR1 信号通路可上调 Ang-1 的表达并降低 Ang-2 的水平,促进血管生成。另外,通过激活 FGFR1 信号通路可激活下游的 MAPK 通路,促进趋化因子 IL-8 的表达和分泌,进而刺激炎症细胞趋化,促进肿瘤血管生成。目前针对 FGFR 开发的药物包括多韦替尼(dovitinib,Ⅲ期临床终止)、尼达尼布(nintedanib,已上市)、布立尼布(brivanib,Ⅲ期临床)等非选择性小分子抑制剂,AZD4547(Ⅱ期/Ⅲ期临床)、BGJ398(Ⅲ期临床)、LY2874455(Ⅱ期临床)等选择性小分子抑制剂,以及单抗药物 MGFR1877S(Ⅰ期临床终止)。

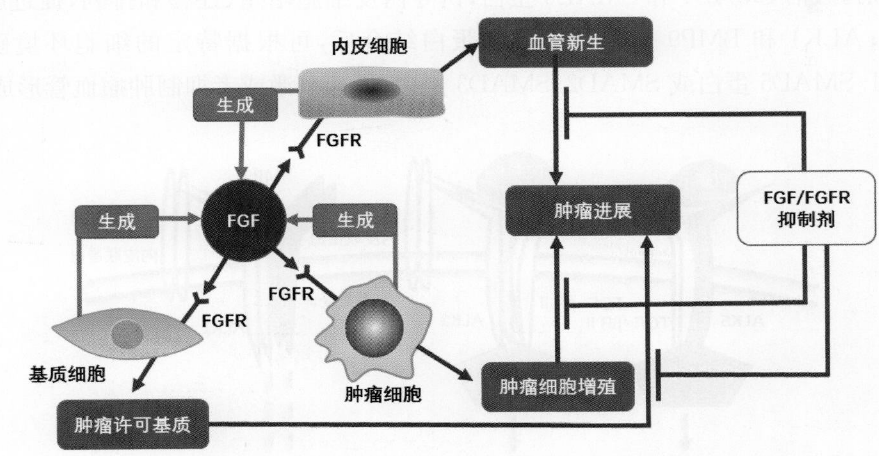

图 7-6　FGF/FGFR 在肿瘤血管形成中的作用

(图片修改自参考文献[17])

7.1.3.4　血小板衍生生长因子及其受体

PDGF 属于 VEGF 家族,是一种促血管生成因子,能够促进细胞的趋化、分裂与增殖。PDGF 及其受体(PDGFR)在多种肿瘤细胞中处于激活状态,在非小细胞肺癌、肝癌、卵巢癌等多种肿瘤细胞中高表达[18]。PDGF 及 PDGFR 过度激活和异常表达可诱导肿瘤新生血管的形成,直接或间接地促进肿瘤细胞增殖与迁移。肿瘤细胞分泌的 PDGF 能诱导血管内皮细胞、平滑肌细胞和肿瘤细胞的增殖和迁移,并抑制其凋亡,对肿瘤血管生成起直接的作用;PDGF 能招募周细胞、内皮细胞、成纤维细胞,形成基质,为新生的血管提供支持;PDGF 能诱导 VEGF 表达,通过 VEGF 间接促进血管生成;PDGF 能减少组织间隙,降低肿瘤细胞对抗肿瘤药物的摄取从而降低化疗药物的药效。目前,对 PDGFR 具有靶向抑制活性的抗肿瘤药物包括达沙替尼(dasatinib,已上市)、伊马替尼(imatinib,已上市)、尼洛替尼(nilotinib,已上市)、索拉非尼(sorafenib,已上市)等小分子抑制剂,主要用于淋巴瘤、肾癌和肝癌等的抗肿瘤治疗[19]。

7.1.3.5 转化生长因子-β及其受体

TGF-β家族通过和细胞膜上的跨膜受体结合发挥其生物学作用。与 TGF-β结合的跨膜受体分为Ⅰ型和Ⅱ型两种丝氨酸/苏氨酸受体。其中Ⅰ型包括 7 种不同的受体(ALK1～ALK7),Ⅱ型包括 5 种受体(ActRⅡA、ActRⅡB、BMPRⅡ、TGF-βRⅡ和 AMHRⅡ)。TGF-β主要通过 ALK1 和 ALK5 调控血管内皮细胞的增殖和迁移(见图 7-7)[20]。ALK1 主要在内皮细胞中表达,而 ALK5 可在多种组织中广泛表达。一方面,TGF-β与 ALK5 结合后使下游的 SMAD2 和 SMAD3 蛋白磷酸化,抑制内皮细胞的增殖、迁移和排列;另一方面,TGF-β与 ALK1、内皮联蛋白(endoglin, CD105)及 TGF-βRⅡ蛋白结合形成复合体后,激活 SMAD1 和 SMAD5 蛋白,诱导内皮细胞增殖、迁移和排列,促进肿瘤血管形成;ALK1 和 BMP9 蛋白及内皮联蛋白结合后,可根据特定的细胞环境磷酸化 SMAD1/SMAD5 蛋白或 SMAD2/SMAD3 蛋白,进而刺激或者抑制肿瘤血管形成。

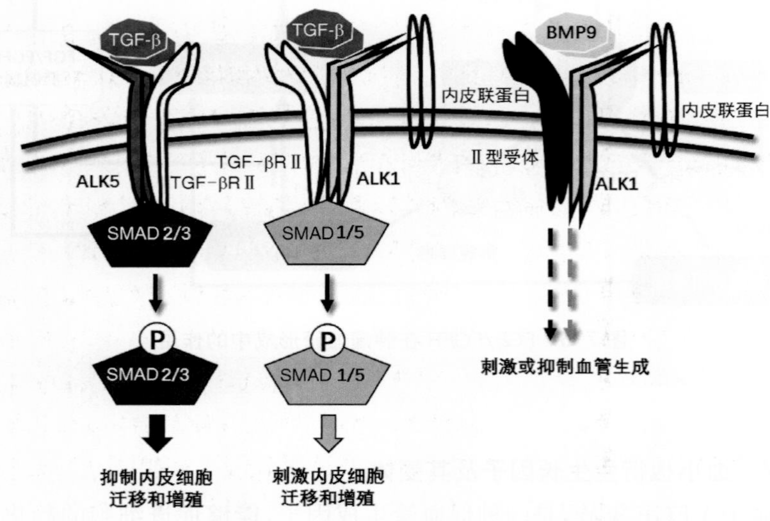

图 7-7 TGF-β信号通路在肿瘤血管生成中的作用

(图片修改自参考文献[20])

在 TGF-β信号通路中,内皮联蛋白和 ALK1 被认为是抗肿瘤血管生成的有效靶点。Tracon 公司开发的抗内皮联蛋白的单克隆抗体 TRC105 已完成Ⅰ期临床试验,TRC105 与贝伐珠单抗(avastin)联合用药,用于治疗晚期难治性实体瘤。辉瑞公司开发的抗 ALK1 单克隆抗体 PF-03446962,拟用于复发或难治性尿路上皮癌、结肠癌等实体肿瘤的治疗,目前正在进行临床试验。

7.1.3.6 肝细胞生长因子及其受体

HGF 又称为扩散因子(scatter factor, SF),是一种具有多种功能的多肽生长因子,在组织再生、黏膜修复、代谢平衡和肿瘤细胞增殖、侵袭、转移、微血管生成等过程中均发挥重要作用。c-MET 是 HGF 的受体，可与 HGF 结合，且亲和力较高，在多种肿瘤细胞中高表达。当 HGF 与 c-MET 结合后，c-MET 发生多位点磷酸化，激活下游的 SRC/FAK、P120/STAT3、PI3K/PKB(Akt)、RAS/MEK 等多条信号通路。SRC/FAK 信号通路可调控细胞发生黏附和迁移；P120/STAT3 信号通路可刺激分支形态发生；PI3K/PKB(Akt)信号通路调控细胞迁移和存活；RAS/MEK 信号通路可调控 HGF 诱导的细胞侵袭和增殖。以上信号通路不仅能直接刺激内皮细胞发生形态改变和迁移，促进血管生成，而且能通过诱导 VEGF 等生长因子表达间接诱导肿瘤血管生成。

目前正在开发的靶向 HGF/c-MET 信号通路的药物包括针对 HGF 的抗体类药物，如 L2G7(Ⅰ期临床)、AMG102(Ⅱ期临床)、OA-5D5(Ⅲ期临床已终止)、CE-355621(临床前)、DN30(临床前)等；HGF 拮抗剂，如 NK4(临床前)等；c-MET 抑制剂，如 XL184(已上市)、XL880(Ⅱ期临床)、PF2341066(已上市)等。

7.1.3.7 其他靶点

整合素 $\alpha v\beta_3$ 通过与细胞外基质组分和 MMP2 结合介导肿瘤血管生成；肝配蛋白(ephrin)及其受体在肿瘤血管生成中起重要作用，在小鼠中敲除肝配蛋白 A1 基因能明显减少乳腺癌细胞的肺转移，而高表达肝配蛋白 A1 可促进内皮细胞向肿瘤细胞的迁移，增加微血管密度；血管内皮钙黏着蛋白是促进血管内皮细胞黏附连接的重要分子，在促进内皮细胞存活、维持血管内皮细胞极性、调控血管的通透性以及促进血管成熟中起重要作用。上述生长因子和蛋白质在肿瘤血管生成中发挥着重要作用，也被认为是抑制肿瘤血管生成的靶点。

7.2 血管内皮生长因子及其受体简介

7.2.1 血管内皮生长因子及其受体的发现

7.2.1.1 血管内皮生长因子

1983 年，Senger 等从腹水和多种肿瘤细胞培养液中分离、纯化得到一种具有促进体液和蛋白质从血管内向外渗出的蛋白因子，称为血管渗透因子(vascular permeability factor, VPF)。该因子可以诱导血清蛋白由血管渗漏而不引起血管内皮细胞损伤。1989 年，Ferrara 等从牛垂体滤泡星状细胞中分离出一种糖蛋白，这种糖蛋白在体内外均能特异性地促进血管内皮细胞生长并诱导血管生成，所以称为血管内皮生长因子(VEGF)。后经过序列比对后发现，VPF 和 VEGF 为同一种蛋白质[21, 22]。之后，又有多种与 VEGF 结构和功能类似的蛋白质被发现，被共同归类于 VEGF 家族。哺乳动物 VEGF 家族包括 VEGF-A、VEGF-B、VEGF-C、VEGF-D(FIGF)和胎盘生长因子(placental growth factor，PLGF)5 种糖蛋白。不同的 VEGF 有着不同的表达模式、受体特异性和生物学功能。VEGF-A 是 VEGF 家族中最重要的成员，人们对其研究也最为深入，通常所指的 VEGF 为 VEGF-A。人 *VEGF-A* 基因定位于染色体 6p21.3 上，为单一基因，由 8 个外显子、7 个内含子组成，全长约为 14 kb。VEGF-A 因 mRNA 剪接位置不同，可产生多种不同的亚型，包括 $VEGF-A_{121}$、$VEGF-A_{145}$、$VEGF-A_{148}$、$VEGF-A_{165}$、$VEGF-A_{183}$、$VEGF-A_{189}$、$VEGF-A_{206}$（见图 7-8）[23]。各亚型和受体的亲和力及功能不同，其中 $VEGF-A_{165}$ 是主要的亚型，在血管平滑肌细胞、巨噬细胞及肿瘤细胞等多种细胞和组织中表达[24]。血氧分压（oxygen tension）是 VEGF-A 表达的重要调控因素。在 $VEGF-A_{165}$ 基因的 5′和 3′非编码区包含缺氧反应元件（hypoxia response element），缺氧环境可迅速诱导 VEGF 的 mRNA 转录。$VEGF-A_{165}$ 蛋白的氨基端含有用于分泌到细胞外的信号肽，VEGF 通过二硫键形成二聚体，以同源二聚体的形式分泌到细胞外；$VEGF-A_{165}$ 蛋白的中间区域包含 VEGFR-1、VEGFR-2 和肝素的结合位点，用于与 VEGFR 及肝素结合；$VEGF-A_{165}$ 蛋白羧基端的 6 个氨基酸序列因 mRNA 剪接不同而序列不同，包括 CDKPRR 和 SLTRKD 两种不同的序列。当羧基端 6 个氨基酸的序列为“CDKPRR”时，蛋白质被命名为 $VEGF-A_{165}$，该蛋白质具有促血管生成活性；当羧基端 6 个氨基酸的序列为“SLTRKD”时，蛋白质被命名为 $VEGF-A_{165}b$，该蛋白质具有抑制血管生成活性，可对血管生成进行负调控[23]。

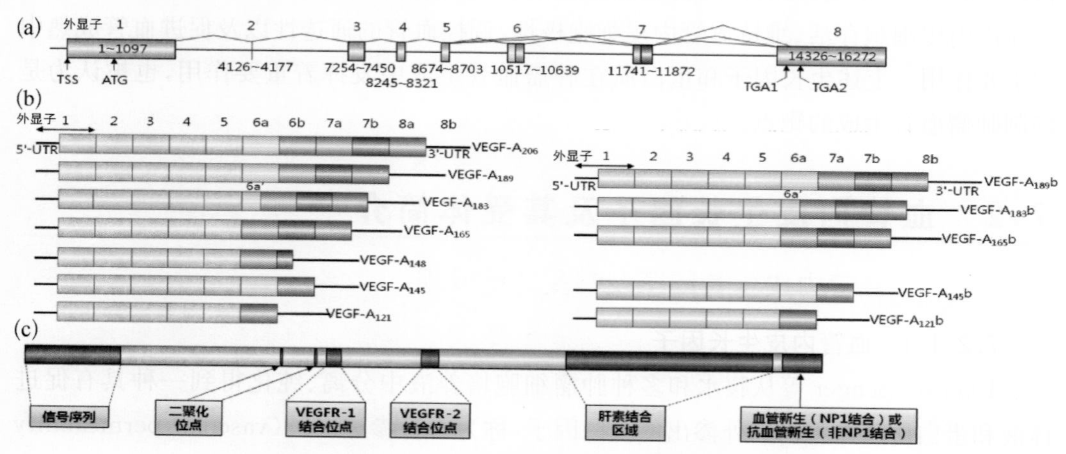

图 7-8　VEGF-A 的基因结构、亚型及蛋白质一级结构

5′-UTR，5′非翻译区；3′-UTR，3′非翻译区。（图片修改自参考文献[23]）

VEGF-A 属于胱氨酸结（cystine knot）生长因子超家族，结构中包含 2 个 α-螺旋（α_1 和 α_2）和 7 个 β-折叠（β1～β7）。由 4 条反向平行排列的 β 折叠（β_1、β_3 和 β_5、β_6）和胱氨酸结组成（见图 7-9）[25]。胱氨酸结部分由 3 个通过二硫键共价连接形成的环结构组成，其中 2 个环结构位于 β3 和 β7 折叠之间，另一个环结构通过二硫键穿过 β_1 和 β_4 折叠的起始端。每个 VEGF-A 单体含有 3 种溶剂可接近的环区域，即 $\beta_1 \sim \beta_3$ 环、$\beta_3 \sim \beta_4$ 环、$\beta_5 \sim \beta_6$ 环，这决定了 VEGF-A 的可溶性。分泌到细胞外的 VEGF-A 是由 2 条亚基间二硫键共价连接形成的反向平行的同型二聚体糖蛋白。二聚体形成的决定簇位于距 VEGF-A 起始的约第 110 位氨基酸残基处，其中氨基端 α-螺旋中 His12 和 Asp19 之间的氨基酸形成的结构域对 VEGF-A 二聚体的形成起关键作用，VEGF 单体间疏水性氨基酸的相互作用也可以稳定或协助形成二聚体。

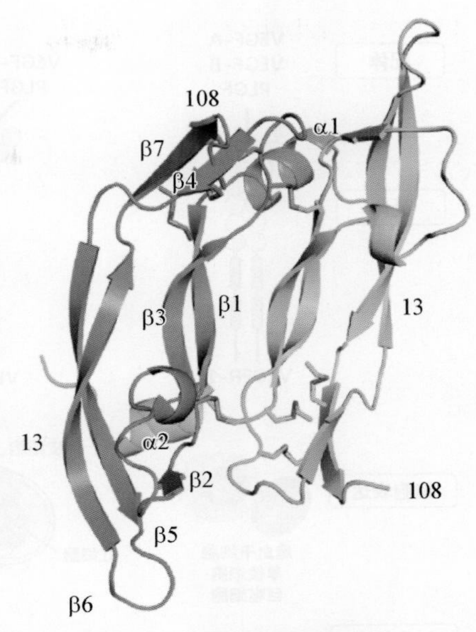

图 7-9　VEGF-A 的高级结构

（图片修改自参考文献[25]）

VEGF-A 在胚胎血管生成中起重要作用。*VEGF-A*$^{-/-}$ 全敲除的小鼠血管发育功能严重丧失，胚胎于第 9.5 天～第 10.5 天（E9.5～10.5）死亡，而 *VEGF-A*$^{+/-}$ 半敲除小鼠血管异常，胚胎于第 11 天～第 12 天死亡。VEGF-A 通过和 VEGFR-1 和 VEGFR-2 两个受体结合，激活下游的信号通路来发挥作用。VEGF-A 诱导 VEGFR-1 和 VEGFR-2 自身磷酸化，促进内皮细胞增殖。VEGF-A 主要通过 Asp63、Glu64 和 Glu67 等负电荷残基与 VEGFR-1 结合，通过 Arg82、Lys84 和 His86 等正电荷残基与 VEGFR-2 结合。

7.2.1.2　血管内皮生长因子受体

VEGF 家族可以和 VEGFR-1(FLT-1)、VEGFR-2(FLT-1/KDR)、VEGFR-3(FLT-4)3 个结构相似的受体酪氨酸激酶结合，通过受体介导下游信号的转导。VEGFR-1 主要在造血干细胞、单核细胞、巨噬细胞和血管内皮细胞中表达；VEGFR-2 主要在血管内皮细胞和淋巴内皮细胞中表达；VEGFR-3 主要在淋巴内皮细胞中表达（见图 7-10）[26]。VEGF 还能和其他辅助受体（co-receptor），如神经纤维网蛋白（neuropilin, NRP）结合。NRP(NRP-1 和 NRP-2)是跨膜非酪氨酸激酶受体，常作为信号素家族和 VEGF 家族的辅助受体，它和 VEGFR-2 结合形成复合体，可增强 VEGFR-2 的功能。VEGFR 家族均为跨膜蛋白，胞外部分均含 7 个免疫球蛋白样结构域，胞内部分为酪氨酸激酶结构域。

1) VEGFR-1

VEGFR-1(FLT-1)是最早发现的 VEGFR 家族受体，基因定位于染色体 4q12。和其他 *VEGFR* 基因不同，*VEGFR-1* 表达 2 种类型的 mRNA，一种为全长的 mRNA，编码全长 VEGFR-1 蛋白。另一种为短 mRNA，编码一种可溶性短蛋白，称为可溶性 FLT-1(sFLT-1)。尽管 VEGF-A 与 VEGFR-1 结合的亲和力是 VEGF-A 与 VEGFR-2 亲和力

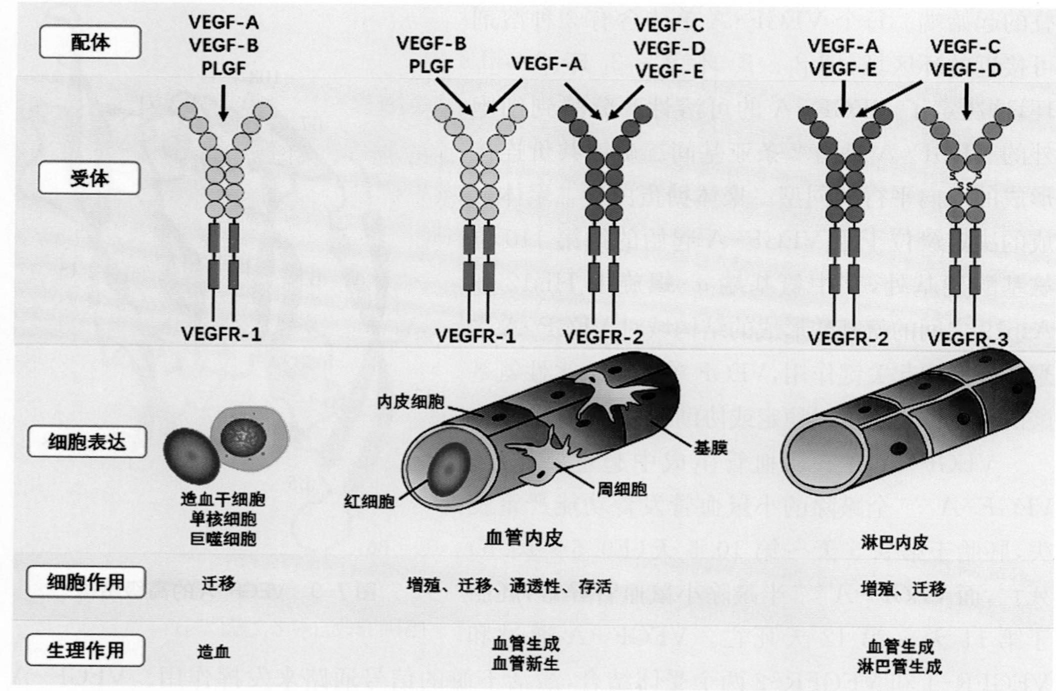

图 7-10　VEGFR 的表达特异性、配体特异性及生物学作用
（图片修改自参考文献[26]）

的 10 倍，但 VEGF-A 通过 VEGFR-1 调节内皮细胞的活性却低很多。

全长 VEGFR-1 可介导内皮细胞增殖、单核细胞和巨噬细胞迁移以及骨髓来源的内皮细胞和造血前体细胞的募集。然而，在 *VEGFR-1* 基因敲除小鼠中血管出现过度生长，说明 VEGFR-1 在胚胎发育的生理性血管生成中起负调控作用[27]。另外，小鼠表达缺乏酪氨酸激酶结构域的 VEGFR-1 后，血管发育正常，说明 VEGFR-1 在生理性血管生成中的作用较小[28]。和全长 VEGFR-1 相似，可溶性 FLT-1 可与 VEGF 结合，且亲和力较高，结合后可抑制内皮细胞的促有丝分裂活性，对 VEGF 进行负调控[29]。

VEGFR-1 在肿瘤生长和转移中起重要作用。VEGFR-1 可通过激活单核细胞和巨噬细胞间接诱导肿瘤血管生成。激活后单核细胞和巨噬细胞能迁移到肿瘤和炎症损伤位置，产生 VEGF-A、VEGF-C 等生长因子和其他细胞因子，促进肿瘤血管和淋巴管生成。此外，VEGFR-1 可诱导内皮细胞和巨噬细胞中的 MMP9 表达，促进肿瘤血管生成和肿瘤转移。

2）VEGFR-2

VEGFR-2 在内皮细胞的增殖、分化、迁移、存活和血管通透性方面起重要作用，是血管生成的主要调节者，VEGF 对内皮细胞的主要生理功能几乎都是通过激活 VEGFR-2 实现的。

1991 年，Terman 等首次在人内皮细胞中发现了 *VEGFR-2* 基因并进行了克隆[30]。人 *VEGFR-2* 基因位于染色体 4q11-q12，VEGFR-2 蛋白全长为 1 356 个氨基酸，是典型的Ⅲ型跨膜蛋白激酶受体。在 VEGFR-2 胞外的 7 个免疫球蛋白样结构域中Ⅱ、Ⅲ结构域为 VEGF-A 结合结构域；胞内部分含 2 个酪氨酸激酶结构域，被一个由 70 个氨基酸构成的激酶分开。VEGFR-2 属于酪氨酸激酶超家族，在分子进化和系统发育学上和 PDGFR、Fms 受体及 c-KIT 受体亲缘关系近。在胞内，VEGFR-2 蛋白的分子量为 150 000，无明显的糖基化，通过一系列糖基化加工后，形成分子量为 230 000 的糖蛋白，并转移到细胞表面。

VEGF-A 和 VEGFR-2 的Ⅱ、Ⅲ免疫球蛋白(Ig)样结构域结合，亲和力为 75～125 pmol/L，结合后诱导 VEGFR-2 形成二聚体并自身磷酸化。通过电子显微镜观察发现，VEGF-A(二聚体)和一个 VEGFR-2 单体结合，可促进 2 个 VEGFR-2 分子接近并结合，形成二聚体。VEGFR-2 形成二聚体后，靠近细胞膜的 2 个第 7 个结构域相互靠近而使二聚体变得更为稳定，如图 7-11 所示[26,31]。

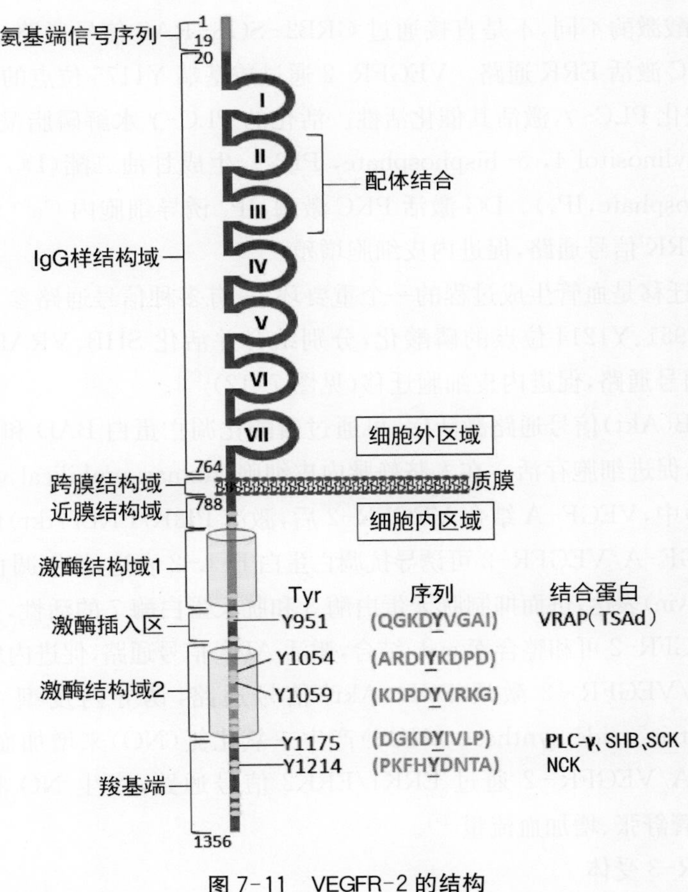

图 7-11　VEGFR-2 的结构

(图片修改自参考文献[26])

1994年，Dougher-Vermazen等首先在细菌表达的VEGFR-2中发现了Y951、Y996、Y1054和Y1059等酪氨酸磷酸化位点[32]。之后，Y801、Y1175、Y1054、Y1059、Y951、Y1214、Y1224、Y1305、Y1309、Y1319等磷酸化位点相继被发现。受体特定磷酸化位点磷酸化后可通过SH2(SRC homology 2)结构域招募特定的蛋白质。Y951位点磷酸化后，VEGFR-2可与VRAP和TSAd蛋白结合；Y1175位点磷酸化后，VEGFR-2可与PLC-γ、SHB、SCK等蛋白结合；Y1214位点磷酸化后，VEGFR-2可以和NCK蛋白结合。VEGFR-2通过与上述不同蛋白质结合激活下游的多种信号通路。另外，VEGFR-2除了包含多个酪氨酸磷酸化位点外，羧基端还含有多个丝氨酸磷酸化位点。对鼠VEGFR-2(FLK-1)的S1188和S1191丝氨酸磷酸化位点突变后，配体依赖的VEGFR-2表达量下降[33](见图7-11)。

VEGFR-2通过多条下游信号通路诱导血管内皮细胞增殖、迁移和促进细胞存活并调节血通透性。

VEGF-A是内皮细胞特异性促有丝分裂原。与大多数受体酪氨酸激酶的受体一样，VEGFR-2可通过经典的ERK信号通路诱导内皮细胞增殖，然而，VEGFR-2和大多数受体酪氨酸激酶不同，不是直接通过GRB2-SOS-RAS信号通路活化ERK，而是通过PLC-PKC激活ERK通路。VEGFR-2通过羧基端Y1175位点的磷酸化和PLC-γ结合，并磷酸化PLC-γ，激活其催化活性。活化的PLC-γ水解磷脂酰肌醇4,5-双磷酸(phosphatidylinositol 4, 5-bisphosphate, PIP_2)，生成甘油二酯(DG)和肌醇三磷酸(inositol triphosphate，IP_3)。DG激活PKC激酶，IP_3诱导细胞内Ca^{2+}浓度增加，激活RAS-MEK-ERK信号通路，促进内皮细胞增殖。

内皮细胞迁移是血管生成过程的一个重要环节，有多种信号通路参与。VEGFR-2通过Y1175、Y951、Y1214位点的磷酸化，分别结合并活化SHB、VRAP、NCK等蛋白质，激活下游信号通路，促进内皮细胞迁移(见图7-12)[26]。

PI3K/PKB(Akt)信号通路激活后，可通过磷酸化凋亡蛋白BAD和胱天蛋白酶9，抑制凋亡活性，促进细胞存活。在人脐静脉内皮细胞(human umbilical vein endothelial cell, HUVEC)中，VEGF-A结合VEGFR-2后，激活PI3K/PKB(Akt)信号通路，促进细胞存活；VEGF-A/VEGFR-2可诱导抗凋亡蛋白BCL-2表达，抑制凋亡蛋白XIAP和存活蛋白(survivin)表达，进而抑制胱天蛋白酶3和胱天蛋白酶7的活性，抑制凋亡，促进存活；另外，VEGFR-2可和整合素$\alpha v\beta_3$结合，激活ATK信号通路，促进内皮细胞存活。

VEGF-A/VEGFR-2激活PKB(Akt)信号通路，诱导内皮型一氧化氮合酶(endothelial nitric oxide synthase，eNOS)产生一氧化氮(NO)来增加血管通透性[34]。另外，VEGF-A/VEGFR-2通过ERK1/ERK2信号通路，产生NO和前列腺素I_2(PGI_2)促进血管舒张、增加血流量[35]。

3) VEGFR-3受体

1992年，Pajusola等首次从人红白血病HEL细胞的cDNA文库中克隆到

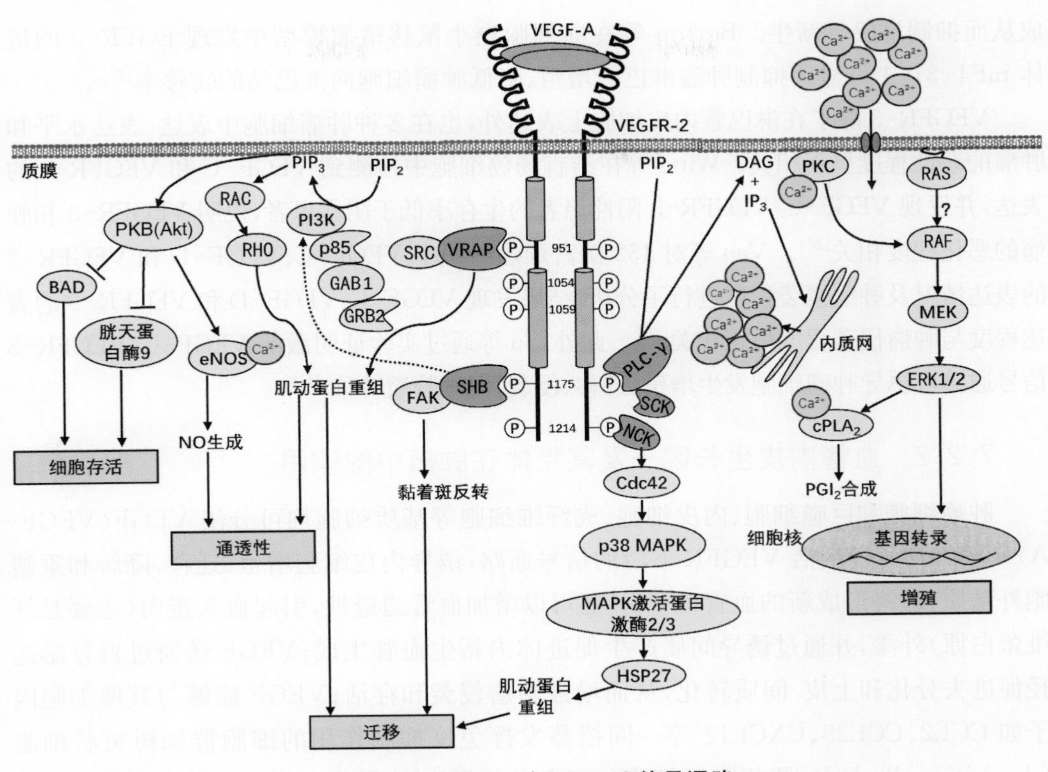

图 7-12 VEGF-A/VEGFR-2 信号通路

(图片修改自参考文献[26])

VEGFR-3 的 cDNA。VEGFR-3 由 *FLT-4* 基因编码，含有 1 298 个氨基酸，与其他 VEGFR 家族成员一样，VEGFR-3 也包含 7 个免疫球蛋白样的细胞外结构域、跨膜区和一个有酪氨酸激酶活性的细胞内区域。

在胚胎发育初期，VEGFR-3 在血管内皮细胞中表达，在心血管系统发育中起着重要作用，*VEGFR-3* 基因缺陷的小鼠会因心血管功能衰竭而在胚胎早期死亡[36]。在胚胎后期及成年后，VEGFR-3 主要在淋巴管内皮细胞上表达。VEGF-C 和 VEGF-D 是 VEGFR-3 的配体，VEGF-C、VEGF-D 与 VEGFR-3 结合后，VEGFR-3 通过二硫键形成二聚体并发生自磷酸化，同时结合并磷酸化 SHC、GRB2 与 SOS 等蛋白，激活下游的 MAPK、PKB(Akt)/ERK 等信号通路，促进淋巴管内皮细胞的增殖和迁移，刺激肿瘤淋巴管生长，诱导肿瘤转移。

淋巴转移是恶性肿瘤的重要特征，是导致肿瘤患者死亡的主要原因之一。恶性肿瘤细胞通过激活肿瘤周围的淋巴管增生，加快肿瘤细胞侵袭。阻断 VEGFR-3 介导的信号通路可有效抑制肿瘤淋巴管生成，抑制肿瘤淋巴结转移。Pytowski 等通过实验证实，通过使用 VEGFR-3 的抗体，抑制 VEGFR-3 介导的信号通路，可以阻断淋巴管生成从而抑制淋巴管新生。Burton 等在前列腺癌小鼠移植瘤模型中发现 EGFR-3 的抗体 mF4-31C1 可显著抑制肿瘤淋巴管增殖、降低肿瘤细胞向淋巴结的转移率[37]。

VEGFR-3 除了在淋巴管内皮细胞上表达外，也在多种肿瘤细胞中表达，表达水平和肿瘤的恶性程度呈正相关。Witte 等在结直肠癌细胞中检测到 VEGF-C 和 VEGFR-3 的表达，并发现 VEGF-C/VEGFR-3 阳性患者的生存率低于阴性患者，说明 VEGFR-3 和肿瘤的恶化程度相关[38]。Van 等对 152 例宫颈癌组织中 VEGF-C、VEGF-D 和 VEGFR-3 的表达情况及肿瘤侵袭程度进行了分析，结果发现 VEGF-C、VEGF-D 和 VEGFR-3 的表达程度与肿瘤侵袭程度呈正相关[39]。此外，Su 等通过实验证明激活 VEGF-C/VEGFR-3 信号通路可诱导肿瘤细胞发生增殖、迁移、侵袭，促进肿瘤转移[38,40]。

7.2.2 血管内皮生长因子及其受体在肿瘤中的作用

肿瘤细胞和巨噬细胞、内皮细胞、成纤维细胞等基质细胞均可分泌 VEGF（VEGF-A）。VEGF 通过激活 VEGFR 下游的信号通路，诱导内皮细胞增殖、迁移，降解和重塑胞外基质，最终形成新的血管；VEGF 还可以增加血管通透性，引起血浆蛋白（主要是纤维蛋白原）外渗，并通过诱导间质产生促进体内新生血管生成；VEGF 还通过自分泌途径促进去分化和上皮-间质转化，从而增强肿瘤侵袭和存活；VEGF 能够与其他细胞因子如 CCL2、CCL28、CXCL12 等一同招募发挥免疫抑制作用的细胞群如树突状细胞（dendritic cell，DC）、调节性 T 细胞（regulatory T cell，Treg cell）、骨髓来源的抑制性细胞（myeloid-derived suppressor cells，MDSC）和肿瘤相关巨噬细胞（tumor-associated macrophage，TAM），并通过直接抑制杀伤性 T 细胞增殖和活性发挥、抑制 DC 细胞成熟和抗原递呈，阻碍 T 细胞活化，最终降低机体对肿瘤细胞的清除能力并导致免疫治疗失效。此外，VEGF 还可以通过 VEGFR 调控基质中成纤维细胞的功能（见图 7-13）[41]。

VEGF 自分泌途径在肿瘤形成和肿瘤干细胞功能中起重要作用。Lichtenberger 等发现肿瘤细胞自分泌 VEGF，并与 EGFR 信号通路协同作用，形成 VEGF-NRP-1 信号通路，直接促进皮肤鳞状细胞癌细胞增殖和存活，而与肿瘤血管生成无关[42]。对皮肤鳞状细胞癌形成的早期阶段进行分析后发现，自分泌的 VEGF 和肿瘤干细胞的功能密切相关。在肿瘤发生早期，肿瘤干细胞位于血管周围，靠近内皮细胞。当抑制 VEGFR-2 的活性时，肿瘤干细胞的体积缩小；将肿瘤细胞中的 *VEGF-A* 基因条件性敲除后，肿瘤微血管密度降低、增殖减少、肿瘤干细胞自我更新能力降低[43]；在体内外将 *NRP-1* 敲除后，VEGF 无法诱导肿瘤干细胞进行自我更新，提示 NRP-1 在 VEGF/VEGFR-2 通过自分泌途径诱导的肿瘤干细胞自我更新的信号通路中起重要作用。另外，自分泌的 VEGF 还能促进肿瘤细胞去分化和上皮-间质转化（epithelial-mesenchymal transition，EMT），促进肿瘤发生侵袭和转移；位于血管周围的肿瘤干细胞分泌 VEGF，还可以通过旁分泌的方式刺激新生肿瘤中的血管生成（见图 7-14）[41]。

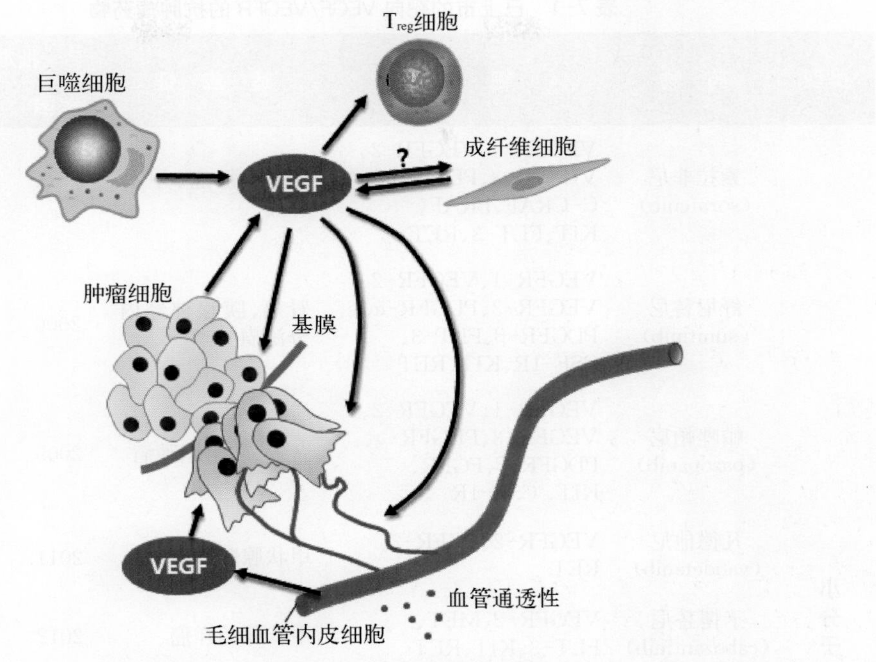

图 7-13　VEGF 在肿瘤中的生物学功能

（图片修改自参考文献[41]）

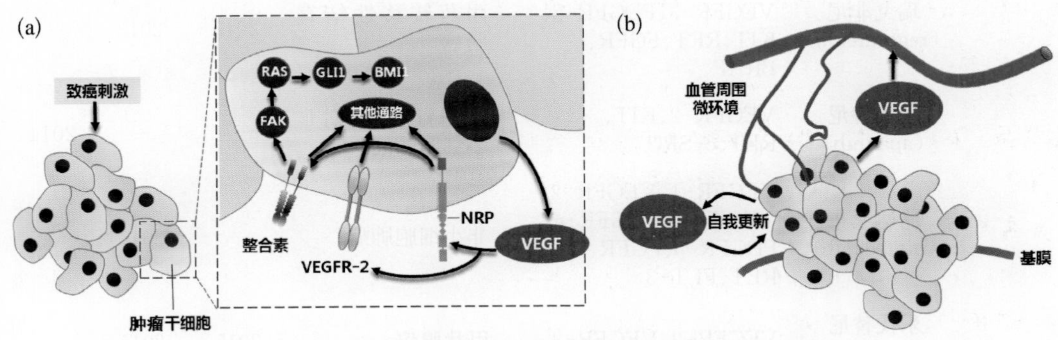

图 7-14　VEGF 在肿瘤干细胞执行功能和肿瘤形成中的作用

（图片修改自参考文献[41]）

7.2.3　靶向血管内皮生长因子及其受体的抗肿瘤治疗

VEGF/VEGFR 靶向药物包括小分子 VEGFR 酪氨酸激酶抑制剂（tyrosine kinase inhibitor，TKI）和 VEGF/VEGFR 单克隆抗体及 VEGF 结合蛋白等大分子药物（见表 7-1）[44]。

表 7-1 已上市的靶向 VEGF/VEGFR 的抗肿瘤药物

类型	药物	靶点	适应证	批准上市时间		
				美国	欧盟	中国
小分子药物	索拉非尼(sorafenib)	VEGFR-1、VEGFR-2、VEGFR-3、PDGFR-β、C-CRAF、BRAF、KIT、FLT-3、RET	肝癌、肾癌、甲状腺癌	2005	2006	2006
	舒尼替尼(sunitinib)	VEGFR-1、VEGFR-2、VEGFR-3、PDGFR-α、PDGFR-β、FLT-3、CSF-1R、KIT、RET	肾癌、胰腺神经内分泌瘤	2006	2007	2007
	帕唑帕尼(pazopanib)	VEGFR-1、VEGFR-2、VEGFR-3、PDGFR-α、PDGFR-β、FGFR、KIT、CSF-1R	肾癌、软组织肿瘤	2009	2009	—
	凡德他尼(vandetanib)	VEGFR-2、EGFR-2、RET	甲状腺髓样癌	2011	2012	
	卡博替尼(cabozantinib)	VEGFR-2、MET、FLT-3、KIT、RET	甲状腺髓样癌	2012	2014	—
	阿西替尼(axitinib)	VEGFR-1、VEGFR-2、VEGFR-3	肾癌	2012	2012	2015
	瑞戈非尼(regorafenib)	VEGFR-1、VEGFR-2、VEGFR-3、PDGFR-β、KIT、RET、FGFR、BRAF	耐药转移性结直肠癌	2013	2013	—
	阿帕替尼(apatinib)	VEGFR-2、KIT、RET、c-SRC	晚期胃癌、晚期非小细胞肺癌	—	—	2014
	尼达尼布(nintedanib)	VEGFR-1、VEGFR-2、VEGFR-3、PDGFR-α、PDGFR-β、FGFR、RET、FLT-3	非小细胞肺癌	—	2014	—
	乐伐替尼(lenvatinib)	VEGFR-2、VEGFR-3	甲状腺癌	2015	2015	—
大分子药物	贝伐珠单抗(bevacizumab)	VEGF-A	转移性结直肠癌、非小细胞肺癌、肾癌、卵巢癌、乳腺癌	2004	2005	2010
	雷莫芦单抗(ramucirumab)	VEGFR-2	胃癌、胃-食管结合部癌、非小细胞肺癌、转移性结直肠癌	2014	2014	—
	阿柏西普(aflibercept)	VEGF-A、VEGF-B、PIGF	结直肠癌	2012	2013	—

(表中数据来自参考文献[44])

7.3　血管内皮生长因子受体小分子靶向药物研发成果

7.3.1　索拉非尼

7.3.1.1　研发历程及作用机制

索拉非尼(sorafenib，Bay 43-9006，商品名为多吉美/Nexavar®)是由德国 Bayer 公司和美国 Onyx 公司共同研制开发的双芳基脲类化合物，为首个上市的多靶点激酶抑制剂，具有广泛的抗肿瘤活性(见图 7-15)。20 世纪 90 年代，在组合化学、高通量筛选等技术共同推动下，索拉非尼作为 RAF1 抑制剂问世，主要通过阻断 RAF-MEK-ERK 信号的级联传导，发挥肿瘤增殖抑制作用[45]。研发之初，在对约 200 000 个化合物进行 RAF1 抑制活性的高通量筛选后，确定了先导化合物(3-噻吩基脲类，化合物 1)具有较强的 RAF1 抑制活性(IC_{50}=17 μmol/L)，在其苯环上采用 4-甲基取代(化合物 2)能够使化合物的 RAF1 抑制活性显著提高(IC_{50}=1.7 μmol/L)，然而此类异构体的 RAF1 活性仍远未达到成药的要求。为进一步增强其 RAF1 抑制活性并探讨其构效关系，1 000 余个先导化合物的联芳基衍生物被合成出来。筛选结果显示，3-氨基-异噁唑衍生物(化合物 3)的 IC_{50} 值为 1.1 μmol/L，而将其远端苯环采用 4-吡啶基替换(化合物 4)可将 IC_{50} 值降低至 230 nmol/L(见图 7-16)。构效关系研究表明，脲基团对于化合物发挥 RAF1 抑制活性起至关重要作用，而将化合物 4 的杂环用苯环取代形成二苯脲并不会对活性产生明显影响。基于此，研究人员最终通过对化合物 4 的吡啶环进行进一步修饰，并保留二苯

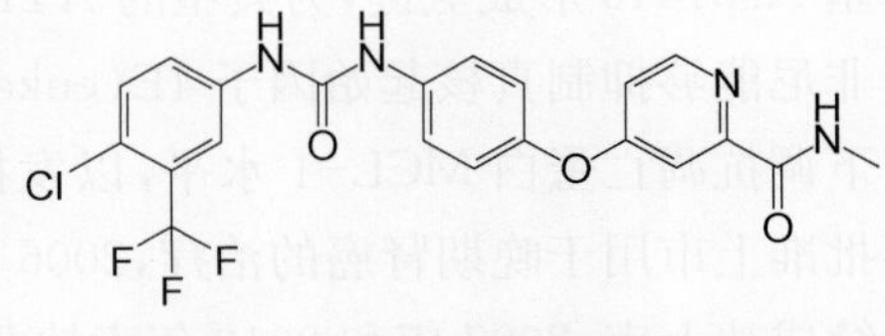

图 7-15　索拉非尼的化学结构式

(a)

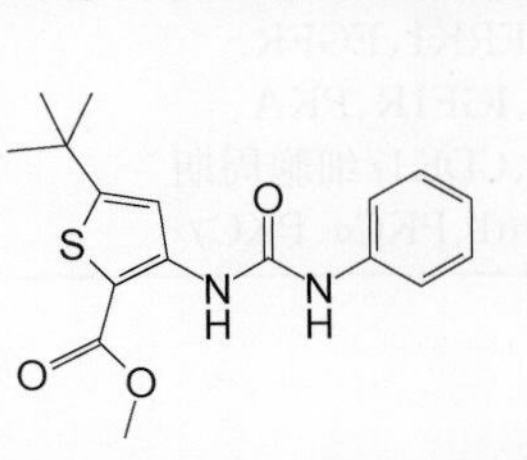

化合物7-1 RAF1 IC_{50} = 17 μmol/L

(b)

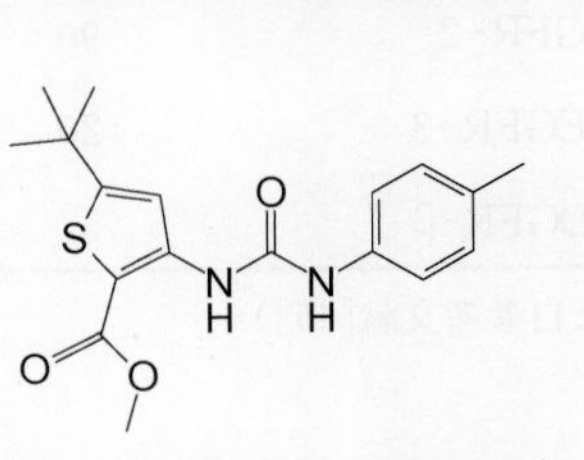

化合物7-2 RAF1 IC_{50} = 1.7 μmol/L

(c)

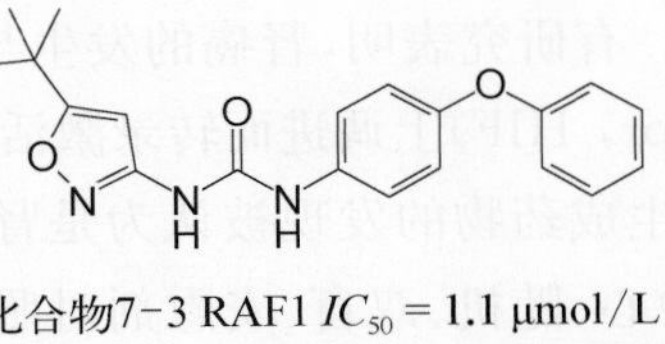

化合物7-3 RAF1 IC_{50} = 1.1 μmol/L

(d)

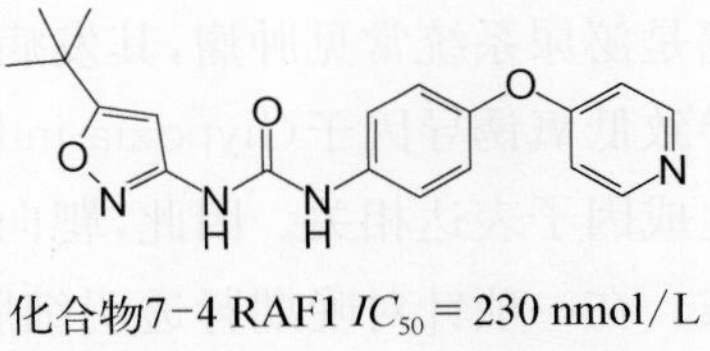

化合物7-4 RAF1 IC_{50} = 230 nmol/L

图 7-16　索拉非尼的研发历程及构效关系示意图

脲结构，合成了索拉非尼，其抑制 RAF1 的 IC_{50} 值仅为 6 nmol/L。

后续研究发现，除 RAF1 外，索拉非尼还可抑制包括 VEGFR-1～VEGFR-3、PDGFR-β、FLT-3、c-KIT 等在内的多种激酶的活性（见表 7-2），负向调控肿瘤的分裂增殖和新生血管的形成[45]。索拉非尼的 VEGFR-2 复合物晶体结构表明（见图 7-17），索拉非尼能够与 DFG-out 构象（非活性激酶构象）的 VEGFR-2 受体通过 ATP 结合位点及相邻的非保守变构区域发生相互作用，其中分子末端的 4-氯-3-三氟甲基苯环结构与受体的疏水变构口袋结合，而脲基团则与氨基端小叶残基 Glu885 及环状活化区域残基 Asp1046 形成氢键，为典型的 ATP 竞争性Ⅱ型激酶抑制剂[25]。另有研究表明，索拉非尼能够抑制真核起始因子 4E（eukaryotic initiation factor 4E，eIF4E）的磷酸化过程，下调抗凋亡蛋白 MCL-1 水平，以发挥促凋亡作用。2005 年底，索拉非尼被美国 FDA 批准上市用于晚期肾癌的治疗，2006 年索拉非尼在包括中国在内的多个国家和地区陆续成功上市，2007 年和 2013 年索拉非尼又被 FDA 批准分别用于无法手术切除的晚期肝癌和分化型甲状腺癌的治疗。由于索拉非尼存在溶解度差、生物利用度低等缺陷，以其为先导化合物进行合理的结构改造成为药物化学领域研究的热点。

表 7-2　索拉非尼抑制不同激酶的 IC_{50} 值列表

激酶名称	IC_{50} 值(nmol/L)	激酶名称	IC_{50} 值(nmol/L)
RAF1	6	FLT-3	33
野生型 B-RAF	25	p38	38
B-RAF-V600E	38	c-KIT	68
VEGFR-1	26	FGFR1	580
VEGFR-2	90	MEK1、ERK1、EGFR、c-MET、IGF1R、PKA、PKB(Akt)、CDK1/细胞周期蛋白 B、pim1、PKCα、PKCγ	大于 10 000
鼠 VEGFR-3	20		
鼠 PDGFR-β	57		

（表中数据来自参考文献[45]）

7.3.1.2　临床有效性

1）肾癌

肾癌是泌尿系统常见肿瘤，其发病机制复杂。有研究表明，肾癌的发生与 *VHL* 基因失活导致低氧诱导因子（hypoxia-inducible factor，HIF）上调进而转录激活 VEGF 等促血管生成因子表达相关。因此，靶向肿瘤血管生成药物的发现被认为是肾癌治疗的重大突破。在一项针对晚期肾透明细胞癌的多中心、随机、双盲、安慰剂对照的Ⅲ期临床试验（Treatment Approaches in Renal Cancer Global Evaluation Trial，TARGET）

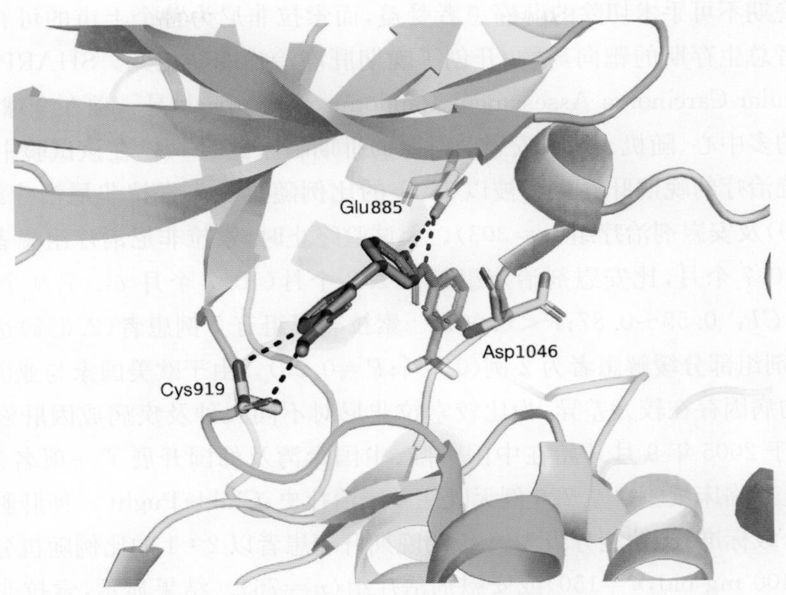

图 7-17 索拉非尼-VEGFR-2 复合物晶体构象

(图片修改自参考文献[25])

中,903 例经标准治疗失败的晚期肾透明细胞癌患者被 1∶1 随机分组,451 例接受索拉非尼治疗(400 mg bid),剩余患者接受安慰剂治疗[46]。结果显示,与安慰剂相比,索拉非尼可延长患者中位无进展生存期约 2.7 个月(5.5 个月 *vs.* 2.8 个月,$HR=0.44$;95% CI:0.35～0.55;$P<0.01$)。索拉非尼与安慰剂组患者的部分缓解率分别为 10% 和 2%($P<0.001$),疾病稳定率分别为 74%和 53%($P<0.001$)。与索拉非尼治疗相关(发生率与安慰剂存在显著性差异)的主要不良事件包括高血压(17%)、腹泻(43%)、皮疹(40%)、手足综合征(30%)、脱发(27%)及瘙痒(19%),但多数均为 1～2 级不良事件,患者耐受良好。同期进行的索拉非尼用于治疗晚期肾癌的北美扩大临床研究(Advanced Renal Cell Carcinoma Sorafenib, ARCCS)共纳入 2 504 例肾癌患者,包括不符合 TARGET 试验入组标准的无既往治疗史或经贝伐珠单抗治疗、非肾透明细胞癌、转移性及老龄患者[47]。结果表明,在可供统计的 1 891 例患者中,无论是经历过一线药物还是二线及以上药物治疗,无论为何种肾癌类型及是否发生脑转移,索拉非尼治疗后的部分缓解率均约为 4%,疾病稳定率高达 80%,中位无进展生存期为 36 周(95% CI:33～45 周),中位总生存期为 50 周(95% CI:46～52 周)。常见 2 级以上药物相关不良事件包括手足综合征(18%)、皮疹(14%)、高血压(12%)及疲乏(11%)。

2) 肝癌

肝癌被认为是一种典型的血管富集型恶性肿瘤,截至 2007 年未发现任何一种靶向药物可使晚期不可手术切除的肝癌患者受益，而索拉非尼为首个上市的可有效延长晚期肝癌患者总生存期的靶向药物，开创了晚期肝癌治疗的新纪元。SHARP(Sorafenib Hepatocellular Carcinoma Assessment Randomized Protocol)是一项在全球 21 个欧美国家开展的多中心、随机、双盲、安慰剂对照的Ⅲ期临床试验[48]。在该试验中，602 例未接受过系统治疗的晚期肝癌患者被以 1∶1 的比例随机分入索拉非尼治疗组(400 mg bid, n=299)及安慰剂治疗组(n=303)。至试验终止时，索拉非尼治疗组患者的中位总生存期为 10.7 个月，比安慰剂治疗组延长 2.8 个月(10.7 个月 *vs.* 7.9 个月，HR=0.69；95% CI：0.55～0.87；P<0.001)。索拉非尼组有 7 例患者(2.3%)达到部分缓解，而安慰剂组部分缓解患者为 2 例(0.7%；P=0.05)。由于欧美国家与亚洲国家导致肝癌发生的病因存在较大差异，为比较索拉非尼对不同人种及疾病成因肝癌患者的疗效，研究者于 2005 年 9 月开始在中国大陆、中国台湾及韩国开展了一项名为 Oriental 的多中心Ⅲ期临床试验[49]。226 例无既往系统治疗史、Child-Pugh(一种肝脏储备功能量化评估分级标准)肝功能分级为 A 级的晚期肝癌患者以 2∶1 的比例随机分为索拉非尼治疗组(400 mg bid, n=150)或安慰剂治疗组(n=76)。结果显示，索拉非尼治疗组患者的中位总生存期比安慰剂治疗组延长约 2.3 个月(6.5 个月 *vs.* 4.2 个月，HR=0.68；95% CI：0.50～0.93；P=0.014)，中位肿瘤进展时间延长 1 倍(2.8 个月 *vs.* 1.4 个月，HR=0.57；95% CI：0.42～0.79；P=0.000 5)。索拉非尼治疗组 5 例患者(3.3%)、安慰剂治疗组 1 例患者(1.3%)达到部分缓解，无患者出现完全缓解。索拉非尼及安慰剂治疗组各有 54.0%及 27.6%的患者疾病稳定。常发生的 3～4 级索拉非尼治疗相关药物不良事件(AE)包括手足综合征(10.7%)、腹泻(6.0%)及疲乏(3.4%)，患者总体耐受良好。SHARP 及 Oriental 研究奠定了索拉非尼在晚期肝癌治疗中的重要地位，同时对肝癌治疗模式的变革起了巨大的推动作用。

3) 甲状腺癌

甲状腺癌是人体内分泌系统常见的恶性肿瘤，发病率呈逐年上升的趋势，其中约 95%为分化型甲状腺癌。7%～23%的患者经标准治疗后可能出现远端转移，其中有 2/3 的患者对放射性碘(radioactive iodine, RAI)治疗无响应，该部分患者因缺少有效治疗方法预后较差。2013 年，基于一项名为 DECISION 的Ⅲ期临床试验结果，索拉非尼被 FDA 批准应用于治疗晚期或转移性放射性碘难治性分化型甲状腺癌，成为首个可应用于甲状腺癌治疗的靶向药物[50]。在该项多中心、随机、双盲、安慰剂对照的临床试验中，417 例在入组前 14 个月内出现疾病进展且未曾接受过靶向治疗、化疗或沙利度胺治疗的局部晚期或转移性放射性碘难治性分化型甲状腺癌患者被随机 1∶1 分为索拉非尼治疗组(400 mg bid, n=207)或安慰剂治疗组(n=210)。相较于安慰剂治疗组，索拉非尼治疗组被证实能够显著延长患者的中位无进展生存期(10.8 个月 *vs.* 5.8 个月，HR=0.59；95% CI：0.45～0.76；P<0.000 1)。索拉非尼治疗组患者的部分缓解率

为 12.2%(24/196)，而安慰剂治疗组仅为 0.5%(1/201)，两组存在显著性差异($P<0.0001$)。此外，相较于安慰剂治疗组，索拉非尼治疗组在疾病控制率、中位肿瘤进展时间方面均有显著改善。索拉非尼治疗组患者常发生的不良事件为手足综合征(76.3%)、腹泻(68.6%)、脱发(67.1%)及皮疹(50.2%)，而多数不良事件为 1～2 级。

7.3.2　舒尼替尼

7.3.2.1　研发历程及作用机制

舒尼替尼(sunitinib，SU11248，商品名为索坦/Sutent®)是由辉瑞公司研发的新型吲哚酮类口服多靶点酪氨酸激酶抑制剂，通过抑制 VEGFR-1～VEGFR-3、PDGFR-α/PDGFR-β、c-KIT、FLT-3 等多种激酶的活性，靶向调控一系列与肿瘤增殖、血管生成及侵袭转移相关的生理过程，从而发挥广泛的抗肿瘤作用。其化学结构式及抑制不同激酶的 IC_{50} 值分别如图 7-18 和表 7-3 所示[51]。在舒尼替尼被成功开发之前，已有 2 个吲哚酮类衍生物 5a(SU5416)和 5b(SU6668)分别作为 VEGFR-2 或 PDGFR-β 选择性抑制剂进入临床研究，然而受限于理化性质相关的低溶解度或高蛋白结合率特性，难以满足临床应用。为提高化合物 5a、5b 的激酶抑制活性及成药性，研究者对其进行了深入的结构优化[52]。

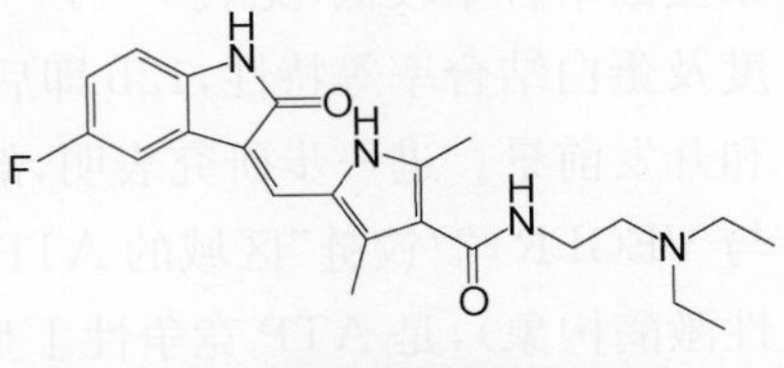

图 7-18　舒尼替尼的化学结构式

表 7-3　舒尼替尼抑制不同激酶的 IC_{50} 值列表

激酶名称	Ki 值(μmol/L)	细胞水平 IC_{50} 值(μmol/L)	
		受体磷酸化	细胞增殖
VEGFR-1	0.002	NA	NA
VEGFR-2	0.009	0.010	0.004
VEGFR-3	0.017	NA	NA
PDGFR-β	0.008	0.010	0.039
PDGFR-α	NA	NA	0.069
c-KIT	0.004	0.001～0.010	0.002
FLT-3	NA	0.250	0.010～0.050
RET	NA	0.050	0.050
CSF1R	NA	0.050～0.100	NA

注：NA，not available，不可用。(表中数据来自参考文献[51])

对其构效关系研究显示，在吡咯环的C-4′位引入不同基团将显著影响化合物的激酶抑制活性及溶解度，而R1位采用卤素取代能够使化合物的激酶抑制活性增强，且不同卤素基团取代的化合物在细胞毒性方面存在较大差异。化合物12b对VEGFR-2及PDGFR-β的抑制活性约为5b的30倍，且在中性及酸性的条件下，其溶解性能相较于5b大幅改善。将12b的二乙胺基团采用二甲胺(12e)、吡咯烷(12f)或其他基团取代(12h～12j)显著降低了化合物在pH6条件下的溶解度，*N*-甲基哌啶取代(12g)则增加化合物的细胞毒性并降低其代谢稳定性。R1位Cl(12c)或Br(12d)取代化合物比F(12b)取代化合物具有更高的细胞毒作用(见图7-19和表7-4)。另一方面，相较于5b，化合物12b抑制PDGF诱导的细胞增殖基本不受血清蛋白影响，证实化合物12b的血浆蛋白结合率较低(见表7-5)[52]。综合权衡各化合物的激酶抑制活性、细胞毒性、溶解度及蛋白结合率等特性，12b即后来被命名为舒尼替尼的化合物被认为具有良好的应用和开发前景。进一步研究表明，舒尼替尼具有与ATP腺嘌呤环类似的结构特征，通过与VEGFR-2"铰链"区域的ATP结合位点形成氢键，识别受体活化的DFG-in构象(活性激酶构象)，是ATP竞争性Ⅰ型激酶抑制剂。并且，与索拉非尼不同的是，舒尼替尼分子的左侧长链能够延伸至溶剂相中(见图7-20)[25]。2006年1月，舒尼替尼被FDA批准用于晚期肾癌及伊马替尼治疗失败或不能耐受的胃肠道间质瘤的治疗，并于2007年被中国国家食品药品监督管理局批准豁免临床试验在中国上市。

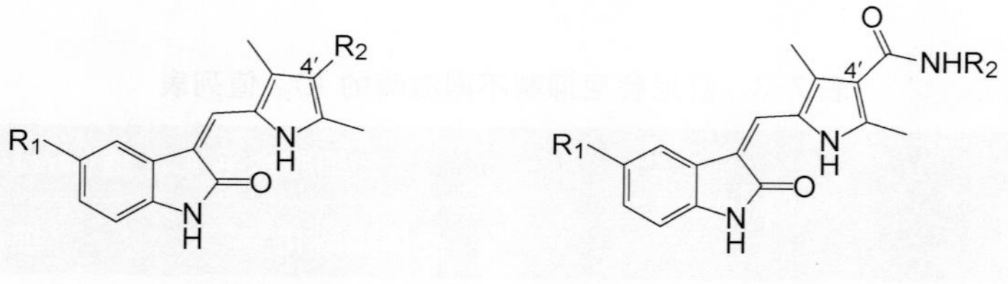

R_1　R_2　4′　H　N　O　H

R_1　O　NHR_2　4′　H　N　O　H

图7-19　化合物7-5和化合物7-12

(图片修改自参考文献[52])

7.3.2.2　临床有效性

1) 肾癌

为比较舒尼替尼与α干扰素(interferon-α, IFN-α)作为治疗肾癌一线药物的有效性，在始于2004年8月的一项国际多中心、随机的Ⅲ期临床试验中，750例未接受过治疗的转移性肾透明细胞癌患者被随机分入舒尼替尼治疗组(50 mg qd，给药4周后停药2周，$n=375$)及α干扰素治疗组($n=375$)[53]。结果显示，舒尼替尼治疗组的客观响应率为31%(95% *CI*：26%～36%)，而α干扰素治疗组的客观响应率仅为6%(95% *CI*：4%～9%)，两者具有显著性差异($P<0.001$)。相较于α干扰素，舒尼替尼能够将患者

表 7-4 不同吲哚酮类化合物抑制 VEGFR-2 及 PDGFR-β 的构效关系列表

化合物	R1	R2	激酶抑制活性（生化方法，IC_{50}，μmol/L）				PDGF 诱导的 BrdU 整合（IC_{50}，μmol/L）	细胞毒性（IC_{50}，μmol/L）	溶解度（μg/mL）	
			VEGFR-2	PDGFR-β	FGFR1	EGFR			pH2	pH6
7-5a	H	H	1.230	22.900 0	>100.00	>100	4.050	>50.0	<1	<1.0
7-5b	H	$(CH_2)_2COOH$	2.400	0.060 000	3.00	>20	16.000	>50.0	<5	18.0
7-5c	H	$(CH_2)_3N(CH_2CH_2)_2NCH_3$	0.300	0.060 0	4.20	>20	0.200	>50.0	N/A	N/A
7-12a	H	$(CH_2)_2N(C_2H_5)_2$	0.050	0.017 0	0.88	>20	<0.070	>50.0	3 022	511.0
7-12b	F	$(CH_2)_2N(C_2H_5)_2$	0.080	0.002 0	2.90	>20	0.008	48.9	2 582	364.0
7-12c	Cl	$(CH_2)_2N(C_2H_5)_2$	0.027	0.003 0	0.17	>20	<0.070	15.6	3 259	186.0
7-12d	Br	$(CH_2)_2N(C_2H_5)_2$	0.032	0.005 0	0.73	10	<0.070	16.3	1 299	101.0
7-12e	F	$(CH_2)_2N(CH_3)_2$	0.080	0.000 5	1.60	>20	0.015	48.5	3 012	75.0
7-12f	F	$(CH_2)_2$-pyrrolidin-1-yl	0.060	0.001 0	3.90	>20	<0.070	49.0	3 319	9.0
7-12g	F	$CH_2CH(CH_2CH_2)_2N$-CH_3	0.025	0.003 0	0.20	N/A	0.030	38.0	>250	>250.0
7-12h	F	$(CH_2)_2$-morpholin-4-yl	0.090	0.002 0	2.60	>20	0.037	>50.0	2 945	0.3
7-12i	F	CH_2-pyridin-4-yl	<0.160	0.001 0	3.10	>20	0.080	>50.0	4 86	<LD
7-12j	F	$(CH_2)_2$-triazol-1-yl	0.085	0.010 0	17.10	>20	0.190	>50.0	2	6.0

注：BrdU，5-溴脱氧尿苷。（表中数据来自参考文献[52]）

表 7-5 化合物 5b、12b 在不同浓度 BSA 条件下抑制 PDGF 诱导的 BrdU 整合 IC_{50} 值列表

化合物	PDGF 诱导的 BrdU 整合(IC_{50}, μmol/L)				
	0% BSA	0.1% BSA	0.5% BSA	1% BSA	5% BSA
5b	0.300	9.500	16.000	36.000	49.000
12b	<0.007	<0.007	<0.007	0.008	0.083

注：BSA，牛血清白蛋白；BrdU，5-溴脱氧尿苷。(表中数据来自参考文献[52])

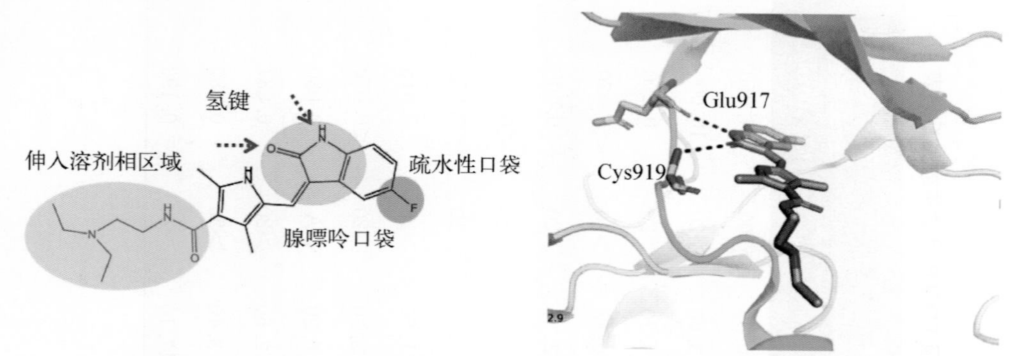

图 7-20 舒尼替尼-VEGFR-2 复合物晶体构象

(图片修改自参考文献[25])

的中位无进展生存期延长 6 个月(11 个月 *vs.* 5 个月，$HR=0.42$；95% CI：0.32～0.54；$P<0.001$)，并显著改善患者的生活质量($P<0.001$)。与舒尼替尼治疗相关的 3～4 级药物不良事件主要包括腹泻(5%)、呕吐(4%)、高血压(8%)及手足综合征(5%)，均与 α 干扰素治疗组发生率有显著性差异($P<0.05$)，但患者总体耐受良好。基于此，美国国立综合癌症网络(National Comprehensive Cancer Network，NCCN)指南及欧洲泌尿外科学会(European Association of Urology，EAU)指南共同推荐舒尼替尼为治疗晚期肾癌的一线药物。此外，一项名为 S-TRAC、研究舒尼替尼作为辅助治疗药物疗效的随机、双盲、安慰剂对照的Ⅲ期临床试验结果令人振奋[54]。在该试验中，615 例已接受根治手术、存在高复发风险的局限型肾透明细胞癌患者被随机分入舒尼替尼(50 mg qd，给药 4 周停药 2 周)或安慰剂治疗组，持续治疗 1 年，直至复发，或者出现显著毒性或撤回知情同意。结果显示，经舒尼替尼治疗的受试者中位无病生存期为 6.8 年，而安慰剂组为 5.6 年($HR=0.76$；95% CI：0.59～0.98；$P=0.03$)，尽管舒尼替尼组毒副反应发生率有所提高，但并未出现与治疗相关毒性事件导致的死亡。该结果提示，舒尼替尼可降低肾癌患者术后复发的可能性，有望成为辅助治疗肾癌的新选择。

2) 胃肠道间质瘤

除肾癌外，舒尼替尼治疗对伊马替尼耐药或不能耐受的胃肠道间质瘤也显示了确

切、显著的疗效。在一项国际多中心、随机、双盲、安慰剂对照的Ⅲ期临床试验中，312 例伊马替尼耐药或不能耐受的晚期胃肠道间质瘤患者以 2∶1 的比例随机分为两组，其中 207 例以起始剂量 50 mg/d，口服 4 周后停药 2 周的给药方案接受舒尼替尼治疗，另外 105 例接受安慰剂治疗，由于舒尼替尼治疗组疗效显著，该研究基于伦理考虑提前揭盲，安慰剂治疗组患者可交叉至舒尼替尼治疗组继续治疗[55]。结果显示，舒尼替尼显著延长患者中位肿瘤进展时间(27.3 周 *vs.* 6.4 周，$HR=0.33$；$P<0.0001$)，并且患者对该治疗耐受良好。依据该项研究，舒尼替尼在多个国家获批用于胃肠道间质瘤的二线治疗。

3）胰腺神经内分泌肿瘤

2011 年 5 月，胰腺神经内分泌肿瘤成为舒尼替尼继肾癌、胃肠道间质瘤后被 FDA 批准的第 3 个适应证。舒尼替尼用于治疗胰腺神经内分泌肿瘤的研究数据主要来自一项随机、双盲、安慰剂对照的Ⅲ期临床试验 A6181111[56]。该研究纳入 171 例疾病进展不超过 12 个月、未经根治性治疗的高分化晚期胰腺神经内分泌肿瘤患者。由于在试验过程中安慰剂组出现大量的进展及死亡事件，该研究提前终止，安慰剂组患者交叉至舒尼替尼组接受治疗。FDA 统计结果显示，相较于安慰剂，舒尼替尼(37.5 mg qd)使患者中位无进展生存期显著延长(10.2 个月 *vs.* 5.4 个月，$HR=0.427$；95% CI：0.271～0.673)。而在 2012 年美国临床肿瘤学会(American Society of Clinical Oncology, ASCO)年会上公布的后续研究数据表明，中位随访 34.1 个月，舒尼替尼组患者在试验终止后的 2 年总生存期获益趋势明显(33.0 个月 *vs.* 26.7 个月)，具有临床意义[57]。同时，该研究证实舒尼替尼在带来临床疗效的同时并不影响患者的生活质量。

7.3.3 阿帕替尼

7.3.3.1 研发历程及作用机制

阿帕替尼(apatinib，YN968D1，商品名为艾坦®)是由江苏恒瑞医药股份有限公司自主研发并具有知识产权的国家 1.1 类抗肿瘤新药，其成功上市是我国抗肿瘤靶向药物研发领域的一项重大突破。阿帕替尼为研究人员通过计算机辅助药物设计等方法对多靶点酪氨酸激酶抑制剂 PTK-787 及凡德他尼进行结构优化的产物。在尽量保持 PTK-787 六元主环的基础上，为增加分子水溶性，研究人员将其结构中的一个苯环改为吡啶环，并在分子上部苯环对位引入多元脂肪环以增加分子的亲脂性(见图 7-21)。

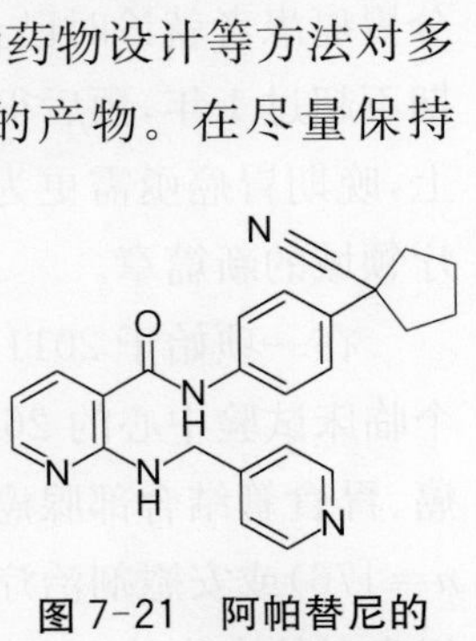

图 7-21 阿帕替尼的化学结构式

临床前研究表明，阿帕替尼能够高度选择性地抑制受体酪氨酸激酶 VEGFR-2 的活性，降低其磷酸化水平，阻断下游信号转导，强效抑制肿瘤血管生成。除 VEGFR-2 外，阿帕替尼对 RET、c-SRC、c-KIT 等激酶也显示了抑制活性，其对不同激酶

的 IC_{50} 值如表 7-6 所示[58]。阿帕替尼被证实在包括人肺癌细胞 NCI-H460、人结肠癌细胞 HCT116、人胃癌细胞 SGC-7901 在内的多种裸鼠移植瘤模型中具有广泛而显著的剂量依赖性抑瘤活性，并能够协同多西他赛、多柔比星、奥沙利铂及 5-氟尿嘧啶等化疗药物抑制肿瘤生长。而其通过抑制 P 糖蛋白(P-glycoprotein, P-gp)、多药耐药相关蛋白 1(multidrug resistance-associated protein 1, MRP1)及乳腺癌耐药蛋白(breast cancer resistance protein, BCRP)等蛋白质，逆转肿瘤细胞多药耐药的特性则为拓宽其在临床肿瘤治疗中的应用提供了更多可能[58,59]。2014 年，基于一项在应用二线药及二线以上化疗药失败的晚期胃癌或胃-食管结合部腺癌患者中取得的Ⅲ期临床试验结果，阿帕替尼获中国国家食品药品监督管理总局批准上市，作为三线及三线以上药用于治疗晚期胃癌或胃-食管结合部腺癌，是目前世界范围内获批的胃癌靶向药物中唯一的小分子口服制剂，填补了该治疗领域的空白。

表 7-6　阿帕替尼抑制不同激酶的 IC_{50} 值列表

激酶名称	IC_{50} 值(μmol/L)	激酶名称	IC_{50} 值(μmol/L)
VEGFR-2	0.001	c-SRC	0.530
c-KIT	0.429	EGFR	>10.000
PDGFR-α	>1.000	HER2	>10.000
RET	0.013	FGFR1	>10.000

(表中数据来自参考文献[58])

7.3.3.2　临床有效性

1) 胃癌

胃癌是严重威胁人类健康的最常见的消化道恶性肿瘤之一。流行病学研究显示，中国是胃癌大国，每年新增胃癌患者约占全球总数的 50%。由于早期症状不典型，大部分胃癌患者就诊时已至晚期，而有效治疗手段的缺乏则使晚期胃癌患者的中位总生存期不超过 1 年，预后很差。因此，在采用手术切除、放疗及化疗等传统治疗手段的基础上，晚期胃癌亟需更为有效的新型治疗方式，而阿帕替尼的问世无疑开启了晚期胃癌治疗领域的新篇章。

在一项始于 2011 年 1 月的随机、双盲、安慰剂对照的Ⅲ期临床试验中，来自中国 32 个临床试验中心的 267 例接受过二线或二线以上药标准化疗失败的晚期或转移性胃癌、胃食管结合部腺癌患者，被以 2∶1 的比例随机分入阿帕替尼治疗组(850 mg qd, $n=176$)或安慰剂治疗组($n=91$)，28 d 为 1 个给药周期[60]。结果显示，阿帕替尼治疗组患者的中位总生存期为 6.5 个月，相较于安慰剂组显著延长(6.5 个月 *vs.* 4.7 个月，

$HR=0.709$；95% CI：0.537～0.937；$P=0.0149$)。同时，阿帕替尼能够显著改善患者的中位无进展生存期(2.6 个月 *vs.* 1.8 个月，$HR=0.444$；95% CI：0.331～0.595；$P<0.001$)。阿帕替尼治疗组和安慰剂对照组的疾病控制率分别为 42.05%和 8.79%($P<0.001$)。在该试验中，常发生的不良事件为手足综合征、蛋白尿和高血压。

总体而言，阿帕替尼使患者临床获益明显且其安全性可控。该研究结果被认为是晚期胃癌靶向治疗领域的重大突破，引起全球学者的广泛关注。此外，阿帕替尼用于晚期胃癌维持治疗及与化疗药物联用等临床研究也在进行中。

2）肝癌

在一项将阿帕替尼作为一线药治疗晚期肝癌的多中心、随机、开放标签的Ⅱ期临床试验中，共 121 例未曾接受过治疗且 Child-Pugh 肝功能分级为 A 级的中国晚期肝癌患者被随机分为阿帕替尼 850 mg qd 或阿帕替尼 750 mg qd 治疗组，以 8 周为 1 个治疗周期[61]。2 组患者在疾病状态、ECOG 评分(从患者的体力了解其一般健康状况和对治疗耐受能力的指标)、转移灶数量、病理学评级等方面并不存在显著性差异。结果显示，两治疗组的中位肿瘤进展时间分别为 4.2 个月和 3.3 个月，疾病控制率分别为 48.57%和 37.25%。患者对上述剂量的阿帕替尼耐受良好，两剂量组安全性可控，不良事件发生率无明显区别。由此可见，阿帕替尼作为一线药用于治疗晚期肝癌具有良好的开发前景，并可将 850 mg qd 或 750 mg qd 作为后续临床研究的推荐给药剂量。目前，阿帕替尼治疗晚期肝癌的Ⅲ期临床试验正在顺利开展中。

3）肺癌

一项在中国 20 个中心开展的Ⅱ期临床试验中，135 例包括 EGFR 抑制剂在内的二线及以上药治疗失败的晚期非鳞状细胞非小细胞肺癌患者，被以 2∶1 的比例随机分入 750 mg/d 阿帕替尼治疗组($n=90$)及安慰剂对照组($n=45$)，持续治疗直至疾病进展或发生不可耐受毒性[62]。结果表明，阿帕替尼显著延长患者的无进展生存期(中位数)，阿帕替尼治疗组的无进展生存期中位数为 4.7 个月，安慰剂治疗组为 1.9 个月($HR=0.278$；95% CI：0.170～0.455；$P<0.0001$)。阿帕替尼组患者的客观缓解率及分别为 12.2%和 68.9%，明显优于安慰剂组(0 和 24.4%；$P=0.0158$ 和 $P<0.0001$)。该研究提示，阿帕替尼用于非小细胞肺癌的治疗值得在更大患者群体内进一步探讨，其Ⅲ期临床试验正在顺利开展中。

除了非小细胞肺癌外，阿帕替尼在小细胞肺癌中的可能疗效也值得关注。一项公布于 2016 年第 17 届世界肺癌大会的小样本回顾性研究发现，13 例经应用二线药或三线药化疗失败后进展的广泛期小细胞肺癌患者每日口服阿帕替尼 500 mg，在可进行疗效和安全性评价的 11 例患者中中位无进展生存期为 2.8 个月，疾病控制率为 81.8%(9/11)，其中部分缓解率为 18.2%(2/11)，疾病稳定率为 63.6%(7/11)[63]。患者对治疗相关的毒性反应可耐受。该研究初步提示，阿帕替尼可能是一个理想的小细胞肺癌靶向治疗药物。

4）乳腺癌

尽管乳腺癌的综合治疗水平在过去10年中有了长足的进展，但是转移性乳腺癌的治疗却依然是乳腺癌治疗领域的黑洞。由于缺乏有效的治疗手段，患者中位生存期仅为2～3年。其中，缺乏内分泌及抗HER2治疗靶点的三阴性乳腺癌是乳腺癌的一种特殊亚型，其侵袭力强、恶性程度高且预后极差，探讨其可能治疗手段已成为近年来乳腺癌治疗领域的重点及热点。多项临床研究显示，抗血管生成药物贝伐珠单抗可给部分乳腺癌患者带来生存获益，提示靶向血管生成治疗在乳腺癌治疗中的可能作用。

在一项多中心、开放标签的Ⅱb期临床试验中，59例经标准治疗失败的转移性三阴性乳腺癌患者接受500 mg/d阿帕替尼治疗。对56例可供评价患者进行统计分析的结果显示，该乳腺癌患者群体接受阿帕替尼治疗的部分缓解率及临床获益率分别为10.7%和25%，中位无进展生存期及中位总生存期分别为3.3个月及10.6个月[64]。另外，在一项纳入38例经历至少1次、至多4次化疗及至少1次内分泌或抗HER2靶向治疗失败的转移性非三阴性乳腺癌患者的Ⅱ期多中心、开放标签、单臂临床试验中，患者平均接受4个周期，4周为1个周期的阿帕替尼治疗（500 mg qd）后，中位无进展生存期为4个月[65]。在36例可供有效性分析的患者中，客观缓解率为16.7%（6/36），其中1例完全缓解，疾病控制率为66.7%（24/36），中位总生存期为10.3个月。在该试验中，常见发生的与治疗相关3～4级不良事件为高血压（20.5%）、手足综合征（10.3%）和蛋白尿（5.1%），患者对上述不良事件耐受良好。对于有效治疗手段较为缺乏的三阴性或非三阴性转移性乳腺癌，阿帕替尼为其带来的可能生存获益让人备受鼓舞，在更大患者群体内开展阿帕替尼治疗转移性乳腺癌的有效性及安全性研究无疑将为拓宽其适应证范围提供可能。

7.3.4 乐伐替尼

7.3.4.1 研发历程及作用机制

乐伐替尼（lenvatinib，E7080，商品名为lenvima®）是由日本卫材公司自主研发的新型口服多靶点酪氨酸激酶抑制剂，靶标激酶包括VEGFR-1～VEGFR-3、PDGFR-α/PDGFR-β、KIT、RET和FGFR等，其抑制不同激酶的IC_{50}值如表7-7所示[66]。基于对多种激酶均存在抑制作用，乐伐替尼能够同时影响肿瘤血管生成、肿瘤细胞增殖并改变肿瘤微环境，发挥广泛的抗肿瘤作用。乐伐替尼为结构新颖的二芳基脲类衍生物（见图7-22），单晶X线衍射实验显示，乐伐替尼能够在受体铰链区ATP结合位点及相邻变构区与处于DFG-in活化构象的VEGFR-2发生相互作用，其与主链氨基酸残基Cys919、Asp1046及侧链氨基酸残基Glu885共形成4个氢键（见图7-23），表现出相对快速结合、慢速解离的动力学特征，而该结合模式完全相异于其他4种已发现的激酶-小分子作用方式。因此，乐伐替尼被定义为一种全新类型的激酶抑制剂[25,67]。2015 年 2 月，乐伐替尼获 FDA 批准用于晚期放射性碘难治性分化型甲状腺癌的治疗，随后在日本和欧盟上市。2016 年，乐伐替尼又相继获美国 FDA、欧洲药品管理局批准联合依维莫司用于治疗晚期肾癌。

表 7-7 乐伐替尼抑制不同激酶的 IC_{50} 值列表

激酶名称	IC_{50} 值(nmol/L)	激酶名称	IC_{50} 值(nmol/L)
VEGFR-2	4.0	EGFR	6 500.0
VEGFR-1	22.0	KIT	100.0
VEGFR-3	5.2	EphB4、IGF1R、胰岛素受体、SRC、PKB(Akt)1、CDK4/细胞周期蛋白 D、PLK1、FAK、PKCα	>10 000.0
FGFR1	46.0		
PDGFR-α	51.0		
PDGFR-β	39.0		

(表中数据来自参考文献[66])

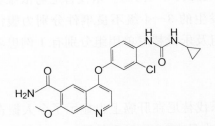

图 7-22 乐伐替尼的化学结构式

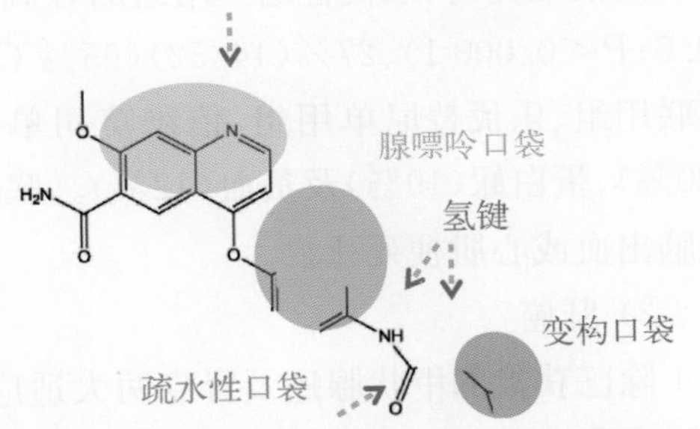

图 7-23 乐伐替尼-VEGFR-2 复合物晶体构象
(图片修改自参考文献[25])

7.3.4.2 临床有效性

1) 甲状腺癌

分化型甲状腺癌为乐伐替尼获批的第一个适应证。在一项纳入 392 例处于疾病进展期且对放射性碘治疗无响应的分化型甲状腺癌患者的Ⅲ期临床试验[Study of (E7080) Lenvatinib in Differentiated Cancer of the Thyroid, SELECT]中，患者被随机分入乐伐替尼(24 mg qd, $n=261$)或安慰剂治疗组($n=131$)[68]。结果显示，乐伐替尼组患者中位无进展生存期为 18.3 个月，相较于安慰剂组显著延长(18.3 个月 *vs.* 3.6 个月，$HR=0.21$；99% CI：0.14～0.31；$P<0.001$)。乐伐替尼使 64.8%(169/261)的患者出现不同程度的肿瘤缩小(其中 4 例完全缓解，165 例部分缓解)，而安慰剂组

该比例仅为1.5%，乐伐替尼组患者受益明显($P<0.001$)。在该试验中，两个治疗组的患者发生3级或以上药物不良事件的比例分别为75.9%和9.9%，且均有患者因不耐受不良事件而死亡。与乐伐替尼治疗相关的常发生(发生率>40%)的不良事件为高血压(67.8%)、腹泻(59.4%)、疲乏或无力(59%)、食欲下降(50.2%)、体重减轻(46.4%)和恶心(41%)。

2) 肾癌

基于一项多中心、随机的Ⅱ期临床试验结果，2016年5月，乐伐替尼被批准与mTOR抑制剂依维莫司联合用于经历过1次抗血管生成靶向治疗失败的晚期或转移性肾透明细胞癌患者的治疗[69]。在该试验中，153例患者被以1∶1∶1的比例随机分入18 mg乐伐替尼与5 mg依维莫司联用($n=51$)、24 mg乐伐替尼单用($n=52$)或10 mg依维莫司单用($n=50$)治疗组，每日一次给药。结果显示，乐伐替尼与依维莫司联用、依维莫司单用组患者的中位无进展生存期分别为14.6个月、5.5个月，联合用药组无进展生存期提高近2倍($HR=0.40$；95% CI：0.24～0.68；$P=0.0005$)。相较于依维莫司单用组，乐伐替尼单用显著延长患者的中位无进展生存期(7.4个月 *vs.* 5.5个月，$HR=0.61$；95% CI：0.38～0.98；$P=0.048$)。联合用药组的客观缓解率为43%(22/51)，而依维莫司、乐伐替尼单用组的客观缓解率则分别为6%(3/50)(95% CI：2.3～22.5；$P<0.0001$)、27%(14/52)(95% CI：0.9～2.8；$P=0.10$)。乐伐替尼与依维莫司联用组、乐伐替尼单用组、依维莫司单用组常发生的3～4级不良事件分别为腹泻(20%)、蛋白尿(19%)及贫血(12%)。联合用药组及乐伐替尼单用组分别有1例患者因脑出血或心肌梗死死亡。

3) 肝癌

除已获批的甲状腺癌及肾癌两大适应证外，乐伐替尼在肝癌上也显示了令人振奋的临床有效性。在一项纳入46例晚期肝癌患者的在日本($n=43$)和韩国($n=3$)开展的单臂、开放标签、多中心Ⅱ期临床试验中，患者接受12 mg/d乐伐替尼治疗，以28 d为1个治疗周期[70]。结果显示，患者的中位肿瘤进展时间为7.4个月(95% CI：5.5～9.4个月)，中位总生存期为18.7个月(95% CI：12.7～25.1个月)，客观缓解率为37%，疾病控制率为78%。在该试验中，常见发生的药物不良事件包括高血压(76%)、手足综合征(65%)、食欲降低(61%)及蛋白尿(61%)，分别有74%、22%的患者因药物不良事件而调整给药剂量或终止给药。此外，卫材公司已于近日宣布，乐伐替尼作为一线药治疗晚期肝癌在一项与索拉非尼头对头比较的Ⅲ期临床研究(Study 304)中达到了非劣效性主要终点。在该项多中心、随机、开放标签的全球Ⅲ期临床试验中，954例不可手术切除的晚期肝癌患者以1∶1的比例随机分入乐伐替尼(12 mg或8 mg qd，$n=478$)或索拉非尼(400 mg bid，$n=476$)治疗组，直至病情进展或不可接受的毒性。初步统计结果显示，相较于索拉非尼，乐伐替尼在中位总生存期上达到了非劣效性的统计学标准。同时，乐伐替尼在中位无进展生存期、肿瘤进展时间及客观缓解率等方面均显著优于索拉非尼。因此，乐伐替尼有望成为可用于晚期肝癌治疗的靶向药物。

4) 肺癌

2014 年，在美国临床肿瘤学会年会上公布的一项纳入 135 例至少经历 2 次系统治疗失败的局部晚期或转移性非鳞状细胞非小细胞肺癌患者的Ⅱ期临床试验(Study 703)数据显示，乐伐替尼治疗组(24 mg qd)患者的中位总生存期为 38.4 周，而安慰剂对照组则为 24.1 周($P=0.065$)。相较于安慰剂，乐伐替尼使患者的中位无进展生存期显著延长(20.9 周 *vs.* 7.9 周；$P<0.001$)[71]。2016 年，欧洲临床肿瘤协会年会公布了一项关于乐伐替尼在 *RET* 融合基因阳性肺腺癌患者中的疗效数据。在该开放标签的Ⅱ期临床试验中，25 例 *RET* 融合基因阳性的肺腺癌患者接受了 24 mg/d 的乐伐替尼治疗，以 28 d 为 1 个周期，直至疾病进展或出现不可耐受的毒性。结果显示，4 例部分缓解(16%)，疾病控制率为 76%，而中位无进展生存期为 7.3 个月[72]。上述结果提示，乐伐替尼在肺癌中也可能存在临床应用价值。

7.3.5　卡博替尼

7.3.5.1　研发历程及作用机制

卡博替尼(cabozantinib，XL184，商品名为 Cometriq®)为美国 Exelixis 生物制药公司研发的新型靶向抗肿瘤药物，对 c-MET、VEGFR-1～VEGFR-3、RET、KIT、FLT-3 和 AXL 等多种激酶存在抑制作用，其中对 VEGFR-2 及 c-MET 的抑制活性最强，IC_{50} 值分别为 0.035 nmol/L 和 1.3 nmol/L，其分子结构式及抑制不同激酶的 IC_{50} 值如图 7-24 及表 7-8 所示[73]。作为 VEGFR-2 和 c-MET 的双重抑制剂卡博替尼兼具抑制肿瘤血管新生及肿瘤细胞增殖的作用，并降低血管生成抑制剂耐药的可能，为具有开发前景的靶向抗肿瘤药物。临床前研究结果显示，卡博替尼能够显著抑制舒尼替尼诱导激活的 c-MET 信号通路，并使舒尼替尼耐药的人肾癌 786-O 细胞移植瘤体积缩小[74]。基于 2 项Ⅲ期临床试验的积极结果，卡博替尼分别于 2012 年和 2016 年被美国 FDA 批准用于不可手术切除的局部晚期或转移性甲状腺髓样癌及晚期肾癌的治疗。

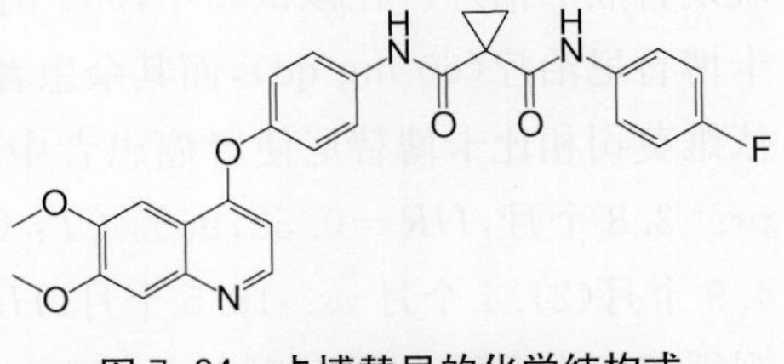

图 7-24　卡博替尼的化学结构式

7.3.5.2　临床有效性

1) 甲状腺癌

在一项名为 EXAM 的国际、双盲、安慰剂对照的Ⅲ期临床试验中，330 例伴随疾病进展的转移性甲状腺髓样癌患者以 2∶1 的比例被随机分为卡博替尼(140 mg qd)或安慰剂治疗组[75,76]。结果表明，卡博替尼将患者的中位无进展生存期延长至 11.2 个月，

表 7-8 卡博替尼抑制不同激酶的 IC_{50} 值列表

激酶名称	IC_{50} 值(nmol/L)	激酶名称	IC_{50} 值(nmol/L)
VEGFR-2	0.035	Tie-2	14.300
c-MET	1.300	AXL	7.000
c-MET(Y1248H)	3.800	FLT-3	11.300
c-MET(D1246N)	11.800	KIT	4.600
c-MET(K1262R)	14.600	RON	124.000
RET	5.200		

(表中数据来自参考文献[73])

而安慰剂组为 4 个月，两者具有显著性差异(*HR*=0.28;95% *CI*：0.19～0.40;*P*<0.001)。此外，在存在 RET M918T 突变的患者亚群中，卡博替尼组患者的中位总生存期为 44.3 个月，而安慰机组则为 18.9 个月(*HR*=0.60;*P*=0.026)。与卡博替尼治疗相关的严重不良事件包括肺炎(4.2%)、肺栓塞(3.3%)、黏膜炎症(2.8%)、低钙血症(2.8%)、高血压(2.3%)、吞咽障碍(2.3%)、脱水(2.3%)及肺脓肿(2.3%)。基于该试验结果，卡博替尼于 2012 年获批用于局部晚期或转移性甲状腺髓样癌的治疗。

2) 肾癌

基于一项临床Ⅲ期试验(METEOR)的积极结果，卡博替尼被批准作为一线药用于晚期肾癌的治疗。在该试验中，658 例患者被以 1∶1 的比例随机分组，330 例患者接受卡博替尼治疗(60 mg qd)，而其余患者接受依维莫司治疗(10 mg qd)[77]。结果表明与依维莫司相比卡博替尼使肾癌患者中的中位无进展生存期延长约 3.6 个月(7.4 个月 *vs.* 3.8 个月，*HR*=0.58;95% *CI*：0.45～0.74;*P*<0.000 1)，中位总生存期延长约 4.9 个月(21.4 个月 *vs.* 16.5 个月，*HR*=0.66;95% *CI*：0.53～0.83;*P*=0.000 3)，客观缓解率提高约 14%(17% *vs.* 3%)。卡博替尼治疗组常见的不良事件包括腹泻、疲乏、恶心、呕吐、便秘、食欲降低、高血压、手足综合征及体重减轻等，发生于 25%以上的患者。而近期公布的一项Ⅱ期临床试验结果使卡博替尼有望挑战舒尼替尼作为一线药治疗晚期肾癌的地位[78]。在该项卡博替尼(60 mg qd，*n*=79)与舒尼替尼(50 mg qd，4/2 方案，*n*=78)的头对头、随机、多中心的Ⅱ期临床试验中，卡博替尼治疗组患者的中位无进展生存期为 8.2 个月，而舒尼替尼组为 5.6 个月，两者具有显著性差异(*HR*=0.66;95% *CI*：0.46～0.95;*P*=0.012)。同时，卡博替尼和舒尼替尼分别使 46%和 18%的患者部分缓解，且 3～4 级不良事件发生率相近(67% *vs.* 68%)，主要包括腹泻(10% *vs.* 11%)、疲劳(6% *vs.* 15%)、高血压(28% *vs.* 22%)、手足综合征(8% *vs.* 4%)和血液学不良反应(3% *vs.* 22%)等。

7.4 小结与展望

血管生成抑制剂的问世极大地推动了肿瘤靶向治疗领域的发展，为诸多难治性肿瘤提供了有效的治疗选择，然而经过6～15个月治疗后出现的肿瘤耐药却在很大程度上降低了血管生成抑制剂的临床疗效。肿瘤血管生成抑制剂的可能耐药机制包括其他促血管生成通路的代偿性激活、肿瘤微环境的改变、保护性自噬的发生、肿瘤干细胞或其他相关信号通路的激活及非编码RNA的异常表达等，而肿瘤缺氧或HIF-1α的上调可能是其中重要的分子基础。

由于血管生成抑制剂耐药是一个相互关联的网络调控过程，合理的药物联用对于克服耐药性具有积极意义。联合放疗和化疗或其他靶向治疗是血管生成抑制剂常用的临床应用方式。近年来的研究发现，血管生成抑制剂可以诱发肿瘤及其微环境缺氧，引起多种免疫抑制细胞及因子富集，导致肿瘤逃避免疫监视而存活，因此免疫治疗药物与血管生成抑制剂联用被证实具有协同抗肿瘤作用。一项将免疫检查点抑制剂PD-1抗体纳武单抗与舒尼替尼联用治疗转移性肾癌的Ⅰ期临床试验结果显示，患者的客观缓解率为52%，中位响应持续时间为54周，中位无进展生存期为48.9周，疗效优于两药单用，且毒副反应可控。2016年10月，欧洲临床肿瘤协会会议公布了乐伐替尼与PD-1抑制剂派姆单抗联用的一项临床Ⅰb期试验结果，该试验共纳入13例非小细胞肺癌、肾癌、子宫内膜癌及黑色素瘤患者，其中部分缓解7例(54%)，疾病稳定6例(46%)，临床缓解率达100%；阿帕替尼与卡瑞利珠单抗联用在晚期肝癌中的部分缓解率达50%(8/16)，在其他多种肿瘤中都可见客观缓解率显著提高。由此可见，血管生成抑制剂与免疫治疗药物联用具有广阔的开发前景。

除合理的药物联用外，可靠的生物标志物对于筛选获益人群、预测药物疗效、推测患者预后等也具有重要意义。已报道的血管生成抑制剂的可能生物标志物包括影像学标志物、血液学标志物及组织学标志物，但均需进一步的前瞻性研究证实其有效性，目前尚无明确的可大范围用于指导血管生成抑制剂临床应用的生物标志物。随着血管生成抑制剂疗效评价体系的不断完善及对肿瘤异质性、动态变化特征理解的逐步深入，血管生成抑制剂在肿瘤靶向治疗中的作用必将日益凸显，为广大肿瘤患者带来新的希望。

参考文献

[1] Lenzi P, Bocci G, Natale G. John Hunter and the origin of the term "angiogenesis"[J]. Angiogenesis, 2016, 19(2): 255-256.

[2] Angiogenesis[EB/OL]. https://www.cellworks.co.uk/angiogenesis.php.
[3] Goldmann E. The growth of malignant disease in man and the lower animals, with special reference to the vascular system[J]. Proc R Soc Med, 1908, 1(Surg Sect): 1-13.
[4] Ide A G, Baker N H, Warren S L. Vascularization of the brown pearce rabbit epithelioma tranplant as seen in the transparent ear chamber[J]. Am J Roentgenol, 1939, 42: 891-899.
[5] Greenblatt M, Shubi P. Tumor angiogenesis: transfilter diffusion studies in the hamster by the transparent chamber technique[J]. J Natl Cancer Inst, 1968, 41(1): 111-124.
[6] Folkman J, Merler E, Abernathy C, et al. Isolation of a tumor factor responsible for angiogenesis [J]. J Exp Med, 1971, 133(2): 275-288.
[7] Hanahan D, Folkman J. Patterns and emerging mechanisms of the angiogenic switch during tumorigenesis[J]. Cell, 1996, 86(3): 353-364.
[8] Hillen F, Griffioen A W. Tumour vascularization: sprouting angiogenesis and beyond[J]. Cancer Metastasis Rev, 2007, 26(3-4): 489-502.
[9] Ferrara N, Gerber H P, Lecouter J. The biology of VEGF and its receptors[J]. Nat Med, 2003, 9(6): 669-676.
[10] Jain R K. Molecular regulation of vessel maturation[J]. Nat Med, 2003, 9(6): 685-693.
[11] Burri P H, Hlushchuk R, Djonov V. Intussusceptive angiogenesis: its emergence, its characteristics, and its significance[J]. Dev Dyn, 2004, 231(3): 474-488.
[12] Asahara T, Murohara T, Sullivan A, et al. Isolation of putative progenitor endothelial cells for angiogenesis[J]. Science, 1997, 275(5302): 964-967.
[13] Holash J, Maisonpierre P C, Compton D, et al. Vessel cooption, regression, and growth in tumors mediated by angiopoietins and VEGF[J]. Science, 1999, 284(5422): 1994-1998.
[14] Maniotis A J, Folberg R, Hess A, et al. Vascular channel formation by human melanoma cells in vivo and in vitro: vasculogenic mimicry[J]. Am J Pathol, 1999, 155(3): 739-752.
[15] Weis S M, Cheresh D A. Tumor angiogenesis: molecular pathways and therapeutic targets[J]. Nat Med, 2011, 17(11): 1359-1370.
[16] Cascone T, Heymach J V. Targeting the angiopoietin/Tie2 pathway: cutting tumor vessels with a double-edged sword[J]. J Clin Oncol, 2012, 30(4): 441-444.
[17] Ronca R, Giacomini A, Rusnati M, et al. The potential of fibroblast growth factor/fibroblast growth factor receptor signaling as a therapeutic target in tumor angiogenesis[J]. Expert Opin Ther Targets, 2015, 19(10): 1361-1377.
[18] Cao Y. Multifarious functions of PDGFs and PDGFRs in tumor growth and metastasis[J]. Trends Mol Med, 2013, 19(8): 460-473.
[19] Ehnman M, Östman A. Therapeutic targeting of platelet-derived growth factor receptors in solid tumors[J]. Expert Opin Investig Drugs, 2014, 23(2): 211-226.
[20] Dijke P T, Goumans M J, Meeteren L A V. TGF - beta receptor signaling pathways in angiogenesis; emerging targets for anti-angiogenesis therapy[J]. Curr Pharma Biotechnol, 2011, 12(12): 2108-2120.
[21] Ferrara N, Henzel W J. Pituitary follicular cells secrete a novel heparin-binding growth factor specific for vascular endothelial cells [J]. Biochem Biophys Res Commun, 1989, 161 (2): 851-858.
[22] Gospodarowicz D, Lau K. Pituitary follicular cells secrete both vascular endothelial growth factor and follistatin[J]. Biochem Biophys Res Commun, 1989, 165(1): 292-298.

[23] Harper S J, Bates D O. VEGF-A splicing: the key to anti-angiogenic therapeutics[J]. Nat Rev Cancer, 2008, 8(11): 880-887.
[24] Koch S, Claesson-Welsh L. Signal transduction by vascular endothelial growth factor receptors[J]. Cold Spring Harb Perspect Med, 2012, 2(7): a006502.
[25] Wu P, Nielsen T E, Clausen M H. FDA-approved small-molecule kinase inhibitors[J]. Trends Pharmacol Sci, 2015, 36(7): 422-439.
[26] Holmes K, Roberts O L, Thomas A M, et al. Vascular endothelial growth factor receptor-2: structure, function, intracellular signalling and therapeutic inhibition[J]. Cell Signal, 2007, 19 (10): 2003-2012.
[27] Fong G H, Rossant J, Gertsenstein M, et al. Role of the Flt-1 receptor tyrosine kinase in regulating the assembly of vascular endothelium[J]. Nature, 1995, 376(6535): 66-70.
[28] Hiratsuka S, Minowa O, Kuno J, et al. Flt-1 lacking the tyrosine kinase domain is sufficient for normal development and angiogenesis in mice[J]. Proc Natl Acad Sci U S A, 1998, 95(16): 9349-9354.
[29] Yang F, Jin C, Jiang Y J, et al. Potential role of soluble VEGFR-1 in antiangiogenesis therapy for cancer[J]. Expert Rev Anticancer Ther, 2011, 11(4): 541-549.
[30] Terman B I, Carrion M E, Kovacs E, et al. Identification of a new endothelial cell growth factor receptor tyrosine kinase[J]. Oncogene, 1991, 6(9): 1677-1683.
[31] Ruch C, Skiniotis G, Steinmetz M O, et al. Structure of a VEGF-VEGF receptor complex determined by electron microscopy[J]. Nat Struct Mol Biol, 2007, 14(3): 249-250.
[32] Dougher-Vermazen M, Hulmes J D, Bohlen P, et al. Biological activity and phosphorylation sites of the bacterially expressed cytosolic domain of the KDR VEGF-receptor[J]. Biochem Biophys Res Commun, 1994, 205(1): 728-738.
[33] Singh A J, Meyer R D, Band H, et al. The carboxyl terminus of VEGFR-2 is required for PKC-mediated down-regulation[J]. Mol Biol Cell, 2005, 16(4): 2106-2118.
[34] Fukumura D, Gohongi T, Kadambi A, et al. Predominant role of endothelial nitric oxide synthase in vascular endothelial growth factor-induced angiogenesis and vascular permeability[J]. Proc Natl Acad Sci U S A, 2001, 98(5): 2604-2609.
[35] Li B, Ogasawara A K, Yang R, et al. KDR (VEGF receptor 2) is the major mediator for the hypotensive effect of VEGF[J]. Hypertension, 2002, 39(6): 1095-1100.
[36] Dumont D J, Jussila L, Taipale J, et al. Cardiovascular failure in mouse embryos deficient in VEGF receptor-3[J]. Science, 1998, 282(5390): 946-949.
[37] Burton J B, Priceman S J, Sung J L, et al. Suppression of prostate cancer nodal and systemic metastasis by blockade of the lymphangiogenic axis[J]. Cancer Res, 2008, 68(19): 7828-7837.
[38] Witte D, Thomas A, Ali N, et al. Expression of the vascular endothelial growth factor receptor-3 (VEGFR-3) and its ligand VEGF-C in human colorectal adenocarcinoma[J]. Anticancer Res, 2002, 22(3): 1463-1466.
[39] Van Trappen P O, Steele D, Lowe D G, et al. Expression of vascular endothelial growth factor (VEGF)-C and VEGF-D, and their receptor VEGFR-3, during different stages of cervical carcinogenesis[J]. J Pathol, 2003, 201(4): 544-554.
[40] Su J L, Yang P C, Shih J Y, et al. The VEGF-C/Flt-4 axis promotes invasion and metastasis of cancer cells[J]. Cancer Cell, 2006, 9(3): 209-223.
[41] Goel H L, Mercurio A M. VEGF targets the tumour cell[J]. Nat Rev Cancer, 2013, 13(12):

871-882.
[42] Lichtenberger B M, Tan P K, Niederleithner H, et al. Autocrine VEGF signaling synergizes with EGFR in tumor cells to promote epithelial cancer development[J]. Cell, 2010, 140(2): 268-279.
[43] Beck B, Driessens G, Goossens S, et al. A vascular niche and a VEGF-Nrp1 loop regulate the initiation and stemness of skin tumours[J]. Nature, 2011, 478(7369): 399-403.
[44] Jayson G C, Kerbel R, Ellis L M, et al. Antiangiogenic therapy in oncology: current status and future directions[J]. Lancet, 2016, 388(10043): 518-529.
[45] Wilhelm S, Carter C, Lynch M, et al. Discovery and development of sorafenib: a multikinase inhibitor for treating cancer[J]. Nat Rev Drug Discov, 2006, 5(10): 835-844.
[46] Escudier B, Eisen T, Stadler W M, et al. Sorafenib in advanced clear-cell renal-cell carcinoma[J]. N Engl J Med, 2007, 356(2): 125-134.
[47] Stadler W M, Figlin R A, Mcdermott D F, et al. Safety and efficacy results of the advanced renal cell carcinoma sorafenib expanded access program in North America[J]. Cancer, 2010, 116(5): 1272-1280.
[48] Llovet J M, Ricci S, Mazzaferro V, et al. Sorafenib in advanced hepatocellular carcinoma[J]. N Engl J Med, 2008, 359(4): 378-390.
[49] Cheng A L, Kang Y K, Chen Z, et al. Efficacy and safety of sorafenib in patients in the Asia-Pacific region with advanced hepatocellular carcinoma: a phase Ⅲ randomised, double-blind, placebo-controlled trial[J]. Lancet Oncol, 2009, 10(1): 25-34.
[50] Brose M S, Nutting C M, Jarzab B, et al. Sorafenib in radioactive iodine-refractory, locally advanced or metastatic differentiated thyroid cancer: a randomised, double-blind, phase 3 trial[J]. Lancet, 2014, 384(9940): 319-328.
[51] Faivre S, Demetri G, Sargent W, et al. Molecular basis for sunitinib efficacy and future clinical development[J]. Nat Rev Drug Discov, 2007, 6(9): 734-745.
[52] Sun L, Liang C, Shirazian S, et al. Discovery of 5-[5-fluoro-2-oxo-1, 2-dihydroindol-(3Z)-ylidenemethyl]-2, 4-dimethyl-1H-pyrrole-3-carboxylic acid (2-diethylaminoethyl) amide, a novel tyrosine kinase inhibitor targeting vascular endothelial and platelet-derived growth factor receptor tyrosine kinase[J]. J Med Chem, 2003, 46(7): 1116-1119.
[53] Motzer R J, Hutson T E, Tomczak P, et al. Sunitinib versus interferon alfa in metastatic renal-cell carcinoma[J]. N Engl J Med, 2007, 356(2): 115-124.
[54] Nassif E, Thibault C, Vano Y, et al. Sunitinib in kidney cancer: 10 years of experience and development[J]. Expert Rev Anticancer Ther, 2017, 17(2): 129-142.
[55] Demetri G D, Oosterom A T V, Garrett C R, et al. Efficacy and safety of sunitinib in patients with advanced gastrointestinal stromal tumour after failure of imatinib: a randomised controlled trial[J]. Lancet, 2006, 368(9544): 1329-1338.
[56] Blumenthal G M, Cortazar P, Zhang J J, et al. FDA approval summary: sunitinib for the treatment of progressive well-differentiated locally advanced or metastatic pancreatic neuroendocrine tumors[J]. Oncologist, 2012, 17(8): 1108-1113.
[57] Vinik A, Cutsem E V, Niccoli P, et al. Updated results from a phase Ⅲ trial of sunitinib versus placebo in patients with progressive, unresectable, well-differentiated pancreatic neuroendocrine tumor (NET)[J]. J Clin Oncol, 2012, 30(15_suppl): 4118.
[58] Tian S, Quan H, Xie C, et al. YN968D1 is a novel and selective inhibitor of vascular endothelial growth factor receptor-2 tyrosine kinase with potent activity in vitro and in vivo[J]. Cancer Sci,

2011, 102(7): 1374-1380.

[59] Mi Y J, Liang Y J, Huang H B, et al. Apatinib (YN968D1) reverses multidrug resistance by inhibiting the efflux function of multiple ATP-binding cassette transporters[J]. Cancer Res, 2010, 70(20): 7981-7991.

[60] Li J, Qin S, Xu J, et al. Randomized, double-blind, placebo-controlled phase Ⅲ trial of apatinib in patients with chemotherapy-refractory advanced or metastatic adenocarcinoma of the stomach or gastroesophageal junction[J]. J Clin Oncol, 2016, 34(13): 1448-1454.

[61] Qin S. Apatinib in Chinese patients with advanced hepatocellular carcinoma: a phase Ⅱ randomized, open-label trial[J]. J Clin Oncol, 2014, 32(15_suppl): 4019.

[62] Zhang L, Shi M, Huang C, et al. A phase Ⅱ, multicenter, placebo-controlled trial of apatinib in patients with advanced nonsquamous non-small cell lung cancer (NSCLC) after two previous treatment regimens[J]. J Clin Oncol, 2012, 30(15_suppl): 7548.

[63] Hong W, Li H, Jin X, et al. Apatinib for chemotherapy-refractory extensive stage SCLC: results from a single-center retrospective study[J]. J Thoracic Oncol, 2016, 12(1): S729.

[64] Hu X, Zhang J, Xu B, et al. Multicenter phase Ⅱ study of apatinib, a novel VEGFR inhibitor in heavily pretreated patients with metastatic triple-negative breast cancer[J]. Int J Cancer, 2014, 135(8): 1961-1969.

[65] Hu X, Cao J, Hu W, et al. Multicenter phase Ⅱ study of apatinib in non-triple-negative metastatic breast cancer[J]. BMC Cancer, 2014, 14: 820.

[66] Matsui J, Yamamoto Y, Funahashi Y, et al. E7080, a novel inhibitor that targets multiple kinases, has potent antitumor activities against stem cell factor producing human small cell lung cancer H146, based on angiogenesis inhibition[J]. Int J Cancer, 2008, 122(3): 664-671.

[67] Okamoto K, Ikemori-Kawada M, Jestel A, et al. Distinct binding mode of multikinase inhibitor lenvatinib revealed by biochemical characterization[J]. ACS Med Chem Lett, 2015, 6(1): 89-94.

[68] Schlumberger M, Tahara M, Wirth L J, et al. Lenvatinib versus placebo in radioiodine-refractory thyroid cancer[J]. N Engl J Med, 2015, 372(7): 621-630.

[69] Motzer R J, Hutson T E, Glen H, et al. Lenvatinib, everolimus, and the combination in patients with metastatic renal cell carcinoma: a randomised, phase 2, open-label, multicentre trial[J]. Lancet Oncol, 2015, 16(15): 1473-1482.

[70] Ikeda K, Kudo M, Kawazoe S, et al. Phase 2 study of lenvatinib in patients with advanced hepatocellular carcinoma[J]. J Gastroenterol, 2017, 52(4): 512-519.

[71] Havel L, Lee J S, Lee K H, et al. E7080 (lenvatinib) in addition to best supportive care (BSC) versus BSC alone in third-line or greater nonsquamous, non-small cell lung cancer (NSCLC)[J]. J Clin Oncol, 2014, 32(15_suppl): 8043.

[72] Velcheti V, Hida T, Reckamp K L, et al. Phase 2 study of lenvatinib (LN) in patients (Pts) with RET fusion-positive adenocarcinoma of the lung[J]. Ann Oncol, 2016, 27(6): 416-454.

[73] Yakes F M, Chen J, Tan J, et al. Cabozantinib (XL184), a novel MET and VEGFR2 inhibitor, simultaneously suppresses metastasis, angiogenesis, and tumor growth[J]. Mol Cancer Ther, 2011, 10(12): 2298-2308.

[74] Zhou L, Liu X D, Sun M, et al. Targeting MET and AXL overcomes resistance to sunitinib therapy in renal cell carcinoma[J]. Oncogene, 2016, 35(21): 2687-2697.

[75] Hart C D, De Boer R H. Profile of cabozantinib and its potential in the treatment of advanced medullary thyroid cancer[J]. Onco Targets Ther, 2013, 6: 1-7.

[76] Schlumberger M, Elisei R, Müller S, et al. Final overall survival analysis of EXAM, an international, double-blind, randomized, placebo-controlled phase Ⅲ trial of cabozantinib (Cabo) in medullary thyroid carcinoma (MTC) patients with documented RECIST progression at baseline [J]. J Clin Oncol, 2015, 33(15_suppl): 6012.
[77] Choueiri T K, Escudier B, Powles T, et al. Cabozantinib versus everolimus in advanced renal cell carcinoma (METEOR): final results from a randomised, open-label, phase 3 trial[J]. Lancet Oncol, 2016, 17(7): 917-927.
[78] Choueiri T K, Halabi S, Sanford B L, et al. Cabozantinib versus sunitinib as initial targeted therapy for patients with metastatic renal cell carcinoma of poor or intermediate risk: the Alliance A031203 CABOSUN trial[J]. J Clin Oncol, 2017, 35(6): 591-597.

8 表观遗传与亚型选择性组蛋白去乙酰化酶抑制剂药物研发

表观遗传是在基因序列未发生改变的情况下，对生物体进行的可遗传的功能和表型调控。DNA 甲基化、组蛋白修饰以及非编码 RNA 等都是表观遗传调控的重要方式。表观基因组学(epigenomics)的研究揭示出越来越多与疾病，特别是肿瘤发生发展密切相关的表观遗传异常，因此表观遗传药物(epigenetic drugs)也成为当前药物研发领域的一个重要热点。组蛋白去乙酰化酶(histone deacetylase，HDAC)是该领域相对比较成熟的靶点。截至 2017 年年底，在全球范围内 8 个获批用于临床治疗的表观遗传药物中有 5 个 HDAC 抑制剂，其中西达本胺(chidamide，tucidinostat)是第一个在中国上市的口服亚型选择性的 HDAC 抑制剂，它于 2014 年 12 月获批用于复发/难治性外周 T 细胞淋巴瘤(peripheral T cell lymphoma，PTCL)的治疗。本章将简要介绍表观遗传的基本定义及其与肿瘤发生和发展的相关性、表观遗传药物在全球范围的开发现状，并以西达本胺为案例详细介绍亚型选择性 HDAC 抑制剂药物的临床前研究和临床开发过程，最后结合该领域的基础与临床研究进展，从精准医学的角度对表观遗传药物特别是 HDAC 抑制剂单药或联合方案在临床应用中的前景进行分析和展望。

8.1 表观遗传与肿瘤

表观遗传(epigenetics)是指在基因 DNA 序列不发生改变的情况下，通过基因修饰、蛋白质与蛋白质、DNA 和其他分子间的相互作用影响和调节基因的表达水平与功能，并且这种影响是可遗传的，也是可逆的。这种基因型未变化而表型发生改变是由于细胞内除遗传信息以外的其他可遗传物质的改变所致，并且这种改变在发育和细胞增殖过程中能稳定地传递下去。表观遗传对人体组织中多种类型细胞的生长和分化都是至关重要的，如 X 染色体失活等一些正常细胞生理过程都是由表观遗传所决定。

表观遗传修饰主要包括 DNA 甲基化、组蛋白共价修饰、染色质重塑及非编码 RNA 调控等多个方面。目前认为，在肿瘤的发生和发展过程中，除了一些已知的肿瘤驱动基因突变外，不同水平的表观遗传异常也起非常重要的作用。

8.1.1 DNA 甲基化

DNA 甲基化(DNA methylation)是目前研究得最清楚，也是最重要的表观遗传修饰形式之一，主要发生于 CpG 二核苷酸位点上。在 DNA 甲基转移酶(DNA methyltransferase, DNMT)的催化下，以 S-腺苷甲硫氨酸作为甲基供体，CpG 二核苷酸中的胞嘧啶环上 5′位置的氢被活性甲基所取代，从而转变成 5-甲基胞嘧啶(5mC)。在真核生物中存在两种 DNA 甲基转移酶：一种有维持甲基化的作用，主要是 DNA 甲基转移酶 1(DNMT1)，它能使半甲基化的 DNA 双链分子上与甲基胞嘧啶相对应的胞嘧啶甲基化；另一种有形成甲基化的作用，主要是 DNA 甲基转移酶 3a 和 3b (DNMT3a、DNMT3b)，它们能在未发生甲基化的 DNA 双链上进行甲基化。在正常细胞内，大部分分布于基因组中的 CpG 二核苷酸多发生甲基化，而位于结构基因启动子及转录起始点区域的重复性 CpG 序列即"CpG 岛"处于非甲基化状态。

通常，DNA 甲基化与基因的表达呈负相关。研究表明，DNA 甲基化异常可通过影响染色质结构以及癌基因和抑癌基因的表达参与肿瘤的形成。发生在抑癌基因如 *p16*、*Rb* 等的启动子及附近区域的 CpG 岛高甲基化，可直接阻碍转录因子 AP-2、c-Myc、CREB、NF-κB 等与启动子的结合，致使抑癌基因不能转录或转录水平降低[1]。同时，基因 5′端调控序列甲基化后能与特定甲基化 CpG 序列结合蛋白(methyl CpG binding proteins, MBP)如 MeCP2 结合，间接阻止转录因子与启动子形成转录复合体[2]。此外，异常 DNA 甲基化还会导致某些抑制细胞转移的基因表达被抑制，如钙黏着蛋白基因，从而促进肿瘤发生转移[3]。

另外，肿瘤细胞整个基因组如编码区和内含子区域中普遍存在 DNA 低甲基化。广泛的低甲基化可引起染色质结构的改变，使染色质凝聚程度降低，增加基因组的不稳定性，引起染色体重排及转座子异常表达；诱导癌基因再激活如不同肿瘤中 *RAS* 基因的活化；破坏基因印记如 *IGF2* 基因印记丢失所致肾母细胞瘤等，这些因素均促进了肿瘤的发生[4]。正常细胞染色体着丝粒上的卫星 DNA 序列均呈高甲基化状态，但在许多肿瘤模型中都观察到高频率(40%～90%)出现的低甲基化的卫星 DNA 序列。由于卫星 DNA 序列约占基因组的 10%，可以认为该序列的低甲基化是导致肿瘤细胞中基因组整体水平低甲基化的主要原因之一[5]。

8.1.2 组蛋白共价修饰

核小体是由组蛋白八聚体(H2A、H2B、H3、H4 亚基各 2 个)和约 147 bp 的 DNA 组成的染色质的最基本单位。组蛋白的氨基端可通过乙酰化、甲基化、磷酸化、泛素化等进行翻译后修饰，其中以乙酰化和甲基化修饰尤为重要。组蛋白乙酰化状态受组蛋白乙酰转移酶(histone acetyltransferases，HAT)和组蛋白去乙酰化酶的双向调节。修饰可发生在氨基端保守的赖氨酸残基上，如组蛋白 H3 的 K9、K14、K18、K23 及 H4 的 K5、K8、K12、K16。组蛋白乙酰化是一个可逆的动力学过程，乙酰化和去乙酰化的动态平衡影响着染色质的结构和基因的转录与表达。组蛋白乙酰转移酶将乙酰辅酶 A 上的疏水乙酰基转移到组蛋白的氨基端赖氨酸残基，中和掉一个正电荷，使 DNA 与组蛋白之间的相互作用减弱，染色质呈转录活性结构，DNA 易于解聚、舒展，有利于转录因子与 DNA 模板相结合从而激活转录；而组蛋白去乙酰化酶通过组蛋白氨基端赖氨酸的去乙酰化，使组蛋白带正电荷，从而与带负电荷的 DNA 紧密结合，染色质呈致密卷曲的阻抑结构，抑制转录。通常认为，组蛋白氨基端赖氨酸残基的高乙酰化与染色质松散及基因转录激活有关，而低乙酰化与基因沉默或抑制有关。

组蛋白乙酰转移酶包括 p300/CBP、MYST、GNAT 3 个家族成员。除了修饰组蛋白外，组蛋白乙酰转移酶还可使非组蛋白乙酰化，并参与调节转录因子活性等。在血液肿瘤和实体瘤中，病毒癌基因、基因突变、染色体异位导致的融合蛋白等引起 HAT 活性的改变已有相关报道[6]。例如，腺病毒蛋白 E1A、SV40T 结合 p300/CBP 后可异常激活许多基因，导致细胞增殖与转化，进而引发癌变[7]；p300 的突变和另一种组蛋白乙酰转移酶 KAT5 的染色体异位可以大大增加结直肠癌、胃癌、乳腺癌及胰腺癌的发病率[8]。在急性髓细胞性白血病(acutce myeloid leukemia，AML)和急性淋巴细胞白血病(acute lymphoblastic leukemia，ALL)中，染色体异位后出现的融合蛋白 MLL-CBP 或 MOZ-CBP 等在疾病的发生和发展中起重要作用[9,10]。

组蛋白去乙酰化酶分为 4 个亚型，Ⅰ型包括 HDAC1、HDAC2、HDAC3、HDAC8，位于所有组织细胞的细胞核内；Ⅱ型又分为Ⅱa(包括 HDAC4、HDAC5、HDAC7、HDAC9)和Ⅱb(包括 HDAC6、HDAC10)亚型，分布于组织特异性的细胞质和细胞核内；Ⅲ型又称为沉默调节蛋白(sirtuin)，包括 SIRT1～7，位于细胞核、细胞质及线粒体中，该类酶的催化活性依赖于 NAD^+；Ⅳ型为 HDAC11，其与Ⅰ型、Ⅱ型组蛋白去乙酰化酶成员有结构和序列同源性。临床资料显示，在不同类型的实体瘤及血液肿瘤中，组蛋白去乙酰化酶过表达大多与疾病预后呈负相关[11]。作为催化组蛋白及非组蛋白去乙酰化的关键酶类，组蛋白去乙酰化酶可通过多种不同的机制参与调节肿瘤细胞的增殖、细胞周期和凋亡以及肿瘤血管生成与转移等[12]。例如，*HDAC* 基因敲除或使用组蛋白去乙酰化酶抑制剂可以引起肿瘤细胞周期阻滞，诱导细胞凋亡并抑制肿瘤细胞增殖等[13,14]；SIRT1 是参与 DNA 损伤修复的一个关键组分[15]；Ⅱ型组蛋白去乙酰化酶通过热休克蛋白 HSP90 调节血管内皮生长因子受体 VEGFR-1、VEGFR-2 的表达[16]；组蛋白去乙酰化酶通过参与募集至钙黏着蛋白基因的启动子区域抑制肿瘤细胞的上皮-间质转化(EMT)，促进肿瘤转移等[17]。

组蛋白甲基化多发生于组蛋白 H3 和组蛋白 H4 的赖氨酸和精氨酸残基上，由特异的组蛋白甲基转移酶(histone methyltransferase, HMT)催化完成，一个组蛋白上的赖氨酸残基最多可被 3 个甲基修饰；而组蛋白的去甲基化由赖氨酸特异性去甲基化酶 1 (lysine-specific demethylase 1, LSD1)完成。组蛋白在不同氨基酸位置的甲基化与基因的激活或抑制相关，如 H3K9、H3K27 甲基化与基因沉默有关，而 H3K4、H3K36 甲基化却可以使基因活化。在癌症的发生和发展过程中，很多组蛋白甲基转移酶和去甲基化酶由于染色体异位、基因突变或融合等因素导致表达水平或活性异常。例如，白血病中与 H3K4 甲基转移酶基因发生融合的基因有 80 多种，尤其是这类融合蛋白可引起 H3K79 甲基转移酶 DOT1L 的募集，从而导致更多癌基因的异常激活[18]。H3K27 甲基转移酶 EZH2 高表达于乳腺癌、前列腺癌等多种肿瘤，作为核心蛋白复合体 PRC2 的关键成分，参与调节许多抑癌基因如 *p16*、*p27*、*BRCA1* 的调控[19]。此外，组蛋白去甲基化酶 LSD1 可通过调节激素类核受体的转录及上皮-间质转化相关的转录分子活性等促进肿瘤形成与转移[20]；而在不同类型肿瘤中均发现三羧酸循环的关键酶异柠檬酸脱氢酶 *IDH1*/*IDH2* 基因突变所致的异常代谢产物 2-羟基戊二酸(2-HG)的升高，并作为α-酮戊二酸(α-KG)的竞争性底物抑制多种组蛋白去甲基化酶及 DNA 去甲基化酶的活性[21]。

除了直接催化组蛋白修饰的上述“书写器(writer)”(负责产生各类组蛋白修饰的酶)和“擦除器(eraser)”(负责消除各类组蛋白修饰的酶)外，能够与组蛋白修饰后位点结合的“阅读器(readers)”(负责识别各类组蛋白修饰并介导下游生物学事件的蛋白质或结构域)或参与组蛋白识别与募集的转录因子等也参与表观遗传调控作用。例如，与组蛋白乙酰化赖氨酸结合的含溴结构域和额外末端结构域(bromodomain and extra-terminal, BET)蛋白家族[22]、识别组蛋白甲基化赖氨酸的一些含植物同源结构域(plant homeodomain domain, PHD)锌指结构域的蛋白质等[23]。BET 蛋白家族包括 4 个成员，BRD2、BRD3、BRD4 和 BRDT。通过与组蛋白的乙酰化赖氨酸结合，BET 蛋白参与调节细胞周期蛋白表达、染色质重塑，甚至作为增强子直接促进癌基因如 *Myc* 的异常表达，从而诱导肿瘤的发生[22]。

8.1.3 染色质重塑

染色质重塑(chromatin remodeling)是指染色质位置、结构的变化，主要包括紧缩的染色质丝在核小体的连接处发生松动造成染色质解压缩，从而暴露基因转录启动子区中的顺式作用元件，为反式作用因子与之结合提供了可能。染色质重塑的过程由两类结构所介导，如上述的组蛋白共价修饰复合体和 ATP 依赖型的染色质重塑复合体，后者通过 ATP 水解释放的能量以一种非共价方式改变核小体的构型和位置，调整染色质结构。目前染色质重塑复合体至少可分为 4 类，包括 SWI/SNF、ISWI、NuRD 和 INO80 家族复合体。由于这些分子参与调控细胞周期、分化与增殖、DNA 修复与基因组稳定性等众多生物学过程，在肿瘤发生和发展过程中，染色质重塑是一个普遍现象[24]，它通过一种区域性表达模式调控远程表观遗传激活(long-range epigenetic activation, LREA)影响包括抑癌基因或癌基因以及其他肿瘤特异性抗原等的表达变化,进而影响肿瘤细胞的免疫原性、增殖特性、肿瘤细胞表型转化(上皮-间质转化和间质-上皮转化)、干细胞性等。因此,染色质重塑复合体的失调如基因突变、缺失、沉默或过表达等在肿瘤的发生和发展过程中起重要作用[25]。例如,*BRG1* 在肺癌、乳腺癌、胰腺癌及前列腺癌等癌症中缺失或突变;*ARID1A* 在近 50%的卵巢癌、胃癌、乳腺癌等多种癌症中突变[26]。

8.1.4 非编码 RNA 调控

功能性非编码 RNA(non-coding RNA)在表观遗传修饰中发挥极其重要的作用。非编码 RNA 是从 DNA 模板转录但不表达蛋白质的 RNA 分子,按照大小可分为两类:长链非编码 RNA(long non-coding RNA, lncRNA, 200～100 000 nt)和短链非编码 RNA(18～200 nt)。长链非编码 RNA 可直接结合目标 DNA、RNA[如 mRNA 和微 RNA(microRNA, miRNA)]及组蛋白与 DNA 修饰酶类等,调控多种癌基因和抑癌基因的转录前后表达修饰、参与染色质重塑及蛋白质分子的稳定性等,在肿瘤发生中发挥重要作用[27]。常见的短链非编码 RNA 为干扰小 RNA(small interfering RNA, siRNA)和 miRNA。miRNA 是一类长约 22 nt 的单链 RNA 分子,主要通过碱基互补配对的方式与目标基因 mRNA 的 3′非翻译区(3′- untranslated region, 3′- UTR)或编码区结合,抑制 mRNA 的翻译或直接降解 mRNA,最终发挥抑制基因表达的作用。一个 miRNA 有数百个靶基因,而每个基因的 mRNA 可能受到多个 miRNA 的调控,由此构成了复杂的调控网络。越来越多的研究显示,miRNA 类似于癌基因或抑癌基因参与细胞增殖、分化和凋亡的调控,在肿瘤的发生和发展过程中发挥着重要的生物学作用[28]。

此外,表观遗传修饰能从多个水平调控基因的表达,而不同水平的基因调控之间是相互关联的,任何一方面的异常都可能影响其他水平上的表观遗传修饰。例如,miRNA 可以调节 DNA 或组蛋白修饰酶类的基因表达;反过来,miRNA 自身的表达如启动子区域的甲基化状态又受到 DNA 修饰酶类的活性影响等[29]。

8.1.5 非组蛋白修饰

前述组蛋白甲基化或乙酰化修饰酶类,还可以对诸多的非组蛋白进行修饰,通过影响底物蛋白的稳定性和活性调节后续的功能学和表型变化。从严格意义上讲,这些修饰并不属于表观遗传的范畴,但是这些修饰都有表观遗传因子的参与,因此它们也成为表观遗传研究的重要对象。

很多重要的非组蛋白存在翻译后修饰,常见的包括赖氨酸乙酰化修饰(见表 8-1)[30]和赖氨酸或精氨酸的甲基化修饰(见表 8-2)[31,32]。最著名的如肿瘤抑制蛋白 p53,它的多个赖氨酸或精氨酸位点可以进行乙酰化或甲基化修饰,不同位点的修饰带来不同的活性影响，如乙酰化可以增加稳定性，K372 单甲基化可以促进转录活性等，其他如 JAK/STAT 通路或 NF-κB 通路的分子也存在相关修饰。越来越多的研究显示，许多转录因子蛋白都存在翻译后的修饰过程，这种非组蛋白介导的活性调节是表观遗传在直接的染色质重塑效应之外的重要的机制补充，值得进一步深入研究（见表 8-1、表 8-2）。

表 8-1　非组蛋白的乙酰化修饰

非组蛋白底物	乙酰化修饰酶类	去乙酰化酶类
p53	p300/CBP	HDAC、SIRT
YY1	p300/CBP	HDAC2
STAT3	p300/CBP	HDAC3
HMG	CBP、PCAF	NA
c-Myc	PCAF/GCN5、TIP60	NA
AR	p300/CBP、TIP60	HDAC1
ER	p300	NA
GATA	CBP(GATA1)、p300 和 PCAF(GATA2)	HDAC3(GATA2)
EKLF	p300/CBP	NA
MyoD	PCAF、CBP、p300	HDAC1
E2F/Rb	PCAF，CBP、p300	HDAC1
NF-κB	p300/CBP	HDAC3、SIRT1
HIF-1α	ARD1	HDAC4
SMAD7	p300	NA
α-微管蛋白	NA	HDAC6、SIRT2
核输入蛋白-α	CBP、p300	NA
Ku70	PCAF、CBP	SIRT1
HSP90	NA	HDAC6
E1A	p300、PCAF	NA
CtIP	GCN5	HDAC3、SIRT6
β-联蛋白	PCAF、p300	SIRT1、HDAC6
存活蛋白	NA	HDAC6
FoxO1	p300/CBP	SIRT1
FoxO3a	p300/CBP	SIRT1、SIRT2、SIRT3
PGC1-α	GCN5	SIRT1
FXR	p300	SIRT1

注：NA，不可用。（表中数据来自参考文献[30]）

表 8-2 非组蛋白的甲基化修饰

甲基化/去甲基化酶类	非组蛋白底物
EHMT2(KMT1C)	C/EBPβ
SETD1A(KMT2F)	HSP70
NSD1(KMT3B)	NF-κB
SMYD2(KMT3C)	p53、RB1、PARP1、HSP90AB1、ERα
SMYD3(KMT3E)	VEGFR-1、MAP3K2
SETD8(KMT5A)	PCNA、p53
EZH2(KMT6)	RORα、STAT3
SETD7(KMT7)	PPP1R12A、p53、NF-κB、E2F1、DNMT1、STAT3
LSD1(KDM1A)	PPP1R12A、p53、ERα、STAT3
PRMT1	MRE11、53BP1、SAM68、INCENP
PRMT4	AIB1、p300、CBP、RNA PII、CTD
PRMT5	E2F1、p53、CRAF、SmD3
PRMT6	p21

(表中数据来自参考文献[31,32])

总的来说,肿瘤表观遗传学机制贯穿于肿瘤发生、发展的整个过程,并具有一定的广泛性和组织特异性。因此,对肿瘤的表观遗传学进行深入研究对肿瘤的临床诊断、治疗和预防都具有重要的指导意义。尤其重要的是,表观遗传修饰被认为大多是可逆的,因此,针对参与肿瘤形成的表观遗传关键分子的靶向药物将为肿瘤治疗开辟新的方向。

8.2 表观遗传药物的全球开发现状

随着研究者对表观遗传在肿瘤发生、发展及进化过程中作用机制的深入认识[2],相比 10 年或更久以前,当今表观遗传药物的研发越来越具有明确的开发方向,表观遗传策略在对抗肿瘤中呈现了巨大的潜力。自 2004 年至今,已有 8 种表观遗传药物包括 2 种 DNA 甲基转移酶抑制剂、5 种组蛋白去乙酰化酶抑制剂和 1 种异柠檬酸脱氢酶 2 抑制剂,被批准用于治疗不同的血液淋巴系统肿瘤(见表 8-3)[33]。其中,西达本胺是第一个在中国获批的组蛋白去乙酰化酶抑制剂药物。

由于抗肿瘤治疗仍然存在巨大的未满足的临床需求,且越来越多的研究显示表观遗传药物具有针对性的治疗潜力,全球范围内的表观遗传药物研发十分火热。

表 8-3 在肿瘤治疗领域已获批的表观遗传药物

药物名称	结构式	作用靶点	原研商	最早获批时间	适应证
氮杂胞苷（azacitidine）	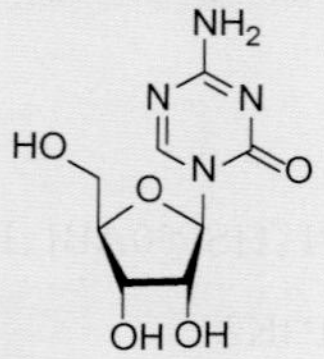	DNA 甲基转移酶（DNMT）	新基医药（Celgene）	2004 年 5 月	急性髓细胞性白血病、慢性髓细胞性白血病、骨髓增生异常综合征
地西他滨（decitabine）	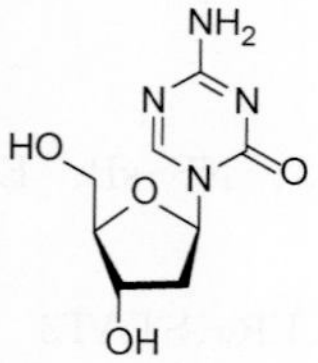	DNA 甲基转移酶（DNMT）	大冢制药（Otsuka）	2006 年 5 月	急性髓细胞性白血病、慢性髓细胞性白血病、骨髓增生异常综合征
伏立诺他（vorinostat）	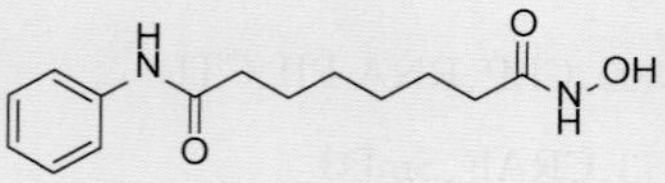	组蛋白去乙酰化酶（HDAC）	美国默克（Merck & Co.）	2006 年 10 月	皮肤 T 细胞淋巴瘤
罗米地辛（romidepsin）	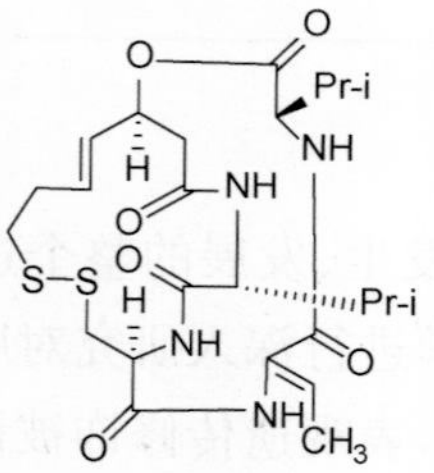	组蛋白去乙酰化酶（HDAC）	新基医药（Celgene）	2009 年 11 月	皮肤 T 细胞淋巴瘤、外周 T 细胞淋巴瘤
贝利司他（belinostat）	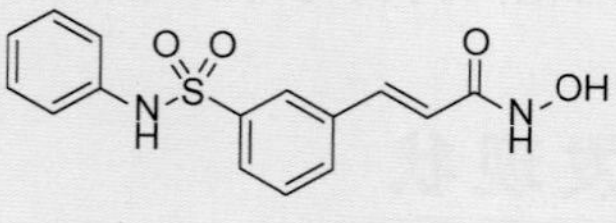	组蛋白去乙酰化酶（HDAC）	TopoTarget	2014 年 7 月	外周 T 细胞淋巴瘤
西达本胺（chidamide）	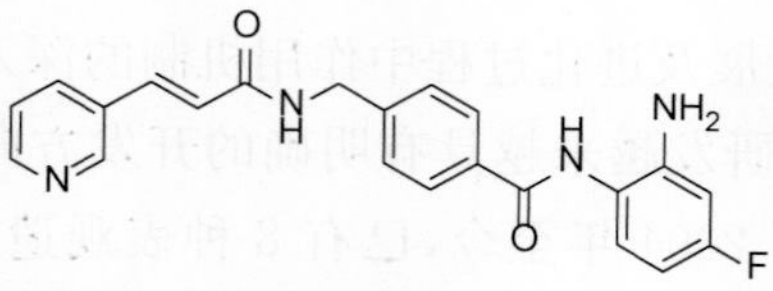	组蛋白去乙酰化酶（HDAC 1、2、3、10）	微芯生物（Chipscreen）	2014 年 12 月	外周 T 细胞淋巴瘤
帕比司他（panobinostat）	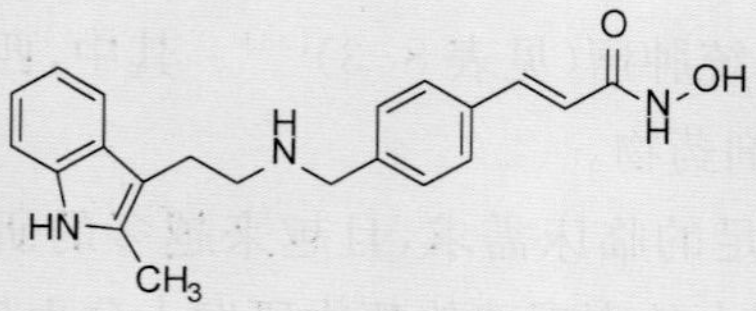	组蛋白去乙酰化酶（HDAC）	诺华（Novartis）	2015 年 2 月	多发性骨髓瘤

(续表)

药物名称	结构式	作用靶点	原研商	最早获批时间	适应证
恩西地平(enasidenib)		异柠檬酸脱氢酶 2(IDH2)	Agios	2017 年 8 月	急性髓细胞性白血病

(表中数据来自参考文献[33])

截至 2016 年 10 月，Pharmaprojects® 数据库的数据显示，在肿瘤领域处于积极研发状态的表观遗传药物共 119 个，其中约 48%处于临床前研究中，约 46%在临床研究阶段，而绝大多数药物处于中早期阶段(见图 8-1)[34]。在开展的临床试验中，DNA 甲基转移酶抑制剂临床试验有 552 项、组蛋白去乙酰化酶抑制剂临床试验有 839 项，而其他新型机制表观遗传药物开展的临床试验共 76 项，包括组蛋白修饰书写器(除 DNA 甲基转移酶外，如 EZH、DOT1L)、擦除器(除组蛋白去乙酰化酶外，如 LSD1)和阅读器(如 BET)以及表观遗传相关代谢酶(如 IDH)[29]。

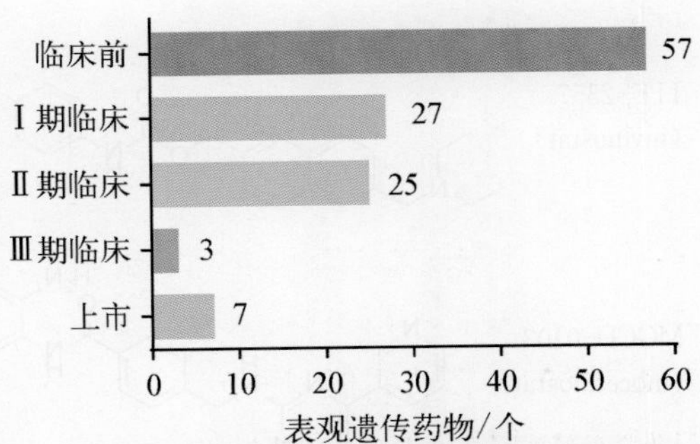

图 8-1 表观遗传药物在肿瘤治疗领域的全球积极研发状态

(图片修改自参考文献[34])

目前，基于这些靶点的多个代表性抑制剂正在临床研究中(见表 8-4)[33,35]，其中新型作用机制的异柠檬酸脱氢酶抑制剂用于复发或难治性 AML 患者的临床试验取得了响应率为 40%，并且完全缓解率为 20%的喜人结果。从上述数据可以看出，组蛋白去乙酰化酶抑制剂的临床研究最多，同时不同机制互补的其他抑制剂也正逐渐涌现。另外，为了获得更大的临床差异化并提高药物的安全治疗窗口，开发亚型选择性的表观遗传药物必然是主要的发展趋势。

综上，在肿瘤治疗领域，表观遗传药物的研究正在迅速发展，其新型作用机制药物的临床试验结果令人鼓舞。此外，亚型选择性抑制剂作为新一代表观遗传药物必然成为发展的主流方向，而以表观遗传药物为核心的联合用药将有更大的临床空间待挖掘，并能为患者带来更多的治疗方案和临床获益。

表 8-4　在肿瘤治疗领域处于临床研究阶段的代表性表观遗传药物

研发代码	结构式	作用靶点	研发公司	最高状态**	适应证
SGI-110 (guadecitabine)	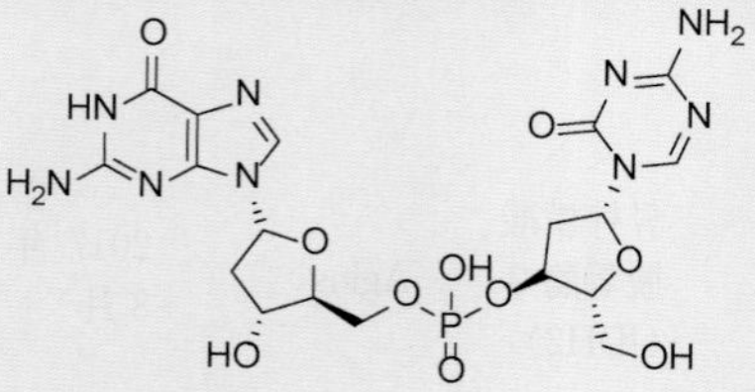	DNA 甲基转移酶 (DNMT)	Astex	Ⅲ期	急性髓细胞性白血病
MS-275 (entinostat)	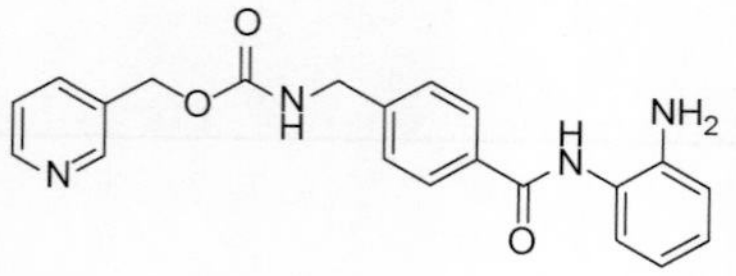	组蛋白去乙酰化酶 (HDAC1、HDAC2、HDAC3)	Syndax	Ⅲ期	乳腺癌
ITF-2357 (givinostat)	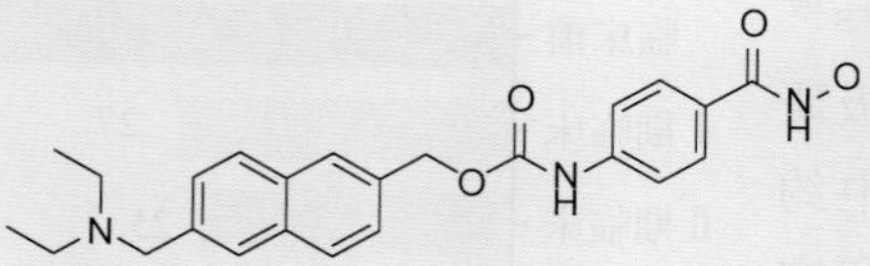	组蛋白去乙酰化酶 (HDAC)	Italfarmaco	Ⅱ期	血液肿瘤
MGCD-0103 (mocetinostat)	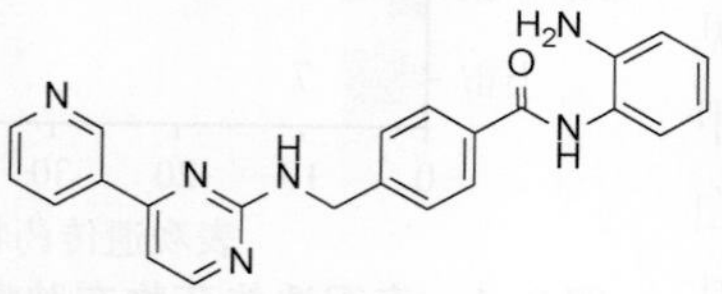	组蛋白去乙酰化酶 (HDAC1、HDAC2、HDAC3)	Mirati	Ⅱ期	膀胱癌、淋巴瘤
4SC-201 (resminostat)	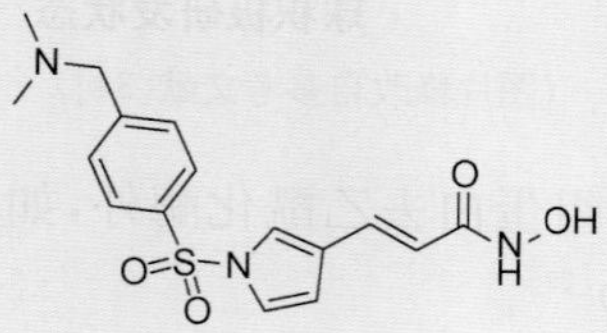	组蛋白去乙酰化酶 (HDAC1、HDAC3、HDAC6)	4SC	Ⅱ期	肝癌、淋巴瘤
ACY-1215 (ricolinostat)	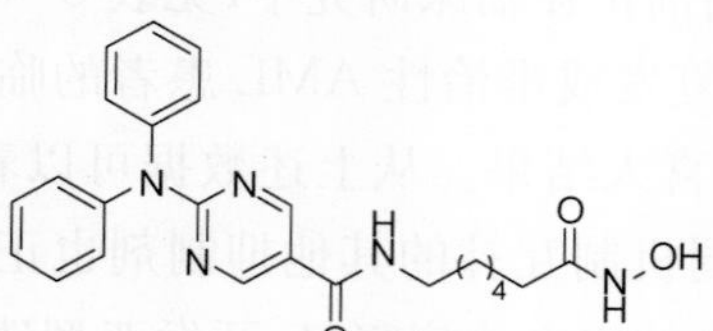	组蛋白去乙酰化酶 (HDAC6)	Acetylon	Ⅱ期	多发性骨髓瘤、平滑肌瘤
ACY-241	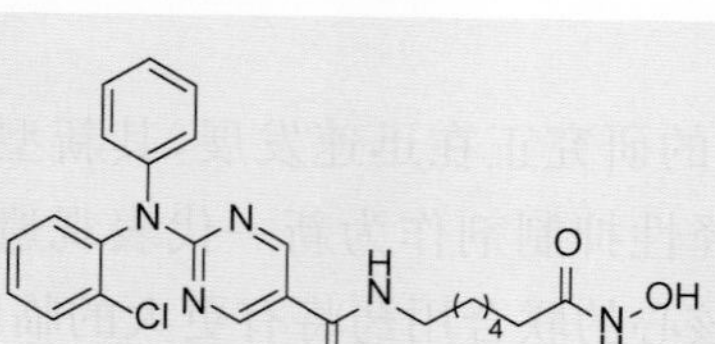	组蛋白去乙酰化酶 (HDAC6)	Acetylon	Ⅱ期	多发性骨髓瘤

（续表）

研发代码	结构式	作用靶点	研发公司	最高状态**	适应证
AR-42	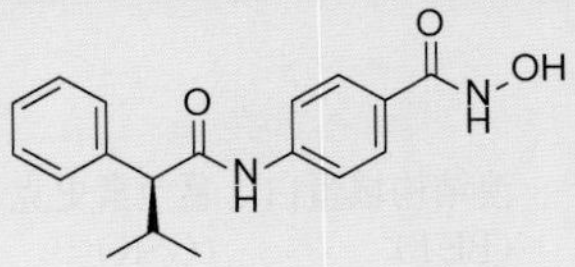	组蛋白去乙酰化酶(HDAC)	Arno	Ⅰ期	血液肿瘤
CXD-101	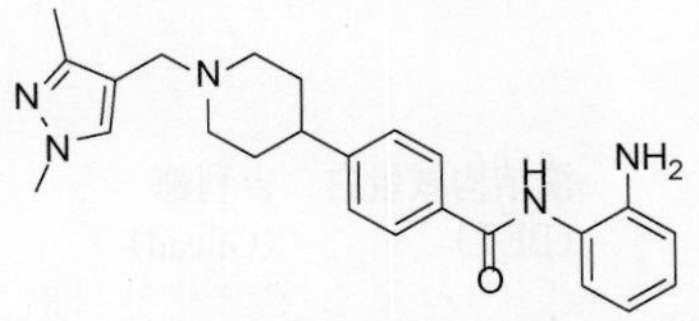	组蛋白去乙酰化酶（Ⅰ型HDAC）	Celleron	Ⅰ期	实体瘤
CF-367*	未公开	组蛋白去乙酰化酶(HDAC)	中国科学院上海药物研究所 朴颐化学	核准新药试验	实体瘤、血液肿瘤
NL-101*	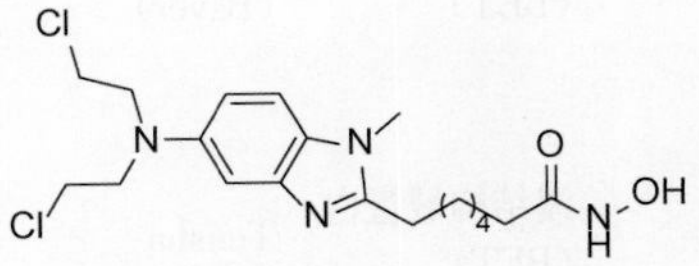	组蛋白去乙酰化酶(HDAC1、HDAC2、HDAC3、HDAC6)	杭州民生	Ⅰ期	实体瘤、血液肿瘤
tyroservaltide*	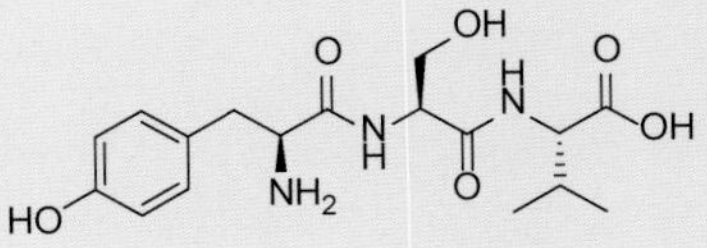	组蛋白去乙酰化酶(HDAC)	康哲药业	Ⅱ期中断	非小细胞肺癌
OTX015 (MK-8628)	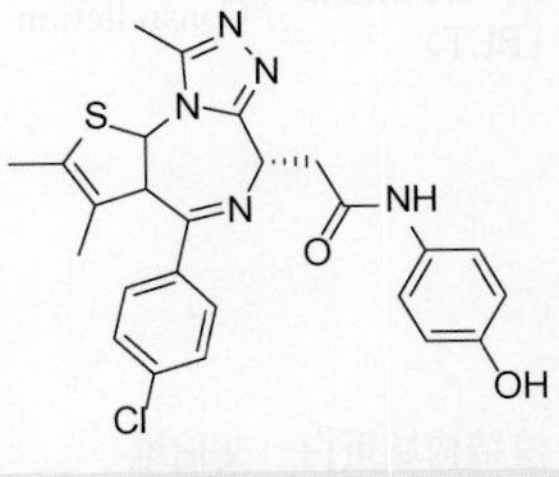	溴结构域蛋白(BET)	OncoEthix	Ⅱ期	实体瘤
INCB054329	未公开	溴结构域蛋白(BET)	因赛特(Incyte)	Ⅱ期	白血病、实体瘤
BMS-986158	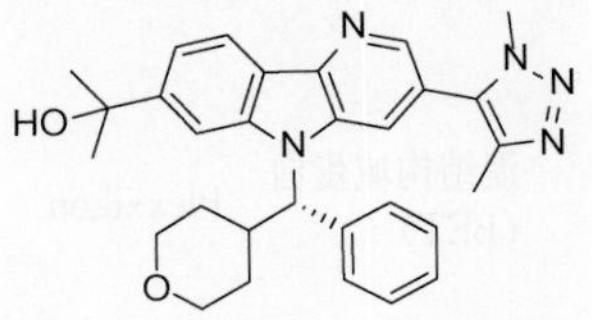	溴结构域蛋白(BET)	百时美施贵宝(BMS)	Ⅱ期	实体瘤

（续表）

研发代码	结构式	作用靶点	研发公司	最高状态**	适应证
GSK525762	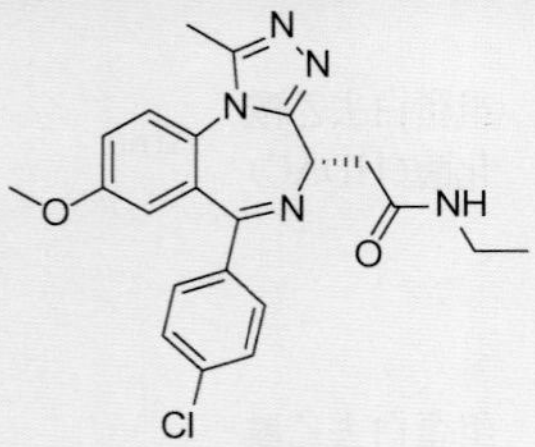	溴结构域蛋白(BET)	葛兰素史克(GSK)	Ⅱ期	伴睾丸核蛋白基因重排的中线癌
GS-5829	未公开	溴结构域蛋白(BET)	吉利德(Gilead)	Ⅱ期	前列腺癌、淋巴瘤
FT-1101	未公开	溴结构域蛋白(BET)	Forma	Ⅰ期	急性髓细胞性白血病、骨髓增生异常综合征
BAY1238097	未公开	溴结构域蛋白(BET)	拜耳(Bayer)	Ⅰ期	实体瘤、淋巴瘤
TEN-010	未公开	溴结构域蛋白(BET)	Tensha	Ⅰ期	急性髓细胞性白血病、骨髓增生异常综合征、实体瘤
CPI-0610	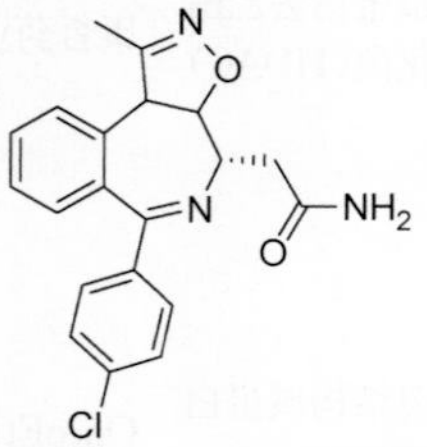	溴结构域蛋白(BET)	Constellation	Ⅰ期	多发性骨髓瘤、骨髓增生异常综合征、骨髓增生性疾病
ABBV-075	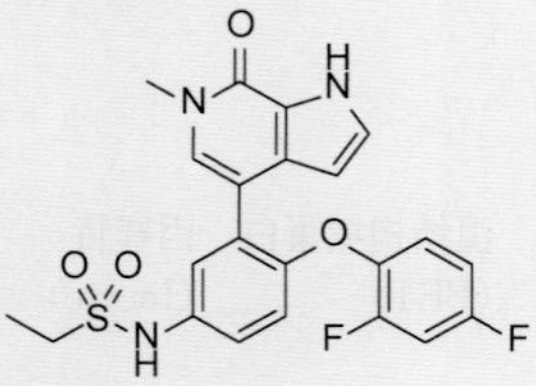	溴结构域蛋白(BET)	艾伯维(AbbVie)	Ⅰ期	多发性骨髓瘤、急性髓细胞性白血病、实体瘤
PLX51107	未公开	溴结构域蛋白(BET)	Plexxikon	Ⅰ期	急性髓细胞性白血病、骨髓增生异常综合征、实体瘤

（续表）

研发代码	结构式	作用靶点	研发公司	最高状态**	适应证
ZEN-3694	未公开	溴结构域蛋白(BET)	Zenith	Ⅰ期	前列腺癌
AG-120	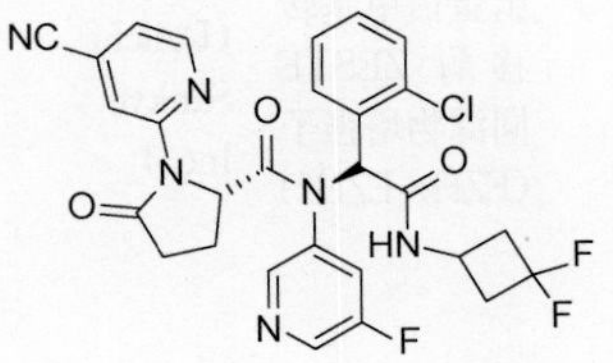	异柠檬酸脱氢酶1(IDH1)	Agios	Ⅱ期	急性髓系白血病
AG-881	未公开	异柠檬酸脱氢酶(IDH1、IDH2)	Agios	Ⅰ期	实体瘤、血液肿瘤
IDH305	未公开	异柠檬酸脱氢酶1(IDH1)	诺华(Novartis)	Ⅰ期	急性髓细胞性白血病、实体瘤
EPZ-6438(tazemetostat)	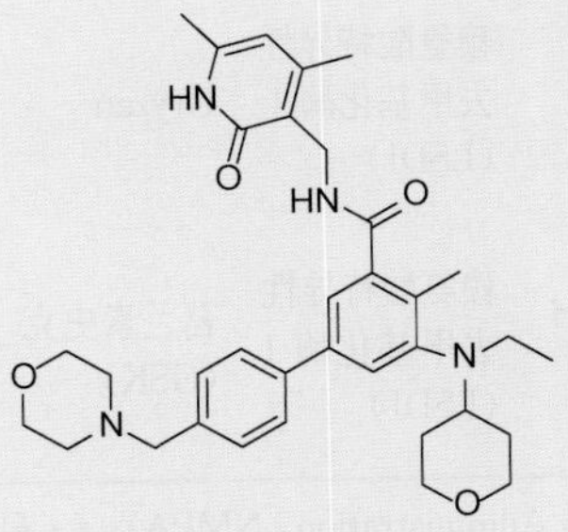	多梳蛋白家族组蛋白甲基转移酶ZESTE同源物增强子2(EZH2)	Epizyme	Ⅱ期	弥漫性大B细胞淋巴瘤、滤泡性淋巴瘤
CPI-1205	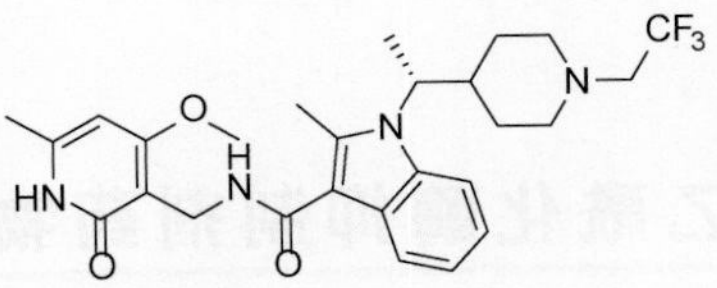	多梳蛋白家族组蛋白甲基转移酶ZESTE同源物增强子2(EZH2)	Constellation	Ⅰ期	B细胞淋巴瘤
GSK126(GSK2816126)	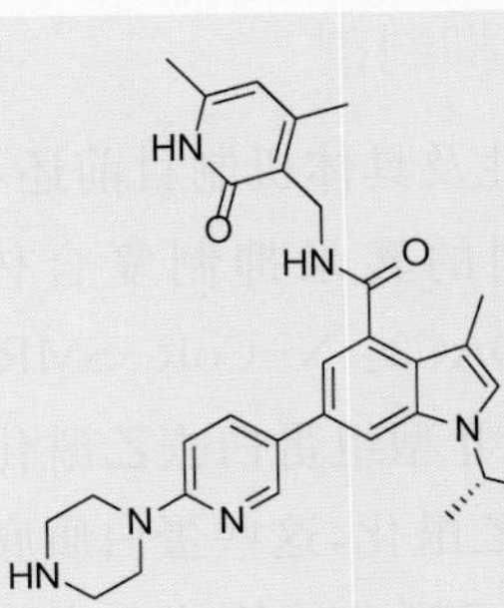	多梳蛋白家族组蛋白甲基转移酶ZESTE同源物增强子2(EZH2)	葛兰素史克(GSK)	Ⅰ期	弥漫大B细胞淋巴瘤、滤泡性淋巴瘤、多发性骨髓瘤、实体瘤

（续表）

研发代码	结构式	作用靶点	研发公司	最高状态**	适应证
DS-3201b	未公开	多梳蛋白家族组蛋白甲基转移酶 ZESTE 同源物增强子(EZH1、EZH2)	第一三共(Daiichi Sankyo Inc.)	Ⅰ期	急性髓细胞性白血病、B细胞淋巴瘤、滤泡性淋巴瘤、成人T细胞白血病
EPZ-5676 (pinometostat)	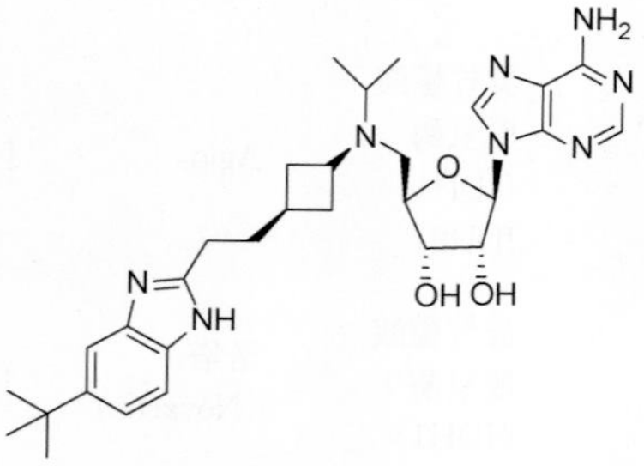	DOT1样组蛋白H3甲基转移酶(DOT1L)	Epizyme	Ⅰ期	混合谱系白血病、急性白血病
ORY-1001	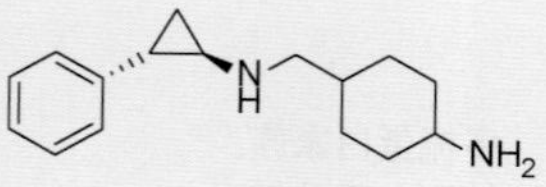	赖氨酸特异性去甲基化酶1(LSD1)	Oryzon	Ⅱ期	急性髓细胞性白血病
GSK2879552	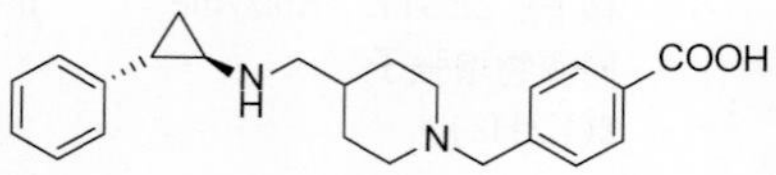	赖氨酸特异性去甲基化酶1(LSD1)	葛兰素史克(GSK)	Ⅱ期	急性髓细胞性白血病、小细胞肺癌

注：* 申报国家药品监督管理局(National Medical Products Administration, NMPA)；** 最高状态是指截至 2017 年 5 月的公开进展。(表中数据来自参考文献[33,35])

8.3 亚型选择性组蛋白去乙酰化酶抑制剂药物研发

8.3.1 亚型选择性组蛋白去乙酰化酶抑制剂

不同组蛋白去乙酰化酶亚型调节的生物活性及具体机制目前还不完全清楚，基于已有的研究结果，Ⅰ型 HDAC 主要参与不同的转录抑制复合体形成（HDAC1/HDAC2：Sin3、NuRD、CoREST 和 PRC2 等；HDAC3：N-CoR-SMRT 等）[36, 37]，由此调控不同的靶基因转录及行使不同的下游功能；Ⅱ型组蛋白去乙酰化酶中 HDAC6 和 HDAC10 主要在细胞质中调节非组蛋白底物的乙酰化，这些蛋白质底物包括多种转录调控因子如 β-联蛋白、STAT、NF-κB 等，它们的乙酰化修饰改变直接影响下游靶基因的转录。其他组蛋白去乙酰化酶亚型的底物蛋白尚不完全清楚。

如前所述，Ⅰ型组蛋白去乙酰化酶重点参与染色质重塑相关的蛋白质复合体形成并以此发挥广泛的转录影响[38]。因此，这类亚型与肿瘤的相关性更为密切。非选择性的组蛋白去乙酰化酶抑制剂由于靶向的通路更为复杂，限于现有认识水平，可能会导致某些预期之外的其他区域的存在。临床数据表明，这些抑制剂确实表现了更明显的不良反应，特别是血液毒性，如骨髓抑制、血小板减少等，由此推测亚型选择性不足是其重要原因[39]。因此，开发安全性更高的亚型选择性组蛋白去乙酰化酶抑制剂是更为合理的方向。如前所述，目前确实也有针对各种特定亚型（如 HDAC6、HDAC8、HDAC4/HDAC5 等）的抑制剂正在开发中，也都是基于活性与安全性的综合考虑。

经典的泛组蛋白去乙酰化酶抑制剂的主要结构类型为环肽类、异羟肟酸类和苯酰胺类，包括 3 个部分即表面识别区（cap）、连接区（linker）和 Zn^{2+} 结合的功能区（function）。其中，Zn^{2+} 结合区的氨基酸序列具有保守性，特别是对于亚型，这意味着配体小分子和不同催化通道的蛋白结合模式具有相似性，致使发现亚型选择性的组蛋白去乙酰化酶抑制剂成为较为困难的研究工作。然而，随着结构生物学和计算化学的快速发展，更多亚型组蛋白去乙酰化酶的蛋白质结构被揭示，而且利用同源模建和定量构效关系（QSAR）等方法，为获得改善选择性和亲和力的组蛋白去乙酰化酶抑制剂也带来了重要机会。环肽类结构因具有口服吸收差的缺点其进展受到限制，而以苯酰胺和异羟肟酸为结构基础的新一代化合物的研发取得了明显进展。新发现的分子通过改变表面识别或增加该区域的空间位阻、改变连接区及替代 Zn^{2+} 结合区的药效团实现了对组蛋白去乙酰化酶的选择性改变。例如，苯酰胺类衍生物如西达本胺靶向 HDAC1、HDAC2、HDAC3、HDAC10；MS-275 和 MGCD0103 是 HDAC1、HDAC2 和 HDAC3 的抑制剂。尽管 HDAC1、HDAC2、HDAC3 具有高度的序列一致性，化合物 RGFP966 对 HDAC3 抑制的 IC_{50} 为 80 nmol/L，而对其他亚型在 50 μmol/L 没有抑制作用，可见化合物结构在亚型选择性上仍存在优化调整的空间。近年来，HDAC6 抑制剂的研发进展迅速，第一个被发现的 tubacin（K_i＝142 nmol/L），对比 HDAC1 达到 7 倍的选择性，但其药代动力学性质较差。经优化后的 ACY-1215，相比 HDAC1、HDAC2、HDAC3，其对 HDAC6（IC_{50}＝4.7 nmol/L）的抑制获得了 10 倍左右的选择性，最高状态已处于Ⅱ期临床。另外，通过改变功能区获得的化合物 1 也明显提高了对 HDAC6 的选择性。与 HDAC1、HDAC2、HDAC3、HDAC6 和 HDAC10 相比，一种异羟肟酸类化合物 PCI-34051 对 HDAC8 的选择性抑制（K_i＝10 nmol/L）超过了 200 倍，值得一提的是，除 T 细胞相关的肿瘤细胞株外，该化合物对其他血液细胞或实体瘤细胞无抗增殖活性。化合物 2 是目前为止被发现的 HDAC8 抑制活性（IC_{50}＝0.4 nmol/L）最高的分子，相比其他亚型，其获得超过 1 000 倍的选择性[40]（见图 8-2）。除此之外，越来越多的亚型选择性抑制剂的结构专利被公开，在此不再赘述。

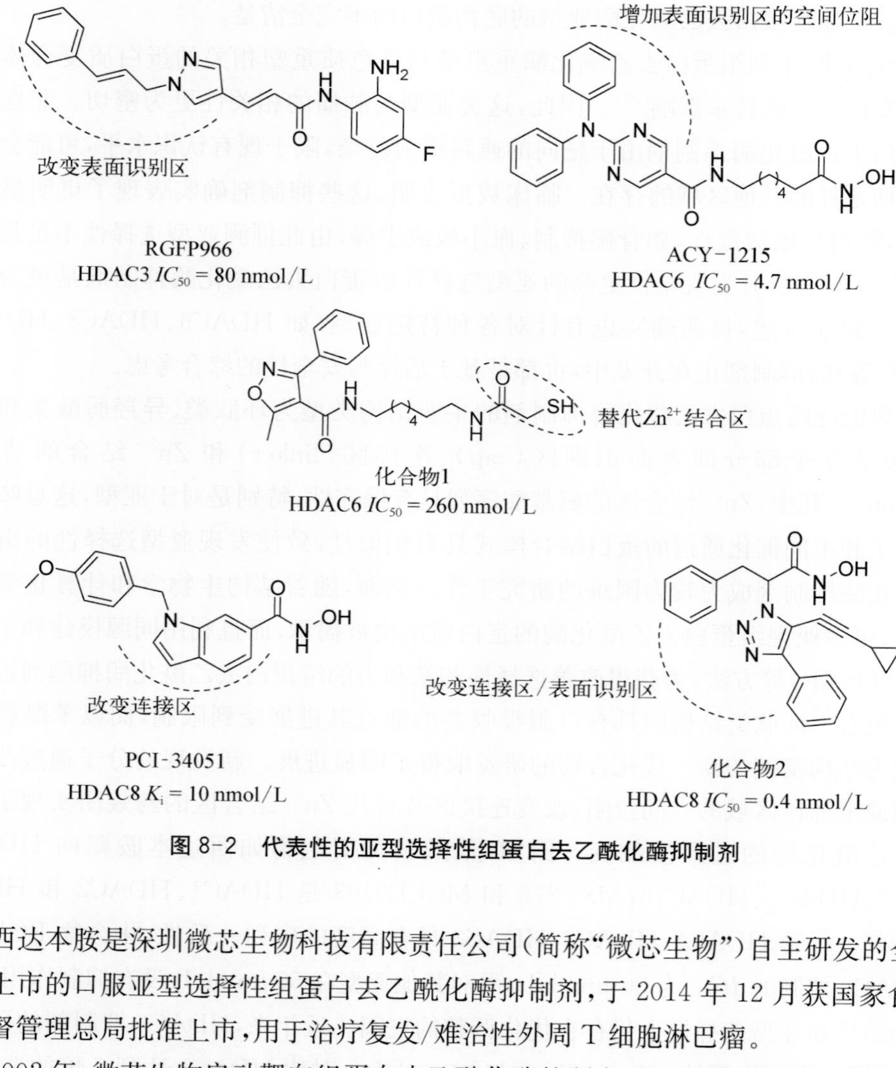

增加表面识别区的空间位阻

改变表面识别区

RGFP966
HDAC3 IC_{50} = 80 nmol/L

ACY-1215
HDAC6 IC_{50} = 4.7 nmol/L

替代Zn^{2+}结合区

化合物1
HDAC6 IC_{50} = 260 nmol/L

改变连接区

改变连接区/表面识别区

PCI-34051
HDAC8 K_i = 10 nmol/L

化合物2
HDAC8 IC_{50} = 0.4 nmol/L

图 8-2　代表性的亚型选择性组蛋白去乙酰化酶抑制剂

西达本胺是深圳微芯生物科技有限责任公司(简称“微芯生物”)自主研发的全球第一个上市的口服亚型选择性组蛋白去乙酰化酶抑制剂，于 2014 年 12 月获国家食品药品监督管理总局批准上市，用于治疗复发/难治性外周 T 细胞淋巴瘤。

2002 年，微芯生物启动靶向组蛋白去乙酰化酶的研发项目，关于不同亚型组蛋白去乙酰化酶的生物学功能和组蛋白去乙酰化酶抑制剂作用机制的研究信息在当时极其有限。体外组蛋白去乙酰化酶总酶和细胞增殖评价试验表明：公开的环肽类和异羟肟酸类比苯酰胺类化合物展现了更有效的抑制活性；提示苯酰胺类可能是一类具有更好的亚型选择性的结构类型，从基本的科学逻辑和开发策略出发，选择性的组蛋白去乙酰化酶抑制剂可能在酶学活性上有所损失，但是会带来比已知的非选择性抑制剂更好的安全性以及差异化的作用机制。

随后，微芯生物以 HDAC1 的同源蛋白 HDLP 为研究对象，选择了已知的组蛋白去乙酰化酶抑制剂 TSA(异羟肟酸类)和 MS-275(苯酰胺类)进行分子对接研究，结果显示两者具有明显差异化的结合模式[41]，这提示不同类的化学结构会带来选择性和活性差异。

微芯生物又利用其独特的化学基因组学技术平台，对不同种类化合物处理过的细胞进行全基因组表达谱分析，结果表明，仅苯酰胺类化合物在上皮细胞分化基因（如*EMP1*、*EPLIN*）、免疫活性相关基因（如 *TCR*、MHC Ⅰ类分子基因）及细胞凋亡相关基因（如 *DR6*）等的表达上具有明显差异的诱导作用。此外，研究还发现了其对耐药和蛋白修饰/降解通路等相关基因表达的抑制作用[42]。结合这些数据，研究人员最终选择了苯酰胺类结构作为项目研究的切入点。

但是，苯酰胺类结构的药物化学性质并不令人满意，为了获得更理想的分子，研究人员开展了多个系列的分子设计、合成和活性评价。起初，通过组蛋白去乙酰化酶总酶筛选目标分子，结果这些化合物在 30 μmol/L 时的抑制活性仍低于对照的非选择性组蛋白去乙酰化酶抑制剂 SAHA。这一结果提示，要么测试的化合物活性差，要么它们具有更好的亚型选择性。为回答这一问题，在领域研究进展的基础上，研究人员建立了分别针对不同亚型（Ⅰ型组蛋白去乙酰化酶、HDAC3、HDAC4/HDAC5 和 HDAC7）的报告基因评价模型，筛选评价结果显示部分化合物的确表现了亚型选择性抑制活性。经过反复的结构改进和筛选，研究人员最终确定了具有明确选择性和较好活性的候选化合物分子西达本胺（实验室编号为 CS055）[43]。

8.3.2　西达本胺的分子药理机制

利用纯化的 11 种组蛋白去乙酰化酶亚型进行体外酶学抑制活性检测，结果显示西达本胺主要对Ⅰ型组蛋白去乙酰化酶的 HDAC1、HDAC2、HDAC3 和Ⅱb 亚型中的 HDAC10 具有显著的抑制活性，IC_{50} 值为 0.05～0.11 μmol/L，如表 8-5 所示。在细胞模型上，西达本胺对Ⅰ型组蛋白去乙酰化酶的底物组蛋白 H3 的乙酰化水平表现出浓度依赖性的诱导作用，其活性与非选择性抑制剂 SAHA 相当，而对于其他亚型组蛋白去乙酰化酶如 HDAC6 的底物 α 微管蛋白（α-tubulin）的乙酰化水平没有明显影响；相比之下，SAHA 则具有显著的诱导活性，这一结果与它们对不同亚型的体外酶学抑制活性一致。另外，通过不同亚型组蛋白去乙酰化酶敲除（RNA 干扰）模型结合全基因组表达谱分析，进一步明确了不同组蛋白去乙酰化酶亚型的相关生物学功能以及与不同化合物亚型选择性之间的相关性[44]。

表 8-5　西达本胺是一种亚型选择性的组蛋白去乙酰化酶抑制剂

针对不同亚型组蛋白去乙酰化酶的体外酶学抑制活性（IC_{50}，μmol/L）										
Ⅰ型				Ⅳ型	Ⅱa 型				Ⅱb 型	
1	2	3	8	11	4	5	7	9	6	10
0.07	0.11	0.05	0.71	0.26	>30	>30	>30	>30	>30	0.06

体内外研究表明，西达本胺通过其选择性抑制活性，诱导与肿瘤相关的细胞周期、细胞凋亡、细胞分化、免疫调节等相关基因的表达变化，发挥综合抗肿瘤的生物学功能（见图 8-3）[44-47]。首先，西达本胺调控肿瘤细胞中细胞周期蛋白的表达、诱导过氧化张力(ROS)形成、抑制 DNA 损伤修复活性从而引起肿瘤细胞周期抑制、细胞凋亡和细胞分化。其次，上皮-间质转化是上皮来源肿瘤细胞复发和转移的重要生物学过程。近年的研究发现，表观遗传调节在逆转上皮-间质转化过程中发挥关键作用[48-50]。西达本胺通过染色质重塑调控细胞表型变化，包括抑制肿瘤细胞的上皮-间质转化和调节肿瘤干细胞活性，促进肿瘤细胞分化以及对其他治疗的敏感性，降低肿瘤转移和复发风险。再次，西达本胺对免疫系统的功能调节作用十分显著，表现为促进细胞毒性 T 细胞（cytotoxic T lymphocyte, CTL）介导的对肿瘤细胞的抗原特异性杀伤作用、增强自然杀伤细胞（natural killer cell, NK cell）介导的细胞免疫活性以及对慢性炎症局部组织的免疫抑制活性，可能贡献于 T 细胞淋巴瘤中循环肿瘤细胞及局部病灶的疗效作用。以上研究提示，西达本胺所具有的综合的抗肿瘤作用机制，为其单药或联合应用于抗肿瘤治疗奠定了重要基础。

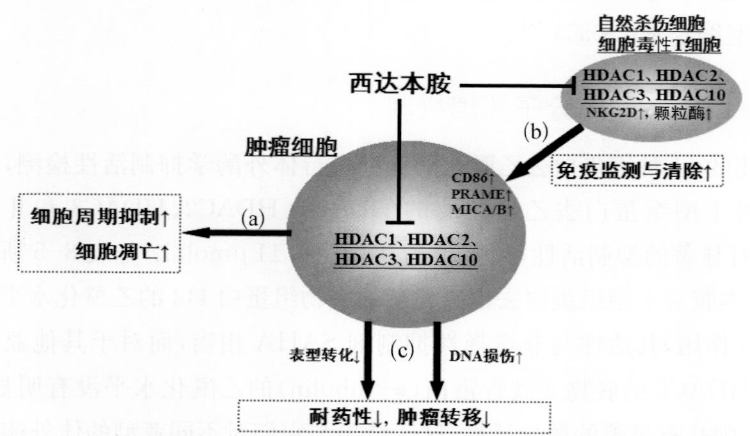

图 8-3 西达本胺靶向于多细胞、多条信号通路的抗肿瘤分子作用机制

(a) 肿瘤细胞周期抑制和细胞凋亡的诱导；(b) 免疫调节活性：促进自然杀伤细胞介导的非特异性抗肿瘤细胞免疫、促进细胞毒性 T 细胞介导的抗原特异性抗肿瘤细胞免疫；(c) 抗肿瘤协同机制：克服肿瘤细胞耐药性、抑制肿瘤细胞表型转化（上皮-间质转化）和转移活性。

8.3.3 西达本胺的临床研究

8.3.3.1 临床药代动力学与药效动力学

1）药代动力学研究

2006 年 11 月，西达本胺被批准作为 1.1 类治疗肿瘤的新药在晚期实体瘤和淋巴瘤患者中开展Ⅰ期临床试验[51]。Ⅰ期临床试验主要考察西达本胺在肿瘤患者人群中的耐受性和安全性，确定人体最大耐受剂量，并为确定后期临床推荐剂量提供依据，同时开展伴随的人体药代动力学和药效学研究。

(1) 单次给药。患者单次口服西达本胺片后，血浆中原形药物的浓度变化显示了明显的吸收和消除过程，多数患者的体内药峰时间分布在 1～2 h，少数个体的药峰时间偏离较大，分布在 0.5～24 h，相同服药剂量的受试者间血药浓度的差异较大。

在受试者分别口服 25 mg、32.5 mg 和 50 mg(1∶1.3∶2)3 个剂量西达本胺片后，血浆中的药峰浓度(C_{max})和曲线下面积(AUC)随给药剂量的增加呈现一定的相关性，但无成比例线性关系(见表 8-6 及图 8-4)。其中 C_{max} 的增加幅度高于服药剂量的增加幅度，而 AUC 的增加幅度则低于服药剂量的增加幅度，提示西达本胺片在人体内可能存在吸收饱和的趋势。

表 8-6　患者单次口服 3 个剂量西达本胺片后的平均药代动力学参数

统计矩参数	单　位	25 mg/(人・次) (n=4)	32.5 mg/(人・次) (n=11)	50 mg/(人・次) (n=6)
药峰时间(T_{max})	h	10.0±10.5	3.5±4.5	4.0±4.3
药峰浓度(C_{max})	ng/mL	39.7±12.4	122.0±126.1	162.7±155.7
药-时曲线下面积 $AUC_{0-\infty}$	ng・h/mL	867.0±398.0	875.0±512.0	1 180.0±461.0
平均滞留时间(MRT_{0-t})	h	17.3±4.3	17.0±5.0	16.8±3.5
半衰期($t_{1/2}$)	h	16.8±4.9	17.5±4.2	18.3±4.2
清除率(CL/F)	L/h	35.0±18.0	59.0±46.0	50.0±24.0
表观分布容积(V_d/F)	L	790.0±321.0	1 517.0±1 241.0	1 285.0±580.0

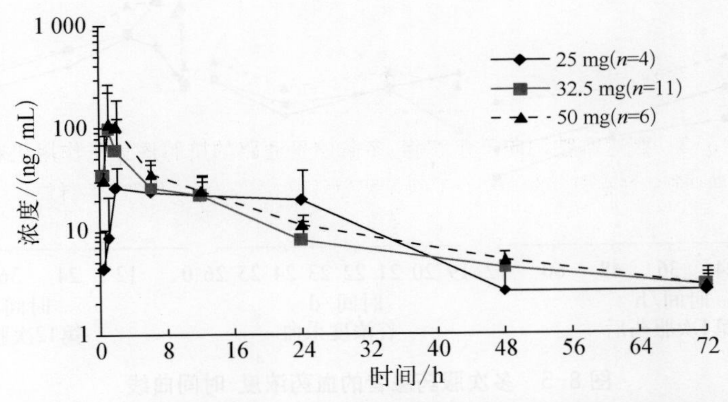

图 8-4　Ⅰ期患者单次口服 3 个剂量西达本胺片后的血药浓度-时间曲线

(2)重复给药。患者多次口服(每周服药 3 次，连续 4 周)西达本胺片 32.5 mg，血浆中检测到的原形药物在体内有较明显的吸收和消除过程。以下为 3 例完成全部规定服药次数患者的首次服药和末次服药的药代动力学参数对比情况及稳态参数情况(见表 8-7),以及 3 例完成全部规定服药次数患者的血药浓度-时间曲线(见图 8-5)。

表 8-7　患者多次口服西达本胺片 32.5 mg 后的药代动力学参数

(n=3)

统计矩参数	单位	第 1 次给药	第 12 次给药
药峰时间(T_{max})	h	6.3±5.5	6.7±5.0
药峰浓度(C_{max})	ng/mL	92.6±146.3	66.1±41.7
药-时曲线下面积($AUC_{0-\infty}$)	ng·h/mL	594.0±566.0	1 456.0±428.0
平均滞留时间(MRT_{0-t})	h	21.9±3.8	20.3±3.7
半衰期($t_{1/2}$)	h	18.7±0.6	24.1±7.8
清除率(CL/F)	L/h	94.0±67.0	24.0±8.0
表观分布容积(V_d/F)	L	2 584.0±1 894.0	893.0±595.0
稳态参数			
稳态峰浓度($C_{ss,max}$)			66.1±41.7
稳态谷浓度($C_{ss,min}$)			6.2±1.7
波动百分比(FI,%)			86.5±9.8

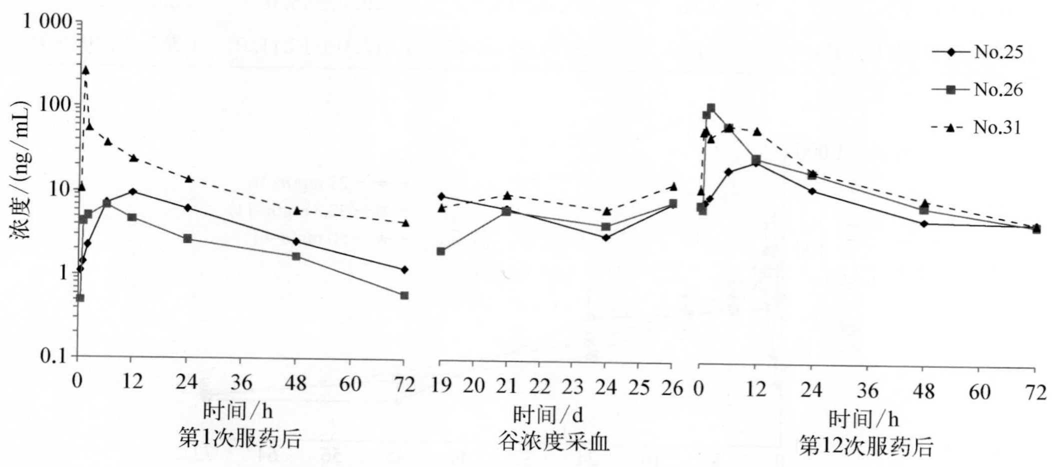

图 8-5　多次服药患者的血药浓度-时间曲线

药物平均药峰时间、药峰浓度、消除半衰期等参数在首次和末次服药后的差异相对较小,但是 $AUC_{(0-t)}$、Cl/F 和 V_d/F 的差异较为明显,末次给药后 AUC_{0-t} 增加,Cl/F 和 V_d/F 降低,提示患者在每周 3 次、每次 32.5 mg 的给药方式下连续口服 12 次后药物在体内可能产生了一定的蓄积，如表 8-7 所示。

图 8-5 显示了 3 例完成全部 12 次服药的患者在第 1 次、第 12 次服药后的谷浓度的药-时曲线情况。从图中可以清楚地看到，在每周服药 3 次的连续给药后，药物的谷浓度约为首次服药后 48 h 的血药浓度，相对较高。在 12 次服药后，同一患者的血药浓度较第 1 次服药后均有增加，此结果与计算的药代动力学参数结果吻合。结果同样提示，患者在每周 3 次、每次 32.5 mg 的给药方式下，连续口服 12 次后药物在体内可能产生了一定的蓄积。

2) 药效动力学研究

鉴于染色质组蛋白乙酰化与组蛋白去乙酰化酶功能的直接相关性，检测服药后患者体内血细胞组蛋白 H3/H4 的乙酰化程度及持续时间，是组蛋白去乙酰化酶抑制剂临床研究常用的药效动力学评价方式。西达本胺的Ⅰ期临床试验中针对患者外周血白细胞进行了组蛋白 H3 乙酰化的药效动力学检测。

(1) 组蛋白 H3 乙酰化与潜在疗效。研究人员对首次服药患者的外周血白细胞样本提取了组蛋白，进行组蛋白 H3 乙酰化的 ELISA 检测。在总共 19 例患者中，有组蛋白 H3 乙酰化增强反应的患者为 13 例，占 68%(13/19)。其中患者肿瘤的疗效反应与 H3 乙酰化增强之间的关系如下：① 疗效被判定为部分缓解和病情稳定的 7 例获益患者，首次服药后均出现了 H3 乙酰化增强反应，增强检出率为 100%；② 疗效被判定为进展的 7 例患者及 1 例无法判定疗效反应的患者，首次服药后出现 H3 乙酰化增强反应者仅为 4 例，增强检出率为 50%。

以上结果提示，首次服药后外周血白细胞组蛋白 H3 是否出现乙酰化程度增强，可能与疗效反应具有一定的关联性。然而，由于受检患者例数较少，H3 乙酰化增强与疗效的相关性还有待更多临床患者的验证。

(2) 组蛋白 H3 乙酰化的时间-剂量关系。研究者对首次服药后外周血白细胞组蛋白 H3 乙酰化程度增强的 13 例患者的 ELISA 结果进行了统计分析。3 个剂量组患者在首次口服西达本胺后，其外周血白细胞组蛋白 H3 的乙酰化程度均有增强。其中 32.5 mg 组诱导最强，并且呈现很好的时间依赖关系。服药后 6 h 即出现明显的乙酰化诱导，最高点出现在服药后 48 h，服药后 72 h 乙酰化水平下降，但仍高于服药前的水平。由于未知原因或可能与每组患者数差异较大有关，50 mg 组乙酰化诱导的效果不如 32.5 mg 组，乙酰化最高点出现在服药后 24 h(见图 8-6)。

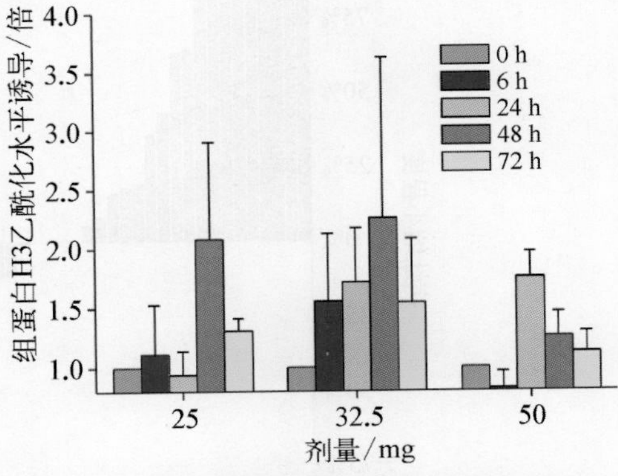

图 8-6　不同剂量组患者首次口服西达本胺后组蛋白 H3 乙酰化程度变化的比较

25 mg 组为 2 例；32.5 mg 组为 8 例；50 mg 组为 3 例。

8.3.3.2 外周T细胞淋巴瘤临床疗效

2009 年 3 月，研究者启动了西达本胺片治疗复发/难治性外周 T 细胞淋巴瘤的Ⅱ期临床试验，试验分为探索性和关键性 2 个阶段[52]。

探索性阶段入组 19 例外周 T 细胞淋巴瘤患者，在考察疗效和安全性的基础上确定了后续临床试验的给药方式和剂量为每周服药 2 次，每次 30 mg。

关键性阶段入组 83 例外周 T 细胞淋巴瘤患者，其间国家药品审评中心参考美国 FDA 对孤儿药的审批程序并结合本试验的阶段性综合结果，于 2010 年 12 月以书面形式批准将本项Ⅱ期临床试验转为以外周 T 细胞淋巴瘤为适应证的上市注册性临床试验研究。

关键性Ⅱ期临床试验入组的外周 T 细胞淋巴瘤亚型包括外周 T 细胞淋巴瘤-非特指型、间变性大细胞淋巴瘤、原发性系统型、T/NK 细胞淋巴瘤-鼻型、皮下脂膜炎样 T 细胞淋巴瘤、转化的蕈样霉菌病以及其他研究者认为可以入组的侵袭性 T 细胞来源的非霍奇金淋巴瘤(non-Hodgkin lymphoma, NHL，高度侵袭性者除外)，共入组 83 例，其中 4 例患者的病理诊断不符合入组要求而被剔除，因此疗效统计为 79 例患者。

1）主要疗效指标

关键性Ⅱ期临床试验以客观缓解率作为主要疗效指标。患者每 6 周进行 1 次疗效评价，评价方法采用 IWC 标准。本试验中共有 26 例患者经西达本胺治疗后缓解，总缓解率为 32.9%(26/79)，95% *CI* 为 22.7%～44.4%；其中完全缓解 8 例(10.1%)，不确定的完全缓解 4 例(5.1%)，部分缓解 14 例(17.7%)。研究者还对缓解的患者在首次缓解后的 4 周进行了疗效确认，人群全分析集(full analysis set, FAS)的 79 例患者有 23 例患者获得确认的缓解，包括完全缓解(8 例)、不确定的完全缓解(3 例)、部分缓解(12 例)，客观缓解率为 29.1%(见图 8-7)。

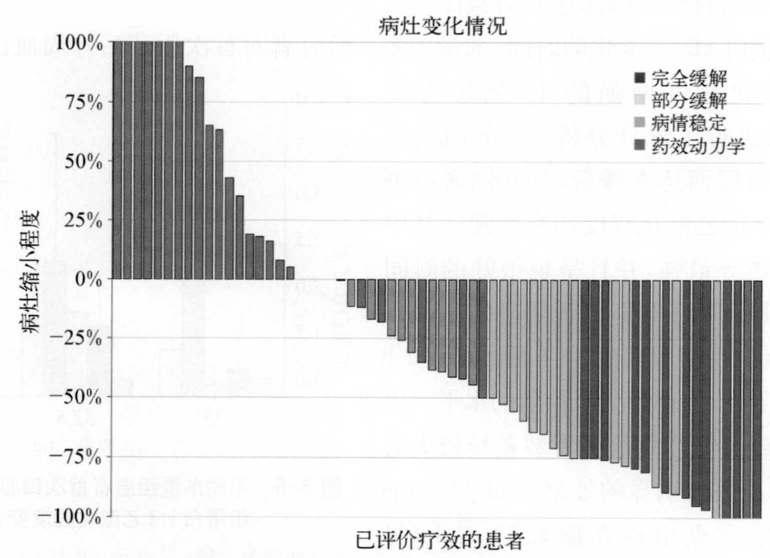

图 8-7 关键性Ⅱ期临床试验患者治疗后的病灶变化情况

主要疗效指标除了由研究者根据方案规定的方法做出评价之外，为保证结果的可靠性和公正性，试验组还设立了独立专家委员会对研究者评价出的缓解患者进行再评价，得出主要疗效指标的独立第三方结果如表 8-8 所示。

表 8-8 关键性试验独立疗效评价结果(全分析集) ($n=79$)

疗效	例数(比例)	
	独立专家评价	研究者评价
完全缓解	7(8.9%)	8(10.1%)
不确定的完全缓解	4(5.1%)	3(3.8%)
部分缓解	11(13.9%)	12(15.2%)
客观缓解率	22(27.8%)	23(29.1%)

2）次要疗效指标

关键性Ⅱ期临床试验的次要疗效指标包括 3 个月的持续缓解率(durable overall response rate，DORR)、起效时间(time to fist response，TTR)、缓解持续时间(duration of response，DOR)、无进展生存期以及总生存期。所涉及的缓解病例的相关分析，以最佳疗效例数计算。关键性试验至试验结束时的各项生存分析结果如表 8-9 所示。

表 8-9 关键性试验的生存分析结果

生存分析参数	统计量	结果[全分析集($n=79$)]
起效时间(d)	总例数	26.0
	中位数(95% *CI*)	43.0(42～45)
	平均数(标准差)	52.5(4.8)
缓解持续时间(d)	总例数	26.0
	中位数(95% *CI*)	169.0(127～421)
	平均数(标准差)	224.5(32.5)
无进展生存期(d)	总例数	79.0
	中位数(95% *CI*)	64.0(46～117)
	平均数(标准差)	136.1(18.0)
总生存期(d)	总例数	79.0
	中位数(95% *CI*)	615.0(343～NE)
	平均数(标准差)	507.6(39.4)

注：表中数据截至 2012 年 9 月 10 日。NE，not evaluable，无法估算。

3）试验结束后的继续随访结果

根据试验结束后继续随访的数据（截至 2014 年 6 月 1 日）分析，外周 T 细胞淋巴瘤关键性Ⅱ期临床试验的中位无进展生存期为 2.1 个月，中位总生存期为 21.4 个月。西达本胺治疗患者的中位总生存期优于目前外周 T 细胞淋巴瘤的二线药治疗方案（见表 8-10），包括化疗、普拉曲沙、罗米地辛和贝利司他[53-56]。

表 8-10　西达本胺与其他外周 T 细胞淋巴瘤二线药治疗方案的总生存期比较

二线药治疗方案	机　　制	例数	既往治疗次数（中位数）	中位随访时间（月）	中位总生存期（月）
化疗	化疗	89	1	48	6.5
普拉曲沙	叶酸代谢抑制剂	109	3	18	14.5
罗米地辛	组蛋白去乙酰化酶抑制剂	130	2	22	11.3
贝利司他	组蛋白去乙酰化酶抑制剂	120	2	NA	7.9
西达本胺	组蛋白去乙酰化酶抑制剂	79	3	29	21.4

注：NA，不可用。

8.3.3.3　临床安全性

1）受试人群例数及特征

在针对外周 T 细胞淋巴瘤的关键性Ⅱ期临床试验中共有 83 例患者接受了西达本胺治疗，患者均为经过多种治疗无效或复发者。方案规定，试验入组的患者没有肝、肾功能的损害。探索性试验和关键性试验分别有 57.9％和 43.0％的患者合并有其他不影响本试验疗效观察的疾病。两阶段试验中均有超过半数患者（57.9％和 55.4％）合并使用其他药物，主要为免疫刺激剂、抗感染药物、消化道和代谢类药物等，无合并使用其他化疗药物及禁忌药物的情况发生。

2）一般药物不良事件

在关键性试验的 83 例患者中，有 68 例（81.9％）发生至少 1 起药物不良事件，36 例（43.3％）发生至少 1 起 1～2 级药物不良事件，32 例（38.5％）发生至少 1 起 3 级及以上药物不良事件。发生率较高的药物不良事件主要出现在造血系统和消化系统，包括血小板计数降低、白细胞计数降低、中性粒细胞计数降低以及乏力、发热、恶心、腹泻、食欲下降等。

3）重要药物不良事件

在临床试验中，除严重的药物不良事件外，导致停药或需要采用医学干预措施以缓解或阻止其进展的非预期医学事件均计为重要的药物不良事件。在入组的 83 例患者中，有 50 例（60.2％，50/83）患者发生重要的药物不良事件。25 例（30.1％）患者发生至少 1 起 1～2 级重要的药物不良事件，另有 25 例患者发生至少 1 起 3～4 级重要的药物不良事件。发生人数较多的重要的药物不良事件为白细胞计数降低、血小板计数降低、中性粒细胞计数降低、发热、肺部感染及食欲下降等(见表 8-11)。

表 8-11 至少在 2 例以上患者发生的重要的药物不良事件情况 ($n=83$)

重要的药物不良事件名称	重要的药物不良事件分级例数(比例)				合 计
	1 级	2 级	3 级	4 级	
白细胞计数降低	0(0.0%)	13(15.7%)	9(10.8%)	1(1.2%)	23(27.7%)
血小板计数降低	0(0.0%)	4(4.8%)	12(60.0%)	4(4.8%)	20(24.1%)
中性粒细胞计数降低	0(0.0%)	3(3.6%)	5(50.0%)	2(2.4%)	10(12.0%)
发热	3(3.6%)	4(4.8%)	0(0.0%)	0(0.0%)	7(8.4%)
肺部感染	2(2.4%)	2(2.4%)	1(1.2%)	0(0.0%)	5(6.0%)
食欲下降	2(2.4%)	1(1.2%)	1(1.2%)	0(0.0%)	4(4.8%)
丙氨酸氨基转移酶升高	2(2.4%)	1(1.2%)	0(0.0%)	0(0.0%)	3(3.6%)
恶心	2(2.4%)	1(1.2%)	0(0.0%)	0(0.0%)	3(3.6%)
腹泻	3(3.6%)	0(0.0%)	0(0.0%)	0(0.0%)	3(3.6%)
皮疹	2(2.4%)	1(1.2%)	0(0.0%)	0(0.0%)	3(3.6%)
血钾降低	1(1.2%)	0(0.0%)	1(1.2%)	0(0.0%)	2(2.4%)
呕吐	1(1.2%)	0(0.0%)	1(1.2%)	0(0.0%)	2(2.4%)
γ-谷氨酰转移酶升高	2(2.4%)	0(0.0%)	0(0.0%)	0(0.0%)	2(2.4%)
上呼吸道感染	1(1.2%)	1(1.2%)	0(0.0%)	0(0.0%)	2(2.4%)
天冬氨酸氨基转移酶升高	1(1.2%)	1(1.2%)	0(0.0%)	0(0.0%)	2(2.4%)
低钾血症	2(2.4%)	0(0.0%)	0(0.0%)	0(0.0%)	2(2.4%)
低血钾综合征	0(0.0%)	2(2.4%)	0(0.0%)	0(0.0%)	2(2.4%)
乏力	0(0.0%)	2(2.4%)	0(0.0%)	0(0.0%)	2(2.4%)
肝脏功能异常	1(1.2%)	0(0.0%)	1(1.2%)	0(0.0%)	2(2.4%)
鼻窦炎	2(2.4%)	0(0.0%)	0(0.0%)	0(0.0%)	2(2.4%)
慢性鼻窦炎	2(2.4%)	0(0.0%)	0(0.0%)	0(0.0%)	2(2.4%)

8.3.3.4 西达本胺与国际同适应证上市药物的比较

根据各自以复发/难治性外周 T 细胞淋巴瘤为适应证的关键性临床试验综合结果对比分析(见表 8-12),综合疗效评价结果显示,西达本胺与国际已上市药物普拉曲沙和罗米地辛相比[54-56],可能具有更好的疗效,至少疗效相当。

表 8-12 西达本胺与国际相同适应证新药的疗效和安全性指标主要对比情况

疗效指标	西达本胺 (n=79)		普拉曲沙 (n=109)		罗米地辛 (n=130)	
	研究者	独立专家(IRC)	研究者	独立专家(IRC)	研究者	独立专家(IRC)
部分缓解例数(比例)	12(15%)	11(14%)	23(21%)	20(18%)	17(13%)	14(11%)
不确定的完全缓解例数(比例)	3(4%)	4(5%)	4(4%)	2(2%)	2(2%)	6(5%)
完全缓解例数(比例)	8(10%)	7(9%)	15(14%)	7(6%)	19(15%)	13(10%)
客观缓解率例数(比例)	23(29%)	22(28%)	42(39%)	29(27%)	38(29%)	33(25%)
缓解持续时间超过3个月的例数(比例)	19(24%)		13(12%)			
主要安全性指标	**西达本胺 (n=83)**		**普拉曲沙 (n=111)**		**罗米地辛 (n=131)**	
3级及以上药物不良事件例数(比例)	32(39%)		82(74%)		86(66%)	
发生至少1件严重药物不良事件例数(比例)	7(8%)		49(44%)		60(46%)	

安全性分析结果提示，西达本胺与两个已上市药物相比，具有更好的安全耐受性，其上市后安全性风险预期在可控范围内。

在上市后大规模临床应用监测的“真实世界”研究中[57]，西达本胺单药治疗复发/难治性外周T细胞淋巴瘤($n=256$)的客观缓解率和疾病控制率分别为 39.06%和 64.45%，主要药物不良事件(3级及以上)为血小板计数减少(10.2%)和中性粒细胞计数降低(6.2%)，整体疗效及安全性与上市药物临床试验结果接近甚至更优。

8.3.4 其他临床研究进展

2014年12月，西达本胺获得中国食品药品监督管理总局颁发的新药证书和上市许可申请，被批准用于复发/难治性外周T细胞淋巴瘤的治疗，成为全球首个上市的口服亚型选择性组蛋白去乙酰化酶抑制剂。

西达本胺成为首个实现国际专利授权于发达国家(美国 HUYA 公司)并进行国际临床联合研发，且通过再授权的方式进入日本(卫材公司)开展临床研发的创新药物；同时，西达本胺也是在海峡两岸签订《海峡两岸经济合作框架协议》后进入中国台湾地区开展进口注册和临床研究的首个大陆创新药物。

截至2017年,西达本胺在美国、日本和中国台湾同时开展了多项临床试验,包括非霍奇金淋巴瘤(美国、日本)、非小细胞肺癌(美国)、乳腺癌(美国、中国台湾),其中2015年在日本已获针对外周T细胞淋巴瘤治疗的孤儿药地位。在国内,西达本胺联合内分泌治疗针对激素受体(hormone receptor)阳性晚期乳腺癌治疗的Ⅲ期临床试验正在进行,其他针对各种类型血液淋巴系统肿瘤(包括B细胞淋巴瘤及急性髓细胞性白血病)的研究者发起的临床研究(investigator-initiated trials, IIT)也在广泛开展。

8.4 表观遗传药物的精准治疗及临床应用展望

精准医学(precision medicine)源于早期的个体化医学(personalized medicine)并随着基因组学的研究发展而来,其初衷是试图解决药物的人群反应差异从而指导合理用药即药物基因组学(pharmacogenomics)[58]。1997年,第一个单抗药物利妥昔单抗获批上市[59]。2001年,第一个小分子靶向治疗药物伊马替尼[60]获批上市。2000年后,靶向药物开发和临床应用在肿瘤治疗领域取得重大进展。患者和药物之间的双向选择得以实现,并成了精准医学的真正内涵。

DNA甲基化是在肿瘤研究中最早被认识的表观遗传异常,随后的基因组学研究揭示了更多参与表观遗传调控的基因异常,这也提供了从DNA甲基转移酶抑制剂到组蛋白去乙酰化酶抑制剂等表观遗传药物的应用依据。常见的靶向药物治疗靶标如BCR-ABL或表皮生长因子受体(EGFR)等都与肿瘤细胞的增殖生长直接相关,针对这些靶标的药物会带来直接的生长抑制效应;而表观遗传调控往往影响更为广泛的细胞活性与表型,从这个角度看针对表观遗传调控因子的靶向药物引起的生物学效应会更为广泛,在疗效或非疗效相关的副作用方面同时存在巨大的潜力和未知因素,这也是从精准医学角度亟待深入研究和明确的方向。由于组蛋白去乙酰化酶抑制剂是表观遗传药物中研究最为活跃和进展最多的一类,下文将主要围绕组蛋白去乙酰化酶抑制剂表观遗传药物的临床开发进展进行总结和展望。

8.4.1 单药应用

尽管目前全球已有8个表观遗传药物获批用于临床治疗,但是其应用领域仅限于血液淋巴系统肿瘤,在实体瘤中仍缺乏明确的单药疗效证据。

随着肿瘤基因组学研究的进展,表观遗传调控因子活性异常或突变在多种肿瘤类型中被发现,包括DNA甲基转移酶类、组蛋白乙酰化或甲基化酶类、染色质重塑酶类等。由于这些酶类在功能上往往存在重叠或互补,在表观遗传药物之间可能存在重叠的治疗对象。例如,组蛋白去乙酰化酶抑制剂药物也会对其他表观遗传调控因子突变导致的异常发挥间接的调节作用，理论上，那些存在表观遗传变异或相关基因突变的肿瘤可能会对组蛋白去乙酰化酶抑制剂有治疗反应。以组蛋白乙酰转移酶 CREBBP 或 EP300 为例，在各种不同类型肿瘤中均存在一定比例的基因变异（突变、扩增等），包括淋巴瘤、前列腺癌、乳腺癌及食管癌等[61-63]。

事实上，已有部分临床试验研究结果初步支持这一假设。以腺样囊性癌（adenoid cystic carcinoma）为例，这是一种罕见的肿瘤类型，尽管其生长较为缓慢，但是复发率或转移率仍高。对于不能手术的晚期肿瘤患者没有标准的治疗药物，传统方法治疗的缓解率约为 25%。此类疾病不存在常见的肿瘤基因突变（如 *p53* 等），相反约有 50%的腺样囊性癌中存在参与表观遗传调控的基因突变，包括 *KDM6A*、*CREBBP*、*EP300* 等[64]。在西达本胺Ⅰ期临床试验入组的 3 例腺样囊性癌患者中，有 1 例获得部分缓解，1 例疾病稳定，显示西达本胺具有一定的疗效[51]。在另一项组蛋白去乙酰化酶抑制剂伏立诺他（vorinostat）单药治疗的Ⅱ期临床试验中，30 例晚期复发转移的腺样囊性癌患者中有 2 例获得部分缓解，6 个月疾病稳定率达到 75%，同样显示了临床获益趋势[65]。另外，组蛋白去乙酰化酶抑制剂 MGCD-0103 目前也正在开展针对携带上述基因突变的膀胱尿路上皮癌（NCT02236195）和 B 细胞淋巴瘤（NCT02282358）患者的Ⅱ期临床试验。这些研究也都从表观遗传相关靶点的角度对组蛋白去乙酰化酶抑制剂的单药应用进行着各种尝试。

如前所述，不同于经典的序列变异型驱动基因，表观遗传调控因子特别是Ⅰ型组蛋白去乙酰化酶通常是通过形成活性复合体，并经由染色质重塑发挥广泛的转录影响。表观遗传的异常可能来自调控因子本身的突变或者是由于复合体中其他组成成分的改变导致的活性变化，因此表观遗传药物不同于通常意义的靶向药物，它发挥效应的目标可能不仅限于特定靶点的突变或异常，而是特定的染色质区域或整体的表观修饰模式。在皮肤黑色素瘤细胞中组蛋白乙酰化修饰（如 H3K27Ac）在全基因组范围内（启动子区域）存在模式异常，而组蛋白去乙酰化酶抑制剂对这种异常模式具有针对性的调控活性（相比正常细胞）。类似的模式异常在多种肿瘤中都有发现，而这可能也是这类药物在临床应用中实现精准治疗的潜在标志物，当然还有待进行深入的基础和临床研究加以证实（见图 8-8）[66]。

8.4.2 联合应用

从靶向治疗的角度针对肿瘤驱动基因的干预能够产生最直接有效的临床获益，但是基于肿瘤的复杂特性（异质性、可塑性、干细胞样、免疫逃逸）[49,67-69]，单一靶向药物的长期临床获益通常无法维持，耐药和复发是在肿瘤治疗中最常面临的挑战和患者死亡的主要原因。

大量研究显示，组蛋白去乙酰化酶抑制剂包括其他表观遗传药物除了具有抑制肿

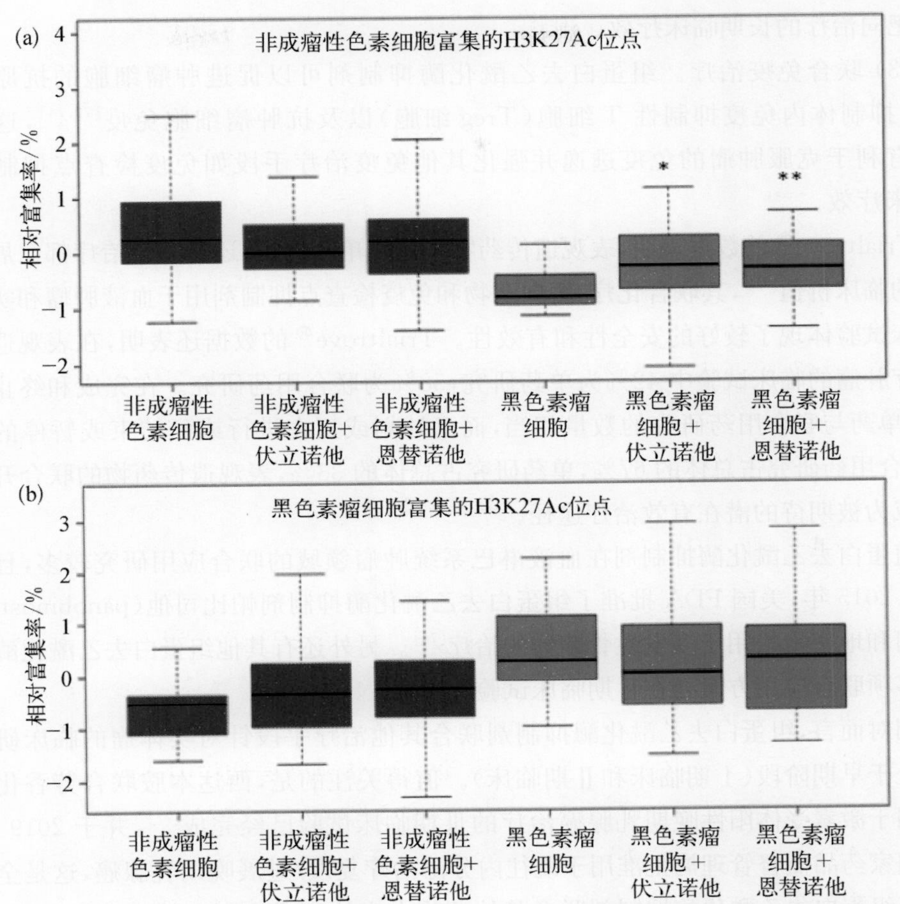

图 8-8 肿瘤细胞和非肿瘤细胞启动子区域乙酰化状态与对组蛋白去乙酰化酶抑制剂的反应直接相关

(图片修改自参考文献[66])

瘤细胞周期和诱导凋亡的活性外,还通过染色质重塑效应对机体的免疫功能、肿瘤的耐药性、肿瘤干细胞及转移活性等具有潜在的调控作用。因此,表观遗传药物属于多通路、具有多机制潜力的"综合靶向"药物,这也是此类药物在临床联合应用的科学基础,具有与其他不同治疗手段联合的临床应用前景。

(1) 联合放疗或化疗。组蛋白去乙酰化酶直接参与 DNA 损伤修复和染色质稳定性的维持[70],同时调节与肿瘤转移相关的细胞表型转化过程[71],提示组蛋白去乙酰化酶抑制剂联合放疗或化疗具有改善临床长期疗效的潜力。

(2) 联合靶向治疗。肿瘤往往通过各种方式(异质性、替代通路等)对靶向药物产生耐药,而耐药性的产生很多是直接或间接经由表观遗传调控实现的[72]。因此,组蛋白去乙酰化酶抑制剂可以通过重新编程(reprograming)恢复耐药细胞对治疗的敏感性,从而提高靶向治疗的长期临床疗效。

(3) 联合免疫治疗。组蛋白去乙酰化酶抑制剂可以促进肿瘤细胞的抗原呈递活性、抑制体内免疫抑制性 T 细胞(Treg 细胞)以及抗肿瘤细胞免疫[73,74],这些活性将有利于克服肿瘤的免疫逃逸并强化其他免疫治疗手段如免疫检查点抑制剂等的临床疗效。

Trialtrove® 的数据表明,表观遗传药物无论是单药应用,还是联合治疗都已展现了重要的临床价值[75],其联合化疗、靶向药物和免疫检查点抑制剂用于血液肿瘤和实体瘤的临床试验体现了较好的安全性和有效性。Trialtrove® 的数据还表明,在表观遗传药物治疗肿瘤的临床试验中 42% 为单药研究,58% 为联合用药研究。在完成和终止的试验中,单药与联合用药研究的数量相当,而已计划或正在进行或已结束或暂停的研究中,联合用药研究占总体的 67%,单药研究占总体的 33%,表观遗传药物的联合开发策略正成为被期待的潜在有效治疗途径。

组蛋白去乙酰化酶抑制剂在血液淋巴系统肿瘤领域的联合应用研究较多,且进展最快。2015 年,美国 FDA 批准了组蛋白去乙酰化酶抑制剂帕比司他(panobinostat)联合万珂和地塞米松用于多发性骨髓瘤的治疗[76]。另外还有其他组蛋白去乙酰化酶抑制剂的多项联合应用方案处在Ⅲ期临床试验阶段。

相对而言,组蛋白去乙酰化酶抑制剂联合其他治疗手段针对实体瘤的临床研究大多还处于早期阶段(Ⅰ期临床和Ⅱ期临床)。值得关注的是,西达本胺联合芳香化酶抑制剂用于激素受体阳性晚期乳腺癌治疗的Ⅲ期临床试验已经完成[77],并于 2019 年 11 月由国家药品监督管理局批准用于既往内分泌治疗复发/进展晚期乳腺癌,这是全球首次确证组蛋白去乙酰化酶抑制剂联合其他药物在实体瘤适应证上的成功开发,期待未来在肿瘤治疗领域取得更多的突破。

随着免疫治疗在抗肿瘤治疗领域的成功和革命性影响,基于表观遗传存在多种协同免疫治疗的潜在机制,两者的联合也是表观遗传药物临床开发的一个新趋势。至 2016 年 10 月,Trialtrove® 的统计数据表明,表观遗传药物分别与 PD-1 抗体派姆单抗、纳武单抗,PD-L1 抗体度伐鲁单抗及 CTLA-4 抗体伊匹单抗联合探索治疗乳腺癌、肝癌和非霍奇金淋巴瘤等多达 39 个适应证,西达本胺联合纳武单抗针对黑色素瘤、肾细胞癌和非小细胞肺癌的Ⅱ期临床试验也正在美国进行,表观遗传药物联合免疫治疗的策略也成为一个重要的临床开发方向。

随着靶向治疗、表观遗传调控、免疫治疗等新的治疗手段的不断进步,抗肿瘤治疗已经从单一治疗手段转向多手段联合的综合治疗,并使肿瘤患者实现临床获益最大化,肿瘤成为长期可控的慢性疾病将是未来发展方向和终极目标(见图 8-9)。

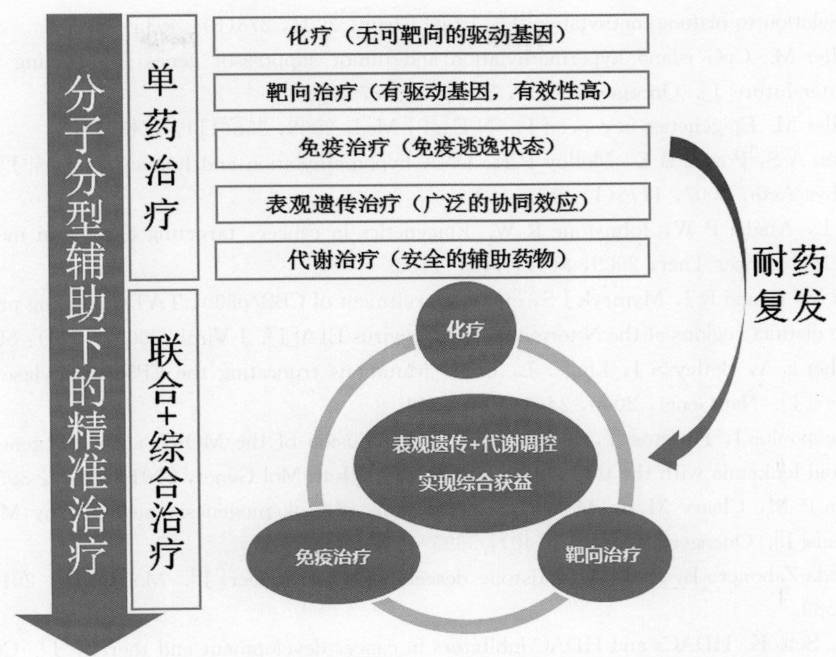

图 8-9　精准与综合治疗实现肿瘤长期获益的路径

8.5　小结与展望

2019 年 11 月 18 日，国家药品监督管理局批准西达本胺联合芳香化酶抑制剂用于激素受体阳性、人表皮生长因子受体 2 阴性、绝经后、经内分泌治疗复发或进展的局部晚期或转移性乳腺癌患者的临床治疗[78]，成为首个在实体瘤领域取得突破的表观遗传药物；另外，EZH2 抑制剂 tazemetostat 在针对 *SMARCB1* 基因缺失、不适合手术治疗的转移性/局部晚期上皮样肉瘤（epithelioid sarcoma）患者的临床试验中也取得积极疗效[79]，其新药申请已经获得美国 FDA 的优先审评资格。随着在实体瘤领域的突破和更多临床试验的开展，表观遗传药物将成为一种新的治疗药物类型，与其他治疗手段一起为广大肿瘤患者带来更多获益。

参考文献

[1] Herman J G, Baylin S B. Gene silencing in cancer in association with promoter hypermethylation [J]. N Engl J Med, 2003, 349(21): 2042-2054.

[2] Fuks F, Hurd P J, Wolf D, et al. The methyl-CpG-binding protein MeCP2 links DNA

methylation to histone methylation[J]. J Biol Chem, 2003, 278(6): 4035-4040.

[3] Esteller M. CpG island hypermethylation and tumor suppressor genes: a booming present, a brighter future[J]. Oncogene, 2002, 21(35): 5427-5440.

[4] Esteller M. Epigenetics in cancer[J]. N Engl J Med, 2008, 358(11): 1148-1159.

[5] Wilson A S, Power B E, Molloy P L. DNA hypomethylation and human diseases[J]. Biochim Biophys Acta, 2007, 1775(1): 138-162.

[6] Ellis L, Atadja P W, Johnstone R W. Epigenetics in cancer: targeting chromatin modifications [J]. Mol Cancer Ther, 2009, 8(6): 1409-1420.

[7] Rasti M, Grand R J, Mymryk J S, et al. Recruitment of CBP/p300, TATA-binding protein, and S8 to distinct regions at the N terminus of adenovirus E1A[J]. J Virol, 2005, 79(9): 5594-5605.

[8] Gayther S A, Batley S J, Linger L, et al. Mutations truncating the EP300 acetylase in human cancers[J]. Nat Genet, 2000, 24(3): 300-303.

[9] Panagopoulos I, Fioretos T, Isaksson M, et al. Fusion of the MORF and CBP genes in acute myeloid leukemia with the t(10;16)(q22;p13)[J]. Hum Mol Genet, 2001, 10(4): 395-404.

[10] Ayton P M, Cleary M L. Molecular mechanisms of leukemogenesis mediated by MLL fusion proteins[J]. Oncogene, 2001, 20(40): 5695-5707.

[11] Barneda-Zahonero B, Parra M. Histone deacetylases and cancer[J]. Mol Oncol, 2012, 6(6): 579-589.

[12] LI Y, Seto E. HDACs and HDAC inhibitors in cancer development and therapy[J]. Cold Spring Harb Perspect Med, 2016, 6(10): a026831.

[13] Senese S, Zaragoza K, Minardi, et al. Role for histone deacetylase 1 in human tumor cell proliferation[J]. Mol Cell Biol, 2007, 27(13): 4784-4795.

[14] Liu L, Chen B, Qin S, et al. A novel histone deacetylase inhibitor chidamide induces apoptosis of human colon cancer cells[J]. Biochem Biophys Res Commun, 2010, 392(2): 190-195.

[15] Gorospe M, De Cabo R. AsSIRTing the DNA damage response[J]. Trends Cell Biol, 2008, 18 (2): 77-83.

[16] Park J H, Kim S H, Choi M C, et al. Class Ⅱ histone deacetylases play pivotal roles in heat shock protein 90-mediated proteasomal degradation of vascular endothelial growth factor receptors[J]. Biochem Biophys Res Commun, 2008, 368(2): 318-322.

[17] Von Burstin J, Eser S, Paul M C, et al. E-cadherin regulates metastasis of pancreatic cancer in vivo and is suppressed by a SNAIL/HDAC1/HDAC2 repressor complex[J]. Gastroenterology, 2009, 137(1): 361-371.

[18] Krivtsov A V, Hoshii T, Armstrong S A. Mixed-lineage leukemia fusions and chromatin in leukemia[J]. Cold Spring Harb Perspect Med, 2017, 7(11): a026658.

[19] Simon J A, Lange C A. Roles of the EZH2 histone methyltransferase in cancer epigenetics[J]. Mutat Res, 2008, 647(1-2): 21-29.

[20] Wu Y, Zhou B P. Epigenetic regulation of LSD1 during mammary carcinogenesis[J]. Mol Cell Oncol, 2014, 1(3): e963426.

[21] Dang L, Yen K, Attar E C. IDH mutations in cancer and progress toward development of targeted therapeutics[J]. Ann Oncol, 2016, 27(4): 599-608.

[22] Shi J, Vakoc C R. The mechanisms behind the therapeutic activity of BET bromodomain inhibition [J]. Mol Cell, 2014, 54(5): 728-736.

[23] Sanchez R, Zhou M M. The PHD finger: a versatile epigenome reader[J]. Trends Biochem Sci,

2011，36(7)：364-372.
[24] Bert S A，Robinson M D，Strbenac D，et al. Regional activation of the cancer genome by long-range epigenetic remodeling[J]. Cancer Cell，2013，23(1)：9-22.
[25] Kumar R，Li D Q，Muller S，et al. Epigenomic regulation of oncogenesis by chromatin remodeling [J]. Oncogene，2016，35(34)：4423-4436.
[26] Wilson B G，Rorberts C W. SWI/SNF nucleosome remodelers and cancer[J]. Nat Rev Cancer，2011，11(7)：481-492.
[27] Rao A K，Rajkumar T，Mani S. Perspectives of long non-coding RNAs in cancer[J]. Mol Biol Rep，2017，44(2)：1-16.
[28] Di Leva G，Garofalo M，Croce C M. MicroRNAs in cancer[J]. Annu Rev Pathol，2014，9(1)：287-314.
[29] Guil S，Esteller M. DNA methylomes，histone codes and miRNAs：tying it all together[J]. Int J Biochem Cell Biol，2009，41(1)：87-95.
[30] Kim E，Bisson W H，Löhr C V，et al. Histone and non-histone targets of dietary deacetylase inhibitors[J]. Curr Top Med Chem，2016；16(7)：714-731.
[31] Hamamoto R，Saloura V，Nakamura Y. Critical roles of non-histone protein lysine methylation in human tumorigenesis[J]. Nat Rev Cancer，2015；15(2)：110-124.
[32] Hamamoto R，Nakamura Y. Dysregulation of protein methyltransferases in human cancer：An emerging target class for anticancer therapy[J]. Cancer Sci，2016；107(4)：377-384.
[33] Jones P A，Issa J P，Baylin S. Targeting the cancer epigenome for therapy[J]. Nat Rev Genet，2016，17(10)：630-641.
[34] Meighan-Mantha R. Epigenetic drugs in oncology：current clinical landscape and emerging trends [EB/OL]. https：//pharmaintelligence. informa. com.
[35] Pfister S X，Ashworth A. Marked for death：targeting epigenetic changes in cancer[J]. Nat Rev Drug Discov，2017，16(4)：241-263.
[36] Wang G G，Allis C D，Chi P. Chromatin remodeling and cancer，Part Ⅰ：Covalent histone modifications[J]. Trends Mol Med，2007，13(9)：363-372.
[37] Wang G G，Allis C D，Chi P. Chromatin remodeling and cancer，Part Ⅱ：ATP-dependent chromatin remodeling[J]. Trends Mol Med，2007，13(9)：373-380.
[38] Hayakawa T，Nakayama J. Physiological roles of class Ⅰ HDAC complex and histone demethylase[J]. J Biomed Biotechnol，2011，2011(1110-7243)：129383.
[39] Ceccacci E，Minucci S. Inhibition of histone deacetylases in cancer therapy：lessons from leukaemia [J]. Br J Cancer，2016，114(6)：605-611.
[40] Qin H T，Li H Q，Liu F. Selective histone deacetylase small molecule inhibitors：recent progress and perspectives[J]. Expert Opin Ther Pat，2017，27(5)：621-636.
[41] Xie A H，Li B Y，Liao C Z，et al. Docking study of HDAC implication for benzamide inhibitors binding mode[J]. Acta Phys Chim Sin，2004，20(6)：569-572.
[42] Pan D S，Yang Q J，Fu X，et al. Discovery of an orally active subtype-selective HDAC inhibitor，chidamide，as an epigenetic modulator for cancer treatment[J]. Med Chem Commun，2014，5 (12)：1789-1796.
[43] Lu X P，Ning Z Q，Li Z B，et al. Successful Drug Discovery (fischer J，Childers W，eds.)[M]. Weinheim：Wiley-VCH Verlag GmbH & Co. KGaA，2016：89-114.
[44] Ning Z Q，Li Z B，Newman M J，et al. Chidamide (CS055/HBI-8000)：a new histone deacetylase

inhibitor of the benzamide class with antitumor activity and the ability to enhance immune cell-mediated tumor cell cytotoxicity[J]. Cancer Chemother Pharmacol, 2012, 69(4): 901-909.

[45] Gong K, Xie J, Yi H, et al. CS055 (Chidamide/HBI-8000), a novel histone deacetylase inhibitor, induces G1 arrest, ROS-dependent apoptosis and differentiation in human leukaemia cells[J]. Biochem J, 2012, 443(3): 735-746.

[46] Yao Y, Zhou J, Wang L, et al. Increased PRAME-specific CTL killing of acute myeloid leukemia cells by either a novel histone deacetylase inhibitor chidamide alone or combined treatment with decitabine[J]. PLoS One, 2013, 8(8): e70522.

[47] Zhou Y, Pan D S, Shan S, et al. Non-toxic dose chidamide synergistically enhances platinum-induced DNA damage responses and apoptosis in non-small-cell lung cancer cells[J]. Biomed Pharmacother, 2014, 68(4): 483-491.

[48] Kiesslish T, Pichler M, Neureiter D. Epigenetic control of epithelial-mesenchymal-transition in human cancer[J]. Mol Clin Oncol, 2013, 1(1): 3-11.

[49] Braletz T. To differentiate or not — routes towards metastasis[J]. Nat Rev Cancer, 2012, 12(6): 425-436.

[50] Pattabiraman D R, Weinberg R A. Tackling the cancer stem cells — what challenges do they pose[J]. Nat Rev Drug Discov, 2014, 13(7): 497-512.

[51] Dong M, Ning, Z Q, Xing P Y, et al. Phase Ⅰ study of chidamide (CS055/HBI-8000), a new histone deacetylase inhibitor, in patients with advanced solid tumours and lymphomas[J]. Cancer Chemother Pharmacol, 2012, 69(6): 1413-1422.

[52] Shi Y, Dong M, Hong X, et al. Results from a multicentre, open-label, pivotal phase Ⅱ study of chidamide in relapsed or refractory peripheral T-cell lymphoma[J]. Ann Oncol, 2015, 26(8): 1766-1771.

[53] Mak V, Hamm J, Chhanabhai M, et al. Survival of patients with peripheral T-cell lymphoma after first relapse or progression: spectrum of disease and rare long-term survivors[J]. J Clin Oncol, 2013, 31(16): 1970-1976.

[54] O'Connor O A, Pro B, Pinter-Brown N L, et al. Pralatrexate in patients with relapsed or refractory peripheral T-cell lymphoma: results from the pivotal PROPEL study[J]. J Clin Oncol, 2011, 29(9): 1182-1189.

[55] Coiffier B, Federico M, Caballero D, et al. Romidepsin for the treatment of relapsed/refractory peripheral T-cell lymphoma: pivotal study update demonstrates durable responses[J]. J Hematol Oncol, 2014, 7(1): 11-19.

[56] O'Connor O A, Horwitz S, Masszi T, et al. Belinostat in patients with relapsed or refractory peripheral T-cell lymphoma: results of the pivotal phase Ⅱ BELIEF (CLN-19) study[J]. J Clin Oncol, 2015, 33(23): 2492-2499.

[57] Shi Y, Jia B, Xu W, et al. Chidamide in relapsed or refractory peripheral T cell lymphoma: a multicenter real-world study in China[J]. J Hematol Oncol, 2017, 10(1): 69.

[58] March R. Pharmacogenomics: the genomics of drug response[J]. Yeast, 2000, 17(1): 16-21.

[59] Scott S D. Rituximab: a new therapeutic monoclonal antibody for non-Hodgkin's lymphoma[J]. Cancer Pract, 1998, 6(3): 195-197.

[60] Cohen M H, Williams G, Johnson J R, et al. Approval summary for imatinib mesylate capsules in the treatment of chronic myelogenous leukemia[J]. Clin Cancer Res, 2002, 8(5): 935-942.

[61] Hudson T J, Anderson W, Artez A, et al. International network of cancer genome projects[J].

Nature, 2010, 464(7291): 993-998.

[62] Network C G A. Comprehensive genomic characterization defines human glioblastoma genes and core pathways[J]. Nature, 2008, 455(7216): 1061-1068.

[63] Pasqualucci L, Dominguez-Sola D, Chiarenza A, et al. Inactivating mutations of acetyltransferase genes in B-cell lymphoma[J]. Nature, 2011, 471(7337): 189-195.

[64] Frierson H F J R, Moskaluk C A. Mutation signature of adenoid cystic carcinoma: evidence for transcriptional and epigenetic reprogramming[J]. J Clin Invest, 2013, 123(7): 2783-2785.

[65] Goncalves P H, Heilbrun L K, Barrett M T, et al. A phase 2 study of vorinostat in locally advanced, recurrent, or metastatic adenoid cystic carcinoma[J]. Oncotarget, 2017, 8(20): 32918-32929

[66] Fiziev P, Akdemir K C, Miller J P, et al. Systematic epigenomic analysis reveals chromatin states associated with melanoma progression[J]. Cell Rep, 2017, 19(4): 875-889.

[67] Hanahan D, Weinberg R A. Hallmarks of cancer: the next generation[J]. Cell, 2011, 144(5): 646-674.

[68] Kirk R. Tumour evolution: evidence points to the existence of cancer stem cells[J]. Nat Rev Clin Oncol, 2012, 9(10): 552.

[69] Gilbertson J, Graham T A. Cancer: resolving the stem-cell debate[J]. Nature, 2012, 488(7412): 462-463.

[70] Rober T, Vanoli F, Chiolo I, et al. HDACs link the DNA damage response, processing of double-strand breaks and autophagy[J]. Nature, 2011, 471(7336): 74-79.

[71] Bedi U, Mishra V K, Wasilewski D, et al. Epigenetic plasticity: a central regulator of epithelial-to-mesenchymal transition in cancer[J]. Oncotarget, 2014, 5(8): 2016-2029.

[72] Dannenberg J H, Berns A. Drugging drug resistance[J]. Cell, 2010, 141(1): 18-20.

[73] Falkenberg K J, Johnstone R W. Histone deacetylases and their inhibitors in cancer, neurological diseases and immune disorders[J]. Nat Rev Drug Discov, 2014, 13(9): 673-691.

[74] Chiappinelli K B, Zahnow C A, Ahuja N, et al. Combining epigenetic and immunotherapy to combat cancer[J]. Cancer Res, 2016, 76(7): 1683-1689.

[75] Kelly A D, Issa J J. The promise of epigenetic therapy: reprogramming the cancer epigenome[J]. Curr Opin Genet Dev, 2017, 42: 68-77.

[76] Ssan-Miguel J F, Hungria V T, Yoon S S, et al. Panobinostat plus bortezomib and dexamethasone versus placebo plus bortezomib and dexamethasone in patients with relapsed or relapsed and refractory multiple myeloma: a multicentre, randomised, double-blind phase 3 trial [J]. Lancet Oncol, 2014, 15(11): 1195-1206.

[77] Jiang Z, Hu X, Zhang Q, et al. Tucidinostat plus exemestane for postmenopausal patients with advanced, hormone receptor-positive breast cancer (ACE): a randomised, double-blind, placebo-controlled, phase 3 trial[J]. Lancet Oncol, 2019, 20(6): 806-815.

[78] Wander S A, Spring L M, Bardia A. Genetics to epigenetics: targeting histone deacetylases in hormone receptor-positive metastatic breast cancer[J]. Lancet Oncol, 2019, 20(6): 746-748.

[79] Gounder M M, Stacchiotti S, Schöffski P, et al. Phase 2 multicenter study of the EZH2 inhibitor tazemetostat in adults with INI1 negative epithelioid sarcoma (NCT02601950)[J]. J Clin Oncol, 2017, 35(15_suppl): 11058-11058.

9 *ALK* 基因改变和分子靶向抗肿瘤药物研发

以肿瘤驱动基因的分子分型为靶标的个性化药物已经成为目前抗肿瘤药物研究的前沿热点。间变性淋巴瘤激酶(anaplastic lymphoma kinase, ALK)是肿瘤,尤其是非小细胞肺癌(non-small cell lung cancer, NSCLC)的重要分子分型靶标。2007 年,在 3%~7%的 NSCLC 患者中检测到由染色体易位导致棘皮动物微管相关类蛋白 4 (echinoderm microtubule-associated protein-like 4, EML4)基因与 *ALK* 基因重排形成的融合基因 *EML4-ALK*,并确证这是这些患者发病的直接原因,由此掀起了靶向 *ALK* 融合基因个性化药物研发的热潮。首个针对 *ALK* 融合基因的靶向治疗药物——克唑替尼(crizotinib),在短短的 4 年之内即被美国 FDA 批准上市,成为靶点明确、检测方法成熟的分子靶向性药物研究的成功典范。克唑替尼作为 *ALK* 融合基因呈阳性的 NSCLC 患者的一线治疗药物,临床疗效显著。然而,克唑替尼用药 6~12 个月后即出现耐药,一系列的次级耐药突变相继在耐药患者中被发现。研发能克服克唑替尼耐药突变的第二代或第三代 ALK 抑制剂已成为该领域的研究热点。此外,针对 ALK 的代偿机制,或与其他药物联合用药等策略也是药物研发人员的关注点。目前,国际上已有 3 个第二代 ALK 抑制剂获批上市,包括诺华的色瑞替尼(ceritinib)、罗氏的艾乐替尼(alectinib)和日本 ARIAD 公司研发的布格替尼(brigatinib)。2017 年 6 月,辉瑞公司研发的洛拉替尼(lorlatinib)被 FDA 授予突破性药物资格,有望成为一种新型、可逆、强效的新一代 ALK 抑制剂。目前,基于快速跟踪(fast-follow)的策略,我国已有具有自主知识产权的靶向 ALK 的新药进入临床研究。

9.1 间变性淋巴瘤激酶简介

间变性淋巴瘤激酶是一种受体型跨膜酪氨酸激酶,隶属于胰岛素受体超家族。1994 年首次在间变性大细胞淋巴瘤(anaplastic large cell lymphoma, ALCL)细胞中被发现,当时认为是一种酪氨酸磷酸化蛋白,随后被证明是染色体 t(2;5)(p23;q35)易位形成的融合蛋白 NPM-ALK，此融合蛋白是由核仁磷酸蛋白(nucleophosmin, NPM)的氨基端和 ALK 的催化域组成[1]。

9.1.1 间变性淋巴瘤激酶的结构及激酶结构域特征

1997 年，Tadashi Yamamoto 和 David P Witte 两个课题组同时解出 ALK 蛋白的全长结构[2,3]。ALK 在人体中是由 1 620 个氨基酸组成的单链跨膜蛋白，包含典型的受体酪氨酸激酶 3 部分结构(见图 9-1)：含有配体结合位点的细胞外结构域、单次跨膜的疏水 α-螺旋区及含有蛋白酪氨酸激酶(PTK)活性的细胞内结构域。细胞外结构域由 1 030 个氨基酸组成，其中包含两个跨膜肽酶(meprin, MAM)区，分别是氨基酸 264～427 和 480～626 部分；一个低密度脂蛋白受体 A 类(low-density lipoprotein receptor class A, LDLa)区域是氨基酸 453～471 部分以及靠近细胞膜的甘氨酸富集区(氨基酸 816～940)。MAM 具有细胞黏附功能，主要参与细胞间相互作用，虽然其对 ALK 功能所起的作用还不清楚，但这部分区域点突变以后，会导致 ALK 活性丧失。LDLa 区域用于调节 LDL 受体与 LDL 的结合，在配体与 ALK 蛋白结合中发挥着潜在的作用。由 28 个氨基酸组成的跨膜区后面紧接着的是近膜区的 64 个氨基酸，然后是激酶结构域(kinase domain)。ALK 激酶结构域由 314 个氨基酸组成(氨基酸 1 094～1 407)。从氨基端开始，先是 13 个氨基酸组成的两个背向 α-螺旋、反相平行的 β-折叠($\beta 1$ 和 $\beta 2$)，紧接着的是由酪氨酸和丝/苏氨酸组成的蛋白折叠。羧基端突起(lobe)主要是包括一些活化环(activation loop)在内的 α-螺旋，活化环上的 3 个酪氨酸是主要的自磷酸化位点，能调节活化环的构象。氨基端和羧基端突起中间的空腔以及连接它们的铰链区组成了 ATP 和 ATP 竞争性小分子抑制剂的结合位点[4,5]。

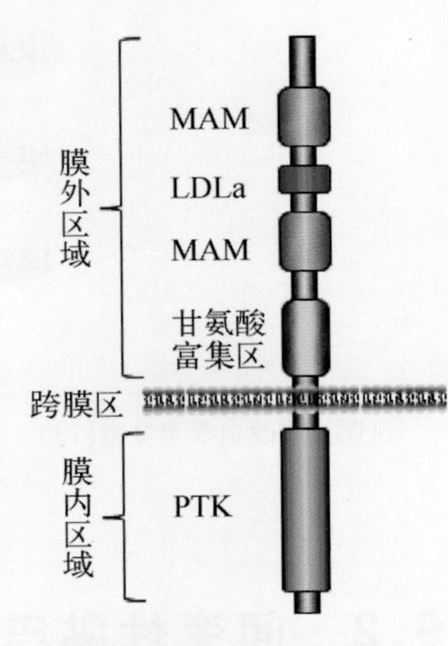

图 9-1 ALK 的结构

(图片修改自参考文献[4])

9.1.2 间变性淋巴瘤激酶信号通路

ALK 蛋白仅在胚胎发育过程中的神经系统高度表达，迄今为止，其激活机制尚不明确。ALK 融合蛋白通过融合伴侣的螺旋结构域，形成稳定的二聚体，使两分子的激酶结构域相互结合[6]，然后自身磷酸化活化下游信号通路(见图 9-2)，其中包括 RAS/RAF/MEK/ERK1/ERK2 通路、JAK/STAT 通路、PI3K/PKB(Akt)通路以及 PLC-γ 通路。RAS/MEK/ERK1/ERK2 和 PLC-γ 通路在促进细胞增殖中发挥重要的作用，JAK/STAT 和 PI3K/PKB(Akt)信号通路主要在细胞的生存和细胞形态改变中发挥作用[7]。

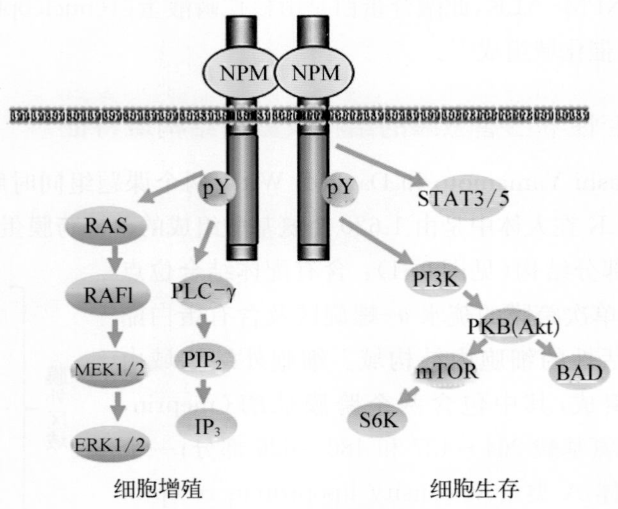

图 9-2 ALK 信号通路

（图片修改自参考文献[7]）

9.2 间变性淋巴瘤激酶与肿瘤

9.2.1 间变性淋巴瘤激酶的异常激活机制与多样性

蛋白酪氨酸激酶类癌基因的异常激活往往与基因突变、易位或者基因拷贝数增多等有着密切的关系。1994 年，NPM-ALK 融合蛋白首次在 ALCL 患者中被发现[1]。随后，染色体易位、基因重排或突变引起的 *ALK* 基因活化在许多其他肿瘤中相继被发现。尤其是 2007 年，Soda 等[8]报道了一种由部分棘皮动物微管相关类蛋白 4 基因（*EML4*）与间变性淋巴瘤激酶基因（*ALK*）融合后组成的致癌融合基因 *EML4-ALK*，并在腺癌及结肠癌患者中均检测到。该融合基因编码细胞质融合蛋白二聚体形成 EML4-ALK，导致 ALK 的激酶结构域活化，从而激活其下游信号通路，包括 PI3K/PKB（Akt）、MEK/ERK 以及 JAK/STAT，导致细胞的存活及增殖。目前，在不同肿瘤中，还发现多种 *ALK* 融合基因（见图 9-3）[9]。

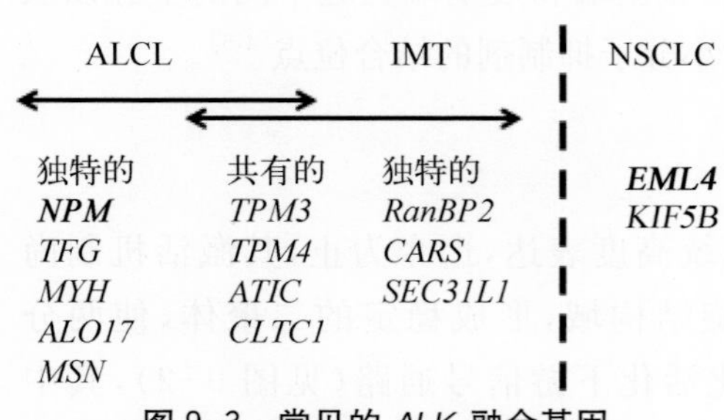

图 9-3 常见的 *ALK* 融合基因

ALCL，间变性大细胞淋巴瘤，NSCLC，非小细胞肺癌；IMT，inflammatory myofibroblastic tumor，炎性肌纤维母细胞瘤；KIF5B，kinesin family member 5B，驱动蛋白家族成员 5B。（图片修改自参考文献[9]）

ALK 激酶突变是引起 ALK 激酶异常活化的另一个重要的原因。突变后的激酶可以通过非配体依赖的形式发生自磷酸化促使激酶处于激活状态，进而激活下游信号通路，促进肿瘤细胞的增殖及存活。大约10%散发性神经母细胞瘤患者的ALK蛋白发生突变。目前已经报道的氨基酸突变较多，有R1061Q、K1062M、T1087I、D1091N、A1091T、G1128A、T1151M、M1166R、I1171N、F1174S/I/C/V/L、R1192P、R1231Q、A1234T、F1245V/I/L/C、I1250T、R1275L/Q、Y1278S等[6]。其中发生频率较高的突变有F1174与R1275，占总体突变患者的85%。

基因扩增是指细胞内染色体上特定基因的拷贝数大量增加，基因扩增在很多恶性肿瘤的发生、发展中起到重要的作用。*ALK* 基因扩增在黑色素瘤、NSCLC、神经母细胞瘤、胶质瘤等细胞系及肿瘤中均有发现，但是 *ALK* 基因扩增与肿瘤的发生和发展关联性较低。在少数神经母细胞瘤患者中，*ALK* 基因扩增与 *ALK* 基因突变同时发生，并且它们与治疗预后不良相关[10]。

9.2.2 间变性淋巴瘤激酶与肿瘤的关系

异常激活的ALK融合蛋白可以通过活化下游多条信号通路促进细胞的增殖、存活、抗凋亡等效应，推动肿瘤发生发展。ALK的致癌性已经在多种肿瘤中被证实，包括NSCLC、ALCL和儿童神经母细胞瘤等。

肺癌是全球发病率和病死率最高的恶性肿瘤，每年因肺癌而死亡的人数约占肿瘤死亡人数的27%。尽管目前在肿瘤的早期检测和标准治疗方面都取得了很大的进展，但是由于NSCLC在早期并没有明显的症状，被发现时往往已经处于晚期阶段或发生转移，因此预后较差，其5年生存率为16%～18%[11]。2007—2008年，Soda等和Choi等先后在NSCLC患者肿瘤标本中发现 *EML4-ALK* 融合基因[8,12]。*EML4-ALK* 融合基因是由EML4蛋白的氨基端与ALK蛋白的细胞膜内区域融合产生的肿瘤驱动基因，3%～7%的NSCLC患者中存在 *EML4-ALK*，包括不同的变体亚型，如v1、v2、v3a以及v3b等多种。由于在ALK激酶区域与EML4区域存在不同的缺失，这些变体具有不同的稳定性，并对ALK抑制剂表现出不同的敏感性[13,14]。目前EML4-ALK已成为NSCLC的诊断标志物和治疗药物靶标。

1985年，Stein等第一次发现ALCL，并将其描述为一种细胞质中富含Ki-1抗原的大型未分化的肿瘤细胞[15]。ALCL是一种涉及T细胞非霍奇金淋巴瘤，自1994年NPM-ALK首次发现于ALCL之后，在ALCL中发现的ALK融合蛋白超过8个。ALK阳性ALCL患者的5年生存率为70%～80%，而ALK阴性ALCL患者的5年生存率只有15%～45%[16]。尽管经典的化疗手段对ALK阳性ALCL具有很好的效果，但还存在很大的提升空间。

此外，ALK融合蛋白在弥漫大B细胞淋巴瘤、炎性肌纤维母细胞瘤、成神经细胞瘤及甲状腺未分化癌等众多肿瘤中都存在过表达。

9.3 间变性淋巴瘤激酶小分子靶向药物研发

9.3.1 间变性淋巴瘤激酶抑制剂药物研发简介

辉瑞公司于2011年成功研制出第一代ALK抑制剂克唑替尼，用于治疗ALK阳性NSCLC，疗效显著。但是患者在服用克唑替尼一段时间后，面临激酶抑制剂共性的获得性耐药问题，产生了一系列次级耐药突变，尤其是相对高发的L1196M突变。此外，由于克唑替尼通过血脑屏障能力差，耐药常涉及中枢神经。2014年，2个第二代ALK抑制剂色瑞替尼和艾乐替尼分别在美国和日本上市，用于治疗经克唑替尼治疗后病情恶化或对克唑替尼不耐受的ALK阳性转移性NSCLC患者。2017年，另一个第二代ALK抑制剂布格替尼在美国上市，同样用于治疗克唑替尼耐药的NSCLC。这3个第二代ALK抑制剂在克服耐药突变、通过血脑屏障方面均体现了第一代ALK抑制剂不具备的优势。但是第二代ALK抑制剂依然不能摆脱耐药的困境，其中ALK激酶域G1202R突变是第二代ALK抑制剂的共性、高发位点。辉瑞公司研发的第三代ALK抑制剂洛拉替尼能够克服G1202R突变，临床也呈现了优势活性，目前已处于注册阶段。

9.3.2 第一代间变性淋巴瘤激酶抑制剂药物研发

克唑替尼(PF-02341066，商品名为Xalkori)是辉瑞公司研发的第一代ALK抑制剂，于2011年上市，是一个可口服的、ATP竞争性的、c-MET/ALK/ROS1多靶点抑制剂。作为全球第一个用于治疗ALK阳性NSCLC的靶向治疗药物，克唑替尼开启了NSCLC个性化精准治疗的新篇章。

1）克唑替尼的发现历程及临床疗效

辉瑞公司通过将氨基吡啶结构引入早期研发的先导化合物PHA-665752替换吲哚酮，简化侧链，得到分子量大大缩小的化合物克唑替尼(见图9-4)。该化合物对c-MET和ALK均具有较强的抑制活性，对c-MET依赖的人胃癌细胞GTL16及ALK依赖的人淋巴瘤细胞Karpas-299增殖抑制的IC_{50}值分别为8 nmol/L和20 nmol/L[17]。

克唑替尼最初作为肝细胞生长因子受体c-MET的抑制剂进行研发，能够有效地抑制多种不同的c-MET驱动的移植瘤模型的生长，并显示出良好的耐受剂量[18]。2005年，克唑替尼在美国正式进入Ⅰ期临床试验，主要用于晚期实体瘤的标准化治疗。在通过剂量爬坡试验确定有效剂量范围的研究中，2例携带*ALK*基因重排的NSCLC患者出现响应反应[19]。与此同时，研究显示EML4-ALK是肺癌的肿瘤驱动基因[20]。基于此，克唑替尼于2008年首次被纳入EML4-ALK阳性肿瘤患者的临床疗效观察，并且人们将Ⅰb期临床试验患者的入选标准调整为EML4-ALK阳性晚期NSCLC患者。

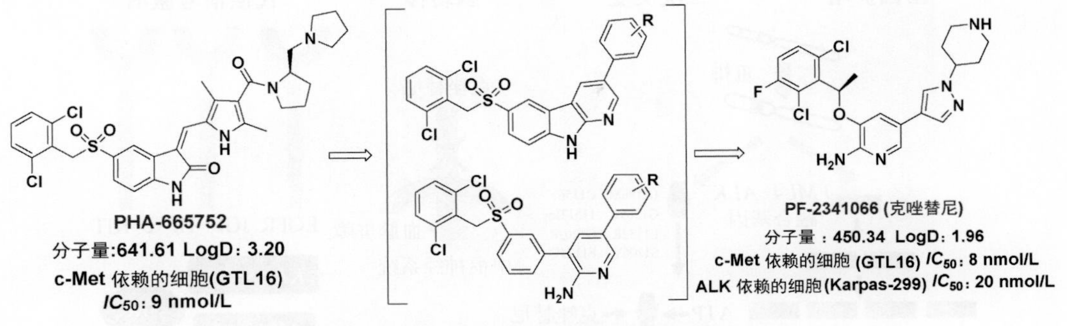

图 9-4 第一代 ALK 抑制剂克唑替尼的发现

(图片修改自参考文献[17])

在 82 例患者中,有 46 例确认为部分缓解,其中 1 例完全缓解,客观缓解率为 57%。另外,有 27 例疾病稳定的患者(33%),用药 8 周后疾病控制率为 87%。克唑替尼具有很好的耐受性,轻度的胃肠道症状是最常见的不良反应[21]。入组Ⅰ期临床试验的 149 例患者的客观缓解率为 60.8%,中位无进展生存期为 9.7 个月[22]。Ⅱ期临床试验结果类似,客观缓解率为 59.8%,中期无进展生存期为 8.1 个月[23]。基于克唑替尼显著的临床研究疗效,美国 FDA 批准其作为突破疗法加速审批,并于 2011 年作为全球第一个用于治疗 ALK 阳性 NSCLC 的靶向治疗药物成功上市。从 EML4-ALK 靶标发现到克唑替尼上市仅耗时 4 年,克唑替尼是迄今为止抗肿瘤药物研发史上速度最快的药物之一。

2) 克唑替尼的获得性耐药

尽管克唑替尼疗效确切、患者获益明显,但是一如其他分子靶向药物一样,克唑替尼获得性耐药问题也日益凸显。在应用克唑替尼 6～12 个月后,患者会发生获得性耐药。其中,最早明确的耐药机制是 ALK 激酶突变(见图 9-5)[24]。目前已经发现了 ALK 激酶自身次级突变谱,最常见的是 L1196M“门控”位点突变(gatekeeper mutation),占耐药突变比例的 20%～30%[25,26]。其他次级耐药突变包括:α-C 螺旋突变,如 T1151、L1152、C1156;溶剂区域突变,如 G1202、D1203、E1210 及 S1206 等;门控位点突变,如 L1196、V1180、R1181;天冬氨酸-苯丙氨酸-甘氨酸(Asp-Phe-Gly, DFG)区域突变,如 I1268、G1269、F1174、F1245 等[27]。同时,*ALK* 融合基因扩增、其他代偿通路激活(如 EGFR 通路激活、*KIT* 基因扩增激活)也参与介导了克唑替尼的耐药。除此之外,克唑替尼对中枢神经系统的渗透性较差,患者口服 250 mg 克唑替尼后 5 h 进行脑脊液与血浆采样发现克唑替尼的血浆浓度为 237 ng/mL,而脑脊液浓度仅为 0.616 ng/mL,脑脊液浓度与血浆浓度的比值为 0.002 6[28]。因此,第二代 ALK 抑制剂的研发除关注克服耐药突变外,关注增强药物的中枢神经系统渗透性也很重要。

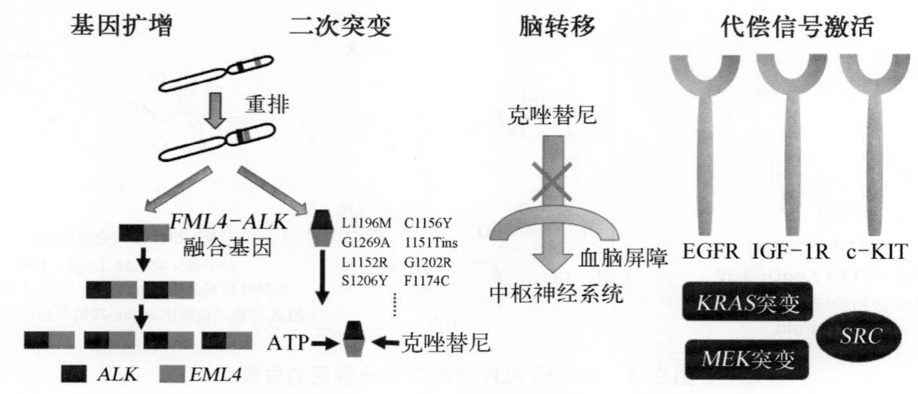

图 9-5　克唑替尼的耐药机制

(图片修改自参考文献[24])

9.3.3　第二代间变性淋巴瘤激酶抑制剂药物研发

1) 色瑞替尼

诺华公司于 2014 年 4 月宣布，色瑞替尼(LDK378，商品名为 Zykadia)获 FDA 批准用于治疗经克唑替尼治疗后病情恶化或对克唑替尼不耐受的 ALK 阳性转移性 NSCLC 患者。色瑞替尼的开发源于诺华公司前期开发的 ALK 抑制剂 TAE684，其在 ALCL 及 NSCLC 小鼠模型中均显示了较强的肿瘤生长抑制活性。然而代谢研究发现，该化合物经肝微粒体孵育后，有约 20% 的代谢产物与谷胱甘肽形成具有毒性的复合物(见图 9-6)。随后，诺华公司通过在连接嘧啶和哌啶的苯环上用异丙氧基替换甲氧基，大幅度提升化合物的 ALK 选择性，但该化合物与谷胱甘肽形成的复合物比例与 TAE684 相当；再通过用哌啶-4 基直接替换了甲基哌嗪取代的哌啶-1 基得到最终产物色瑞替尼，其代谢产物与谷胱甘肽形成的复合物比例小于 1%。色瑞替尼对 ALK 抑制的 IC_{50} 为 200 pmol/L，活性是克唑替尼的 20 倍；对 Ba/F3-NPM-ALK 细胞(ALK 高表达)增殖抑制的 IC_{50} 为 26 nmol/L，比克唑替尼的生物活性(IC_{50} = 150.8 nmol/L)强 6 倍。同时，色瑞替尼对胰岛素受体(也属于受体酪氨酸激酶)、1 型胰岛素样生长因子受体(IGF1R)(也属于受体酪氨酸激酶)也有抑制作用，IC_{50} 分别为 7 nmol/L 和 8 nmol/L，比其对 ALK 的抑制活性弱，是其对 ALK 抑制活性的 1/40～1/30[29]。

色瑞替尼对多种克唑替尼耐药突变均有很好的抑制活性，如 G1269A、I1171T 和 S1206Y。但在 Ba/F3 转染突变体模型中，色瑞替尼无法克服克唑替尼在 C1156Y、1151Tins、L1152P、F1174C 和 G1202R 位点的突变[30]。临床研究显示，既往未接受过 ALK 抑制剂治疗的患者每日接受 750 mg 色瑞替尼治疗后，客观缓解率为 72.3%，中位

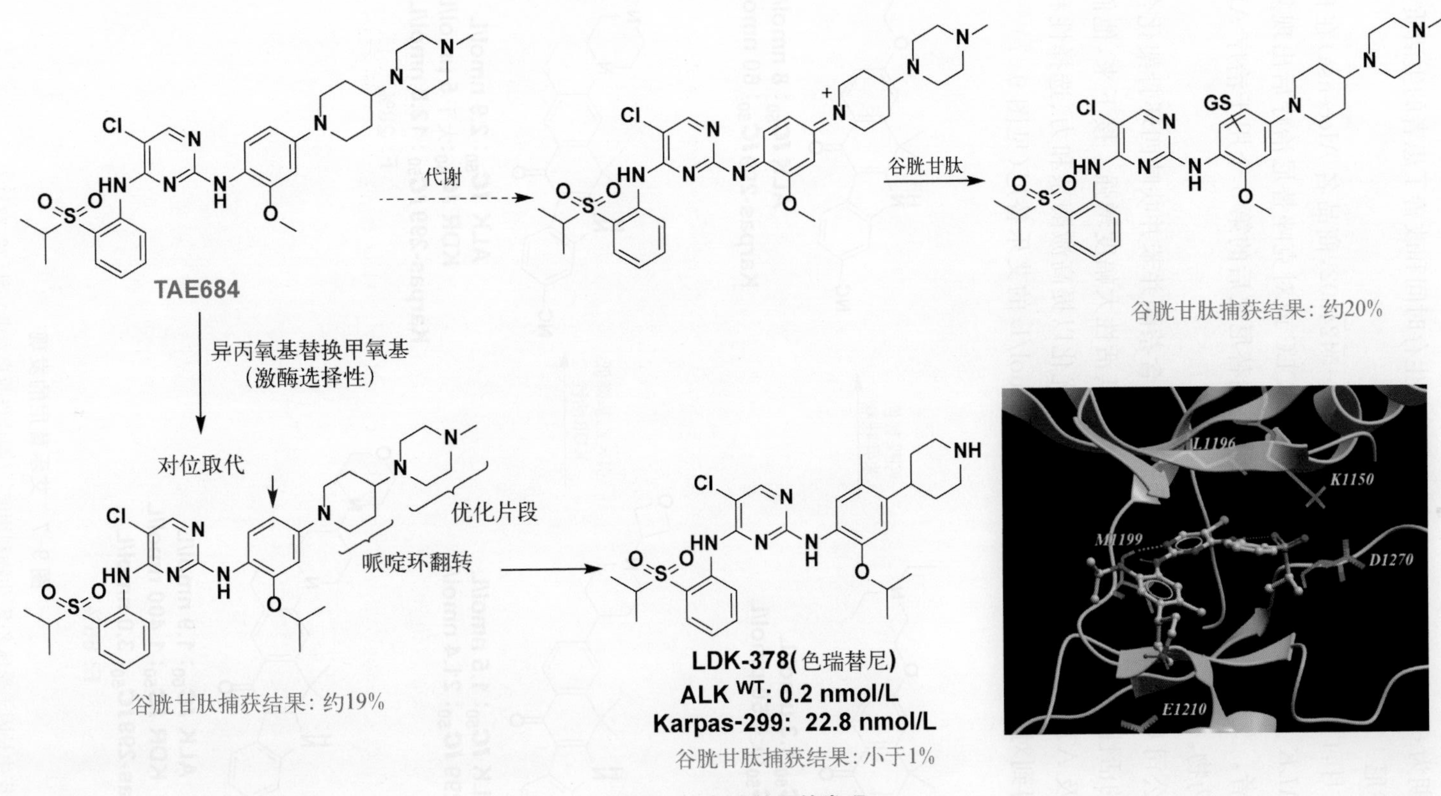

TAE684
代谢
谷胱甘肽
GS
谷胱甘肽捕获结果：约20%
异丙氧基替换甲氧基
(激酶选择性)
对位取代
优化片段
哌啶环翻转
谷胱甘肽捕获结果：约19%
LDK-378(色瑞替尼)
ALK WT: 0.2 nmol/L
Karpas-299: 22.8 nmol/L
谷胱甘肽捕获结果：小于1%
L1196
K1150
M1199
D1270
E1210
(图片修改自参考文献[29])

图 9-6　色瑞替尼的发现

无进展生存期为 18.4 个月，既往接受过 ALK 抑制剂治疗的患者客观缓解率为 56.4%，中位无进展生存期为 6.9 个月，极大地延长了患者的生存时间和改善了患者的生活质量[31]。

2）艾乐替尼

2014 年 9 月，口服抗肺癌新药艾乐替尼（CH-5424802，商品名 Alecensa）在日本上市，用于治疗 *ALK* 基因突变的晚期（转移性）NSCLC 或对克唑替尼治疗后出现复发或不能耐受的患者。艾乐替尼是继克唑替尼和色瑞替尼之后的第 3 个用于治疗 ALK 阳性 NSCLC 的药物。

日本制药公司 Chugai 通过高通量筛选发现，含萘酮并苯并呋喃四环骨架化合物具有抑制 ALK 的活性，用苯并咔唑酮片段置换后其活性大幅度增强。接下来，他们依次对溶剂区域以及 ATP 结合位点的 E0 区域进行优化以提高激酶亲和力、选择性和药代动力学特性，得到对 ALK 抑制的 IC_{50} 为 1.9 nmol/L 的艾乐替尼（见图 9-7）[32,33,34]。

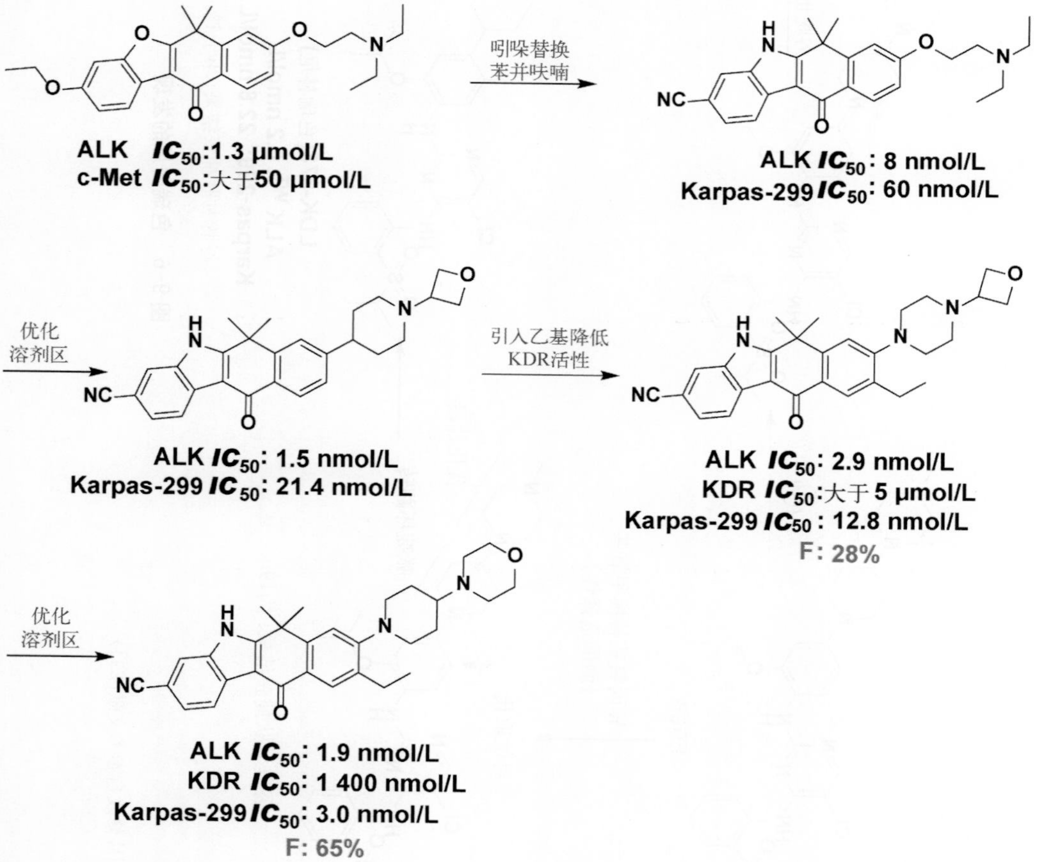

ALK IC_{50}:1.3 μmol/L
c-Met IC_{50}:大于50 μmol/L

吲哚替换
苯并呋喃

ALK IC_{50}: 8 nmol/L
Karpas-299 IC_{50}: 60 nmol/L

优化
溶剂区

ALK IC_{50}: 1.5 nmol/L
Karpas-299 IC_{50}: 21.4 nmol/L

引入乙基降低
KDR活性

ALK IC_{50}: 2.9 nmol/L
KDR IC_{50}:大于 5 μmol/L
Karpas-299 IC_{50} : 12.8 nmol/L
F: 28%

优化
溶剂区

ALK IC_{50}: 1.9 nmol/L
KDR IC_{50}: 1 400 nmol/L
Karpas-299 IC_{50}: 3.0 nmol/L
F: 65%

图 9-7　艾乐替尼的发现

KDR，血管内皮生长因子受体 2；F，生物利用度。（图片修改自参考文献[32,33]）

激酶选择性测试结果显示，艾乐替尼仅对 RET 蛋白具有与对 ALK 相当的抑制活性（IC_{50} 为 4.8 nmol/L）[35]。艾乐替尼抑制 Karpas-299（人淋巴瘤细胞）、NB-1（神经母细胞瘤细胞）和 NCI-H2228（人肺癌细胞）ALK 阳性细胞株增殖的 IC_{50} 分别为 3 nmol/L、4.5 nmol/L 和 53 nmol/L[36]。2010 年，艾乐替尼在日本进入临床试验，主要针对 ALK 阳性晚期或转移性 NSCLC 患者。Ⅰ期临床试验剂量设置为 20～300 mg/次，每日两次，没有观察到剂量限制性毒性或 4 级药物不良事件。在Ⅱ期临床试验中，患者的客观缓解率为 93.5%，远远高于克唑替尼（60.8%），大多数患者服药 6 周后肿瘤至少缩小 30%[37]。

作为第二代 ALK 抑制剂的艾乐替尼具有克服克唑替尼耐药的能力，对 ALK 突变 L1196M 的 Ki 为 1.56 nmol/L，同时对 R1275Q、C1156Y 和 F1174L 等突变也有很高的抑制能力，但对 G1202R、V1180L、I1171T 和 I1171S 突变耐药。艾乐替尼Ⅱ期临床试验结果显示，其对前期接受过克唑替尼治疗病情进展无法控制患者的客观缓解率为 48%。艾乐替尼还能够有效地穿过血脑屏障，在脑脊液中的浓度仍大于对 ALK 的有效浓度，这使得艾乐替尼对伴有脑转移的 ALK 阳性 NSCLC 患者也有效。Ⅱ期临床试验结果还显示，75%肿瘤转移至中枢神经系统患者的颅内病情得到缓解，中位缓解期超过 11 个月[38]。

3）布格替尼

布格替尼（见图 9-8）是由日本 ARIAD 公司开发的 ALK 强效抑制剂，其 IC_{50} 为 0.62 nmol/L。ARIAD 公司最初通过高通量筛选，发现一类 2,4-二氨基嘧啶类化合物对 ALK 具有很强的抑制活性（IC_{50} 为 0.33 nmol/L），但是该化合物对同源性高的 IGF1R 及胰岛素受体的抑制活性也很强，IC_{50} 分别为 0.40 nmol/L 和 4.7 nmol/L。随后，ARIAD 公司将二甲基膦酰基（DMPO）引入嘧啶 4 位的苯片段上，得到的化合物对 ALK 的抑制活性下降（IC_{50} 为 1.06 nmol/L），对 IGF1R 和胰岛素受体的抑制活性却选择性地升高了数百倍。进而在溶剂区域进行优化得到最终化合物布格替尼，也能显著抑制 ALK 野生型及 C1156Y、F1174L、L1196M、G1202R、R1275Q 等突变，IC_{50} 均小于 10 nmol/L。细胞水平活性测试结果显示，布格替尼可以抑制 *ALK* 融合基因驱动的人淋巴瘤细胞 Karpas-299、SU-DHL-1、L-82、SUP-M2 以及人肺癌细胞 NCI-H3122、NCI-H2228 等细胞的增殖，IC_{50} 均为 10 nmol/L 左右[39]。

布格替尼也显示了对 ROS1（IC_{50} 为 1.9 nmol/L）和突变型 EGFR（IC_{50} 为 67 nmol/L）的抑制活性，包括 EGFR T790M 耐药突变[40]。2014 年 10 月，FDA 给予布格替尼突破性疗法认定，批准其用于克唑替尼耐药的 ALK 阳性 NSCLC 患者的治疗。布格替尼治疗 ALK 阳性 NSCLC 的Ⅰ/Ⅱ期临床试验结果显示，78 例 ALK 阳性 NSCLC 患者中的 58 例患者有缓解，客观缓解率为 74%，中位无进展生存期为 13.4 个月。其中 70 例接受过克唑替尼治疗后肿瘤复发的患者中 50 例有缓解，客观缓解率为

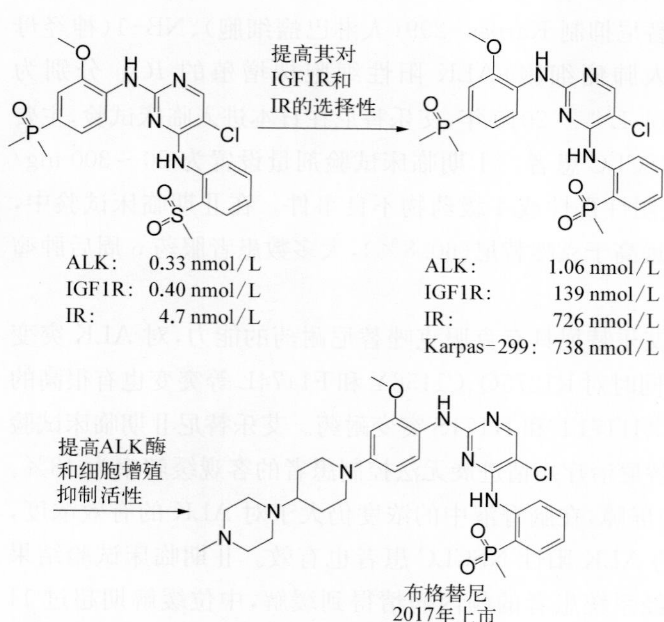

激 酶	激酶实验 IC_{50} (nmol/L)	细胞实验 IC_{50} (nmol/L)
ALK	0.6	14
ALK(C1156Y)	0.6	45
ALK(F1174L)	1.4	55
ALK(L1196M)	1.7	41
ALK(G1202R)	4.9	184
ALK(R1275Q)	6.6	ND
ROS1	1.9	18
FLT3	2.1	158
FLT3(D835Y)	1.5	211
EGFR	67	>3 000
EGFR(L858R)	1.5	397
EGFR(L858R/T790M)	29	489
IGF1R	73	148
IR	160	>9 000

图 9-8 布格替尼的发现及其在分子及细胞水平的抑制活性

ALK,间变性淋巴瘤激酶;IGF1R,1 型胰岛素样生长因子受体;IR,胰岛素受体。ND,没有数据。(图片修改自参考文献[39,40])

71%[41]。2017 年,布格替尼在美国获 FDA 批准上市。

4) 其他

恩曲替尼(entrectinib, NMS-E628)是 Ignyta 公司研发的一种可口服的 ATP 竞争性酪氨酸激酶抑制剂,能有效抑制 ALK、ROS1、TRK-A/TRK-B/TRK-C 等多种激酶。恩曲替尼具有 3-氨基吲唑类化合物结构,酰胺基邻位的氨基使得羰基与氨基形成一个分子内氢键,稳定了化合物的活性构型,提高了化合物的生物活性(见图 9-9)[42]。Ⅰ期临床试验表明,恩曲替尼在治疗携带 *NTRK* 融合基因、*ROS*1 融合基因或 *ALK* 融合基因的 NSCLC 患者中具有较好的治疗效果,客观缓解率达到 79%。此外,恩曲替尼还对原发性脑瘤和脑转移表现出良好的治疗效果,目前该化合物处于Ⅱ期临床试验阶段[43]。

恩沙替尼(ensartinib, X-396)是 Xcovery 公司研发的氨基哒嗪类 ALK/c-MET 抑制剂(见图 9-10),对克唑替尼耐药突变 L1196M 和 C1156Y 有效果。恩沙替尼的Ⅰ期临床研究主要针对 ALK 阳性的 NSCLC 患者,对克唑替尼耐药的 NSCLC 患者有缓解,2 例脑转移的患者也有缓解,该化合物目前处于Ⅲ期临床试验阶段[44]。

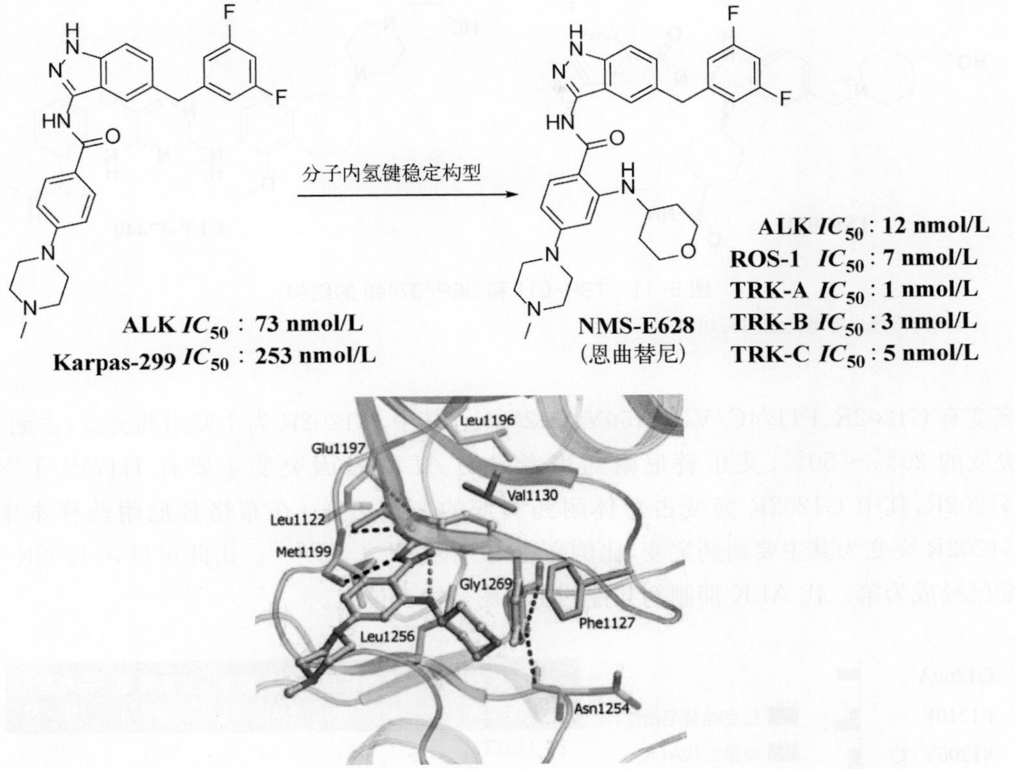

分子内氢键稳定构型
ALK IC_{50} : 73 nmol/L
Karpas-299 IC_{50} : 253 nmol/L
NMS-E628
(恩曲替尼)
ALK IC_{50} : 12 nmol/L
ROS-1 IC_{50} : 7 nmol/L
TRK-A IC_{50} : 1 nmol/L
TRK-B IC_{50} : 3 nmol/L
TRK-C IC_{50} : 5 nmol/L
Leu1196
Glu1197
Val1130
Leu1122
Met1199
Gly1269
Phe1127
Leu1256
Asn1254

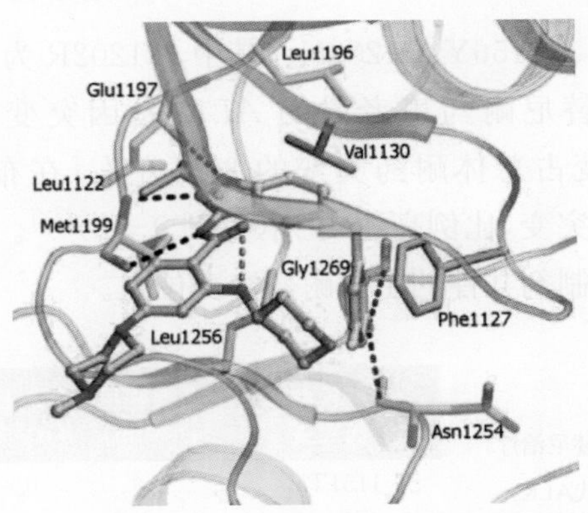

图 9-9　恩曲替尼的发现

(图片修改自参考文献[42])

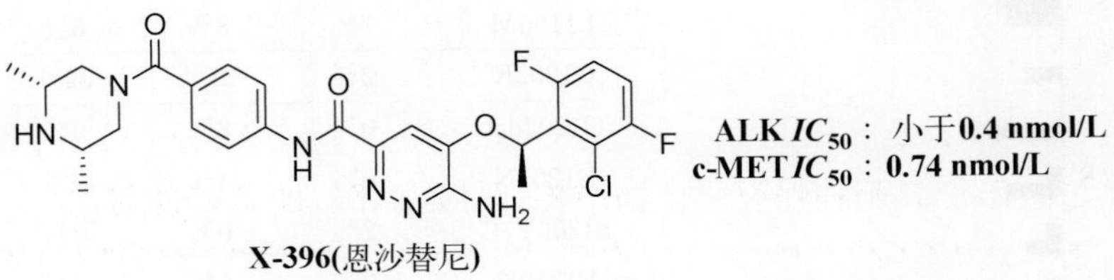

ALK IC_{50} : 小于0.4 nmol/L
c-MET IC_{50} : 0.74 nmol/L
X-396(恩沙替尼)

图 9-10　恩沙替尼的结构与活性

(图片修改自参考文献[44])

此外,处于临床研究阶段的 ALK 抑制剂还包括: Amgen/TESARO 公司研发的 TSR-011,目前处于Ⅱ期临床试验阶段;Eternity 公司研发的 EBI-215 和 Cephalon 公司研发的 CEP-37440,均处于Ⅰ期临床试验阶段(见图 9-11)[45,46]。

5) 第二代 ALK 抑制剂的耐药机制

第二代 ALK 抑制剂同样面临耐药的问题,色瑞替尼在临床治疗过程中发现的耐药

图 9-11　TSR-011 和 CEP-37440 的结构

（图片修改自参考文献[45,46]）

突变有 G1202R、F1174C/V、C1156Y、D1203N。其中，G1202R 为主要耐药突变，占耐药突变的 20%～50%；艾乐替尼耐药患者中的 *ALK* 基因突变主要有 I1171S/T/N、G1202R，其中 G1202R 突变占总体耐药突变的 30%左右；在布格替尼耐药样本中，G1202R 突变为其主要耐药突变，比例高达 43%（见图 9-12）[47]。由此可见，G1202R 突变已经成为第二代 ALK 抑制剂共性的主要耐药突变位点。

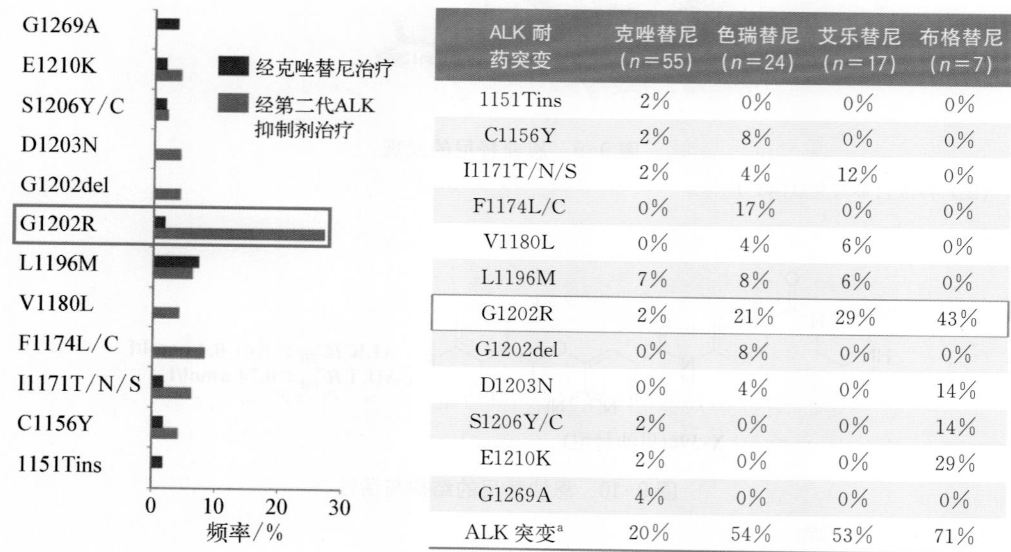

ALK 耐药突变	克唑替尼（n=55）	色瑞替尼（n=24）	艾乐替尼（n=17）	布格替尼（n=7）
1151Tins	2%	0%	0%	0%
C1156Y	2%	8%	0%	0%
I1171T/N/S	2%	4%	12%	0%
F1174L/C	0%	17%	0%	0%
V1180L	0%	4%	6%	0%
L1196M	7%	8%	6%	0%
G1202R	2%	21%	29%	43%
G1202del	0%	8%	0%	0%
D1203N	0%	4%	0%	14%
S1206Y/C	2%	0%	0%	14%
E1210K	2%	0%	0%	29%
G1269A	4%	0%	0%	0%
ALK 突变[a]	20%	54%	53%	71%

图 9-12　经 ALK 抑制剂治疗后 ALK 耐药突变的发生率

a 为 ALK 突变样本总数，具有 2 个以上（含 2 个）ALK 突变的样本仅计算一次。（图片修改自参考文献[47]）

9.3.4　第三代间变性淋巴瘤激酶抑制剂药物研发

第三代 ALK 抑制剂的研发目标主要是克服上述耐药突变，尤其是重点关注

G1202R 位点突变。目前代表性抑制剂主要有辉瑞公司研发的洛拉替尼（lorlatinib，PF-06463922），该化合物具有 ALK/ROS1 双重抑制活性（见图 9-13），能克服第一代、第二代 ALK 抑制剂的系列耐药突变、透过血脑屏障能力强[48]。2018 年，洛拉替尼在日本被批准用于 ALK 抑制剂治疗后仍有进展或不能耐受、ALK 阳性的局部晚期或转移性 NSCLC 患者的治疗。在美国，洛拉替尼目前正在接受针对这种适应证的监管审查；在欧盟，辉瑞公司正在进行洛拉替尼的Ⅲ期临床试验，洛拉替尼作为一线药用于 ALK 阳性的局部晚期或转移性 NSCLC 患者的治疗。

克唑替尼
第一代ALK抑制剂
提高ALK活性
PF-06439015
改善代谢稳定性，
降低P糖蛋白流出
PF-06463922（洛拉替尼）
第三代ALK抑制剂

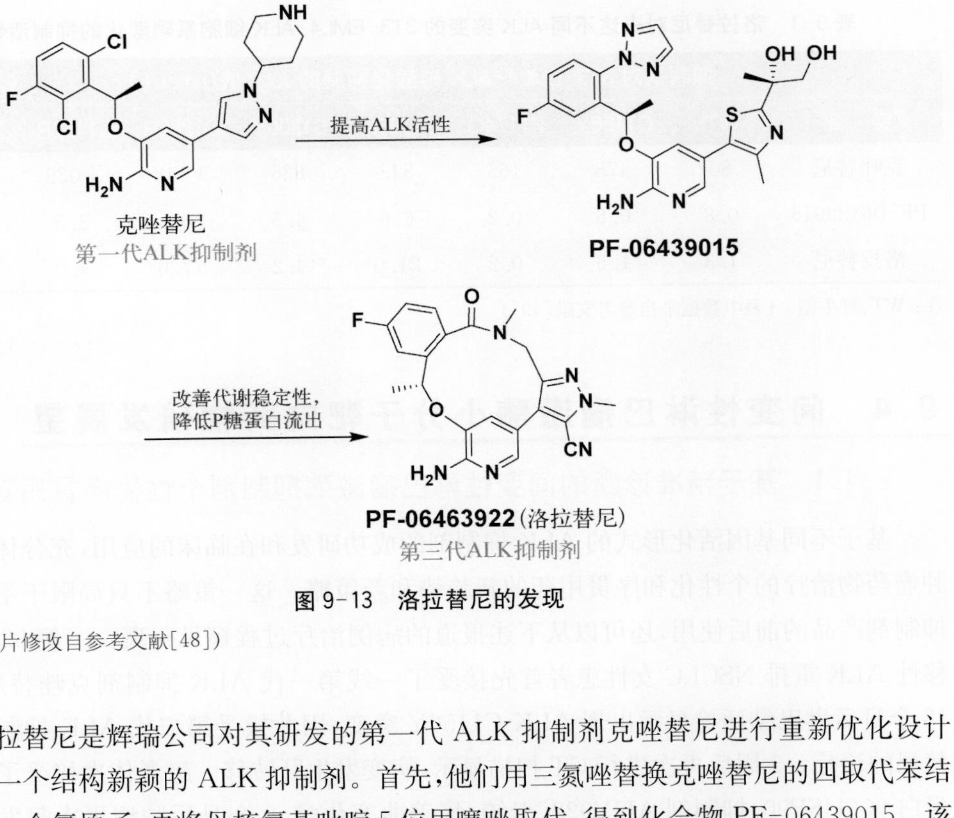

图 9-13　洛拉替尼的发现

（图片修改自参考文献[48]）

洛拉替尼是辉瑞公司对其研发的第一代 ALK 抑制剂克唑替尼进行重新优化设计得到的一个结构新颖的 ALK 抑制剂。首先，他们用三氮唑替换克唑替尼的四取代苯结构上的一个氯原子，再将母核氨基吡啶 5 位用噻唑取代，得到化合物 PF-06439015。该化合物对转染 ALK 野生型的细胞或含各种突变型的细胞增殖的抑制活性均大大提升，但该化合物的分子量略大(470)，具有无法透过血脑屏障等缺点。辉瑞公司进一步通过增强化合物的脂溶性并同时减小化合物的分子量，获得了具有大环结构的洛拉替尼。环状结构使得洛拉替尼中能自由旋转的单键减少，使屏蔽的极性表面暴露，并通过限制构象加强了与 ALK 的结合。这一独特的结构使得该化合物具有极高的 ALK/ROS1 抑制活性，同时还可透过血脑屏障，具有治疗肿瘤脑转移的潜力。洛拉替尼在细胞水平能有效抑制 ALK 野生型及各种 ALK 激酶域突变的磷酸化水平，IC_{50} 均低于 100 nmol/L

(见表 9-1)。同时,洛拉替尼对表达不同 ALK 突变的 3T3-EML4-ALK 细胞系的磷酸化均有很强的抑制作用[49],尤其对表达 ALK G1202R 的 Ba/F3 细胞增殖抑制的 IC_{50} 小于 100 nmol/L。而其他 3 个已上市的 ALK 抑制剂均无效。在 2014 年开始的一项多中心、开放的洛拉替尼临床试验结果表明,41 例 ALK 阳性 NSCLC 患者每日接受 100 mg 洛拉替尼治疗后,19 例患者获得了客观缓解。在既往接受过 2 次及以上酪氨酸激酶抑制剂治疗的 26 例患者中,11 例获得了客观缓解,4 例携带 ALK G1202R 突变的患者经治疗后肿瘤明显缩小[50]。

表 9-1　洛拉替尼对表达不同 ALK 突变的 3T3-EML4-ALK 细胞系磷酸化的抑制活性

	抑制剂对 3T3-EML4-ALK 磷酸化抑制的 IC_{50} 值(nmol/L)							
突　变	WT	C1156Y	F1174C	L1196M	S1206Y	G1202R	L1152R	1151Tins
克唑替尼	80	478	165	843	626	1 148	1 026	3 039
PF-06439015	0.8	0.6	0.2	6.6	4.5	—	3.5	24.0
洛拉替尼	1.3	1.6	0.2	21.0	4.2	77.0	9.0	38.0

注:WT,野生型。(表中数据来自参考文献[49])

9.4　间变性淋巴瘤激酶小分子靶向药物研发展望

9.4.1　基于精准诊断的间变性淋巴瘤激酶抑制剂个性化序贯用药范例

基于不同基因活化形式的 ALK 抑制剂的成功研发和在临床的应用,充分体现了抗肿瘤药物治疗的个性化和序贯用药的新趋势和新策略。这一策略不只局限于不同代的抑制剂产品的前后使用,还可以从下述报道的病例治疗过程窥见一斑。一例 52 岁的转移性 ALK 重排 NSCLC 女性患者首先接受了一线第一代 ALK 抑制剂克唑替尼治疗,18 个月后淋巴结活检显示出现 ALK C1156Y 突变,因此接受第二代 ALK 抑制剂色瑞替尼的治疗。5 周后再次进行 CT 扫描显示,病变发生肝转移。患者依次接受了热休克蛋白 90(HSP90)抑制剂 AUY922、卡铂-培美曲塞化疗,6 个月后肿瘤再次复发。患者第二次尝试克唑替尼治疗,但治疗无效。患者入组第三代 ALK 抑制剂洛拉替尼的 Ⅰ 期临床试验,患者的肿瘤负荷降低了 41%。8 个月后,CT 再次显示,肝转移恶化,活检结果显示有 2 个 ALK 抗性突变(C1156Y、L1198F)。体外检测提示克唑替尼可以对此两位点突变体具有活性。最后患者第 3 次尝试使用克唑替尼治疗,治疗后患者的临床症状得到迅速而显著的改善。L1198F 突变后,ALK 与克唑替尼的结合活性比未突变的激酶更强。第三代 ALK 抑制剂的耐药突变却对第一代 ALK 抑制剂克唑替尼敏感,形成了一个针对机制的精准序贯用药选择,患者的生存期得到了大幅度延长。这个案例是个性化精准序贯治疗的范例[51]。

9.4.2 联合用药策略

为了克服下游信号通路、旁路信号通路的激活导致 ALK 抑制剂的耐药或者 ALK 受体表达导致其他靶向治疗药物的耐药,已有多个靶向抑制剂与 ALK 抑制剂联合用药正在开展临床研究。HSP90 作为分子伴侣,在对“客户蛋白”的折叠、稳定和功能发挥等方面都起了至关重要的作用。抑制 HSP90 能够使 EML4-ALK 融合蛋白被溶酶体降解,进而干扰肿瘤的增殖和生存。目前,NCT01712217、NCT0177279 和 NCT01579994 三项临床试验正在研究 HSP90 抑制剂与 ALK 抑制剂联合使用的安全性与有效性。临床前研究发现,丝裂原激活的蛋白激酶激酶 1(mitogen-activated protein kinase kinase 1, MEK1)突变可以导致 ALK 抑制剂耐药,因此,基于 ALK 抑制剂与 MEK 抑制剂联合用药治疗晚期 NSCLC 的两项临床试验 NCT03087448 和 NCT03202940 目前正在进行中。此外,有研究发现,将 ALK 抑制剂与哺乳动物雷帕霉素靶蛋白(mammalian target of rapamycin, mTOR)抑制剂联合应用,能够抑制肿瘤的生长,延长生存时间[52],因此,ALK 抑制剂与 mTOR 抑制剂的联合用药治疗 *ALK* 融合基因阳性 NSCLC 的临床研究(NCT02321501)也已开展。在细胞周期通路完整的细胞中,细胞周期蛋白依赖性激酶 4/6(cyclin-dependent kinase 4/6, CDK4/6)抑制剂的作用效果均比较明显,ALK 抑制剂与 CDK4/6 抑制剂的联合用药也已开展临床试验(NCT02292550)。最近的研究还发现,ALK 可能在诱导程序性死亡蛋白配体-1(PD-L1)表达及促进 NSCLC 细胞免疫逃逸过程中发挥重要作用[53]。PD-L1 的表达将抑制机体的免疫系统,尤其是 T 细胞,抑制了其对肿瘤细胞的杀伤能力。PD-L1 抗体或者抑制剂可以重新激活 T 细胞对肿瘤的免疫应答效应,从而达到抗肿瘤作用。基于此,2017 年多家癌症研究机构启动了 ALK 抑制剂与 PD-1/PD-L1 抑制剂联合治疗的临床试验(NCT02898116、NCT02393625、NCT02511184、NCT02584634、NCT02013219)。联合用药虽然表现出更好的抗肿瘤效果,但是要真正造福于患者还有待进一步的临床验证,要对其疗效和安全性进行综合性观察和确认。相信随着临床试验进一步开展及在临床试验中不断有新的发现,新的治疗策略会不断出现,肿瘤患者的治疗将更加个性化和精准。

9.5 小结与展望

靶向 *EML4-ALK* 融合基因 ALK 抑制剂的成功研发推动了 NSCLC 治疗模式的转变,掀开了通过生物标志物制定决策的个性化治疗模式的新篇章。肿瘤的治疗也进入基于患者基因分型和标志物分层的精准医疗时代。自 2011 年第一代 ALK 抑制剂克唑替尼上市以来，至今已有3个第二代、1个第三代ALK抑制剂相继上市，靶向ALK/ROS1/TRK/SRC的第四代抑制剂TPX-0005也获得了突破，围绕ALK抑制剂的研发也从基于ALK自身耐药突变抑制剂的研发逐渐走向基于ALK和旁路激活多靶点多机制抑制剂的研发。同时，为了克服下游信号通路、旁路信号通路激活导致的ALK抑制剂耐药或者ALK受体表达导致的其他靶向治疗药物耐药，已有多个靶向抑制剂与ALK抑制剂联合用药正在开展临床研究。联合用药虽然表现出更好的抗肿瘤潜力，但需进一步通过临床试验验证其疗效和安全性。相信随着更多临床试验的开展及新的疗效标志物、毒性标志物等在临床试验中的应用，联合用药对肿瘤患者治疗的有效性将进一步提高。

参考文献

[1] Morris S W, Kirstein M N, Valentine M B, et al. Fusion of a kinase gene, ALK, to a nucleolar protein gene, NPM, in non-Hodgkin's lymphoma[J]. Science, 1994, 263(5151): 1281-1284.

[2] Iwahara T, Fujimoto J, Wen D, et al. Molecular characterization of ALK, a receptor tyrosine kinase expressed specifically in the nervous system[J]. Oncogene, 1997, 14(4): 439-449.

[3] Morris S W, Naeve C, Mathew P, et al. ALK, the chromosome 2 gene locus altered by the t(2; 5) in non-Hodgkin's lymphoma, encodes a novel neural receptor tyrosine kinase that is highly related to leukocyte tyrosine kinase (LTK)[J]. Oncogene, 1997, 14(18): 2175-2188.

[4] Palmer R H, Vernersson E, Grabbe C, et al. Anaplastic lymphoma kinase: signalling in development and disease[J]. Biochem J, 2009, 420(3): 345-361.

[5] Bossi R T, Saccardo M B, Ardini E, et al. Crystal structures of anaplastic lymphoma kinase in complex with ATP competitive inhibitors[J]. Biochemistry, 2010, 49(32): 6813-6825.

[6] Roskoski R J. Anaplastic lymphoma kinase (ALK): structure, oncogenic activation, and pharmacological inhibition[J]. Pharmacol Res, 2013, 68(1): 68-94.

[7] Shaw A T, Solomon B. Targeting anaplastic lymphoma kinase in lung cancer[J]. Clin Cancer Res, 2011, 17(8): 2081-2086.

[8] Soda M, Choi Y L, Enomoto M, et al. Identification of the transforming EML4-ALK fusion gene in non-small cell lung cancer[J]. Nature, 2007, 448(7153): 561-566.

[9] Mossé Y P, Wood A, Maris J M. Inhibition of ALK signaling for cancer therapy[J]. Clin Cancer Res, 2009, 15(18): 5609-5614.

[10] Hallberg B, Palmer R H. Mechanistic insight into ALK receptor tyrosine kinase in human cancer biology[J]. Nat Rev Cancer, 2013, 13(10): 685-700.

[11] Siegel R, Ma J, Zou Z, et al. Cancer statistics[J]. CA Cancer J Clin, 2014, 64(1): 9-29.

[12] Choi Y L, Takeuchi K, Soda M, et al. Identification of novel isoforms of the EML4-ALK transforming gene in non-small cell lung cancer[J]. Cancer Res, 2008, 68(13): 4971-4976.

[13] Sanders H R, Li H R, Bruey J M, et al. Exon scanning by reverse transcriptase-polymerase chain reaction for detection of known and novel EML4-ALK fusion variants in non-small cell lung cancer[J]. Cancer Genet, 2011, 204(1): 45-52.

[14] Li Y, Ye X, Liu J, et al. Evaluation of EML4-ALK fusion proteins in non-small cell lung cancer using small molecule inhibitors[J]. Neoplasia, 2011, 13(1): 1-11.

[15] Stein H, Mason D Y, Gerdes J, et al. The expression of the Hodgkin's disease associated antigen Ki-1 in reactive and neoplastic lymphoid tissue: evidence that Reed-Sternberg cells and histiocytic malignancies are derived from activated lymphoid cells[J]. Blood, 1985, 66(4): 848-858.

[16] Wei L, Hubbard S R, Hendrickson W A, et al. Expression, characterization, and crystallization of the catalytic core of the human insulin receptor proteintyrosine kinase domain[J]. J Biol Chem, 1995, 270(14): 8122-8130.

[17] Cui J J, Tran-Dubé M, Shen H, et al. Structure based drug design of crizotinib (PF-02341066), a potent and selective dual inhibitor of mesenchymalepithelial transition factor (c-MET) kinase and anaplastic lymphoma kinase (ALK)[J]. J Med Chem, 2011, 54(18): 6342-6363.

[18] Zou H Y, Li Q, Lee J H, et al. An orally available small-molecule inhibitor of c-Met, PF-2341066, exhibits cytoreductive antitumor efficacy through antiproliferative and antiangiogenic mechanisms[J]. Cancer Res, 2007, 67(9): 4408-4417.

[19] Pearson R, Kolesar M J. Targeted therapy for NSCLC: ALK inhibition[J]. J Oncol Pharm Practice, 18(2): 271-274.

[20] Soda M, Choi Y L, Enomoto M, et al. Identification of the transforming EML4-ALK fusion gene in non-small-cell lung cancer[J]. Nature, 2007, 448(7153): 561-566.

[21] Kwak E L, Bang Y J, Camidge D R, et al. Anaplastic lymphoma kinase inhibition in non-small-cell lung cancer[J]. N Engl J Med, 2010, 363(3): 1693-1703.

[22] Camidge D R, Bang Y J, Kwak E L, et al. Activity and safety of crizotinib in patients with ALK-positive non-small-cell lung cancer: updated results from a phase 1 study[J]. Lancet Oncol, 2012, 13(10): 1011-1019.

[23] Kim D W, Ahn M J, Shi Y, et al. Results of a global phase Ⅱ study with crizotinib in advanced ALK-positive non-small cell lung cancer (NSCLC)[J]. J Clin Oncol, 2012(9): 32-33.

[24] Li S, Qi X, Huang Y, et al. Ceritinib (LDK378): A potent alternative to crizotinib for ALK-rearranged non-small-cell lung cancer[J]. Clin Lung Cancer, 2015, 16(2): 86-91.

[25] Lin Y T, Yu C J, Yan J C, et al. Anaplastic lymphoma kinase (ALK) kinase domain mutation following ALK inhibitor(s) failure in advanced ALK positive non-small-cell lung cancer: Analysis and literature review[J]. Clin Lung Cancer, 2016, 17(5): 77-97.

[26] Kim S, Kim T M, Kim D W, et al. Heterogeneity of genetic changes associated with acquired crizotinib resistance in ALK-rearranged lung cancer[J]. J Thorac Oncol, 2013, 8(4): 415-422.

[27] Zhang S, Wang F, Keats J, et al. Crizotinib-resistant mutants of EML4-ALK identified through an accelerated mutagenesis screen[J]. Chem Biol Drug Des, 2011, 78(6): 999-1005.

[28] Costa D B, Kobayashi S, Pandya S S, et al. CSF concentration of the anaplastic lymphoma kinase inhibitor crizotinib[J]. J Clin Oncol, 2011, 29(15): 443-445.

[29] Marsilje H T, Pei W, Lu W, et al. Synthesis, structure-activity relationships, and in vivo efficacy of the novel potent and selective anaplastic lymphoma kinase (ALK) inhibitor 5-chloro-N2-(2-isopropoxy-5-methyl-4-(piperidin-4-yl)phenyl)-N4-(2-(isopropylsulfonyl)phenyl)pyrimidine-2, 4-diamine (LDK378) currently in phase 1 and phase 2 clinical trials[J]. J Med Chem, 2013, 56(14): 5675-5690.

[30] Friboulet L, Li N, Katayama R, et al. The ALK inhibitor ceritinib overcomes crizotinib resistance in non-small cell lung cancer[J]. Cancer Discov, 2014, 4(6): 662-673.

[31] Kim D W, Mehra R, Tan D S W, et al. Intracranial and whole-body response of ceritinib in ALK inhibitor-naïve and previously ALK inhibitor-treated patients with ALK-rearranged non-small-cell lung cancer (NSCLC): updated results from the phase 1, multicentre, openlabel ASCEND-1 trial [J]. Lancet Oncol, 2016, 17(4): 452-463.

[32] Kinoshita K, Kobayashi T, Asoh K, et al. 9-Substituted 6, 6-dimethyl-11-oxo-6, 11-dihydro-5H-benzo[b] carbazoles as highly selective and potent anaplastic lymphoma kinase inhibitors[J]. J Med Chem, 2011, 54(18): 6286-6294.

[33] Kinoshita K, Asoh K, Furuichi N, et al. Design and synthesis of a highly selective, orally active and potent anaplastic lymphoma kinase inhibitor (CH5424802)[J]. Bioorg Med Chem, 2012, 20 (2): 1271-1280.

[34] Latif M, Saeed A, Kim S H. Journey of the ALK-inhibitor CH5424802 to phase Ⅱ clinical trial [J]. Arch Pharm Res, 2013, 36(9): 1051-1054.

[35] Kodama T, Tsukaguchi T, Satoh T, et al. Alectinib shows potent antitumor activity against RET-rearranged non-small cell lung cancer[J]. Mol Cancer Ther, 2014, 13(12): 2910-2918.

[36] Sakamoto H, Tsukaguchi T, Hiroshima S, et al. CH5424802, a selective ALK inhibitor capable of blocking the resistant gatekeeper mutant[J]. Cancer Cell, 2011, 19(5): 679-690.

[37] Seto T, Kiura K, Nishio M, et al. CH5424802 (RO5424802) for patients with ALK-rearranged advanced non-small-cell lung cancer (AF-001JP study): a single-arm, open-label, phase 1-2 study [J]. Lancet Oncol, 2013, 14(7): 590-598.

[38] Shaw T A, Gandhi L, Gadgeel S, et al. Alectinib in ALK-positive, crizotinib-resistant, non-small-cell lung cancer: a single-group, multicentre, phase 2 trial[J]. Lancet Oncol, 2016, 17(2): 234-242.

[39] Zhang S, Anjum R, Squillace R, et al. The potent ALK inhibitor brigatinib (AP26113) overcomes mechanisms of resistance to first- and second-generation ALK inhibitors in preclinical models[J]. Clin Cancer Res, 2016, 15(22): 5527-5538.

[40] Huang W S, Liu S Y, Zou D, et al. Discovery of brigatinib (AP26113), a phosphine oxide-containing, potent, orally active inhibitor of anaplastic lymphoma kinase[J]. J Med Chem, 2016, 59(10): 4948-4964.

[41] Sullivan I, Planchard D. Editorial on the article entitled "brigatinib efficacy and safety in patients with anaplastic lymphoma kinase (ALK)-positive nonsmall cell lung cancer in a phase Ⅰ/Ⅱ trial" [J]. Expert Rev Clin Pharmacol, 2016, 9(8): 1005-1013.

[42] Menichincheri M, Ardini E, Magnaghi P, et al. Discovery of entrectinib: A new 3-aminoindazole as a potent anaplastic lymphoma kinase (ALK), c-ros oncogene 1 kinase (ROS1), and pan-tropomyosin receptor kinases (pan-TRKs) inhibitor[J]. J Med Chem, 2016, 59(7): 3392-3408.

[43] Rolfo C, Ruiz R. Giovannetti E, et al. Entrectinib: a potent new TRK, ROS1, and ALK inhibitor [J]. Expert Opin Investig Drugs, 2015, 24(11): 1493-1500.

[44] Horn L, Infante J R, Reckamp K L, et al. Ensartinib (X-396) in ALK-positive non-small cell lung cancer: results from a first-in-human phase I/II, multicenter study[J]. Clin Cancer Res, 2018, 24(12): 2771-2779.

[45] Arkenau H T, Sachdev J C, Mita M M, et al. Phase (Ph) 1/2a study of TSR-011, a potent inhibitor of ALK and TRK, in advanced solid tumors including crizotinib-resistant ALK positive non-small cell lung cancer[J]. Eur J Cancer, 2014, 50(1): 165-165.

[46] Ott G R, Cheng M, Learn K S, et al. Discovery of clinical candidate CEP-37440, a selective

inhibitor of focaladhesion kinase (FAK) and anaplastic lymphoma kinase (ALK)[J]. J Med Chem, 2016, 59(16): 7478-7496.

[47] Gainor J F, Dardaei L, Yoda S, et al. Molecular mechanisms of resistance to first- and second-generation ALK inhibitors in ALK-rearranged lung cancer[J]. Cancer Discov, 2016, 6(10): 1118-1133.

[48] Johnson W T, Richardson F T, Bailey S, et al. Discovery of (10R)-7-amino-12-fluoro-2, 10, 16-trimethyl-15-oxo-10, 15, 16, 17-tetrahydro-2H-8, 4-(metheno)pyrazolo[4, 3-h][2, 5, 11]-benzoxadiazacyclotetradecine-3-carbonitrile (PF-06463922), a macrocyclic inhibitor of anaplastic lymphoma kinase (ALK) and cros oncogene 1 (ROS1) with preclinical brain exposure and broad-spectrum potency against ALK-resistant mutations[J]. J Med Chem, 2014, 57(11): 4720-4744.

[49] Basit S, Ashraf Z, Lee K, et al. First macrocyclic 3rd-generation ALK inhibitor for treatment of ALK/ROS1 cancer: Clinical and designing strategy update of lorlatinib[J]. Eur J Med Chem, 2017, 134: 348-356.

[50] Shaw A T, Felip E, Bauer T M, et al. Lorlatinib in non-small-cell lung cancer with ALK or ROS1 rearrangement: an international, multicentre, open-label, single-arm first-in-man phase 1 trial[J]. Lancet Oncol, 2017, 18(12): 1590-1599.

[51] Shaw A T, Friboulet L, Leshchiner I, et al. Resensitization to crizotinib by the lorlatinib ALK resistance mutation L1198F[J]. N Engl J Med, 2016, 374(1): 54-61.

[52] Moore N F, Azarova A M, Bhatnagar N, et al. Molecular rationale for the use of PI3K/AKT/mTOR pathway inhibitors in combination with crizotinib in ALK-mutated neuroblastoma[J]. Oncotarget, 2014, 5(18): 8737-8749.

[53] Ota K, Azuma K, Kawahara A, et al. Induction of PD-L1 expression by the EML4-ALK oncoprotein and downstream signaling pathways in non-small cell lung cancer[J]. Clin Cancer Res, 2015, 21(17): 4014-4021.

10 布鲁顿酪氨酸激酶及其分子靶向药物研发

过去20年中,激酶成为抗肿瘤药物最为重要和成功的靶标,已有多个药物成功上市。其中于2013年上市的布鲁顿酪氨酸激酶(Bruton's tyrosine kinase, BTK)共价抑制剂伊布替尼(ibrutinib)在血液肿瘤领域先后获批治疗多种适应证,包括套细胞淋巴瘤(mantle cell lymphoma, MCL)、慢性淋巴细胞白血病(chronic lymphocytic leukemia, CLL)、小淋巴细胞性淋巴瘤(small lymphocytic lymphoma, SLL)、淋巴浆细胞性淋巴瘤(lymphoplasmacytic lymphoma, LPL)、瓦氏巨球蛋白血症(Waldenstrom macroglobulinemia, WM)以及边缘区淋巴瘤(marginal zone lymphoma, MZL)。另外,伊布替尼单药及组合疗法对其他血液系统恶性肿瘤也展现了显著疗效,包括弥漫大B细胞淋巴瘤(diffuse large B cell lymphoma, DLBCL)、滤泡性淋巴瘤(follicular lymphoma, FL)、多发性骨髓瘤(multiple myeloma, MM)等,其治疗潜力还将进一步扩大。伊布替尼已成为精准医学时代背景下药物创新研发的优秀案例,并推动了BTK抑制剂药物研发的迅猛发展。本章将从BTK药物靶点发现、BTK药物靶点与疾病的关系以及小分子药物研发进展等方面阐述BTK靶向药物研发的历程,以窥见一斑。

10.1 布鲁顿酪氨酸激酶及其信号通路的生物学背景

10.1.1 *BTK* 基因的发现与早期功能研究

1952年,Colonel Ogden Bruton首次报道X连锁无丙种球蛋白血症(X-linked agammaglobulinemia, XLA)。但直到在1993年,才发现XLA是由B细胞中的一个非受体酪氨酸蛋白激酶缺陷带来的,并将这个蛋白命名为BTK[1,2]。XLA在小儿科临床常见,是B细胞系列发育障碍引起的原发性免疫缺陷疾病。BTK缺陷使祖B细胞向前B细胞分化的过程受阻,成熟B细胞的寿命缩短。外周血缺乏B细胞和浆细胞导致各类免疫球蛋白合成不足,进而导致很多抗原不能产生特异性抗原-抗体反应,机体发生免疫缺陷,易反复发生细菌感染。尽管前B细胞受体(pre-B cell receptor, pre-BCR)检查点的功能受到影响，但是BTK缺陷主要影响成熟B细胞的数量。XLA患者的固有免疫应答正常，前B细胞数量正常，T细胞数量及功能正常[3-6]。进一步的机制研究表明，在成熟B细胞中B细胞受体(B cell receptor，BCR)的抗原刺激会促进BTK的酪氨酸残基磷酸化从而活化BTK，进而揭示了BTK在BCR信号通路中的关键作用[7-9]。XLA的发现与发病机制的研究为BTK的功能研究提供了重要线索，即BTK与B细胞的生长、发育和成熟有十分重要的关系。

BTK蛋白在B细胞的各个发展阶段(除了最终分化的浆细胞外)均有表达，此外在中幼粒细胞和红系造血祖细胞中也有少量表达[10]。研究发现多种B细胞淋巴瘤及B细胞白血病都有BTK的表达，而且表达相对较高。因此，靶向BTK用于治疗B细胞恶性肿瘤的新型治疗方法开始引起关注。1999年，第一个靶向BTK的小分子抑制剂(LFM-A13)出现，并在体外表现出抗肿瘤活性[11]。随后，更多的有效BTK抑制剂不断涌现，其中就包括不可逆BTK抑制剂伊布替尼(PCI-32765)。

10.1.2　布鲁顿酪氨酸激酶简介

BTK属于非受体酪氨酸激酶TEC家族(肝癌组织中表达的酪氨酸激酶)成员。TEC家族是人类非受体酪氨酸激酶中仅次于SRC家族的第2大家族，其主要成员包括BTK、骨髓激酶X(bone marrow tyrosine kinase on chromosome X，BMX)、人白介素-2诱导的T细胞激酶(interleukin-2-inducible T-cell kinase，ITK)、TEC和TXK(见图10-1)[12]。不同于其他非受体酪氨酸激酶家族，TEC家族有一个富含脯氨酸的TEC同源结构域(TEC homology domain，TH domain)和一个氨基端血小板-白细胞C激酶底物同源结构域(pleckstrin homology domain，PH domain)[1]。

BTK蛋白包含PH、TH、SH3(SRC同源结构域3)、SH2(SRC同源结构域2)和激酶(kinase)5个结构域[13]，这5个结构域分别与其他不同蛋白质或分子相互作用，发挥重要功能(见图10-2)[14]。BTK是一种细胞质蛋白质，只有被募集到细胞膜才能被催化，PH结构域可以与磷脂酰肌醇(3,4,5)三磷酸(PIP_3)相互作用，使BTK由细胞质募集至细胞膜，参与细胞外刺激引发的信号转导[15]。此外，PH结构域可以与转录因子TFⅡ-Ⅰ/Bright复合体作用，调控免疫球蛋白转录[16-18]。TH结构域由80个氨基酸残基构成，包括锌指结构、PKC结合位点以及富含脯氨酸基序的保守区，对BTK活性优化及稳定性具有重要作用[19,20]。激酶结构域又称为SH1(SRC同源结构域1)结构域，包含活化环、ATP结合位点、催化器以及变构抑制片段[21]。BTK的磷酸化最初发生在SH1结构域的活化环中，进一步的活化发生在包含主要自磷酸化位点的SH2及SH3结构域中[22,23]。这些SH结构域也包含BTK进行核质穿梭所需要的核定位信号(nuclear localization signal，NLS)及核输出序列[24]。SH2结构域可以与SLP65蛋白相互作用影响下游信号转导[25]。SH3结构域包含Y223位点，此位点的磷酸化是BTK

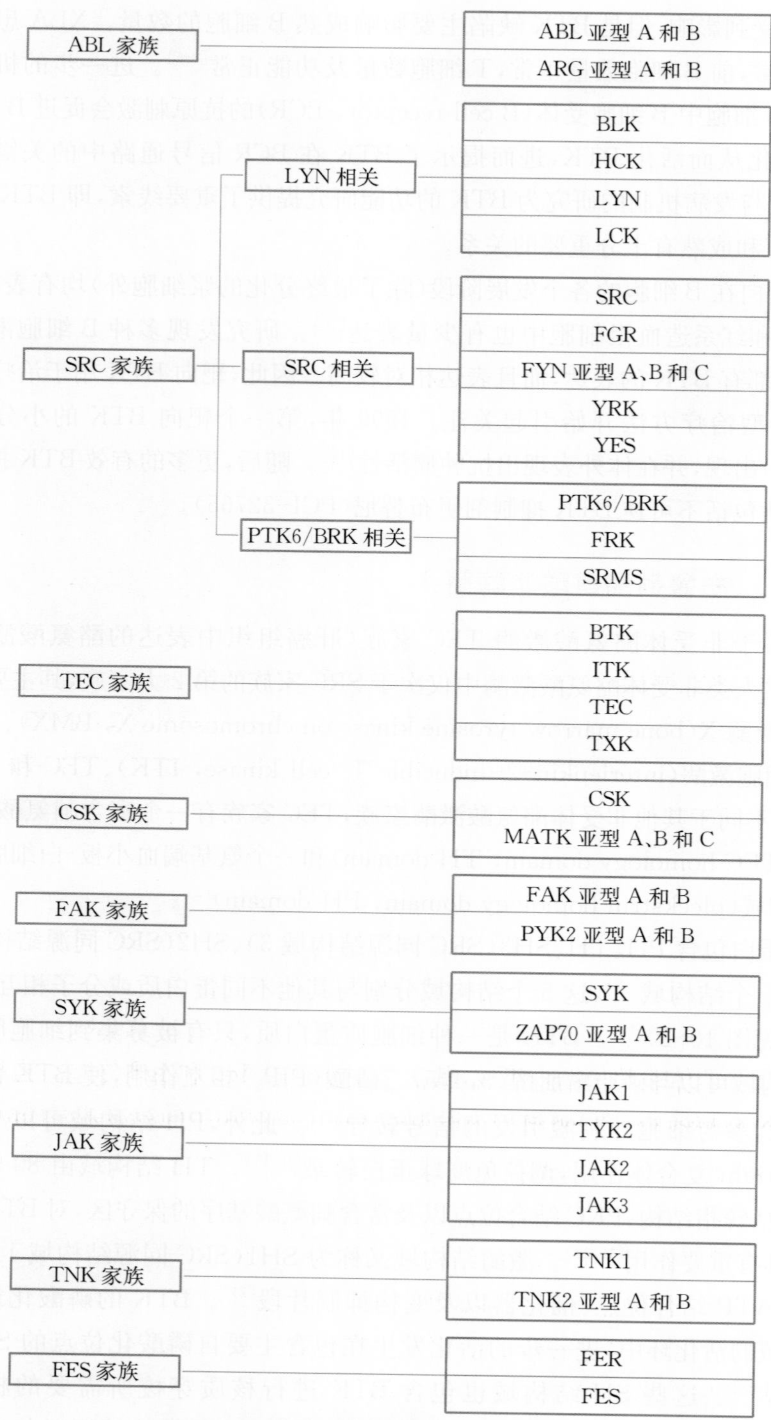

图 10-1 非受体酪氨酸蛋白激酶家族成员

(图片修改自参考文献[12])

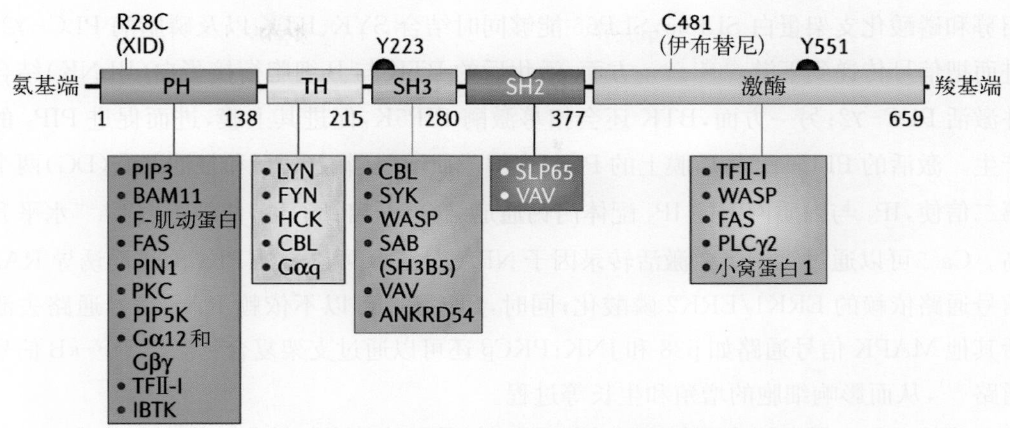

图 10-2 BTK 蛋白的结构及与其相互作用蛋白示意图
(图片修改自参考文献[14])

活化的必要条件,另外,此结构域可以与脾酪氨酸激酶(spleen tyrosine kinase, SYK)、WASP/SAB 等信号分子相互作用,为信号转导起到重要作用。SH3 可以特异性地识别 TH 结构域中富含脯氨酸的区域,进而产生分子内部折叠,使 SH3 结构域中的 Y223 位点发生磷酸化。BTK 活化的第一步是激酶结构域 Y551 位点的磷酸化,由 SRC 激酶家族或 SYK 催化而发生,从而增强 BTK 的催化活性进而导致 Y223 位点的自磷酸化,这样使 BTK 得到完全活化。在激酶结构域中有一个 Cys481 位点,这个位点是第一个成功上市的 BTK 抑制剂伊布替尼的共价结合位点。

10.1.3 布鲁顿酪氨酸激酶介导的相关信号通路

10.1.3.1 布鲁顿酪氨酸激酶与 B 细胞受体信号通路

BCR 复合物由膜表面免疫球蛋白(membrane-bound immunoglobulin, mIg)和 Igα/Igβ 异源二聚体非共价结合组成,其信号主要通过 Igα 和 Igβ 传递。当抗原和 BCR 结合后,LYN 激酶将 Igα 和 Igβ 链胞内段免疫受体酪氨酸相关的激活基序(immunoreceptor tyrosine based activation motifs, ITAM)上的酪氨酸磷酸化,招募细胞质内各种带有 SH2 结构域的非受体型酪氨酸激酶和衔接蛋白[26]。同时,LYN 磷酸化 BCR 的共受体 CD19,CD19 进而结合并激活 PI3K。此外,细胞质中的 B 细胞 PI3K 衔接蛋白(B-cell adapter for PI3K, BCAP)也能招募 PI3K[27]。这使得 PI3K 在 BCR 受到刺激后得到更多的活化,催化 PIP_2 生成重要的第二信使分子 PIP_3,并与 BTK 的 PH 结构域相互作用使其定位到细胞膜,使得 SYK 和 LYN 进一步磷酸化 BTK 的 551 位。磷酸酶 PTEN 和 SHIP1 会通过对 PIP_3 去磷酸化使得 BTK 失去膜结合能力来制约该信号通路。

磷脂酶 PLC-γ2 是 BCR 信号通路中的另一个关键节点蛋白。SYK 一旦激活,就会招募和磷酸化支架蛋白 SLP65，SLP65 能够同时结合 SYK、BTK 以及磷脂酶 PLC-γ2，进而把信号传递到下游[28,29]。一方面，活化后的 BTK 与 B 细胞衔接蛋白(BLNK)结合并激活 PLC-γ2；另一方面，BTK 还会招募激酶 PIP5K，促进其上膜，进而促进 PIP_2 的产生。激活的 PLC-γ2 将质膜上的 PIP_2 水解成肌醇三磷酸(IP_3)和甘油二酯(DG)两个第二信使，IP_3 与内质网上的 IP_3 配体门钙通道结合，开启钙通道，使细胞内 Ca^{2+} 水平升高。Ca^{2+} 可以通过钙调蛋白激活转录因子 NFAT。DG 可以激活 PKCβ，进而诱导 RAS 信号通路依赖的 ERK1/ERK2 磷酸化；同时，PKCβ 还可以不依赖 RAS 信号通路去激活其他 MAPK 信号通路如 p38 和 JNK；PKCβ 还可以通过支架复合物激活 NF-κB 信号通路[30]，从而影响细胞的增殖和生长等过程。

此外，BTK 还将肌动蛋白的运动与 BCR 信号通路的内部转化及抗原的呈递联系起来。BTK 通过 VAV(属鸟嘌呤核苷酸交换因子类)磷酸化和促进 PIP_2 生成，活化 CDC42，最终磷酸化激活 Wiskott-Aldrich 综合征蛋白[31,32](见图 10-3)。BTK 的 PH 结构域可与肌丝蛋白直接相互作用(见图 10-3)，促进 RAC 依赖的肌丝蛋白重排[33-35]。

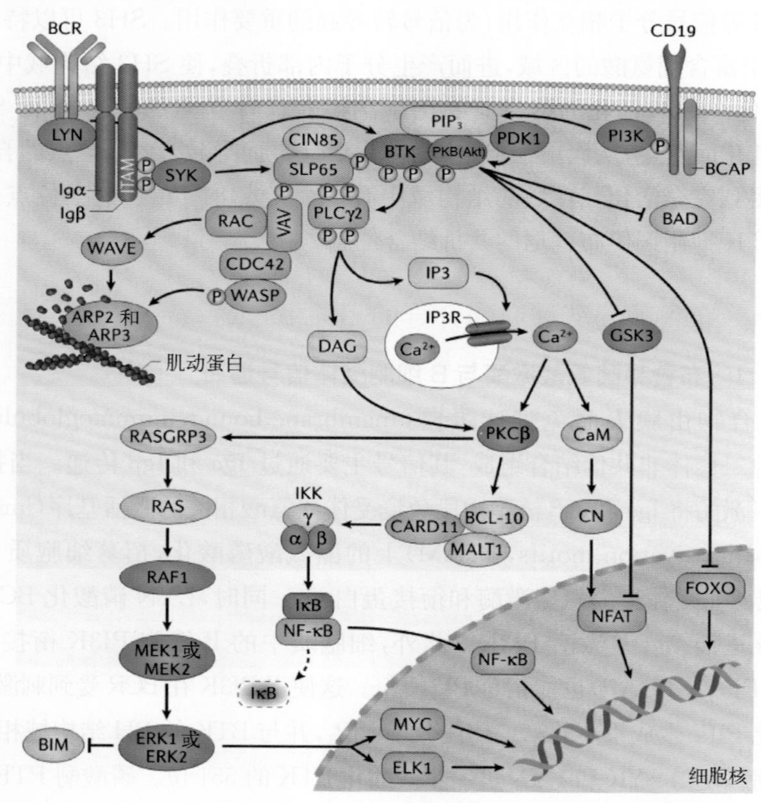

图 10-3 BTK 参与的 BCR 信号通路

(图片修改自参考文献[14])

10.1.3.2　布鲁顿酪氨酸激酶与其他信号通路

BTK不仅参与调控BCR信号通路，而且还参与趋化因子受体信号通路[36]、Toll样受体(Toll-like receptor，TLR)信号通路[37-40]以及G蛋白偶联受体(G protein-coupled receptor，GPCR)信号通路[41-44](见图10-4)。

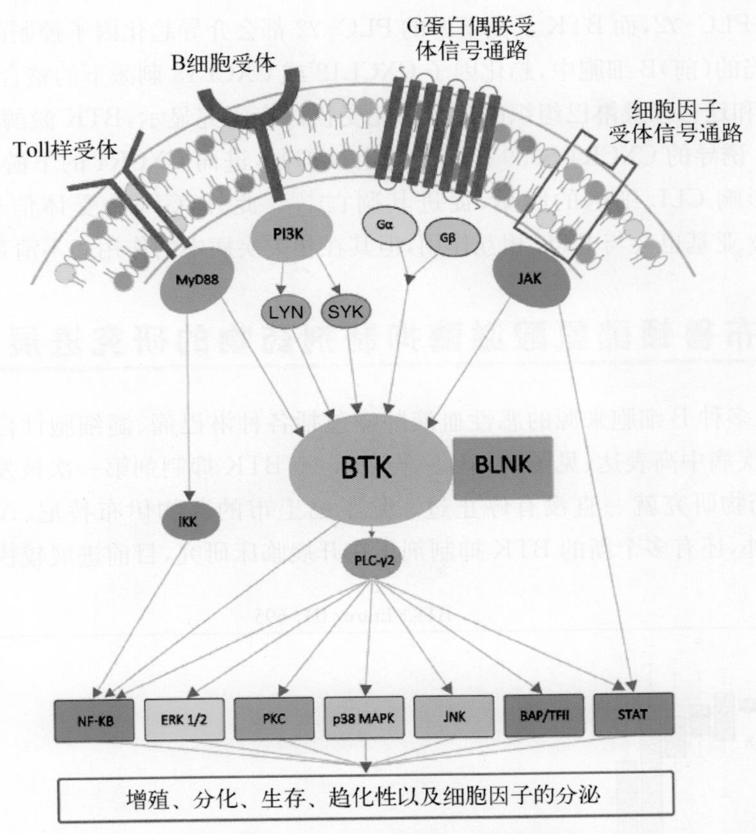

图10-4　BTK参与的多条信号通路

(图片修改自参考文献[44])

TLR信号通路分为髓样分化因子88(myeloid differentiation factor 88，MyD88)依赖性和TRIF依赖性两种，活化的BTK可以同时作用于MyD88和TRIF，促进这两条通路的信号传递，分别增加促炎性细胞因子和Ⅰ型干扰素(type Ⅰ IFN)的分泌[45]。BTK磷酸化接头分子MAL，TLR、MyD88和MAL形成复合体，募集下游信号分子白介素-1受体相关激酶4(interleukin-1 receptor associated kinase 4，IRAK4)、IRAK1和肿瘤坏死因子受体相关因子6(TNF receptor-associated factor 6，TRAF6)。在泛素缀合酶Uev1A和Ubcl3的催化作用下，TRAF6发生一系列的泛素化反应，支架蛋白

TAB2 和 TABl 可介导 TRAF6 向下传导信号，作用于细胞核内的 ELKL、AP1 和 NF-κB，调控基因表达。BCR 信号通路通过 BTK 和 TLR 信号通路发生联系，但 BTK 在 TLR 信号通路中的具体功能仍有待探究。

在 B 细胞的增殖、分化等功能中，趋化因子对整合素介导黏附和迁移的调控作用尤为关键，然而其内在机制还不清楚。研究表明[35]，趋化因子 CXCL12 会诱导激活 BTK 以及磷酸化 PLC-γ2，而 BTK 及其下游的 PLC-γ2 都会介导趋化因子控制的细胞迁徙。在 BTK 缺陷的(前)B 细胞中，趋化因子 CXCL12 或 CXCL13 刺激下的整合素介导的淋巴细胞黏附和迁移以及淋巴组织的归巢功能受损。有研究显示，BTK 激酶活性被抑制后，CXCL12 诱导的 CXCR4 S339 位磷酸化会被抑制，进而 CXCR4 的下游信号通路被抑制，最终影响 CLL 细胞的归巢，促进其凋亡[46]。此外，GPCR 受体信号通路中的 Gα12 和 Gβγ 亚基也会与 BTK 相互作用，但其在相关疾病中的作用尚不清楚。

10.2 布鲁顿酪氨酸激酶抑制剂药物的研究进展

BTK 在多种 B 细胞来源的恶性血液肿瘤包括各种淋巴瘤、髓细胞性白血病、多发性骨髓瘤等疾病中高表达(见图 10-5)。从 1993 年 BTK 抑制剂第一次被发现之后，针对 BTK 的药物研究就一直没有停止过。除了已上市的药物伊布替尼、ACP-196 和 BGB-3111 外，还有多个新的 BTK 抑制剂正在开展临床研究，目前进展较快的有 BGB-

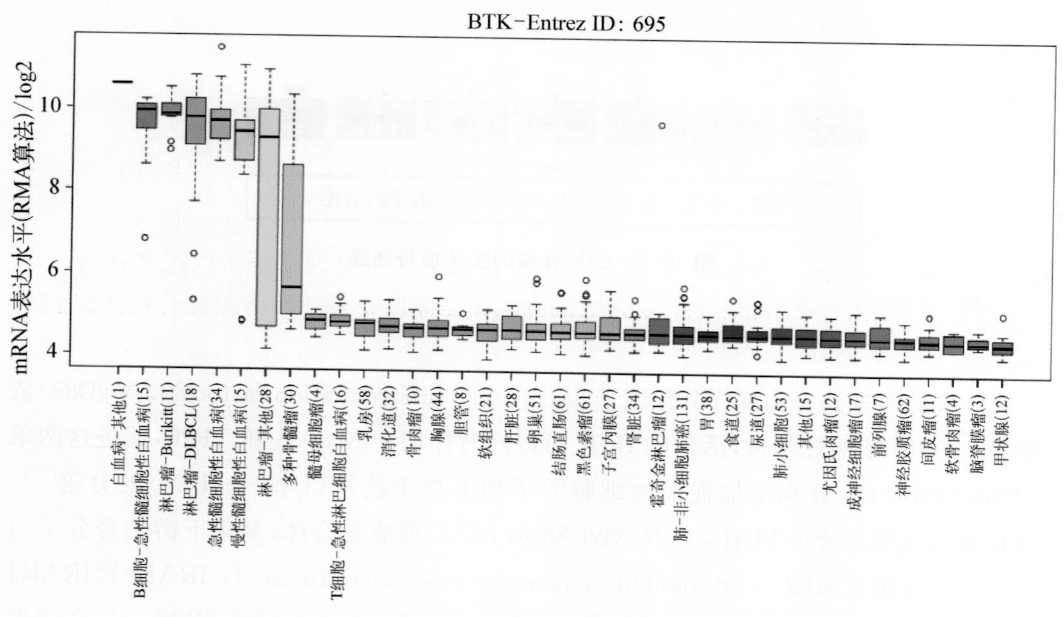

图 10-5　BTK 基因在多种肿瘤组织中的表达丰度情况

(图片修改自美国国家生物技术信息中心的 Entrez 数据库，网址为 http://www.ncbi.nlm.nih.gov/Entrez/)

3111、AVL-292 和 GS-4059，其中 BGB-3111 已上市，后两者均已进入临床Ⅱ期试验阶段，如表 10-1 所示。

表 10-1 BTK 抑制剂的临床进展

药物名称	公司	适应证	阶段
伊布替尼(ibrutinib)	艾伯维/强生	MCL①、CLL②、WM③等	2013 年上市
阿卡替尼(acalabrutinib, ACP-196)	Acerta Pharma	MCL	2017 年上市
BGB-3111	百济神州	WM	2019 年上市
CT-1530	赛林泰	CLL、WM	Ⅱ期临床
GS-4059	Onepharm/吉利德	CLL、NHL④	Ⅱ期临床
PRN-1008	Principia Biopharma	自身免疫病	Ⅱ期临床
BMS-986142	百时美施贵宝	自身免疫病	Ⅱ期临床
SNS-062	Sunesis Pharmaceuticals	MCL、CLL	Ⅱ期临床
Evobrutinib	默克雪兰诺	自身免疫病	Ⅱ期临床
GDC-0853	基因泰克	自身免疫病	Ⅱ期临床
spebrutinib(AVL-292)	Avila/Celgene	CLL	Ⅱ期临床

注：① MCL 为套细胞淋巴瘤；② CLL 为慢性淋巴细胞白血病；③ WM 为华氏巨球蛋白血症；④ NHL 为非霍奇金淋巴瘤。(表中数据来自 Thomson Reuters Integrity 数据库，网址为 https: // www. cortellis. com/ drugdiscovery)

10.2.1 第一代布鲁顿酪氨酸激酶抑制剂药物的研究进展

伊布替尼(ibrutinib，PCI-32765，又称为依鲁替尼)小分子化合物(见图 10-6)从其被合成发现到进入临床研究，历时 5 年。因其与 BTK 发生共价不可逆结合，最初不为人们所看好而未被充分认识，几经易主。伊布替尼最初是由因人类基因组测序而出名的塞雷拉基因组公司(Celera Genomics)的药物化学团队合成的。曾在该公司任职的华人化学家潘峥婴教授以第一作者发表了该化合物的发现过程。2006 年 Pharmacyclics 公司首付 200 万美元现金获得了塞雷拉基因组公司的小分子 BTK 抑制剂研究项目，并将该化合物作为研究 BTK 功能的工具化合物，代号为 PCI-32765[47]。后续研究发现 PCI-32765(伊布替尼)显著抑制恶性增殖的 B 细胞的生长和转移，并在关节炎等自身免疫病动物模型以及犬的自发性 B 细胞淋巴瘤上治疗效果极为显著[48]。这些关键性临床前数据促使 Pharmacyclics 公司在 2009 年推动伊布替尼进入临床

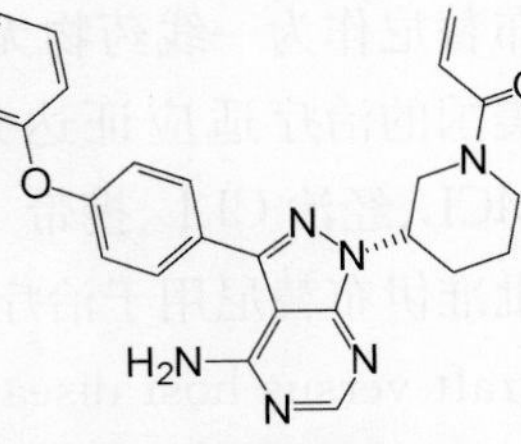

图 10-6 伊布替尼(化合物 10-1)

试验。2011 年，当完成Ⅱ期临床研究后，强生公司旗下的杨森生物科技（Janssen Biotech）公司以首付 1.5 亿美元和后续里程碑付款 8.25 亿美元的价格获得伊布替尼在美国的共同开发权，并拥有在整个欧洲、中东、非洲和美国以外地区的商业化权利。2013 年伊布替尼作为第 2 个获得 FDA 认定的突破性治疗药物上市，用于治疗 MCL。伊布替尼从 2009 年进入临床试验到 2013 年被批准上市仅花了 4 年(见图 10-7)[49]，并多次被 FDA 认定为突破性药物。

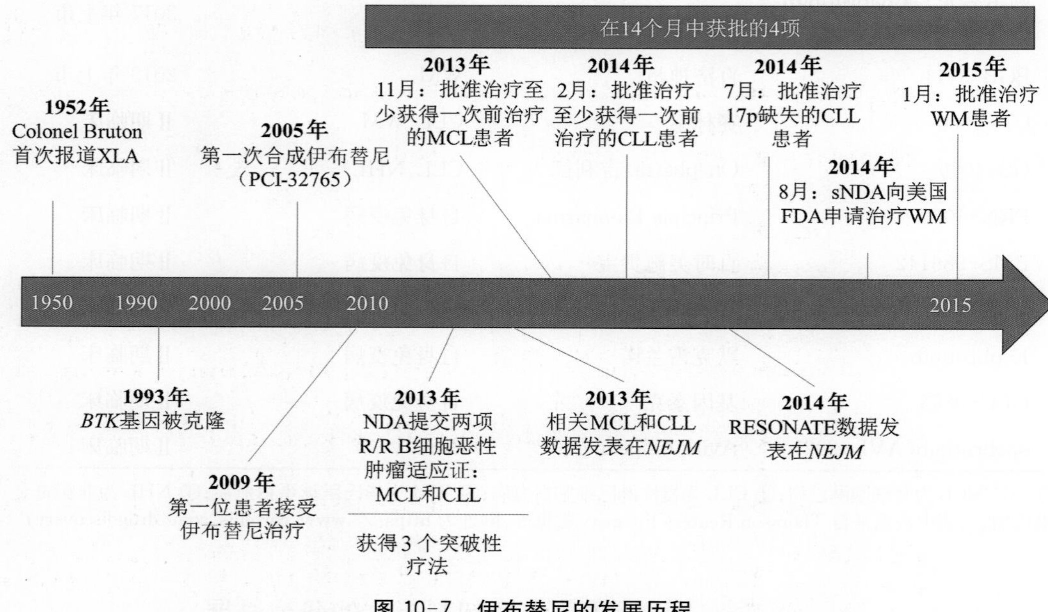

图 10-7 伊布替尼的发展历程

图中 XLA 为 X-连锁无丙种球蛋白血症；MCL 为套细胞淋巴瘤；CLL 为慢性淋巴细胞白血病；WM 为华氏巨球蛋白血症；sNDA 为补充新药申请(supplement new drug application A)。(图片修改自参考文献[49])

伊布替尼巨大的潜在价值吸引了艾伯维(AbbVie)公司，该公司耗资 210 亿美元收购了 Pharmacyclics 公司，获得伊布替尼的美国市场销售权。2016 年 3 月，FDA 批准伊布替尼用于慢性淋巴细胞白血病(CLL)患者的一线治疗，为 CLL 群体提供了一种以伊布替尼作为一线药物无化疗(chemotherapy-free)的治疗选择，同时也使得伊布替尼在美国的治疗适应证达到 6 个之多。伊布替尼已获 FDA 批准用于复发性或难治性 MCL、经治 CLL、携带 17p 缺失突变的 CLL、WM 以及 MZL。2017 年 8 月，FDA 再次批准伊布替尼用于治疗在一线或二三线药治疗失败后的慢性移植物抗宿主病(chronic graft versus-host disease，cGVHD)的成年患者。另外，伊布替尼单药及组合疗法针对广泛类型的血液系统恶性肿瘤也展现了强大的疗效，包括 DLBCL、FL、多发性骨髓瘤及 MZL 等，其治疗潜力还会进一步扩大(见图 10-8)[49,50]。

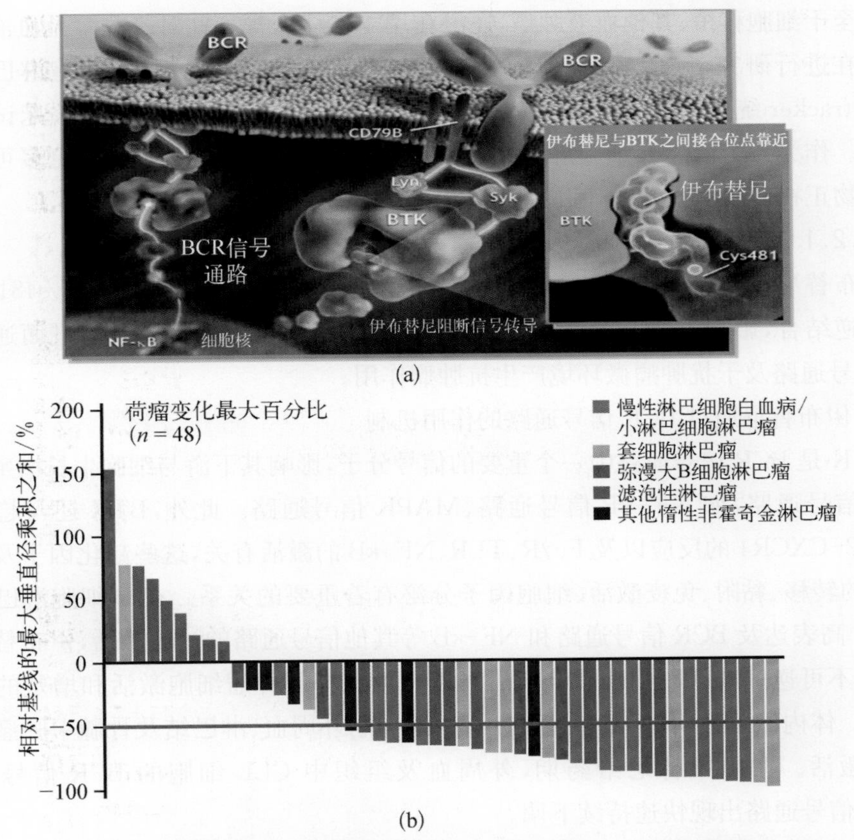

图 10-8 伊布替尼与 BTK 靶点结合模式及其对 B 细胞恶性肿瘤的临床疗效

(a) 伊布替尼与 BTK 结合口袋及位点示意图;(b) 伊布替尼在临床上对多种 B 细胞恶性肿瘤治疗有效。(图片修改自参考文献[49,50])

在 FDA 批准伊布替尼作为一线药用于治疗 CLL 之前,FDA 已批准伊布替尼用于单药治疗前已经接受过治疗的 CLL 患者,也可以用于治疗染色体 17p 缺失(del17p)的 CLL 及 WM。在欧洲国家,伊布替尼用于治疗已经产生耐受或者复发的 MCL 患者,也适用于已经接受过至少一次前期治疗的 CLL 患者;对于可以接受化疗的 del17p 或者 TP53 突变的患者伊布替尼可以作为一线药用于治疗。伊布替尼已被全球 45 个权威机构批准用于治疗 MCL 和 CLL。用于治疗 MCL 患者的一般建议剂量为 450 mg/d,而用于治疗 CLL、del17p CLL 和 WM 患者的剂量为 420 mg/d[49,51,52]。

基于伊布替尼在治疗 CLL、MCL 和 WM 中显示较小的副作用,正在进行伊布替尼的单药及与其他药物联用的临床试验,主要用于治疗各种血液疾病包括 CLL、MCL、WM、DLBCL 及 FL、MZL、急性髓细胞性白血病(AML)和多发性骨髓瘤。已有 90 多个研究机构与公司合作,试图发现伊布替尼更多的治疗价值。伊布替尼的治疗价值已经被扩展至干细胞移植、其他血液肿瘤，还潜在用于实体瘤等。针对一些罕见血液肿瘤的应用正在进行研究，包括绒毛细胞白血病、中枢神经系统淋巴瘤、T 细胞淋巴瘤。据 Biomedtracker 统计，现在进行的临床试验有 55 项，其中 13 项进入Ⅲ期临床试验或者已获批。作为一个治疗 B 细胞淋巴瘤的药物，其可应用的更多适应证及更多可联合用药的药物正在慢慢地被开发，其更大的治疗潜力也正在逐步被挖掘[49,52]。

10.2.1.1 伊布替尼的分子药理学

伊布替尼作为口服有效的不可逆酪氨酸激酶抑制剂，可以与 BTK Cys481 位点发生不可逆结合，影响 BTK 的 Y223 位的磷酸化，从而抑制 BTK 的活性，进而通过抑制 BCR 信号通路及干扰肿瘤微环境产生抗肿瘤作用。

1）伊布替尼通过 BCR 信号通路的作用机制

BTK 是 BCR 信号通路中一个重要的信号分子，影响其下游与细胞生长增殖所必需的多种信号通路，如 NF-κB 信号通路、MAPK 信号通路。此外，BTK 还与趋化因子 CXCL12-CXCR4 的反应以及 FcγR、TLR、NF-κB 的激活有关，这些趋化因子及受体与 B 细胞的转移、黏附、免疫激活、细胞因子分泌有着重要的关系。在 B 细胞淋巴瘤中出现 BTK 高表达及 BCR 信号通路和 NF-κB 等其他信号通路的过度激活，伊布替尼作为 BTK 的不可逆抑制剂，与 BTK 结合后可以有效地抑制肿瘤细胞激活和增殖的重要信号通路。体内试验证明，伊布替尼可以有效地抑制外周血、淋巴结及骨髓中肿瘤细胞的增殖和激活。在伊布替尼给药期，外周血及组织中 CLL 细胞的 BCR 信号通路和 NF-κB 信号通路出现快速持续下调。

2）伊布替尼通过微环境的作用机制

肿瘤微环境是肿瘤细胞和相邻正常组织之间的部位，其组成包括细胞外基质、可溶性分子和肿瘤基质细胞[53]。微环境中一般含有骨髓间充质干细胞（bone marrow mesenchymal stem cell，BMSC）、神经元样细胞（neuron-like cell，NLC）、自然杀伤细胞（NK 细胞）、$CD4^+$ T 细胞、$CD8^+$ T 细胞等。BMSC 的作用是为造血干细胞提供生态环境，调控造血过程，并不断分泌 CXCL12 及其他多种造血因子（见图 10-9）[54]。NLC 可以分泌 CXCL12/13 等细胞因子保护 CLL，同时可以抑制 BAFF 和 APRIL 从而促进 CLL 的进程，CLL 可以通过与 T 细胞和 NK 细胞反应影响免疫反应，从而减少免疫杀伤作用。血液肿瘤发生在特殊的组织微环境中，如骨髓及次级淋巴器官，这些微环境包括不同的大量基质细胞和非恶性增殖的淋巴细胞，它们都与 B 细胞的恶性增殖有一定的相关性，同时可以在一定程度上减弱药物对其的杀伤作用。

伊布替尼可通过影响肿瘤微环境，影响肿瘤细胞的生长、增殖、转移和黏附，同时影响趋化因子的释放。成熟的 B 细胞在次级免疫器官和外周血中循环，B 细胞进入次级淋巴组织的 B 细胞区域是受 CXCL12/13、CCL19/21 调控及整合素依赖的。然而 B 细胞进入外周血是受 S1P 调控的，同样也是整合素依赖的。趋化因子与其受体结合后，受

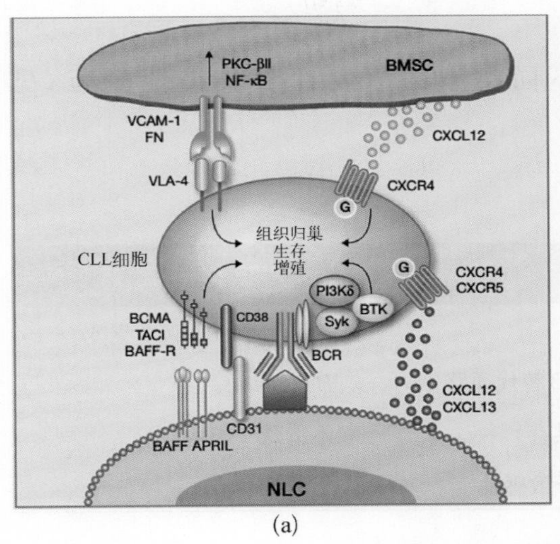

(a)

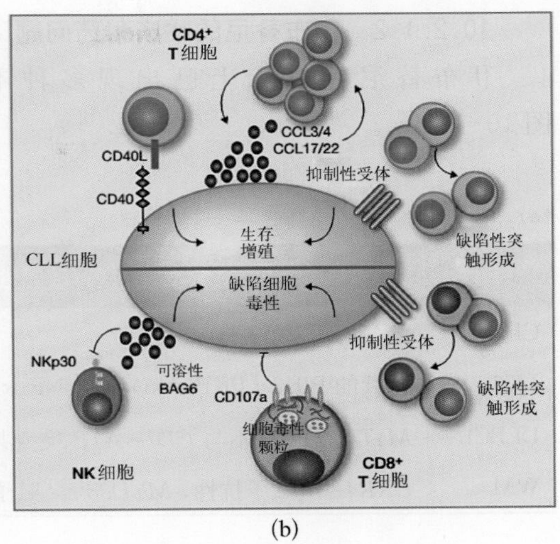

(b)

图 10-9 CLL 的微环境及与其相互作用

（图片修改自参考文献[54]）

体会失去其敏感性，进而产生内在反应，这一机制使 B 细胞进入外周血与归巢至次级淋巴器官才能有条不紊[55]。在淋巴组织中，当抗原与 BCR 结合后，B 细胞的再循环会发生阻滞，原因是 CD69 发生快速上调及整合素激活，CD69 是 S1P 受体的抑制剂，可以阻止 B 细胞进入外周血。伊布替尼抑制了 BTK 后，CD69 没有上调，整合素也不能激活，所以 B 细胞肿瘤的再循环没受到阻滞，B 细胞肿瘤进入外周血，再循环发生紊乱并更多地进入外周血，脱离了它生存的滋养环境，导致细胞死亡[1,56-58]。在 CLL 细胞中，伊布替尼抑制 BTK 之后，抑制 BCR 调控下的整合素介导的细胞黏附和趋化因子介导的黏附和迁移，使得 CLL 细胞脱离能提供生长和生存滋养信号的淋巴结（lymph node，LN）和骨髓微环境，进入不提供生长支持的循环系统，进而抑制 CLL 疾病进展（见图 10-10）[59]。

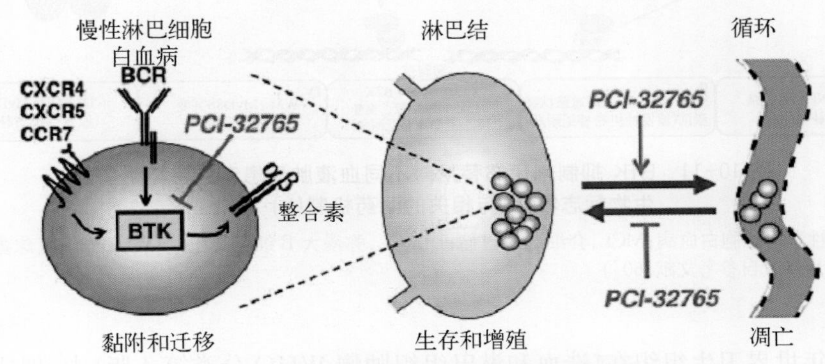

图 10-10 伊布替尼通过微环境的作用机制

（图片修改自参考文献[59]）

10.2.1.2 伊布替尼的临床耐药问题

伊布替尼在临床上已出现多种不同类型的原发性和获得性耐药(见图 10-11)[60]。

(a)

	原发性耐药/敏感性	获得性耐药
CLL	突变的 *IGHV*(?)	*BTK*^{C481S}、*PLCG2* 突变
MCL	持续的 PIK3-PKB(Akt)活性、NF-κB 替代通路	*BTK*^{C481S}
DLBCL	*MYD88*^{TIR突变}(不与 *CD79 A/B* 突变共存)	不清楚
WM	*CXR4*^{WHIM}赋予抗性，*MYD88*^{L265P}赋予敏感性	不清楚

(b)

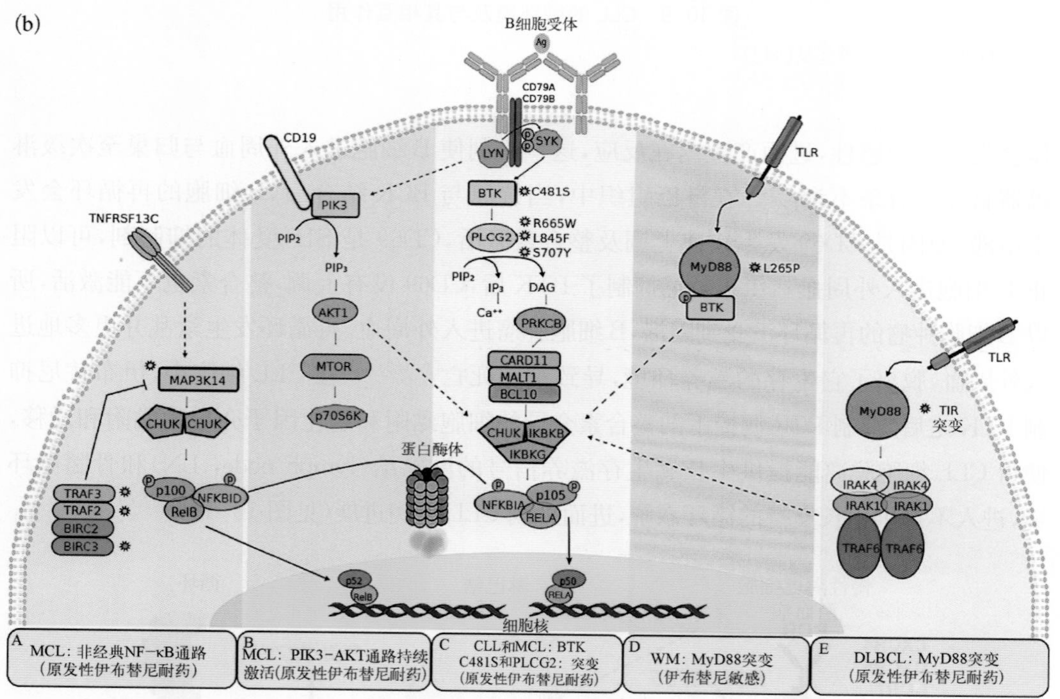

图 10-11 BTK 抑制剂伊布替尼对不同血液肿瘤患者敏感与耐药的生物标志物(a)与相关的耐药机制(b)

CLL，慢性淋巴细胞白血病；MCL，套细胞淋巴瘤；DLBCL，弥漫大 B 细胞淋巴瘤；WM，华氏巨球蛋白血症。(图片修改自参考文献[60])

2008 年世界卫生组织在《造血和淋巴组织肿瘤 WHO 分类第 4 版》中，把成熟 B 细胞恶性肿瘤分成 36 种亚型[61]。近年来，越来越多临床样本测序结果的数据分析显示，无论是 CLL、DLBCL，还是 MCL 都有着更为复杂和精细的分子分型[62-65]。不同亚型的 B 细胞恶性肿瘤对 BTK 抑制剂的敏感性有所不同。

MCL 占全部非霍奇金淋巴瘤(non-Hodgkin lymphoma，NHL)的 6%。具有典型的特征性染色体移位 t(11;14)的特点，即 14 号染色体上免疫球蛋白重链基因和 11 号染色体上 *BCL*-1 基因之间移位，有规律地过度表达 BCL-1 蛋白。套细胞淋巴瘤的 5 年生存率约为 25%，临床标准治疗方案 CHOP 的疗效并不太好。伊布替尼对复发或难治性 MCL 的临床治疗反应率为 70%，虽已是其他药物治疗反应率的 2 倍，但仍对近 30%的 MCL 无效。

CLL 虽发展缓慢，但难以治愈。伊布替尼在治疗未经治疗的 CLL 或 SLL 患者中的无进展生存期(PFS)、总生存期、缓解率和提高血细胞数上均优于标准疗法苯丁酸氮芥的效果[66]。伊布替尼对 CLL del(17p)、复杂核型或者 *TP53* 突变型的 CLL 更为敏感，客观缓解率达到 90% 以上[67,68]，但在临床已发现对伊布替尼耐药的 CLL 患者[69]。在 CLL 中发现 BTK 的 C481 突变和 PLC-γ2 突变会导致对伊布替尼的继发性耐药，从另一侧面体现 BCR 信号通路的激活对 CLL 的重要性[69]。其中相对应的 BTKC481 位点、PLC-γ2、MyD88 以及 CD79A/B 的基因突变又可以作为 BTK 抑制剂临床潜在敏感与耐受患者的生物标志物，用于敏感人群的遴选。但伊布替尼上市时间还不长，新的更多的与耐药相关的突变正在不断出现，其临床敏感和耐药机制仍亟须进一步深入研究。

DLBCL 是最常见的 NHL，在西方国家占比达 31%～34%，在我国同样是最常见的 B-NHL[35]。DLBCL 有不同的分类形式，根据其分子分型可划分为活化 B 细胞样(activated B cell-like，ABC)和生发中心 B 细胞样(germinal center B cell-like，GCB)型(见图 10-12)[70]。抗体药物美罗华问世前，DLBCL 的标准治疗方案为 6～8 周期 CHOP 化疗[环磷酰胺、多柔比星(阿霉素)、长春新碱、泼尼松联合用药]，只有约 1/3 的患者可获得 5 年生存期。随后出现更强烈的化疗方案，却未能进一步提高患者的生存率，而毒性却进一步增加。2000 年以后，美罗华和 CHOP 的联用方案 R-CHOP 极大地提高了 DLBCL 的生存率，成为 DLBCL 的治疗“金标准”。但此方案仍对 40%的患者没有疗效，其中 DLBCL 的异质性是最大的原因。随着基因测序技术的发展，DLBCL 的基因分型越来越细化，不同分型的 DLBCL 有不同的生物标志物，对药物的敏感性也有所差异(见图 10-12)[70]。

目前伊布替尼对 DLBCL 的Ⅲ期临床试验正在开展中。Ⅱ期临床的数据显示，ABC 型 DLBCL 患者对伊布替尼最敏感，有近 30%的反应率。与此相反，GCB 型 DLBCL(不依赖于 B 细胞受体信号级联)对该药反应率低[71][见图 10-13(a)]。细胞水平的研究显示伊布替尼的确对 GCB 型 DLBCL 细胞的生长抑制不敏感，但在 ABC 型中，CD79A/B 野生型、MyD88 突变型的细胞对伊布替尼也不敏感，而 CD79A/B 与 MyD88 双突变型

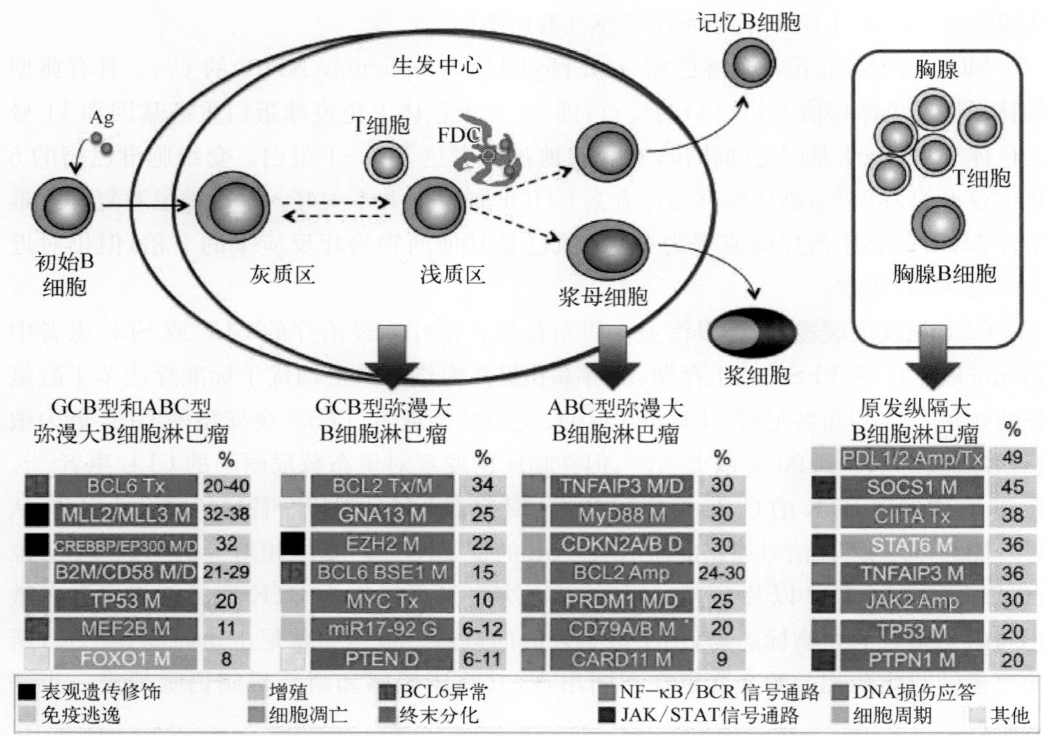

GCB型和ABC型弥漫大B细胞淋巴瘤	%	GCB型弥漫大B细胞淋巴瘤	%	ABC型弥漫大B细胞淋巴瘤	%	原发纵隔大B细胞淋巴瘤	%
BCL6 Tx	20-40	BCL2 Tx/M	34	TNFAIP3 M/D	30	PDL1/2 Amp/Tx	49
MLL2/MLL3 M	32-38	GNA13 M	25	MyD88 M	30	SOCS1 M	45
CREBBP/EP300 M/D	32	EZH2 M	22	CDKN2A/B D	30	CIITA Tx	38
B2M/CD58 M/D	21-29	BCL6 BSE1 M	15	BCL2 Amp	24-30	STAT6 M	36
TP53 M	20	MYC Tx	10	PRDM1 M/D	25	TNFAIP3 M	36
MEF2B M	11	miR17-92 G	6-12	CD79A/B M	20	JAK2 Amp	30
FOXO1 M	8	PTEN D	6-11	CARD11 M	9	TP53 M	20
						PTPN1 M	20

图 10-12 生发中心和弥漫大 B 细胞淋巴瘤发病机制

FDC，滤泡树突状细胞(图片修改自参考文献[70])

细胞生长对伊布替尼敏感[见图 10-13(b)]，其内在不敏感的机制是这种类型细胞生长不依赖于 BCR 信号通路[见图 10-13(c)]。

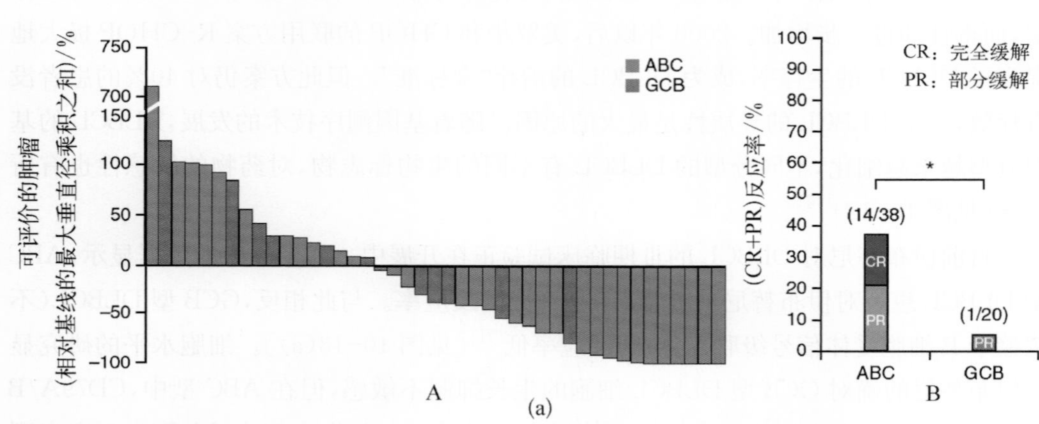

(a)

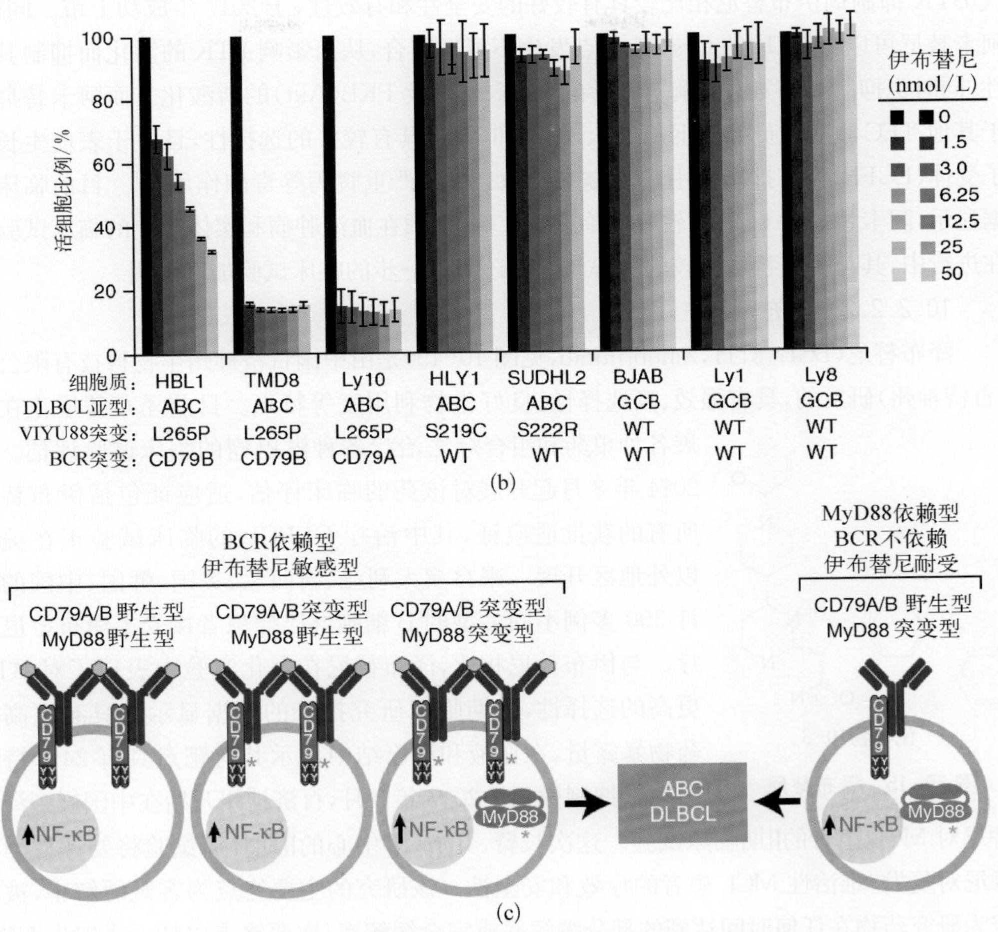

图 10-13　BTK 抑制剂伊布替尼对不同 DLBCL 患者(a)和细胞(b)的响应性与相关生物标志物(c)

(图片修改自参考文献[71])

10.2.2　第二代布鲁顿酪氨酸激酶抑制剂药物的研究进展

伊布替尼作为第一代 BTK 抑制剂在临床使用中也出现了如出血、皮疹、心房颤动等副作用，部分副作用与伊布替尼的激酶选择性较差所带来的脱靶效应相关。因此，以提高激酶抑制选择性为标志的第二代 BTK 抑制剂相继涌现[72]。

10.2.2.1　阿卡替尼

阿卡替尼（ACP-196，acalabrutinib，见图 10-14)是一个高选择性的 BTK 不可逆抑制剂，与第一

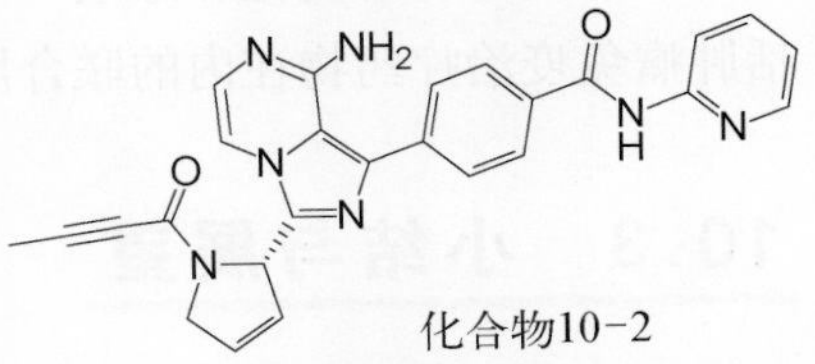

化合物10-2

图 10-14　阿卡替尼(ACP-196)

代BTK抑制剂伊布替尼相比较具有较好的安全性和有效性，于2017年成功上市。同样，阿卡替尼可以与BTK的Cys481位点发生不可逆结合，从而影响BTK的活化而抑制其活性，同时也抑制了酪氨酸激酶对下游的ERK、IKB及PKB(Akt)的磷酸化。而阿卡替尼对于其他TEC激酶成员如ITK、TXK、BMK和TEC具有较好的选择性，且对于表皮生长因子受体(EGFR)没有抑制作用，从而减少了如皮疹、严重腹泻等毒副作用[73]。目前临床数据显示，阿卡替尼对CLL有较好的临床响应率，多项在血液肿瘤和实体瘤上的临床试验正在进行中，其与伊布替尼比较的优势与差距还需进一步的临床试验加以证明。

10.2.2.2 泽布替尼

泽布替尼(BGB-3111，zanubrutinib，见图10-15)是由中国百济神州生物科技有限公司(百济神州)研发的，具有强效、高选择性、良好生物利用度等特点。目前泽布替尼正在开展各种单药和组合疗法治疗各种淋巴瘤的临床试验评估。从2014年8月起开展对该药的临床评估，适应证包括伊布替尼所有的获批适应证，其中治疗DLBCL的临床试验正在美国以外地区开展。来自澳大利亚、新西兰、美国、韩国、中国的总计300多例不同类型的B细胞淋巴瘤患者接受了泽布替尼治疗。与伊布替尼相比，泽布替尼在生化实验中表现了对BTK更高的选择性，Ⅰ期临床研究报告的数据显示其具有更高的药物暴露量，在血液和淋巴结中显示其对靶点具有24 h持续的完全抑制效果。2017年3月，百济神州开始在中国展开泽布替尼对MCL患者的Ⅱ期临床试验。这次长臂、开放、多中心的Ⅱ期临床试验将要评估泽布替尼对复发/难治性MCL患者的疗效和安全性。该研究的主要终点为客观缓解率，被界定为研究药物在任何时间达到的部分缓解率或完全缓解率；次要终点包括无进展生存期、应答持续时间、达到应答的时间、安全性和耐受性。同时，泽布替尼还开展全球性的临床试验，旨在与伊布替尼比较在WM患者中的疗效差异。泽布替尼的临床试验进展迅速。截至目前，其对WM、LPL、CLL、SLL的临床试验处于Ⅲ期；对MCL和惰性非霍奇金淋巴瘤(indolent non-Hodgkin lymphoma，iNHL)处于Ⅱ期临床试验，对MZL处于Ⅰ期临床试验。

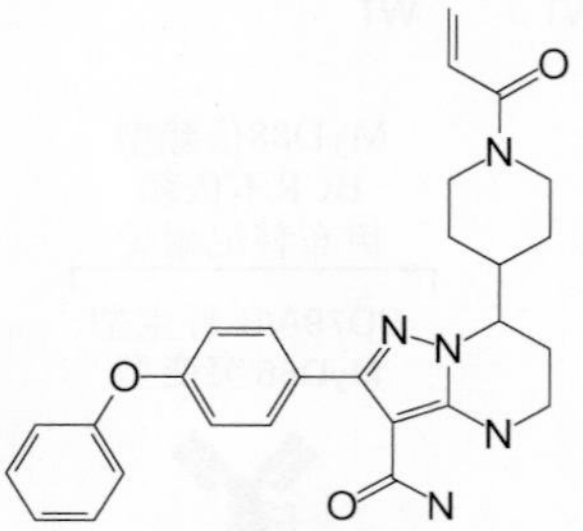

化合物10-3

图10-15 泽布替尼

初步研究结果显示，上述第二代BTK抑制剂阿卡替尼、泽布替尼具有比伊布替尼脱靶效应更小、选择性更高的潜力。此外，由于伊布替尼已被证明和其他化疗药物联合使用时有更好的耐受性和疗效[74,75]，阿卡替尼等第二代BTK抑制剂也正在分别开展包括肿瘤免疫治疗药物在内的联合用药的临床研究。

10.3 小结与展望

精准医学时代，对靶点与疾病关系的深入理解是进行靶向药物研发的重要前提。

前期 BTK 激酶功能调控及其与疾病关系的深入研究为 BTK 抑制剂的研发，特别是抑制剂适应证的选择提供了非常扎实的科学依据，从而加速了 BTK 抑制剂的药物研发进程。伊布替尼的成功上市及其卓越的抗肿瘤临床治疗效果，为 BTK 抑制剂应用展现了极为坚实而又宽阔的市场前景，使得 BTK 抑制剂成为新药研发和风险投资的宠儿。但 BTK 抑制剂在临床抗肿瘤中仍存在原发性和获得性耐药以及药物副作用问题。围绕这些问题，一方面从化合物结构改造出发，提高其活性与选择性以改善药物毒副作用，这是 BTK 靶向抑制剂的化学改造的发展方向；另一方面围绕耐药问题，开展 BTK 抑制剂在 B 细胞恶性肿瘤中的敏感生物标志物挖掘与鉴定，开展药物耐药机制研究，设计临床合理的药物联用方案，以最大化药物治疗效果，这也是生物学研究与临床研究的重点。

BTK 抑制剂不仅在血液肿瘤方面披荆斩棘，而且也在实体瘤方面开疆拓土。BTK 抑制剂不仅在 B 细胞表达，其在除 T 细胞之外的所有血液细胞中均有表达，而且在部分实体瘤如前列腺癌[76]、结肠癌[77]中表达。此外，BTK 抑制剂可能在肿瘤免疫抑制方面也具有一定作用，表达 BTK 的骨髓来源的抑制性细胞（MDSC）在很多不同类型的肿瘤基质中存在，引起免疫抑制以及抗肿瘤免疫的逃逸。所以伊布替尼能够减少乳腺癌和黑色素瘤小鼠模型中脾脏与肿瘤组织中的 MDSC 的数量，与 PD-L1 的抗体联合用药能够显著抑制乳腺癌生长[78]。但也有文献报道伊布替尼与 PD-L1 抗体联用的协同效应并不依赖于 BTK，而与 ITK 抑制相关[79]。专业数据库 Biomedtracker 的数据显示，处于临床研究阶段的 18 个 BTK 抑制剂在开展共计 55 项临床研究（见图 10-16，2017 年 6 月 2 日）。数据显示，在 36 项肿瘤治疗研究中有 8 项是针对实体瘤：伊布替尼在开展胰腺癌Ⅱ期/Ⅲ期临床试验，阿卡替尼在开展胰腺癌、卵巢癌、膀胱癌、非小细胞肺癌、脑癌、头颈癌等实体肿瘤的Ⅱ期临床试验，主要考察单独用药和 PD-1 单抗派姆单抗的联合用药效果。最近披露的阿卡替尼的Ⅱ期临床试验（NCT02362048）多中心数据摘要显示，阿卡替尼与 PD-1 抗体联合应用可使恶性程度很高的转移性胰腺癌患者获益[80]。阿卡替尼对 ITK 具有非常高的选择性。其在临床中与 PD-1 抗体联用效果是否与 BTK 抑制相关是值得关注和思考的问题。这将对其他 BTK 抑制剂是否能够进入实体瘤领域有很重要的参考意义。

此外，BTK 抑制剂的适应证仍在不断拓展中。除抗肿瘤外，自身免疫病的应用将把 BTK 抑制剂推向另一个市场高度的关键所在，目前已有多家制药公司开始专注自身免疫病的 BTK 抑制剂药物开发。专业数据库 Biomedtracker 的数据显示，在处于临床研究阶段的 55 项 BTK 抑制剂临床研究中，用于治疗自身免疫病的就有 22 项，占比 40%。在 18 项临床阶段 BTK 抑制剂中就有 12 项在开展自身免疫病的临床研究，占比 67%，包括阿卡替尼、CC-292、LY3337641、GDC-0853、PRN1008、ONO-4059、BMS-986142、MSC-2364447 处于治疗类风湿关节炎或红斑狼疮或寻常型天疱疮或干燥综合

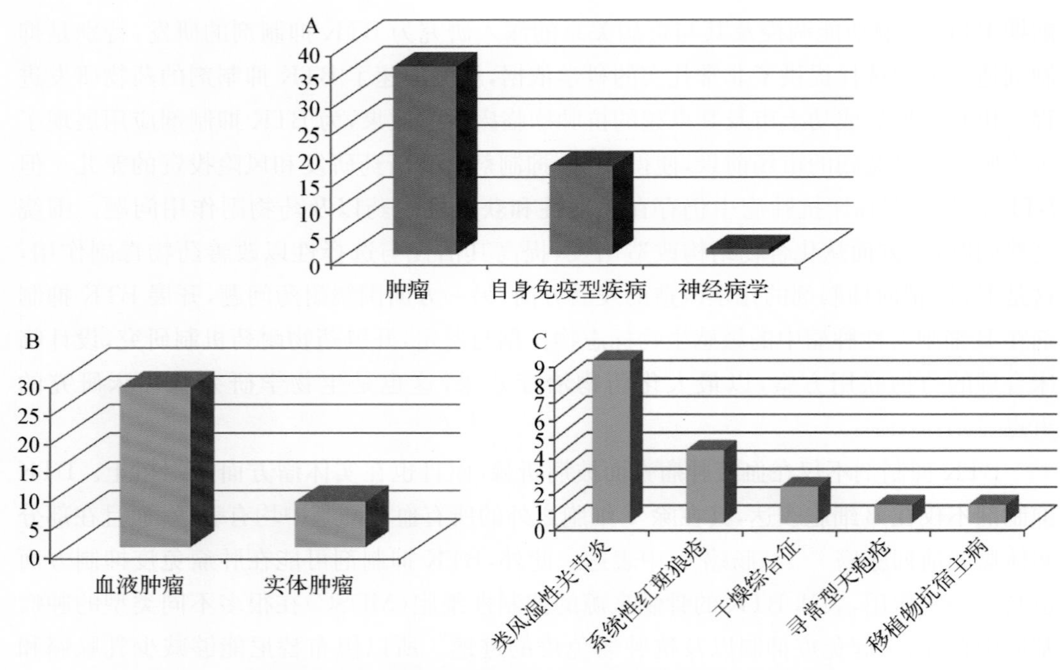

图 10-16　临床阶段的 BTK 抑制剂适应证分布情况

(图片修改自 Biomedtracker 数据库,网址为 https://www.biomedtracker.com/)

征的Ⅱ期临床试验。所以不仅具有较好激酶抑制选择性的第二代 BTK 共价不可逆抑制剂阿卡替尼处于类风湿关节炎的Ⅱ期临床试验,而且包括 BMS-986142、PRN1008、GDC-0853、ONO-4059 等药物均是可逆性 BTK 抑制剂。开发可逆性 BTK 抑制剂用于治疗自身免疫病将是另一发展趋势,这也意味着将会有更多的不同于伊布替尼共价结合结构类型的 BTK 抑制剂出现。

BTK 抑制剂伊布替尼的药物研发一波三折,但终获成功,成为共价抑制剂的药物研发典范。BTK 抑制剂药物研发的后起之秀急起直追,如中国百济神州的 BGB-3111 在短短 3～4 年迅速进入Ⅱ期临床试验,阿卡替尼新适应证的临床研究结果惊喜连连(阿卡替尼与 PD-1 抗体联用治疗实体瘤)。

参考文献

[1] Tsukada S, Saffran D C, Rawlings D J, et al. Deficient expression of a B cell cytoplasmic tyrosine kinase in human X-linked agammaglobulinemia[J]. Cell, 1993, 72(2): 279-290.

[2] Vetrie D, Vorechovský I, Sideras P, et al. The gene involved in X-linked agammaglobulinaemia is a member of the src family of protein-tyrosine kinases[J]. Nature, 1993, 361(6409): 226-233.

[3] Rawlings D J, Saffran D C, Tsukada S, et al. Mutation of unique region of Bruton's tyrosine

kinase in immunodeficient XID mice[J]. Science, 1993, 261(5119): 358-361.
[4] Thomas J D, Sideras P, Smith C I, et al. Colocalization of X-linked agammaglobulinemia and X-linked immunodeficiency genes[J]. Science, 1993, 261(5119): 355-358.
[5] Khan W N, Alt F W, Gerstein R M, et al. Defective B cell development and function in Btk-deficient mice[J]. Immunity, 1995, 3(3): 283-299.
[6] Hendriks R W, de Bruijn M F, Maas A, et al. Inactivation of Btk by insertion of lacZ reveals defects in B cell development only past the pre-B cell stage[J]. EMBO J, 1996, 15(18): 4862-4872.
[7] Aoki Y, Isselbacher K J, Pillai S. Bruton tyrosine kinase is tyrosine phosphorylated and activated in pre-B lymphocytes and receptor-ligated B cells[J]. Proc Natl Acad Sci U S A, 1994, 91(22): 10606-10609.
[8] de Weers M, Brouns G S, Hinshelwood S, et al. B-cell antigen receptor stimulation activates the human Bruton's tyrosine kinase, which is deficient in X-linked agammaglobulinemia[J]. J Biol Chem, 1994, 269(39): 23857-23860.
[9] Saouaf S J, Mahajan S, Rowley R B, et al. Temporal differences in the activation of three classes of non-transmembrane protein tyrosine kinases following B-cell antigen receptor surface engagement[J]. Proc Natl Acad Sci U S A, 1994, 91(20): 9524-9528.
[10] de Weers M, Verschuren M C, Kraakman M E, et al. The Bruton's tyrosine kinase gene is expressed throughout B cell differentiation, from early precursor B cell stages preceding immunoglobulin gene rearrangement up to mature B cell stages[J]. Eur J Immunol, 1993, 23(12): 3109-3114.
[11] Mahajan S, Ghosh S, Sudbeck E A, et al. Rational design and synthesis of a novel anti-leukemic agent targeting Bruton's tyrosine kinase (BTK), LFM-A13[α-cyano-β-hydroxy-β-methyl-N-(2, 5-dibromophenyl)propenamide][J]. J Biol Chem, 1999, 274(14): 9587-9599.
[12] Gocek E, Moulas A N, Studzinski G P. Non-receptor protein tyrosine kinases signaling pathways in normal andcancer cells[J]. Crit Rev Clin Lab Sci, 2014, 51(3): 125-137.
[13] Kawakami Y, Kitaura J, Hata D, et al. Functions of Bruton's tyrosine kinase in mast and B cells[J]. J Leukoc Biol, 1999, 65(3): 286-290.
[14] Hendriks R W, Yuvaraj S, Kil L P. Targeting Bruton's tyrosine kinase in B cell malignancies[J]. Nat Rev Cancer, 2014, 14(4): 219-32.
[15] Varnai P, Rother K I, Batta T. Phosphatidylinositol 3-kinase-dependent membrane association of the Bruton's tyrosine kinase pleckstrin homology domain visualized in single living cells[J]. J Biol Chem, 1999, 274(16): 10983-10989.
[16] Rajaiya J, Nixon J C, Ayers N, et al. Induction of immunoglobulin heavy-chain transcription through the transcriptionfactor Bright requires TFⅡ-Ⅰ[J]. Mol Cell Biol, 2006, 26(12): 4758-4768.
[17] Liu W, Quinto I, Chen X, et al. Direct inhibition of Bruton's tyrosine kinase by IBtk, a Btk-binding protein[J]. Nat Immunol, 2001, 2(10): 939-946.
[18] Novina C D, Kumar S, Bajpai U, et al. Regulation of nuclear localization and transcriptional activity of TFⅡ-Ⅰ by Bruton's tyrosine kinase[J]. Mol Cell Biol, 1999, 19(7): 5014-5024.
[19] Vihinen M, Nilsson L, Smith C I. Tec homology (TH) adjacent to the PH domain[J]. FEBS Lett, 1994, 350(2-3)263/265.
[20] Kang S W, Wahl M I, Chu J, et al. PKCβ modulates antigen receptor signaling via regulation of

Btk membrane localization[J]. EMBO J, 2001, 20(20): 5692-5702.

[21] Oppermann F S, Gnad F, Olsen J V, et al. Large-scale proteomics analysis of the human kinome [J]. Mol Cell Proteomics, 2009, 8(7): 1751-1764.

[22] Nore B F, Mattsson P T, Antonsson P, et al. Identification of phosphorylation sites within the SH3 domains of Tec family tyrosine kinases[J]. Biochim Biophys Acta, 2003, 1645(2): 123-132.

[23] Park H, Wahl M I, Afar D E, et al. Regulation of Btk function by a major autophosphorylation site within the SH3 domain[J]. Immunity, 1996, 4(5): 515-525.

[24] Mohamed A J, Vargas L, Nore B F, et al. Nucleocytoplasmic shuttling of Bruton's tyrosine kinase [J]. J Biol Chem, 2000, 275(51): 40614-40619.

[25] Akinleye A, Chen Y, Mukhi N, et al. Ibrutinib and novel BTK inhibitors in clinical development [J]. J Hematol Oncol, 2013, 6(1): 59.

[26] Rolli V, Gallwitz M, Wossning T, et al. Amplification of B cell antigen receptor signaling by a Syk/ITAM positive feedback loop[J]. Mol Cell, 2002, 10(5): 1057-1069.

[27] Okada T, Maeda A, Iwamatsu A, et al. BCAP: the tyrosine kinase substrate that connects B cell receptor to phosphoinositide 3-kinase activation[J]. Immunity, 2000, 13(6): 817-827.

[28] Fu C, Turck C W, Kurosaki T, et al. BLNK: a central linker protein in B cell activation[J]. Immunity, 1998, 9(1): 93-103.

[29] Oellerich T, Bremes V, Neumann K, et al. The B-cell antigen receptor signals through a preformed transducer module of SLP65 and CIN85[J]. EMBO J, 2011, 30(17): 3620-3634.

[30] Shinohara H, Maeda S, Watarai H, et al. IκB kinase β-induced phosphorylation of CARMA1 contributes to CARMA1 Bcl10 MALT1 complex formation in B cells[J]. J Exp Med, 2007, 204 (13): 3285-3293.

[31] Saito K, Tolias K F, Saci A, et al. BTK regulates PtdIns-4, 5-P2 synthesis: importance for calcium signaling and PI3K activity[J]. Immunity, 2003, 19(5): 669-678.

[32] Sharma S, Orlowski G, Song W. Btk regulates B cell receptor-mediated antigen processing and presentation by controlling actin cytoskeleton dynamics in B cells[J]. Immunol, 2009, 182(1): 329-339.

[33] Nore B F, Vargas L, Mohamed A J, et al. Redistribution of Bruton's tyrosine kinase by activation of phosphatidylinositol 3-kinase and Rho-family GTPases. [J]. Eur J Immunol, 2000, 30(1): 145-154.

[34] Yao L, Janmey P, Frigeri L G, et al. Pleckstrin homology domains interact with filamentous actin [J]. J Biol Chem, 1999, 274(28): 19752-19761.

[35] Kuehn H S, Rådinger M, Brown J M, et al. Btk-dependent Rac activation and actin rearrangement following FcepsilonkI aggregation promotes enhanced chemotactic responses of mast cells[J]. J Cell Sci, 2010, 123(pt15): 2576-2585.

[36] de Gorter D J, Beuling E A, Kersseboom R, et al. Bruton's tyrosine kinase and phospholipase Cγ2 mediate chemokine-controlled B cell migration and homing[J]. Immunity, 2007, 26(1): 93-104.

[37] Jefferies C A, Doyle S, Brunner C, et al. Bruton's tyrosine kinase is a Toll/interleukin-1 receptor domain-binding protein that participates in nuclear factor kappaB activation by Toll-like receptor 4 [J]. J Biol Chem, 2003, 278(28): 26258-26264.

[38] Jefferies C A, O'Neill L A. Bruton's tyrosine kinase (Btk)-the critical tyrosine kinase in LPS signalling[J]. Immunol Lett, 2004, 92(1-2): 15-22.

[39] Horwood N J, Page T H, McDaid J P, et al. Bruton's tyrosine kinase is required for TLR2 and

TLR4-induced TNF, but not IL-6, production[J]. Immunol, 2006, 176(6): 3635-3641.
[40] Horwood N J, Mahon T, McDaid J P, et al. Bruton's tyrosine kinase is required for lipopolysaccharide-induced tumor necrosis factor alpha production[J]. J Exp Med, 2003, 197(12): 1603-1611.
[41] Jiang Y, Ma W, Wan Y, et al. The G protein G α12 stimulates Bruton's tyrosine kinase and a rasGAP through a conserved PH/BM domain[J]. Nature, 1998, 395(6704): 808-813.
[42] Tsukada S, Simon M I, Witte O N, et al. Binding of beta gamma subunits of heterotrimeric G proteins to the PH domain of Bruton tyrosine kinase[J]. Proc Natl Acad Sci U S A, 1994, 91(23): 11256-11260.
[43] Lowry W E, Huang X Y. G Protein beta gamma subunits act on the catalytic domain to stimulate Bruton's agammaglobulinemia tyrosine kinase[J]. J Biol Chem, 2002, 277(2): 1488-1492.
[44] Akinleye A, Furqan M, Adekunle O. Ibrutinib and indolent B-cell lymphomas [J]. Clin Lymphoma Myeloma Leuk, 2014, 14(4): 253-260.
[45] Liu X, Zhan Z, Li D, et al. Intracellular MHC class Ⅱ molecules promote TLR-triggered innate immune responses by maintaining activation of the kinase Btk[J]. Nat Immunol, 2011, 12(5): 416-424.
[46] Chen S S, Chang B Y, Chang S, et al. BTK inhibition results in impaired CXCR4 chemokine receptor surface expression, signaling and function in chronic lymphocytic leukemia[J]. Leukemia, 2016, 30(4): 833-843.
[47] Pan Z, Scheerens H, Li S J, et al. Discovery of selective irreversible inhibitors for Bruton's tyrosine kinase[J]. Chem Med Chem, 2007, 2(1): 58-61.
[48] Honigberg L A, Smith A M, Sirisawad M, et al. The Bruton tyrosine kinase inhibitor PCI-32765 blocks B-cell activation and is efficacious in models of autoimmune disease and B-cell malignancy [J]. Proc Natl Acad Sci U S A, 2010, 107(29): 13075-13080.
[49] Gayko U, Fung M, Clow F, et al. Development of the Bruton's tyrosine kinase inhibitor ibrutinib for B cell malignancies[J]. Ann N Y Acad Sci, 2015, 1358(1): 82-94.
[50] Advani R H, Buggy J J, Sharman J P, et al. Bruton tyrosine kinase inhibitor ibrutinib(PCI-32765)has significant activity in patients with relapsed/refractory B-cell malignancies[J]. J Clin Oncol, 2013, 31(1): 88-94.
[51] Burger J A, Chiorazzi N. B cell receptor signaling in chronic lymphocytic leukemia[J]. Trends Immunol, 2013, 34(12): 592-601.
[52] Aalipour A, Advani R H. Bruton tyrosine kinase inhibitors: a promising novel targeted treatment for B cell lymphomas[J]. Br J Haematol, 2013, 163(4): 436-443.
[53] Brown J M. Tumor microenvironment and the response to anticancer therapy[J]. Cancer Biol Ther, 2002, 1(5): 453-458.
[54] Ten H E, Burger J A. Molecular pathways: targeting the microenvironment in chronic lymphocytic leukemia—focus on the B-cell receptor[J]. Clin Cancer Res, 2014. 20(3): 548-556.
[55] Spaargaren M, de Rooij M F, Kater A P, et al. BTK inhibitors in chronic lymphocytic leukemia: a glimpse to the future[J]. Oncogene, 2015, 34(19): 2426-2436.
[56] de Weerdt I, Eldering E, van Oers M H, et al. The biological rationale and clinical efficacy of inhibition of signaling kinases in chronic lymphocytic leukemia[J]. Leuk Res, 2013, 37(7): 838-847.
[57] Ten Hacken E, Burger J A. Microenvironment interactions and B-cell receptor signaling in chronic

lymphocytic leukemia: implications for disease pathogenesis and treatment[J]. Biochim Biophys Acta, 2016, 1863(3): 401-413.
[58] ten Hacken E, Burger J A. Microenvironment dependency in chronic lymphocytic leukemia: The basis for new targeted therapies[J]. Pharmacol Ther, 2014, 144(3): 338-348.
[59] Spaargaren M, de Rooij M F, Kater A P, et al. BTK inhibitors in chronic lymphocytic leukemia: a glimpse to the future[J]. Oncogene, 2015, 34(19): 2426-2436.
[60] Zhang S Q, Smith S M, Zhang S Y, et al. Mechanisms of ibrutinib resistance in chronic lymphocytic leukaemia and non-Hodgkin lymphoma[J]. Br J Haematol, 2015, 170(4): 445-456.
[61] Dreyling M, Ferrero S. Personalized medicine in lymphoma: is it worthwhile? The mantle cell lymphoma experience[J]. Haematologica, 2015, 100(6): 706-708.
[62] Bea S, Valdes-Mas R, Navarro A, et al. Landscape of somatic mutations and clonal evolution in mantle cell lymphoma[J]. Proc Natl Acad Sci U S A, 2013, 110(45): 18250-18255.
[63] Camicia R, Winkler H C, Hassa P O. Novel drug targets for personalized precision medicine in relapsed/refractory diffuse large B-cell lymphoma: a comprehensive review[J]. Mol Cancer, 14(1) 207.
[64] Martin-Subero J I, Lopez-Otin C, Campo E. Genetic and epigenetic basis of chronic lymphocytic leukemia[J]. Curr Opin Hematol, 20(4): 362-368.
[65] Strefford J C. The genomic landscape of chronic lymphocytic leukaemia: biological and clinical implications[J]. Br J Haematol, 2015, 169(1): 14-31.
[66] Burger J A, Tedeschi A, Barr P M, et al. Ibrutinib as initial therapy for patients with chronic lymphocytic leukemia[J]. N Engl J Med, 2015, 373(25): 2425-2437.
[67] Farooqui M Z, Valdez J, Martyr S, et al. Ibrutinib for previously untreated and relapsed or refractory chronic lymphocytic leukaemia with TP53 aberrations: a phase 2, single-arm trial[J]. Lancet Oncol, 2015, 16(2): 169-176.
[68] Thompson P A, O'Brien S M, Wierda W G, et al. Complex karyotype is a stronger predictor than del(17p) for an inferior outcome in relapsed or refractory chronic lymphocytic leukemia patients treated with ibrutinib-based regimens[J]. Cancer, 121(20): 3612-3621.
[69] Woyach J A, Furman R R, Liu T M, et al. Resistance mechanisms for the Bruton's tyrosine kinase inhibitor ibrutinib[J]. N Engl J Med, 2014, 370(24): 2286-2294.
[70] Pasqualucci L, Dalla-Favera R. The genetic landscape of diffuse large B-cell lymphoma[J]. Semin Hematol, 2015, 52(2): 67-76.
[71] Wilson W H, Young R M, Schmitz R, et al. Targeting B cell receptor signaling with ibrutinib in diffuse large B cell lymphoma[J]. Nat Med, 2015, 21(8): 922-926.
[72] Byrd J C, Harrington B, O'Brien S, et al. Acalabrutinib (ACP-196) in relapsed chronic lymphocytic leukemia[J]. N Engl J Med, 2016, 374(4): 323-332.
[73] Wu J, Zhang M, Liu D. Acalabrutinib (ACP-196): a selective second-generation BTK inhibitor [J]. J Hematol Oncol, 2016, 9(1): 21.
[74] Fraser G, Cramer P, Demirkan F, et al. Ibrutinib (I) plus bendamustine and rituximab (BR) in previously treated chronic lymphocytic leukemia/small lymphocytic lymphoma (CLL/SLL): a 2-year follow-up of the HELIOS study[J]. J Clin Oncol, 2016, 34(15_suppl): 7525.
[75] Younes A, Thieblemont C, Morschhauser F, et al. Combination of ibrutinib with rituximab, cyclophosphamide, doxorubicin, vincristine, and prednisone (R-CHOP) for treatment-naive patients with CD20-positive B-cell non-Hodgkin lymphoma: a non-randomised, phase 1b study

[J]. Lancet Oncol, 2014, 15(9): 1019-1026.
[76] Kokabee L, Wang X, Sevinsky C J, et al. Bruton's tyrosine kinase is a potential therapeutic target in prostate cancer[J]. Cancer Biol Ther, 2015, 16(11): 1604-1615.
[77] Grassilli E, Pisano F, Cialdella A, et al. A novel oncogenic BTK isoform is overexpressed in colon cancers and required for RAS-mediated transformation[J]. Oncogene, 2016, 35(33): 4368-4378.
[78] Stiff A, Trikha P, Wesolowski R, et al. Myeloid-derived suppressor cells express Bruton's tyrosine kinase and can be depleted in tumor-bearing hosts by ibrutinib treatment[J]. Cancer Res, 2016, 76(8): 2125-2136.
[79] Sagiv-Barfi I, Kohrt H E, Czerwinski D K, et al. Therapeutic antitumor immunity by checkpoint blockade is enhanced by ibrutinib, an inhibitor of both BTK and ITK[J]. Proc Natl Acad Sci U S A, 2015, 112(9): E966-E972.
[80] Michael J, Overman, Charles D L, et al. A randomized phase 2 study of the Bruton tyrosine kinase (Btk) inhibitor acalabrutinib alone or with pembrolizumab for metastatic pancreatic cancer (mPC)[J]. J Clinical Oncol, 2016, 34(15 suppl): 4130.

11 哺乳动物雷帕霉素靶蛋白信号通路和分子靶向抗肿瘤药物研发

哺乳动物雷帕霉素靶蛋白(mammalian target of rapamycin, mTOR)是一种存在于哺乳动物细胞中的丝氨酸/苏氨酸(Ser/Thr)激酶,可通过感应环境因素调控细胞的生长、代谢等重要生命过程。近年来大量研究表明,mTOR 与人体炎症、损伤、增生、组织修复、纤维化及肿瘤发生、发展等一条列重要的病理生理过程密切相关。mTOR 处于肿瘤信号通路的关键位置,针对 mTOR 的抑制剂被广泛应用于肿瘤的靶向治疗。本章以 mTOR 信号通路与恶性肿瘤的关系为主线,阐述雷帕霉素及其靶蛋白的发现与生物学功能,着重对 mTOR 网络转导通路在肿瘤中异常活化的机制进行阐述,并列举雷帕霉素类 mTOR 变构抑制剂与 ATP 竞争性抑制剂以反映靶向 mTOR 治疗药物的临床研究现状。

11.1 雷帕霉素与哺乳动物雷帕霉素靶蛋白的生物学背景

11.1.1 雷帕霉素的发现与早期研究

1964 年,加拿大麦基尔大学的 Stanley Skoryna 带领一支科考队从复活节岛(Rapa Nui)采集了大量的土壤、植物等样品用于研究。20 世纪 70 年代初期,惠氏 Ayerst 实验室微生物部的 Suren Sehgal 团队从这批土壤样品中筛选出吸水链霉菌(NRRL5491),并从其培养液中分离得到一种含氮三烯大环内酯类抗真菌活性物质。他们以岛屿的名称将其命名为雷帕霉素(rapamycin),分子结构如图 11-1 所示[1]。

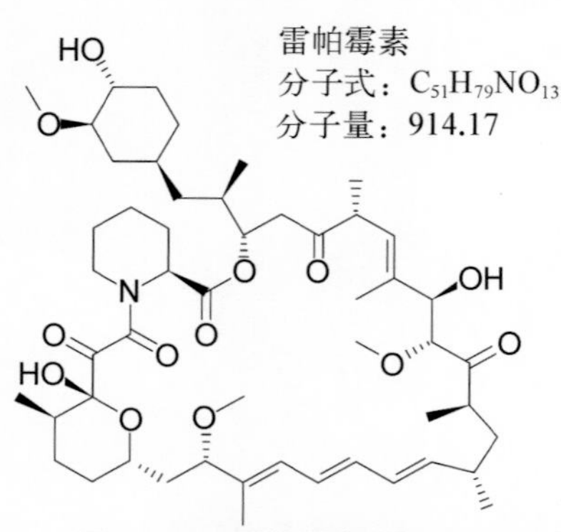

图 11-1 雷帕霉素的分子结构

(图片修改自参考文献[1])

不久后,雷帕霉素又被发现具有免疫抑制活性,可通过阻断由淋巴因子受体所调控的信号通路抑制 T 细胞增殖,阻滞细胞于 G_1 期[2]。1999 年,美国

FDA 批准雷帕霉素用于治疗肾移植后的免疫排斥反应。早在 20 世纪 70 年代中后期，就有研究团队曾评价过雷帕霉素的抗肿瘤作用[3]。它对多种类型的肿瘤均有抑制活性，如黑色素瘤、乳腺癌等；在结肠癌肿瘤模型中，雷帕霉素联合细胞毒化疗药与单用化疗药相比，呈现了更好的疗效与更低的毒副作用。

但是，雷帕霉素的作用靶点在研究早期并不明确。直到 20 世纪 90 年代，利用基因互补实验技术，Joseph 及其同事才发现并克隆了 *TOR*（target of rapamycin）基因。TOR 可恢复耐药酵母株对雷帕霉素的敏感性[4]。之后，不同研究团队在哺乳动物中相继克隆出同源 *TOR* 基因，并将其命名为 mTOR[5,6]。mTOR 的发现为精准靶向药物设计以及肿瘤靶向治疗揭开了序幕。

11.1.2 哺乳动物雷帕霉素靶蛋白的结构与生物学功能

11.1.2.1 哺乳动物雷帕霉素靶蛋白的结构

人的 *mTOR* 基因位于 1p36.2，编码全长为 2 549 个氨基酸、分子量为 289 000 的生物大分子，即 mTOR 蛋白。mTOR 蛋白是一个结构和功能高度保守的丝氨酸/苏氨酸激酶，属于非典型蛋白激酶大家族[7]。从蛋白质一级结构来看，mTOR 由 HEAT 重复序列（heat repeat）、黏着斑靶向定位（focal adhesion targeting, FAT）结构域、FKBP12/雷帕霉素结合（FKBP12-rapamycin binding, FRB）结构域、激酶结构域和羧基端黏着斑靶向定位（FATC）结构域构成（见图 11-2）[8]。

HEAT 重复序列位于 mTOR 的氨基端；FAT 结构域紧随其后，空间上 2 个结构域扩展形成超螺旋，主要介导蛋白质间的相互作用。mTOR 激酶结构域位于 mTOR 的羧基端，氨基酸残基折叠成大小不同的 2 个结构（N-瓣和 C-瓣），其间有 3 个特征插入：FRB、LBE（哺乳动物致命 sec-13 蛋白 8 结合元件）和 FATC。N-瓣起始部位是一个长螺旋结构，紧连 FRB 结构域。它由 4 个 α-螺旋组成，空间上可限制底物进入活性中心，扮演“守门员”的角色。C-瓣包含一个螺旋-茎环-螺旋结构（LBE），是哺乳动物致命 sec-13 蛋白 8（mLST8）的结合部位。

11.1.2.2 哺乳动物雷帕霉素靶蛋白复合物的构成

mTOR 在生物体内通过形成两大复合物 mTOR 复合物 1（mammalian target of rapamycin comlex 1, mTORC1）和 mTOR 复合物 2（mTORC2）发挥生物学功能（见图 11-3）[9]。它们拥有 4 个相同的组成成分：mTOR 激酶、支架蛋白 mLST8、mTOR 调控单位 Deptor 和 Tti1/端粒维持蛋白 2（Tel2）复合物。mLST8 对 mTORC1 的作用并不是很明确，但有研究表明缺失 mLST8 不会影响 mTORC1 的活性，而会影响 mTORC2 各组分的聚集和功能。Deptor 是一种内源性的 mTOR 活性抑制蛋白，被磷酸化后可解除对 mTOR 的抑制。Tti1 与 mTOR 相互作用可同时激活 mTORC1 和 mTORC2 的功能。在哺乳动物中 Tti1 与 Tel2 形成复合物，它对 mTORC1 和 mTORC2 的稳定性和

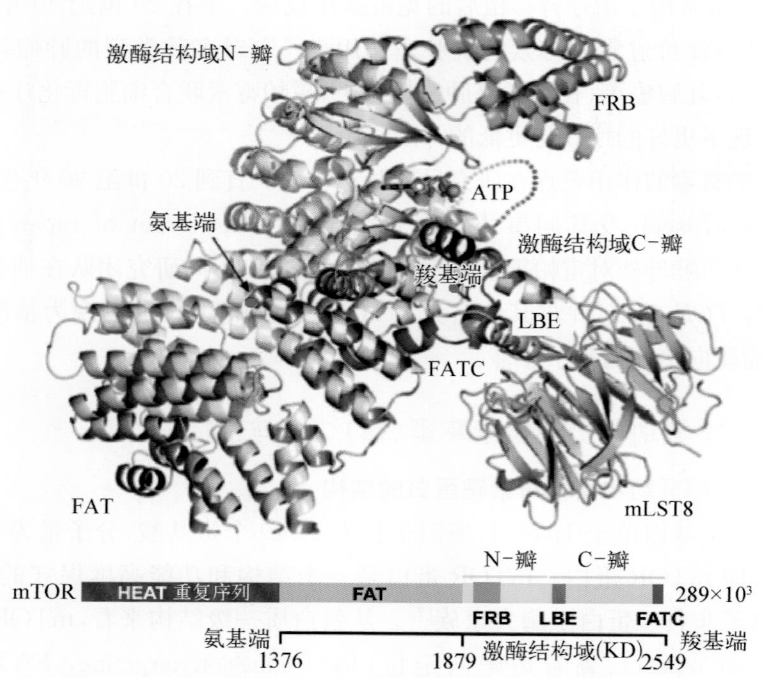

图 11-2　哺乳动物雷帕霉素靶蛋白的结构

空间结构显示范围为氨基酸 1 376～2 549 残基(mTORΔN-mLST8-ATPγS 复合物,PDB 编号为 4JSP)。(图片修改自参考文献[8])

活性十分重要。

mTOR 的两大复合物又各自拥有特异的构成成分。mTORC1 包含雷帕霉素结合伴侣(Raptor)、富含脯氨酸的 PKB(Akt)底物蛋白(PRAS40)。Raptor 是支架蛋白,对 mTORC1 组分的聚集、稳定以及特异性识别底物十分重要;PRAS40 主要起负性调节作用。mTORC1 的晶体结构显示 mTOR、Raptor 和 mLST8 是其核心元件。mTOR 相互作用形成菱形二聚体结构,Raptor 和 mLST8 结合在复合体的周边[见图 11-3(a)][10]。

雷帕霉素不敏感的 mTOR 伴侣(Rictor)和哺乳动物应激活化 MAP 激酶相互作用蛋白 1(mSin1)是 mTORC2 的特异性成员。Rictor 的功能与 Raptor 相似。此外,其还可帮助 mTORC2 在细胞内的定位;mSin1 结合并抑制 mTORC2 的功能。人的 mTORC2 晶体结构尚未得到解析,但酵母 TORC2 的结构可以帮助人们初步了解复合物的结构[见图 11-3(b)]。与 mTORC1 组合形式类似,酵母 TORC2 也在空间上形成二聚体结构[11]。

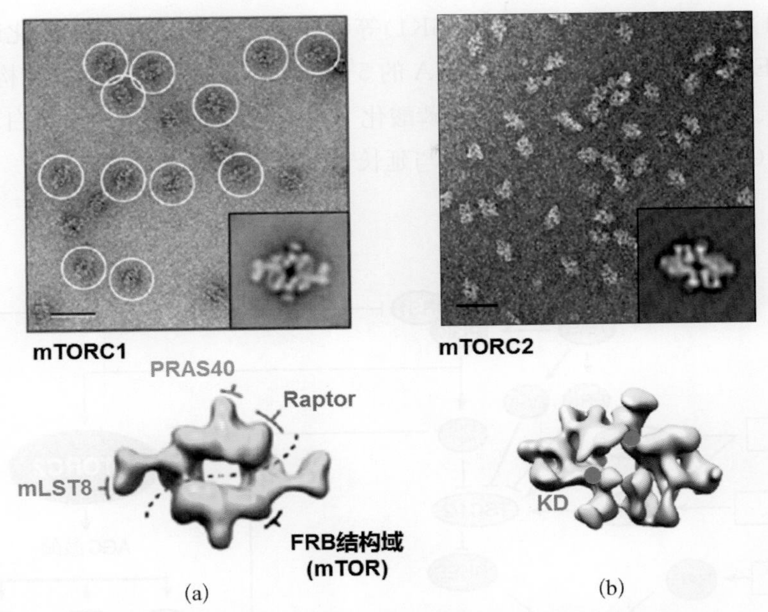

图 11-3 mTORC1 核心复合物与酵母 TORC2 模拟结构

(图片修改自参考文献[10])

11.1.2.3 哺乳动物雷帕霉素靶蛋白功能的调控

mTOR 能够整合来自细胞膜受体、营养成分和氧环境等的多层次信号。膜受体结合相应的配体后主要通过激活 PI3K 活化 mTOR 信号通路。另外,细胞内 ATP 和氨基酸(如亮氨酸、精氨酸、谷氨酰胺)的水平也能调控 mTORC1 的活性。腺苷酸活化蛋白激酶(AMPK)是感应细胞内能量状态(ATP∶AMP 的比例)的重要蛋白。当 ATP∶AMP 比例较低时 AMPK 被激活,并同时磷酸化 TSC2,TSC2 被活化后可抑制 mTORC1 的活性。溶酶体是感应氨基酸环境的重要细胞器,通过激活 Rag GTP 酶、v-ATP 酶、Ragulator 和 SLC38A9 等信号分子募集 mTORC1 至溶酶体表面,进而 mTORC1 被 RHEB 激活。氧环境能够通过多种机制调控 mTORC1 的功能。轻度缺氧会导致 ATP∶AMP 之比的水平降低,AMPK 随之活化;另外,DNA 损伤应激转录调控蛋白 1(REDD1)在缺氧条件下活化,两者都可通过由 TSC1/TSC2 介导的机制抑制 mTORC1 的功能[12]。

mTORC2 调控机制并不像 mTORC1 那么明确。生长因子和核糖体是目前已知的 2 个 mTORC2 激活因子[9]。mSin1 是 mTORC2 的重要组成成分,当生长因子激活 PI3K 后可帮助 mTORC2 定位于细胞膜。同时,PKB(Akt)通过磷酸化 mSin1 T86 位点使其失活,进而解除 mSin1 对 mTORC2 的抑制作用。S6K1 也可磷酸化 mSin1,位点与 PKB(Akt)相同。

11.1.2.4 哺乳动物雷帕霉素靶蛋白复合物 1 的生理功能

mTORC1 活化后,将催化一系列底物的磷酸化,包括真核翻译起始因子 4E 结合蛋白1(4EBP1)、核糖体蛋白S6激酶1(S6K1)等(见图11-4)。4EBP1磷酸化后释放真核起始因子4E(eIF4E),eIF4E识别mRNA的5′-端的-7-甲基鸟嘌呤帽子结构,引导形成翻译复合物。另外,S6K1被激活后,将磷酸化下游的eIF4B、核糖体S6蛋白和真核延长因子2激酶(eEF2),最终起始蛋白翻译与延长[13]。

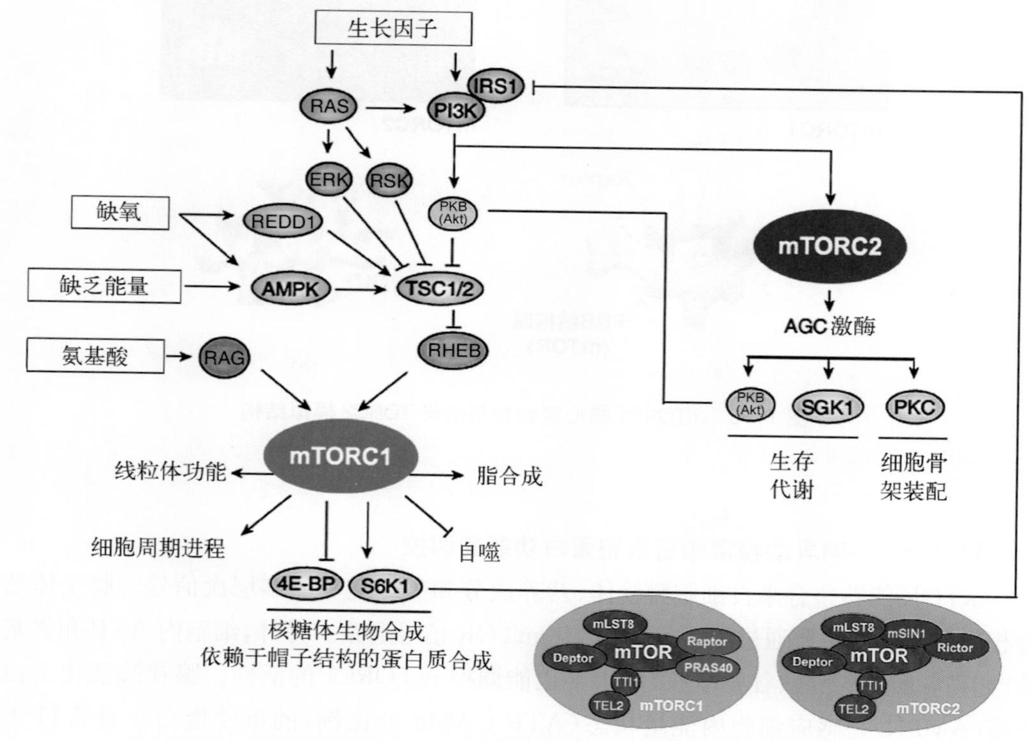

图11-4 mTOR信号通路及其功能

(图片修改自参考文献[13])

除了调控蛋白质合成以外,mTORC1也能调节细胞的脂代谢。固醇调节元件结合蛋白(SREBP)转录因子是调控许多脂肪和胆固醇合成途径中的重要酶。未活化的SREBP驻留在内质网上,经过蛋白酶的加工后活化并向细胞核迁移,起始转录相关基因。mTORC1调控SREBP存在多种机制。既能通过调控S6K1的活性控制SREBP的翻译,也能通过磷酸化Lipin-1抑制其向细胞核转移[14]。另外,mTORC1活化后也会促进过氧化物酶体增殖物激活受体γ(PPARγ)的表达。PPARγ是控制脂肪酸积累和葡萄糖代谢的重要蛋白。同样,mTORC1也可调控细胞的糖代谢。葡萄糖代谢过程中的重要酶如已糖激酶、葡萄糖-6-磷酸脱氢酶等均受mTORC1通路调控。在机制上,mTORC1活化后可诱导低氧诱导因子1α(hypoxia-inducible factor 1α, HIF-1α)、 c-Myc 等转录因子的表达，进而促进糖代谢相关酶的表达，最终增加葡萄糖利用通量[15]。

自噬是细胞在饥饿环境下，通过形成自噬体降解细胞器以及细胞质蛋白，为自身提供生物代谢所必需的原料。unc-51 样蛋白激酶 1(ULK1)是自噬体复合物的核心蛋白，具有丝氨酸/苏氨酸活性。自噬溶酶体的组装需要 ULK1/2、自噬相关基因蛋白 13(ATG13)和黏着斑激酶家族相互作用蛋白(FIP200)介导完成。mTORC1 可磷酸化 ULK1 和 ATG13 使其失活，最终抑制自噬过程[16]。

11.1.2.5 哺乳动物雷帕霉素靶蛋白复合物 2 的生理功能

与 mTORC1 相同，mTORC2 也是十分重要的功能性复合体。mTORC2 可以调控 AGC 超级家族的相关蛋白，如 PKB(Akt)、血清、糖皮质激素、诱导蛋白酶 1(SGK1)和蛋白激酶 C(PKC)[17]。mTOR2 活化后，可磷酸化 PKB(Akt)的 Ser473 位点。实际上缺失 mTOR2 并不会完全消除 PKB(Akt)对 TSC2 和 GSK3-β 的活性，但会缺失一部分功能，如叉头框 O1/3a 蛋白(FoxO1/3a)[18]。FoxO1/3 控制许多与代谢、细胞周期和凋亡相关的基因转录。mTOR2 可直接激活 SGK1，缺失 mTOR2 将导致 SGK1 功能完全被阻断，进而消除其对 FoxO1/3 的作用[19]。

mTORC2 对细胞生存十分关键，它可以调控存活促进因子 BCL-2 家族相关蛋白。研究表明，mTORC2 可以调控抗凋亡蛋白 MCL-1 的稳定性。MCL-1 位于线粒体膜，可抑制细胞色素 C 的释放而诱导细胞死亡。mTORC2 功能性抑制后，会促进蛋白酶所介导的 MCL-1 泛素化降解[20]。mTORC2 也可调控细胞骨架装配与细胞形态，分子水平主要通过 P-REX1/P-REX2、RHOA、RAC、CDC42 和 $p27^{Kip1}$ 等重要蛋白质分子实现。RHOA、RAC1 和 CDC42 均具有 GTP 酶活性，RHOA 诱导肌动蛋白压力纤维的形成以及局部黏附，并可诱导细胞尾支和板状伪足的形成；RAC1 刺激可形成板状伪足和膜皱褶；而 CDC42 可促进丝状伪足和激动蛋白微刺突的形成[21]。

11.1.3 哺乳动物雷帕霉素靶蛋白信号通路与恶性肿瘤

基于现代肿瘤生物学理念，癌症并不是一种单纯性疾病，而是由数百种不同分子机制引发的恶性肿瘤。人体细胞内存在多种信号转导方式和途径，构成庞大而复杂的网络系统，调控生理和癌变的生物学过程。mTOR 在细胞信号转导网络中，起着核心枢纽的作用。据统计，50%以上的人类肿瘤涉及 mTOR 通路的过度活化，对疾病的发生、发展以及多种原发或继发耐药起着重要作用，如表 11-1 所示[22]。

受体酪氨酸激酶(RTK)是接受生长因子信号的重要膜蛋白。临床上，RTK 常发生激活突变，如 *EGFR* 扩增、*EML4-ALK* 融合、*HER2* 扩增、*c-MET* 扩增等，这已成为肺癌、乳腺癌、胃癌等多种肿瘤的致病原因。同时，在肿瘤细胞中表达的 RTK 通过活化并触发 P13K/PKB(Akt)/mTOR 通路而异常激活，或者通过自身的基因突变，实现对肿瘤发生和发展的支撑作用。

表 11-1 肿瘤细胞中 mTOR 通路常见失调组分

靶　点	蛋白质类型	遗传畸变	肿瘤类型
EGFR	酪氨酸激酶受体	扩增、突变	结直肠癌、肺、胃、胰、肝和其他
HER2	酪氨酸激酶受体	扩增、表达	乳腺
ER	激素受体	表达	乳腺、子宫内膜
PI3KCA	丝氨酸-苏氨酸激酶	激活突变	结直肠、乳腺、肺、脑
PKB(Akt)1/2/3	丝氨酸-苏氨酸激酶	扩增、突变	乳腺癌、结直肠癌、前列腺癌、卵巢癌
K-RAS	GTP-结合激酶	突变	结肠直肠、胰、肺、黑色素瘤
BCR-ABL	酪氨酸激酶	易位融合	慢性髓细胞性白血病、急性髓细胞性白血病
PTEN	脂质磷酸酶	沉默、基因缺失	胶质瘤、子宫内膜、前列腺、黑色素瘤、乳腺
TSC1/TSC2	TSC 复合蛋白	丢失、突变	膀胱
LKB1	丝氨酸-苏氨酸激酶	突变、沉默	结肠直肠、肺
VHL	泛素连接酶	缺失、沉默	肾、成血管细胞瘤
mTOR	丝氨酸-苏氨酸激酶	激活突变	肺癌、胃癌、结直肠癌、肾癌
Rictor	雷帕霉素不敏感的 mTOR 伴侣	扩增	脑胶质瘤、胃癌、非小细胞肺癌、乳腺癌

(表中数据来自参考文献[22,23])

磷脂酰肌醇-3-激酶(PI3K)是 RTK 下游的关键功能分子,具有丝氨酸/苏氨酸激酶活性,由调节亚基 p85 和催化亚基 p110 构成。生长因子能够通过结合 RTK 激活 PI3K,催化生成第二信使磷脂酰肌醇(3,4,5)三磷酸(PIP_3)。Ⅰ类 PI3K 的 p110 有 4 个异构体,其中 PIK3CA 和 PIK3CB 与肿瘤密切相关。在乳腺癌、结肠癌和子宫内膜癌中发现 PIK3CA 存在体细胞突变[23]。突变普遍分布于第 9 号、第 20 号外显子中,它们分别编码 p110 的螺旋和催化结构域。除此之外,在其氨基端 p85 相互作用结构域中也发现存在突变。这些突变(如 H1047R)能够增加 PIK3CA 的活性,但并不会影响 p110 与 p85 的相互作用[24]。在这种情况下,即使没有生长因子刺激,PI3K 仍能够持续活化下游通路。除了 PI3K/PKB(Akt)信号通路以外,RAS-MAPK 通路也能活化 mTOR 通路。ERK 与 PKB(Akt)作用具有相似性,但是是在不同的残基上磷酸化 TSC2[25]的。K-RAS 在多种肿瘤中存在激活性突变,如结直肠癌、肺癌等,它的突变位点一般集中在第 12 号、第 13 号、第 61 号外显子。

人 10 号染色体缺失的磷酸酶及张力蛋白同源基因(phosphatase and tensin

homolog deleted on chromosome ten，*PTEN*）是 PI3K/PKB（Akt）信号通路的重要调控基因，也是一种抑癌基因，其蛋白具有磷酸酶活性，可催化 PIP_3 在 D3 位发生去磷酸化生成 PIP_2，从而实现对 PI3K 通路的负性调控。*PTEN* 在多种肿瘤中发生失活突变且存在多种方式，如插入、丢失、替换、移码突变、蛋白截短等，常发生在第 3 号、第 5 号、第 8 号外显子。另外，有研究发现还存在转录水平抑制以及表观遗传学修饰等机制使 PTEN 蛋白失活[26]。*PTEN* 的种系突变将导致多发性错构瘤综合征和巨头、多发脂肪瘤及血管瘤综合征的发生，这些疾病都有转变为癌症的风险。与其他抑癌基因不同（如 *p*53），*PTEN* 并不需要缺失双等位基因，单倍体功能缺失就足以诱发肿瘤形成。

PKB（Akt）是 PI3K 下游的丝氨酸/苏氨酸激酶，可被 PIP_3 招募并富集于细胞膜。3-磷酸肌醇依赖性蛋白激酶 1（PDK1）可磷酸化其 T308 位点，进而活化其丝氨酸/苏氨酸激酶活性。PKB（Akt）存在 3 种异构体，在肿瘤中的突变形式和功能各异。PKB（Akt）1 脂结合 PH 结构域的单氨基酸置换（E17K），在乳腺癌、结直肠癌、前列腺癌和卵巢癌中均有发现。PKB（Akt）2 在结直肠癌及其转移组织中也常发现扩增突变[27]。

结节硬化蛋白复合物（TSC1/TSC2）是 mTORC1 上游的一个关键负性调控蛋白，具有 GTP 酶活化蛋白活性。其中，TSC2 是 PKB（Akt）的底物，当被 PKBL（Akt）磷酸化后失活。正常功能的 TSC1/TSC2 复合物会结合 RHEB，并催化活化状态的 RHEB-GTP 转变为失活状态的 RHEB-GDP；当 TSC1/TSC2 失活后，RHEB-GTP 则可激活 mTORC1[28]。另外，PKB（Akt）也可直接磷酸化 PRAS40，使其与 Raptor 脱离，解除 PRAS40 对 mTORC1 的抑制作用[29]。结节性硬化症为 mTORC1 的异常活化所致，为肿瘤的形成提供了直接证据，TSC1/TSC2 的突变或丢失是该疾病的诱因。复合物功能缺失后活化 mTORC1 通路，导致大范围良性肿瘤形成。然而，这类肿瘤的进展是有限的，这可能与 mTORC1 介导对 IRS-1 的反馈调节有关。同时也提示，mTORC1 通路异常活化是肿瘤细胞增殖的驱动因素。

mTOR 自身在多种类型的肿瘤细胞株和组织中存在基因突变，如大肠腺癌中的 *S2215Y* 和肾癌中的 *R2505P*、*L2431P* 等，这些突变导致 mTORC1 通路持续性活化。2014 年有研究团队基于生物大数据库分析发现，大量 mTOR 的突变广泛分布于激酶的各个结构域，涉及多种肿瘤包括肺癌（14.6%）、胃癌（8.2%）、结直肠癌（7.1%）、肾癌（6%）等（见图 11-5）[30]。这些激活突变并不会影响 mTOR 复合物的聚集，但是某些位点的变异可降低其与 Deptor 的结合能力。研究表明，具有 mTOR 激活突变的肿瘤细胞株在体外与体内均对雷帕霉素敏感。同年，另一个研究团队在依维莫司的Ⅰ期临床研究中发现一名膀胱上皮癌患者持续 14 个月对药物发生完全响应。经外显子组测序发现了 2 个 mTOR 活化突变 E2419K 和 E2014K。上述研究结果提示，mTOR 本身的激活突变可预示患者对雷帕霉素类抑制剂的敏感性。

von Hippel-Lindau（*VHL*）是一个抑癌基因，在肿瘤中常发生失活突变。在正常细

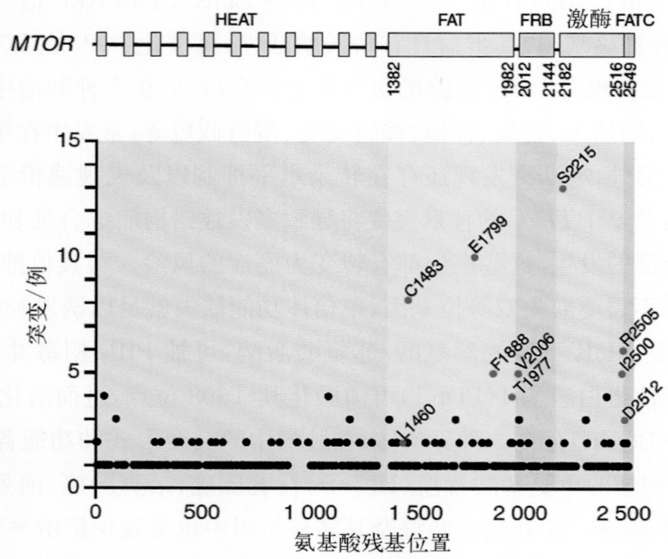

图 11-5 mTOR 基因在多种肿瘤中的激活突变

(图片修改自参考文献[30])

胞中它与羟基化的 HIF-1α 结合,利用蛋白酶体途径促进 HIF-1α 的降解。VHL 功能缺失后,在缺氧条件下(氧分压<5%)会使得 HIF-1α 在细胞内聚积,诱导血管内皮生长因子(VEGF)的表达,促进血管新生并为细胞供能,满足肿瘤的生长。另外,HIF-1α 的翻译受 mTOR 信号通路的调控。以肾癌为例,除 VHL 功能缺失以外,常伴随发生 PTEN 的功能缺陷,一方面促进了 HIF-1α 的表达,另一方面增加了其稳定性,最终导致 VEGF 合成旺盛,临床表现为新生血管极度丰富。

mTORC2 位于 PKB(Akt)的上游,在肿瘤发生发展中同样扮演着重要的角色。相继有研究报道,在脑胶质瘤、胃癌、非小细胞肺癌和乳腺癌中发现 Rictor 扩增[31]。Rictor 扩增将活化 mTORC2 的功能,促进肿瘤的进展,但也预示着对 mTORC1/mTORC2 抑制剂的敏感性。

肿瘤细胞的代谢方式发生重构也是其重要特征,即使在氧气充足的条件下,它也是依赖糖酵解途径提供能量(沃伯格效应)的。提高糖酵解速率一方面可提供生长必需的 ATP,还可为合成脂肪、氨基酸和核酸等生物大分子提供中间体。在多种肿瘤中发现存在 *HIF-1α*、c-*Myc* 等转录因子基因的扩增,它们是糖代谢、脂肪代谢途径中相关酶转录的重要调控因子,通过增加相关代谢酶的表达满足细胞代谢重构的需求,进而对细胞增殖起支撑作用。

通过现代化学生物学与精准医疗理论和技术的应用,科学家们揭示 mTOR 是酪氨酸激酶信号转导下游信号通路的关键蛋白,为抗肿瘤药物的研发提供了新的靶点。第一代 mTOR 变构抑制剂雷帕霉素类药物已广泛应用于治疗器官移植后的急慢性免疫反应、肿瘤等疾病，且与 mTOR 抑制剂相关的临床试验已累计超过 1 700 余项，充分体现了医学界和药物研发界对 mTOR 通路的高度关注。然而，雷帕霉素类药物属于变构抑制剂，作用于 mTOR 催化位点附近的 FRB 结构域，仅部分抑制 mTORC1 的生物功能，对临床上难治性肿瘤的疗效缓慢。与雷帕霉素类药物不同，ATP 竞争性及特异性 mTOR 激酶小分子抑制剂能同时直接阻断 mTORC1/mTORC2 的活性，可能具有更加广泛的作用效应。

11.2 第一代哺乳动物雷帕霉素靶蛋白抑制剂药物的研究进展

11.2.1 雷帕霉素类药物为哺乳动物雷帕霉素靶蛋白变构抑制剂

雷帕霉素也称为西罗莫司(sirolimus)，为含氮三烯大环内酯化合物。随着 mTOR 通路与肿瘤相关性的研究，雷帕霉素成为第一个应用于抗肿瘤临床的 mTOR 抑制剂。雷帕霉素类(rapalogs)的分子结构主要分为两部分：FKBP12 结合区和 FRB 结构域结合区[见图 11-6(a)][32]。雷帕霉素能够高效亲和 FKBP(K_d=0.2 nmol/L)，对 FRB 具有中度亲和性，亲和常数 K_d=(26±0.8)μmol/L。雷帕霉素与 FKBP12 形成复合物后，对 FRB 的亲和性提高了 2 000 多倍，K_d=(12±0.8)nmol/L[33]。雷帕霉素与 FRB 结构域间没有氢键连接，而是通过三烯臂结构和芳香族氨基酸残基相互作用[见图 11-6(b)][34]。FKBP12-雷帕霉素-FRB 结构域形成之后，mTOR 的空间结构发生了变化，导致 mTORC1 的“守门员”——Raptor 无法与之相结合，从而抑制了复合物的活性[35]。

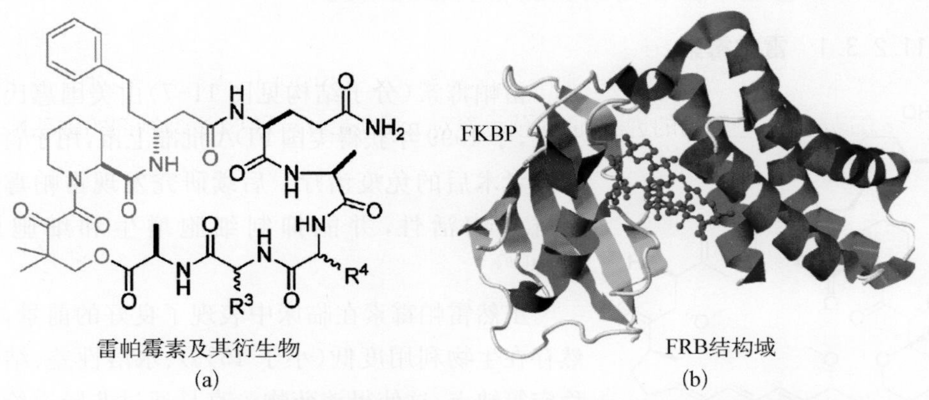

图 11-6 雷帕霉素类化合物结构及 FKBP-雷帕霉素-FRB 复合物结构

(a) 红色部分是 FKBP 结合区，黑色部分为 FRB 结构域结合区；(b) FKBP-雷帕霉素-FRB 复合物，左边为 FKBP，右边为 FRB 结构域，中间结合雷帕霉素。(图片修改自参考文献[32,34])

11.2.2 雷帕霉素类药物的分子药理机制

雷帕霉素类药物能够抑制蛋白质翻译，但是这种抑制作用中等并具有细胞特异性，对依赖于生长因子和氨基酸的细胞抑制效果较为显著，但对肿瘤细胞的作用却有限。4EBP1 的 4 个位点分别为 Ser-37、Thr-46、Ser-65 和 Thr-70，都可被 mTORC1 磷酸化，从而可阻断它与 eIF4E 的结合，启动由 5′帽子结构介导的蛋白质翻译。纳摩尔水平的雷帕霉素类药物就能完全抑制 S6K1 磷酸化，但是仅部分抑制 4EBP1。雷帕霉素和依维莫司已被 FDA 批准上市，用于治疗进展期肾癌、乳腺癌和肉瘤。但是作为单一用药的治疗方案，雷帕霉素类药物的抗肿瘤活性并不尽如人意。这种结果可能是因为雷帕霉素类药物经处理以后，mTORC1/S6K1/IRS-1/PI3K 这条负性调控反馈通路受抑制。当 mTORC1 被雷帕霉素类药物抑制以后，IRS-1 的负性调控通路也被减弱最终激活 PKB(Akt)，表现为 PKB(Akt) T308 位点磷酸化增加。

mTORC1 并不是调控蛋白合成的唯一通路。有研究显示，敲除 mTOR 能够明显抑制 5′-寡聚胞嘧啶 mRNA(5′-TOP mRNA)的翻译，而单独敲除 Raptor(mTORC1)或者 Rictor(mTORC2)则作用相对较弱[36]。另外，雷帕霉素并不能抑制 4EBP1 Ser37/Thr-46 和 PRAS40 Ser-212 磷酸化，这也进一步说明了 mTORC1 通路调控蛋白合成具有局限性[37]。

虽然雷帕霉素最初是以免疫抑制剂被批准用于临床的，但是越来越多的研究发现其在肿瘤免疫治疗方面发挥重要作用。肿瘤细胞能够通过表达程序性死亡蛋白配体-1(PD-L1)逃脱免疫细胞的杀伤。研究证明，在肺癌中 mTOR 通路活化可促进 PD-L1 的表达；雷帕霉素类抑制剂可通过溶酶体介导的蛋白裂解途径降低 PD-L1 的表达水平[38]。

11.2.3 已上市雷帕霉素类药物的相关研究

11.2.3.1 雷帕霉素

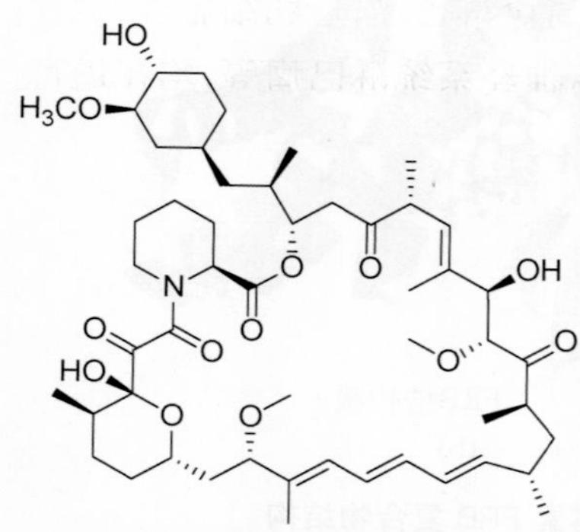

图 11-7 雷帕霉素分子结构
(图片修改自参考文献[39])

雷帕霉素(分子结构见图 11-7)由美国惠氏公司开发，于 1999 年获得美国 FDA 批准上市，用于肾脏移植患者术后的免疫治疗。后续研究发现雷帕霉素具有抗肿瘤活性，并能抑制细胞增生和细胞周期进程[39]。

虽然雷帕霉素在临床中表现了良好的前景，但仍然存在生物利用度低(小于 15%)、水溶性差、结构不稳定等缺点，这使得该药物一直是通过非肠道给药系统使用。人们在 20 世纪 90 年代后期又陆续开发出了一些高效、特异性的雷帕霉素衍生物，如坦西莫司、依维莫司及 ridaforolimus 等。近年来，雷帕霉素在抗肿瘤临床上的应用主要为联合用药的重要组成部分[39]。

11.2.3.2　坦西莫司

坦西莫司(temsirolimus，CCI-779)是雷帕霉素 C42 位羟基用 2,2-双羟甲基丙酸进行酯化后得到(见图 11-8)。由美国惠氏公司研发。与雷帕霉素比较，坦西莫司的溶解性和稳定性都得到提高，临床以静脉滴注方式给药，人体半衰期为 13～15 h。坦西莫司是研究最早的雷帕霉素衍生物，几乎无免疫抑制活性，在多种人类肿瘤模型中，坦西莫司单独应用或与其他抗肿瘤药物联合应用均显示了良好的疗效。坦西莫司对 *PTEN* 缺失/突变的肿瘤细胞作用更为显著。2007 年 5 月，FDA 通过快速通道批准坦西莫司用于 IL-2 治疗失败的晚期肾癌的治疗。Ⅰ期临床研究结果显示，静脉注射坦西莫司对实体瘤患者具有较好的耐受，不良反应主要有衰弱、黏膜炎、恶心、皮肤毒性、高血糖、血小板计数减少和白细胞计数少等。Ⅲ期临床研究结果显示，坦西莫司单药治疗肾癌，患者的中位总生存期为 10.9 个月(95% *CI*：8.6～12.7 个月)，总缓解率为 8.6%。临床治疗肾癌具有一定的效果，基于该研究结果，FDA 批准坦西莫司用于晚期肾癌的治疗[40]。

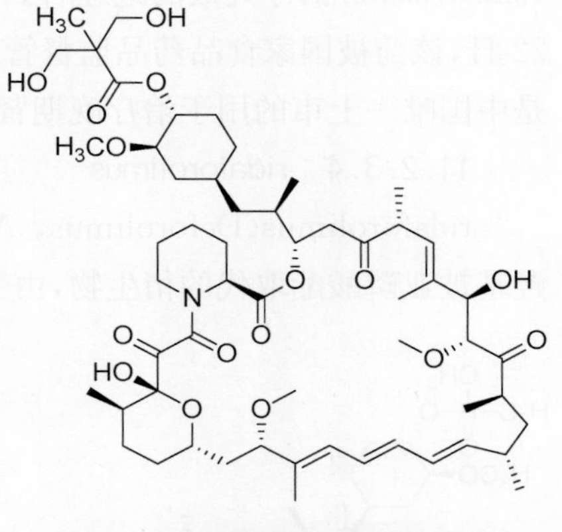

图 11-8　坦西莫司分子结构

(图片修改自参考文献[40])

坦西莫司单药治疗子宫内膜癌和套细胞淋巴瘤的Ⅱ期、Ⅲ期临床试验结果显示，坦西莫司有一定的抗肿瘤药效，患者的无进展生存期分别为 5.6 个月和 4.8 个月，总生存期为 16.9 个月。其他适应证包括慢性淋巴细胞白血病、绝经后或 HER2 阳性乳腺癌、头颈癌、复发顽固的多发性骨髓瘤、非小细胞肺癌、黑色素瘤、皮肤癌、肠癌、套细胞淋巴瘤、鳞状细胞癌、非霍奇金淋巴瘤、透明细胞癌、前列腺癌、甲状腺癌及中枢神经系统淋巴瘤等，均在进行临床研究[40, 41]。

11.2.3.3　依维莫司

依维莫司(everolimus，RAD001，见图 11-9)是雷帕霉素 C42 位羟基被乙二醇取代的衍生物，由瑞士诺华公司(Novartis)研发，是新型的口服 mTOR 抑制剂。其水溶性优于雷帕霉素，进入体内迅速水解为雷帕霉素，口服生物利用度为 15%～30%，人体半衰期为 16～19 h。2009 年 3 月 30 日，美国

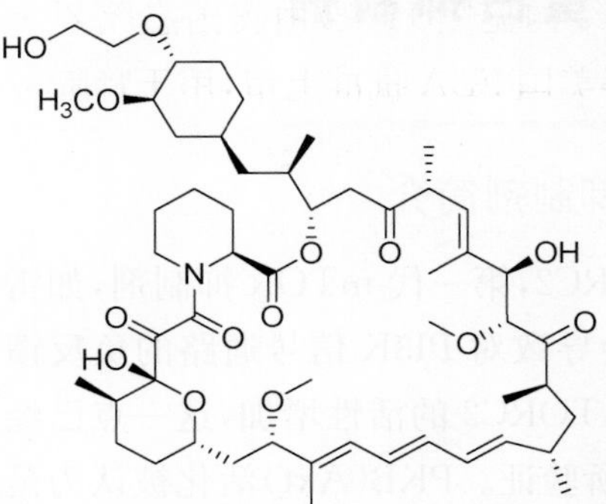

图 11-9　依维莫司分子结构

(图片修改自参考文献[42])

FDA 批准依维莫司片剂上市(商品名为 Afinitor),用于索拉菲尼(sorafenib)或舒尼替尼(sunitinib)治疗失败的晚期肾癌。至 2012 年 6 月,FDA 又先后批准依维莫司用于伴随结节状脑硬化的室管膜下巨细胞星形细胞瘤(subependymal giant cell astrocytoma, SEGA)的治疗,用于无法切除的、局部晚期的或转移的进行性胰腺神经内分泌瘤的治疗,依维莫司与依西美坦(exemestane)联合使用治疗来曲唑(letrozole)或阿那曲唑(anastrozole)治疗失败的绝经后妇女 ER 阳性、HER2 阴性的晚期乳腺癌。2013 年 1 月 22 日,该药被国家食品药品监督管理总局批准在中国上市,用于晚期肾癌的治疗,这也是中国唯一上市的用于治疗晚期肾癌的口服 mTOR 抑制剂[42,43]。

11.2.3.4 ridaforolimus

ridaforolimus(Deforolimus, AP23573, MK-8668,见图 11-10)是雷帕霉素 C42 位羟基被亚磷酸酯取代的衍生物,由美国 Araid 公司通过计算机辅助设计、采用化学半合成获得。在各种有机溶剂、不同 pH 值水溶液、血浆和全血中都较稳定,无免疫抑制活性,但对多种癌症如结肠癌、肺癌、胰腺癌、乳腺癌等均有活性,可单独应用,也可与细胞毒药物联合应用,静脉给药,半衰期为 45～52 h[44]。

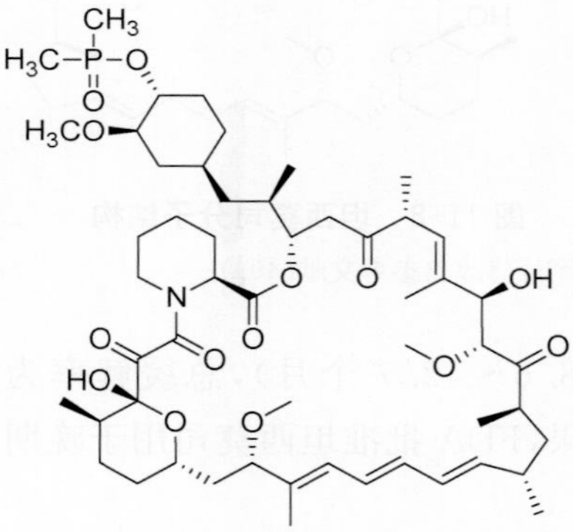

图 11-10 ridaforolimus 分子结构
(图片修改自参考文献[44])

治疗软组织肿瘤和骨肉瘤的Ⅲ期临床试验结果显示,与安慰剂相比,肿瘤进展风险下降 31%,平均无进展生存期提高 52%,该药于 2005 年由 FDA 经快速审批通道批准用于治疗软组织和骨骼恶性肿瘤,商品名为 Taltorvic。目前,ridaforolimus 用于单独治疗晚期子宫内膜癌,与曲妥珠单抗(trastuzumab)联合应用治疗乳腺癌的Ⅱ期临床试验以及治疗晚期肿瘤的Ⅰ期临床试验已经完成。

11.3 第二代哺乳动物雷帕霉素靶蛋白抑制剂药物的研究进展

11.3.1 第二代哺乳动物雷帕霉素靶蛋白抑制剂简介

mTOR 包含 2 个蛋白复合体,mTORC1 和 mTORC2,第一代 mTOR 抑制剂,如雷帕霉素、依维莫司等,主要是抑制 mTORC1,这可能会导致对 PI3K 信号通路的负反馈受到影响,进而增强了 PKB(Akt)的磷酸化活性,使 mTORC2 的活性增加,这一点已经在临床上被第一代 mTOR 抑制剂耐药后的重新取样所验证。PKB(Akt)活化被认为是这一耐药机制的主要原因。第二代 mTOR 抑制剂是同时抑制 mTORC1 和 mTORC2,从理论上讲,可以通过阻断 mTORC2 减少 PKB(Akt)的磷酸化。

ATP 竞争性 mTOR 抑制剂(mTOR-KI)在结构上具有一定的特异性,mTOR 激酶结构域由 N-瓣和 C-瓣组成,两瓣之间的裂缝(cleft)是 ATP 的结合位点。mTOR 可以特异性识别底物并将 ATP 的 γ-磷酸基团转移到特定氨基酸残基上。Torin2 和 PP242 是利用基于 PI3K 结构构建的 mTOR 模型所设计的 ATP 竞争性 mTOR 小分子抑制剂。它们与 mTOR 结合的蛋白质晶体结构已获得解析,为特异性小分子抑制剂的设计提供了理论依据[8]。例如,mTOR 抑制剂 Torin2 的三环结构与 mTOR 的 Trp2239 残基、三氟甲基基团与激酶结构域 N-瓣相互作用,这种结构使其对 mTOR 的亲和性比 PI3K 提高了 800 倍[45]。另外,PP242 与 mTOR 结合后,会诱导活性中心发生构象变化。Tyr2225 残基如图 11-11 中箭头所示向外翻转,因此暴露了更深层且更广阔的疏水口袋[46]。由此推测,mTOR-KI 通过竞争性方式结合 mTOR 激酶活性中心的 ATP 结合口袋,具有可以同时阻断 mTORC1 和 mTORC2 的功能,发挥更加广谱的效应。

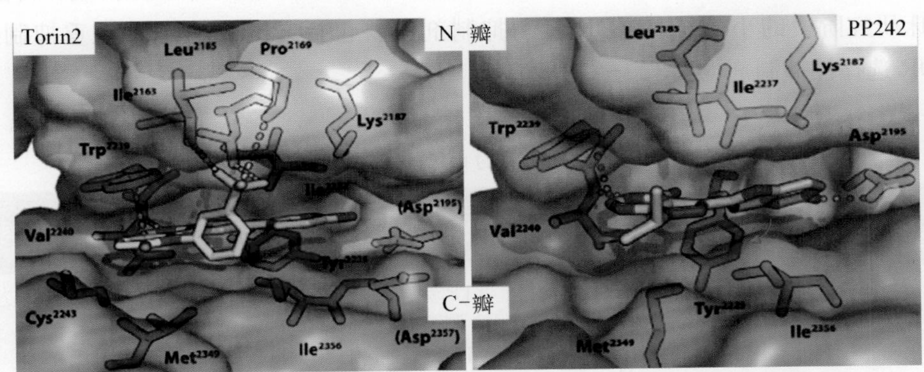

图 11-11 mTOR 激酶抑制剂与 mTOR 激酶结构域结合空间

(图片修改自参考文献[46])

PIKK 家族具有高度同源性,mTOR-KI 对 mTOR 的选择性远高于 PI3K,与第一代 mTOR 抑制剂相比,呈现更加高效且广泛的抑制活性。mTOR-KI 与雷帕霉素类相比,作用之后能够显著降低多聚核糖体丰度,并伴随 80S 亚基的增加,说明 mTOR-KI 能够更加深度抑制蛋白质合成。mTOR-KI 的作用机制,它既可以抑制 4EBP1 的 Ser65 和 Thr70,也可以抑制对雷帕霉素不敏感的 Thr37/46 位点;然而,对 S6K1 Thr389 位点的抑制效率与雷帕霉素类相当。mTOR-KI 可抑制 eEF2K Ser366 位点的磷酸化使其失活,从而阻断由 eEF2(Thr56)介导的蛋白质延长;雷帕霉素只能在高微摩尔浓度条件下产生类似作用[47]。

PKB(Akt)是 mTORC2 下游的重要靶蛋白,可调控 PKB(Akt)的 Ser473 位点。与雷帕霉素类抑制剂相比,mTOR-KI 作用之后并不会引起 PKB(Akt) Thr308 磷酸化信号反馈性增加。同时，Akt 下游蛋白质 GSK3 Ser21/9、FKHRL1 Thr32 和 PRAS40 Thr246 也显著地被 mTOR-KI 抑制。最新研究发现，mTOR-KI 能够抑制 ACLY S455 位点，从而参与调控脂质的从头合成[48]。

11.3.2 第二代哺乳动物雷帕霉素靶蛋白抑制剂的临床研究进展

雷帕霉素类 mTOR 变构抑制剂已用于临床抗肿瘤治疗，它可选择性抑制 mTORC1，而对 mTORC2 无抑制作用，因而其在临床上适用的抗肿瘤谱很窄。此外，虽然雷帕霉素的全合成于 2006 年获得成功，但雷帕霉素是 36 个碳原子组成的大环内酯类化合物，其研究仍然限于半合成衍生物。寻找能与 ATP 竞争的 mTOR 催化靶位从而开发抑制 mTORC1 与 mTORC2 激酶相关功能的小分子抑制剂，是药物化学工作者关注的焦点之一。

ATP 竞争性 mTOR 的抑制剂可同时抑制 mTORC1 和 mTORC2，不仅有望提高治疗效果，而且还能拓宽 mTORC1 抑制剂的抗肿瘤谱，使患者更大限度获益。目前，处于临床研究阶段的小分子 mTOR 激酶抑制剂主要包括 PI3K/mTOR 双重抑制剂和 mTOR 选择性抑制剂（见表 11-2）。

表 11-2 进入临床研究的 mTOR 选择性小分子抑制剂

通用名（研究代号）	分子结构	作用靶点	研发机构	临床研究状态
AZD8055[49]	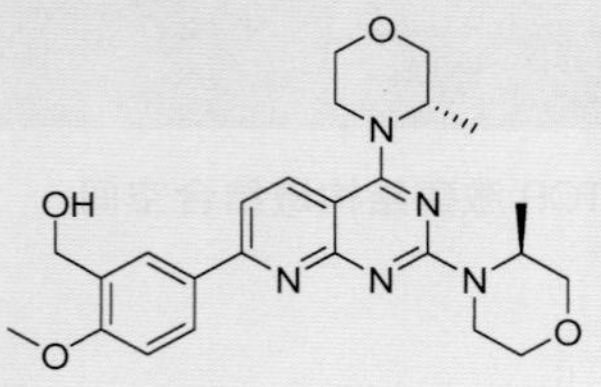	ATP 竞争性 mTOR 抑制剂，在 MDA-MB-468 细胞中 IC_{50} 为 0.8 nmol/L，与作用于 PI3K 亚型和 ATM/DNA-PK 相比，具有优异的选择性（约 1 000 倍）	AstraZeneca	Ⅰ期临床（已终止）
vistusertib (AZD2014)[50]	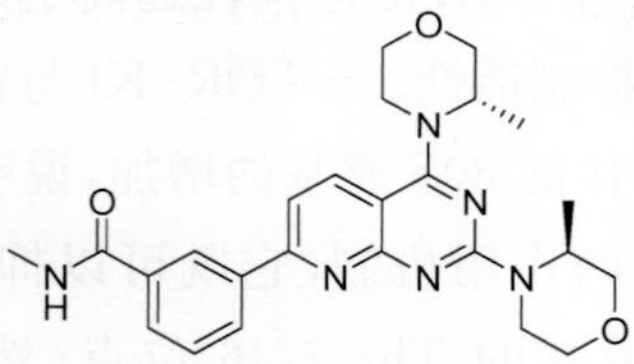	ATP 竞争性 mTOR 抑制剂，无细胞实验中 IC_{50} 为 2.8 nmol/L；对多种 PI3K 亚型（α/β/γ/δ）具有较高选择性	AstraZeneca	Ⅱ期临床
CC-223[51]	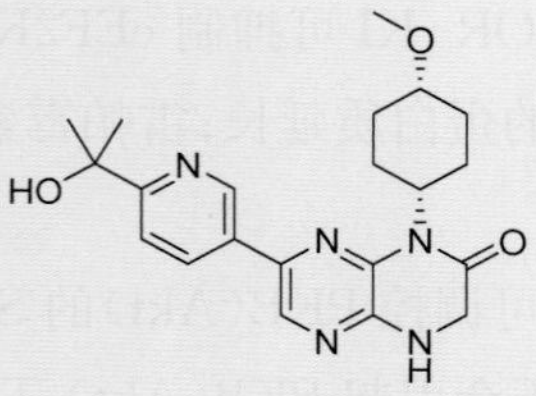	高效选择性并具有口服活性的 mTOR 抑制剂，其 IC_{50} 为 16 nmol/L	Celgene	Ⅰ/Ⅱ期临床

（续表）

通用名（研究代号）	分子结构	作用靶点	研发机构	临床研究状态
INK 128 (MLN0128)[52]	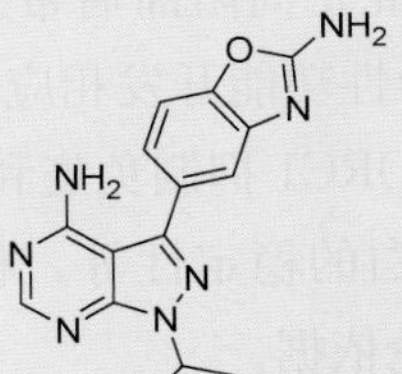	选择性 mTOR 抑制剂，在无细胞实验中 IC_{50} 为 1 nmol/L；对Ⅰ型 PI3K 亚型的作用效果低 200 倍以上，与雷帕霉素相比，优先抑制 mTORC1/2，且对促侵袭基因敏感	Millennium Pharmaceuticals, Inc.	Ⅰ/Ⅱ期临床
OSI-027[53]	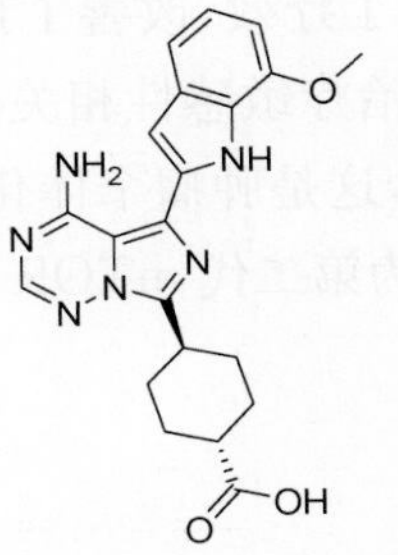	ATP 竞争性 mTOR 抑制剂，无细胞实验中 IC_{50} 分别为 22 nmol/L 和 65 nmol/L，对于 mTOR 的选择性比 PI3Kα、PI3Kβ、PI3Kγ 或 DNA-PK 高 100 多倍	Astellas Pharma Inc	Ⅰ期临床
GDC-0349[54]	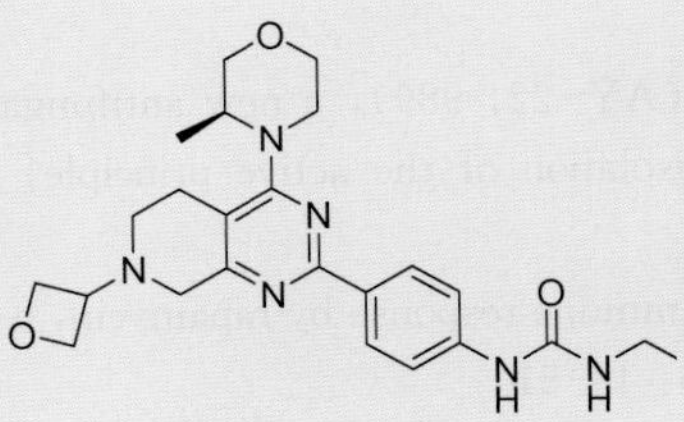	ATP 竞争性 mTOR 抑制剂，K_i 为 3.8 nmol/L，比作用于 PI3Kα 和其他 266 种激酶的抑制效果高 790 倍	Genentech	Ⅰ期临床
SCC-31	NA	ATP 竞争性 mTOR 抑制剂。对多种 PI3K 亚型（α/β/γ/δ）及激酶无明显抑制作用	中国科学院上海药物研究所、复旦大学、山东罗欣药业股份有限公司	Ⅰ期临床

注：NA，不可用。

11.4 小结与展望

分子生物学、肿瘤药理学的发展，引领抗肿瘤药物的开发进入了一个新时代，即从传统细胞毒药物转向以肿瘤发生和发展机制中多个环节为靶点的新型抗肿瘤药物。尤其是 2000 年后，肿瘤信号网络被逐渐阐释、完善，大量的分子靶向药物进入临床研究并走上市场，其中 mTOR 信号通路是研究中较为热门的靶点之一。第一代雷帕霉素类药物和第二代 mTOR 激酶抑制剂应运而生，并在免疫抑制和部分类型肿瘤治疗中取得了成功。

mTOR 是细胞生理过程中的重要调控蛋白，因此靶向阻滞后带来了不可避免的全身性毒性作用。根据 mTORC1 和 mTORC2 的特异性功能开发相应的选择性抑制剂将是未来 mTOR 研究的趋势。例如，特异性阻断 mTORC1 抑制免疫和神经退行性变化、延长寿命等；阻断 mTORC2 调控细胞生存、功能蛋白的稳定性等。相关研究将最终为完全挖掘靶向 mTOR 信号通路的治疗作用提供理论依据。

mTOR 抑制剂在抗肿瘤临床研究中成绩瞩目，为多种实体瘤患者如胰腺神经内分泌肿瘤、乳腺癌、肾癌带来更多治疗选择，并且提高了疗效，改善了预后。随着 mTOR 信号网络相关的基础与临床研究逐步深入，与靶向治疗敏感性相关的肿瘤分型与分子机制逐渐明确，需要进一步筛选更精确的治疗对象，这是肿瘤个体化治疗时代的要求。例如，近期在肺癌、乳腺癌等之中发现 Rictor 扩增，为第二代 mTOR 激酶抑制剂的应用提供了线索，是未来备受关注的一大研究领域。

参考文献

[1] Vezina C, Kudelski A, Sehgal S N. Rapamycin (AY-22, 989), a new antifungal antibiotic. I. Taxonomy of the producing streptomycete and isolation of the active principle[J]. J Antibiot (Tokyo), 1975, 28: 721-726.

[2] Martel R R, Klicius J, Galet S. Inhibition of the immune response by rapamycin, a new antifungal antibiotic[J]. Can J Physiol Pharmacol, 1977, 55: 48-51.

[3] Eng C P, Sehgal S N, Vezina C. Activity of rapamycin (AY-22, 989) against transplanted tumors [J]. J Antibiot (Tokyo), 1984, 37: 1231-1237.

[4] Heitman J, Movva N R, Hall M N. Targets for cell cycle arrest by the immunosuppressant rapamycin in yeast[J]. Science, 1991, 253: 905-909.

[5] Brown E J, Albers M W, Shin T B, et al. A mammalian protein targeted by G1 - arresting rapamycin-receptor complex[J]. Nature, 1994, 369: 756-758.

[6] Sabatini D M, Erdjument-Bromage H, Lui M, et al. RAFT1: a mammalian protein that binds to FKBP12 in a rapamycin-dependent fashion and is homologous to yeast TORs[J]. Cell, 1994, 78: 35-43.

[7] Abraham R T. PI 3-kinase related kinases: 'big' players in stress-induced signaling pathways[J]. DNA Repair (Amst), 2004, 3: 883-887.

[8] Yang H, Rudge D G, Koos J D, et al. mTOR kinase structure, mechanism and regulation[J]. Nature, 2013, 497: 217-223.

[9] Kim L C, Cook R S, Chen J. mTORC1 and mTORC2 in cancer and the tumor microenvironment [J]. Oncogene, 2017, 36(16): 2191-2201.

[10] Yip C K, Murata K, Walz T, et al. Structure of the human mTOR complex Ⅰ and its

implications for rapamycin inhibition[J]. Mol Cell, 2010, 38: 768-774.
[11] Gaubitz C, Oliveira T M, Prouteau M, et al. Molecular basis of the rapamycin insensitivity of target of rapamycin complex 2[J]. Mol Cell, 2015, 58: 977-988.
[12] Wouters B G, Koritzinsky M. Hypoxia signalling through mTOR and the unfolded protein response in cancer[J]. Nat Rev Cancer, 2008, 8: 851-864.
[13] Ma X M, Blenis J. Molecular mechanisms of mTOR-mediated translational control[J]. Nat Rev Mol Cell Biol, 2009, 10: 307-318.
[14] Peterson T R, Sengupta S S, Harris T E, et al. mTOR complex 1 regulates lipin 1 localization to control the SREBP pathway[J]. Cell, 2011, 146: 408-420.
[15] Duvel K, Yecies J L, Menon S, et al. Activation of a metabolic gene regulatory network downstream of mTOR complex 1[J]. Mol Cell, 2010, 39: 171-183.
[16] Ganley I G, Lam du H, Wang J, et al. ULK1. ATG13. FIP200 complex mediates mTOR signaling and is essential for autophagy[J]. J Biol Chem, 2009, 284: 12297-12305.
[17] Liu P, Gan W, Chin Y R, et al. PtdIns(3, 4, 5)P3-dependent activation of the mTORC2 kinase complex[J]. Cancer Discov, 2015, 5: 1194-209.
[18] Guertin D A, Stevens D M, Thoreen C C, et al. Ablation in mice of the mTORC components raptor, rictor, or mLST8 reveals that mTORC2 is required for signaling to Akt-FOXO and PKCα, but not S6K1[J]. Dev Cell, 2006, 11: 859-871.
[19] Garcia-Martinez J M, Alessi D R. mTOR complex 2 (mTORC2) controls hydrophobic motif phosphorylation and activation of serum- and glucocorticoid-induced protein kinase 1 (SGK1)[J]. Biochem J, 2008, 416: 375-385.
[20] Koo J, Yue P, Deng X, et al. mTOR complex 2 stabilizes Mcl-1 protein by suppressing its glycogen synthase kinase 3-dependent and SCF-FBXW7-mediated degradation[J]. Mol Cell Biol, 2015, 35: 2344-2355.
[21] Jacinto E, Loewith R, Schmidt A, et al. Mammalian TOR complex 2 controls the actin cytoskeleton and is rapamycin insensitive[J]. Nat Cell Biol, 2004, 6: 1122-1128.
[22] Keppler-Noreuil K M, Parker V E, Darling T N, et al. Somatic overgrowth disorders of the PI3K/AKT/mTOR pathway and therapeutic strategies[J]. Am J Med Genet C Semin Med Genet, 2016, 172: 402-421.
[23] Samuels Y, Wang Z, Bardelli A, et al. High frequency of mutations of the PIK3CA gene in human cancers[J]. Science, 2004, 304: 554.
[24] Burke J E, Perisic O, Masson G R, et al. Oncogenic mutations mimic and enhance dynamic events in the natural activation of phosphoinositide 3-kinase p110α (PIK3CA)[J]. Proc Natl Acad Sci U S A, 2012, 109: 15259-15264.
[25] Ma L, Chen Z, Erdjument-Bromage H, et al. Phosphorylation and functional inactivation of TSC2 by Erk implications for tuberous sclerosis and cancer pathogenesis[J]. Cell, 2005, 121: 179-193.
[26] Sarker D, Reid A H, Yap T A, et al. Targeting the PI3K/AKT pathway for the treatment of prostate cancer[J]. Clin Cancer Res, 2009, 15: 4799-4805.
[27] Bleeker F E, Felicioni L, Buttitta F, et al. AKT1(E17K) in human solid tumours[J]. Oncogene, 2008, 27: 5648-5650.
[28] Inoki K, Li Y, Xu T, et al. Rheb GTPase is a direct target of TSC2 GAP activity and regulates mTOR signaling[J]. Genes Dev, 2003, 17: 1829-1834.
[29] Vander Haar E, Lee S I, Bandhakavi S, et al. Insulin signalling to mTOR mediated by the Akt/

PKB substrate PRAS40[J]. Nat Cell Biol, 2007, 9: 316-323.

[30] Grabiner B C, Nardi V, Birsoy K, et al. A diverse array of cancer-associated MTOR mutations are hyperactivating and can predict rapamycin sensitivity[J]. Cancer Discov, 2014, 4: 554-563.

[31] Sakre N, Wildey G, Behtaj M, et al. RICTOR amplification identifies a subgroup in small cell lung cancer and predicts response to drugs targeting mTOR[J]. Oncotarget, 2016, 8(4): 483.

[32] Graziani E I. Recent advances in the chemistry, biosynthesis and pharmacology of rapamycin analogs[J]. Nat Prod Rep, 2009, 26: 602-609.

[33] Banaszynski L A, Liu C W, Wandless T J. Characterization of the FKBP. rapamycin. FRB ternary complex[J]. J Am Chem Soc, 2005, 127: 4715-4721.

[34] Oshiro N, Yoshino K, Hidayat S, et al. Dissociation of raptor from mTOR is a mechanism of rapamycin-induced inhibition of mTOR function[J]. Genes Cells, 2004, 9: 359-366.

[35] Choi J W, Chen J, Schreiber S L, et al. Structure of the FKBP12-rapamycin complex interacting with the binding domain of human FRAP[J]. Science, 1996, 273: 239-242.

[36] Patursky-Polischuk I, Stolovich-Rain M, Hausner-Hanochi M, et al. The TSC-mTOR pathway mediates translational activation of TOP mRNAs by insulin largely in a raptor- or rictor-independent manner[J]. Mol Cell Biol, 2009, 29: 640-649.

[37] Wang L, Harris T E, Lawrence J C, et al. Regulation of proline-rich Akt substrate of 40 kDa (PRAS40) function by mammalian target of rapamycin complex 1 (mTORC1)-mediated phosphorylation[J]. J Biol Chem, 2008, 283: 15619-15627.

[38] Lastwika K J, Wilson W, Li Q K, et al. Control of PD-L1 expression by oncogenic activation of the AKT-mTOR pathway in non-small cell lung cancer[J]. Cancer Res, 2016, 76: 227-238.

[39] Kahan B D. Sirolimus: a comprehensive review[J]. Expert Opin Pharmacother, 2001, 2: 1903-1917.

[40] Bukowski R M. Temsirolimus: a safety and efficacy review[J]. Expert Opin Drug Saf, 2012, 11: 861-879.

[41] Gerullis H, Ecke T H, Eimer C, et al. mTOR-inhibition in metastatic renal cell carcinoma. Focus on temsirolimus: a review[J]. Minerva Urol Nefrol, 2010, 62: 411-423.

[42] Nashan B. Review of the proliferation inhibitor everolimus[J]. Expert Opin Investig Drugs, 2002, 11: 1845-1857.

[43] Gurk-Turner C, Manitpisitkul W, Cooper M. A comprehensive review of everolimus clinical reports: a new mammalian target of rapamycin inhibitor[J]. Transplantation, 2012, 94: 659-668.

[44] Rivera V M, Squillace R M, Miller D, et al. Ridaforolimus (AP23573; MK-8669), a potent mTOR inhibitor, has broad antitumor activity and can be optimally administered using intermittent dosing regimens[J]. Mol Cancer Ther, 2011, 10: 1059-1071.

[45] Liu Q, Wang J, Kang S A, et al. Discovery of 9-(6-aminopyridin-3-yl)-1-(3-(trifluoromethyl) phenyl)benzo[h][1, 6] naphthyridin-2(1H)-one (Torin2) as a potent, selective, and orally available mammalian target of rapamycin (mTOR) inhibitor for treatment of cancer[J]. J Med Chem, 2011, 54: 1473-1480.

[46] Baretic D, Williams R L. The structural basis for mTOR function[J]. Semin Cell Dev Biol, 2014, 36: 91-101.

[47] Shor B, Gibbons J J, Abraham R T, et al. Targeting mTOR globally in cancer: thinking beyond rapamycin[J]. Cell Cycle, 2009, 8: 3831-3837.

[48] Chen Y, Qian J, He Q, et al. mTOR complex-2 stimulates acetyl-CoA and de novo lipogenesis through ATP citrate lyase in HER2/PIK3CA-hyperactive breast cancer[J]. Oncotarget, 2016, 7: 25224-25240.

[49] Chresta C M, Davies B R, Hickson I, et al. AZD8055 is a potent, selective, and orally bioavailable ATP-competitive mammalian target of rapamycin kinase inhibitor with in vitro and in vivo antitumor activity[J]. Cancer Res, 2010, 70: 288-298.

[50] Pike K G, Malagu K, Hummersone M G, et al. Optimization of potent and selective dual mTORC1 and mTORC2 inhibitors: the discovery of AZD8055 and AZD2014[J]. Bioorg Med Chem Lett, 2013, 23: 1212-1216.

[51] Mortensen D S, Fultz K E, Xu S, et al. CC-223, a potent and selective inhibitor of mTOR kinase: in vitro and in vivo characterization[J]. Mol Cancer Ther, 2015, 14: 1295-1305.

[52] Li C, Cui J F, Chen M B, et al. The preclinical evaluation of the dual mTORC1/2 inhibitor INK-128 as a potential anti-colorectal cancer agent[J]. Cancer Biol Ther, 2015, 16: 34-42.

[53] Bhagwat S V, Gokhale P C, Crew A P, et al. Preclinical characterization of OSI-027, a potent and selective inhibitor of mTORC1 and mTORC2: distinct from rapamycin[J]. Mol Cancer Ther, 2011, 10: 1394-1406.

[54] Pei Z, Blackwood E, Liu L, et al. Discovery and biological profiling of potent and selective mTOR inhibitor GDC-0349[J]. ACS Med Chem Lett, 2013, 4: 103-107.

12 c-MET 分子靶向抗肿瘤药物研发

受体酪氨酸激酶 c-MET 是重要的驱动肿瘤的靶蛋白，是肝细胞生长因子(hepatocyte growth factor，HGF，也称为扩散因子，scatter factor，SF，见图 12-1)的细胞表面受体，在多种实体瘤或血液系统肿瘤中呈持续过表达或异常激活。越来越多的研究不断探讨 c-MET 介导的信号通路及其生理功能，揭示了 c-MET 信号通路的异常与肿瘤的密切关系。目前靶向 c-MET 信号通路的药物研发策略有多种。本章选择部分代表性的 c-MET 分子靶向抗肿瘤候选药物，介绍其研发历程和临床研究进展，期望不久的将来针对 c-MET 异常相关的特定疾病人群实现精准药物治疗。

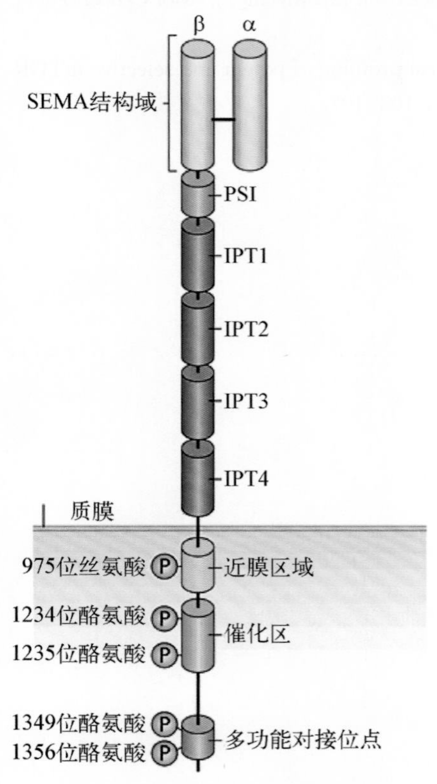

图 12-1 肝细胞生长因子受体结构

PSI，plexin-semaphorin-integrin，神经丛蛋白-轴突导向因子-整合素结构域；IPT，immunoglobulin-plexin-transcription，免疫球蛋白-丛蛋白-转录结构域(图片修改自参考文献[4])

12.1 c-MET 靶点简介

随着人类基因组测序技术的革新、生物医学分析技术的进步以及大数据分析工具的发展，人类迎来了精准医疗时代。以人体基因组信息为基础，靶向患者“驱动肿瘤生长的突变基因”个性化靶向药物的成功应用，彻底颠覆了传统的恶性肿瘤治疗方法。通过驱动基因的肿瘤分子分型，查找、探寻敏感人群并进行个体化治疗已经成为肿瘤治疗的主流趋势，也为抗肿瘤药物研发指明了方向。受体酪氨酸激酶 c-MET 是驱动肿瘤的重要靶蛋白，在多种实体瘤或血液系统肿瘤中呈持续过表达或异常激活[1]，c-MET 的高表达与肿瘤的不良预后密切相关。c-MET 通过与 HGF 相互作用或者通过其他途径活化并激活下游信号通路，传递促增殖、促运动、抗凋亡和促有丝分裂信号，促进肿瘤的发生、发展和转移(见图 12-1)[2-4]。此外，HGF/c-MET轴线的异常活化与表皮生长因子受体(EGFR)抑制剂、B-RAF 抑制剂等分子靶向药物以及部分化疗药物的耐药也密切相关。因此，靶向 c-MET 药物研发具有潜在的个性化抗肿瘤治疗机遇。

12.1.1 c-MET 及其配体肝细胞生长因子概述

c-MET、RON 与 c-SEA 同属一个亚家族[1,5]。1984 年，癌基因 *MET* 首次以嵌合基因 *TPR-MET* 形式由 Cooper 等鉴定发现[6]，其表达产物能够诱导人骨肉瘤细胞系 HOS 发生转化。之后 Gonzatti-Haces 等发现了 *MET* 基因全长形式，并鉴定了其酪氨酸激酶活性。*MET* 基因位于人 7 号染色体长臂 q21～q31 位置上，长度超过 120 kb。c-MET以分子量 190 000 的未成熟形式表达，经过剪接分为一个分子量为 50 000 的 α 链和一个分子量为 140 000 的 β 链[7]。成熟的 c-MET 蛋白定位于细胞膜上，与所有受体酪氨酸激酶一样，其结构包括胞外段、跨膜区和胞内段，胞外配体结合区域 α 链通过二硫键与跨膜的 β 链连接。

HGF 是目前所知的 c-MET 的唯一内源特异性配体，是肝细胞有丝分裂因子，同时也是成纤维细胞产生的上皮细胞运动因子，因此也称为扩散因子[1]。1989 年科研人员克隆得到 *HGF* 的全长基因[8,9]。*HGF* 的前体在肽链合成后，氨基端信号肽被切除，并被丝氨酸蛋白酶在第 494 位精氨酸(Arg494)和第 495 位缬氨酸(Val495)间切割，形成分子量为 69 000 的 α 链和分子量为 34 000 的 β 链，并进一步形成成熟且具有活性的生长因子[10]，影响内皮细胞、上皮细胞、成肌细胞、造血细胞等多种不同类型细胞的功能。

12.1.2 c-MET 信号通路及其生理功能

在生理条件下，HGF 主要由间质细胞表达，以非活性形式 pro-HGF 分泌，结合于细胞外基质的肝素蛋白聚糖或细胞膜表面[11,12]。pro-HGF 可经肝细胞生长因子激活物(hepatocyte growth factor activator, HGFA)、尿激酶型纤溶酶原激活物(urokinase-type plasminogen activator, uPA)、组织型纤溶酶原激活物(tissue plasminogen activator, tPA)、血纤维蛋白溶酶等丝氨酸蛋白酶进行蛋白水解切割，成为活性的异二聚体形式[13,14]。活化的 HGF 与 c-MET 的胞外区域结合后，促使 c-MET 发生同源二聚化，胞内激酶区域的酪氨酸残基 1234(Tyr1234)、酪氨酸残基 1235(Tyr1235)自磷酸化，激活其激酶活性[15]。同源二聚体中的 2 个蛋白单体进而相互磷酸化对方羧基端的酪氨酸残基 1349(Tyr1349)和酪氨酸残基 1356(Tyr1356)，为下游多种衔接蛋白等提供停泊位点[7,16]，激活下游主要信号通路 RAS-RAF-MAPK、PI3K-PKB(Akt)-mTOR、

STAT3/5 和 NF-κB 的信号轴，对 c-MET 诱导细胞增殖、存活、转化、侵袭性生长、抗凋亡、形态生成等功能的发挥至关重要[4,7]。除此之外，c-MET 与细胞膜表面的整合素、CD44 及丛蛋白(plexin)等能够形成异源二聚体，从而加强 c-MET 的下游信号[17-19]。同时，c-MET 还能够与 EGFR、ERBB2 和 IGF1R 发生交互作用，共同激活下游的信号通路[20,21]。HGF 及其受体的信号通路如图 12-2 所示。

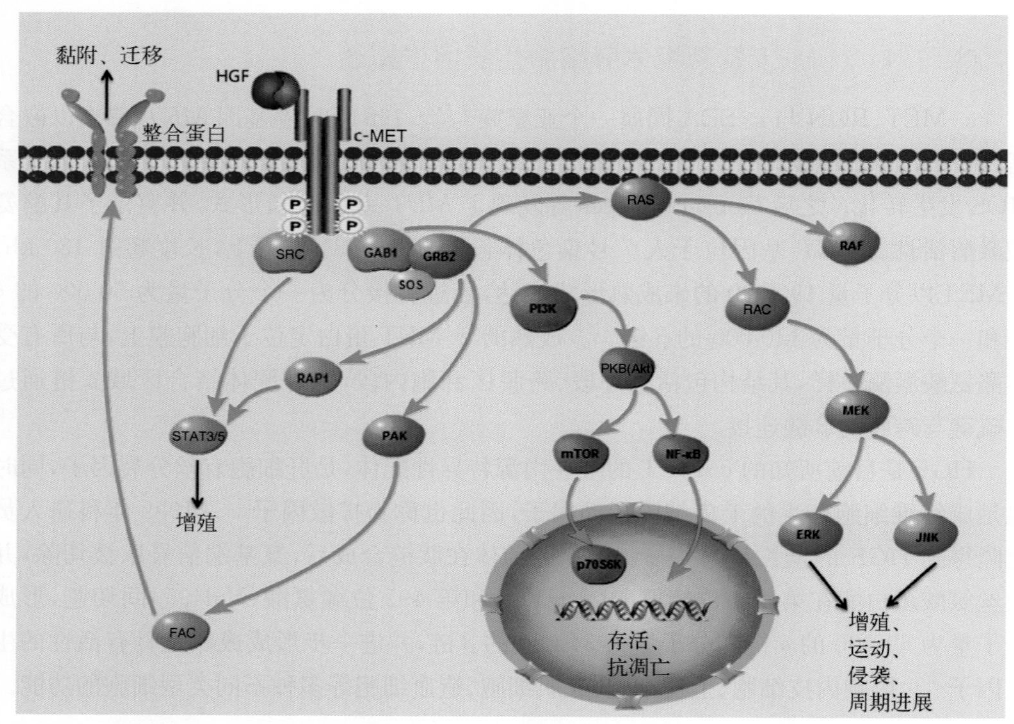

图 12-2 HGF 及其受体的信号通路

HGF/c-MET 信号轴激活的一个重要功能，就是促进细胞分离并向周围运动，避免细胞的失巢凋亡，即阻止离开原生位置的细胞由于与基质及其他细胞分离而快速凋亡消除，从而有利于细胞在其他位置继续生长。细胞的迁移、抗凋亡和增殖扩大了迁移细胞的数量并允许其在远距离形成克隆，这种发生在特定时间和空间的截然不同的细胞活性——运动、存活、增殖，被称为侵袭性生长[22,23]。细胞侵袭性生长在胚胎发育、器官形成、成体伤口愈合及组织损伤修复中起重要作用[24]。

12.1.2.1 胚胎发育与器官形成

c-MET 相关通路参与胚胎发育的多个阶段。在妊娠中期，HGF/c-MET 轴线维持迷路滋养祖细胞(labyrinth trophoblast progenitor, LaTP)的产生，进而持续分化为其他细胞，进一步形成胎盘组织，维持胎儿的健康成长[25]。在多种上皮器官的发育过程中，HGF/c-MET 驱动上皮的生长、形态形成和分化[26]，存在 HGF/c-MET 轴线缺陷的小鼠肝脏无法正常发育[27]。生皮肌节侧部细胞表达 c-MET，肌源性前体细胞受 HGF 刺激发生上皮-间质转化(EMT)而从生皮肌节上皮脱离，并向肢芽运动，到达最终位置后表达生肌调节因子(myogenic determination, MyoD)、肌细胞生成因子(myogenin)等，形成骨骼肌等肌肉[28-30]。

12.1.2.2 炎症与创伤修复

总体而言，HGF/c-MET 的作用更多集中于炎症与创伤修复方面。

c-MET 能够调控免疫系统中多种细胞类型的功能。就 B 细胞而言，HGF/c-MET 通路调控 $CD38^{+}CD77^{+}$ 的扁桃体腺 B 细胞的分化，促进整合素介导的 B 细胞黏附，从而促进 B 细胞的运动和向淋巴微环境的归巢[31]。而在树突细胞中表达的 c-MET，则通过调控基质金属蛋白酶 2(MMP2)和 MMP9 的活性，促进树突状细胞从皮肤向外周组织的归巢，执行免疫功能[32]。

在损伤修复方面，HGFA 经凝血级联系统下游蛋白酶水解切割而激活，并进一步激活 HGF，诱导损伤部位 HGF 相关通路的激活。HGF/c-MET 信号通路激活角化细胞的 p21 活化激酶 1/2(p21 activated kinase 1/2, PAK1/2)，从而促进角化细胞向皮肤损伤区域运动以重建上皮[33]。急性肺损伤后，肺泡上皮 2 型细胞(AEC2)受 HGF/c-MET 轴线刺激发生长期的增殖，有助于肺部修复和再生[34]。c-MET 肝脏条件性突变的小鼠，在实施部分肝切除术后，肝实质细胞的细胞周期发生改变，肝再生过程受到阻碍[35]。

12.1.3 c-MET 与肿瘤

12.1.3.1 异常的 c-MET 信号与肿瘤发生发展密切相关

在正常细胞中，癌基因 *MET* 的 mRNA 呈低水平表达或不表达，虽然在组织器官切除或损伤后，c-MET 的表达暂时性增加，但表达水平很快回复正常状态。这表明正常细胞有能力通过减少 c-MET 的表达控制其对 HGF 的反应。而在多种肿瘤中，HGF/c-MET 信号轴通过多种形式导致持续异常激活，促进肿瘤的发生和发展。在肿瘤中该信号轴的异常活化形式包括 *MET* 基因扩增与 c-MET 的过表达、*MET* 基因的第 14 号外显子缺失、*TPR-MET* 染色体重排、配体 HGF 依赖的 c-MET 激活等[36]。

1) *MET* 基因扩增与 c-MET 过表达

在甲状腺乳头状瘤、结肠癌、胰腺癌、卵巢癌及骨肉瘤等多种肿瘤中均发现 c-MET 的高表达[2,36]，c-MET 的过表达可能由于 *MET* 基因扩增、转录上调等所致，是主要的配体非依赖的 c-MET 激活方式。由于蛋白质过度表达并定位于细胞膜上，局部 c-MET 受体可发生寡聚化并互相激活，增加了细胞对配体刺激的敏感性，导致 c-MET

整体活化水平升高。

MET 扩增及随之产生的蛋白质过表达和组成型活化都见于许多人类原发癌中，如4%～38%的胃癌[37-39]、8%的食管癌[40-42]、约 20%对 EGFR 抑制剂获得性耐药的非小细胞肺癌(NSCLC)[43,44]以及髓母细胞瘤[45]。临床前研究表明，*MET* 基因扩增的肺癌和胃癌细胞株，如 EBC-1 和 MKN-45 高度依赖于 c-MET 的组成型高活化，在这些细胞中单独抑制或干预 c-MET 便可完全阻断细胞的增殖并导致细胞死亡。临床研究也在多种肿瘤中发现 *MET* 扩增的存在。在纳入 1 115 例实体瘤患者的Ⅰ期临床试验里，2.6%的患者存在 *MET* 扩增，其中约 15%的肾上腺癌、14%的肾癌、6%的胃食管癌中都存在 *MET* 扩增[46]。在 128 例胃腺癌患者中，约 46.1%存在 c-MET 表达阳性，约10.2%的患者存在 *MET* 基因扩增[47]。在 75 例食管癌患者中约 8%发现 *MET* 扩增或 c-MET 的过表达。*MET* 的扩增与结肠癌的肝转移和不良预后密切相关[49]。对 198 例 NSCLC 患者进行 c-MET 水平检测发现，血浆的可溶 c-MET 水平与组织 c-MET 蛋白水平显著相关，且可溶 c-MET 水平高的患者总生存期(OS)缩短(9.5 个月 *vs.* 22.2 个月)，提示 c-MET 水平与 NSCLC 预后之间的关系[50]。*MET* 扩增的肿瘤细胞在使用 c-MET 抑制剂一段时间后，PKCδ 等可重新激活 c-MET 下游的 PKB(Akt)、ERK、STAT3 等信号以及 EGFR 家族，使细胞继续增殖[51]。*MET* 扩增的 NSCLC 患者对 c-MET 抑制剂克唑替尼(crizotinib)有响应[52]。2015 年 5 月，一项针对 *MET* 扩增的复发恶性肿瘤患者(入组 52 例)的Ⅱ期临床试验数据在 ASCO 会议上公布，总缓解率为 19%，疾病控制率为 43%，中位无进展生存期为 2 个月，总生存期为 7 个月。

2) *MET* 基因第 14 号外显子缺失

MET 基因第 14 号外显子的缺失主要发生于肺腺癌中。在 178 例 NSCLC 患者中，有 1.7%发现 *MET* 基因的第 14 号外显子缺失[53]。*MET* 基因的第 14 号外显子缺失阻碍了 c-CBL 介导的 c-MET 泛素化与降解过程，从而导致 c-MET 持续激活[54-56]。临床研究发现，三阴性肺癌患者(即无 *EGFR* 突变，无 *KRAS* 突变，无 *ALK* 易位)中约3%携带 *MET* 基因第 14 号外显子缺失[57-60]。更为重要的是，近年来多项报道显示，携带 *MET* 基因第 14 号外显子缺失突变的 NSCLC 患者对克唑替尼、卡博替尼(cabozantinib)等多种 c-MET 靶向抑制剂有响应[61-64]。2015 年 10 月，一项开放、非随机、平行对照的Ⅱ期临床研究在美国、澳大利亚、加拿大、匈牙利、意大利、韩国、波兰与中国台湾和中国香港等国家和地区进行，招募携带 *MET* 基因改变的局部晚期或转移性的 NSCLC 患者(预期入组 200 例)。2017 年 1 月公布的数据显示，在 8 例携带 *MET* 第 14 号外显子缺失的患者中，1 例表现出确定的部分缓解，2 例表现出未确定的部分响应。

3) *TPR*-*MET* 基因重排

基因重排形式 *TPR*-*MET* 是由 1 号染色体上的 *TPR* 基因与 7 号染色体上 *MET* 基因的部分序列形成的嵌合基因[7,65]，包括 *TPR* 基因的启动子和氨基端信号肽被切除

区域与 *MET* 基因的羧基端序列，表达的嵌合蛋白以可溶形式存在于细胞质中，其结构包括 TPR 的亮氨酸拉链结构域和 c-MET 的激酶结构域。原癌性的 TPR-MET 融合蛋白由于亮氨酸拉链结构形成二聚体而组成性激活。在动物模型中转基因表达 TPR-MET 融合蛋白可导致乳房肿瘤及其他恶性肿瘤发生。在人类的胃癌中也检测到 *TPR-MET* 的重排，它可能参与胃癌的发生和发展进程[66]。

4）*MET* 基因点突变

在遗传性和自发性乳头状肾癌[67-69]、肝细胞癌[70]、胃癌[71]、头颈部鳞状细胞癌[72]中，均存在 *MET* 基因点突变的情况。*MET* 活化性的点突变已发现 20 余种，主要发现于散发或遗传性的肾癌、肝细胞癌、头颈部肿瘤以及其他一些肿瘤中[67,73]。这些突变多集中在激酶区（与在 EGFR、RET 及 KIT 等激酶上发生的突变类似），从而增加 c-MET 的酪氨酸激酶活性。近膜结构域发生的突变一般不引起配体非依赖的 c-MET 激活，但发生 P1009I 突变的 c-MET 表现为 HGF 依赖的持续激活[70]。在人头颈部肿瘤中发现，从原位癌到转移灶的过程中，*MET* 的突变率由 2%增加至 50%[72]。

MET 发生的点突变可以通过激活 c-MET 的催化活性、改变 c-MET 的底物特异性、影响蛋白质的构象等影响 c-MET 的激酶活性。例如，部分人乳头状肾癌中存在 *MET* 基因 M1268T 突变，其表达产物可与 c-SRC 发生组成性结合，增强 HGF 诱导的 c-SRC 活化，促进肿瘤发生转化[74]。*MET* 基因 D1246H/N 和 *MET* M1268T 表达的 c-MET 突变蛋白激活 RAS 通路，促进肿瘤转化；*MET* 基因 Y1248C 和 *MET* 基因 L1213V 则主要通过激活 PI3K/PKB(Akt)通路，促进细胞的迁移、侵袭和抗凋亡过程。

5）配体 HGF 依赖的 c-MET 激活

HGF 能通过自分泌和旁分泌等途径激活 *MET* 基因转录，也可以通过旁分泌的方式正反馈促进癌细胞的分散。在胶质细胞瘤、骨肉瘤、乳腺癌、前列腺癌及肺癌中，都存在肿瘤细胞同时表达 *HGF* 和 c-MET 的情况，自分泌的 *HGF* 直接结合 c-MET 导致 c-MET 及其下游信号发生组成性激活，促进肿瘤生长和迁移[1]。

6）与其他通路的交互作用导致 c-MET 激活

c-MET 也可能被其他不与 c-MET 直接发生相互作用的刺激激活。CD44 是位于细胞膜上的透明质酸受体，可以介导细胞的黏附，在肿瘤的进展和迁移中都起作用。CD44 不仅可以通过结合透明质酸介导 HGF 非依赖的 c-MET 激活[75]，而且还能通过结合 HGF 辅助其与 c-MET 结合为多化合价的复合物。它与可溶的非结合形式的 HGF 相比，能进一步刺激 c-MET 活化[76]。RON 与 c-MET 属于同家族激酶，结构上相似，c-MET 与 RON 能够形成异二聚体并定位于细胞膜上，且激活的 RON 能够反式磷酸化 c-MET[77]。肿瘤细胞自分泌的 TGF-α 激活 EGFR，进一步导致 c-MET 的磷酸化，可以增强有丝分裂信号，促进肿瘤增殖。

12.1.3.2 c-MET 影响肿瘤进展的多个过程

HGF/c-MET 信号通路的激活所介导的细胞侵袭性生长对胚胎发育、神经系统发育及成体组织再生等正常的生理过程是必需的，但在失去调控的恶性转化细胞中，却成为促进肿瘤生长并发生转移的重要原因(见图 12-3)[78]。c-MET 对细胞增殖和迁移侵袭均有调节作用，其介导的侵袭性生长既可成为细胞发生恶性转化的起始条件，也可在已癌变的细胞中作为继发事件以促进原肿瘤发生转移扩散[79]。

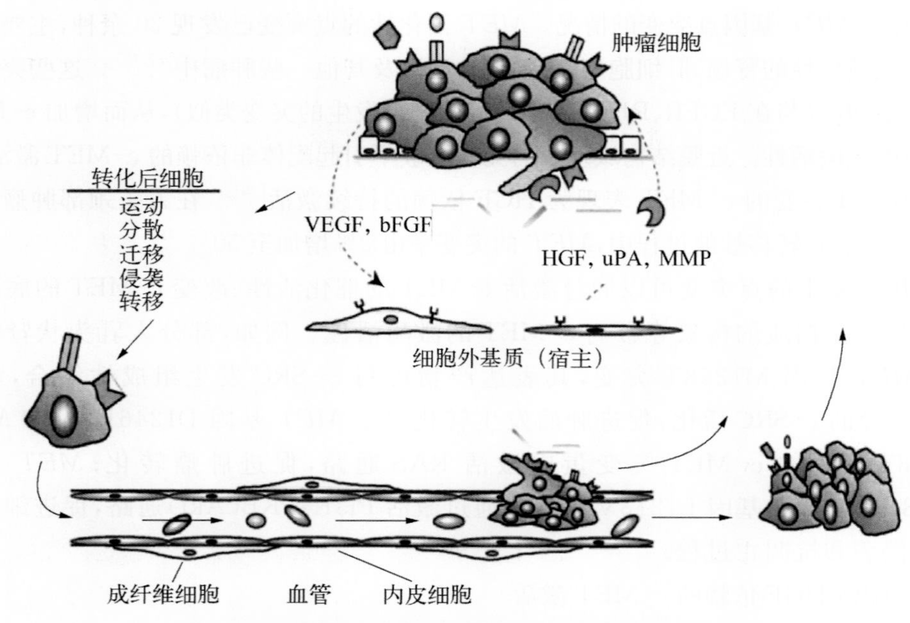

图 12-3 肝细胞生长因子受体相关通路促进侵袭性生长

(图片修改自参考文献[78])

1) 促进细胞增殖

正常细胞通过多种机制调控细胞的生长和分裂，以维持细胞数目、组织结构和功能的相对稳态，而肿瘤细胞的一个重要特征是相关信号失调引起的异常持续增殖。PI3K-PKB(Akt)-mTOR 通路是与细胞存活及增殖最为密切相关的通路之一。PI3K 结构上包括一个 p85 调节亚基和一个 p110 催化亚基，可以通过其 p85 亚基内的 SH2 结构域直接结合活化 c-MET 受体细胞质结构域内磷酸化的酪氨酸残基，也可以通过脚手架蛋白 GAB1 间接结合 c-MET。与 c-MET 发生相互作用后，p85 失去对 p110 亚基的抑制作用，从而使 p110 能够发挥磷酸化催化活性，起始下游信号通路[80]。与此类似，RAS 可以通过脚手架蛋白 GRB2 结合 c-MET 的羧基端磷酸化酪氨酸残基，激活下游的 RAF-MEK-ERK 及 RAF-MEK-JNK 等通路[81]，促进细胞的增殖、运动、侵袭和细胞周期进展。骨髓微环境的基质细胞和部分骨髓瘤细胞系表达 HGF，而多发性骨髓瘤（MM）细胞系多表达 c-MET，受 HGF 刺激后 MM 细胞的 RAS-MAPK 通路与 PI3K-PKB（Akt）通路激活，从而介导细胞的增殖与抗凋亡功能[82]。

2）促进细胞运动

s-RAF-MAPK 通路除促进细胞增殖外，还与细胞运动存在密切联系。RAS 可以通过脚手架蛋白 GRB2 与 c-MET 发生直接的相互作用。此外，CD44 的一个亚型 CD44v6 可以与 c-MET 和 HGF 形成三元复合物从而激活 c-MET，CD44v6 胞内区域可以通过 GRB2 和埃兹蛋白（Ezrin）联系 c-MET 的细胞质区域与肌动蛋白微丝，并通过鸟苷酸转换因子 SOS（son of sevenless）的辅助诱导 c-MET 依赖的 RAS 激活[3]。

3）诱导血管生成

c-MET 不仅表达于上皮细胞，还表达在内皮细胞上。即通过 HGF/c-MET 信号轴直接促进血管内皮细胞的增殖及血管新生、淋巴管新生；HGF/c-MET 信号通路的活化也可以直接或者间接地诱导促血管新生因子 VEGFA[83]、IL-8 等的表达，抑制血管新生的负调控因子血小板应答蛋白 1（thrombospondin 1，TSP1）表达；而且 HGF/c-MET 和 VEGF/VEGFR-2 都能够协同活化下游信号分子，在体内外共同促进血管生成。通过上述各个环节协同促进血管新生进而维持肿瘤细胞生长所需养分，在肿瘤生长维持和转移中均发挥重要作用。

12.1.3.3 c-MET 与肿瘤耐药

HGF/c-MET 信号轴的活化除与化疗药物耐药相关[84-86]，也与分子靶向药物耐药密切相关。*MET* 基因扩增介导了相当比例的 NSCLC 患者对 EGFR 抑制剂的获得性耐药[3]，与 c-MET 抑制剂联合用药则可逆转吉非替尼（gefitinib）的耐药[44]。后续研究进一步指出，HGF 通过磷酸化 c-MET 激活 PI3K/PKB（Akt）通路，参与介导 EGFR 抑制剂的获得性耐药[85-87]，通过 siRNA 抑制 c-MET 活性，能够扭转 HGF 诱导的 EGFR 抑制剂耐药和 PKB（Akt）磷酸化。c-MET 扩增也通过驱动 ERBB3（HER3）依赖的 PI3K 激活进而介导 NSCLC 患者对吉非替尼的耐药。

2012 年以后，Minuti 等相继报道了 HGF/c-MET 信号通路在 B-RAF 及 HER2 抑制剂耐药中的作用。基质细胞通过释放 HGF 介导 RAF 抑制剂 PLX4720 耐药的发生，而 *MET* 基因以及 *HGF* 基因扩增造成 HER2 阳性的转移性乳腺癌患者对曲妥珠单抗耐药[88,89]。

另外，众所周知，肿瘤血管抑制策略最大的不良反应就是导致肿瘤转移，这是由于肿瘤在血氧供应不足的条件下，低氧诱导因子（HIF-1α）表达上调，从而转录上调 c-MET 水平促进肿瘤转移[90]。因此，c-MET 与 VEGFR-2 联合抑制具有良好的应用前景。而事实上，c-MET 抑制剂在抑制肿瘤生长的同时还能够降低肿瘤中血管的密度[91,92]。

以上结果均提示，HGF/c-MET 信号轴与上述信号通路共同抑制能够延长相关药物的临床使用寿命。事实上，已有多项 c-MET 抑制剂与 EGFR 抑制剂、血管新生抑制剂及化疗药物联合应用的临床试验正在开展中，如与埃罗替尼、舒尼替尼及与贝伐珠单抗等的联合应用。2012 年 4 月，一项开放、多中心、平行对照、Ⅰb 期/Ⅱ期临床研究在比利时、中国、意大利、南韩等国家进行，招募接受 EGFR 抑制剂治疗进展的 *EGFR* 突变、*MET* 扩增 NSCLC 患者(入组 58 例，其中中国 17 例)，研究 c-MET 抑制剂苯扎米特(capmatinib)与吉非替尼联合治疗这类患者的安全性和有效性。2014 年，试验数据在 ASCO 会议上公布，有 8 例患者部分缓解，17 例患者获得疾病稳定，14 例患者发生了疾病进展，总缓解率为 40%。

12.1.3.4 c-MET 与肿瘤微环境

长期以来，肿瘤的治疗聚焦于肿瘤细胞本身，而忽视了作为功能整体、不可分割的肿瘤微环境。微环境中众多基质细胞，如中性粒细胞、成纤维细胞、内皮细胞、与肿瘤相关的巨噬细胞、杀伤性 T 细胞、树突状细胞、骨髓来源的抑制性细胞(MDSC)、调节性 T 细胞(Treg)等，通过与肿瘤细胞互动促进肿瘤进程。事实上，c-MET 异常激活不仅是肿瘤细胞自身重要的驱动力，而且在促癌微环境形成中也是重要的推动者。除了内皮细胞外，c-MET 也直接或者间接地调控肿瘤微环境中其他众多基质细胞的分化、存活、趋化等关键功能，促进了免疫抑制性微环境的产生，引起了人们极大的关注。

1) c-MET 与中性粒细胞

c-MET 在中性粒细胞表达中发挥了重要的调控作用。中性粒细胞约占外周血白细胞的 60%，是天然免疫的重要功能组分，与肿瘤微环境中其他基质细胞及肿瘤细胞本身存在交互调控，在肿瘤进程的不同阶段及耐药中具有双重调控作用。更为重要的是，c-MET在中性粒细胞中潜在的两面性调控也初见端倪。中性粒细胞表达 c-MET 并感应配体 HGF 的诱导，在功能上促进中性粒细胞的趋化和细胞毒性作用，拮抗肿瘤的生长和转移[93]。另有研究显示，通过 c-MET/HGF 轴线互动，中性粒细胞对 c-MET 介导的肿瘤转移是必需的[94]，提示中性粒细胞对 c-MET 抑制剂的整体药效具有潜在的拮抗或者协同作用。

2) c-MET 功能轴线与其他基质细胞体系

除了上述免疫细胞以外，微环境中还有其他基质细胞也受 c-MET 通路直接或间接调控而参与肿瘤进程介导耐药等效应。

成纤维细胞高表达 HGF，与表达 c-MET 的肿瘤细胞可发生交互作用而影响肿瘤进程。激活 EML4-ALK 肺癌细胞的 c-MET 及其衔接蛋白 GAB1，激活下游 PKB(Akt)及 ERK1/ERK2 等信号，介导细胞对 TAE684(一种选择性 ALK 抑制剂)的耐药[95]。对慢性淋巴细胞白血病而言，细胞相互作用和微环境分泌的因子可能对白血病细胞的存活和抗传统疗法细胞毒作用有重要影响。体外试验发现人骨髓基质细胞、成纤维细胞等间质细胞，通过分泌 HGF 介导表达 c-MET 的慢性淋巴细胞白血病细胞的 c-MET 激活，进一步磷酸化激活 STAT3 通路，并促进细胞存活[96]。此外，成纤维细胞也可与微环境中其他非肿瘤细胞发生相互作用。成纤维细胞可发生 nemosis(程序性细胞坏死的一种)激活，以增加对前列腺素、趋化因子、HGF 等的分泌；激活的成纤维细胞通过分泌 HGF 促进肿瘤细胞的侵袭和内皮细胞的促血管新生反应，其条件培养基能够促进人脐静脉内皮细胞(human umbilical vein endothelial cell, HUVEC)的分枝和网络形成，促进创伤愈合和肿瘤发生[97]。

脑转移是乳腺癌患者的主要病死原因之一，脑转移的肿瘤细胞高表达 c-MET，促进肿瘤细胞向脑内皮细胞黏附，并通过白细胞介素-8(IL-8)和 CXCL1 的分泌促进新生血管形成。c-MET 激活也刺激 IL-1β 的分泌，进一步诱导肿瘤相关的脑星形胶质细胞分泌 HGF，形成由 c-MET 高表达起始和维持的细胞因子形成的正反馈，最终形成适合脑转移的肿瘤细胞生存的肿瘤微环境[98]。

肝细胞癌旁基质的一部分单核细胞表达 c-MET 蛋白，NF-κB 调控肿瘤坏死因子 α (TNFα)的自分泌从而促进单核细胞表面 c-MET 的表达，促进其运动和合成 MMP9 的能力，促进肝癌病情的发展[99]。部分 T 细胞($c\text{-}MET^{+}CCR4^{+}CXCR3^{+}$)受 HGF 刺激后，c-MET 被激活，下游 PKB(Akt)、STAT3 依赖通路活化，并通过激活趋化因子受体 CCR5 上调 T 细胞向心脏组织的招募，从而发生迁移、归巢[100]。c-MET 也能够诱导免疫耐受性的树突状细胞产生、抑制 T 细胞增殖、促进调节性 T 细胞扩散，从而抑制免疫响应并逃逸免疫检查，促进肿瘤发展[101]。

12.2 c-MET 分子靶向药物研发

针对 HGF/c-MET 信号通路传递过程目前主要有以下两类策略调控 c-MET 信号通路的活性。① 阻断 c-MET 和其配体 HGF 的结合。例如，开发抗体类药物结合 HGF 或 c-MET 的胞外结构域，或采用 HGF 多肽/类肽拮抗剂，从而通过竞争 HGF/c-MET 结合位点使 c-MET 不被激活。② 阻断 c-MET 及其底物磷酸化。主要通过设计小分子抑制剂结合于 c-MET 的激酶结构域，从而影响 c-MET 与 ATP 或底物的结合，从而阻断底物的磷酸化过程。根据上述策略，目前针对 HGF/c-MET 通路的药物研发主要集中在抗体类药物、基于特异性识别 c-MET 抗体的抗体偶联药物(antibody-drug conjugate, ADC)以及靶向激酶结构域的小分子抑制剂等。

12.2.1 肝细胞生长因子/c-MET 抗体类药物研发

依米妥珠单抗(emibetuzumab, LY2875358)是二价人源化 IgG4 单克隆抗体，可抑制 HGF 依赖和 HGF 非依赖 c-MET 通路的过表达，并可促进 c-MET 的内吞及降解[102]。Emibetuzumab 于 2013 年 8 月启动对胃癌和食管胃结合部癌的Ⅱ期临床研究，研究数据显示其对胃癌和胃食管结合部癌的疗效不够显著。目前，该抗体药物联合 VEGFR-2 单克隆抗体雷莫芦单抗（ramucirumab），针对携带 *EGFR* 基因突变 NSCLC 患者（NCT01897480 和 NCT02082210）的两项临床试验正在进行中。另外，依米妥珠单抗和其他靶向药物联用的试验也在积极进行中，如联合应用奥希替尼、CO-1686、耐昔妥珠单抗（necitumumab）和厄洛替尼（erlotinib）在 *MET* 扩增的厄洛替尼耐药的小鼠移植瘤模型中的肿瘤生长抑制率分别为 80.4%、58.2%、44.4%和 69.1%[103]。

强生（Janssen）公司和 Genmab 公司研发的 JNJ-61186372，为一双特异性的 EGFR/c-MET 抗体。JNJ-61186372 为 IgG1 的异二聚体，两区段分别靶向于 EGFR 和 c-MET。结合 c-MET 的 IgG1 分子在 CH3 结构域存在 K490R 突变，而结合 EGFR 的 IgG1 分子在 CH3 结构域存在 F405L 突变。JNJ-61186372 通过下调 EGFR 和 c-MET 以及提高抗体依赖性细胞介导的细胞毒作用，实现对肿瘤细胞生长的抑制活性[104]。该抗体针对 NSCLC 的Ⅰ期临床研究于 2016 年 2 月开展，目前正在积极进行中（NCT02609776）。

靶向 HGF 的抗体类药物研究较少，主要有 Yooyoung 公司研发的 NOV-1105（YYB-101）和 AVEO 制药公司研发的 ficlatuzumab。其中 NOV-1105 为人源化的 IgG4 单克隆抗体，它作用于 HGF 的 α 链[105]。目前该药物针对晚期实体瘤患者的Ⅰ期临床研究正在进行中（NCT02499224）。应用 ficlatuzumab 进行的Ⅰ期临床研究中，实体瘤患者表现了良好的耐受性，并观察到它的毒副反应为外周水肿、疲劳和恶心[106]。该抗体于 2014 年 11 月在美国开展Ⅱ期临床研究（NCT02318368）。

12.2.2 抗体偶联药物类 c-MET 抑制剂药物研发

抗体偶联药物由特异性的单克隆抗体、高效应的细胞毒性物质以及连接臂 3 部分组成。它将抗体的靶向性与细胞毒性药物的强效抗肿瘤作用相结合，可以降低对正常细胞的毒性作用，减少抗肿瘤药物的不良反应，提高肿瘤治疗的选择性，还能更好地应对靶向单抗的耐药性问题。艾伯维（AbbVie）公司通过可裂解的缬氨酸-瓜氨酸（VC）作为连接基团连接抗体（ABT-700）和细胞微管抑制剂单甲基澳瑞他汀 E（monomethyl auristatin E，MMAE）开发了针对 c-MET 高表达的抗体偶联药物 ABBV-399，其小分子药物和抗体的平均比例为 3∶1[107]。2014 年 3 月，该药物的Ⅰ期临床研究（NCT02099058）在美国启动，评价 ABBV-399 以及 ABBV-399 分别联用厄洛替尼（erlotinib）、西妥昔单抗（cetuximab）、贝伐珠单抗（bevacizumab）、卡铂（carboplatin）在 154 例实体瘤患者体内的安全性和有效性。2016 年 10 月在丹麦哥本哈根由欧洲临床肿瘤协会举行的会议上，艾伯维公司公布 ABBV-399 在Ⅰ期临床试验中应用 2.7 mg/kg 的剂量具有显著疗效，并且无明显的毒副作用。

12.2.3 激酶结构域小分子抑制剂药物研发

目前,开展临床研究较多的 c-MET 通路的靶向药物多为小分子 c-MET 抑制剂。根据其是否占据激酶和 ATP 的结合区域,小分子 c-MET 激酶抑制剂可分为 ATP 竞争性抑制剂和非 ATP 竞争性抑制剂。目前报道的 c-MET 抑制剂多为 ATP 竞争性,它们占据了 ATP 的结合区域,从而阻断了 c-MET 催化的酪氨酸磷酸化,进而阻止了信号转导物和效应物的招募,切断了下游信号通路发生的生物学效应[108]。根据化合物和 c-MET 蛋白结合构象的差异,可将 c-MET 抑制剂分为Ⅰ型 c-MET 激酶抑制剂和Ⅱ型 c-MET 激酶抑制剂。Ⅰ型 c-MET 激酶抑制剂作用于激酶的 ATP 结合区域,和蛋白质的结合构象为"U"型;Ⅱ型 c-MET 激酶抑制剂除作用于激酶的 ATP 结合区域,还作用于 ATP 结合区域邻近的别构位点,形成了位于活化环上的 DFG-out 非活化构象,和蛋白质的结合构象为直线型[109]。因小分子抑制剂具有细胞渗透性好、口服生物利用度高等优点,获得了广泛关注。其中已披露结构的代表性化合物(见表 12-1)。通过表 12-1 可以看出,Ⅰ型 c-MET 激酶抑制剂一般具有较高的 c-MET 激酶选择性,如克唑替尼(crizotinib)主要作用于 3 个同源性较高的靶点:c-MET、ALK 和 ROS1。另外,沃利替尼(volitinib)和苯扎米特(capmatinib)选择性更高,主要作用于 c-MET 靶点。相比较而言,Ⅱ型 c-MET 激酶抑制剂则因结合非活化的 DFG-out 激酶构象,选择性较差,一般为多靶点激酶抑制剂。其中已上市的卡博替尼(cabozantinib)即为其中的代表性药物。下面分别对上述不同类型的 c-MET 抑制剂的研发过程和作用特点进行阐述。

表 12-1 进入临床研究的小分子 c-MET 抑制剂

研发机构	研究代号(通用名)	分子结构	研究状态	作用靶点
Pfizer	PF2341066(克唑替尼,crizotinib)	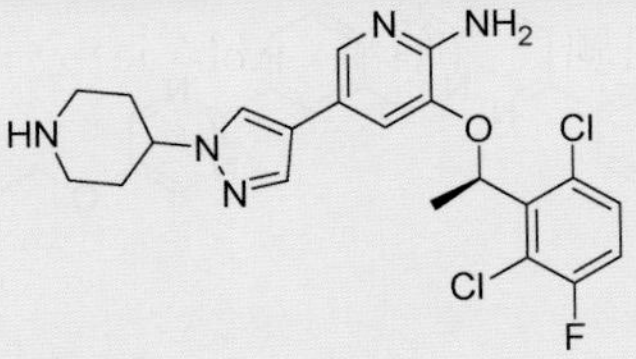 N NH$_2$ HN N N O Cl Cl F	作为 ALK 抑制剂已上市	c-MET/ALK/ROS1
Exelixis	XL-184(卡博替尼,cabozantinib)	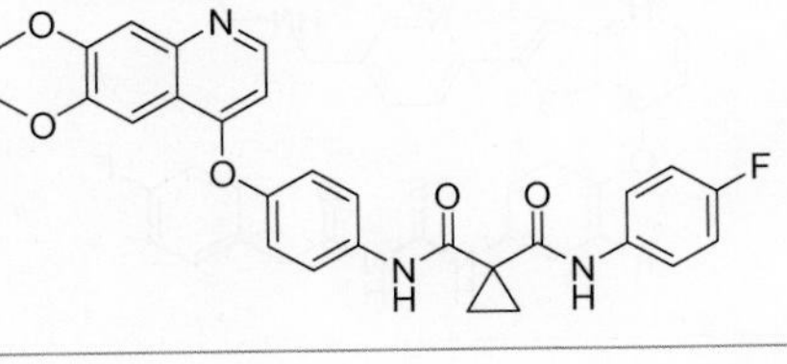 O N O O O O F N H N H	作为多靶点激酶抑制剂上市	c-MET、FLT3、KIT、RET、TEK、VEGFR

（续表）

研发机构	研究代号（通用名）	分子结构	研究状态	作用靶点
ArQule Inc	ARQ197（替伐替尼，tivantinib）	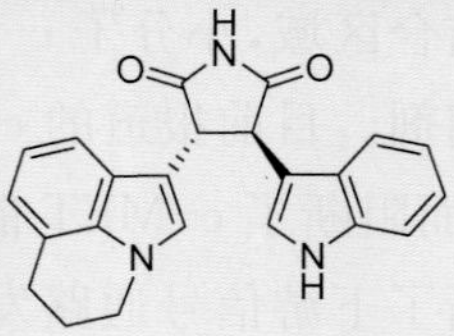	Ⅲ期	c-MET
Hutchison Medipharma	HM-5016504（沃利替尼，volitinib）	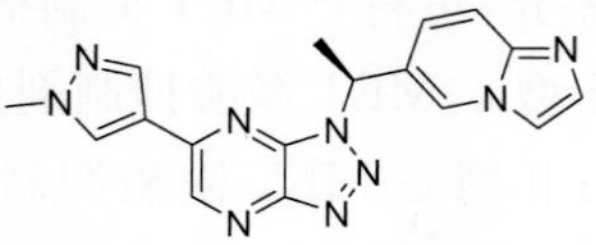	Ⅲ期	c-MET
Eli Lilly	LY-2801653（美乐替尼，merestinib）	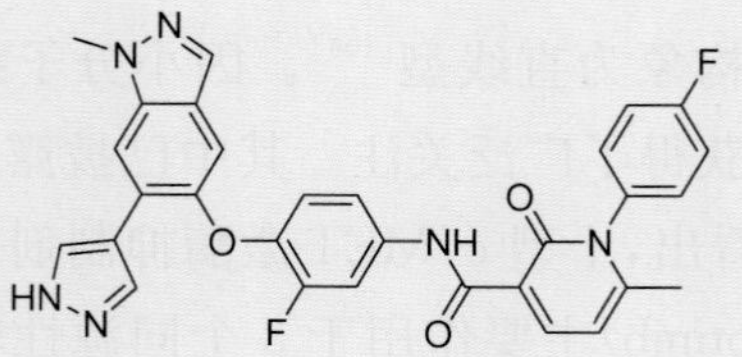	Ⅱ期	c-MET、AXL、RON、ROS1、MNK1/MNK2
MethylGene	MG-516（司曲替尼，sitravatinib）	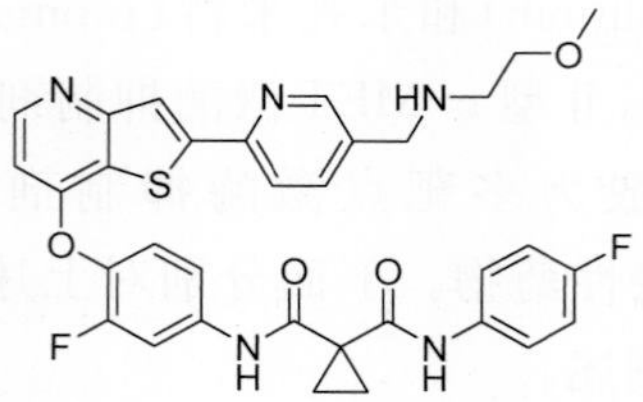	Ⅱ期	c-MET、VEGFR-1/VEGFR-2/VEGFR-3、DDR、PDGFR、RET、KIT
Incyte	INCB28060（卡马替尼，capmatinib）	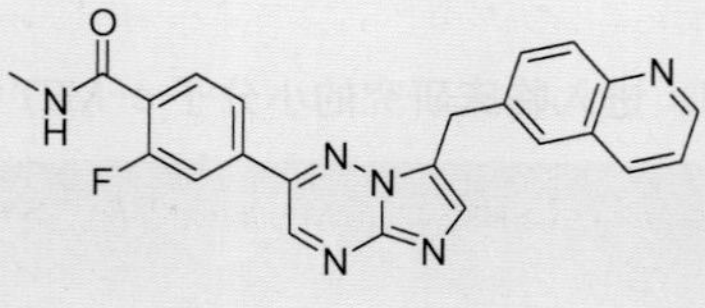	Ⅱ期	c-MET
Merck	EMD-1214063（特泊替尼，tepotinib）	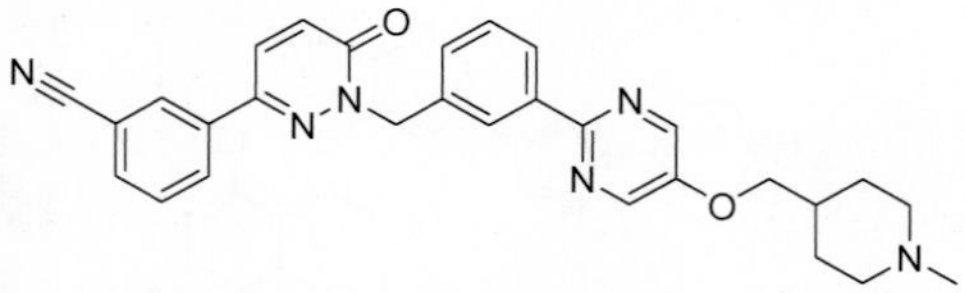	Ⅱ期	c-MET
MethylGene	MGCD-265（格来替尼，glesatinib）	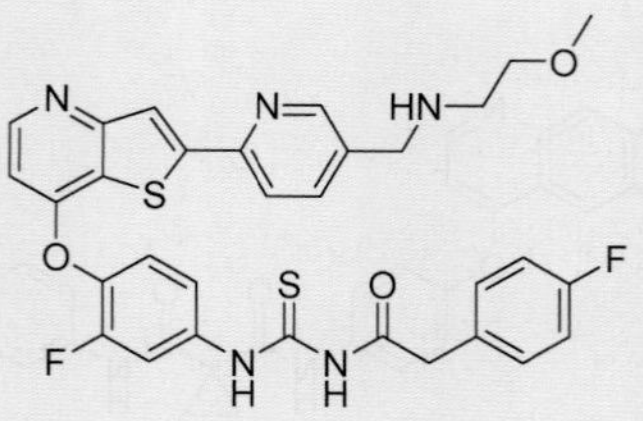	Ⅱ期	c-MET、AXL、RON、TEK、VEGFR-1/VEGFR-2/VEGFR-3

（续表）

研发机构	研究代号（通用名）	分子结构	研究状态	作用靶点
Bristol-Myers Squibb	ASLAN-002	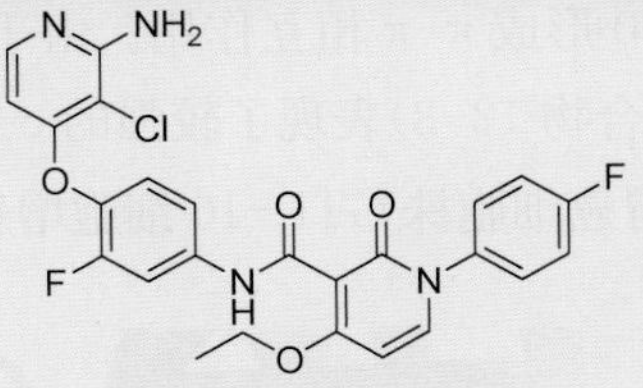	Ⅱ期	c-MET、RON
Taiho Pharmaceutica	TAS-115	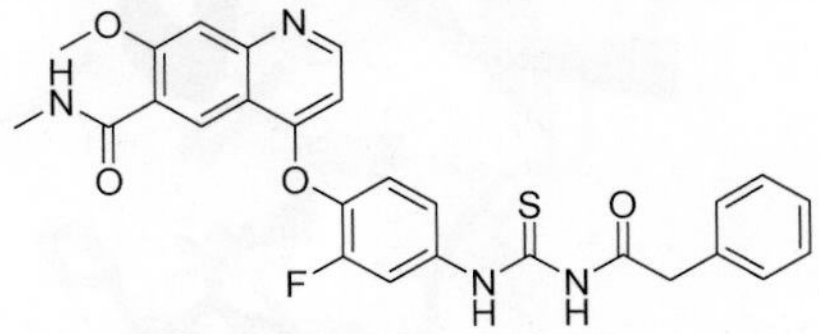	Ⅱ期	c-MET、VEGFR
Deciphera Pharmaceuticals	DCC-22701（altiratinib）	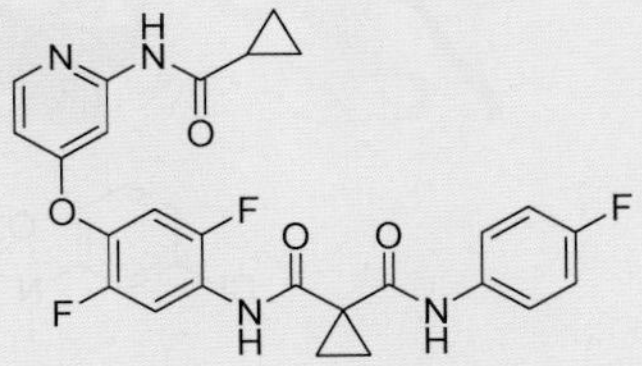	Ⅰ期	c-MET、TEK、TRKA/TRKB/TRKC、VEGFR-2

12.2.3.1　c-MET/ALK 双重抑制剂克唑替尼

克唑替尼研发初期及早期临床试验均以 c-MET 为首选靶点开展研究，但通过对临床数据的分析，改变临床研究策略，最终作为间变性淋巴瘤激酶（ALK）靶向治疗药物上市，用于治疗 ALK 阳性的局部晚期或转移的 NSCLC。自 2005 年相关克唑替尼的专利被报道至 2011 年 8 月 26 日克唑替尼被 FDA 批准作为 ALK 抑制剂上市，仅用了不到 7 年的时间。近年来，克唑替尼也开展了针对 *MET* 扩增患者的临床试验，Ⅱ期临床试验数据表明了其治疗的有效性。下面详细介绍克唑替尼的发现过程。

克唑替尼由吲哚-2-酮类 c-MET 抑制剂发展而来，吲哚酮类结构是激酶抑制剂常见的结构，其代表药物为舒尼替尼（sunitinib）是 VEGFR-2、PDGFR-β、c-KIT、FLT3 的多靶点抑制剂[110]。Wang 等科学家通过同源模建的方法对 c-MET 激酶进行研究，通过对舒尼替尼的 5 位取代基的替换，成功地开发了一类以吲哚-2-酮为母核的 c-MET 激酶抑制剂[111]。以 SU11274 为代表，该化合物对由 HGF 诱导的 c-MET 自磷酸化的抑制活性 IC_{50} 约为 1 μmol/L。作为工具化合物，SU11274 在 20 世纪 90 年代初被广泛使用。另外，其类似物 SU11606（化合物 12-1）和 SU11271（化合物 12-2）对 c-MET 蛋白磷酸化的抑制活性分别达到 170 nmol/L 和 10 nmol/L[112]。Pfizer 公司以吲哚-2-酮为母核开发了 PHA665752(化合物 12-3),对该化合物和 c-MET 蛋白结合的晶体复合物结构(PDB 编号为 2WKM)(见图 12-4)分析表明,吲哚-2-酮 1 位的氢原子和 2 位的羰基分别以氢键与 c-MET 铰链区(Hinge 区)的氨基酸残基 P1158 和 M1160 结合,二氯取代了苯环和 c-MET 的氨基酸残基 Y1230 形成 π-π 相互作用。由于该化合物和 c-MET 蛋白有较强的结合能力,PHA665752(化合物 12-3)表现了较强的 c-MET 抑制活性(IC_{50}=4 nmol/L)和较高的选择性,并且对人胃癌细胞株 GTL-16 细胞增殖的 IC_{50} 也达到 9 nmol/L[113]。

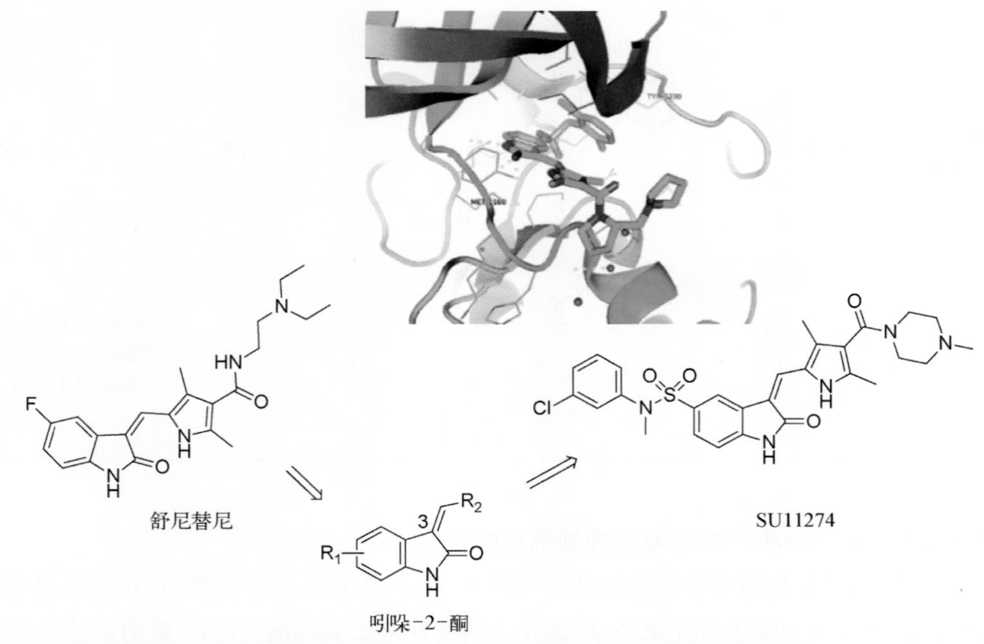

化合物	R1	R2	IC_{50} (μmol/L)
12-1(SU11606)			0.17
12-2(SU11271)			0.01
12-3(PHA665752)			0.004

图 12-4 化合物 12-3 和 c-MET 蛋白复合物的晶体结构及吲哚-2-酮类化合物

基于吲哚-2-酮类化合物 PHA665752(化合物 12-3)的 c-MET 蛋白结合的复合物结构，辉瑞公司以 J. Jean Cui 为代表的科学家采用基于结构的药物分子设计方法，首先通过合环，用吡啶环上的氮代替吲哚-2-酮的羰基与 c-MET 蛋白上的残基形成氢键，但是三元稠环的引入使得分子的类药性降低。由于吲哚-2-酮类结构是通过 1 位氨基上的氢原子和蛋白质上的残基形成氢键，J. Jean Cui 的团队进一步通过骨架跃迁的药物分子设计方法将吲哚环打开得到化合物 12-4，既保留了氢键的作用又使得整个分子具有较好的类药性[114,115]（见图 12-5）。但是化合物 12-4 对 c-MET 的活性下降明显

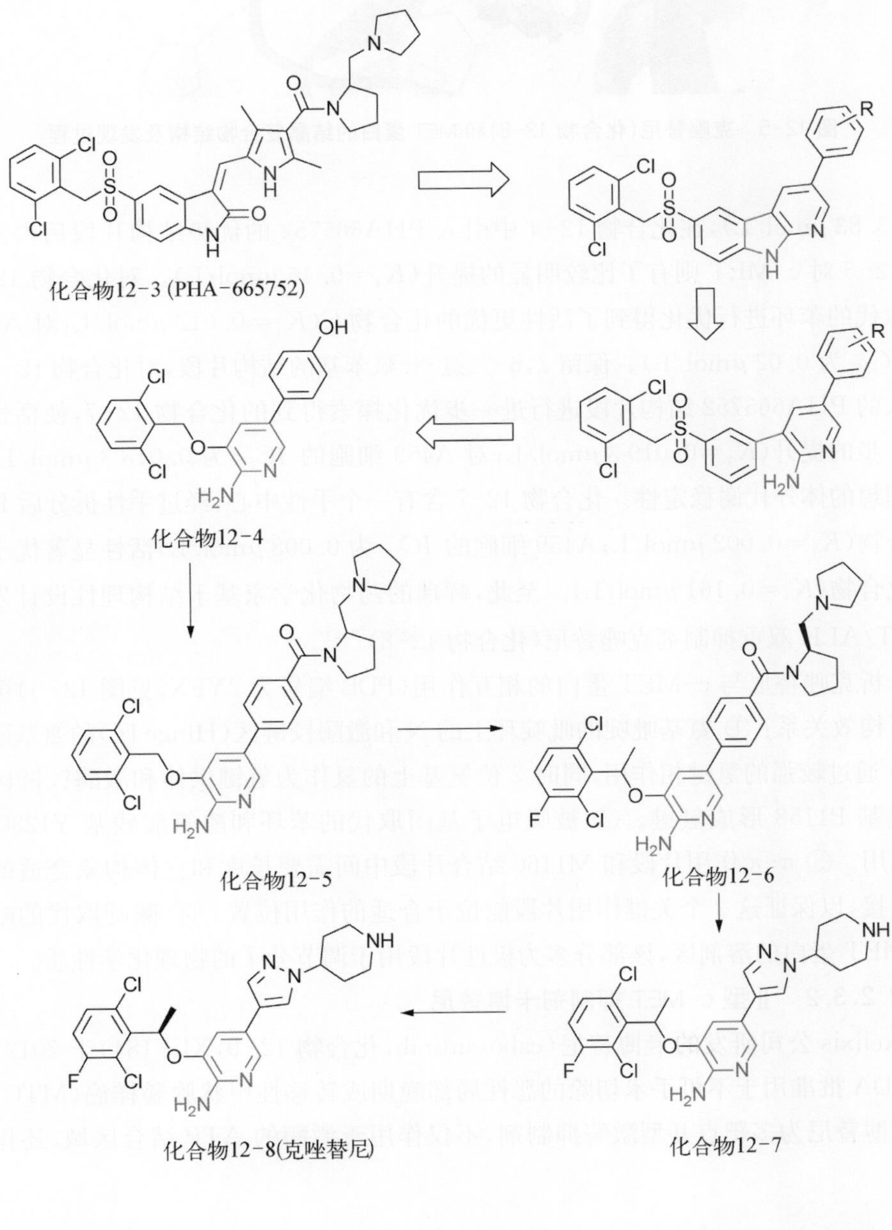

化合物12-3 (PHA-665752)

化合物12-4

化合物12-5

化合物12-6

化合物12-7

化合物12-8(克唑替尼)

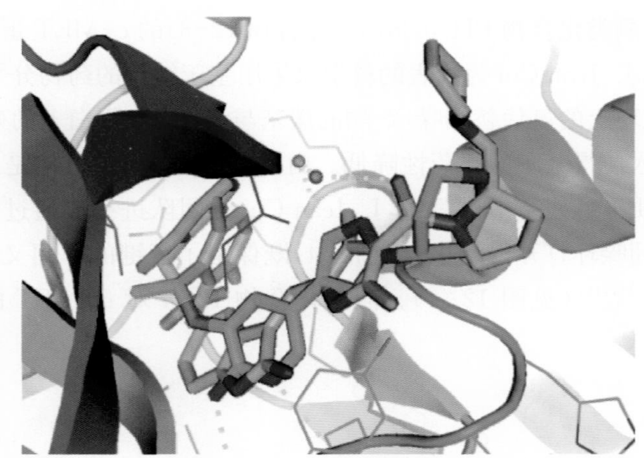

图 12-5 克唑替尼(化合物 12-8)和 MET 蛋白的结晶复合物结构及发现过程

(K_i=3.83 μmol/L),在化合物 12-4 中引入 PHA665752 的优势结构片段后得到的化合物 12-5 对 c-MET 则有了比较明显的提升(K_i=0.46 μmol/L)。对化合物 12-5 的二氯取代的苯环进行优化得到了活性更优的化合物 C(K_i=0.012 μmol/L;对 A459 细胞的 IC_{50} 为 0.02 μmol/L)。保留 2,6-二氯-3-氟苯基的结构片段,对化合物 12-6 中原本引入的 PHA665752 结构片段进行进一步优化探索得到的化合物 12-7,使活性有了更进一步的提升(K_i=0.0193 μmol/L;对 A459 细胞的 IC_{50} 为 0.0183 μmol/L)并且具有理想的体外代谢稳定性。化合物 12-7 含有一个手性中心,经过手性拆分后 R 构型的化合物(K_i=0.002 μmol/L;A459 细胞的 IC_{50} 为 0.008 μmol/L)活性显著优于 S 构型的化合物(K_i=0.161 μmol/L)。至此,辉瑞的药物化学家基于结构理性设计发现了 c-MET/ALK 双重抑制剂克唑替尼(化合物 12-8)[116]。

分析克唑替尼与 c-MET 蛋白的相互作用(PDB 编号为 2YFX,见图 12-6)可以得到如下构效关系:① 氨基吡啶的吡啶环上的 N 和激酶铰链区(Hinge 区)的氨基酸残基 M1160 通过较强的氢键相作用,同时 2 位氨基上的氢作为氢键供体和激酶铰链区的氨基酸残基 P1158 形成氢键。② 被吸电子基团取代的苯环和酪氨酸残基 Y1230 形成 π-π 作用。③ π-π 作用片段和 M1160 结合片段中间需要长度和立体构象合适的基团进行连接,以保证这 2 个关键作用片段能位于合适的作用位置。④ 哌啶取代的吡唑伸向 c-MET 蛋白的溶剂区,该部分多为极性片段用于调节分子的物理化学性质。

12.2.3.2 Ⅱ型 c-MET 抑制剂卡博替尼

Exelixis 公司研发的卡博替尼(cabozantinib,化合物 12-9,XL-184)于 2012 年 11 月获 FDA 批准用于不可手术切除的恶性局部晚期或转移性甲状腺髓样癌(MTC)的治疗。卡博替尼为多靶点Ⅱ型激酶抑制剂,不仅作用于激酶的 ATP 结合区域,还作用于

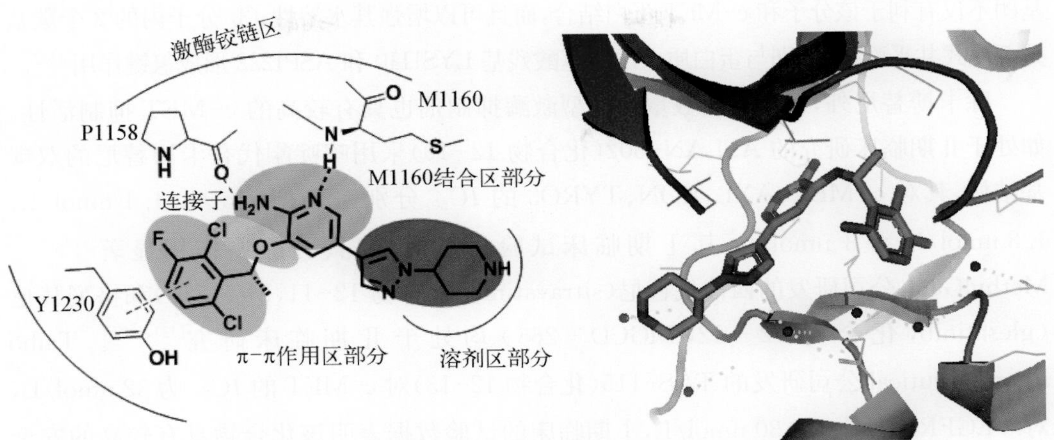

图 12-6 化合物 12-8 与 c-MET 酪氨酸激酶的相互作用

ATP 结合区域邻近的别构位点，与蛋白质的结合构象为直线型。体外测试表明，其对多种激酶均具有较高的抑制作用，如对 c-MET、VEGFR-2、RET、KIT、AXL、FLT3 和 TIE-2 的 IC_{50} 分别为 1.3 nmol/L、0.035 nmol/L、5.2 nmol/L、4.6 nmol/L、7 nmol/L、11.3 nmol/L 和 14.3 nmol/L[117]。

分析已报道的卡博替尼类似物 XL-880 和 c-MET 复合物的晶体结构(PDB 编号为 3LQ8)的相互作用(见图 12-7)可以获得以下构效关系：① 喹啉环上的氮原子和 c-MET 蛋白上的氨基酸残基 M1160 形成氢键；② 喹啉环的第 6、7 位取代基伸向溶剂区，引入亲水

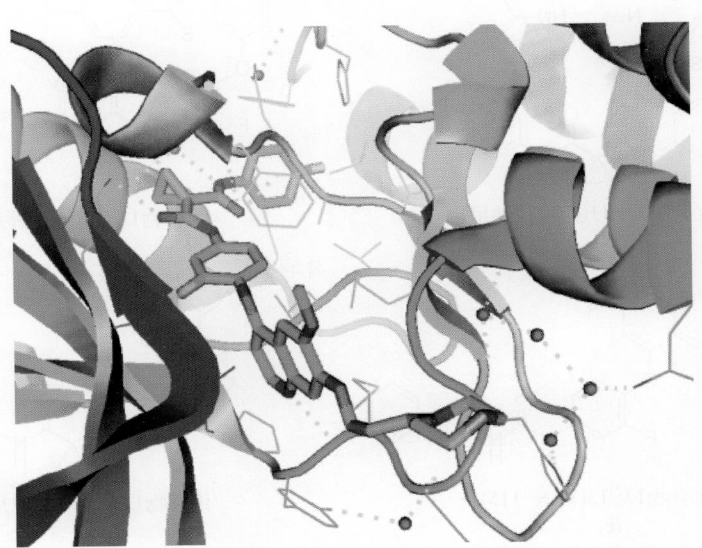

图 12-7 化合物 XL-80 和 MET 蛋白复合物的晶体结构

基团不仅有利于该分子和 c-MET 蛋白结合，而且可以增强其水溶性；③ 分子内的 2 个羰基处于反式共平面，并分别与蛋白质上的氨基酸残基 LYS1110 和 ASP1222 形成氢键作用[118]。

除卡博替尼外，还有相当数量的Ⅱ型激酶抑制剂也具有较高的 c-MET 抑制活性。如处于Ⅱ期临床研究的 ASLAN-002（化合物 12-10）采用嘧啶酮代替卡博替尼的双羰基结构，其对 c-MET、AXL、RON、TYRO3 的 IC_{50} 分别为 3.9 nmol/L、1.1 nmol/L、1.8 nmol/L、4.3 nmol/L，其Ⅰ期临床试验显示对胃癌、乳腺癌作用显著[119,120]。MethylGene 公司研发的西他伐替尼（sitravatinib，化合物 12-11，MG-516）和格列替尼（glesatinib，化合物 12-12，MGCD-265）均处于Ⅱ期临床研究[121,122]。Taiho Pharmaceutical 公司研发的 TAS-115（化合物 12-13）对 c-MET 的 IC_{50} 为 32 nmol/L，对 VEGFR 的 IC_{50} 为 30 nmol/L，Ⅰ期临床的试验数据表明该化合物具有较高的安全性[123,124]。Deciphera Pharmaceuticals 公司研发的阿替拉尼（altiratinib，化合物 12-14）

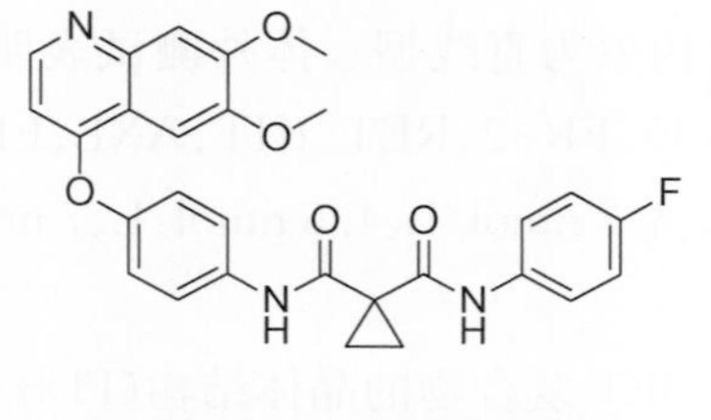

化合物12-9(卡博替尼)
(a)

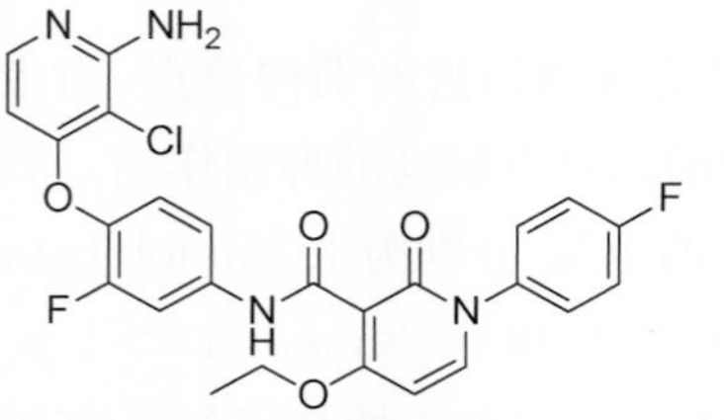

化合物12-10(ASLAN-002)
(b)

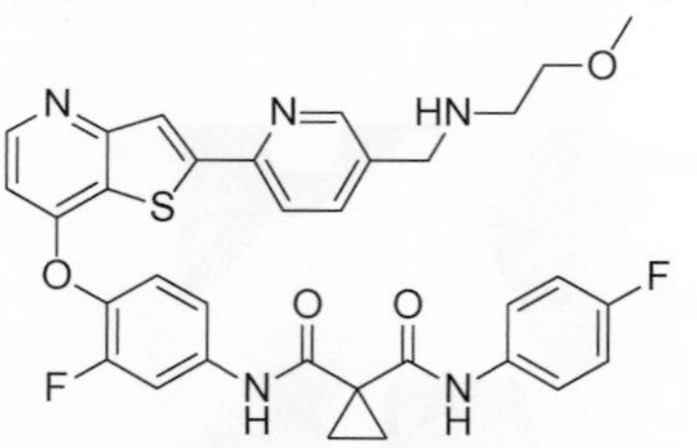

化合物12-11(西他伐替尼)
(c)

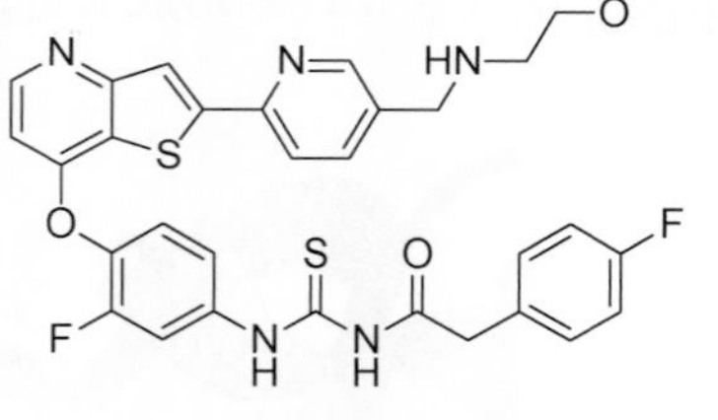

化合物12-12(格列替尼)
(d)

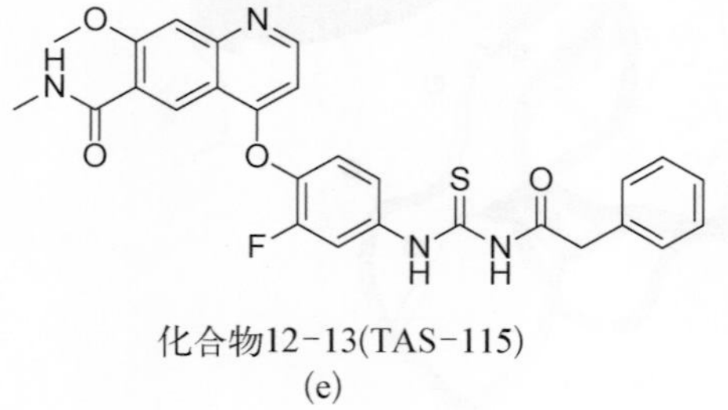

化合物12-13(TAS-115)
(e)

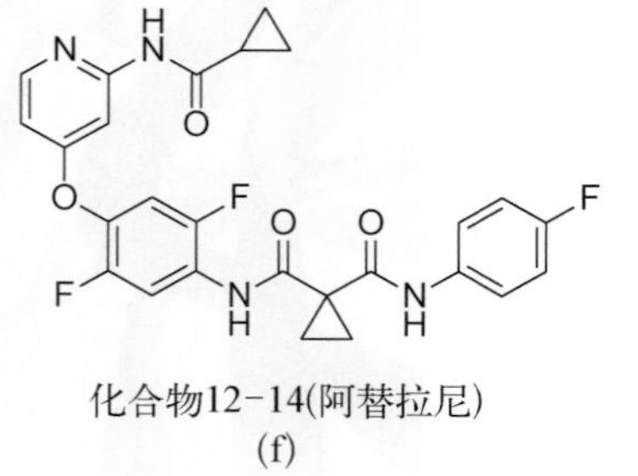

化合物12-14(阿替拉尼)
(f)

图 12-8 近期临床研究的Ⅱ型 c-MET 抑制剂

对 c-MET、TEK、TRKA/B/C、VEGF-2 均有显著的抑制作用，口服阿替拉尼对多形性胶质母细胞瘤和高度侵袭性转移癌实体瘤有效，目前处于Ⅰ期临床研究状态[125,126]。

12.2.3.3 临床研究中的Ⅰ型高选择性 c-MET 抑制剂

目前临床研究进展较快的仍为Ⅰ型高选择性的 c-MET 激酶抑制剂，其与 c-MET 蛋白的结合构象为"U"型，且位于 π-π 作用区域的基团多为氮杂五元并六元芳环。如强生公司的 JNJ38877605(化合物 12-15)，2008 年进入临床试验，但已于 2010 年终止临床试验[127]。SGX 公司研发的 SGX523(化合物 12-16)是高度专一的 c-MET 激酶抑制剂，其对 c-MET 的选择性是其他激酶的 200 多倍[128]。在该类高选择性抑制剂研发过程中，JNJ-38877605 和 SGX523 在Ⅰ期临床试验中均发现化合物存在肾毒性。进一步研究表明，该毒性是由体内醛氧化酶氧化产生不溶性的代谢物沉积于肾而导致[92,127,129]。Pfizer 公司的 PF04217903(化合物 12-18)于 2008 年 2 月进入Ⅰ期临床试验，在针对 c-MET 生化和细胞试验中均显示出高活性，而对其他 208 种激酶的活性弱 1 000 倍，目前该化合物的临床研究已终止[130]。

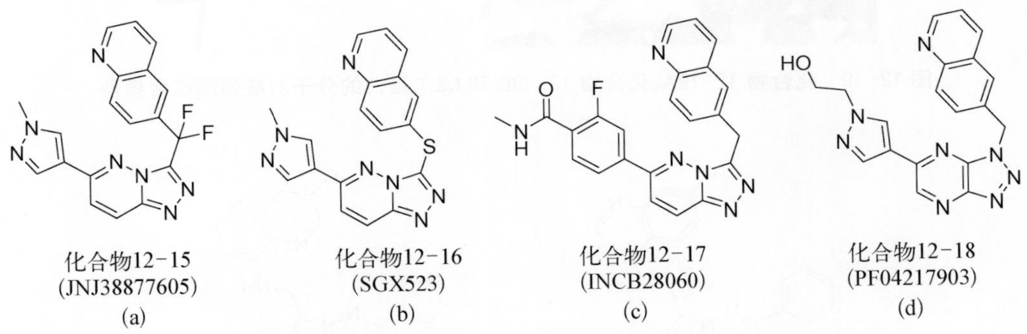

图 12-9 Ⅰ型高选择性的 c-MET 激酶抑制剂

高选择性的Ⅰ型 c-MET 激酶抑制剂结构简单，而且化合物的各个部分结构与蛋白质结合都起到比较关键的作用，因此化合物结构相对保守，不易变化。但是 Albrecht 等研究者[131]将 2 种作用模式完全不同的高选择性Ⅰ型抑制剂和多靶点抑制剂 c-MET 抑制剂进行叠合(见图 12-10，化合物 12-19A 和 12-19B)，发现其位于 c-MET 蛋白铰链区的结构形成关键氢键的位置重合，由此将非选择喹啉类 c-MET 抑制剂的铰链区结构片段引入选择性的Ⅰ型 c-MET 抑制剂中。由于铰链区的分子结构变化较大，并且从叠合的复合物晶体结构可以发现，小分子铰链区结构片段需要 2 个原子的长度和 π-π 作用区的结构片段进行连接。由此，发展出新的一类选择性 c-MET 抑制剂如 AMG208(化合物 12-19，见图 12-11)，其和 c-MET 蛋白结合的晶体复合物结构(PDB 编号为 3CD8)对 c-MET 的 IC_{50} 为 9 nmol/L，对前列腺癌 PC3 细胞株的增殖抑制的 IC_{50} 为

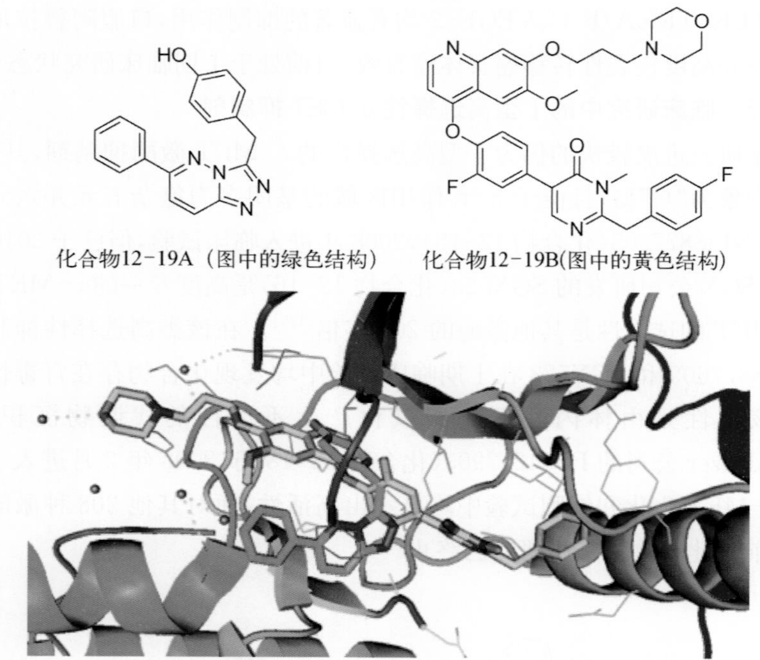

图 12-10　化合物 12-19A、化合物 12-19B 和 MET 蛋白的分子对接预测结合模型

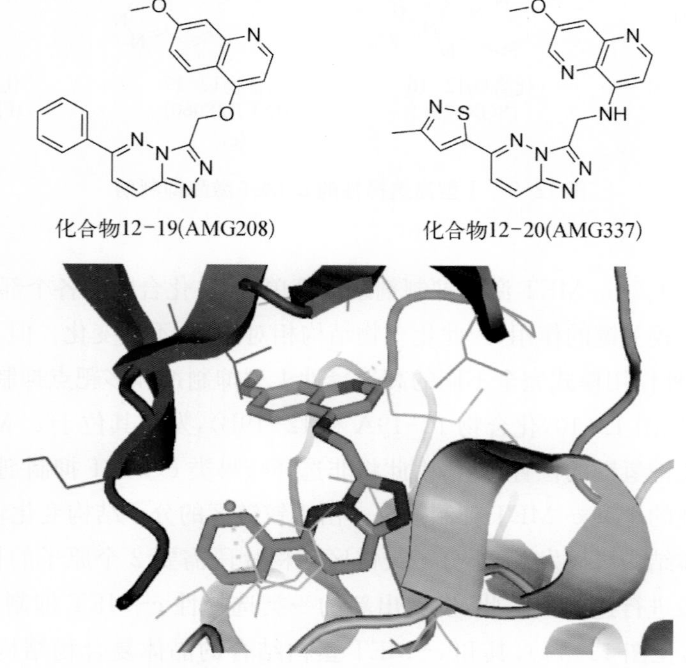

图 12-11　化合物 12-19 和 MET 蛋白复合物的晶体结构

46 nmol/L，于 2009 年 2 月开展Ⅰ期临床研究。化合物 AMG337(12-20)对 c-MET 的 IC_{50} 为 1 nmol/L，对前列腺癌 PC3 细胞株增殖抑制的 IC_{50} 为 2 nmol/L，该化合物曾进入Ⅱ期临床研究[132]。

Incyte 公司报道了一系列咪唑并三嗪、咪唑并嘧啶和三唑并三嗪类Ⅰ型 c-MET 激酶抑制剂[133]，其中代表性化合物 INCB28060(化合物 12-17)目前处于Ⅱ期临床试验。该化合物的体外活性达到亚纳摩尔级，抑制 c-MET 磷酸化，对 c-MET 高表达的肿瘤细胞的下游效应去磷酸化的抑制活性也在纳摩尔级，且对 50 个其他激酶的活性弱 10 000 倍[134]。Incyte 公司研发的苯扎米特(capmatinib，INCB28060)作为专一针对 c-MET 的高选择性抑制剂目前处于Ⅱ期临床研究阶段，下面以其为例详细介绍该类抑制剂的研发过程。

苯扎米特是由高通量筛选(HTS)发现先导化合物进而发展形成的一类 c-MET 抑制剂。这类分子位于 π-π 作用区域的结构片段多为氮杂五元并六元芳环。J. Jean Cui 等研究者[135]通过高通量筛选，发现化合物 12-21，其对 c-MET 的 IC_{50} 为 1.3 nmol/L。对化合物 12-21 进一步优化得到化合物 12-22，虽然化合物 12-21 和化合物 12-22 都具有吲哚-2-酮的结构，但是化合物 12-22 和 c-MET 蛋白结合的晶体复合物结构(PDB 编号为 3ZZE)显示这类化合物有着全新的结合模式(见图 12-12)：① 苯酚的羟基氧原子通过一个水分子的介导和 c-MET 蛋白铰链区(Hinge 区)的 M1160 残基形成氢键作用；② 吲哚-2-酮的 1 位氮原子上的氢和 c-MET 蛋白上的氨基酸残基 Arg1208 的羰基形成氢键；③ 吲哚-2-酮结构和 c-MET 蛋白上的氨基酸残基 Y1230 平行且距离较近，形成较强的 π-π 相互作用。

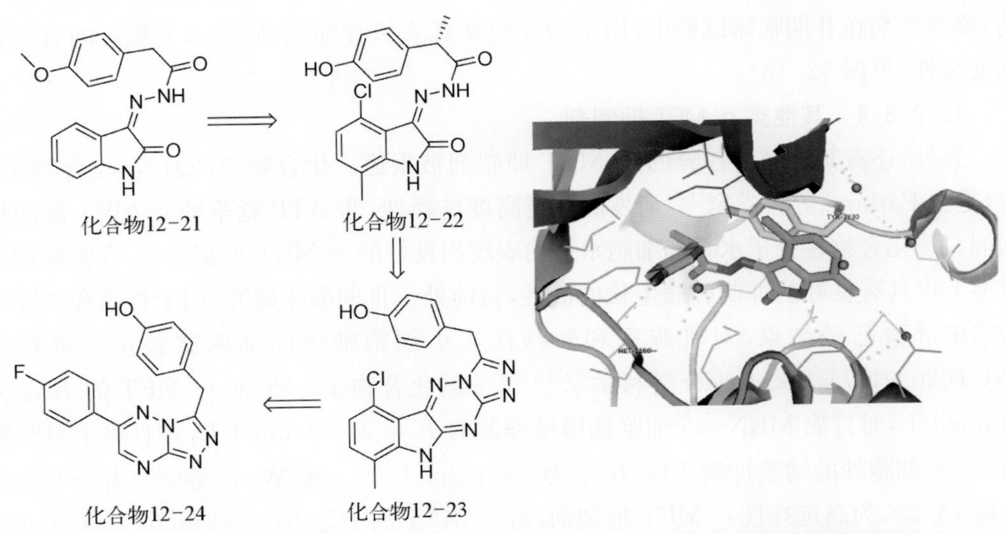

图 12-12 化合物 12-22 和 MET 蛋白复合物的晶体结构及三氮唑类化合物的发现过程

基于这些初步的构效关系研究，Vojkovsky 等科学家[99]设计合成了化合物 12-23，其对 c-MET 的 IC_{50} 为 10.7 nmol/L。Zhang 等科学家[136]继续对化合物 12-23 进行优化得到了化合物 12-24，其不仅具有较高的分子水平抑制活性(IC_{50}=10.7 nmol/L)，而且有很好的细胞增殖抑制活性(MKN-45 IC_{50}=7 nmol/L)。由于这类全新的 c-MET 抑制剂不仅具有很好的 c-MET 抑制活性，而且具有很好的激酶选择性。因此，吸引了全球众多药物化学家的注意，大量的类似结构被合成并报道。尽管苯酚结构在分子和蛋白质的结合中有着形成氢键的重要作用，但是苯酚结构有易被代谢的缺点。Incyte 公司的研究团队用较为稳定的喹啉环代替苯酚结构，所获得的化合物苯扎米特(capmatinib，化合物 12-17，INCB28060)既能保持关键的氢键作用又使整个分子具有较好的代谢稳定性，该化合物体外活性达到皮摩尔级，抑制 c-MET 磷酸化以及对 c-MET高表达的肿瘤细胞的下游效应器磷酸化的抑制活性也在纳摩尔级，且对 50 个其他激酶的活性弱 10 000 倍[134]。

为了克服 JNJ-38877605 和 SGX523 的临床毒性问题，通过分析 Amgen 报道的化合物 12-25 与 c-MET 的结晶复合物结构，和记黄埔医药(上海)有限公司研究人员首先采用母体结构对形成 π-π 作用区域的结构片段进行了优化，确定该基团为三唑并吡嗪结构。为了获得不同于已在临床研究中发现肾毒性的 c-MET 抑制剂常用的基团(JNJ-38877605 和 SGX523 中的喹啉环)，他们对铰链区作用基团进行了进一步的遴选，经活性评价、肝微粒体稳定性测试，选择了三类结构，再通过对已氧化代谢的连接芳香环的亚甲基进行修饰和对溶剂区的结构进行优化，最终确定沃利替尼作为候选药物[137]。目前，沃利替尼(volitinib，化合物 12-26)处于Ⅲ期临床试验，用于治疗肾癌和胃癌研究。作为我国独立自主研发的 1.1 类化药具有里程碑式的意义，并且已披露的临床数据表明，该抑制剂在Ⅱ期临床试验中，用于治疗晚期乳头状肾细胞癌，显示了良好的有效性和安全性(见图 12-13)。

12.2.3.4 其他类 c-MET 抑制剂

另外，还有其他结构各异的 c-MET 抑制剂被报道。化合物 ARQ197(化合物 12-27)是由 Eathiraj 等科学家[138]研发的一类高度选择性，非 ATP 竞争的 c-MET 激酶抑制剂。该化合物在分子水平和细胞水平均表现出良好的 c-MET 抑制活性，在肿瘤嫁接模型上也具有良好的抑制肿瘤生长的活性，目前处于Ⅲ期临床研究，用于胃癌和胰腺癌的临床试验已经结束，对乳腺癌和转移性非小细胞肺癌的临床试验正在进行中(NCT02029157)。Schroeder 等科学家[139]开发的化合物 12-28，对 c-MET 的 IC_{50} 为 12 nmol/L，对胃癌 MKN-45 细胞株增殖抑制的 IC_{50} 为 370 nmol/L，并且显示对肺腺癌 A549 细胞株的增殖抑制活性，IC_{50} 为 500 nmol/L[140]。由 Wang 等研究者开发的化合物 12-29，为高选择性 c-MET 抑制剂，对 c-MET 的 IC_{50} 为 0.95 nmol/L，对 BaF3-TPR-MET 细胞株增殖抑制的 IC_{50} 为 370 nmol/L[141]。化合物 12-30 对包括 c-MET

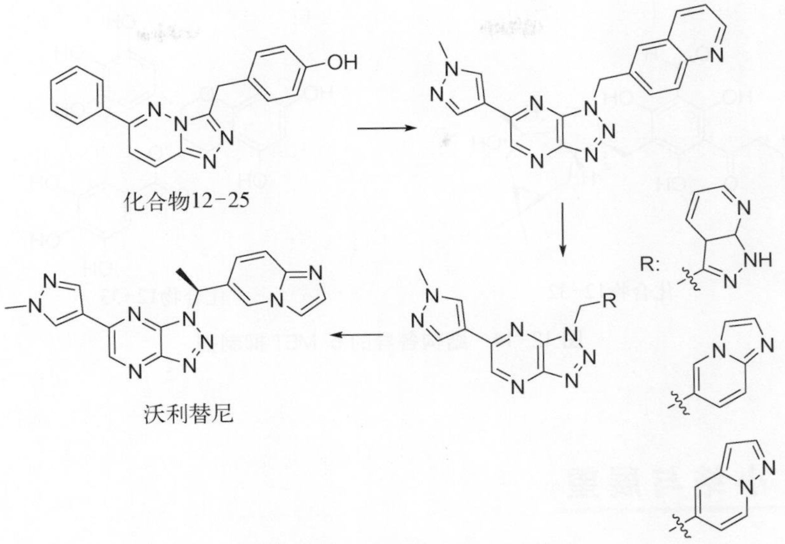

图 12-13 沃利替尼的研发过程

在内的多个激酶均具有较好的抑制作用，其单独使用或与埃罗替尼(erlotinib)联合应用均显示对膀胱癌有很好的抑制作用[142]。Merck 公司开发的化合物 12-31(MK2461)，其对 c-MET 的 IC_{50} 为 2 nmol/L，对胃癌 GTL-16 细胞株增殖抑制的 IC_{50} 为 56 nmol/L[143]。Yang 等研究者发现天然产物化合物 12-32，对 c-MET 介导的 MDCK、A549、NCI-H441 和 DU145 等细胞株有一定的抑制作用[144]。Larsen 等研究者报道了茶多酚类化合物 12-33，对 c-MET 介导的细胞株的生长有一定的抑制作用(见图 12-14)[145]。

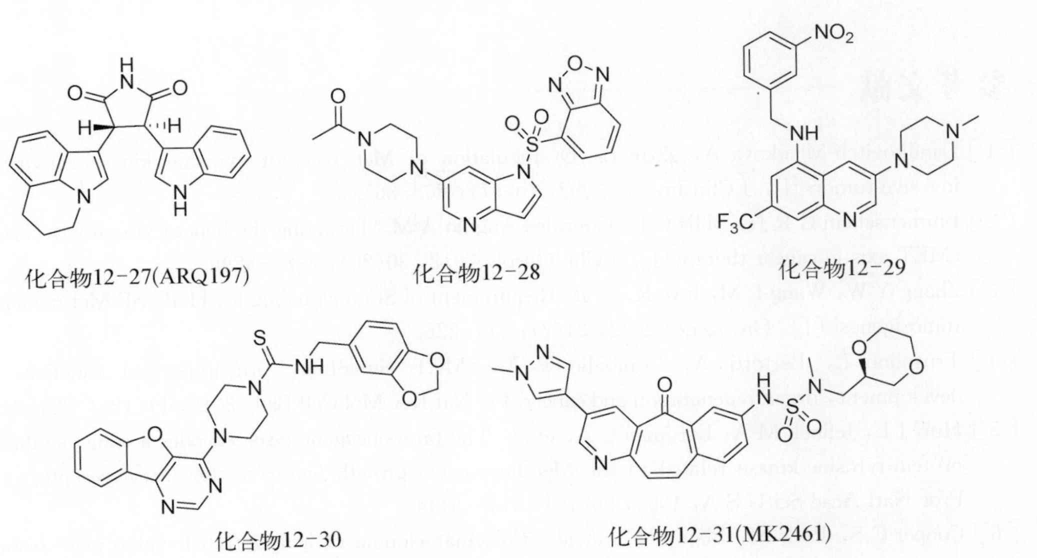

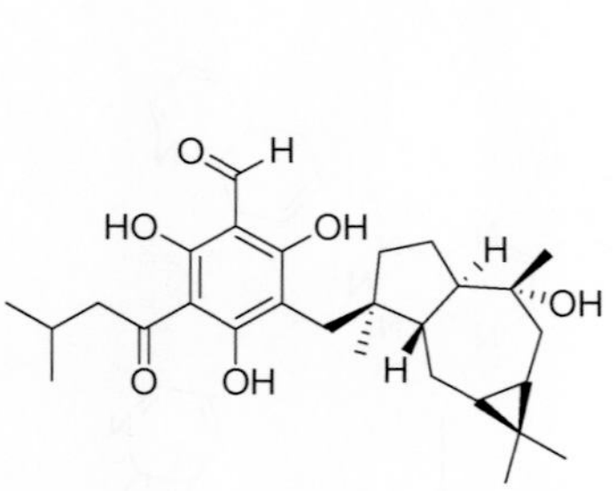

化合物12-32 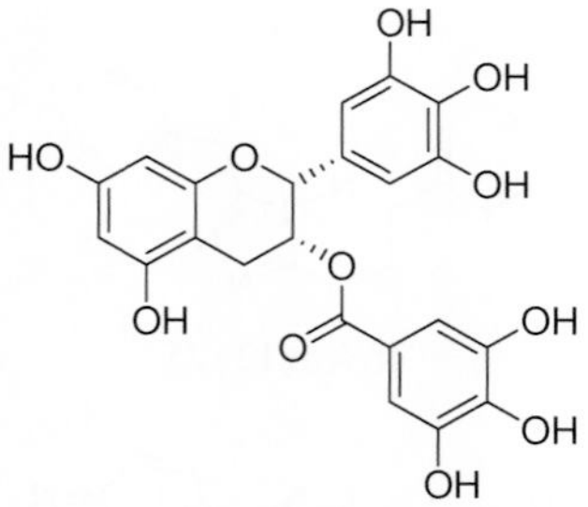　　化合物12-33

图 12-14　结构各异的 c-MET 抑制剂

12.3　小结与展望

c-MET 作为受体酪氨酸蛋白激酶家族的一员，通过其介导的信号通路传递促增殖、促运动、抗凋亡和促有丝分裂信号。而其异常也与多种实体瘤或血液系统肿瘤密切相关。纵观激酶抑制剂的研发趋势，已从早期的多靶点激酶抑制剂逐步走向高活性、高选择性抑制剂的研发。c-MET 抑制剂也不例外，除已上市的卡博替尼为多靶点激酶抑制剂外，目前临床研究进展较快的多个 c-MET 抑制剂也呈现高选择性的特点。克唑替尼在临床适应证的选择上所经历的跌宕起伏，进一步彰显了在药物的研发过程中基于临床数据分析的精准开发的价值。鉴于 c-MET 在肿瘤发生和发展中的复杂作用，笔者期待通过多个 c-MET 抑制剂的临床研究，可以在患者选择、适应证选择等方面实现精准治疗。

参考文献

[1] Danilkovitch-Miagkova A, Zbar B. Dysregulation of Met receptor tyrosine kinase activity in invasive tumors[J]. J Clin Invest, 2002, 109(7): 863-867.

[2] Blumenschein G R Jr, Mills G B, Gonzalez-Angulo A M. Targeting the hepatocyte growth factor-cMET axis in cancer therapy[J]. J Clin Oncol, 2012, 30(26): 3287-3296.

[3] Zhang Y W, Wang L M, Jove R, et al. Requirement of Stat3 signaling for HGF/SF-Met mediated tumorigenesis[J]. Oncogene, 2002, 21(2): 217-226.

[4] Trusolino L, Bertotti A, Comoglio P M. MET signalling: principles and functions in development, organ regeneration and cancer[J]. Nat Rev Mol Cell Biol, 2010, 11(12): 834-848.

[5] Huff J L, Jelinek M A, Borgman C A, et al. The protooncogene c-sea encodes a transmembrane protein-tyrosine kinase related to the Met/hepatocyte growth factor/scatter factor receptor[J]. Proc Natl Acad Sci U S A, 1993, 90(13): 6140-6144.

[6] Cooper C S, Park M, Blair D G, et al. Molecular cloning of a new transforming gene from a

chemically transformed human cell line[J]. Nature, 1984, 311 (5981): 29-33.
[7] Birchmeier C, Birchmeier W, Gherardi E, et al. Met, metastasis, motility and more[J]. Nat Rev Moll Cell Biol, 2003, 4(12): 915-925.
[8] Gherardi E, Gray J, Stoker M, et al. Purification of scatter factor, a fibroblast-derived basic protein that modulates epithelial interactions and movement[J]. Proc Natl Acad Sci U S A, 1989, 86(15): 5844-5848.
[9] Weidner K M, Arakaki N, Hartmann G, et al. Evidence for the identity of human scatter factor and human hepatocyte growth factor[J]. Proc Natl Acad Sci U S A, 1991, 88(16): 7001-7005.
[10] Peek M, Moran P, Mendoza N, et al. Unusual proteolytic activation of pro-hepatocyte growth factor by plasma kallikrein and coagulation factor Ⅺ a[J]. J Biol Chem, 2002, 277 (49): 47804-47809.
[11] Appleman L J. MET signaling pathway: a rational target for cancer therapy[J]. J Clin Oncol, 2011, 29 (36), 4837-4838.
[12] Naldini L, Vigna E, Narsimhan R P, et al. Hepatocyte growth factor (HGF) stimulates the tyrosine kinase activity of the receptor encoded by the proto-oncogene c-MET[J]. Oncogene, 1991, 6(4): 501-504.
[13] Miyazawa K. Hepatocyte growth factor activator (HGFA): a serine protease that links tissue injury to activation of hepatocyte growth factor[J]. FEBS J, 2010, 277(10), 2208-2214.
[14] Parr C, Jiang W G. Hepatocyte growth factor activators, inhibitors and antagonists and their implication in cancer intervention[J]. Histol Histopathol, 2001, 16(1): 251-268.
[15] Cecchi F, Rabe D C, Bottaro D P. Targeting the HGF/Met signalling pathway in cancer[J]. Eur J Cancer, 2010, 46(7): 1260-1270.
[16] Lai A Z, Abella J V, Park M. Crosstalk in Met receptor oncogenesis[J]. Trends Cell Biol, 2009, 19(10): 542-551.
[17] Comoglio P M, Boccaccio C, Trusolino L. Interactions between growth factor receptors and adhesion molecules: breaking the rules[J]. Curr Opin Cell Biol, 2003, 15(5): 565-571.
[18] Orian-Rousseau V, Chen L, Sleeman J P, et al. CD44 is required for two consecutive steps in HGF/c-Met signaling[J]. Genes Dev, 2002, 16(23): 3074-3086.
[19] Conrotto P, Valdembri D, Corso S, et al. Sema4D induces angiogenesis through Met recruitment by plexin B1[J]. Blood, 2005, 105(11): 4321-439.
[20] Bauer T W, Somcio R J, Fan F, et al. Regulatory role of c-Met in insulin-like growth factor-I receptor-mediated migration and invasion of human pancreatic carcinoma cells[J]. Mol Cancer Ther, 2006, 5(7): 1676-1682.
[21] Khoury H, Naujokas M A, Zuo D, et al. HGF converts ErbB2/Neu epithelial morphogenesis to cell invasion[J]. Mol Biol Cell, 2005, 16(2): 550-561.
[22] Pennacchietti S, Michieli P, Galluzzo M, et al. Hypoxia promotes invasive growth by transcriptional activation of the met protooncogene[J]. Cancer Cell, 2003, 3(4): 347-361.
[23] Trusolino L, Comoglio P M. Scatter-factor and semaphorin receptors: cell signalling for invasive growth[J]. Nat Rev Cancer, 2002, 2(4): 289-300.
[24] Andermarcher E, Surani M A, Gherardi E. Co-expression of the HGF/SF and c-met genes during early mouse embryogenesis precedes reciprocal expression in adjacent tissues during organogenesis [J]. Deve Genet, 1996, 18(3): 254-266.
[25] Ueno M, Lee L K, Chhabra A, et al. c-Met-dependent multipotent labyrinth trophoblast

progenitors establish placental exchange interface[J]. Deve Cell, 2013, 27(4): 373-386.

[26] Birchmeier C, Gherardi E. Developmental roles of HGF/SF and its receptor, the c-Met tyrosine kinase[J]. Trends Cell Biol, 1998, 8(10): 404-410.

[27] Schmidt C, Bladt F, Goedecke S, et al. Scatter factor/hepatocyte growth factor is essential for liver development[J]. Nature, 1995, 373 (6516): 699-702.

[28] Brand-Saberi B, Muller T S, Wilting J, et al. Scatter factor/hepatocyte growth factor (SF/HGF) induces emigration of myogenic cells at interlimb level in vivo[J]. Deve Biol, 1996, 179(1): 303-308.

[29] Heymann S, Koudrova M, Arnold H, et al. Regulation and function of SF/HGF during migration of limb muscle precursor cells in chicken[J]. Dev Biol, 1996, 180(2): 566-578.

[30] Bladt F, Riethmacher D, Isenmann S, et al. Essential role for the c-met receptor in the migration of myogenic precursor cells into the limb bud[J]. Nature, 1995, 376 (6543): 768-771.

[31] van der Voort R, Taher T E, Keehnen R M, et al. Paracrine regulation of germinal center B cell adhesion through the c-met-hepatocyte growth factor/scatter factor pathway[J]. J Exp Med, 1997, 185(12): 2121-2131.

[32] Baek J H, Birchmeier C, Zenke M, et al. The HGF receptor/Met tyrosine kinase is a key regulator of dendritic cell migration in skin immunity[J]. J Immunol, 2012, 189(4): 1699-1707.

[33] Chmielowiec J, Borowiak M, Morkel M, et al. c-Met is essential for wound healing in the skin [J]. J Cell Biol, 2007, 177(1): 151-162.

[34] Zeng L, Yang X T, Li H S, et al. The cellular kinetics of lung alveolar epithelial cells and its relationship with lung tissue repair after acute lung injury[J]. Respir Res, 2016, 17(1): 164.

[35] Borowiak M, Garratt A N, Wüstefeld T, et al. Met provides essential signals for liver regeneration[J]. Proc Natl Acad Sci U S A, 2004, 101(29): 10608-10613.

[36] Comoglio P M, Giordano S, Trusolino L. Drug development of MET inhibitors: targeting oncogene addiction and expedience[J]. Nat Rev Drug Discov, 2008, 7(6): 504-516.

[37] Hara T, Ooi A, Kobayashi M, et al. Amplification of c-myc, K-sam, and c-met in gastric cancers: detection by fluorescence in situ hybridization[J]. Lab Invest, 1998, 78(9): 1143-1153.

[38] Kuniyasu H, Yasui W, Kitadai Y, et al. Frequent amplification of the c-met gene in scirrhous type stomach cancer[J]. Biochem Biophys Res Commun, 1992, 189(1): 227-232.

[39] Gavine P R, Ren Y, Han L, et al. Volitinib, a potent and highly selective c-Met inhibitor, effectively blocks c-Met signaling and growth in c-MET amplified gastric cancer patient-derived tumor xenograft models[J]. Mol Oncol, 2015, 9(1): 323-333.

[40] Jardim D L, de Melo Gagliato D, Falchook G S, et al. MET aberrations and c-MET inhibitors in patients with gastric and esophageal cancers in a phase Ⅰ unit[J]. Oncotarget, 2014, 5(7): 1837-1845.

[41] Miller C T, Lin L, Casper A M, et al. Genomic amplification of MET with boundaries within fragile site FRA7G and upregulation of MET pathways in esophageal adenocarcinoma [J]. Oncogene, 2006, 25(3): 409-418.

[42] Houldsworth J, Cordon-Cardo C, Ladanyi M, et al. Gene amplification in gastric and esophageal adenocarcinomas[J]. Cancer Res, 1990, 50(19): 6417-6422.

[43] Bean J, Brennan C, Shih J Y, et al. MET amplification occurs with or without T790M mutations in EGFR mutant lung tumors with acquired resistance to gefitinib or erlotinib[J]. Proc Natl Acad Sci U S A, 2007, 104 (52): 20932-20937.

[44] Engelman J A, Zejnullahu K, Mitsudomi T, et al. MET amplification leads to gefitinib resistance in lung cancer by activating ERBB3 signaling[J]. Science, 2007, 316 (5827): 1039-1043.

[45] Smolen G A, Sordella R, Muir B, et al. Amplification of MET may identify a subset of cancers with extreme sensitivity to the selective tyrosine kinase inhibitor PHA-665752[J]. Proc Natl Acad Sci U S A, 2006, 103(7): 2316-2321.

[46] Jardim D L, Tang C, Gagliato Dde M, et al. Analysis of 1, 115 patients tested for MET amplification and therapy response in the MD Anderson Phase Ⅰ Clinic[J]. Clin Cancer Res, 2014, 20(24): 6336-6345.

[47] Nakajima M, Sawada H, Yamada Y, et al. The prognostic significance of amplification and overexpression of c-met and c-erb B-2 in human gastric carcinomas[J]. Cancer, 1999, 85(9): 1894-1902.

[48] Di Renzo M F, Olivero M, Giacomini A, et al. Overexpression and amplification of the met/HGF receptor gene during the progression of colorectal cancer[J]. Clin Cancer Res, 1995, 1(2): 147-154.

[49] Zeng Z S, Weiser M R, Kuntz E, et al. c-Met gene amplification is associated with advanced stage colorectal cancer and liver metastases[J]. Cancer Lett, 2008, 265(2): 258-269.

[50] Gao H F, Li A N, Yang J J, et al. Soluble c-Met levels correlated with tissue c-Met protein expression in patients with advanced non-small-cell lung cancer[J]. Clin Lung Cancer, 2017, 18 (1): 85-91.

[51] Wang S, Pashtan I, Tsutsumi S, et al. Cancer cells harboring MET gene amplification activate alternative signaling pathways to escape MET inhibition but remain sensitive to Hsp90 inhibitors [J]. Cell Cycle, 2009, 8(13): 2050-206.

[52] Ou S H, Kwak E L, Siwak-Tapp C, et al. Activity of crizotinib (PF02341066), a dual mesenchymal-epithelial transition (MET) and anaplastic lymphoma kinase (ALK) inhibitor, in a non-small cell lung cancer patient with de novo MET amplification[J]. J Thorac Oncol, 2011, 6 (5): 942-946.

[53] Okuda K, Sasaki H, Yukiue H, et al. Met gene copy number predicts the prognosis for completely resected non-small cell lung cancer[J]. Cancer Sci, 2008, 99(11): 2280-2285.

[54] Kong-Beltran M, Seshagiri S, Zha J, et al. Somatic mutations lead to an oncogenic deletion of met in lung cancer[J]. Cancer Res, 2006, 66(1): 283-289.

[55] Peschard P, Fournier T M, Lamorte L, et al. Mutation of the c-Cbl TKB domain binding site on the Met receptor tyrosine kinase converts it into a transforming protein[J]. Mol Cell, 2001, 8(5): 995-1004.

[56] Cancer Genome Atlas Research Network. Comprehensive molecular profiling of lung adenocarcinoma[J]. Nature, 2014, 511 (7511): 543-550.

[57] Seo J S, Ju Y S, Lee W C, et al. The transcriptional landscape and mutational profile of lung adenocarcinoma[J]. Genome Res, 2012, 22(11): 2109-2119.

[58] Tong J H, Yeung S F, Chan A W, et al. MET amplification and exon 14 splice site mutation define unique molecular subgroups of non-small cell lung carcinoma with poor prognosis[J]. Clin Cancer Res, 2016, 22(12): 3048-3056.

[59] Yeung S F, Tong J H, Law P P, et al. Profiling of oncogenic driver events in lung adenocarcinoma revealed MET mutation as independent prognostic factor[J]. J Thorac Oncol, 2015, 10(9): 1292-1300.

[60] Kwon D, Koh J, Kim S, et al. MET exon 14 skipping mutation in triple-negative pulmonary adenocarcinomas and pleomorphic carcinomas: an analysis of intratumoral MET status heterogeneity and clinicopathological characteristics[J]. Lung Cancer, 2017, 106: 131-137.

[61] Frampton G M, Ali S M, Rosenzweig M, et al. Activation of MET via diverse exon 14 splicing alterations occurs in multiple tumor types and confers clinical sensitivity to MET inhibitors[J]. Cancer Discov, 2015, 5(8): 850-859.

[62] Jenkins R W, Oxnard G R, Elkin S, et al. Response to crizotinib in a patient with lung adenocarcinoma harboring a MET splice site mutation[J]. Clin Lung Cancer, 2015, 16(5): e101-104.

[63] Paik P K, Drilon A, Fan P D, et al. Response to MET inhibitors in patients with stage Ⅳ lung adenocarcinomas harboring MET mutations causing exon 14 skipping[J]. Cancer Discov, 2015, 5(8): 842-849.

[64] Yayon A, Rom E, Chumakov I, et al. New N-terminal fibroblast growth factor variant having increased receptor selectivity, useful for promoting wound healing, treating skeletal disorders or coronary and peripheral vascular diseases, or inducing cellular expansion[P]. WO2008038287-A2; WO2008038287-A3; EP2083846-A2; US2011053841-A1.

[65] Cooper C S, Blair D G, Oskarsson M K, et al. Characterization of human transforming genes from chemically transformed, teratocarcinoma, and pancreatic carcinoma cell lines[J]. Cancer Res, 1984, 44(1): 1-10.

[66] Soman N R, Correa P, Ruiz B A, et al. The TPR-MET oncogenic rearrangement is present and expressed in human gastric carcinoma and precursor lesions[J]. Proc Natl Acad Sci U S A, 1991, 88(11): 4892-4896.

[67] Schmidt L, Duh F M, Chen F, et al. Germline and somatic mutations in the tyrosine kinase domain of the MET proto-oncogene in papillary renal carcinomas[J]. Nat Genet, 1997, 16(1): 68-73.

[68] Schmidt L, Junker K, Nakaigawa N, et al. Novel mutations of the MET proto-oncogene in papillary renal carcinomas[J]. Oncogene, 1999, 18(14): 2343-2350.

[69] Olivero M, Valente G, Bardelli A, et al. Novel mutation in the ATP-binding site of the MET oncogene tyrosine kinase in a HPRCC family[J]. Int J Cancer, 1999, 82(5): 640-643.

[70] Park W S, Dong S M, Kim S Y, et al. Somatic mutations in the kinase domain of the Met/hepatocyte growth factor receptor gene in childhood hepatocellular carcinomas[J]. Cancer Res, 1999, 59(2): 307-310.

[71] Lee J H, Han S U, Cho H, et al. A novel germ line juxtamembrane Met mutation in human gastric cancer[J]. Oncogene, 2000, 19(43): 4947-4953.

[72] Di Renzo M F, Olivero M, Martone T, et al. Somatic mutations of the MET oncogene are selected during metastatic spread of human HNSC carcinomas[J]. Oncogene, 2000, 19(12): 1547-1555.

[73] Ma P C, Tretiakova M S, MacKinnon A C, et al. Expression and mutational analysis of MET in human solid cancers[J]. Gen Chrom Cancer, 2008, 47(12): 1025-1037.

[74] Nakaigawa N, Weirich G, Schmidt L, et al. Tumorigenesis mediated by MET mutant M1268T is inhibited by dominant-negative Src[J]. Oncogene, 2000, 19(26): 2996-3002.

[75] Taher T E, van der Voort R, Smit L, et al. Cross-talk between CD44 and c-Met in B cells[J]. Curr Top Microbiol Immunol, 1999, 246: 31-37; discussion 38.

[76] van der Voort R, Taher T E, Wielenga V J, et al. Heparan sulfate-modified CD44 promotes

hepatocyte growth factor/scatter factor-induced signal transduction through the receptor tyrosine kinase c-Met[J]. J Biol Chem，1999，274(10)：6499-6506.

[77] Follenzi A，Bakovic S，Gual P，et al. Cross-talk between the proto-oncogenes Met and Ron[J]. Oncogene，2000，19(27)：3041-3049.

[78] Maulik G，Shrikhande A，Kijima T，et al. Role of the hepatocyte growth factor receptor，c-Met，in oncogenesis and potential for therapeutic inhibition[J]. Cytokine Growth Factor Rev，2002，13(1)：41-59.

[79] Boccaccio C，Comoglio P M. Invasive growth：a MET-driven genetic programme for cancer and stem cells[J]. Nat Rev Cancer，2006，6(8)：637-645.

[80] King H，Thillai K，Whale A，et al. PAK4 interacts with p85 alpha：implications for pancreatic cancer cell migration[J]. Sci Rep，2017，7：42575.

[81] Peters S，Adjei A A. MET：a promising anticancer therapeutic target[J]. Nat Rev Clin Oncol，2012，9(6)：314-326.

[82] Derksen P W，de Gorter D J，Meijer H P，et al. The hepatocyte growth factor/Met pathway controls proliferation and apoptosis in multiple myeloma[J]. 2003，17(4)：764-774.

[83] Saucier C，Khoury H，Lai K M V，et al. The Shc adaptor protein is critical for VEGF induction by Met/HGF and ErbB2 receptors and for early onset of tumor angiogenesis[J]. Proc Natl Acad Sci U S A，2004，101(8)：2345-2350.

[84] Tomihara H，Yamada D，Eguchi H，et al. MicroRNA-181b-5p，ETS1，and the c-Met pathway exacerbate the prognosis of pancreatic ductal adenocarcinoma after radiation therapy[J]. Cancer Sci，2017，108(3)：398-407.

[85] Yano S，Wang W，Li Q，et al. Hepatocyte growth factor induces gefitinib resistance of lung adenocarcinoma with epidermal growth factor receptor-activating mutations[J]. Cancer Res，2008，68(22)：9479-9487.

[86] Shah A N，Summy J M，Zhang J，et al. Development and characterization of gemcitabine-resistant pancreatic tumor cells[J]. Ann Surg Oncol，2007，14(12)：3629-3637.

[87] Donev I S，Wang W，Yamada T，et al. Transient PI3K inhibition induces apoptosis and overcomes HGF-mediated resistance to EGFR-TKIs in EGFR mutant lung cancer[J]. Clin Cancer Res，2011，17(8)：2260-2269.

[88] Blum D，LaBarge S，Reproducibility Project：Cancer Biology. Registered report：Tumour micro-environment elicits innate resistance to RAF inhibitors through HGF secretion[J]. Elife，2014，3：e04034.

[89] Minuti G，Cappuzzo F，Duchnowska R，et al. Increased MET and HGF gene copy numbers are associated with trastuzumab failure in HER2-positive metastatic breast cancer[J]. Br J Cancer，2012，107(5)：793-799.

[90] Hara S，Nakashiro K，Klosek S K，et al. Hypoxia enhances c-Met/HGF receptor expression and signaling by activating HIF-1alpha in human salivary gland cancer cells[J]. Oral Oncol，2006，42(6)：593-598.

[91] Puri N，Khramtsov A，Ahmed S，et al. A selective small molecule inhibitor of c-Met，PHA665752，inhibits tumorigenicity and angiogenesis in mouse lung cancer xenografts[J]. Cancer Res，2007，67(8)：3529-3534.

[92] Cantelmo A R，Cammarota R，Noonan D M，et al. Cell delivery of Met docking site peptides inhibit angiogenesis and vascular tumor growth[J]. Oncogene，2010，29(38)：5286-5298.

[93] Finisguerra V, Di Conza G, Di Matteo M, et al. MET is required for the recruitment of anti-tumoural neutrophils[J]. Nature, 2015, 522(7556): 349-353.

[94] He M, Peng A, Huang X Z, et al. Peritumoral stromal neutrophils are essential for c-Met-elicited metastasis in human hepatocellular carcinoma[J]. Oncoimmunology, 2016, 5(10): e1219828.

[95] Yamada T, Takeuchi S, Nakade J, et al. Paracrine receptor activation by microenvironment triggers bypass survival signals and ALK inhibitor resistance in EML4-ALK lung cancer cells[J]. Clin Cancer Res, 18(13): 3592-3602.

[96] Giannoni P, Scaglione S, Quarto R, et al. An interaction between hepatocyte growth factor and its receptor (c-MET) prolongs the survival of chronic lymphocytic leukemic cells through STAT3 phosphorylation: a potential role of mesenchymal cells in the disease[J]. Haematologica, 2011, 96(7): 1015-1023.

[97] Enzerink A, Rantanen V, Vaheri A. Fibroblast nemosis induces angiogenic responses of endothelial cells[J]. Exp Cell Res, 2010, 316(5): 826-835.

[98] Yue R, Fu W, Liao X, et al. Metformin promotes the survival of transplanted cardiosphere-derived cells thereby enhancing their therapeutic effect against myocardial infarction[J]. Stem Cell Res Ther, 2017, 8(1): 17.

[99] Zhao L, Wu Y, Xie X D, et al. c-Met identifies a population of matrix metalloproteinase 9-producing monocytes in peritumoural stroma of hepatocellular carcinoma[J]. J Pathol, 2015, 237(3): 319-329.

[100] Komarowska I, Coe D, Wang G, et al. Hepatocyte growth factor receptor c-Met instructs T cell cardiotropism and promotes T cell migration to the heart via autocrine chemokine release[J]. Immunity, 2015, 42(6): 1087-1099.

[101] Szturz P, Raymond E, Abitbol C, et al. Understanding c-MET signalling in squamous cell carcinoma of the head and neck[J]. Crit Rev Oncol Hematol, 2017, 111: 39-51.

[102] Liu L, Zeng W, Wortinger M A, et al. LY2875358, a neutralizing and internalizing anti-MET bivalent antibody, inhibits HGF-dependent and HGF-independent MET activation and tumor growth[J]. Clin Cancer Res, 2014, 20(23): 6059-6070.

[103] Rosen L S, Goldman J W, Algazi A P, et al. A first-in-human phase Ⅰ study of a bivalent MET antibody, emibetuzumab (LY2875358), as monotherapy and in combination with erlotinib in advanced cancer[J]. Clin Cancer Res, 2017, 23(8): 1910-1919.

[104] Labrijn A F, Meesters J I, Priem P, et al. Controlled Fab-arm exchange for the generation of stable bispecific IgG1[J]. Nat Protoc, 2014, 9(10): 2450-2463.

[105] Song S W, Lee S J, Kim C Y, et al. Inhibition of tumor growth in a mouse xenograft model by the humanized anti-HGF monoclonal antibody YYB-101 produced in a large-scale CHO cell culture[J]. J Microbiol Biotechnol, 2013, 23(9): 1327-1338.

[106] Patnaik A, Weiss G J, Papadopoulos K P, et al. Phase Ⅰ ficlatuzumab monotherapy or with erlotinib for refractory advanced solid tumours and multiple myeloma[J]. Br J Cancer, 2014, 111(2): 272-280.

[107] Wang J, Anderson M G, Oleksijew A, et al. ABBV-399, a c-Met antibody-drug conjugate that targets both MET-amplified and c-Met-overexpressing tumors, irrespective of MET pathway dependence[J]. Clin Cancer Res, 2017, 23(4): 992-1000.

[108] Graveel C, Su Y, Koeman J, et al. Activating Met mutations produce unique tumor profiles in mice with selective duplication of the mutant allele[J]. Proc Natl Acad Sci U S A, 2004, 101

(49): 17198-17203.

[109] Liu Y, Gray N S. Rational design of inhibitors that bind to inactive kinase conformations[J]. Nat Chem Biol, 2006, 2(7): 358-364.

[110] Sun L, Liang C, Shirazian S, et al. Discovery of 5-5-Fluoro-2-oxo-1, 2-dihydroindol-(3Z)-ylidenemethyl-2, 4-dimethyl-1H-p yrrole: -carboxylic acid (2-diethylaminoethyl) amide, a novel tyrosine kinase inhibitor targeting vascular endothelial and platelet-derived growth factor receptor tyrosine kinase[J]. J Med Chem, 2003, 46(7): 1116-1119.

[111] Wang X Y, Le P, Liang C X, et al. Potent and selective inhibitors of the Met hepatocyte growth factor/scatter factor (HGF/SF) receptor tyrosine kinase block HGF/SF-induced tumor cell growth and invasion[J]. Mol Cancer Ther, 2003, 2(11): 1085-1092.

[112] Cui J, Ramphal Y, Liang C, et al. New 5-aralkylsulfonyl-3-(pyrrol-2-ylmethylidene)-2-indolinone derivatives are protein kinase inhibitors used for treating e. g. cancer, diabetic retinopathy, atherosclerosis and immunological disease[P]. WO200296361-A2; US2003125370-A1; US6599902-B2; AU2002303892-A1; AU2002303892-A8; WO200296361-A3.

[113] Christensen J G, Schreck R, Burrows J, et al. A selective small molecule inhibitor of c-Met kinase inhibits c-Met-dependent phenotypes in vitro and exhibits cytoreductive antitumor activity in vivo[J]. Cancer Res, 2003, 63(21): 7345-7355.

[114] Cui J J, Tran-Dube M, Shen H, et al. Structure based drug design of crizotinib (PF-02341066), a potent and selective dual inhibitor of mesenchymal-epithelial transition factor (c-MET) kinase and anaplastic lymphoma kinase (ALK)[J]. J Med Chem, 2011, 54(18): 6342-6363.

[115] De Koning P D, McAndrew D, Moore R, et al. Fit-for-purpose development of the enabling route to crizotinib (PF-02341066)[J]. Org Process Res Dev, 2011, 15(5): 1018-1026.

[116] Cui J J. Targeting receptor tyrosine kinase MET in cancer: small molecule inhibitors and clinical progress[J]. J Med Chem, 2013, 57(11): 4427-4453.

[117] Yakes F M, Chen J, Tan J, et al. Cabozantinib (XL184), a novel MET and VEGFR2 inhibitor, simultaneously suppresses metastasis, angiogenesis, and tumor growth[J]. Mol Cancer Ther, 2011, 10(12): 2298-2308.

[118] Qian F, Engst S, Yamaguchi K, et al. Inhibition of tumor cell growth, invasion, and metastasis by EXEL-2880 (XL880, GSK1363089), a novel inhibitor of HGF and VEGF receptor tyrosine kinases[J]. Cancer Res, 2009, 69(20): 8009-8016.

[119] Dai Y, Bae K, Pampo C, et al. Impact of the small molecule Met inhibitor BMS-777607 on the metastatic process in a rodent tumor model with constitutive c-Met activation[J]. Clin Exp Metastasis, 2012, 29(3): 253-261.

[120] Nurhayati R W, Ojima Y, Taya M. BMS-777607 promotes megakaryocytic differentiation and induces polyploidization in the CHRF-288-11 cells[J]. Hum Cell, 2015, 28(2): 65-72.

[121] Patwardhan P P, Ivy K S, Musi E, et al. Significant blockade of multiple receptor tyrosine kinases by MGCD516 (sitravatinib), a novel small molecule inhibitor, shows potent anti-tumor activity in preclinical models of sarcoma[J]. Oncotarget, 2016, 7(4): 4093-4109.

[122] Reungwetwattana T, Liang Y, Zhu V, et al. The race to target MET exon 14 skipping alterations in non-small cell lung cancer: The Why, the How, the Who, the Unknown, and the Inevitable[J]. Lung Cancer, 2017, 103: 27-37.

[123] Kunii E, Ozasa H, Oguri T, et al. Reversal of c-MET-mediated resistance to cytotoxic anticancer drugs by a novel c-MET inhibitor TAS-115[J]. Anticancer Res, 2015, 35(10): 5241-5247.

[124] Yamada S, Imura Y, Nakai T, et al. Therapeutic potential of TAS-115 via c-MET and PDGFRalpha signal inhibition for synovial sarcoma[J]. BMC Cancer, 2017, 17(1): 334-334.
[125] Piao Y, Park S Y, Henry V, et al. Novel MET/TIE2/VEGFR2 inhibitor altiratinib inhibits tumor growth and invasiveness in bevacizumab-resistant glioblastoma mouse models[J]. Neuro Oncol, 2016, 18(9): 1230-1241.
[126] Smith B D, Kaufman M D, Leary C B, et al. Altiratinib inhibits tumor growth, invasion, angiogenesis, and microenvironment-mediated drug resistance via balanced inhibition of MET, TIE2, and VEGFR2[J]. Mol Cancer Ther, 2015, 14(9): 2023-2034.
[127] Lolkema M P, Bohets H H, Arkenau H T, et al. The c-Met tyrosine kinase inhibitor JNJ-38877605 causes renal toxicity through species-specific insoluble metabolite formation[J]. Clin Cancer Res, 2015, 21(10): 2297-2304.
[128] Zhang Y W, Staal B, Essenburg C, et al. MET kinase inhibitor SGX523 synergizes with epidermal growth factor receptor inhibitor erlotinib in a hepatocyte growth factor-dependent fashion to suppress carcinoma growth[J]. Cancer Res, 2010, 70(17): 6880-6890.
[129] Infante J R, Rugg T, Gordon M, et al. Unexpected renal toxicity associated with SGX523, a small molecule inhibitor of MET[J]. Invest New Drugs, 2013, 31(2): 363-369.
[130] Yamazaki S, Skaptason J, Romero D, et al. Prediction of oral pharmacokinetics of cMet kinase inhibitors in humans: physiologically based pharmacokinetic model versus traditional one-compartment model[J]. Drug Metab Dispos, 2011, 39(3): 383-393.
[131] Albrecht B K, Harmange J C, Bauer D, et al. Discovery and optimization of triazolopyridazines as potent and selective inhibitors of the c-Met kinase[J]. J Med Chem, 2008, 51(10): 2879-2882.
[132] Gordon M, Croft A, Li C-M, et al. HGF promotes resistance to MET inhibitor AMG337 in MET-amplified gastric cancer cells[J]. Cancer Res, 2015, 75(15 Supplement): LB-241.
[133] Zhuo J, Metcalf B, Xu M, et al. New substituted imidazotriazine/imidazopyrimidines useful for treating e. g. cancer, atherosclerosis, lung fibrosis, liver disease, allergic disorder, and inflammatory disease[P]. WO2008064157-A1; US2008167287-A1; TW200835481-A; IN200901962-P2; AU2007323725-A1; EP2099447-A1; KR2009094299-A; CA2669991-A1; NO200901924-A; MX2009005144-A1; CN101641093-A; JP2010510319-W; US7767675-B2; PH12009500914-A; US2011136781-A1; MX293002-B; NZ577127-A; EP2497470-A1; EP2099447-B1; ES2398843-T3; US8461330-B2; HK1175700-A0; HK1136489-A1; CN101641093-B; CN103288833-A; ZA200903530-A; US2013324515-A1; SG152509-A1; SG152509-B; AU2007323725-B2; PH12009500914-B1; ID201301679-A; BR200719333-A2; TW429432-B1; JP5572388-B2; KR2015014476-A; IL198716-A; KR1532256-B1; EP2497470-B1; EP2497470-B8; KR1588583-B1; CA2669991-C; ES2560435-T3; EP3034075-A1; MX330437-B; US2016326178-A1; HK1175700-A1.
[134] Liu X, Koblish H, Wang Q, et al. Discovery and characterization of INCB028060, a novel, potent and selective Met RTK inhibitor for cancer treatment[C]//The 2008 American Association for Cancer Research Annual Meeting, 2008, 68(9 Supplement): 2577.
[135] Cui J J, McTigue M, Nambu M, et al. Discovery of a novel class of exquisitely selective mesenchymal-epithelial transition factor (c-MET) protein kinase inhibitors and identification of the clinical candidate 2-(4-(1-(quinolin-6-ylmethyl)-1H-1, 2, 3 triazolo 4, 5-b pyrazin-6-yl)-1H-pyrazol-1-yl)ethanol (PF-04217903) for the treatment of cancer[J]. J Med Chem, 2012, 55

(18): 8091-8109.

[136] Zhang F, Vojkovsky T, Huang P, et al. New triazolotriazine compounds are hepatocyte growth factor receptor modulators used for treating cancer[P]. WO2005010005-A1; US2005075340-A1; EP1644377-A1; US7122548-B2; BR200412207-A; MX2006000177-A1; JP2007516206-W; US2010223812-A1.

[137] Jia H, Dai G, Weng J, et al. Discovery of (S)-1-(1-(Imidazo[1, 2-a]pyridin-6-yl)ethyl)-6-(1-methyl-1H-pyrazol-4-yl)-1H-[1, 2, 3] triazolo[4, 5-b]pyrazine (volitinib) as a highly potent and selective mesenchymal-epithelial transition factor (c-Met) inhibitor in clinical development for treatment of cancer[J]. J Med Chem, 2014, 57(18): 7577-7589.

[138] Eathiraj S, Palma R, Volckova E, et al. Discovery of a novel mode of protein kinase inhibition characterized by the mechanism of inhibition of human mesenchymal-epithelial transition factor (c-Met) protein autophosphorylation by ARQ 197 [J]. J Biol Chem, 2011, 286 (23): 20666-20676.

[139] Schroeder G M, An Y, Cai Z-W, et al. Discovery of N-(4-(2-Amino-3-chloropyridin-4-yloxy)-3-fluorophenyl)-4-ethoxy-1-(4-flu orophenyl)-2-oxo-1, 2-dihydropyridine-3-carboxamide (BMS-777607), a selective and orally efficacious inhibitor of the Met kinase superfamily[J]. J Med Chem, 2009, 52(5): 1251-1254.

[140] Onken J, Torka R, Korsing S, et al. Inhibiting receptor tyrosine kinase AXL with small molecule inhibitor BMS-777607 reduces glioblastoma growth, migration, and invasion in vitro and in vivo[J]. Oncotarget, 2016, 7(9): 9876-9889.

[141] Wang Y, Ai J, Wang Y, et al. Synthesis and c-Met kinase inhibition of 3, 5-disubstituted and 3, 5, 7-trisubstituted quinolines: identification of 3-(4-acetylpiperazin-1-yl)-5-(3-nitrobenzylamino)-7-(trifluoromethyl) quinoline as a novel anticancer agent[J]. J Med Chem, 2011, 54(7): 2127-2142.

[142] Zhao H, Luoto K R, Meng A X, et al. The receptor tyrosine kinase inhibitor amuvatinib (MP470) sensitizes tumor cells to radio-and chemo-therapies in part by inhibiting homologous recombination[J]. Radiother Oncol, 2011, 101(1): 59-65.

[143] Katz J D, Jewell J P, Guerin D J, et al. Discovery of a 5H-Benzo 4, 5 cyclohepta 1, 2-b pyridin-5-one (MK-2461) inhibitor of c-Met kinase for the treatment of cancer[J]. J Med Chem, 2011, 54(12): 4092-4108.

[144] Yang S-P, Zhang X-W, Ai J, et al. Potent HGF/c-Met axis inhibitors from Eucalyptus globulus: the coupling of phloroglucinol and sesquiterpenoid is essential for the activity[J]. J Med Chem, 2012, 55(18): 8183-8187.

[145] Larsen C A, Bisson W H, Dashwood R H. Tea catechins inhibit hepatocyte growth factor receptor (MET kinase) activity in human colon cancer cells: kinetic and molecular docking studies [J]. J Med Chem, 2009, 52(21): 6543-6545.

缩　略　语

英文缩写	英文全称	中文全称
5-LOX	5-lipoxygenase	5-脂氧合酶
AA	arachidonic acid	花生四烯酸
AACR	American Association for Cancer Research	美国癌症研究协会
ACC	acetyl coenzyme A carboxylase	乙酰辅酶 A 羧化酶
ACEI	angiotensin converting enzyme inhibitor	血管紧张素转换酶抑制剂
AD	Alzheimer's disease	阿尔茨海默病
ADAM	a disintegrin and metalloproteinase	解整合素金属蛋白酶
ADC	antibody-drug conjugate	抗体偶联药物
ADP	adenosine diphosphate	腺苷二磷酸
AE	adverse event	(药物)不良事件
AGI	α-glucosidase inhibitor	α-葡萄糖苷酶抑制剂
STK33	serine/threonine kinase 33	丝氨酸/苏氨酸激酶 33
ALCL	anaplastic large cell lymphoma	间变性大细胞淋巴瘤
ALK	anaplastic lymphoma kinase	间变性淋巴瘤激酶
ALT	alanine aminotransferase	丙氨酸氨基转移酶
AML	acute myeloid leukemia	急性髓细胞性白血病
AMP	adenosine monophosphate	腺苷一磷酸
AMPK	AMP-activated protein kinase	腺苷酸活化蛋白激酶
Ang-2	angiopoietin-2	血管生成素-2
AP1	activator protein-1	活化蛋白 1
APRIL	a proliferation inducing ligand	增殖诱导配体
ARMS	amplification refractory mutation system	扩增受阻突变系统
ASCO	American Society of Clinical Oncology	美国临床肿瘤学会
ASO	allele-specific oligonucleotide	等位基因特异性寡核苷酸
AS-PCR	allele-specific PCR	等位基因特异性 PCR

（续表）

英文缩写	英文全称	中文全称
AST	aspartate aminotransferase	天冬氨酸氨基转移酶
ATP	adenosine triphosphate	腺苷三磷酸
AUC	area under the curve	曲线下面积
BAFF	B cell-activating factor of the tumor necrosis factor family	肿瘤坏死因子家族的 B 细胞活化因子
BCAP	B-cell adapter for PI3K	B 细胞 PI3K 衔接蛋白
BCL-1	B-cell lymphoma 1 protein	B 细胞淋巴瘤 1 蛋白
bid	twice a day(bis in die)	每日两次
BMP	bone morphogenetic protein	骨形态发生蛋白
BMSC	bone marrow mesenchymal stem cell	骨髓间充质干细胞
BMX	bone marrow tyrosine kinase on chromosome X	骨髓激酶 X
CCL19	chemokine C-C motif ligand 19	趋化因子 C-C 基序配体 19
CD19	B-lymphocyte antigen CD19	B 淋巴细胞抗原 CD19
CDC42	cell division cycle protein 42	细胞分裂细胞周期蛋白 42
CDER	Center for Drug Evaluation and Research	(美国)药品审评与研究中心
CF	cystic fibrosis	囊性纤维化
CIK cell	cytokine-induced killer cell	细胞因子诱导的杀伤细胞
c-MET	mesenchymal-epithelial transition factor	间质上皮转化因子
c-Myc	cellular myelocytomatosis oncogene	(人)髓细胞增生癌基因
CNS	central nervous system	中枢神经系统
COX-1	cyclooxygenase-1	环氧合酶-1
CPT-1	carnitine palmitoyl transferase 1	肉毒碱棕榈酰转移酶 1
CR	complete response	完全缓解
ctDNA	circulating tumor DNA	循环肿瘤 DNA
CXCL13	C-X-C motif chemokine ligand 13	C-X-C 基序趋化因子配体 13
CXCR4	C-X-C motif chemokine receptor 4	C-X-C 基序趋化因子受体 4
DC	dendritic cell	树突状细胞
DCR	disease control rate	疾病控制率
ddPCR	droplet digital PCR	微滴式数字 PCR

（续表）

英文缩写	英文全称	中文全称
DFG	Asp-Phe-Gly	天冬氨酸-苯丙氨酸-甘氨酸
DG	diacylglycerol	甘油二酯
DKA	diabetic ketoacidosis	糖尿病酮症酸中毒
DLT	dose-limiting toxicity	剂量限制性毒性
DM	diabetes mellitus	糖尿病
DNMT	DNA methyltransferase	DNA 甲基转移酶
DOR	duration of response	缓解持续时间
dPCR	digital PCR	数字 PCR
DPP-4	dipeptidyl peptidase-4	二肽基肽酶-4
EAP	expanded access program	扩展供药计划
EBM	evidence-based medicine	循证医学
ECM	extracellular matrix	细胞外基质
EGF	epidermal growth factor	表皮生长因子
EGFR	epidermal growth factor receptor	表皮生长因子受体
EGFR-TKI	epidermal growth factor receptor-tyrosine kinase inhibitor	表皮生长因子受体酪氨酸激酶抑制剂
eIF4E	eukaryotic initiation factor 4E	真核起始因子 4E
ELCC	European Lung Cancer Conference	欧洲肺癌大会
ELKL	Glu-Leu-Lys-Leu	谷氨酸-亮氨酸-赖氨酸-亮氨酸
EMA	European Medicines Agency	欧洲药品管理局
EML4	echinoderm microtubule-associated protein-like 4	棘皮动物微管相关类蛋白 4
EMT	epithelial-mesenchymal transition	上皮-间质转化
ENCODE	Encyclopedia of DNA Elements	DNA 元件百科全书
eNOS	endothelial nitric oxide synthase	内皮型一氧化氮合酶
EORTC	European Organisation for Research and Treatment of Cancer	欧洲癌症研究与治疗组织
ERK	extracellular signal-regulated kinase	细胞外信号调节激酶
ESMO	European Society for Medical Oncology	欧洲临床肿瘤协会
FAP	familial adenomatous polyposis	家族性腺瘤性息肉病
FAS	full analysis set	全分析集

（续表）

英文缩写	英文全称	中文全称
FAT	focal adhesion targeting	黏着斑靶向定位(结构域)
FDA	Food and Drug Administration	(美国)食品药品监督管理局
FGF	fibroblast growth factor	成纤维细胞生长因子
FGFR	fibroblast growth factor receptor	成纤维细胞生长因子受体
FRB	FKBP12-rapamycin binding，FRB	FKBP12/雷帕霉素结合(结构域)
FRET	fluorescence resonance energy transfer	荧光共振能量转移
GC-MS	gas chromatography-mass spectrometry	气相色谱-质谱联用
GIP	glucose-dependent insulinotropic polypeptide	葡萄糖依赖性促胰岛素多肽
GK	glucokinase	葡萄糖激酶
GLP-1	glucagon-like peptide-1	胰高血糖素样肽-1
GLUT-4	glucose transporter 4	葡萄糖转运蛋白-4
GPR40	G protein-coupled receptor 40	G蛋白偶联受体40
GRB	growth factor receptor-bound protein	生长因子受体结合蛋白
GTP	guanosine triphosphate	鸟苷三磷酸
GWAS	genome-wide association study	全基因组关联分析
HDAC	histone deacetylase	组蛋白去乙酰化酶
HGF	hepatocyte growth factor	肝细胞生长因子
HGP	Human Genome Project	人类基因组计划
HIF	hypoxia-inducible factor	低氧诱导因子
HMG-CoA	hydroxy-methylglutaryl coenzyme A	羟甲基戊二酸单酰辅酶A
HMT	histone methyltransferase	组蛋白甲基转移酶
HPLC-MS	high performance liquid chromatography-mass spectrometry	高效液相色谱-质谱联用
HRQoL	health-related quality of life	健康相关生存质量
HSP90	heat shock protein 90	热休克蛋白90
IC_{50}	median inhibitory concentration	半数抑制浓度
IDDM	insulin-dependent diabetes mellitus	胰岛素依赖型糖尿病
IDF	International Diabetes Federation	国际糖尿病联合会
IDH	isocitrate dehydrogenase	异柠檬酸脱氢酶
IFN-α	interferon-α	α干扰素

（续表）

英文缩写	英文全称	中文全称
IGF1R	type 1 insulin-like growth factor receptor	1 型胰岛素样生长因子受体
ILD	interstitial lung disease	间质性肺炎
iNOS	inducible nitric oxide synthase	诱导型一氧化氮合酶
IP_3	inositol triphosphate	肌醇三磷酸
iPFS	intracranial progression-free survival	颅内无进展生存期
IR	insulin receptor	胰岛素受体
IRAK4	interleukin-1 receptor-associated kinase 4	白介素-1 受体相关激酶 4
IRS	insulin receptor substrate	胰岛素受体底物
ITAM	immunoreceptor tyrosine based activation motifs	免疫受体酪氨酸相关的激活基序
ITK	interleukin-2-inducible T-cell kinase	白介素-2 诱导的 T 细胞激酶
JAK	Janus kinase	Janus 激酶
JAK2	Janus kinase 2	Janus 激酶 2
JNK	c-Jun N-terminal kinase	c-Jun 氨基端激酶
LKB1	serine/threonine protein kinase B1	丝氨酸/苏氨酸蛋白激酶 B1
LSD1	lysine-specific demethylase 1	赖氨酸特异性去甲基化酶 1
LT	leukotriene	白三烯
LX	lipoxin	脂氧素
MAPK	mitogen-activated protein kinase	丝裂原激活的蛋白激酶
MDSC	myeloid-derived suppressor cells	骨髓来源的抑制性细胞
MEK	mitogen-activated protein kinase kinase	丝裂原激活的蛋白激酶激酶
mIg	membrane-bound immunoglobulin	膜表面免疫球蛋白
MMP	matrix metalloproteinase	基质金属蛋白酶
mOS	median overall survival	中位总生存期
MRI	magnetic resonance imaging	磁共振成像
mTOR	mammalian target of rapamycin	哺乳动物雷帕霉素靶蛋白
mTORC1	mammalian target of rapamycin complex 1	mTOR 复合物 1
MyD88	myeloid differentiation factor 88	髓样分化因子 88
NFAT	nuclear factor of activated T cells	活化 T 细胞核因子
NF-κB	nuclear factor-κB	核因子 κB

（续表）

英文缩写	英文全称	中文全称
NGS	next-generation sequencing	下一代测序
NHL	non-Hodgkin lymphoma	非霍奇金淋巴瘤
NIDDM	noninsulin-dependent diabetes mellitus	非胰岛素依赖型糖尿病
NK cell	natural killer cell	自然杀伤细胞
NLC	neuron-like cell	神经元样细胞
NLS	nuclear localization signal	核定位信号
NMR	nuclear magnetic resonance	核磁共振
NNT	number needed to treat	需要治疗的病例数
NPM	nucleophosmin	核仁磷酸蛋白
NRP	neuropilin	神经纤维网蛋白
NSAID	nonsteroidal anti-inflammatory drug	非甾体抗炎药
NSCLC	non-small cell lung cancer	非小细胞肺癌
OCT	optical coherence tomography	光学相干断层成像
ORR	objective response rate	客观缓解率
OS	overall survival	总生存期
PARP	poly (ADP-ribose) polymerase	多腺苷二磷酸核糖聚合酶
PAS reaction	periodic acid-Schiff reaction	过碘酸希夫反应
PCR	polymerase chain reaction	聚合酶链反应
PD	progress of disease	疾病进展
PD-1	programmed death-1	程序性死亡蛋白-1
PDGF	platelet-derived growth factor	血小板衍生生长因子
PD-L1	programmed death ligand-1	程序性死亡蛋白配体-1
PDX	patient-derived xenografts	人源肿瘤异种移植(模型)
PET	positron emission tomography	正电子发射体层成像技术
PFK	phosphofructokinase	磷酸果糖激酶
PFS	progression-free survival	无进展生存期
PG	prostaglandin	前列腺素
PGE_2	prostaglandin E_2	前列腺素 E_2
PGH_2	prostaglandin H_2	前列腺素 H_2
PGI_2	prostaglandin I_2	前列腺素 I_2(即前列环素)

（续表）

英文缩写	英文全称	中文全称
PGx	pharmacogenomics	药物基因组学
PI3K	phosphatidylinositol-3-kinase	磷脂酰肌醇-3-激酶
PIP_2	phosphatidylinositol 4, 5-bisphosphate	磷脂酰肌醇 4,5-双磷酸
PIP_3	phosphatidylinositol (3,4,5)-trisphosphate	磷脂酰肌醇(3,4,5)三磷酸
PIP5K	phosphatidylinositol-4-phosphate 5-kinase	磷脂酰肌醇-4-磷酸 5-激酶
PKA	protein kinase A	蛋白激酶 A
PKB(Akt)	protein kinase B	蛋白激酶 B
PKC	protein kinase C	蛋白激酶 C
PKCβ	protein kinase C β	蛋白激酶 Cβ
PLC	phospholipase C	磷脂酶 C
PLGF	placental growth facotr	胎盘生长因子
PMC	Personalized Medicine Coalition	个性化医学联盟
PNA-LNA	peptide nucleic acid-locked nucleic acid	核酸肽锁核酸
PPARγ	peroxisome proliferator-activated receptor γ	过氧化物酶体增殖物激活受体 γ
PPI	protein-protein interactions	蛋白质-蛋白质相互作用
PR	partial response	部分缓解
PRO	patient-reported outcomes	患者报告结果
PROTAC	proteolysis targeting chimera	蛋白质降解靶向联合体
PTCL	peripheral T cell lymphoma	外周 T 细胞淋巴瘤
PTEN	phosphatase and tensin homolog deleted on chromosome ten	人 10 号染色体缺失的磷酸酶及张力蛋白同源基因
PTK	protein tyrosine kinase	蛋白酪氨酸激酶
PTP1B	protein tyrosine phosphatase 1B	蛋白酪氨酸磷酸酶 1B
qd	once a day (quaque die)	每日一次
QLQ	quality of life questionnaire	生活质量表
RAI	radioactive iodine	放射性碘
Raptor	regulatory associated protein of mTOR	哺乳动物雷帕霉素靶蛋白调节相关蛋白
RECIST	response evaluation criteria in solid tumors	实体瘤疗效评价标准
RTK	receptor tyrosine kinase	受体酪氨酸激酶
qPCR	real-time fluorescent quantitative polymerase chain reaction	实时荧光定量聚合酶链反应

（续表）

英文缩写	英文全称	中文全称
S1P	D-erythro-sphingosine-1-phosphate	1-磷酸鞘氨醇
SAB	SH3 domain-binding protein that preferentially associates with BTK	优先与 BTK 结合的 SH3 结构域结合蛋白
SARMS	scorpion amplification refractory mutation system	蝎形探针扩增受阻突变系统
SBDD	structure-based drug discovery	基于结构的药物发现
SD	stable disease	疾病稳定
SF	scatter factor	扩散因子
SGLT1	sodium-glucose cotransporter 1	钠-葡萄糖协同转运蛋白 1
SH	SRC homology	SRC 同源区
SHIP1	SH2 domain-containing inositol 5-phosphatase 1	含 SH2 结构域的肌醇 5-磷酸酶 1
SLCG	Spanish Lung Cancer Group	西班牙肺癌协作组
SLP65	SH2 domain-containing leukocyte adapter protein of 65 000	含 SH2 结构域的 65 000 白细胞衔接蛋白
SNP	single nucleotide polymorphism	单核苷酸多态性
SPARC	secreted protein acidic and rich in cysteine	富含半胱氨酸的酸性分泌蛋白
STAT	signal transducer and activator of transcription	信号转导及转录活化因子
SYK	spleen tyrosine kinase	脾酪氨酸激酶
TAB1	transforming growth factor-β-activated kinase 1 binding protein 1	转化生长因子-β 活化激酶-1 结合蛋白 1
TAF	tumor angiogenesis factor	肿瘤血管生成因子
TAK1	transforming growth factor-β-activated kinase 1	转化生长因子-β 活化激酶-1
TAM	tumor-associated macrophage	肿瘤相关巨噬细胞
TC-PTP	T-cell protein tyrosine phosphatase	T 细胞蛋白酪氨酸磷酸酶
TEC	tyrosine kinase expressed in hepatocellular carcinoma	肝癌组织中表达的酪氨酸激酶
TFⅡ-Ⅰ	general transcription factor Ⅱ-Ⅰ	通用转录因子 Ⅱ-Ⅰ
TGF	transforming growth factor	转化生长因子
TGF-α	transforming growth factor-α	转化生长因子-α
TH domain	TEC homology domain	TEC 同源结构域
tid	three times a day (ter in die)	每日三次

（续表）

英文缩写	英文全称	中文全称
TK	tyrosine kinase	酪氨酸激酶
TKI	tyrosine kinase inhibitor	酪氨酸激酶抑制剂
TLR4	Toll-like receptor 4	Toll 样受体 4
TRAF6	TNF receptor-associated factor 6	肿瘤坏死因子受体相关因子 6
TRIF	TIR-domain-containing adapter-inducing interferon-β	β 干扰素 TIR 结构域衔接蛋白
TRK	tropomyosin receptor kinase	原肌球蛋白受体激酶
TSP	thrombospondin	血小板应答蛋白
TTF	time to treatment failure	治疗失败时间
TTP	time to progression	疾病进展时间
TXA_2	thromboxane A_2	血栓烷 A_2
TZD	thiazolidinediones	噻唑烷二酮类
Ubcl3	ubiquitin-conjugating enzyme l3	泛素缀合酶 l3
Uev1A	ubiquitin-conjugating E2 enzyme variant 1A	泛素缀合酶 E2 变体 1A
VAS	visual analogue scale	视觉模拟评分法
VEGF	vascular endothelial growth factor	血管内皮生长因子
VEGFR	vascular endothelial growth factor receptor	血管内皮生长因子受体
VM	vasculogenic mimicry	血管生成拟态
WASP	Wiskott-Aldrich syndrome protein	Wiskott-Aldrich 综合征蛋白
WBRT	whole brain radiation therapy	全脑放疗
WCLC	World Conference on Lung Cancer	世界肺癌大会

索　引